Python

机器学习一本通

杨志晓　范艳峰·编著

北京大学出版社

PEKING UNIVERSITY PRESS

内 容 提 要

本书介绍了机器学习技术及 Python 实践的基础知识，涵盖了 Python 的机器学习基础、数据预处理、机器学习算法及其实践、深度学习、模型评价、机器学习应用等内容。其中第一篇为基础入门篇，介绍人工智能、机器学习、大数据等概念及相互关系，机器学习的步骤，Python 的 Anaconda 版本的安装与使用，NumPy、Matplotlib、Seaborn、Pandas 等常用模块，以及数据文件访问、数据统计。第二篇为数据预处理篇，介绍使用 NumPy 产生模拟数据集，scikit-learn 样本生成器，scikit-learn 自带数据集，使用 scikit-sklearn 对数据集进行 Z-score 标准化、极差标准化、正则化、二值化、缺失值插补、分类特征编码、PCA 降维、LDA 降维、TSNE 降维。第三篇为机器学习算法篇，介绍线性回归、多项式回归、决策树学习、支持向量机、聚类分析、集成学习、神经网络、模型评价。第四篇为机器学习应用篇，介绍图像处理与识别、语音处理与识别、文本处理与中文期刊分类、图像压缩。第五篇为项目实战篇，介绍社交好友分析、电商点击率预测及分析等。

本书既适合在机器学习、数据挖掘和 Python 编程方面零基础的读者，以及对此感兴趣的在职 IT 人员和教师使用，也可以作为相关培训机构的培训教材。

图书在版编目（CIP）数据

Python机器学习一本通 / 杨志晓，范艳峰编著. — 北京 : 北京大学出版社，2020.9
ISBN 978-7-301-31336-7

Ⅰ. ①P… Ⅱ. ①杨… ②范… Ⅲ. ①软件工具 – 程序设计 Ⅳ. ①TP311.561

中国版本图书馆CIP数据核字(2020)第101502号

书　　　名	Python 机器学习一本通
	Python JIQIXUEXI YIBENTONG
著作责任者	杨志晓 范艳峰 编著
责 任 编 辑	张云静
标 准 书 号	ISBN 978-7-301-31336-7
出 版 发 行	北京大学出版社
地　　　址	北京市海淀区成府路 205 号　100871
网　　　址	http://www.pup.cn　　新浪微博：@ 北京大学出版社
电 子 信 箱	pup7@ pup.cn
电　　　话	邮购部 010-62752015　发行部 010-62750672　编辑部 010-62570390
印 刷 者	河北滦县鑫华书刊印刷厂
经 销 者	新华书店
	787 毫米 ×1092 毫米　16 开本　48.25 印张　1162 千字
	2020 年 9 月第 1 版　2020 年 9 月第 1 次印刷
印　　　数	1—3000 册
定　　　价	148.00 元

近年来，随着大数据技术的发展和计算机算力的提升，以机器学习为代表的人工智能技术再度兴起，各发达国家开始对人工智能进行系统性布局。2017 年 7 月，国务院印发的新一代人工智能发展规划，对我国的人工智能发展进行了总体部署。2018 年 4 月，中华人民共和国教育部印发的《高等学校人工智能创新行动计划》提出"到 2030 年，高校成为建设世界主要人工智能创新中心的核心力量和引领新一代人工智能发展的人才高地"的目标，并指出要将人工智能纳入大学计算机基础教学内容。

人工智能是利用计算机对以人类为主的自然智能的功能、结构的模拟和延伸。机器学习是人工智能的一个重要分支，它是研究如何使用机器来模拟人类学习活动的一门学科。按照训练的数据有无标签进行划分，可以将机器学习分为有监督学习、无监督学习、半监督学习，以及其他方法。比较典型的机器学习方法包括回归分析（如线性回归、岭回归、逻辑回归、多项式回归）、分类（如决策树、支持向量机、神经网络、朴素贝叶斯等）、聚类（如 K 均值）、集成学习（如 Bagging、随机森林、AdaBoost、Gradient Tree Boosting、XGBoost）、降维（如 PCA、LDA、TSNE）、特征抽取等。深度学习是机器学习研究的一个新领域，它模仿人脑的机制来解释图像、声音、文本等数据，通过组合低层特征，形成更加抽象的高层信息，来表示数据的属性类别或特征，以发现数据的分布式特征。

目前，市面上关于机器学习的书籍大致可以分为两类：一类侧重于对机器学习的基本方法、原理、算法的介绍，内容具有较强的理论性，适合计算机及相关专业的本科生、研究生、从业人员使用；另一类侧重于机器学习的编程实战，将机器学习视作一种程序设计语言。本书作者在长期从事人工智能、机器学习的教学和科研工作的过程中深刻体会到，单纯重视理论教学将导致机器学习方法无法落地，从而无法解决实际问题；而将机器学习仅视为一种程序设计语言，缺乏对机器学习的基本方法、原理、算法的了解，又将导致在设计机器学习模型时，不知如何选择模型结构、参数、优化方法。

本书致力于将机器学习的基本方法和理论介绍与实战练习相结合，力图把常见的机器学习方法介绍清楚，同时通过大量的实例进行实战练习。让读者在学习机器学习的过程中，不但能够知其然，针对具体问题能够设计合适的机器学习模型，还能够知其所以然，理解机器学习模型的基本原理、结构和参数的影响、优化方法的选择依据等问题。

Python 语言简单易学、免费开源，属于高层语言，具有可移植性、可解释性、可扩展性、可嵌入性。

许多机器学习、数据分析与可视化、文本处理、图像处理、语音识别等库都提供了面向 Python 的接口。因此 Python 语言在人工智能领域得到了普遍应用，已成为最热门的编程语言之一。scikit-learn 是一款面向 Python 的机器学习库，它提供大量的 API，涵盖回归、分类、聚类、集成学习、降维、特征选择、流形学习等几乎所有的机器学习领域。TensorFlow 是 Google 推出的一款开源的深度学习框架，是一个基于数据流编程的符号数学系统。

本书以 Python 为编程语言，选择 scikit-learn 机器学习库和 TensorFlow 深度学习框架作为机器学习实战工具，坚持理论与实战相结合。为适合初学者学习，本书选择了 Python 的 Anaconda 集成版本。它已集成了许多常用的库，使用 Jupyter Notebook 能够在浏览器中非常方便地进行源程序的编辑、调试。无论读者有无 Python 基础都能够快速上手，轻松阅读和使用本书。

另外，本书附赠 28 节视频课程，以及各章的源码、用到的数据和输出结果，还附赠了精美的 PPT 课件，可扫描下方二维码关注微信公众号，根据提示获取。

杨志晓　范艳峰

为什么要写这本书

人工智能是未来社会的发展趋势，已成为提升国家综合国力的重要推动力。机器学习是人工智能的重要支撑技术，掌握机器学习的理论知识和实践技能，能够在当前和未来的人才竞争中脱颖而出。对机器学习、数据挖掘的学习，不但要知其然，还要知其所以然。既要能使用流行的 Python 编程语言和已有的机器学习库开发机器学习系统，也要明白典型机器学习方法的算法原理，从而在实战中当面临模型选择、结构和参数优化等问题时，能够从容应对。本书讲解了机器学习所涉及的典型理论知识，并重视对机器学习模型的实战练习，使读者对机器学习、数据挖掘能有一个较全面、较系统的了解。

Python 机器学习的学习路线：笔者总结了多年从事人工智能、机器学习、数据挖掘的教学和科研实践经验，为读者设计了如下学习路线。

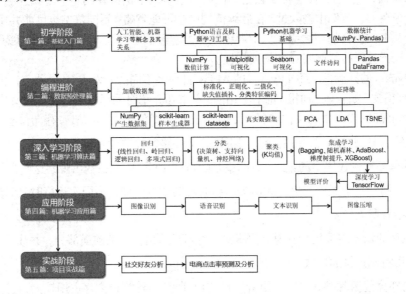

 本书特色

● **零基础、入门级的讲解**

无论是否有 Python、机器学习基础和项目开发的经验，通过阅读本书，都能够快速上手。

● **理论知识与实践技能的密切结合**

以简明的内容介绍统计学、数据预处理、决策树、支持向量机、K 均值聚类、神经网络、卷积神经网络、深度学习、算法的理论知识，以及文本、图像、语音的处理与分析方法，并结合大量的范例对所讲知识进行实战练习。

● 循序渐进、由浅入深的讲授

充分考虑初学者的学习规律，从全书和每个章节内容的设计上，做到循序渐进、由浅入深，由最简单的问题开始，让读者能够迅速掌握学习的基本方法和步骤。

● 大量可视化结果的展示

利用图片的直观优势，对机器学习的中间和最终结果进行可视化，以帮助读者理解算法的原理和学习器的特点、性能。

● 超多、实用的范例

共设计了 217 个实战练习的范例。

📖 读者对象

◆ 机器学习、数据挖掘和 Python 编程零基础读者。

◆ IT 从业人员。

📖 特殊约定

◆ 本书范例代码的排版采用了类似于 Jupyter Notebook 的风格，由 1 个 In 和 1 个 Out 组成 1 个 Cell，其中 In 代表输入的代码，Out 为 In 中代码的运行结果。读者在练习时，需从范例的第 1 个 In 开始逐个输入代码运行。

◆ 本书不同章节的范例代码相互独立，但同一章节的范例的代码不一定相互独立。例如，有的导入模块命令在上一范例中输入过，在后续范例中则可能省略；不同范例也可能共用相同的数组、数据集，或者某个实例会使用之前实例中训练的机器学习模型。读者在练习时需注意从每章的第 1 个范例开始，运行时保持范例间 Cell 的连续性。

◆ 由于 Python 的开源性，面向 Python 的 API 来自众多不同的开发人员，因此，各种 API 的函数、方法、类的原型格式（如斜体、加粗）也不尽相同，本书在介绍时采用忠于 API 官方文档的书写方式。

◆ 对于本书范例代码中的文件路径，如数据文件、图像、文本、语音存储位置，读者在使用自己的计算机练习范例代码时，可能会使用不同的文件路径，请读者自行更改。

◆ 本书的部分实例代码中的数组、数据集是随机产生的，读者在输出观察这些数组、数据集时，结果会与书本不同。基于随机产生的数据集训练的机器学习模型，不同次运行时其参数（如迭代次数、误差）也会有所差异。

◆ 一些范例的输出结果较长，为节约篇幅，本书只给出输出的前面部分，并注明 "其余省略"（部分内容采用右侧接排的形式）。

◆ 本书的部分范例，如深度学习、语音处理与识别等，对计算机内存占用较大，且运行时间较长，请读者在运行代码时耐心等待。

📖 作者团队

本书由河南牧业经济学院杨志晓博士和河南工业大学范艳峰教授共同统筹编著。第 1~6 章的内容由范艳峰教授撰写，第 7~16 章和附录的内容由杨志晓博士撰写，第 17~20 章的内容由河南工业大学的孙丽君教授撰写，书中所有范例程序代码都由笔者编写设计，并均已调试通过。

目录

CONTENTS

第二篇 数据预处理篇

第 5 章 数据分析第一步——
产生和加载
数据集 191

第 6 章 数据分析第二步——
数据预处理 217

第三篇 机器学习算法篇

第 7 章 回归分析　　261

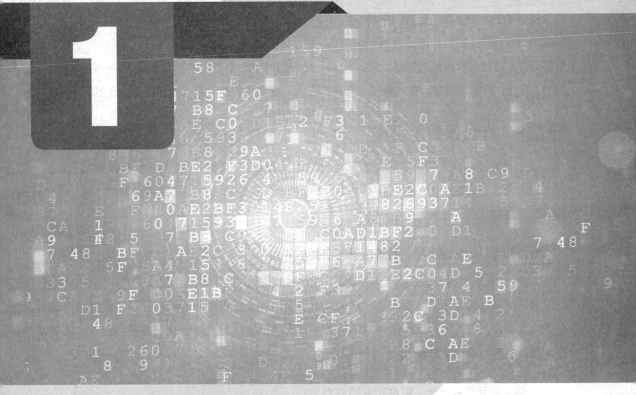

第 1 章

1

Python 机器学习入门

机器学习是研究如何从已有的数据样本中发现该数据样本的数学模型，而后利用该数学模型对未知数据进行预测，从而指导人们的生产、生活。它是人工智能的一个重要分支，学习机器学习，需要将其放在人工智能的大环境中进行考察，了解智能、人工智能、数据、大数据、数据挖掘、机器学习等概念、方法及其相互间的关系。本章将围绕这些概念、方法的定义、内涵和外延及其相互间的关系展开介绍，使读者对机器学习在人工智能领域所处的地位，以及与其他分支的关系有一个清晰的认识。

1.1 机器学习是人工智能的一个分支

机器学习（Machine Learning, ML）是一门多领域交叉的学科，它涉及概率论、统计学、逼近论、凸分析、算法复杂度理论等多门学科。机器学习研究计算机怎样模拟或实现人类的学习行为，以获取新的知识或技能，重新组织已有的知识结构，使之不断改善自身的性能。机器学习是人工智能的一个重要分支，是使计算机具有智能的根本途径，其应用遍及人工智能的各个领域，它使用的主要方法是归纳、综合，而不是演绎。要理解什么是机器学习，就要从智能、人工智能的概念说起。

1.1.1 ▶ 什么是智能

人工智能是对以人类为主的自然智能的功能、结构的模拟和延伸。要了解机器学习和人工智能，先要知道什么是自然智能。自然智能主要指人类智能，也包括一些生物的群体智能。对于人类智能，普遍认为应包括以下几种能力。

1. 感知与认识客观事物、客观世界与自我的能力

人通过眼睛、耳朵、鼻子及身体表面的末梢神经来感知事物。例如，我们的身体会有各种不适感、饥饿感；过马路时会用眼睛观察信号灯的颜色，会用耳朵听汽车的喇叭声；捉迷藏时会用眼睛观察某个地方是否藏有目标；综合运用身体的各个器官感知物体的几何形状、颜色、纹理、软硬度、温度、光滑与粗糙等特征属性。

2. 通过学习取得经验、积累知识的能力

学习是人类很重要的一种能力。人类从一出生开始，就时时处于学习中。小宝宝从多次"哭泣，得到照顾"的事件中，能够下意识地得出"如果哭，就会得到照顾"的结论的过程就是一种学习。父母从照顾宝宝的经历中积累到类似于"如果宝宝哭泣，就是宝宝饿了，就应该喂奶""如果宝宝哭泣，就是宝宝尿裤子了，就应该给宝宝换尿布"的经验的过程也是一种学习。每个人上幼儿园、小学、中学、大学，掌握语文、数学、外语、地理、历史、物理、化学、生物等各种学科的基本知识，以及计算机、材料、机械、人工智能等各种专业知识的过程是学习；从学校和父母那里领悟为人处世的方法和礼仪是学习；阅读使用说明书，掌握各种家用电器、手机、摄像机的使用方法是学习；从不会到能够甚至熟练地演奏吉他、钢琴、古筝、小提琴等各种乐器的过程是学习……活到老，学到老。人的一生需要不断地学习，只有通过学习，才能掌握更多的知识，提高人们分析问题、解决问题的能力。人类的学习方法多种多样，可以听老师讲、看书、查阅各种资料，进行归纳、类比……

3. 运用知识和经验分析问题并解决问题的能力

运用学习到的知识来分析、解决问题才是学习的目的所在。有了数学知识，人们可以为各种问题建立数学模型，如计算平面图形的面积、边长，计算立体几何的表面积、体积，可以将其应用于

建筑、机械加工等各个领域。掌握了物理知识，人类能够理解各种自然现象发生的原理，于是就有了电灯、电话、火箭、宇宙飞船。掌握了化学知识，人类就生产了各种药品、农药、食品添加剂。掌握了计算机的工作原理和控制技术，人类就设计了各种工业控制系统、嵌入式控制系统。掌握了人工智能，就有了刷脸支付、手写输入、语音识别、机器人……当然，人类还提出了许多解决问题的方法，如搜索、推理等。

4. 推理、判断、决策的能力

推理、判断、决策也是人类重要的智能活动。

推理是思维的基本形式之一，是由一个或几个已知的前提推出新结论的过程。例如，从宝宝的哭声中得到引起宝宝不适的原因的过程，通过交通规则来推断引起堵车的原因的过程。

判断是对思维对象是否存在、是否具有某种属性，以及事物之间是否具有某种关系做出肯定或否定的结论。例如，宝宝哭是因为饿了或者尿裤子了、堵车是因为前方道路变窄、捉迷藏时"目标不在这个房间内"等都是判断。判断的结果有真有假。例如，"堵车是因为前方道路变窄"这一判断，如果前方道路没有变窄，则这一判断为假。

决策指决定的策略或办法，也是人们为各种事件做决定的过程，包括信息收集、加工，做出判断、得出结论。例如，根据宝宝的哭声做出喂奶、换尿布、拥抱等决定的过程是决策；根据信号灯的颜色做出行走或等待的决定也是决策。判断有真有假，决策也有正确与错误。例如，"信号灯是红色时，可以继续行走"这个决策就是错误的。只有掌握更丰富的知识，才能够减少和避免做出错误的决策。

5. 行为能力

行为能力指通过运用身体的面部、四肢等部位完成相应动作的能力。例如，宝宝运用哭泣的能力，人们使用面部表情表达喜怒哀乐等情感的能力，综合运用身体各个部位随音乐舞蹈的能力，打篮球、踢足球、做体操、游泳等体育运动的能力，等等。行为能力意味着人们对决策结果的执行能力，或者对环境的作用能力。

此外，人类智能还包括：运用语言进行抽象、概括的能力；发现、发明、创造、创新的能力；实时地、迅速地、合理地应对复杂环境的能力；预测、洞察事物发展变化的能力，等等。

从人类个体的角度来看，智能是人类个体有目的的行为、合理的思维，以及有效地适应环境的综合能力。或者说，智能是人类个体认识客观事物和运用知识解决问题的能力。

除了人类个体智能，人类个体间的协作还体现了群体的智能，主要表现在不同个体间进行分工与协作、信息沟通与交换等能力。

值得一提的是，智能不仅仅存在于人类，一些生物也能够通过大量个体间的相互协作，表现出一定的群体智能，如迁徙的大雁排成人字形、成群的鸟类和蚂蚁能够快速找到食物、鱼类的洄游总是成群前行。

人类智能和生物智能可以统称为自然智能，自然智能的范畴如图 1-1 所示。

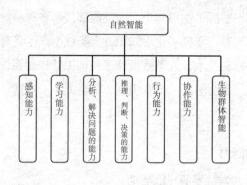

图 1-1 自然智能

1.1.2 ▶ 智能的特点

自然智能具有一些独特的特点，包括以下几个方面。

1. 智能是以知识为基础的

知识是人类对客观世界和自身的认识。它可以是一种对客观事实的描述，例如：地球是圆的；太阳有热量；北京是中国的首都；智能手机不仅可以打电话，还可以上网、看电影、玩游戏、发微博、发朋友圈，等等。知识也可以是一种规则或者定理，例如：如果信号灯是红色，则禁止通行；牛顿定理；球体的表面积、体积计算公式；等等。知识还可以是一种策略，例如：捉迷藏游戏中搜索目标的方法；堵车时判断引起堵车原因的方法；去马尔代夫度假选择旅行团的方法；等等。人类通过感知形成对客观世界和自身的认识，通过对已知事实进行推理获得新的知识，利用知识分析问题，做出决策解决问题，并评价解决问题的效果。

2. 智能行为具有试探性、不精确，甚至允许出现错误等特点

人类智能总是试探性的，不精确的，甚至会出现错误。从本质上来讲，这些特点来源于人对客观世界和自身认知的局限性。由于科学技术发展水平和认知条件的制约，人类对客观世界和自身的认识是有条件的、不精确的。一方面，客观世界存在的许多事物、事件、现象具有不确定性，如黄昏、灰色、道路通畅、堵车、大屏手机、晴天、冬季、高个子、好学生等，这些概念都具有模糊性、随机性等特性，难以对它们进行精确的量化表示，每个人对它们的理解也都具有主观差异性。

另一方面，人类对客观世界的认知是有条件的，甚至是错误的。例如，人类对天体运动的认识，起初提出地心说，认为其他天体都以地球为中心旋转运动；后来又发现地球和太阳系的其他行星是绕太阳旋转的，运动的轨道是椭圆的；再后来又发现了银河系，太阳系只是银河系中亿万星系中的一个。再如，人类对物体受力和运动的认识，先是牛顿发现了三大定理，很好地解释了物体受力与运动之间的关系；后来爱因斯坦又发现，当物体运动速度接近光速时，三大定理已经不再适用，于是又提出了相对论。这些例子说明，人类对客观世界的认识不总是正确的，是在错误中前进的。

另外，人类总是在不断地面临新的问题。例如，你自小在内陆长大，有一天跟着父母到海边度假，

你可能需要经过多日体验学习，才学会诸如预防紫外线、划船、游泳、各种海鲜的辨认和吃法等海边生活技能。再如，人类对太空的探索和登陆月球，尽管科学家可以预先估计那里的环境条件，将航天员可能面临的风险降到最低，但总是有意想不到的情况发生。由于新问题含有未知信息，人类对它的解决方法仅有一部分经验，甚至完全没有任何历史经验。因此，要求解它就不得不采用试探→反馈观察→再试探的尝试性方法，允许出现不符合期望甚至错误的中间结果。

3. 关于人类智能的研究，人们的观点具有不统一性

人们对智能的观点并不是统一的，有的甚至是相互对立的。比如关于认知，有的科学家认为它是和情感、动机、意志等相对的理智或认知过程。也就是说，认知是理性的，不应包含人的情感、动机、意志等非理性因素。美国心理学家 Houston 等人将"认知"归纳为如下五种主要类型：信息的处理过程；心理上的符号运算；问题的求解；思维；一组相关活动，如知觉、记忆、思维、判断、推理、学习、想象、概念形成、语言使用等。而近十几年来，有科学家提出，情感、动机、意志等非理性特质也在人类智能中发挥着重要作用。人类的确每天都在表达情感、识别情感，而且情感等非理性因素确实会影响人的思维过程。

4. 关于人类智能如何产生，还未查清

随着人类历史的发展，人类对客观世界不断探索并有了非常深刻的认识，然而人类对自身的认识却仍然较为有限。智力是如何由物质产生的？人脑对信息的处理究竟是怎样完成的？科学家们从对解剖结构的研究中初步发现，人类的神经系统由大约 860 亿个神经元相互连接构成。神经元由细胞体、树突、轴突、神经末梢构成，细胞体位于大脑、脊髓和神经节中。每个神经元都有一个或多个短的树突，用以接收刺激并将兴奋传入细胞体。每个神经元都有一个长轴突，轴突的末端有很多神经末梢。每一条神经末梢通过突触与其他神经元形成功能性接触（非永久的），把兴奋从细胞体传送到另一个神经元或其他组织。但是，人的记忆、思维等智力活动究竟是如何通过这样一个数量庞大、结构复杂的神经元网络进行的呢？是否按照人们所想象的那样将兴奋从一个个神经元传输到其他神经元即可实现？由于难以对人的大脑结构和功能进行验证性试验，因此还需要继续进行深入的研究，而人类智能的产生机理将对人工智能的发展具有决定性意义。

1.1.3 ▶ 人工智能及其研究内容

人工智能是相对于人的自然智能而言的，用人工的方法和技术，去模仿、延伸和扩展人类智能，实现某些所谓的"机器思维"。具体来说，就是让机器能够像人一样感知客观世界并形成认知，能够从已有数据中获得知识、存储知识、更新知识，能够运用已有知识分析和解决问题，能够根据已知条件进行推理、判断、决策，能够执行诸如行走、搬运、舞蹈等行为。

具有上述部分或全部特征的技术、设备、系统，即认为是智能化的。值得一提的是，智能化系统并不仅限于像机器人、指纹识别设备、玉兔号月球车这样的物理设备，也包括网络搜索引擎、智能语音客服、棋类程序等软件系统。

人工智能是使用机器模仿、延伸和扩展人类智能，根据人类智能的表现，研究如何赋予机器感知、思维、学习、行为等能力，如图 1-2 所示。

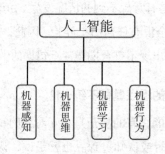

图 1-2 人工智能研究的内容

（1）机器感知：指让计算机具有类似于人的感知能力，如视觉、听觉、触觉、嗅觉、味觉。可以把机器感知看成智能系统的输入。在机器感知中，目前研究较为成功的是机器视觉（计算机视觉）和机器听觉（计算机听觉）。人们对机器感知的研究已在人工智能中形成了一些专门的研究领域，如计算机视觉、模式识别、自然语言理解等。

（2）机器思维：指让计算机能够对感知到的外界信息和自己产生的内部信息进行思维型加工。由于人类智能主要来自于大脑的思维活动，因此机器思维也是机器智能的重要组成部分。为了实现机器的思维功能，需要在知识的表示、组织及推理方法，各种启发式搜索及控制策略，以及神经网络、思维机理等方面进行深入研究。

（3）机器学习：指让计算机能够像人那样自动获取新知识，并在实践中不断地完善自我和增强能力。机器学习是机器具有智能的重要标志，也是人工智能研究的核心内容之一。目前人们已经研究出了很多机器学习方法，如记忆学习、归纳学习、解释学习、发现学习、神经学习、遗传学习等。

（4）机器行为：指让计算机具有像人一样的行动和表达能力，如走、跑、拿、说、唱、写、画等。如果将机器感知的环境信息看作输入，则机器行为就可看成智能系统的输出，如智能控制、智能制造、智能调度等。

人工智能是围绕智能活动而构造的人工系统。人工智能是知识的工程，是机器模仿人类利用知识完成一定行为的过程。根据人工智能是否能真正实现推理、思考和解决问题等能力，可以将人工智能分为弱人工智能和强人工智能。

弱人工智能是指不能真正实现推理和解决问题能力的智能机器，这些机器表面看像是智能的，但并不真正拥有智能，也没有自主意识。迄今为止的人工智能系统都还是实现特定功能的专用智能，而不能像人类智能那样不断适应复杂的新环境，因此都还是弱人工智能。目前的主流研究仍然集中在弱人工智能，如语音识别、图像处理和物体分割、机器翻译等方面，并取得了重大突破，甚至可以接近或超越人类水平。

强人工智能是指真正能思维，并且具有知觉和自我意识的智能机器，这类机器可分为类人（机器的思考和推理方式类似于人的思维方式）与非类人（机器产生了和人完全不一样的知觉和意识，使用和人完全不一样的推理方式）两大类。从一般意义来说，达到人类水平的、能够自适应地应对外界环境挑战的、具有自我意识的人工智能称为"通用人工智能""强人工智能"或"类人智能"。强人工智能不仅在哲学上存在巨大争议（涉及思维与意识等问题）， 在技术上的研究也具有极大的挑战性。

人工智能的近期目标和远期目标都需要建立智能机器，因此就需要开展对系统模型、构造技术、构造工具及语言环境等方面的研究。

1.1.4 ▶ 人工智能的主要学派

人工智能的研究从诞生至今，主要有三大学派。

1. 符号主义

传统人工智能以 Newell 和 Simon 提出的物理符号系统假设为基础，称为符号主义或符号智能。物理符号系统由一组符号实体（如字母、单词、编码）组成，它们都是物理模式，可在符号结构的实体中以组的形式出现。虽然计算机不能像人一样理解自然语言，但是可以处理各种符号。将知识用符号进行表示，在符号系统中进行建立、修改、复制、删除等操作，以生成其他符号结构，从而智能地进行知识表示、学习、推理、决策等。

2. 连接主义

连接主义认为人工智能源于仿生学。1943 年，生理学家 McCulloch 和数理逻辑学家 Pitts 创键了脑模型（MP 逻辑神经元数学模型），连接主义从神经元模型开始研究，进而研究了神经网络模型和脑模型，开辟了人工智能的又一发展道路。20 世纪六七十年代，连接主义，尤其是对以感知机为代表的脑模型的研究一度大热。Hopfield 教授在 1982 年和 1984 年提出用硬件模拟神经网络。1986 年，Rumelhart 等人提出多层网络中的误差反向传播（Back Propagation, BP）算法。此后，连接主义从模型到算法，从理论分析到工程实现，为神经网络的发展打下基础。现在，以深度学习为代表的神经网络方法正处于热门研究阶段。

3. 行为主义

行为主义（行为模拟）基于智能控制系统的理论、方法和技术，研究拟人的智能控制行为。

1991 年，Brooks 提出了无须知识表示的智能和无须推理的智能，他认为智能只是在与环境的交互中表现出来的，不应采用集中式的模式，而是需要用不同的行为模块与环境进行交互，以此来产生复杂的行为。

基于行为的基本观点可以概括为以下内容。

（1）知识的形式化表达和模型化方法是人工智能的主要障碍。

（2）智能取决于感知和行动，利用机器对环境进行作用，然后由环境进行响应。

（3）智能行为只能体现在真实世界中，通过与周围环境交互而表现出来。

（4）人工智能可以像人类智能一样逐步进化，分阶段发展和增强。

行为主义思想提出后引起了人们的广泛关注，有人认为 Brooks 的机器虫在行为上的成功并不能导致高级控制行为，指望让机器从昆虫的智能进化到人类的智能只是一种幻想。尽管如此，行为主义的兴起，表明了控制论、系统工程的思想将进一步影响人工智能的发展。

除了以上介绍的三个人工智能研究学派，人们还提出了利用统计学习和人脑结构模拟的人工智能研究方法，我国《人工智能标准化白皮书（2018 版）》将其称为统计主义和仿真主义。

4. 统计主义

统计学习理论是一种研究训练样本有限情况下的机器学习规律的学科，它从观测（训练）样本出发，试图得到一些目前不能通过分析原理得到的规律，并利用这些规律来分析客观对象，从而利用规律对未来数据进行较为准确的预测。它可以看作基于数据的机器学习问题的一个特例，即在有限样本情况下的特例。统计学习理论主要研究以下三个问题。

（1）学习的统计性能：通过学习有限样本，能否得到其中的一些规律？

（2）学习算法的收敛性：学习过程是否收敛？收敛的速度如何？

（3）学习过程的复杂性：学习器的复杂性、样本的复杂性、计算的复杂性如何？

如今，统计学习理论在模式分类、回归分析、概率密度估计方面发挥着重要的作用。统计机器学习大致可以分为两类：一类做统计学习理论相关工作，如泛化界、约简或一致性；另一类做优化算法，如支持向量机、Boosting 等。统计学习包括感知机、K 近邻法、朴素贝叶斯法、决策树、逻辑回归与最大熵模型、支持向量机、EM 算法（Expectation Maximization Algorithm，最大期望算法）、隐马尔可夫模型和条件随机场等。

5. 仿真主义

仿真主义通过制造先进的大脑探测工具，从结构上解析大脑，再利用工程技术手段构造出模仿大脑神经网络基元及结构的仿脑装置，最后通过环境刺激和交互训练仿真大脑，实现类人智能。简言之，先结构，后功能。虽然这项工程十分困难，但却是有可能在数十年内解决的工程技术问题，而不像"理解大脑"这个科学问题那样遥不可及。

仿真主义可以说是符号主义、连接主义、行为主义和统计主义之后的第五个学派，和前四个学派有着千丝万缕的联系，也是前四个学派通向强人工智能的关键一环。经典计算机是实现数理逻辑的开关，采用冯·诺依曼体系结构，可以作为逻辑推理等专用智能的实现载体。但是，靠经典计算机是不可能实现强人工智能的。要想按仿真主义的路线"仿脑"，就必须设计制造全新的软硬件系统，这就是"类脑计算机"，或者称为"仿脑机"。"仿脑机"是"仿真工程"的标志性成果，也是"仿脑工程"通向强人工智能之路的重要里程碑。

以上五个人工智能学派如图 1-3 所示，它们将长期共存与合作，取长补短，并逐渐融合和集成，共同为人工智能的发展做出贡献。

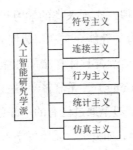

图 1-3 人工智能的研究学派

人工智能的研究和应用范畴

人工智能涉及多个学科，研究和应用范畴非常广泛。大致来讲，人工智能的研究内容可以分为知识表示、搜索技术、自动推理、机器学习、专家系统、分布式人工智能、机器人学，如图 1-4 所示。

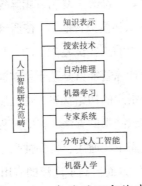

图 1-4 人工智能的研究范畴

人工智能以知识为基础，研究知识表示的方法。知识表示是研究怎样使机器能懂得人类的知识，并对其进行处理，然后以一种人类能理解的方式将处理结果告诉人们。常用的知识表示方法包括状态空间法、问题规约法、谓词逻辑法、语义网络、框架表示法、剧本表示法、过程表示法。

有了知识表示方法之后，就需要有解决问题的方法。搜索技术是最常用的一种方法。所谓搜索，就是寻找一条从初始问题到问题解的路径。按照搜索策略的不同，搜索技术可以分为三大类：不可撤回方式、回溯方式、图搜索方式。不可撤回方式是指在每一步搜索时，利用局部知识，根据最优评价，选出下一个状态，选定后不能撤回，只能继续。回溯方式是指在搜索过程中，有时会发现所选的路径不适合找到目标，这时允许退回去另选一条路径。图搜索方式是指把问题求解过程用图来表示。节点代表问题的状态，弧代表状态变化的方向，那么搜索就变成了对图进行从初始节点开始，到目标节点路径的搜索。典型的搜索技术有：状态空间图盲目搜索、状态空间图等代价搜索、状态空间图启发式搜索、与或图搜索、博弈树搜索。

事物是客观联系的，人解决问题往往是利用以往的知识，通过推理得出结论。从一个或几个已知的判断（前提），有逻辑地推论出一个新的判断（结论）的思维形式称为推理。自动推理的理论和技术是程序推导、程序正确性证明、专家系统、智能机器人等研究领域的重要基础。自动推理方法包括：消解原理、规则演绎系统、产生式系统、系统组织技术、不确定性推理、非单调推理。

机器学习专门研究计算机怎样模拟或实现人类的学习行为，以获取新的知识或技能，重新组织已有的知识结构，使之不断改善自身的性能。它利用数据或以往的经验，来优化计算机程序的性能标准，并研究如何在经验学习中自动改善具体算法的性能。机器学习领域主要有三类不同的学习方法：有监督学习（Supervised Learning）、无监督学习（Unsupervised Learning）、半监督学习（Semi-Supervised Learning）。有监督学习是通过已有的一部分输入数据与输出数据之间的关系生成一个函数，再将输入映射到合适的输出，如分类。无监督学习是直接对输入数据进行建模，如聚类。半监督学习是利用有类标的数据和没有类标的数据生成合适的分类函数。典型的机器学习技术有：归纳学习、类比学习、解释学习、强化学习、决策树学习、神经学习、知识发现。

人工智能按照其发展历程又可以分为符号智能和计算智能。传统的人工智能是符号主义，它以 Newell 和 Simon 提出的物理符号系统假设为基础，物理符号系统假设认为物理符号系统是智能行为的充分和必要条件。物理符号系统由一组符号实体组成，它们都是物理模式，可在符号结构的实体中作为组出现。该系统可以进行建立、修改、复制、删除等操作，以生成其他符号结构。

计算智能是以生物进化的观点认识和模拟智能的。按照这个观点，智能是在生物的遗传、变异、生长，以及外部环境的自然选择中产生的。在优胜劣汰的过程中，适应度高的（头脑）结构被保存下来，智能水平也随之提高，因此说计算智能就是基于结构演化的智能。计算智能具有以下共同的要素：自适应的结构、随机产生的或指定的初始状态、适应度的评测函数、修改结构的操作、系统状态的存储器、终止计算的条件、指示结果的方法、控制过程的参数。计算智能的这些方法具有自学习、自组织、自适应的特征，以及简单、通用、鲁棒性强、可以并行处理的优点，在并行搜索、联想记忆、模式识别、知识自动获取等方面得到了广泛的应用。典型的计算智能方法有：模糊计算、神经网络、遗传算法、粒子群算法、蚁群算法等。

目前，人工智能已经渗透到人们生产生活的各个领域，如自然语言处理、自动定理证明、智能数据检索系统、机器学习、模式识别、机器视觉系统、问题求解、人工智能方法、程序语言及自动程序设计等。比较成功的实际应用有：机器视觉、指纹识别、人脸识别、视网膜识别、虹膜识别、掌纹识别、专家系统、智能搜索、定理证明、博弈、自动程序设计、航天应用等。

1.2 理解机器学习

从以上内容可以看出，机器学习是研究如何使用机器来模拟人类学习活动，从而使机器获取一定知识的一门学科。由于人工智能是以知识为基础的，而机器学习以获取知识为目标，因此，判断一个系统能否称为智能，在很大程度上取决于它是否具有学习能力。

1.2.1 ▶ 学习与机器学习

学习是人类具有的一种重要的智能行为，狭义的学习指通过阅读、听讲、研究、观察、理解、探索、实验、实践等手段获得知识或技能的过程，是一种使个体可以得到持续变化（知识和技能、方法与过程、情感与价值的改善和升华）的行为方式；广义的学习指人在生活中通过获得经验而产生行为或行为潜能等相对持久的行为方式。

机器学习是相对人的学习而言的。简单来讲，它是研究如何使用机器来模拟人类学习活动的一门学科。

较为严格的解释是，机器学习是一门研究机器获取新知识和新技能，并识别现有知识的学问。Simon 对学习的定义是："如果一个系统能够通过执行某种过程而改进它的性能，它就是在学习。"这个定义有三个要点：第一，学习是一个过程；第二，学习是对一个系统而言的；第三，学习可以改变系统性能。概括起来就是过程、系统与改变性能。对上述说法，第一点是肯定的。第二点中的系统则相对复杂，一般是指一台计算机，但也可以是计算系统，甚至是人机计算系统。第三点只强调了"改进系统性能"，而未限制这种"改进"的方法。

一般来说，一个完整的机器学习系统应包括环境、学习单元、知识库、执行单元，如图 1-5 所示。计算机通过各种软硬件从环境中感知、获取信息，利用学习单元将信息加工为有用的知识，保存在知识库中。使用知识指导执行单元产生动作，包括决策、任务的执行等，观察执行效果并反馈给学习单元。

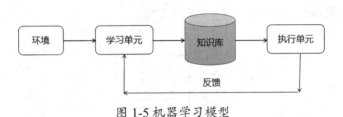

图 1-5 机器学习模型

1.2.2 ▶ 机器学习的分类

按照训练的数据有无标签，可以将机器学习分为有监督学习、无监督学习、半监督学习，以及其他学习方法，如图 1-6 所示。

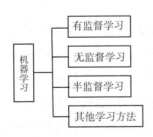

图 1-6 机器学习的分类

有监督学习是利用一组已知类别的样本训练、调整分类器的参数，使其达到所要求性能的过程，也称为有监督训练或有教师学习。有监督学习是从标记的训练数据中来推断一个功能的机器学习任务，训练数据包括一套训练示例。在有监督学习中，每个实例都是由一个输入对象（通常为包含多个特征的矢量）和一个期望的输出值（监督信号）组成的。有监督学习算法通过分析该训练数据，产生一个推断，这个推断可以用于映射出新的实例。这就要求学习算法可以在一种"合理"的方式下，从训练数据中形成。常用的有监督学习算法有：线性回归、逻辑回归、决策树、神经网络、支持向量机等。

如果所有训练数据都没有标签，则称为无监督学习，如聚类算法、降维算法。聚类的目标是寻找一个方案，将一组样本划分成若干簇，使每个簇内的实例尽可能相似，而不同簇的元素则尽可能不相似。

如果训练数据中一部分是有标签的，另一部分是没有标签的，而没标签数据的数量又大于有标签数据的数量，就称为半监督学习。半监督学习依据的规律是，数据的分布必然不是完全随机的，通过一些有标签数据的局部特征，以及更多没标签数据的整体分布，就能得到可以接受，甚至是非常好的分类结果。

1.2.3 ▶ 典型的机器学习方法

人们已经提出了许多机器学习方法，这些方法在解决不同问题时能够表现出比较出色的性能。比较常用、典型的机器学习方法有：回归分析、分类（如决策树、神经网络、支持向量机）、聚类（如 K-means）、数据降维、特征抽取等，如图 1-7 所示。

图 1-7 典型的机器学习方法

1. 回归分析

回归分析是指在掌握大量观察数据的基础上，利用数理统计方法建立因变量与自变量之间的回归关系的函数表达式，称为回归方程式。回归分析中，当研究的因果关系只涉及因变量和一个自变量时，叫作一元回归分析；当研究的因果关系涉及因变量和两个或两个以上的自变量时，叫作多元回归分析。因此，根据自变量的个数，可以是一元回归，也可以是多元回归。此外，还可以依据自变量与因变量之间的回归关系的函数表达式是线性还是非线性的，将回归分析分为线性回归分析和非线性回归分析。

线性回归分析用来解决如何拟合出一条直线以最佳匹配所有数据的问题，它是最基本的回归分析方法。线性回归一般使用"最小二乘法"来求解。最小二乘法假设拟合出的直线代表数据的真实值，而观测到的数据代表有误差的值。为了尽可能减小误差的影响，需要求解一条直线使所有误差的平方和最小。最小二乘法将最优问题转化为求函数极值的问题。为了提升计算机求函数极值的准确率和效率，人们提出了著名的梯度下降法、牛顿法等经典算法。梯度下降法是回归分析中最简单有效的方法之一。

如果回归模型的因变量是自变量的 1 次以上函数形式，回归规律则在图形上表现为形态各异的各种曲线，称为非线性回归，这类模型称为非线性回归模型。在许多实际问题中，回归函数往往是较复杂的非线性函数，非线性函数的求解一般可分为将非线性变换成线性和不能变换成线性两大类。

处理可线性化的非线性回归的基本方法是，通过变量变换，将非线性回归转换为线性回归，然后用线性回归方法处理。假定根据理论和经验，已获得输出变量与输入变量之间的非线性表达式，但表达式的系数是未知的，要根据输入输出的 n 次观察结果来确定系数的值。按最小二乘法原理来求出系数值，所得到的模型为非线性回归模型（Nonlinear Regression Model）。可线性化处理的非线性回归函数包括指数函数、对数函数、幂函数、S 型函数、双曲线函数等。

对实际科学研究中经常遇到的不可线性处理的非线性回归问题，人们提出了一种新的解决方法。该方法是基于回归问题的最小二乘法，在求误差平方和最小极值的问题上，应用了最优化方法中对无约束极值问题的一种数学解法——单纯形法。应用结果证明，这种非线性回归的算法比较简单，收敛效果和收敛速度也都比较理想。

不可转换的非线性回归函数较为复杂，无法转换为线性处理，一般的思路是，将其转换为多项式回归。如果只有 1 个自变量，可转换为一元多项式，式中含有 1 次项、2 次项、高次项，图形为曲线。如果有 2 个以上变量，则转换为多元多项式回归，同样含有 1 次项、2 次项、高次项，图形变为曲面。

对于不可转化为线性的模型，回归通常利用泰勒级数展开，并采用数值迭代来进行。常用的数值迭代算法有：Gauss（高斯 - 牛顿法，1 阶偏导数）、Newton（牛顿法，1 阶、2 阶偏导数）、Marquardt（麦夸特法，1 阶偏导数）、Gradient（梯度下降法，1 阶偏导数）、Dud（正割法，无须偏导数）。

对于采用预先给定估计误差的曲线函数（如线性函数），要使该函数取值最小化，并用最小二乘法求得参数的估计值。由于曲线函数并非直线，因此模型无法真正直接计算出最小二乘法估计的参数值。基于此弊端，数学上先引入了高斯 - 牛顿法，对曲线函数做泰勒级数展开，以达到近似线性的目的，并只取 1 阶偏导数，其余归入误差，然后再采用最小二乘法，并进行反复迭代求解。

在数学上，一般函数都可以用多项式来逼近，或者说任意一个函数，至少在一个较小范围内可以用多项式任意逼近。当两个变量间的关系复杂、难以确定时，可以使用多项式回归来拟合。多项式回归模型可以在局部线性化后通过最小二乘法求解。通常，多项式回归模型只用于描述变量试验范围内的回归，因此并不可靠。

确定曲线类型一般从两个方面考虑：一方面是根据专业知识，从理论上推导或凭经验推测；另一方面是通过绘制和观测散点图来确定曲线的大体类型。

除线性回归算法外，还有逻辑回归算法。它是一种与线性回归非常类似的算法，但从本质上来讲，线性回归处理的问题类型与逻辑回归并不一致。线性回归处理的是数值问题，也就是最后预测出的结果是数字，如房价。而逻辑回归属于分类算法，它预测的结果是离散的分类，如判断一封邮件是否为垃圾邮件，以及用户是否会点击某个广告，等等。

2. 决策树

决策树（Decision Tree）是在已知各种情况发生概率的基础上，通过递归地分析各个属性的重要程度，构成树状决策结构。由于这种方法以属性为节点、以属性值为分支，画成的图形很像一棵树的枝干，故称决策树。在机器学习中，决策树是一个预测模型，它代表的是对象属性与对象值之间的映射关系。树中的节点表示对象，分叉路径代表可能的属性值，叶结点则对应从根节点到该叶节点所经历的路径所表示的对象值。决策树仅有单一输出，若要有复数输出，可以建立独立的决策树，以处理不同输出。

决策树使用信息熵（Entropy）刻画系统的凌乱程度，使用某个属性对样本集进行分类后，样本向有序化方向变化。计算使用该属性分类过的样本集信息熵，与分类前的信息熵对比，可得到信息增益。信息增益代表了样本从无序化向有序化变化的程度。因此，哪个属性对样本分类后的信息增益大，就说明哪个属性比较重要。选取最重要的属性作为根属性，对其他属性分别计算在上次分类后的信息增益，最终可以得到从输入到输出的一个树状结构。从数据产生决策树的机器学习技术叫作决策树学习，即决策树。决策树是一种十分常用的分类方法，常用的算法有 ID3、C4.5、CART 等。

3. 神经网络

人工神经网络（Artificial Neural Network，ANN，简称神经网络）是由大量的、简单的处理单元（神经元）广泛地互相连接而形成的复杂网络系统，它反映了人脑功能的许多基本特征，是一个高度复杂的非线性动力学习系统。神经网络具有大规模并行、分布式存储和处理、自组织、自适应和自学的能力，特别适合处理需要同时考虑许多因素和条件的、不精确和模糊的信息处理问题。理论上，神经网络可以充分逼近任意复杂的非线性关系。

人工神经网络算法是 20 世纪 80 年代机器学习界非常流行的算法，在 20 世纪 90 年代衰落。现在随着计算能力的提高和深度学习的发展，神经网络重新成为最强大的机器学习算法之一。神经网络的诞生起源于对大脑工作机理的研究。早期生物界学者们使用神经网络来模拟大脑，机器学习的学者们使用神经网络进行机器学习的实验，发现在视觉与语音的识别上效果都相当好。

神经网络由多个神经元相互连接形成，分为输入层、隐藏层、输出层。输入层负责接收信号，隐藏层负责对数据进行分解与处理，最后的结果被整合到输出层。每层中的一个节点代表一个处理单元，可以认为是模拟了一个神经元。若干个处理单元组成了一个层，若干个层又组成了一个网络，也就是神经网络。在神经网络中，每个处理单元实际上就是一个逻辑回归模型，逻辑回归模型接收上层的输入，再把模型的预测结果作为输出传到下一个层次。通过这样的过程，神经网络就可以完成非常复杂的非线性分类。

目前，主要的神经网络模型有 BP 网络、Hopfield 网络、ART 网络、Kohonen 网络等。神经网络已经在自动控制、组合优化、模式识别、图像处理、信号处理、机器人控制、保健医疗、金融等领域得到了广泛的应用。

4. 支持向量机

机器学习本质上是对问题真实模型的逼近，实际选择的模型是一个近似模型，或称假设。假设与问题真实解之间究竟有多大差距，往往无法得知，近似模型与问题真实解之间的误差叫作风险。当选择了一个假设（即分类器）之后，真实误差无从得知，但可以用某些可以掌握的量来逼近它。最直观的做法是使用分类器在样本数据上的分类结果与真实结果（样本是已经标注过的数据，是准确数据）之间的差值来表示，这个差值叫作经验风险。以前的机器学习方法都把经验风险最小化作为努力的目标，但后来发现很多分类函数能够在样本集上轻易达到100%的正确率，却在推广到真实分类时泛化能力较差。此时，选择一个足够复杂的分类函数，它的 VC 维（对函数类的一种度量，可以简单理解为问题的复杂程度，VC 维越高，一个问题就越复杂）很高，能够精确地记住每一个样本，但对样本之外的数据却一律分类错误。回头再看看经验风险的最小化原则就会发现，此原则适用的前提是，经验风险要确实能够逼近真实风险才行，即两者一致。但实际上很难做到经验风险与真实风险一致。这是由于样本数相对于现实世界要分类的实例数来说太少，经验风险最小化原则只能在占很小比例的样本上做到没有误差，但不能保证在更大比例的真实实例上也没有误差。

统计学习因此引入了泛化误差界的概念。真实风险应该由两部分内容刻画，一部分是经验风险，代表了分类器在给定样本上的误差；另一部分是置信风险，代表了在多大程度上可以信任分类器在未知样本上的分类结果。很显然，置信风险是没有办法做到精确计算的，因此只能给出一个估计的区间，使整个误差只能计算上界，而无法计算准确的值，所以叫作泛化误差界，而不是泛化误差。

置信风险与两个量有关，一个是样本数量，给定的样本数量越大，学习结果越有可能正确，此时置信风险越小；另一个是分类函数的 VC 维，VC 维越大，推广能力越差，置信风险也会变大。

泛化误差界的公式为式（1-1）。

$$R(w) \leqslant \text{Remp}(w) + \Phi(n/h) \tag{1-1}$$

其中的 $R(w)$ 是真实风险，$\text{Remp}(w)$ 是经验风险，$\Phi(n/h)$ 是置信风险。统计学习的目标从经验风险最小化变为了寻求经验风险与置信风险的和最小，即结构风险最小。

在分类问题中，数据点是 n 维空间中的点。分类的目标是希望能够把这些点通过一个 $n-1$ 维的超平面分开，这称为线性分类。有很多分类器都符合这个要求，但是人们还是希望能够找到分类最佳的平面（两个不同类的数据点间隔最大的那个面），也就是最大间隔超平面。如果能够找到这个面，那么这个分类器就称为最大间隔分类器。

SVM（支持向量机）正是这样一种最小化结构风险的算法。它将向量映射到一个更高维的空间里，在这个空间里建立一个最大间隔超平面。在分开数据的超平面的两边建立两个互相平行的超平面，再建立一个方向合适的分隔超平面，使两个与之平行的超平面间的距离最大化。其假定为，平行超平面间的距离或差距越大，分类器的总误差越小，从而达到结构风险最小的目的。所谓支持向量是指那些在间隔区边缘的训练样本点。

SVM 适用于解决小样本、非线性、高维分类问题。小样本指与问题的复杂度相比，SVM 算法要求的样本数是相对比较少的。非线性指 SVM 擅长应付样本数据线性不可分的情况，主要通过松弛变量（也叫惩罚变量）和核函数技术来实现，这部分是 SVM 的精髓。通过与"核"的结合，支持向量机可以表达出非常复杂的分类界线，从而实现很好的分类效果。"核"实际上就是一种特殊的函数，最典型的特征就是可以将低维空间映射到高维空间。高维分类是指样本维数很高，如文本的向量表示，如果没有经过降维处理，出现几万维的情况也很正常，其他算法基本没有能力应对，但是 SVM 却可以。因为 SVM 产生的分类器很简洁，用到的样本信息很少，即使样本维数很高，也不会给存储和计算带来大麻烦。

SVM 的关键在于核函数。低维空间向量集通常难以划分，解决方法是将它们映射到高维空间。但这样会使计算复杂度增加，而核函数正好巧妙地解决了这个问题。它虽然将问题映射到高维空间，但是依然在低维空间进行计算。只要选用适当的核函数，就可以得到高维空间的分类函数，却不增加计算的复杂度。在 SVM 理论中，采用不同的核函数将导致不同的 SVM 算法。常用的核函数有线性核、多项式核、高斯核、拉普拉斯核、Sigmoid 核。

5. 聚类

如果训练数据都没有类标签，也就是说，不知道样本属于哪个类，那么可以通过训练推测出这些数据的标签，这类算法即无监督算法。无监督算法中最典型的就是聚类算法。

以二维数据来说，某一个数据包含两个特征，希望通过聚类算法按不同的种类将其打上标签，应该怎么做呢？简单来说，聚类算法先计算出种群间的距离，再根据距离的远近将数据划分为多个簇。每个簇内的样本距离要尽量小，而不同簇的元素间距离要尽量大。聚类算法中最典型的是 K-means（K 均值）聚类算法。

K 均值聚类算法的基本思想是，先随机选取 K 个对象作为初始的聚类中心，然后再计算每个对象与各个聚类中心之间的距离，把每个对象分配给距离它最近的聚类中心。聚类中心及分配给它们的对象就代表一个聚类。一旦全部对象都被分配了，每个聚类的聚类中心会根据聚类中现有的对象被重新计算。这个过程将不断重复，直到满足某个终止条件。终止条件可以是没有（或最小数目）对象被重新分配给不同的聚类、没有（或最小数目）聚类中心再发生变化、误差平方和局部最小。

其他聚类方法还有均值漂移聚类、基于密度的聚类、用高斯混合模型（GMM）的最大期望（EM）聚类、凝聚层次聚类等。

6. 数据降维

数据降维也是一种无监督学习算法，其主要特点是将数据从高维降到低维层次。在这里，维度表示的是数据特征量的大小。数据降维的主要作用是压缩数据与提升机器学习中的算法效率。通过降维算法，可以将具有几千个特征的数据压缩至若干个特征。数据降维还有一个好处是数据的可视化，如先将五维的数据压缩至二维，然后再用二维平面进行可视化观察。数据降维的主要代表是 PCA 算法（主成分分析算法）。

1.2.4 ▶ 深度学习

深度学习是机器学习研究中的一个新领域，其动机在于建立模拟人脑进行分析学习的神经网络，通过模仿人脑的机制来解释图像、声音、文本等数据。

深度学习的概念源自对人工神经网络的研究。含多个隐藏层的多层感知器就是一种深度学习结构，它通过组合低层特征，形成更加抽象的高层特征，用来表示属性类别或特征，以发现数据的分布式特征。如图 1-8 所示，这种具有多个隐藏层的神经网络就是一个深度神经网络。

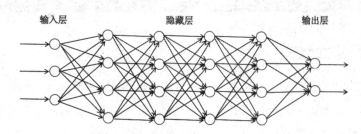

图 1-8 具有多个隐藏层的深度神经网络

2006 年，Hinton 等人提出了深度学习的概念，为解决深层结构相关的优化难题带来了希望，随后提出多层自动编码器深层结构。此外，Lecun 等人提出了卷积神经网络，这是第一个真正的多层结构学习算法，它利用空间相对关系来减少参数数目以提高训练性能。

同机器学习方法一样，深度机器学习方法也有有监督学习与无监督学习之分，不同的学习框架下建立的学习模型是不同的。例如，卷积神经网络（Convolutional Neural Networks，CNNs）就是一种有监督学习的机器学习模型，而深度置信网（Deep Belief Nets，DBNs）就是一种无监督学习的机器学习模型。

从一个输入中产生一个输出所涉及的计算可以通过流向图（Flow Graph）来表示。流向图是一种能够表示计算的图，图中每个节点表示一个基本的计算及一个计算的值，计算的结果被应用到这个节点的子节点的值。这种流向图的一个特别属性是深度，它是从输入到输出的最长路径长度。

需要使用深度学习解决的问题有以下特征：深度不足会出现问题，人脑具有一个深度结构，认知过程逐层进行，逐步抽象。在许多情形中，深度 2 就足够表示任何一个带有给定目标精度的函数。但是其代价是：图中所需要的节点数（如计算和参数数量）可能变得非常多。理论结果证实，那些节点数随着输入的大小呈指数增长的函数族是存在的。

可以将深度结构看作一种因子分解。大部分随机选择的函数不能被有效地表示，无论是用深度结构还是浅度结构。但是许多能够有效地被深度结构表示的，却不能被浅度结构高效表示，这意味着在可被表示的函数中存在某种结构。如果不存在任何结构，那将不能很好地泛化。

前面讲过，大脑有一个深度结构，使认知过程能够逐层进行，逐步抽象。因此人类可以层次化地组织思想和概念，如先学习简单的概念，然后用它们去表示更抽象的概念。

对于深度学习来说，其思想就是堆叠多个层，也就是用这一层的输出作为下一层的输入。通过这种方式，就可以实现对输入信息进行分级表达。如果把学习结构看作一个网络，则深度学习的核心思路如下。

（1）无监督学习用于每一层网络的预训练。

（2）每次用无监督学习只训练一层，并将其训练结果作为高一层的输入。

（3）用自上而下的有监督算法调整所有的层。

目前，深度学习已成功应用于计算机视觉、语音识别、自然语言处理等领域。

1.3 数据、大数据及其组织方式

1.3.1 ▶ 数据及大数据

人工智能是以知识为基础的，而机器学习的目的正是从数据中获取有用的知识。从某种程度上来说，数据（尤其是大数据）是包括机器学习在内的人工智能再度兴起的一个重要原因。

数据（Data）是事实或观察的结果，用于表示客观事物未经加工的原始素材。它不仅是狭义上的数字，还可以是具有一定意义的文字、字母、数字符号的组合；图形、图像、视频、音频等，也是客观事物的属性、数量、位置及其相互关系的抽象表示。例如，"0，1，2，…""阴、雨、气温""学生的档案记录、货物的运输情况"等都是数据。数据可以是连续的值，如声音、图像，称为模拟数据；也可以是离散的值，如符号、文字。在计算机系统中，数据以二进制信息单元 0,1 的形式表示。

近年来，随着传感器及其网络技术、互联网、电子商务、物联网等科学技术的普及和应用，人类正在产生和积累着有史以来最为庞大的数据。大数据到底有多大？有这样一组数据：一天之中，互联网产生的全部内容可以刻满 1.68 亿张 DVD；发出的邮件有 2940 亿封之多（相当于美国两年的纸质信件数量）；发出的社区帖子达 200 万个（相当于《时代》杂志 770 年的文字量）；上传的图片超过 5 亿张；每分钟就有 20 小时时长的视频被分享；卖出的手机为 37.8 万台，高于全球每天出生的婴儿数量 37.1 万……

大数据具有 5V 特点，即 Volume（大量）、Velocity（高速）、Variety（多样）、Value（低价值密度）、Veracity（真实性）。

大数据的起始计量单位至少是 PB（1000 多个 TB）、EB（100 多万个 TB）或 ZB（10 亿多个 TB）。数据类型包括网络日志、音频、视频、图片、地理位置信息等，种类繁杂。随着物联网、车联网、可穿戴等技术的广泛应用，信息感知将无处不在。信息海量但价值密度较低，需要通过强大的机器学习算法迅速地完成数据的价值"提纯"。对大数据的处理要求速度快、时效性高，处理结果要具有真实的数据质量。大数据包括结构化、半结构化和非结构化，其中非结构化数据在大数据中越来越重要。

1.3.2 ▶ 数据库与数据仓库

机器学习的基础是各式各样的数据。数据一般以数据库和数据仓库的形式组织存储。

数据库是按照一定的数据结构来组织、存储数据的数据集合。人们可以通过数据库提供的多种方法来管理数据库中的数据。早期比较流行的数据库模型有三种，分别为层次式数据库、网络式数据库和关系型数据库。在当今的互联网中，最常用的数据库模型主要是关系型数据库和非关系型数据库。

关系型数据库模型可以把复杂的数据结构归结为简单的二元关系（即二维表格形式）。关系型数据库的典型代表是 MySQL 和 Oracle。

非关系型数据库是传统关系型数据库的一个有效补充，在特定的场景下可以发挥出超乎想象的高效率和高性能。随着互联网 Web2.0 网站的兴起，传统的关系型数据库在应付 Web2.0 网站，特别是对于规模日益扩大的海量数据，超大规模和高并发的微博、微信、SNS 类型的 Web2.0 纯动态网站时已经显得力不从心，暴露了很多难以克服的问题。于是出现了大批针对特定场景，具有高性能和使用便利等特点的功能特异化的数据库产品。NoSQL（非关系型）类的数据就是在这个时候诞生并得到了非常迅速的发展。NoSQL 的典型产品有 Memcached（纯内存）、Redis（持久化缓存）、MongoDB（文档的数据库）。

数据仓库是一个面向主题的、集成的、相对稳定的、反映历史变化的数据集合，用于支持管理决策。数据仓库中的数据是按照一定的主题域进行组织的。对原有的分散数据库数据进行系统加工、整理，可以消除源数据中的不一致性。一旦某个数据进入数据仓库，就会保持相对稳定，只需要进行定期的加载、刷新。此外，数据仓库重在反映历史变化，通过数据信息可以对企业的发展历程和未来趋势做出定量分析预测。

可以看出，数据库和数据仓库的主要区别在于：数据库是面向事务的设计，一般存储在线交易数据，其设计尽量避免冗余，是为捕获数据而设计的，实时性要求高；数据仓库是面向主题设计的，存储的一般是历史数据，其设计有意引入冗余，是为分析数据而设计的。

1.4　机器学习的一般步骤

一般来说，机器学习可以分为 4 个步骤，即分析和定义问题，数据预处理，模型（算法）选择、模型训练、模型评价和模型优化，模型部署应用，如图 1-9 所示。

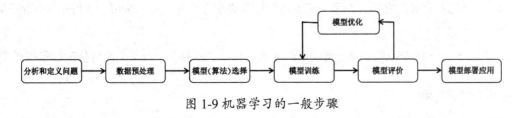

图 1-9 机器学习的一般步骤

1. 分析和定义问题

分析和定义问题即根据实际问题，分析问题的目标、性质和类型，明确是分类问题、聚类问题、回归问题，还是其他类型的问题。

2. 数据预处理

所有的机器学习算法都是建立在数据的基础之上的。在进入模型训练之前，必须要进行数据预处理。

先是收集数据的过程，如读取数据库、数据仓库、数据文件，使用网络爬虫爬取数据等。然后是进行数据清洗，包括数据格式的转化，将数据转换成算法所能处理的形式；处理噪声数据、缺失值；数据的采样（有可能并不需要这么多的数据）；数据的等价转换，包括统一数据的度量（这在计算距离时非常重要）、零均值化、标准化、属性的分解及合并等。

有时还需要对数据进行初步分析，以对数据有一些初步了解，这对模型中的参数选择有帮助。数据分析主要包含两个方法：Summarize Data 和 Visualize Data。

Summarize Data 主要是分析数据中的一些内在属性，包括 Data Structure 和 Data Distribution。其中 Data Structure 是指数据每一维属性的类型（是连续的还是离散的），在针对一些具体问题时，可能需要将离散的属性连续化。Data Distribution 是指数据的分布，主要分析每一维数据的分布情况。如果是有标签的数据，就可以弄清楚类别的分布，知道模型分类时准确率的下限，还可以获取属性间的关联性（如果有关联的话，关联度有多大）。这样有助于去除一些冗余属性，进行数据的降维，以及知道哪些属性对结果的影响比较大，以进行权值选择。Visualize Data 是对数据进行可视化操作，以初步判断数据的特征、分布、关联性，如柱状图、散点图等。柱状图可以描述出每一维度的值与其类标签之间的关系，也可以从图形中看出每一维的数据是服从何种分布的。对每两组属性画出其散点图，可以较为容易地看出属性之间的关联性。

3. 模型（算法）选择、模型训练、模型评价和模型优化

对于一个具体的问题，有时有很多种算法可以求解，那么是不是需要对每一种方法都进行一次尝试呢？并不需要，因为那样太费时间，而且并不是所有的算法都能有效。抽查就是对多个算法进行快速验证，以决定对哪一个算法进行进一步的训练。

在进行算法的抽查时，并不需要使用数据集中的所有数据进行训练，只需要使用较小的一部分。在选择完算法之后，再使用所有数据进行进一步的训练，该过程可以使用交叉验证的方法来进行。

此外，处于候选集中的算法的种类越多越好，这样才能测试出哪种类型的算法更能学习到数据中的结构。在选择完算法之后，并不一定直接使用该算法进行进一步的学习，也可以使用基于该算法的改进版本。

在该部分中，训练集、测试集的划分，结果衡量标准的选择，以及结果的可信度都是很重要的。

4. 模型部署应用

当训练的模型能够较好地解决一个问题时，就可以将其与实际的系统或产品相结合，用于预测、指导生产生活中的各类实际问题。

1.5 本章小结

　　人类智能是包括感知、学习、运用知识分析和解决问题、推理、判断、决策、创造，以及行为能力等的综合性能力。人工智能试图使用人工方法和技术来模仿、延伸和扩展人类智能，实现机器思维。根据人类智能的表现，人工智能相应地研究如何赋予机器感知、思维、学习、行为等能力。人工智能是基于知识的工程，是机器模仿人类利用知识完成一定行为的过程。人工智能的终极目标是实现有知觉和自我意识的智能机器，即所谓的强人工智能。但目前由于技术和硬件发展的限制，还处于弱人工智能阶段，所谓的智能机器并不拥有自主意识。

　　机器学习是人工智能研究的一个子领域，通过执行某种过程而改进自身性能。一个完整的机器学习系统包括环境、学习单元、知识库、执行单元。按照训练的数据有无标签，可以将机器学习分为有监督学习、无监督学习、半监督学习，以及其他算法。有监督学习利用一组已知类别的样本训练、调整分类器的参数，使其达到所要求的性能。常用的有监督学习算法有：线性回归、逻辑回归、决策树、神经网络、支持向量机等。如果所有的训练数据都没有标签，则称为无监督学习，包括聚类、降维等方法。有些训练数据部分有标签，部分没有标签，则称为半监督学习，此外，还有一些其他的学习方法，如强化学习、推荐算法、元学习等。

1.6 习题

　　（1）简述什么是智能。

　　（2）简述智能有哪些特点。

　　（3）简述什么是人工智能。

　　（4）简述人工智能的研究内容有哪些。

　　（5）简述什么是弱人工智能，什么是强人工智能。

　　（6）简述人工智能有哪些研究学派。

　　（7）简述什么是机器学习，画图说明机器学习的模型。

　　（8）简述什么是有监督学习，它有哪些学习方法。

　　（9）简述什么是无监督学习，它有哪些学习方法。

　　（10）简述大数据有哪些特点。

　　（11）简述数据库与数据仓库有什么区别。

　　（12）简述机器学习有哪些步骤。

1.7 高手点拨

　　有监督学习指训练样本已有类标签，即样本的类别是已知的。使用类标签来训练、调整分类器的参数，使其达到所要求的性能。无监督学习的训练样本没有类标签，即不知道样本的类别。这就需要寻找一种相似性度量方法，根据样本的相似度，将相似的样本聚集为相同的簇，而将不相似的样本聚集为不同的簇，使同一簇内的样本尽可能相似，而不同簇间的样本尽可能不相似。

第 2 章

2

设置机器学习的环境

学习机器学习，不仅要掌握必要的理论知识，更要选择合适的工具进行实践练习。Python 语言以其解释性、脚本式、简洁、开源、社区支持、资源丰富、简单易学等特点，已经成为人工智能领域最流行的开发语言。许多 API 都面向 Python 提供了标准接口，这使得 Python 成为一种连接各种 API 的"胶水"语言。scikit-learn 是一个致力于机器学习、数据挖掘的库，它提供了丰富、强大的数据预处理、降维、模型选择、有监督学习、无监督学习、回归分析等各种机器学习技术，是实践各种机器学习的有力工具。本章将对 Python 语言及机器学习工具 scikit-learn 进行介绍。

2.1 机器学习工具及 Python Anaconda 的安装

Python 官网（https://www.python.org/）提供了支持各种操作系统的 Python 版本，用户可以在其 Download 页面下载安装。但是 Python 官网的 Python 安装程序中并不包含许多常用的模块，需要用户自行配置安装。如果读者对 Python 已经比较熟悉，可以使用此安装方法。对于初学者，建议使用 Anaconda Python，它集合了科学计算、机器学习和数据挖掘等常用功能的模块，用户不必逐个安装和配置环境变量，非常适合初学者使用。本书将以 Anaconda Python 作为 Python 的编程环境。

2.1.1 ▶ 机器学习工具

目前，人们开发了许多种机器学习工具。一种有用的机器学习工具分类方式是将它们分成平台和库。平台提供完成一个项目所需的全部功能，而库只提供部分功能。

机器学习平台提供了完成一个机器学习项目的全部功能，包括数据分析、数据准备、建模和算法评估及选择。典型的机器学习平台有 WEKA Machine Learning Workbench、R Platform、Python SciPy 的子集（比如 Pandas 和 scikit-learn）。

机器学习库提供了完成一个机器学习项目的部分功能。比如，一个库可能提供了一系列建模算法。典型的机器学习库有 Python scikit-learn、Java JSAT、.Net Accord Framework。

一些机器学习工具提供了图形界面，包括窗口、得分、单击，专注于可视化。图形化界面工具允许用户掌握较少技术完成机器学习工作，更注重信息的图形化展示，比如可视化。用户可以使用界面进行结构化处理。常见的图形化界面机器学习工具有 KNIME、RapidMiner、Orange。

与图形化界面相对的是命令行界面。机器学习工具提供了命令行界面，包括命令行程序和命令行参数，注重输入和输出。命令行用户界面允许不是程序员的技术用户完成机器学习项目，提供了许多专门的程序或机器学习项目特定子任务的编程模型，根据需要的输入和将会得到的输出分解机器学习任务，通过脚本命令或命令行参数来促进生成有复验性的结果。常用的提供命令行界面的机器学习工具包括 Waffles、WEKA Machine Learning Workbench。

此外，也有一些带有应用程序编程接口的机器学习工具，如面向 Python 的 Pylearn2、面向 Java 的 Deeplearning4j、面向 C 的 LIBSVM 等。可以根据自己的实际情况选择适合自己的机器学习工具。

2.1.2 ▶ Python Anaconda

1. Python 简介

Python 的创始人是 Guido van Rossum。1989 年圣诞节期间，在阿姆斯特丹，Guido 为了打发圣诞节的无趣，决心开发一个新的脚本解释程序，作为 ABC 语言的一种继承。之所以选中 Python（大蟒蛇）作为该编程语言的名字，是因为他是一个叫 Monty Python 的喜剧团体的爱好者。自从 20 世纪 90 年代初 Python 语言诞生至今，已被逐渐广泛地应用于系统管理任务的处理和 Web 编程。

由于 Python 语言的简洁性、易读性以及可扩展性，在国外用 Python 做科学计算的研究机构日益增多，一些知名大学已经采用 Python 来教授程序设计课程。众多开源的科学计算软件包都提供了 Python 的调用接口，例如著名的计算机视觉库 OpenCV、三维可视化库 VTK、医学图像处理库 ITK。而 Python 专用的科学计算扩展库就更多了，如 NumPy、SciPy 和 Matplotlib，它们分别为 Python 提供了快速数组处理、数值运算以及绘图功能。因此 Python 语言及其众多的扩展库所构成的开发环境十分适合工程技术人员、科研人员处理实验数据、制作图表，甚至开发科学计算应用程序。

Python 在设计上坚持了清晰划一的风格，这使 Python 成为一门易读、易维护，并且被大量用户所欢迎的、用途广泛的语言。设计者开发时总的指导思想是，对于一个特定的问题，只要用一种最好的方法来解决就好了。这在由 Tim Peters 写的 Python 格言（称为 The Zen of Python）里表述为 "There should be one—and preferably only one—obvious way to do it." 这正好和 Perl 语言（另一种功能类似的高级动态语言）的中心思想 TMTOWTDI（There's more than one way to do it，每个问题都有多种解决方式）完全相反。

Python 的作者有意设计了限制性很强的语法，使不好的编程习惯（例如，if 语句的下一行不向右缩进）无法通过编译，其中很重要的一项就是 Python 的缩进规则。Python 和其他大多数语言（如 C 语言）的一个区别就是，一个模块的界限完全是由每行的首字符在这一行的位置来决定的（而 C 语言是用一对花括号 {} 来明确划分模块的边界的，与字符的位置毫无关系）。这一点曾经引起过争议。因为自从 C 语言这类语言诞生后，语言的语法含义就与字符的排列方式分离开来，这曾经被认为是一种程序语言的进步。不过不可否认的是，通过强制程序员们缩进（包括 if、for 和函数定义等所有需要使用模块的地方），Python 确实使程序代码更加清晰和美观了。

Python 是完全面向对象的语言。函数、模块、数字、字符串都是对象。并且完全支持继承、重载、派生、多继承，有益于增强源代码的复用性。Python 支持重载运算符和动态类型。相对于 Lisp 这种传统的函数式编程语言，Python 对函数式设计只提供了有限的支持。有两个标准库 (functools 和 itertools) 提供了在 Haskell 和 Standard ML 中久经考验的函数式程序设计工具。

虽然 Python 可能被粗略地分类为"脚本语言"（Script Language），但实际上一些大规模软件开发计划（如 Zope、Mnet 及 BitTorrent、Google) 也在广泛地使用它。Python 的支持者喜欢称它为一种高级动态编程语言，原因是"脚本语言"泛指仅设计简单程序任务的语言，如 Shell Script、VBScript 等只能处理简单任务的编程语言，并不能与 Python 相提并论。

Python 本身具有可扩充性，并非所有的特性和功能都集成到语言核心。Python 提供了丰富的 API 和工具，以便程序员能够轻松地使用 C、C++、Cython 等语言来编写扩充模块。Python 编译器本身也可以被集成到其他需要脚本语言的程序内。因此，很多人还把 Python 作为一种"胶水语言"（Glue Language），使用 Python 将其他语言编写的程序进行集成和封装。例如，Google Engine 使用 C++ 编写性能要求极高的部分，然后用 Python 或 Java/Go 调用相应的模块。

Python 在执行时，会先将 .py 文件中的源代码编译成 Python 的 byte code（字节码），然后再由 Python Virtual Machine（Python 虚拟机）来执行这些编译好的 byte code。这种机制的基本思想跟 Java、.NET 是一致的。然而，Python Virtual Machine 与 Java 或 .NET 的 Virtual Machine 不同的

是，它是一种更高级的 Virtual Machine。这里的"高级"并不是通常意义上的高级，不是说 Python Virtual Machine 的功能更强大，而是说和 Java 或 .NET 相比，Python Virtual Machine 距离真实机器更远，或者说 Python Virtual Machine 是一种抽象层次更高的 Virtual Machine。

基于 C 语言的 Python 编译出的字节码文件通常是 .pyc 格式。除此之外，Python 还可以以交互模式运行，比如主流操作系统 UNIX/Linux、Mac、Windows 都可以用命令模式直接下达操作指令来实现交互操作。本书将 Python 作为机器学习的实践开发语言，是因为它具有如下优点。

（1）简单：Python 是一种代表简单主义思想的语言，能够让用户专注于解决问题而不是去搞明白语言本身。

（2）易学：Python 极其容易上手，因为它有极其简单的说明文档。

（3）速度快：Python 的底层、很多标准库和第三方库都是用 C 语言写的，因此运行速度非常快。

（4）免费、开源：Python 是 FLOSS（自由 / 开源软件）之一。用户可以自由地发布它的拷贝、阅读它的源代码、对它做改动，以及把它的一部分用于新的自由软件中。FLOSS 的概念就是基于一个团体进行知识分享。

（5）高层语言：用 Python 语言编写程序时，无须考虑如何管理程序使用的内存等底层细节。

（6）可移植性：由于它的开源本质，Python 已经被移植到了许多平台上（经过改动使它能够工作在不同平台上）。这些平台包括 Linux、Windows、FreeBSD、Macintosh、Solaris、OS/2、Amiga、AROS、AS/400、BeOS、OS/390、z/OS、Palm OS、QNX、VMS、Psion、Acom RISC OS、VxWorks、PlayStation、Sharp Zaurus、Windows CE、PocketPC、Symbian，以及 Google 基于 Linux 开发的 Android 平台。

（7）解释性：一个用编译性语言写的程序可以从源文件（即 C 或 C++ 语言）转换到计算机使用的语言（二进制代码，即 0 和 1），这个过程是通过编译器和不同的标记、选项完成的。运行程序的时候，需要连接 / 转载器软件把程序从硬盘复制到内存中并且运行。而 Python 语言写的程序则不需要编译成二进制代码，可以直接从源代码运行。在计算机内部，Python 解释器先把源代码转换成字节码的中间形式，然后再把它翻译成计算机语言并运行。这使 Python 的使用更简单，也更易于移植。

（8）面向对象：Python 既支持面向过程的编程，也支持面向对象的编程。在面向过程的语言中，程序是由过程或仅仅是可重用代码的函数构建起来的。在面向对象的语言中，程序是由数据和多种功能组合而成的对象构建起来的。

（9）可扩展性：如果需要让一段关键代码运行得更快或者某些算法不公开，就可以用 C 或 C++ 语言编写部分程序，然后在 Python 程序中使用它们。

（10）可嵌入性：可以把 Python 嵌入 C 或 C++ 程序，从而向程序用户提供脚本功能。

（11）丰富的库：Python 标准库很庞大且功能齐全。它可以帮助用户处理各种工作，包括正则表达式、文档生成、单元测试、线程、数据库、网页浏览器、CGI、FTP、电子邮件、XML、XML-RPC、HTML、WAV 文件、密码系统、GUI（图形用户界面）、Tk 和其他与系统有关的操作，除了标准库，Python 还有许多其他高质量的库，如 wxPython、Twisted 和 Python

图像库等。

（12）规范的代码：Python 采用强制缩进的方式使代码具有较好的可读性，并且使用 Python 语言写的程序不需要编译成二进制代码。

2. Anaconda Python

Anaconda Python 是 Python 发行的大规模数据处理、预测分析和科学计算的工具，是完全免费的。Anaconda 是 Python 科学技术包的合集，包管理使用 conda，GUI 基于 PySide，容量适中。Anaconda 支持所有的操作系统平台，且安装、更新和删除都很方便，因为所有的东西都安装在一个目录中。Anaconda 提供 Python 2.6.X、Python 2.7.X、Python 3.3.X、Python 3.4.X、Python 3.7 五个系列的发行包。

Anaconda Python 集合了科学计算、机器学习和数据挖掘，以及其他重要的包，但用户不必逐个安装和配置环境变量，因此非常适合初学者使用。它集成的库可以分为以下三大部分。

（1）科学计算包。

① IPython 是一个 Python 的交互式 Shell，比默认的 Python Shell 要好用得多，功能也更强大。它支持语法高亮、自动完成、代码调试、对象自省，支持 Bash Shell 命令，内置了许多很有用的功能和函数等。启动 IPython 的时候，执行"IPython –Pylab"命令，默认开启 Matplotlib 的绘图交互界面，使用起来很方便。

② NumPy 科学计算工具包，最常用的是它的 n 维数组对象，以及用于整合 C/C++ 和 Fortran 代码的工具包，还有线性代数、傅里叶变换和随机数生成函数等函数库。NumPy 提供了两种基本的对象：ndarray（N-Dimensional Array Object）和 ufunc（Universal Function Object），其中 ndarray 是存储单一数据类型的多维数组；ufunc 是能够对数组进行处理的函数。

③ SciPy 是著名的 Python 开源科学计算库，建立在 NumPy 之上。它不仅增加了数值积分、最优化、统计和一些专用函数，还增加了众多的数学、科学及工程计算中常用的库函数，如线性代数、常微分方程数值求解、信号处理、图像处理、稀疏矩阵等。

④ Matploblib 是 Python 著名的绘图库，它提供了一整套和 Matlab 相似的命令 API，十分适合进行交互式制图。而且可以方便地将其作为绘图控件嵌入 GUI 的应用程序中。Matplotlib 还可以配合 IPython Shell 使用，提供不亚于 Matlab 的绘图体验。

（2）机器学习、数据挖掘的相关工具包。

① Beautiful Soup 是 Python 的一个库，提供一些简单的、Python 式的函数来处理导航、搜索、修改分析树等功能，最主要的功能是从网页抓取数据。它是一个工具箱，通过解析文档为用户提供需要抓取的数据，因为简单，所以并不需要多少代码就可以写出一个完整的应用程序。Beautiful Soup 可以自动将输入文档转换为 Unicode 编码，将输出文档转换为 utf-8 编码，用户不需要考虑编码方式，除非文档没有指定编码方式，这时用户仅需要说明原始编码方式就可以了。目前 Beautiful Soup 已成为与 lxml、html6lib 一样出色的 Python 解释器，可以为用户提供灵活的解析策略和快速的计算过程。

② Pandas（Python Data Analysis Library）是基于 NumPy 和 Matplotlib 开发的，主要用于数据分析和数据可视化，它的数据结构 DataFrame 与 R 语言里的 data.frame 很像，特别是对于时间序列数据有一套独特的分析机制，效果非常不错。

③ scikit-learn 是一个基于 NumPy、SciPy、Matplotlib 的开源机器学习工具包，主要涵盖分类、回归和聚类算法，如 SVM、逻辑回归、朴素贝叶斯、随机森林、K-means 等算法。它的代码和文档在许多 Python 项目中都有应用，如在 NLTK（自然语言处理）中，分类器就有专门针对 scikit-learn 的接口，可以调用其分类算法及相关数据来训练分类器模型。

④ NLTK（Natural Language Toolkit）是自然语言处理工具包。在 NLP 领域中，它是经常使用的一个 Python 库。NLTK 是一个开源的项目，包含 Python 模块、数据集和教程，用于 NLP 的研究和开发。

（3）其他重要的包。

① Conda 是一个开源的包管理和环境管理系统。包管理可以让用户非常容易地安装和卸载各种 Python 库，并能很好地管理 Anaconda 的各个组件。环境管理可以支持在不同的 Python 版本和插件环境下进行切换，以方便不同的开发需求。

② IPython-Notebook 可以使用一种基于 Web 技术的交互式计算文档格式。Notebook 在交互上使用 C/S 结构，并通过 Tornado 建立了一个 Shell 服务器，使用浏览器作为客户端。另外，Notebook 页面都被保存为 .ipynb 的类 JSON 文件格式，这也是 Notebook 最吸引人的地方。IPython-Notebook 使用浏览器作为界面，向后台的 IPython 服务器发送请求，并显示结果；使用单元(Cell)保存各种信息，单元有多种类型，经常使用的有表示格式化文本的 Markdown 单元和表示代码的 Code 单元。

③ Spyder 是 Python 的一个集成开发环境，和其他的 Python 开发环境相比，Spyder 的最大优点就是具有模仿 MATLAB "工作空间" 的功能，可以很方便地观察和修改数组的值。

④ PyQt 是一个创建 GUI 应用程序的工具包。它是 Python 编程语言和 Qt 库的成功融合，实现了一个 Python 模块集，拥有超过 300 个类、将近 6000 个函数和方法。它是一个多平台的工具包，可以运行在所有主要的操作系统上，包括 UNIX、Windows 和 Mac。PyQt 采用双许可证，即开发人员可以选择 GPL 和商业许可。在此之前，GPL 的版本只能用在 UNIX 上，从 PyQt4 开始，GPL 许可证可用于所有支持的平台。

⑤ CPython 是用 C 语言实现的 Python 及其解释器。

2.1.3 ▶ Python Anaconda 版的安装和使用

要安装 Python Anaconda，可通过网络搜索 Anaconda，根据搜索结果选择 Anaconda 官网进入其 Downloads 页面，或直接在浏览器中键入地址 https://www.anaconda.com/download/ 进入。Anaconda 为 Windows、macOS 和 Linux 操作系统分别提供了不同的安装包，请选择适合自己操作系统的安装包。然后选择 Python 3.6 及以上版本，根据自己计算机操作系统的位数选择下载 32 位或 64 位的安装包。

下载完成后即可进行安装，安装过程注意选中 "Add Anaconda to the system PATH environment variable." 复选框。其他一般选择默认选项即可。安装完成后在开始菜单里找到"Anaconda3 (32-bit)"（本书使用 32 位），单击后看到 5 个子菜单，如图 2-1 所示。

图 2-1 开始菜单的 Anaconda3 子菜单

选择"Anaconda Navigator"选项进入导航界面，如图 2-2 所示。左侧有"Home""Environments" "Learning""Community"4 个标签，进入导航界面后会先进入"Home"界面。其中包括 "jupyterlab""notebook""PyQt, spyder""vscode""glueviz""orange3""rsutdio"等模块的进入或 安装链接。单击"notebook"模块中的"Launch"按钮，则会在计算机的默认浏览器中打开进入"notebook" 模块页面，显示为"Home"的标签页页面。

图 2-2 Anaconda Navigator 界面

选择"Environments"标签进入环境界面，如图 2-3 所示，页面右侧列表列出了已安装的库。 从上边的下拉菜单中还可以选择查看未安装、可更新库的列表。

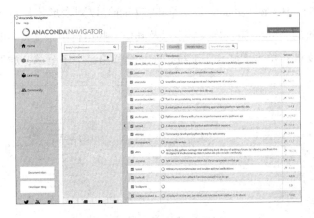

图 2-3 环境页面

单击"base (root)"后的箭头，在弹出的菜单中选择"Open with Jupyter Notebook"选项，如图2-4所示。

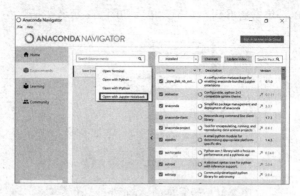

图 2-4 进入 Python 的几种方式

则会在系统默认的浏览器中打开"Jupyter Notebook"，显示为"Home"的标签页，如图 2-5 所示。本书所有的程序将在"Jupyter Notebook"中编辑和运行。读者可从"Anaconda Navigator"页面的"Home"或"Environments"进入"Jupyter Notebook"。单击"Anaconda Navigator"页面的"Learning"标签，将进入学习页面。这里提供了许多与 Python 相关的用户手册、各类库的文档等资料入口。单击"Anaconda Navigator"页面的"Community"标签，将进入社区页面，这里提供了一些 Python 和数据科学的开发者社区、论坛入口。

图 2-5 Jupyter Notebook Home 页面

回到图 2-5 所示的"Home"页面。该页面的"Files"以列表形式显示了桌面、文档、收藏夹等文件夹和已经编辑过的 Python 源程序文档，以及其他一些运行结果文件。单击右上方的"Upload"按钮，可以加载其他文件；单击"New"下拉按钮，会弹出一个子菜单，如图 2-6 所示。

图 2-6 建立新文档子菜单

选择"Python 3"选项，将在浏览器中打开一个新的标签页，进入"Jupyter Noteook"的新建程序页面，如图2-7所示。

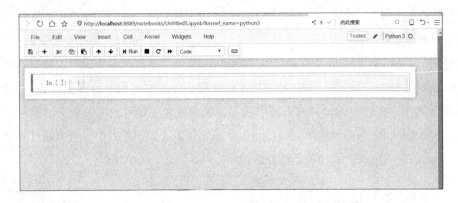

图 2-7 Jupyter Noteook 的源程序编辑页面

在"In [ ]:"后的输入框里输入 Python 程序代码，单击上方工具条中的"Run"按钮，则系统运行程序，在"In [ ]:"下面输出结果。系统默认以"Untitled"命名该程序文件。"File"菜单里提供了文件重命名、打开文件、将文件下载为各种格式保存到计算机的指定位置等功能。一个"In [ ]:"及其输出称为一个"Cell"。"Edit"菜单提供了剪切、复制、粘贴、删除、移动、撤销、拆分、合并等功能，可对源程序进行各种操作。"View"菜单提供了工具条、代码行标号等隐藏、显示功能。"Insert"菜单提供了插入 Cell 功能。"Cell"菜单提供了各种运行方式、改变 Cell 的类型、清除当前或全部 Cell 的运行结果等功能。"Kernel"菜单提供了程序的中断、重启、再连接等功能。

读者也可以采用其他方式编辑和运行程序。作为初学者，推荐在 Jupyter Notebook 中编辑和运行程序。本书的全部程序都将在使用上述方式打开的 Jupyter Notebook 界面中编辑与运行。关于 Anaconda Navigator 的其他功能，以及 Jupyter Notebook 的详细功能和使用方法，将在后续章节中随用随介绍。读者若想深入了解，请自行参考其他文献资料。

好了，下面开始我们的第一个 Python 程序。如同学习其他任何程序设计语言一样——从"Hello world!"开始。

【例2-1】第一个 Python 程序。

使用打印命令 print()，在屏幕上输出打印"Hello world! "。

（1）打印 Python 的屏幕输出使用 print() 方法。其参数可以是以英文单引号（' '）或双引号（" "）引起来的一个或多个字符串，或者变量名字，或者它们的组合。不同的字符串和变量组合用英文逗号分开。

（2）在 Cell 里输入命令，单击"Run"按钮，可以看到在下面打印出了"Hello world!"

In []:   print('Hello, world!') #Python 打印命令

Out: Hello world!

【范例分析】

Jupyter Notebook 使用 Cell 接收源程序，将光标置于想要运行的 Cell，单击 "Run" 按钮即可运行。print() 方法是最常使用的一个方法，可以输出字符串和变量的值。输出的字符串需要使用英文单引号或双引号引起来。

系统将用户的第一个源程序文件默认以 "Untitled.ipynb" 进行命名和保存，从第二个源程序开始，以 "UntitledX.ipynb" 命名，其中 X 为从 1 开始的编号。如果想要改变文件名，选择 "File" 的 "Rename" 选项，在弹出的窗口输入框中输入新的文件名字即可，然后单击 "保存" 按钮。此时，Jupyter Notebook 的 "Home" 页面已经将保存的文件名添加到列表中，可以通过 File 菜单或者 Jupyter Notebook 的 "Home" 页面重新打开该程序文件。

2.1.4 ▶ 机器学习库 scikit-learn

Python Anaconda 集成了功能强大的机器学习库 scikit-learn。该库建立在 NumPy、SciPy 和 Matplotlib 之上，是简单而高效的数据挖掘和数据分析工具，可在各种环境中重复使用，并且开放源码。根据简化版 BSD 许可证进行许可，且在 Linux 多个版本下分发。

scikit-learn 基于 Python 的一致性接口实现和提供一系列有监督和无监督的学习算法。它提供的大量 API 文档几乎涵盖了机器学习的各个领域，包括聚类、交叉验证、数据集、降维、集成学习、特征选择、特征抽取、参数调优、监督学习、流形学习等。

scikit-learn 的基本功能主要分为六大部分：分类、回归、聚类、数据降维、模型选择和数据预处理。

（1）分类是给对象指定所属类别范畴，属于有监督学习，常见的应用场景有垃圾邮件检测、图像识别。已实现的算法包括支持向量机（Support Vector Machine，SVM）、K 最邻近算法（K-Nearest Neighbor，KNN）、逻辑回归（Logistic Regression，LR）、随机森林（Random Forest，RF）、决策树（Decision Tree）、多层感知器（Multi-Layer Perceptron，MLP）等。

（2）回归是预测与给定对象相关联的连续属性的值，常见的应用场景有预测药物反应、预测股票价格。已实现的算法包括支持向量回归（Support Vector Regression，SVR）、岭回归（Ridge Regression）、Lasso 回归（Lasso Regression）、弹性网络（Elastic Net）、最小角回归（Lars）、贝叶斯回归（Bayesian Regrssion）等。

（3）聚类是自动识别具有相似属性的给定对象，并将其分组，属于无监督学习，常见的应用场景有顾客细分、实验结果分组。已实现的算法包括 K 均值聚类（K-means）、谱聚类（Spectral Clustering）、均值偏移（Mean Shift）、分层聚类（Hierarchical Clustering）、DBSCAN 聚类。

（4）数据降维是通过降维技术来减少考虑的随机变量的个数，常见的应用场景有可视化处理、效率提升。已实现的算法包括主成分分析（Principal Component Analysis，PCA）、非负矩阵分解（Non-negative Matrix Factorization，NMF）。

（5）模型选择指对给定参数和模型进行比较、验证和选择，其目的是通过参数调整来提升精度。已实现的模块包括格点搜索、交叉验证和各种针对预测误差评估的度量函数。

（6）数据预处理包括数据的特征提取、归一化、标准化。其中特征提取是将文本和图像数据转化为能用于机器学习的数字变量。归一化是将输入数据转换为具有零均值和单位方差的新变量，因为大多数情况下都做不到精确等于 0，因此会设置一个可接受的范围，一般都要求在 0~1。标准化是将数据转换到特定区间，如 [0, 1]。

scikit-learn 提供了丰富的在线文档，包括安装说明、教程、用户指南、API 文档、编程示例、FAQ、社区讨论等，用户可以通过搜索引擎进入，或者访问网页 http://scikit-learn.org/stable/index.htm，也可以访问有简要中文说明的网页 http://sklearn.apachecn.org/cn/0.19.0/index.html。

由于 scikit-learn 功能强大，程序简洁，训练一个模型往往只需要十几行甚至几行代码就可以实现，并且在线文档丰富，因此越来越受到机器学习爱好者的青睐。本书将其作为重点，对典型的机器学习算法进行实战练习。

2.2 环境测试

安装好 Python 的 Anaconda 版本以后，可以在 Prompt 窗口查看 Python 安装的位置和已安装的模块。

（1）查看 Python 安装的位置。

查看 Python 安装的位置，要在 Prompt 窗口键入：

```
where python
```

屏幕输出：

```
C:\Users\Yang\Anaconda3\Python.exe
```

这就是 Python 安装的位置。由于每个计算机安装的位置不同，这里显示的结果也会有差异。

（2）查看 Python 安装的模块及其版本。

查看已安装的模块及其版本，可以键入以下命令：

```
pip list
```

屏幕输出：

Package	Version
absl-py	0.7.1
alabaster	0.7.11
anaconda-client	1.7.2
Package	Version
appdirs	1.4.3

asn1crypto	0.24.0
astor	0.7.1
astroid	2.0.4
astropy	3.0.4
atomicwrites	1.2.1
attrs	18.2.0
Automat	0.7.0
Babel	2.6.0
backcall	0.1.0

其余省略。

这是计算机所安装的 Python 模块名称及版本号。由于每台计算机安装的模块及其版本不同，这里显示的结果也会有差异。

执行"pip list"命令，能够查看安装的全部模块及其版本号。

2.3 综合实例——第一个机器学习实例

下面以一个身高数据集为例，说明在 Python 环境下使用 scikit-learn 机器学习模块训练分类器，然后用训练好的分类器对新样本的类别进行预测的基本过程。

【例 2-2】训练身高数据的机器学习模型。

已知身高数据集中，高个子的类标签为 0，身高数据为 175, 178, 180, 181, 190；矮个子的类标签为 1，身高数据为 153, 155, 162, 163,158；身高的单位为 cm。分别训练决策树、神经网络、支持向量机分类器，然后使用训练的分类器预测身高 160，179 的类别（高个子、矮个子）。

本例利用身高数据作为特征集，使用类标签作为目标集，分别训练决策树、神经网络、支持向量机分类器，使用训练的分类器对新样本值的类别进行预测。

（1）导入 NumPy 模块，建立身高特征值和目标集，使用 NumPy 模块的 reshape() 方法将特征集的形状改变为 1 列。

（2）导入 sklearn 模块相应的分类模型模块，设置模型参数，使用 fit() 方法训练分类模型，用 predict() 方法预测新值的类别。

```
In []:    import numpy as np # 导入 NumPy 模块
          X_train=[175, 178, 180, 181, 190,153, 155, 162, 163,158] # 建立特征集
          X_train=np.reshape(X_train,(-1,1)) # 将特征集的形状改变为 1 列
          y_train=[0, 0, 0, 0, 0, 1, 1, 1, 1, 1] # 建立目标集
```

```
Out:
```

训练决策树分类器，并对新值进行预测。

In []:	from sklearn import tree # 导入决策树模块 #调用决策树分类器，使用默认参数 clf_tree = tree.DecisionTreeClassifier() # 生成决策树实例 clf_tree.fit(X_train,y_train) # 使用训练集训练决策树 # 使用训练过的决策树预测新值的类别 print(' 身高 160cm 的类别为：',clf_tree.predict(160)) # 预测新值 160 的类别并输出 print(' 身高 179cm 的类别为：',clf_tree.predict(179)) # 预测新值 179 的类别并输出
Out:	身高 160cm 的类别为： [1] 身高 179cm 的类别为： [0]

训练神经网络分类器，并对新值进行预测。

In []:	from sklearn.neural_network import MLPClassifier # 导入神经网络的多层感知器模块 clf_nn = MLPClassifier(solver=' lbfgs ',hidden_layer_sizes=(3,3)) # 设置神经网络的类型、隐层节点数 clf_nn.fit(X_train, y_train) # 使用训练集训练神经网络 # 使用训练过的神经网络预测新值的类别 print(' 身高 160cm 的类别为：',clf_nn.predict(160)) # 预测新值 160 的类别并输出 print(' 身高 179cm 的类别为：',clf_nn.predict(179)) # 预测新值 179 的类别并输出
Out:	身高 160cm 的类别为： [1] 身高 179cm 的类别为： [0]

训练支持向量机分类器，并对新值进行预测。

In []:	from sklearn import svm # 导入 svm 模块 # 设置支持向量机的核函数类型及模型参数 clf_svm = svm.SVC(kernel=' linear ',gamma=2) # 生成支持向量机的实例，并设置参数 clf_svm.fit(X_train, y_train) # 训练支持向量机 # 使用训练过的支持向量机预测新值的类别 print(' 身高 160cm 的类别为：',clf_svm.predict(160)) # 预测新值 160 的类别并输出 print(' 身高 179cm 的类别为：',clf_svm.predict(179)) # 预测新值 179 的类别并输出
Out:	身高 160cm 的类别为： [1] 身高 179cm 的类别为： [0]

【范例分析】

要训练决策树分类器，需导入 sklearn 模块的 tree 模块，使用 DecisionTreeClassifier() 设置模型参数，使用 fit() 方法训练决策树，使用 predict() 方法预测新值的类别。

要训练神经网络分类器，需从 sklearn.neural_network 模块导入多层感知器模块 MLPClassifier，使用 MLPClassifier() 方法设置神经网络的类型、隐层节点数，使用 fit() 方法训练神经网络，使用 predict() 方法预测新值的类别。

要训练支持向量机分类器，需从 sklearn 模块导入 svm 模块，使用 SVC() 方法设置核函数类型等参数，使用 fit() 方法训练支持向量机，使用 predict() 方法预测新值的类别。这里先给出各种分类器的基本使用方法，其详细说明将在后续章节陆续展开。

可以看出，三个分类器都将 160cm 的身高预测为类 1，即矮个子；将 179cm 的身高预测为类 0，即高个子。

2.4 本章小结

Python Anaconda 集成了功能强大的机器学习和数据挖掘库 scikit-learn。该库建立在 NumPy、SciPy 和 Matplotlib 之上，可在各种环境中重复使用，并且开放源码。scikit-learn 的基本功能分为六大块：分类、回归、聚类、数据降维、模型选择和数据预处理，其机器学习 API 文档几乎涵盖了机器学习的各个领域，包括聚类、交叉验证、数据集、降维、集成学习、特征选择、特征抽取、参数调优、监督学习、流形学习等，极大地方便了用户的使用。

2.5 习题

（1）你听说过哪些机器学习平台或库？

（2）简述你了解的 Python 有哪些特点。

（3）下载、安装 Python Anaconda，熟悉和掌握软件的使用方法。

（4）简述 Python Anaconda 版都集成了哪些库。

（5）使用 Jupyter Notebook 编写一个 Python 程序，并输出打印各种字符，如"这是我的第一个 Python 程序"。

（6）上网搜索 scikit-learn，进入其官网，查看并说明该库都支持哪些机器学习技术，了解该网站提供了哪些资源支持。

2.6 高手点拨

（1）Jupyter Notebook 提供了方便、灵活的代码编辑和调试功能。

Jupyter Notebook 提供了方便、灵活的代码编辑和调试功能，非常适合初学者使用。用户可以根据自己的需要，在"Edit"菜单、"Insert"菜单中非常方便地对 Cell 进行拆分、合并、插入、上移、下移等操作，以满足不同的需要。用户可以逐个运行 Cell，或者单独运行一个 Cell。

（2）Python 提供了模块的 pip 管道安装模式。

Anaconda 集成了常用的模块，如果要安装未集成在内的新模块，也不需要专门去安装。Python 提供了一种称为管道（pip）的安装方式，只需选择"开始"菜单下的"Anaconda Prompt"子菜单，如图 2-8 所示，进入"Prompt"窗口，键入安装命令即可。Python 将自动搜索、下载、安装用户需要的模块。

图 2-8 进入 Prompt 窗口的方式

（3）Python 提供了进入 pip 界面的快捷方式。

用户除了能够从 Prompt 进入 pip 界面，还可以使用快捷键的方式进入。其方法是，按
"Windows+R" 组合键（Windows 键即键盘上带窗口图标的那个键），在弹出的窗口中键入 "cmd"
命令，然后按回车键，将弹出一个窗口，如图 2-9 所示。这也是从 Anaconda Prompt 菜单进入的窗口。

图 2-9 pip 安装示意

例如，要安装一个用于决策树可视化的 graphviz 模块，在光标后键入 "pip install graphviz" 命令，
按回车键即可，系统将自动收集、下载、安装这个模块。如果需要升级 pip，按照提示命令升级即可。

（4）Anaconda 提供了 Python IDE 集成开发环境 Spyder 的入口。

Spyder（Scientific Python Development EnviRonment）是 Python 的集成开发环境，它提供了强
大的代码编辑、调试等功能。对 Python 已经比较熟悉的用户可以使用它开发 Python 应用程序。
Anaconda 提供了 Spyder 的入口，如图 2-10 所示，在 "Anaconda Navigator" 的 "Home" 标签页找
到 "spyder" 入口，单击 "Launch" 按钮，将弹出 Spyder 界面，如图 2-11 所示。

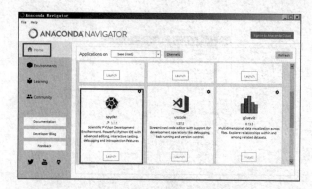

图 2-10 Anaconda 提供的 Python IDE 集成开发环境 Spyder 入口

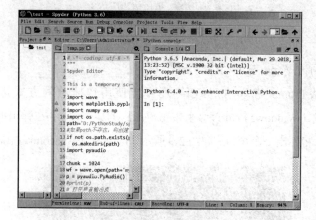

图 2-11 Spyder 界面

3

Python 机器学习基础

　　数据是机器学习、数据挖掘的处理对象和知识来源。数据一般以数据库文件、文本文件、Excel 类型的表格文件等形式存在。大部分数据文件是具有行和列的二维平面文件，每一行称为一条记录、一个实例或一个样本；每一列称为一个字段。在机器学习和数据挖掘中，将每个字段称为一个特征或属性。由于数据文件有许多条记录，因此，每个字段或特征可以看作具有许多个元素或值的数组。NumPy 模块提供了强大的数组管理和运算功能。数据可视化也是初步分析数据特征和进行模型结果展示的最直观方式，Matplotlib 模块提供了各式各样的数据二维可视化方法。Seaborn 在 Matplotlib 的基础上对一些常用的统计分析可视化进行了进一步封装，使数据可视化变得更加方便、美观。Pandas 提供了各种类型数据文件的访问方式，将数据文件在内存中以 DataFrame 对象的形式进行方便、灵活的操作。本章将介绍使用 Python 实现机器学习的一些重要基础知识，主要内容包括 NumPy 数组对象、ndarray、Matplotlib 可视化基础、Seaborn 可视化、各种类型数据文件的访问、Pandas、DataFrame 对象的操作，并通过访问和可视化分析 scikit-learn 的 datasets 模块自带的 iris 鸢尾花数据集，对本章的知识和技能进行综合练习。

3.1 NumPy 数值计算基础

NumPy（Numerical Python）是一个开源的 Python 科学计算库。NumPy 的大部分代码都是用 C 语言写的，其底层算法在设计时就有着优异的性能，这使得 NumPy 比纯 Python 代码高效得多。NumPy 包括一个强大的 N 维数组对象 ndrray、比较成熟的（广播）函数库、用于整合 C/C++ 和 Fortran 代码的工具包，并提供实用的线性代数、傅里叶变换和随机数生成函数。使用 NumPy 可以非常方便地使用数组和矩阵。NumPy 数组一般是同质的，因此数组中的所有元素类型必须一致。

下面主要介绍 NumPy 的数组对象 ndarray。

数据库的每个字段列值在本质上都可以看作数组。NumPy 提供了具有强大功能的数组对象 ndarray，它是一个快速而灵活的数据集容器。数组具有维数，或称为秩，它反映了获取数组中一个特定元素所需的坐标数。例如，a 是一个 3 行 4 列的数组，获取其中任何一个元素都需要知道 a 所在的行和列两个位置，则该数组 a 就是一个二维数组。类似地，还有一维数组、三维数组，等等。对于三维以上的数组，不能再方便地以行或列称呼位置，而是要使用轴进行定位。每个元素的位置坐标一定位于某个轴上，因此在 ndarray 对象中，使用轴表示元素位置。轴使用从 0 开始的整数编号。

可以将数组看作一种新的数据类型，就像 list、tuple、dict 一样，但数组中所有元素的类型必须是一致的。Python 支持的数据类型有整型、浮点型及复数型，但这些类型不足以满足科学计算的需求，因此 NumPy 中又添加了许多其他的数据类型，如 bool、inti、int64、float32、complex64 等。同时，ndarray 也有许多特有的属性和方法。

（1）ndarray 对象常用的属性如下。

① dtype：返回数组元素的类型。

② shape：返回以 tuple（元组）表示的数组形状。

③ ndim：返回数组的维度。

④ size：返回数组中元素的个数。

⑤ itemsize：返回数组中元素的内存所占字节数。

⑥ T：返回数组的转置。

⑦ nbytes：返回数组占用的存储空间。

（2）ndarray 对象常用的方法如下。

① reshape()：返回一个给定 shape 的数组的副本，原数组的 shape 不改变。

② resize()：返回给定 shape 的数组，原数组的 shape 发生改变。

③ flatten()/ravel()：返回展平数组，原数组不改变。

④ astype(dtype)：返回 dtype 指定元素类型的数组副本。

⑤ sum/Prod()：返回所有数组元素的和 / 积。

⑥ mean()/var()/std()：返回数组元素的均值 / 方差 / 标准差。

⑦ max()/min()/ptp()/median()：返回数组元素的最大值 / 最小值 / 取值范围 / 中位数。

⑧ argmax()/argmin()：返回最大值 / 最小值的索引。

⑨ sort()：对数组进行排序，其中 axis 指定排序的轴；kind 指定排序的算法，默认为快速排序。

⑩ compress()：返回由满足条件元素构成的数组。

ndarray 提供了多种数组创建函数，主要包括任意赋值的 array() 函数，等差数列创建函数 arange(), linspace()，等比数列创建函数 logspace()，特殊值数组创建函数 zeros(), eye(), diag(), ones()，随机数组创建函数 random.random(), random.rand(), random.randn(),random.randint() 等。

1. 数组创建函数 numpy.array()

ndarray 对象使用 array() 函数创建和存储单一数据类型的一维和多维数组，其函数格式如下。

numpy.array(object, dtype=None, copy=True,
order=None, subok=False, ndmin=0)

创建的数组具有形状、维数、元素数量、长度等属性，常见的属性如表 3-1 所示。

表 3-1 numpy.array 的常见属性

属性	含义
.shape	数组的形状，如行数、列数
.ndim	数组的维数
.size	数组中元素的数量
.itemsize	数组元素的长度，按字节计
.nbytes	数组全部元素占用的字节数

要使用数组对象，需先导入 NumPy 库，其命令为：

import numpy as np

其中 import 是导入各种库的命令；np 是用户自定义的 NumPy 的实例。

【例 3-1】使用 array() 函数创建一维和二维数组。

输出观察数组的属性，并改变数组的形状。

使用 array() 函数创建一维数组，可以直接使用 []（中括号）为数组赋值，不同的数组元素用英文逗号隔开。

In []:	import numpy as np # 导入 NumPy 库
	#创建一维数组，元素间用逗号隔开，所有元素放在一个 [] 里
	arr1 = np.array([1, 2, 3, 4, 5])
	print(' 创建的一维数组为： ', arr1) #打印的字符要用单引号或双引号引起来

Out:	创建的一维数组为： [1 2 3 4 5]

创建二维数组，使用 [] 将全部元素括起来，每行元素再使用 [] 括起来，不同元素和不同行（即各个 [] 之间）用逗号隔开，每行的元素数量必须相同。

In []:	# 创建二维数组,元素间用逗号隔开，每行用 [] 括起来，不同行用逗号隔开
	arr2 = np.array([[1, 2, 3, 4, 5],[6, 7, 8, 9, 10], [11, 12, 13, 14, 15]])
	print(' 创建的二维数组为： \n ',arr2) #'\n ' 表示换行

Out:	创建的二维数组为： [[1 2 3 4 5] [6 7 8 9 10] [11 12 13 14 15]]

查看创建的数组属性，可以使用"数组名字 . 属性"的形式，并用 print() 方法打印输出。

In []:	print('arr2 数组类型为：',arr2.dtype) # 查看数组类型
	print('arr2 数组元素个数为：',arr2.size) # 查看数组元素个数
	# 查看数组中每个元素的大小，即占用的字节数量
	print('arr2 数组中每个元素的大小为：',arr2.itemsize) #itemsize 属性返回数组元素的大小，即字节数量
	print('arr2 数组的形状为：',arr2.shape) #shape 属性返回数组的行数和列数
Out:	arr2 数组类型为： int32
	arr2 数组元素个数为： 15
	arr2 数组中每个元素的大小为： 4
	arr2 数组的形状为： (5, 3)

可以使用 reshape() 方法改变数组的形状，其格式为：

numpy.reshape(a, newshape, order=' C ')

其中 a 接收数组，表示要改变形状的数组。newshape 接收形如 (m,), (m,n) 的整数，表示数组要改变为的形状。其中前者为一维数组，后者为二维数组，以此类推，可以改变为更多维数的数组。需要注意的是，m,n 的乘积须等于数组元素个数。m,n 中的一个可以为 −1，此时系统将根据元素个数和另一个指定的形状参数自动推断数组的新形状。也可以对数组对象直接使用 reshape() 方法，改变该数组对象的形状，其格式为：

ndarray.reshape(shape, order=' C ')

shape 的含义同上面的 newshape。

In []:	print(' 重新设置 shape 后的 arr2 为：\n',arr2)
	# 也可使用 reshape 函数改变数组形状为 3 行 5 列
	print(' 使用 reshape(3,5) 函数改变 arr2 数组为：\n',arr2.reshape(3,5))
Out:	重新设置 shape 后的 arr2 为：
	[[1 2 3]
	[4 5 6] [10 11 12]
	[13 14 15]] [7 8 9]
	使用 reshape(3,5) 函数改变 arr2 数组为：
	[[1 2 3 4 5] [11 12 13 14 15]]
	[6 7 8 9 10]

【范例分析】

NumPy 创建的一维数组要使用 [] 将全部元素括起来，每个元素用英文逗号隔开。NumPy 创建的二维数组，除了要使用 [] 将全部元素括起来，每个元素用英文逗号隔开，每一行的元素还要使用 [] 括起来，各个 [] 之间用也要用英文逗号隔开，每一行的元素数量必须相同。当数组的维数增加时，以此规则类推。查看创建的数组属性，一般采用"数组名字 . 属性名称"的形式。数组的形状是可以任意改变的，前提是各个维度形状的乘积（即元素数量）与原数组一致。

使用逐个赋值的方法创建数组很不方便，这时可以根据需要创建等差数列数组，NumPy 就提供了专门的等差数列数组创建函数。

2. 等差数列创建函数 numpy.arange(), numpy.linspace()

NumPy 使用 arrange() 函数创建等差数列，格式如下：

numpy.arange([start,]stop, [step,]dtype=None)

函数的主要参数含义如表 3-2 所示。

表 3-2 numpy.arrange() 主要参数含义

参数	含义
[start,]	接收浮点数，表示数组的起始值，可选，默认为 0
stop	接收浮点数，表示数组的终止值（不包含在数组之内）
[step,]	接收浮点数，表示数组的步长值，可选，默认为 1

如果要指定创建的等比数列数组中的元素个数，可以使用 linspace() 函数创建等差数列，格式如下：

numpy.linspace(start, stop, num=50, endpoint=True, retstep=False, dtype=None)

函数的主要参数含义如表 3-3 所示。

表 3-3 numpy.linspace() 主要参数含义

参数	含义
start	接收浮点数，表示数组的起始值
stop	接收浮点数，表示数组的终止值
num	接收整数，表示数组的元素数量，默认为 50

numpy.linspace() 会创建一个以 start 为起始值，stop 为终止值，数量为 num 的等差数列，系统自动计算等差数列的步长值。

如果要创建等比数列的数组，可以使用等比数列创建函数。

3. 等比数列创建函数 numpy.logspace()

NumPy 使用 numpy.logspace() 函数创建一个等比数列数组，格式如下：

numpy.logspace(start, stop, num=50, endpoint=True, base=10.0, dtype=None)

函数的主要参数含义如表 3-4 所示。

表 3-4 numpy.logspace() 主要参数含义

参数	含义
start	接收浮点数，表示数组起始值的指数，指定的数组起始值为 $base^{start}$
stop	接收浮点数，表示数组终止值的指数，指定的数组终止值为 $base^{stop}$
num	接收整数，表示数组的元素数量，默认为 50
base	接收浮点数，以幂形式表示数组起始值、终止值的底数

numpy.logspace() 函数会创建一个以 $base^{start}$ 幂为起始值，$base^{stop}$ 幂为终止值，数量为 num 个的等比数列，等比数列的公比由系统自动计算得到。

【例 3-2】创建等差数列、等比数列，并输出观察创建的数组。

使用 arange() 函数创建等差数组。

In []:	# 产生起始值为 0，终止值为 10（不包含 10），步长为 1 的等差数列
	print(' 使用 arange 函数创建的等差数组为：\n ',np.arange(0,10,1))

Out:	使用 arange 函数创建的等差数组为：[0 1 2 3 4 5 6 7 8 9]

使用 linspace() 函数创建等差数组。

In []:	# 产生起始值 1、终止值 100 之间并包含它们的 10 个元素的等差数组，自动计算步长值
	print(' 使用 linspace 函数创建的等差数组为：',np.linspace(1, 100, 10))

Out:	使用 linspace 函数创建的等差数组为：[1. 12. 23. 34. 45. 56. 67. 78. 89. 100.]

使用 logspace() 函数创建等比数组。

In []:	# 产生起始值 10 的 0 次幂、终止值 10 的 2 次幂之间
	# 并包含它们的 10 个元素的等比数列，自动计算步长值
	print(' 使用 logspace 函数创建的等比数组为：\n ',np.logspace(0, 2, 10))

Out:	使用 logspace 函数创建的等比数组为： [1. 1.66810054 2.7825594 4.64158883 7.74263683 12.91549665 21.5443469 35.93813664 59.94842503 100.]

【范例分析】

arange() 函数创建的等差数列包含起始值，但不包含终止值。linspace() 创建的等差数列则包含起始值和终止值，步长由系统根据起始值、终止值和元素数量自动推断。logspace() 创建的等比数列包含起始值和终止值，起始值和终止值分别是 $base^{start}$ 和 $base^{stop}$ 的幂，公比由系统根据起始值、终止值和元素数量自动推断。

4. 特殊值数组创建函数 numpy.zeros(), numpy.eye(), numpy.diag(), numpy.ones()

对于一些具有特殊值的数组，如元素值全为 0 或 1，NumPy 提供了专门的创建函数。若要创建元素值全为 0 的数组，可以使用 numpy.zeros() 函数，格式如下：

```
numpy.zeros(shape, dtype=float, order=' C ')
```

该函数会创建一个由 shape 规定形状的元素值全部为 0 的数组。

若要创建一个主对角线或次对角线上的元素值全为 1，其他位置的元素值全为 0 的二维数组，可以使用 numpy.eye() 函数，格式如下：

```
numpy.eye(N, M=None, k=0, dtype=<class'float '>, order=' C ')
```

函数的主要参数含义如表 3-5 所示。

表 3-5 numpy.eye() 主要参数含义

参数	含义
N	接收整数，表示数组的行形状
M	接收整数，表示数组的列形状，可选，默认等于 N
k	接收整数，表示选择的对角线位置，可选，默认为 0，表示选择主对角线。k 为正值则选择上方次对角线，k 为负值则选择下方次对角线

若要创建一个行列形状相同，主对角线或次对角线上的元素值为指定值，其他位置的元素值全为 0 的数组，可以使用 numpy.diag() 函数，格式如下：

numpy.diag(v, k=0)

函数的主要参数含义如表 3-6 所示。

表 3-6 numpy.diag() 主要参数含义

参数	含义
v	接收数组，表示指定对角线上自左上方至右下方的元素值
k	接收整数，表示选择对角线的位置，可选，默认为 0，表示选择主对角线。k 为正值则选择上方次对角线，k 为负值则选择下方次对角线

系统将根据 v 和 k 自动推断数组的形状。若要创建一个元素值全为 1 的数组，可以使用 numpy.ones() 函数，其格式如下：

numpy.ones(shape, dtype=None, order=' C ')

该函数会创建一个由 shape 规定形状的元素值全为 1 的数组。

【例 3-3】创建特殊值数组。

使用 zeros(), eye(), diag(),ones()4 个函数创建具有特殊值的数组，并输出观察。

使用 zeros() 函数创建全零值数组。

In []:	# 创建 3 行 4 列全零数组
	print(' 使用 zeros 函数创建的全零数组为： \n ',np.zeros((3,4)))

Out:	使用 zeros 函数创建的全零数组为： [[0. 0. 0. 0.] [0. 0. 0. 0.] [0. 0. 0. 0.]]

使用 eye() 函数创建对角线元素值全为 1，其他元素值全为 0 的数组。

In []:	# 创建对角线元素值全为 1，其他元素值全为 0，类似于单位矩阵的数组
	print(' 使用 eye 函数创建的类似于单位矩阵的数组为： \n ',np.eye(3))

Out:	使用 eye 函数创建的类似于单位矩阵的数组为： [[1. 0. 0.] [0. 1. 0.] [0. 0. 1.]]

使用 diag() 函数创建对角线任意赋值、其他位置元素值全为 0 的数组。

In []:	# 创建对角线元素赋值，其他元素值全为 0 的数组
	print(' 使用 diag 函数创建的数组为： \n ',np.diag([1,2,3]))

Out:	使用 diag 函数创建的数组为： [[1 0 0] [0 2 0] [0 0 3]]

使用 ones() 函数创建元素值全为 1 的数组。

In []:	# 创建元素值全为 1 的数组
	print(' 使用 ones 函数创建的数组为：\n ',np.ones((3,4)))

Out:	使用 ones 函数创建的数组为： [[1. 1. 1. 1.] [1. 1. 1. 1.] [1. 1. 1. 1.]]

【范例分析】

numpy.zeros() 函数会创建一个形状为 shape，元素值全为 0 的数组。

numpy.eye() 函数会创建一个主对角线或次对角线上元素值全为 1，其他位置元素值全为 0 的二维数组，对角线的位置由参数 k 指定，缺省值为 0，表示主对角线。k 为正值表示上方次对角线，k 为负值表示下方次对角线。

numpy.diag() 函数会创建一个行列形状相同，主对角线或次对角线上元素值为指定值，其他位置元素值全为 0 的数组，系统根据 v 和 k 自动推断数组的形状。

numpy.ones() 函数会创建一个元素值全为 1 的数组，其形状由 shape 指定。

在后续章节学习和练习机器学习算法时，常常需要生成各种随机样本，NumPy 提供了丰富的随机数组创建函数。

5. 随机数组创建函数 numpy.random.random(), numpy.random.rand(), numpy.random.randn(), numpy.random.randint()

numpy.random.random() 函数会创建一个 [0.0, 1.0) 区间连续均匀分布的随机数组，格式如下：

```
numpy.random.random(size=None)
```

其中，size 为数组元素的数量，不指定时默认为 1。

若要创建一个多维、[0.0, 1.0) 区间连续均匀分布的随机数组，可使用 numpy.random.rand() 函数，格式如下：

```
numpy.random.rand(d0, d1, ..., dn)
```

其中，d0, d1, …, dn 为数组的形状。

若要创建标准正态分布的数组，可使用 numpy.random.randn() 函数，格式如下：

```
numpy.random.randn(d0, d1, ..., dn)
```

其中，d0, d1, …, dn 为数组的形状。

若要创建在指定范围内正态分布的整数（离散）数组，可使用 numpy.random.randint() 函数，格式如下：

```
numpy.random.randint(low, high=None, size=None, dtype=' l ')
```

函数的主要参数含义如表 3-7 所示。

表 3-7 numpy.andom.randint() 主要参数含义

参数	含义
low	数组指定范围 [low, high) 的下限
high=None	数组指定范围 [low, high) 的上限（不包括上限），默认无。当不指定 high 时，默认范围为 [0, low)
size	数组形状

【例 3-4】 创建随机数组。

创建均匀分布、正态分布的随机数组，并输出观察。

使用 random() 函数生成 [0.0, 1.0) 区间连续均匀分布的随机数。

In []:   # 生成 [0.0, 1.0) 区间连续均匀分布的 10 个随机数
          print(' 生成的随机数组为： ',np.random.random(10))

Out: 生成的随机数组为： [0.26031161 0.13529155 0.64107174 0.23348024 0.13297237 0.88003684
        0.7924274 0.58487752 0.99687676 0.03151047]

使用 rand() 函数生成指定形状的随机数组。

In []:   # 生成 [0.0, 1.0) 区间均匀分布的 3 行 5 列随机数
          print(' 生成的随机数组为： \n ',np.random.rand(3,5))

Out: 生成的随机数组为：
        [[0.53017813 0.9748588 0.20328975 0.7817157 0.43686717]
        [0.12216555 0.50153397 0.80143572 0.41918117 0.6449185]
        [0.97745004 0.99403846 0.83483301 0.78120647 0.63084561]]

使用 randn() 函数生成指定形状的标准正态分布的随机数组。

In []:   # 生成 3 行 5 列标准正态分布的随机数
          print(' 生成的随机数组为： \n ',np.random.randn(3,5))

Out: 生成的随机数组为：
        [[0.29404135 −0.32809864 0.43193462   1.5797795   −0.49391341]
        [−1.35451323 1.24054636 0.9073061   0.29648878 −0.21806694]
        [0.49375824 2.05396637 −2.12410804   −0.02261449 0.09919824]]

使用 randint() 函数生成指定区间、形状的整数型随机数组。

In []:   # 生成起始值 1 到终止值 10 之间，包含起始值 1 不包含终止值 10，
          #3 行 5 列、离散均匀分布的随机整数
          print(' 生成的随机数组为： \n ',np.random.randint(1,10,size = [3,5]))

Out: 生成的随机数组为：
        [[2 9 4 5 6]
        [2 4 6 5 7]
        [5 7 8 2 1]]

【范例分析】

numpy.random.random() 函数会创建一个 [0.0, 1.0) 区间均匀分布、指定数量的随机数组，元素并没有进行排序。若要生成任意区间 [a,b] 内均匀分布的随机数，只需将 random() 函数生成的数组（如 arr）按式子 arr*(b-a)+a 变换即可。

numpy.random.randn() 函数会生成形状为 (d0, d1, …, dn) 的标准正态分布数组，其元素数量已经由形状指定。

numpy.random.randint() 函数会生成指定范围内（不包括上限）正态分布、指定数量的整数数组，参数 size 既指定了元素的数量，也指定了数组的形状。

6. 索引数组元素

机器学习和数据挖掘中，有时需要访问数组中的一个或多个元素，或者对其重新进行赋值，这就需要对数组元素进行索引。NumPy 提供了多种数组索引方法。

对一维数组，可以索引单个元素、连续多个元素，或者每隔几个元素进行索引。一维数组元素的索引方法如表 3-8 所示。

表 3-8 一维数组元素的索引方法

方法	含义
数组名 [n]	索引数组中的第 n 个元素，n 从 0 开始
数组名 [n:m]	索引数组中第 n 到 m 的元素，不包括第 m 个元素
数组名 [:m]	索引数组中第 0 到 m 的元素，不包括第 m 个元素
数组名 [-1]	索引数组中的倒数第 1 个元素
数组名 [n:m:k]	索引数组中第 n 个元素开始，每隔 k-1 个元素，一直到第 m 个元素之间的元素
数组名 [m:n:-k]	索引数组中第 m 个元素开始，每隔 k-1 个元素，一直到第 n 个元素之间的元素，m>n

【例 3-5】索引一维数组。

创建一维数组，并使用表 3-8 的方法索引一维数组的元素。

本例使用表 3-8 的方法索引一维数组的元素，使用 arrange() 函数生成一维数组。

In []:	# 索引一维数组
	arr = np.arange(10) # 创建 0~10 之间，不包含 10 的整数数组，共 10 个元素
	print(' 数组 arr 为：',arr)

Out:	数组 arr 为：[0 1 2 3 4 5 6 7 8 9]

使用 arr[n] 方法索引数组中的 1 个元素。

In []:	print('arr[6] 的值为：',arr[6]) # 用 [n] 获取数组中的某个元素，n 从 0 开始
Out:	arr[6] 的值为：6

使用 arr[n:m] 方法索引一维数组中的连续多个元素。

In []:	# 用范围作为下标获取一维数组的一个切片 print('arr[2:6]（不包括 arr[6]）的值为：',arr[2:6]) # 包括 arr[2] 不包括 arr[6] print('arr[0:7]（不包括 arr[7]）的值为：',arr[:7]) # 省略开始下标，表示从 arr[0] 开始

Out:	arr[2:6]（不包括 arr[6]）的值为： [2 3 4 5]
	arr[0:7]（不包括 arr[7]）的值为： [0 1 2 3 4 5 6]

使用 arr[-1] 索引数组中的倒数第 1 个元素。

In []:	# 下标 −1 表示从数组后往前数的第 1 个元素
	print('arr[−1] 表示数组的倒数第 1 个元素为： ',arr[−1])
Out:	arr[−1] 表示数组的倒数第 1 个元素为： 9

改变数组单个元素的值。

In []:	arr[3] = 30 # 改变数组的某个元素值
	print(' 改变 arr[3] 的值后数组 arr 为： ',arr)
	arr[5:7] = 50,60 # 改变数组连续位置的多个元素值，不包含 arr[6]
	print(' 改变 arr[5:7] 的值（不包含 arr[7]）后数组 arr 为： ',arr)
Out:	改变 arr[3] 的值后数组 arr 为： [0 1 2 30 4 5 6 7 8 9]
	改变 arr[5:7] 的值（不包含 arr[7]）后数组 arr 为： [0 1 2 30 4 50 60 7 8 9]

使用 arr[n:m:k] 方法和 arr[n:m:-k] 方法等间隔索引数组元素。

In []:	print(' 从 arr[0] 开始每隔一个元素为： ',arr[0:-1:2]) # 每隔步长值 −1 个元素取一个元素
	print(' 从 arr[9] 开始每隔一个元素为： ',arr[9:1:-2]) # 步长为负数时，开始下标必须大于结束下标
Out:	从 arr[0] 开始每隔一个元素为： [0 2 4 60 8]
	从 arr[9] 开始每隔一个元素为： [9 7 50 30]

【范例分析】

NumPy 任一维度元素的索引从 0 开始连续编号。对数组的索引采用"array_name[]"的形式。对一维数组，可以索引单个元素、连续多个元素，或者每隔几个元素进行索引。索引一维数组元素的方法见表 3-8。

对二维数组，可以实现指定行的单个、连续多个或整行元素，或者索引单列、连续多行、连续多列的元素。二维数组元素索引的方法如表 3-9 所示。

表 3-9 二维数组元素的索引方法

方法	含义
数组名 [n, m]	索引数组中第 n 行，第 m 列的一个元素
数组名 [n, i:j]	索引数组中第 n 行，第 i 到 j−1 列的连续多个元素
数组名 [n, :]	索引数组中第 n 行元素
数组名 [i:j, :]	索引数组第 i 到 j−1 行的连续整行元素
数组名 [:, i:j]	索引数组第 i 到 j−1 列的连续整列元素
数组名 [n:m, i:j]	索引数组第 n 到 m−1 行、第 i 到 j−1 列的元素
数组名 [n:, m:]	索引数组中第 n 到最后 1 行、第 m 到最后 1 列的元素
数组名 [[(n1,n2,n3), (m1,m2,m3)]]	索引数组中第 n1 行 m1 列、第 n2 行 m2 列、第 n3 行 m3 列的多个元素

方法	含义
数组名 [n, (m1,m2)]	索引数组中第 n 行 m1 列、m2 列的多个元素
数组名 [(n1,n2), m]	索引数组中第 m 列 n1 行、n2 列的多个元素
数组名 [n, (m1,m2)]	索引数组中第 n 行 m1 列、m2 列的多个元素
数组名 [(n1,n2), m]	索引数组中第 m 列 n1 行、n2 列的多个元素
数组名 [n1:n2, (m1,m2)]	索引数组中第 n1 到 n2-1 行 m1 列、m2 列的多个元素
数组名 [(n1,n2), m1:m2]	索引数组中第 m1 到 m2 列 n1 行、n2 行的多个元素
数组名 [:, (m1,m2)]	索引数组中 m1 列、m2 列的整列元素
数组名 [(n1,n2), :]	索引数组中 n1 行、n2 行的整行元素
numpy.bool	索引（1）或不索引（0）某行/列元素

【例3-6】索引二维数组。

创建二维数组，使用表 3-9 的方法索引二维数组的元素。

使用 arrange() 方法和 reshape() 方法产生指定形状的数组。

```
In []:   # 索引二维数组
         # 创建 0~15 之间，不包括 15 的整数数组，共 15 个元素，并设置数组的形状
         arr = np.arange(15).reshape(3,5)
         print(' 创建的二维数组为： \n ',arr)
```

```
Out:    创建的二维数组为：
        [[ 0  1  2  3  4]
         [ 5  6  7  8  9]
         [10 11 12 13 14]]
```

索引数组指定行、列、整行、连续多行、连续多列的元素。

```
In []:   print(' arr 第 0 行中第 2~4 列的元素为： ',arr[0,2:5]) # 索引第 0 行中第 2~4 列的元素
         print(' arr 第 1 行的元素为： ',arr[1,:]) # 索引整行元素
         print(' arr 第 0~1 行的元素为： \n ',arr[0:2,:]) # 索引连续多行的整行元素
         print(' arr 第 0~1 列的元素为： \n ',arr[:,0:2]) # 索引连续多列的整列元素
```

```
Out:    arr 第 0 行中第 2~4 列的元素为： [2 3 4]
        arr 第 1 行的元素为： [5 6 7 8 9]
        arr 第 0~1 行的元素为：
        [[0 1 2 3 4]
         [5 6 7 8 9]]
        arr 第 0~1 列的元素为：
        [[ 0  1]
         [ 5  6]
         [10 11]]
```

索引数组的指定行间、列间、单个元素。

In []:	# 索引第 1~2 行中第 2~3 列的元素
	print(' 第 1~2 行中第 2~3 列的元素为：\n ',arr[1:,2:])
	print(' 第 0 行中第 2 列的元素为：',arr[0,2]) # 索引单个元素
Out:	第 1~2 行中第 2~3 列的元素为：
	[[7 8 9]
	[12 13 14]]
	第 0 行中第 2 列的元素为： 2

索引数组中不同行列的多个元素。

In []:	# 索引不同行列的多个元素，将其行索引号和列索引号分别组成两个序列
	# 如 arr[0,0], arr[1,1], arr[2,2] 组成 [(0,1,2),(0,1,2)]
	print('arr[0,0], arr[1,1], arr[2,2] 为： ',arr[[(0,1,2),(0,1,2)]])
	print(' 第 0 行中第 1、3 列的元素为：\n ',arr[0:,(1,3)]) # 索引第 0 行中第 1、3 列的元素
Out:	arr[0,0], arr[1,1], arr[2,2] 为： [0 6 12]
	第 0 行中第 1、3 列的元素为：
	[[1 3]
	[6 8]
	[11 13]]

使用 bool 类型数组，索引 bool 值为 1 对应的数组元素。

In []:	# 使用 bool 类型表示索引或不索引某行或列
	idx_bool = np.array([1,1,0],dtype = np.bool)
	#idx_bool 是一个布尔数组，它索引第 0、1 行中第 1 列的元素
	print(' 第 0、1 行中第 1 列的元素为： ',arr[idx_bool,1])
	#idx_bool 是一个布尔数组，它索引第 0、1 行中第 0、4 列的元素
	print(' 第 0、1 行中第 0、4 列的元素为： ',arr[idx_bool,(0,3)])
Out:	第 0、1 行中第 1 列的元素为： [1 6]
	第 0、1 行中第 0、4 列的元素为： [0 8]

【范例分析】

NumPy 索引二维数组，同样使用 "array_name[]" 的形式，行、列索引号要用英文逗号分开。可以索引行的单个、连续多个或整行元素，或者索引单列、连续多行、连续多列的元素。索引二维数组元素的方法如表 3-9 所示。对三维以上的数组，其元素的索引方法以此类推。

7. 改变数组的形状

在练习机器学习算法时，有时需要改变数据集的形状，如将一维数组改变为二维数组、重构二维数组的行和列，或者将二维数组展平为一维数组。除了 reshape() 函数，NumPy 还可以将多维数组展平为一维数组，numpy.ravel() 函数能够实现这个功能，其格式如下：

```
numpy.ravel(a, order=' C ')
```

其中 a 为要展平的数组,当该函数跟在数组对象后时,a 可以省略。order 说明展平顺序,默认为 C,表示按行展平,即第 1 行横向排在第 0 行右边,其他行以此类推。如果要按列展平,令 order=' F ',则第 1 列纵向排在第 0 列下边,其他列以此类推。

此外,NumPy 还提供了一个数组展平函数 flatten(),其格式如下:

```
numpy.ndarray.flatten(order=' C ')
```

flatten() 函数与 ravel() 函数功能类似,此处不再详述。

需注意的是,上述函数仅对数组进行了形状改变的操作,创建了一个副本,并未对数组重新赋值。若希望数组的元素以改变后的形状排列,需对数组重新赋值。

【例 3-7】 改变数组的形状。

使用 reshape() 方法,ravel() 方法,flatten() 方法改变数组的形状,并观察改变后的形状。

首先使用 arrange() 函数创建一维数组,查看其维度、形状等信息,然后再使用 reshape() 方法改变数组形状,并输出改变后的数组形状。

In []:	# 改变和观察数组的形状
	arr = np.arange(12) # 创建一维数组
	print(' 创建的一维数组为: ',arr)
	print(' 数组的维度为: ',arr.ndim) # 查看数组维度
	print(' 数组的形状为: ',arr.shape) # 查看数组形状
	print('reshape(3,4) 后数组的维度为: ',arr.reshape(3,4).ndim) # 查看数组维度
	print(' 数组的形状为: ',arr.reshape(3,4).shape) # 查看数组形状
	print(' 此时数组为: \n ',arr) # 输出后形状并没有改变,这是由于没有对 arr 重新赋值
Out:	创建的一维数组为: [0 1 2 3 4 5 6 7 8 9 10 11]
	数组的维度为: 1
	数组的形状为: (12,)
	reshape(3,4) 后数组的维度为: 2
	数组的形状为: (3, 4)
	此时数组为: [0 1 2 3 4 5 6 7 8 9 10 11]

改变数组形状并对原数组重新赋值,查看赋值后数组的维度、形状等属性。

In []:	arr=arr.reshape(3,4) # 改变形状并重新赋值
	print(' 形状改变后的数组为: \n ',arr) # 设置数组的形状
	print(' 数组的维度为: ',arr.ndim) # 查看数组维度
	print(' 数组的形状为: ',arr.shape) # 查看数组形状
Out:	形状改变后的数组为:
	[[0 1 2 3]
	[4 5 6 7]
	[8 9 10 11]]
	数组的维度为: 2
	数组的形状为: (3, 4)

重新改变数组 arr 的形状,并对其重新赋值,查看赋值后数组的维度、形状等属性。

In []:	arr=arr.reshape(2,6)
	print(' 形状改变后的数组为： \n ',arr) # 设置数组的形状 print(' 数组的维度为： ',arr.ndim) # 查看数组维度
	print(' 数组的形状为： ',arr.shape) # 查看数组形状
Out:	形状改变后的数组为：
	[[0 1 2 3 4 5]
	[6 7 8 9 10 11]]
	数组的维度为： 2
	数组的形状为： (2, 6)

在 reshape() 方法中使用 −1，由系统自动推断数组的行或列形状。

In []:	arr=arr.reshape(4,−1)
	print(' 形状改变后的数组为： \n ',arr) # 设置数组的形状
	print(' 数组的维度为： ',arr.ndim) # 查看数组维度
	print(' 数组的形状为： ',arr.shape) # 查看数组形状
	print(' 数组展平后为： ',arr.ravel()) # 展平数组
	print(' 数组展平操作后为： \n ',arr) # 仅展平，未重新赋值

Out:	形状改变后的数组为：	数组展平后为： [0 1 2 3 4 5 6 7 8 9 10 11]
	[[0 1 2]	数组展平操作后为：
	[3 4 5]	[[0 1 2]
	[6 7 8]	[3 4 5]
	[9 10 11]]	[6 7 8]
	数组的维度为： 2	[9 10 11]]
	数组的形状为： (4, 3)	

使用 flatten() 方法横向和纵向展平数组 arr，并输出观察。

In []:	print(' 数组横向展平后为： ',arr.flatten()) # 横向展平
	print(' 数组纵向展平后为： ',arr.flatten('F')) # 纵向展平
Out:	数组横向展平后为： [0 1 2 3 4 5 6 7 8 9 10 11]
	数组纵向展平后为： [0 3 6 9 1 4 7 10 2 5 8 11]

使用 ravel() 方法展平数组 arr 并对其重新赋值，输出数组的值观察。

In []:	arr=arr.ravel() # 展平数组
	print(' 展平并重新赋值后数组为： \n ',arr)
Out:	展平并重新赋值后数组为：
	[0 1 2 3 4 5 6 7 8 9 10 11]

【范例分析】

ravel() 函数与 flatten() 函数都能将任意形状的数组展平为一维数组。注意，一维数组的形状为

(n,)，一个形状为 (1,n) 的数组虽然是 1 行 n 列，但它是一个二维数组。使用这两个函数对数组进行形状改变操作，将创建数组的一个副本，但原数组的形状并未改变，除非使用 "=" 对数组改变形状并重新赋值。在后续章节中，ravel() 函数与 reshape() 方法经常配合使用，如将彩色图像的像素数据（三维）展平为一维，作为一条记录保存到数据文件，再将其读出来，然后使用 reshape() 方法恢复为图像格式。

8．组合数组

在机器学习的样本处理阶段，经常需要对数据集的特征系列进行组合，以增加样本的特征数量或实例数量。例如，将两列或多列大小相等的特征值组合成一个多特征样本集、将特征与类标签组合成一个带标记的样本集、将两类或多类特征相同的样本组合成一个多类别样本集等。这就需要对数组进行组合操作。

NumPy 提供了多个能够实现数组组合功能的函数，其中有 numpy.hstack()、numpy.vstack()、numpy.concatenate()、numpy.c_ []。

（1）numpy.hstack() 函数将两个或多个行数相等的数组横向组合为一个数组，其格式如下：

```
numpy.hstack(tup)
```

其中，tup 为要横向组合的数组序列。

（2）numpy.vstack() 函数将两个或多个列数相同的数组纵向组合为一个数组，其格式如下：

```
numpy.vstack(tup)
```

其中，tup 为要纵向组合的数组序列。

（3）concatenate() 函数可指定数组为横向组合还是纵向组合，其格式如下：

```
numpy.concatenate((a1, a2, ···), axis=0)
```

其中，a1, a2, ···是要组合的数组序列。axis 指定为横向组合还是纵向组合，axis=1 时表示横向组合，axis=0 时表示纵向组合。

（4）numpy.c_[] 的功能和 numpy.hstack() 函数的功能类似，它将两个或多个行数相等的数组横向组合为一个数组，其格式如下：

```
numpy.c_[a1, a2, ···]
```

其中，a1, a2, ···是要组合的数组序列。

【例 3-8】组合数组。

分别使用 hstack(), vstack(), concatenate(), numpy.c_[] 方法组合数组，并观察组合结果。

创建指定形状的数组。

```
In []:    # 组合数组
          arr1 = np.arange(15).reshape(3,5) # 创建数组并设置形状
          print(' 创建的数组 1 为：\n ',arr1)
          arr2 = arr1*2 # 将数组乘以 2
          print(' 创建的数组 2 为：\n ',arr2)
```

Out:	创建的数组 1 为：	创建的数组 2 为：
	[[0 1 2 3 4]	[[0 2 4 6 8]
	[5 6 7 8 9]	[10 12 14 16 18]
	[10 11 12 13 14]]	[20 22 24 26 28]]

使用 hstack() 方法横向组合数组。

In []:	arr_1h2=np.hstack((arr1,arr2)) #hstack 函数横向组合
	print('横向组合为： \n ',arr_1h2)

Out:	横向组合为：
	[[0 1 2 3 4 0 2 4 6 8]
	[5 6 7 8 9 10 12 14 16 18]
	[10 11 12 13 14 20 22 24 26 28]]

使用 vstack() 方法纵向组合数组。

In []:	arr_1v2=np.vstack((arr1,arr2)) #vstack 函数纵向组合
	print('纵向组合为： \n ',arr_1v2)

Out:	纵向组合为：
	[[0 1 2 3 4]
	[5 6 7 8 9]
	[10 11 12 13 14]
	[0 2 4 6 8]
	[10 12 14 16 18]
	[20 22 24 26 28]]

使用 concatenate() 方法横向、纵向组合数组。

In []:	#concatenate 函数横向组合
	print('使用 concatenate 函数横向组合为： \n ',np.concatenate((arr1,arr2),axis = 1))
	#concatenate 函数纵向组合
	print('使用 concatenate 函数纵向组合为： \n ',np.concatenate((arr1,arr2),axis = 0))

Out:	使用 concatenate 函数横向组合为：	使用 concatenate 函数纵向组合为：
	[[0 1 2 3 4 0 2 4 6 8]	[[0 1 2 3 4]
	[5 6 7 8 9 10 12 14 16 18]	[5 6 7 8 9]
	[10 11 12 13 14 20 22 24 26 28]]	[10 11 12 13 14]
		[0 2 4 6 8]
		[10 12 14 16 18]
		[20 22 24 26 28]]

使用 numpy.c_[] 方法横向组合数组。

In []:	arr=np.c_[arr1,arr2] # 将两个数组横向组合
	print('使用 np.c_[] 组合后的数组为： \n ',arr)

Out:　使用 np.c_[] 组合后的数组为：

[[0　1　2　3　4　0　2　4　6　8]

[5　6　7　8　9 10 12 14 16 18]

[10 11 12 13 14 20 22 24 26 28]]

【范例分析】

使用 hstack()、vstack()、concatenate() 方法都能实现数组横向、纵向组合，对于将不同类别的数据合并为一个数据文件的情况非常有用。被组合的数组必须以元组 (tup) 的形式传入，如 (arr1, arr2, …) 的数组序列。横向组合要确保被组合数组的行数相同，纵向组合要确保被组合数组的列数相同。

9. 分割数组

与组合数组相反，有时需要把一个大的数据集分割，形成 2 个或多个小的子数组。NumPy 提供了 hsplit()、vsplit()、plit() 等函数来分割数组。

（1）hsplit() 将数组横向分割为 2 个或多个形状相同的子数组，或按照指定的分割位置进行分割，其格式如下：

```
numpy.hsplit(ary, indices_or_sections)
```

其中，ary 接收要分割的数组。indices_or_sections 是整数时，表示要分割为子数组的数量，此时将 ary 分割为 2 个或多个形状相同的子数组。indices_or_sections 也可以是一个升序排列的整数数组 [n1,n2,…，表示要分割的列位置。

（2）vsplit() 将数组纵向分割为 2 个或多个形状相同的子数组，或按照指定的位置进行分割，其格式如下：

```
numpy.vsplit(ary, indices_or_sections)
```

其中，ary 接收要分割的数组，indices_or_sections 是整数时，表示要分割为子数组的数量，此时将 ary 分割为 2 个或多个形状相同的子数组。indices_or_sections 也可以是一个升序排列的整数数组 [n1,n2,…]，表示要分割的行位置。

（3）split() 将数组沿指定方向分割为 2 个或多个形状相同的子数组，或按照指定的位置进行分割，其格式如下：

```
numpy.split(ary, indices_or_sections, axis=0)
```

其中，ary 接收要分割的数组，indices_or_sections 是整数时，表示要分割为子数组的数量，此时将 ary 分割为 2 个或多个形状相同的子数组。indices_or_sections 也可以是一个升序排列的整数数组 [n1,n2,…]，表示要分割的行或列位置。axis=0 时表示纵向分割，axis=1 时表示横向分割。

【例 3-9】分割数组。

分别使用 hsplit()、vsplit()、split() 方法分割数组，并观察分割结果。

使用 arrange() 函数和 reshape() 方法创建指定形状的数组。

In []:　# 分割数组

arr = np.arange(24).reshape(4,6) # 创建数组并设置形状

print(' 创建的二维数组为： \n ',arr)

Out:	创建的二维数组为：
	[[0 1 2 3 4 5]
	[6 7 8 9 10 11]
	[12 13 14 15 16 17]
	[18 19 20 21 22 23]]

使用 hsplit() 方法横向分割数组。

In []:	print(' 横向分割为： ',np.hsplit(arr, 3)) #hsplit 函数横向平均分割为 3 个

Out:	横向分割为：	[14, 15],
	[array([[0, 1],	[20, 21]]), array([[4, 5],
	[6, 7],	[10, 11],
	[12, 13],	[16, 17],
	[18, 19]]), array([[2, 3],	[22, 23]])]
	[8, 9],	

使用 vsplit() 方法纵向分割数组。

In []:	print(' 纵向分割为： ',np.vsplit(arr, 2)) #vsplit 函数纵向平均分割为 2 个

Out:	纵向分割为： [array([[0, 1, 2, 3, 4, 5],
	[6, 7, 8, 9, 10, 11]]), array([[12, 13, 14, 15, 16, 17],
	[18, 19, 20, 21, 22, 23]])]

使用 split() 方法横向分割数组。

In []:	#split 函数横向平均分割为 2 个
	print('split 横向分割为： \n ',np.split(arr, 2, axis=1))

Out:	split 横向分割为：	[18, 19, 20]]), array([[3, 4, 5],
	[array([[0, 1, 2],	[9, 10, 11],
	[6, 7, 8],	[15, 16, 17],
	[12, 13, 14],	[21, 22, 23]])]

使用 split() 方法纵向分割数组。

In []:	#split 函数纵向平均分割为 2 个
	print('split 纵向分割为： \n ',np.split(arr, 2, axis=0))

Out:	split 纵向分割为：
	[array([[0, 1, 2, 3, 4, 5],
	[6, 7, 8, 9, 10, 11]]), array([[12, 13, 14, 15, 16, 17],
	[18, 19, 20, 21, 22, 23]])]

获取 split() 方法分割的子数组。

In []:	arr1,arr2=np.split(arr, 2, axis=0) # 获得分割后的子数组	
	print(' 分割后生成的 arr1 为：\n ',arr1)	
	print(' 分割后生成的 arr2 为：\n ',arr2)	
Out:	分割后生成的 arr1 为：	分割后生成的 arr2 为：
	[[0 1 2 3 4 5]	[[12 13 14 15 16 17]
	[6 7 8 9 10 11]]	[18 19 20 21 22 23]]

【范例分析】

hsplit() 方法和 vsplit() 方法分别将数组横向或纵向分割为 2 个或多个形状相同的子数组，或按照指定的分割位置进行分割。split() 方法则通过指定 axis 来实现 hsplit() 或 vsplit()。 axis=0 时表示纵向分割，axis=1 时表示横向分割。

10. 数组的运算

NumPy 提供数组的四则运算、比较运算、逻辑运算。其运算遵循以下规则：两个数组的运算，分别对两个数组相同位置的元素进行运算。因此，参与运算数组的形状须相同。

数组的四则运算符号分别是：加（+）、减（-）、乘（*）、除（/）、幂（**）。

数组的比较运算符号分别是：小于（<）、大于（>）、等于（==）、大于等于（>=）、小于等于（<=）、不等于（!=）。运算返回的结果是 True 或 False。

本书不涉及数组的逻辑运算，因此不再对逻辑运算进行介绍。对逻辑运算感兴趣的读者可以自行查阅相关资料。

【例 3-10】 数组的四则运算。

创建 2 个数组，并对它们进行四则运算。

创建指定形状的两个数组。

In []:	# 数组的四则运算	
	# 创建 1~13 之间，不包含 13，共 12 个元素的整数数组，并设置形状	
	arr1 = np.arange(1,13,1).reshape(3,4)	
	print(' 数组 arr1 为：\n ',arr1)	
Out:	数组 arr1 为：	[5 6 7 8]
	[[1 2 3 4]	[9 10 11 12]]

将数组 arr1 乘以 2，得到数组 arr2。

In []:	arr2=arr1*2 # 数组乘以常数 2	
	print(' 数组乘以常数为：\n ',arr2)# 数组乘以常数，每个元素乘以该常数	
Out:	数组乘以常数为：	[10 12 14 16]
	[[2 4 6 8]	[18 20 22 24]]

将数组 arr1 与 arr2 相加。

In []:	print(' 数组相加结果为：\n ',arr1 + arr2) # 数组相加，对应位置的每个元素相加	

| Out: | 数组相加结果为： | [15 18 21 24] |
| | [[3 6 9 12] | [27 30 33 36]] |

将数组 arr1 与 arr2 相减。

In []:	print(' 数组相减结果为： \n ',arr1 - arr2) #数组相减，对应位置的每个元素相减	
Out:	数组相减结果为：	[−5 −6 −7 −8]
	[[−1 −2 −3 −4]	[−9 −10 −11 −12]]

将数组 arr1 与 arr2 相乘。

In []:	print(' 数组相乘结果为： \n ',arr1 * arr2) #数组相乘，对应位置的每个元素相乘	
Out:	数组相乘结果为：	[50 72 98 128]
	[[2 8 18 32]	[162 200 242 288]]

将数组 arr1 与 arr2 相除。

In []:	print(' 数组相除结果为： \n ',arr1 / arr2) #数组相除，对应位置的每个元素相除	
Out:	数组相除结果为：	[0.5 0.5 0.5 0.5]
	[[0.5 0.5 0.5 0.5]	[0.5 0.5 0.5 0.5]]

将数组 arr1 与 arr2 进行幂运算。

In []:	# 数组幂运算，对应位置的每个元素相幂，为避免结果过大超出范围，将 arr2/10
	print(' 数组幂运算结果为： \n ',arr1 ** (arr2/10))
Out:	数组幂运算结果为：
	[[1.　　　　1.31950791 1.93318204 3.03143313]
	[5.　　　　8.58581449 15.24534497 27.85761803]
	[52.19591521 100.　　　195.46270621 389.07649109]]

【范例解析】

NumPy 数组间的运算，包括算术运算和逻辑运算，是将参与运算数组对应位置的元素分别进行运算，这一点与矩阵运算是不同的。因此要求参与运算数组的形状相同。幂运算通常以两个星号（**）表示。

3.2 Matplotlib 可视化基础

3.2.1 ▶ matplotlib.pyplot 绘图元素和基本流程

在数据挖掘和机器学习中，可视化是数据特征分析和结果展示的一个重要手段。它能够为用户提供数据的分布特征、统计特征，回归、分类和聚类等结果，以及模型评估的直观感受。Python 提供了 2D 绘图库 Matplotlib，使用它仅需要几行代码，便可以生成散点图、折线图、点线图、柱状图、饼图、箱线图、直方图、子图等。

Matplotlib 包括的基本元素如下。

（1）x 轴和 y 轴：水平和垂直的轴线。

（2）x 轴和 y 轴的刻度：刻度标示坐标轴的分隔，包括最小刻度和最大刻度。

（3）x 轴和 y 轴的刻度标签：特定坐标轴的值。

（4）绘图区域：实际绘图的区域。

（5）hold 属性：默认为 True，表示允许在一幅图中绘制多条曲线；如果为 False，则每一个 plot 都会覆盖前面的 plot。

（6）grid 方法：为图添加网格线。

（7）xlim 和 ylim 方法：设置坐标轴范围。

（8）legend 方法：设置图例。

Matplotlib 绘图的一般流程如图 3-1 所示。

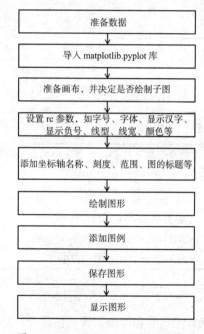

图 3-1 matplotlib.pyplot 绘图流程

注意，如果要保存图形，需要在显示图形之前保存，否则保存的图形为空白。

为了节约篇幅和增加实战性，本节将仅对 matplotlib.pyplot 的主要函数及重要参数进行介绍，不会详细介绍各个函数及其他参数的含义，而是直接通过例子的形式介绍如何绘制几种典型的数据图，一些必要的函数功能和参数含义将在程序中以注释的形式给出。如果读者想进一步了解绘图函数的详细功能和各参数含义，可以查阅 matplotlib.pyplot 的 API 官方文档，网址为 https://matplotlib.org/index.html。

3.2.2 ▶ 绘制散点图

散点图能够直观地反映样本点的基本分布和变化趋势。Matplotlib 使用 scatter() 函数绘制散点图，其格式如下：

matplotlib.pyplot.scatter(x, y, s=None, c=None, marker=None, cmap=None, norm=None, vmin=None, vmax=None, alpha=None, linewidths=None, verts=None, edgecolors=None, *, data=None, **kwargs)

函数的 x, y 参数接收形状同为 (n,) 的数组，表示在平面坐标系的位置系列。

【例 3-11】 绘制散点图。

将在 0~10 之间产生 30 个元素的等差数列作为 x，并把产生 30 个元素的标准正态分布作为噪声 noise，分别对 y1=x2，y2=x，y3=$x^{1.5}$ 叠加 2 倍的噪声数据，画出三个数据系列随 x 变化的散点图，并添加坐标轴标签和图例。

```
In []:    # 绘制散点图
          import numpy as np # 导入 NumPy 模块
          import matplotlib.pyplot as plt # 导入 matplotlib.pyplot 库
          # 产生数据
          x=np.linspace(0, 10, 30) # 产生 0~10 之间 30 个元素的等差数列
          noise=np.random.randn(30) # 产生 30 个标准正态分布的元素
          y1=x**2+2*noise # 产生叠加噪声的数据系列 1
          y2=x**1+2*noise # 产生叠加噪声的数据系列 2
          y3=x**1.5+2*noise # 产生叠加噪声的数据系列 3
          plt.rcParams[ 'font.sans-serif '] = 'SimHei'# 设置字体为 SimHei 以显示中文
          plt.rc( 'font ', size=14) # 设置图中字号大小
          plt.figure(figsize=(6,4)) # 设置画布
          plt.scatter(x,y1, marker='o ') # 绘制散点图
          plt.scatter(x,y2, marker='* ') # 绘制散点图
          plt.scatter(x,y3, marker='^ ') # 绘制散点图
          plt.title(' 散点图 ') # 添加标题
          plt.legend([ ' 数据集 y1 ', ' 数据集 y2 ', ' 数据集 y3 ']) # 添加图例
          plt.xlabel('x ') # 添加横轴标签
          plt.ylabel('y ') # 添加纵轴标签
          import os # 导入 os 库
          # 创建或访问一个文件夹
          path='D:\\PythonStudy\\graph\\'
          # 如果该路径不存在，则创建它；如果已存在，则将图片保存至该路径
          if not os.path.exists(path):
            os.makedirs(path)
          plt.savefig(path+'scatter.jpg ') # 保存图片
          plt.show() # 显示图片
```

Out:

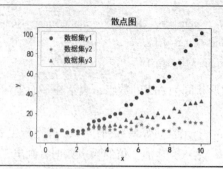

【范例分析】

scatter() 函数的 x，y 参数接收形状同为 (n,) 的一维数组，不可省略。散点图中点的样式、大小、颜色都可以指定。范例中使用了 os 模块，用于操作系统的管理，在计算机上读取文件或向计算机指定位置保存文件时需导入该模块。os.path.exists(path) 判断 path 是否存在，如果存在则返回 True；如果不存在则返回 False。

3.2.3 ▶ 绘制折线图和点线图

折线图将样本点按照先后顺序使用线条连接起来，以展示数据变化的趋势。可以使用不同的颜色、线型来区别不同的数据系列，并指定是否绘制样本点及其形状。Matplotlib 使用 plot() 函数绘制散点图，其格式如下：

```
matplotlib.pyplot.
plot(*args, scalex=True, scaley=True, data=None, **kwargs)
```

args 接收形状为 (n,) 的数组 [x], y，其中 x 可选。当不指定 x 时，将 y 的索引 0,1,⋯, n−1 作为 x

【例 3-12】绘制折线图。

使用例 3-11 的数据绘制折线图。

以下代码使用 plot() 方法实现绘制折线图。

```
In []:  # 绘制折线图
        plt.figure(figsize=(6,4)) # 设置画布大小
        # 绘制折线图，设置颜色和线型
        plt.plot(x,y1,color ='r',linestyle ='--') #'r' 表示红色
        plt.plot(x,y2,color ='b',linestyle ='-') #'b' 表示黑色
        plt.plot(x,y3,color ='b',linestyle ='-.') #'b' 表示蓝色
        plt.title(' 折线图 ') # 添加标题
        plt.legend([' 曲线 y1',' 曲线 y2',' 曲线 y3']) # 添加图例
        plt.xlabel('x') # 添加横轴标签
        plt.ylabel('y') # 添加纵轴标签
        plt.savefig(path+'plot.jpg') # 保存图片
        plt.show() # 显示图片
```

Out:

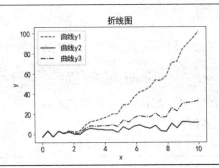

【范例分析】

plot() 方法的 *args 参数接收形状为 (n,) 的数组 [x], y，注意 x 是可选的。如果有 x，则它与 y 的形状必须同为一维数组且形状相同。如果省略 x，则系统自动将 y 的索引 0,1,…,n-1 作为 x，绘制的线宽、样式、颜色均可以指定。

在 plot() 函数中指定 marker（数据点的形状）可以绘制点线图。关于线形和点形状的更多设置方法，读者可自行查阅相关文献资料。

【例 3-13】绘制点线图。

使用例 3-11 的数据绘制点线图。

以下代码使用 plot() 方法绘制点线图。

```
In []:    # 绘制点线图
          plt.figure(figsize=(6,4)) # 设置画布大小
          # 绘制点线图，设置颜色、线型、点的形状
          plt.plot(x,y1,color ='r',linestyle ='--',marker ='o')
          plt.plot(x,y2,color ='b',linestyle ='-',marker ='*')
          plt.plot(x,y3,color ='g',linestyle ='-',marker ='^')
          plt.title(' 点线图 ') # 添加标题
          plt.legend([' 曲线 y1',' 曲线 y2',' 曲线 y3'])
          plt.xlabel('x') # 添加横轴标签
          plt.ylabel('y') # 添加纵轴标签
          plt.savefig(path+'plot1.jpg') # 保存图片
          plt.show() # 显示图片
```

Out:

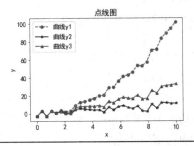

【范例分析】

plot() 方法可以绘制折线图或点线图。如果指定 marker 参数，则绘制该参数指定的点的样式。

3.2.4 ▶ 绘制柱状图

Matplotlib 使用 bar() 函数绘制柱状图，反映数值或数组统计特征的大小，其格式如下：

matplotlib.pyplot.bar(x, height, width=0.8, bottom=None, *, align=' center ', data=None, **kwargs)

其中，x 接收数值或一维数组，表示柱在 x 轴的位置。height 接收数值或一维数组，表示柱的高度。

【例 3-14】绘制数据系列的柱状图。

使用 bar() 函数绘制例 3-11 的数据系列 y1 的柱状图。

In []:
```
# 绘制柱状图
plt.figure(figsize=(6,4)) # 设置画布
plt.bar(x,y1,width = 0.2) # 绘制柱状图
plt.title(' 柱状图 ') # 添加标题
plt.xlabel('x') # 添加横轴标签
plt.ylabel('y1') # 添加纵轴名称
plt.savefig(path+'bar.jpg') # 保存图片
plt.show() # 显示图片
```

Out:

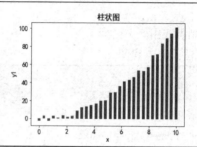

【范例分析】

bar() 方法中的 height 参数是柱子的高度，即数据的值。它一般是一个统计数据，如和、平均值等，反映统计量的大小。

【例 3-15】绘制数据系列和的柱状图。

使用 bar() 方法绘制例 3-11 数据系列 y1, y2, y3 各自的和的柱状图。

In []:
```
# 绘制三个数据系列各自的和的柱状图
plt.figure(figsize=(6,4)) # 设置画布大小
plt.bar([0,1,2],[np.sum(y1),np.sum(y2),np.sum(y3)],width = 0.5) # 绘制柱状图
plt.title(' 柱状图 ') # 添加标题
labels=['y1 的和 ','y2 的和 ','y3 的和 ']
plt.xlabel(' 数据系列 y') # 添加横轴标签
plt.ylabel(' 数据系列 y 的和 ') # 添加纵轴标签
plt.xticks(range(3),labels) # 横轴刻度与标签对准
plt.savefig(path+'bar1.jpg') # 保存图片
plt.show() # 显示图片
```

Out:

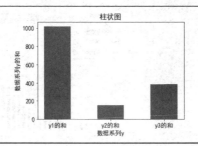

【范例分析】

xticks() 方法、yticks() 方法用于对坐标轴的横轴或纵轴设置刻度及名称，并设置刻度位置和刻度名称。它们接收数组或列表，且元素数量相等。

【例 3-16】绘制堆叠柱状图。

绘制例 3-11 中数据系列 y1, y2, y3 的堆叠柱状图。

```
In []:   # 绘制两个数据系列叠加的堆叠柱状图
         plt.figure(figsize=(6,4)) # 设置画布
         plt.bar(x,y1,width = 0.2) # 绘制柱状图
         plt.bar(x,y2,width = 0.2,bottom=y1) # 绘制柱状图，堆叠到 y1 上方
         plt.title(' 堆叠柱状图 ') # 添加标题
         plt.xlabel('x') # 添加横轴标签
         plt.ylabel('y') # 添加纵轴标签
         plt.legend(['y1','y2']) # 设置图例
         plt.show() # 显示图片
```

Out:

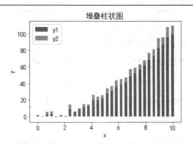

绘制三个数据系列 y1,y2,y3 叠加的堆叠柱状图。

```
In []:   # 绘制三个数据系列叠加的堆叠柱状图
         plt.figure(figsize=(6,4)) # 设置画布大小
         plt.bar(x,y1,width = 0.2) # 绘制柱状图
         plt.bar(x,y2,width = 0.2,bottom=y1) # 绘制柱状图，堆叠到 y1 上方
         plt.bar(x,y3,width = 0.2,bottom=y1+y2,color='red') # 绘制柱状图，堆叠到 y1+y2 上方
         plt.title(' 堆叠柱状图 ') # 添加标题
         plt.xlabel('x') # 添加横轴标签
         plt.ylabel('y') # 添加纵轴标签
         plt.legend(['y1','y2','y3']) # 添加图例
         plt.show()# 显示图片
```

Out:

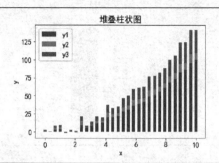

【范例分析】

bar() 方法的 bottom 参数指定了数据的"底",通过将一个数据系列指定为另一个数据系列的 bottom,可以将两个或多个数据系列的柱状图堆叠起来。这对于观察比较多个数据系列是非常有帮助的。

除了绘制竖直柱状图,也可以绘制横向柱状图,matplotlib.pyplot 模块提供了 barh() 方法,其格式为:

matplotlib.pyplot.barh(y, width, height=0.8, left=None, *, align='center', **kwargs)

y 接收数值或一维数组,表示柱在纵轴的位置。width 接收数值或一维数组,表示数据的大小(柱的水平方向宽度)。height 接收浮点数,表示柱的竖直方向高度。left 接收数值或一维数组,表示当前数据系列的左侧起始位置。

【例 3-17】 绘制水平柱状图。

绘制例 3-11 中数据系列的水平柱状图。

In []:
```
# 绘制水平柱状图
plt.figure(figsize=(6,4)) # 设置画布
plt.barh(x, width=y1, height=0.2) # 绘制水平柱状图
plt.title(' 水平柱状图 ') # 添加标题
plt.xlabel('y') # 添加纵轴标签
plt.ylabel('x') # 添加横轴标签
plt.show() # 显示图片
```

Out:

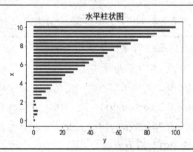

【范例分析】

与 bar() 方法类似,barh() 方法需要指定柱在纵轴的位置,柱的水平宽度(即数据的大小),

柱的竖直高度（即柱体的宽度）。

【例 3-18】绘制水平堆叠柱状图。

绘制例 3-11 中数据系列的水平堆叠柱状图。

```
In []:   # 绘制水平柱状图
         plt.figure(figsize=(6,4)) # 设置画布大小
         plt.barh(x, width=y1, height=0.2) # 绘制水平柱状图
         plt.barh(x, width=y2, height=0.2,left=y1) # 绘制水平柱状图，堆叠到 y1 右侧
         plt.barh(x, width=y3, height=0.2,left=y1+y2,color='red') # 绘制水平柱状图，堆叠到 y1+y2 右侧
         plt.title(' 水平柱状图 ') # 添加标题
         plt.xlabel('y') # 添加纵轴标签
         plt.ylabel('x') # 添加横轴标签
         plt.legend(['y1','y2','y3']) # 设置图例
         plt.show() # 显示图片
```

Out:

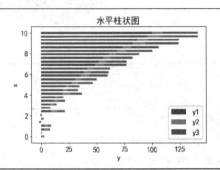

【范例分析】

与 bar() 方法类似，barh() 方法使用 left 参数设置数据的左侧起点，将一个数据系列设置为另一个数据系列的 left 参数，可以将 2 个或多个数据系列沿水平方向堆叠起来，便于不同数据系列的比较。

3.2.5 ▶ 绘制饼图

饼图反映个体在全体中的占比。Matplotlib 使用 pie() 函数绘制饼图，其格式如下：

```
matplotlib.pyplot.pie(x, explode=None, labels=None, colors=None, autopct=None, pctdistance=
0.6, shadow=False,
labeldistance=1.1, startangle=None, radius=None, counterclock=True, wedgeprops=
None, textprops=None, center=(0, 0), frame=False, rotatelabels=False, *, data=None)
```

其中 x 接收形状为 (n,) 的数组，表示饼图中扇形的数量。labels 接收形状为 (n,) 的数组，表示每项数据的名称。函数根据数组自动计算每个扇形的大小。

【例 3-19】绘制饼图。

绘制例 3-11 中数据系列 y1, y2, y3 各自的和的饼图。

In []: # 绘制饼图

plt.figure(figsize=(6,4)) # 设置画布

plt.pie([np.sum(y1),np.sum(y2),np.sum(y3),],labels=labels,
    autopct='%1.1f%%') # 绘制饼图

plt.title(' 饼图 ') # 添加标题

plt.savefig(path+'pie.jpg') # 保存图片

plt.show() # 显示图片

Out:

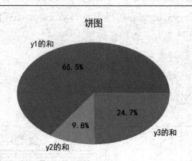

绘制数据系列 y1,y2,y3 的和的分离饼图。

In []: # 绘制分离饼图，并添加阴影

plt.figure(figsize=(6,4)) # 设置画布大小

plt.pie([np.sum(y1),np.sum(y2),np.sum(y3),],
    explode=(0,0,0.1),labels=labels,
    autopct='%1.1f%%',shadow=True) # 绘制饼图

plt.title(' 分离饼图 ') # 添加标题

plt.savefig(path+'pie.jpg') # 保存图片

plt.show() # 显示图片

Out:

【范例分析】

饼图反映了数据占比，各个数据的占比由系统自动计算。pie() 方法默认绘制完整的平面饼图。可以通过指定 explode 参数来绘制分离的饼图，使绘制结果更加美观。explode 参数接收与被绘制数据系列具有相同数量元素的元组，如 (0,0.1,0,…)。元组中的第 n 个元素对应被绘制数据系列的第 n 个元素，其值表示饼块分离的多少。shadow 参数接收布尔值，增加饼图的立体感。

3.2.6 ▶ 绘制箱线图

箱线图用来显示一组数据分散情况的统计特征，因形状如箱子而得名。它主要用于反映原始数据分布的特征，还可以进行多组数据分布特征的比较。箱线图反映一组数据的最大值、最小值、中位数和两个四分位数，并能反映异常值。连接两个四分位数画出箱子，再将最大值和最小值与箱子相连接，中位数在箱子中间。

Matplotlib 使用 boxplot() 函数绘制箱线图，其格式如下：

```
matplotlib.pyplot.boxplot(x, notch=None, sym=None, vert=None, whis=None,
positions=None, widths=None, patch_artist=None, bootstrap=None, usermedians=None, conf_
intervals=None, meanline=None, showmeans=None, showcaps=None, showbox=None,
 showfliers=None, boxprops=None, labels=None, flierprops=None, medianprops=
None, meanprops=None, capprops=None, whiskerprops=None, manage_
xticks=True, autorange=False, zorder=None, *, data=None)
```

其中 x 接收数组，表示要绘制箱线图的数据集。labels 接收数组，元素数量与 x 的数组数量相同，表示数组的标签。注意，对每个数组，boxplot() 函数只能绘制该数组的一个箱线图。

【例 3-20】绘制箱线图。

使用 boxplot() 函数绘制例 3-11 中数据系列 y1, y2, y3 各自的箱线图。

```
In []:    # 绘制箱线图
          plt.figure(figsize=(6,4)) # 设置画布大小
          labels=[' 数据系列 y1',' 数据系列 y2',' 数据系列 y3'] # 设置箱线图数据系列的标签
          # 绘制箱线图
          plt.boxplot([y1,y2,y3],notch=True,labels = labels, meanline=True)
          plt.title(' 箱线图 ') # 添加标题
          plt.xlabel(' 数据系列 y') # 添加横轴标签
          plt.ylabel(' 数据系列 y 的值 ') # 添加 y 轴名称
          plt.savefig(path+'box.jpg') # 保存图片
          plt.show()# 显示图片
```

Out:

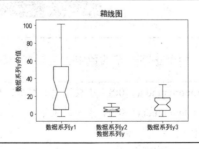

【范例分析】

boxplot() 方法中，参数 x 接收一个或多个数组，如果是多个数组，要用 [] 括起来，不同数组间以英文逗号分隔，如 [y1,y2,y3]，数组的元素数量不必相同。每个箱线图反映了一个数据系列的统计量，换句话说，一个数据系列只能有一个箱线图。系统自动统计数据系列的最大值、最小值、分位数、平均值、异常值等统计量。

3.2.7 ▶ 绘制直方图

在数据统计分析中，可以通过统计落在不同区间数据的频数来观察数据的分布。matplotlib.pyplot 模块提供了 hist() 方法，用于绘制数据分布直方图，其格式如下：

matplotlib.pyplot.hist(x, bins=None, range=None, density=None, weights=None, cumulative=False, bottom=None, histtype='bar', align='mid', orientation='vertical', rwidth=None, log=False, color=None, label=None, stacked=False, normed=None, *, data=None, **kwargs)

其中 x 接收数组，是要绘制直方图的数据系列。bins 接收整数，表示要将 x 划分的区间数量，且每个区间的宽度相同。

【例 3-21】绘制直方图。

使用 randn() 方法产生随机数据系列，使用 hist() 方法绘制数据系列的直方图。

```
In []:   # 绘制直方图
         import numpy as np
         x_norm1=np.random.randn(1000) # 生成有 1000 个标准正态分布元素的数组
         plt.rcParams['axes.unicode_minus']=False # 设置坐标刻度能显示负号
         plt.figure(figsize=(6,4)) # 设置画布大小
         plt.hist(x_norm1,bins=50) # 绘制直方图，分箱数为 50
         plt.title(' 直方图（频数）')
         plt.show() # 显示图片
```

Out:

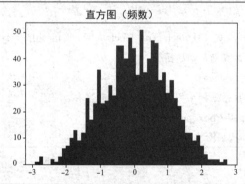

使用 randn() 方法再产生两个正态分布的数组，绘制多个数组的直方图。

```
In []:   x_norm2=2+np.random.randn(1000) # 生成以 2 为中心，有 1000 个正态分布元素的数组
         x_norm3=4+np.random.randn(1000) # 生成以 4 为中心，有 1000 个正态分布元素的数组
         plt.figure(figsize=(6,4)) # 设置画布大小
         plt.hist(x_norm1,bins=50,density=True,color='r') # 绘制 x_norm1 的直方图
         plt.hist(x_norm2,bins=50,density=True,color='g') # 绘制 x_norm2 的直方图
         plt.hist(x_norm3,bins=50,density=True,color='b') # 绘制 x_norm3 的直方图
         plt.title(' 直方图（概率）')
         plt.show() # 显示图片
```

Out:

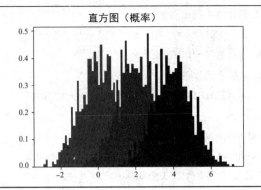

【范例分析】

hist() 方法默认绘制频数图，即每个 bin 内数据的数量。要绘制概率图，需将 density 参数设置为 True，系统将自动统计每个 bin 内的数据数量或频率。还可以将多个数据系列的直方图绘制在一起，用不同的颜色进行区分。

3.2.8 ▶ 绘制子图

matplotlib.pyplot 除了可以绘制单幅图外，还可以将多幅图绘制在一起，每幅图是一个子图，便于用户对各个子图进行观察比较，子图以行列矩阵形式排列。matplotlib.pyplot 使用 add_subplot() 函数或 subplots() 函数设置和添加子图。add_subplot() 函数的格式如下：

```
add_subplot(*args, **kwargs)
```

*args 主要指定子图所位于的行、列和子图索引。

【例 3-22】绘制子图。

绘制例 3-11 中数据系列的点线图、柱状图、饼图、箱线图 4 幅子图，并以 2 行 2 列形式排列。以下代码使用 add_subplot() 方法实现绘制子图。

In []:
```python
# 绘制子图
p = plt.figure(figsize=(12,12)) # 设置画布大小
# 子图 1，点线图
ax1 = p.add_subplot(2,2,1) # 2 行 2 列 4 幅子图的第 1 幅
plt.plot(x,y1,color ='r',linestyle ='--',marker ='o') # 绘制数据系列 y1 的折线图
plt.plot(x,y2,color ='b',linestyle ='-',marker ='*') # 绘制数据系列 y2 的折线图
plt.plot(x,y3,color ='g',linestyle ='-',marker ='^') # 绘制数据系列 y3 的折线图
plt.title(' 点线图 ') # 添加标题
plt.legend([' 曲线 y1',' 曲线 y2',' 曲线 y3']) # 设置曲线的图例
plt.xlabel('x') # 添加横轴名称
plt.ylabel('y') # 添加 y 轴名称
# 子图 2，柱状图
ax1 = p.add_subplot(2,2,2) # 2 行 2 列 4 幅子图的第 2 幅
# 绘制三个数据系列各自和的柱状图
plt.bar([0,1,2],[np.sum(y1),np.sum(y2),np.sum(y3)],width = 0.5)
```

In []: plt.title(' 柱状图 ') # 添加标题

labels=['y1 的和 ','y2 的和 ','y3 的和 '] # 设置柱状图的标签

plt.xlabel(' 数据系列 y') # 添加横轴名称

plt.ylabel(' 数据系列 y 的和 ') # 添加 y 轴名称

plt.xticks(range(3),labels) # 设置横轴刻度及对应的标签

子图 3，饼图

ax1 = p.add_subplot(2,2,3) #2 行 2 列 4 幅子图的第 3 幅

plt.pie([np.sum(y1),np.sum(y2),np.sum(y3),],labels=labels,

autopct='%1.1f%%') # 绘制 3 个数据系列和的饼图

plt.title(' 饼图 ') # 添加标题

子图 4，箱线图

ax1 = p.add_subplot(2,2,4) #2 行 2 列 4 幅子图的第 4 幅

labels=[' 数据系列 y1',' 数据系列 y2',' 数据系列 y3'] 设置箱线图的标签

plt.boxplot([y1,y2,y3],notch=True,labels = labels, meanline=True) # 绘制 3 个数据系列的箱线图

plt.title(' 箱线图 ') # 添加标题

plt.xlabel(' 数据系列 y') # 添加横轴标签

plt.yylabel(' 数据系列 y 的值 ') # 添加 y 轴名称

plt.savefig(path+'4subgraph.jpg') # 保存图片

plt.show() # 显示图片

Out:

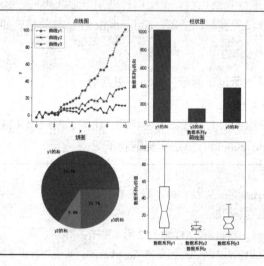

【范例分析】

matplotlib.pyplot 使用 add_subplot() 函数或 subplots() 函数设置和添加子图。add_subplot() 函数一般使用 m, n, i 这 3 个参数指定绘制一个具有 m 行、n 列的子图，i 则表示子图的位置或索引号，从 1 开始编号。绘制子图时需注意，子图间不要重叠。如果子图间出现重叠，可使用 tight_layout() 方法，系统将自动调整整体空白，避免重叠。

3.3 Seaborn 统计数据可视化

Seaborn 在 Matplotlib 的基础上进行了更高级的 API 封装，使作图更加容易，让复杂的数据可

视化问题变得更加简单。使用 Seaborn 能画出很具有吸引力的图。Seaborn 是 Matplotlib 的补充，而不是替代物。Seaborn 是针对统计绘图的，一般来说，它能满足数据分析中 90% 的绘图需求。如果是复杂的自定义图形，则需要使用 Matplotlib。

Seaborn 共有 10 大类 65 个方法，针对特征关系、类别、分布、回归等问题都提供了非常简单的绘制方法。本书将介绍其中的一些典型方法。

3.3.1 ▶ 特征关系可视化

Seaborn 提供了 3 个方法用来绘制两个特征间的关系图，它们是 relplot()、scatterplot()、lineplot()，这里主要介绍 scatterplot() 的使用方法，其格式如下：

```
seaborn.scatterplot(x=None, y=None, hue=None, style=None, size=None, data=None, palette=None,
hue_order=None, hue_norm=None, sizes=None, size_order=None, size_norm=None, markers=True, style_
order=None, x_bins=None, y_
bins=None, units=None, estimator=None, ci=95, n_boot=1000, alpha=' auto ', x_jitter=None, y_
jitter=None, legend=' brief ', ax=None, **kwargs)
```

seaborn.scatterplot() 方法的常用参数说明如表 3-10 所示。

表 3-10 seaborn.scatterplot() 方法的常用参数说明

属性	含义
x	接收数组名或数组，表示 x 轴数据，可选
y	接收数组名或数组，表示 y 轴数据，可选
hue	接收数组名或数组，表示分组键，可选
data	接收 DataFrame 对象

seaborn.scatterplot() 返回坐标轴对象 ax，下面绘制参数指定的散点图。

【例 3-23】使用 Seaborn 绘制散点图。

创建一个有 2 个特征、3 个类别的数据集，将其转换为 DataFrame 对象，并使用 seaborn. scatterplot() 方法绘制散点图。

```
In []:  # 创建一个 2 特征、3 个类别的数据集，并使用 seaborn.scatterplot() 方法绘制散点图。
        import seaborn as sns # 导入 seaborn 模块
        import numpy as np # 导入 NumPy 模块
        import matplotlib.pyplot as plt # 导入 matplotlib.pyplot 模块
        import pandas as pd # 导入 Pandas 模块
        # 产生 2 个特征、3 个类别的数据集
        num0=100 # 设置类 0、2 的样本数量
        num1=150 # 设置类 1 的样本数量
        # 产生特征 1
        f11=np.random.randn(num0).reshape(-1,1) # 类 0 特征 1
        f12=2+np.random.randn(num1).reshape(-1,1) # 类 1 特征 1
        f13=3*f11+0.2*np.random.randn(num0).reshape(-1,1) # 类 2 特征 1
        # 产生特征 2
        f21=np.random.randn(num0).reshape(-1,1) # 类 0 特征 2
```

```
In []:     f22=2+np.random.randn(num1).reshape(-1,1) # 类 1 特征 2
           f23=3*f21+0.2*np.random.randn(num0).reshape(-1,1) # 类 2 特征 2
           # 产生类标签
           c0=0*np.ones((num0,1)).reshape(-1,1) #num0 行 1 列，值全为 0
           c1=np.ones((num1,1)).reshape(-1,1) #num1 行 1 列，值全为 1
           c2=2*np.ones((num0,1)).reshape(-1,1) #num2 行 1 列，值全为 2
           # 生成以 f1,f2 为特征，c 为类标签的数据集
           # 先将 f11,f12,f13 纵向堆叠，f21,f22,f23 纵向堆叠，c0,c1,c2 纵向堆叠
           # 再将 3 个堆叠结果横向堆叠，产生的带有类标签的数据集形式为：
           #f1 f2 c
           data_set=np.hstack((np.vstack((f11,f12,f13)),
                       np.vstack((f21,f22,f23)),
                       np.vstack((c0,c1,c2))))
           print('data_set 的形状为：',data_set.shape)
```

```
Out:       data_set 的形状为 (350, 3)
```

在 scatterplot() 方法中，如果不指定 x,y，则将以样本索引为 x 轴坐标，绘制 data 的全部特征的散点图。

```
In []:     # 将 data_set 转换为 DataFrame，并为各列添加名称
           df_data=pd.DataFrame(data_set,columns=[" f1 "," f2 ",'c'])
           # 以索引为纵坐标，绘制全部特征、类标签的散点图
           ax = sns.scatterplot(data=df_data)
```

Out:

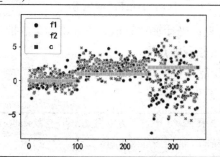

也可以在 scatterplot() 方法中指定 x,y，绘制两个特征的散点图。

```
In []:     # 绘制两个指定特征的散点图
           ax = sns.scatterplot(x=" f1 ", y=" f2 ", data=df_data)
```

Out:

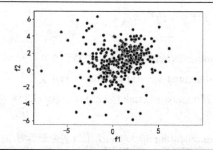

除了使用引用特征名称的方法为 x,y 赋值，也可以使用 DataFrame 的切片方法 DataFrame.loc[],
DataFrame.iloc[] 赋值。

In []:	# 绘制两个指定特征的散点图
	ax = sns.scatterplot(x=df_data.iloc[:,0], y=" f2 ", data=df_data)

Out:

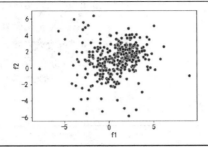

使用 hue 参数指定特征或目标（类别），可以将特征按不同的颜色分类别绘制。

In []:	# 对 (x,y) 按 hue 进行分组可视化，按颜色分组显示
	ax = sns.scatterplot(x=" f1 ", y=" f2 ", hue=" c ",
	            legend='full',data=df_data)

Out:

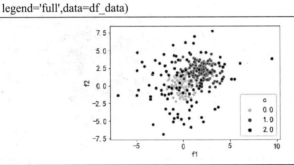

如果要将不同类别的点按不同大小绘制，可以使用 size 参数，指定分配点大小的特征或目标（类别）。此时，将自动分配图例。

In []:	# 对 (x,y) 按 hue 进行分组可视化，按颜色、大小分组显示
	ax = sns.scatterplot(x=" f1 ", y=" f2 ", hue=" c ",size='c',
	            data=df_data)

Out:

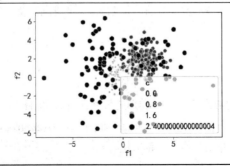

如果不指定 legend 参数，图例的值将自动按照最大值、最小值之间的区间平均分配。如果图例是类标签，则显然是不合适的。此时可以使用 legend 参数，令其为 ' full '。

In []:	# 对 (x,y) 按 hue 进行分组可视化，按颜色、大小分组显示
	ax = sns.scatterplot(x=" f1 ", y=" f2 ", hue=" c ",size='c',
	legend='full',data=df_data)

Out:

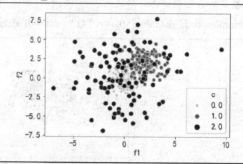

如果想要改变点的大小，可以使用 sizes 参数。

In []:	# 更改点的大小
	ax = sns.scatterplot(x=" f1 ", y=" f2 ", hue=" c ",size='c',
	sizes=(10, 150),legend='full',data=df_data)

Out:

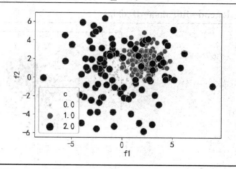

【范例分析】

scatterplot() 方法使用 data 接收 DataFrame 对象。如果要绘制的数据系列不是 DataFrame 对象，则要先将其转换为 DataFrame 对象，x,y 参数可选。如果不指定，则将以样本索引为 x 轴坐标，绘制 data 的全部数值型特征的散点图。scatterplot() 方法使用 hue 参数指定某个特征作为类别，将其他特征按不同的颜色分类别绘制，并可以使用 size 参数指定类别点的大小。如果令 legend 参数为 ' full '，系统将按照 hue 指定的类别的值自动添加图例。如果想要改变绘制点的大小，可以使用 sizes 参数设置。

3.3.2 ▶ 特征分类别可视化

有时需要观察、对比数据集中每个类别的数据，就需要将样本按照类别分别进行可视化。Seaborn 提供了类别的多种可视化方法，包括 catplot()、stripplot()、swarmplot()、boxplot()、 violinplot()、boxenplot()、pointplot()、barplot()。下面介绍其中的几种方法。

1. catplot() 方法

catplot() 方法的格式如下：

seaborn.catplot(x=None, y=None, hue=None, data=None, row=None, col=None, col_
wrap=None, estimator=<functionmean>, ci=95, n_boot=1000, units=None, order=None, hue_order=None, row_
order=None, col_order=None, kind='strip', height=5, aspect=1, orient=None, color=None,
palette=None, legend=True, legend_
out=True, sharex=True, sharey=True, margin_titles=False, facet_kws=None, **kwargs)

catplot() 方法的常用参数说明如表 3-11 所示。

表 3-11 catplot() 方法的常用参数说明

属性	含义
x	接收 data 的特征名，表示要可视化的特征，可选
y	接收 data 的特征名，表示要可视化的特征，可选
hue	接收 data 的特征名，表示要分组的特征，可选
data	接收 DataFrame 对象
kind	接收字符串，表示绘制的图像类型，可以为 "point" "bar" "strip" "swarm" "box" "violin" "boxen"
row	接收字符串，表示按列绘制子图所依照的 data 特征名
col	接收字符串，表示按行绘制子图所依照的 data 特征名

【例 3-24】 分类别绘制散点图。

使用 catplot() 方法，分类别绘制散点图。

catplot() 方法中，x,y, hue 均为可选，当省略这 3 个参数时，将以每个特征为 1 组，分别绘制 data 所接收的 DataFrame 对象的每个数值型特征序列。

In []:　# 使用 catplot() 方法，分类别绘制散点图
　　　　　g = sns.catplot(data=df_data) # 绘制 df_data 的散点图

Out:
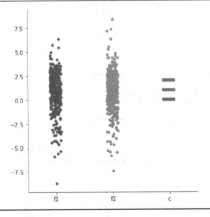

如果要按照某个特征对其他特征分类可视化，可以同时指定 x,y,hue 的参数值，以下代码实现将特征 f2 按照 c 的取值分组可视化。

In []:　# 按 c 的值分类别绘制 f2 的散点图
　　　　　g = sns.catplot(x=" c ", y=" f2 ", hue=" c ", data=df_data)

Out:

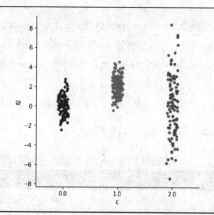

如果在对特征按类别或组可视化时，还希望能够观察到每个特征的分布情况，可以使用 catplot() 方法，它提供了 kind 参数，能接收字符串，为 "point" "bar" "strip" "swarm" "box" "violin" "boxen" 设置 kind 参数，将得到不同类别的核密度估计图。

In []:　# 对类别特征添加核密度估计

　　　　sns.catplot(x=" c ", y=" f1 ", hue=" c ", kind=" violin ",data=df_data)

Out:

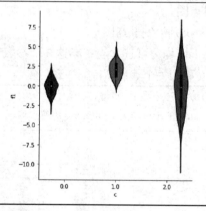

下面将分类别绘制特征 f1 的箱线图。

In []:　# 分类别绘制特征箱线图

　　　　sns.catplot(x=" c ", y=" f1 ", hue=" c ", kind=" box ",data=df_data)

Out:

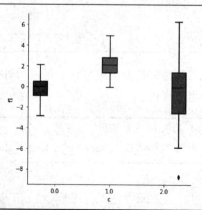

可以将每个类别按行分别在子图中绘制，这时需要设置 col 参数。

In []:　# 将特征按 col（行）分开绘制
　　　　sns.catplot(y=" f1 ",hue=" c ", col='c',data=df_data)

Out:

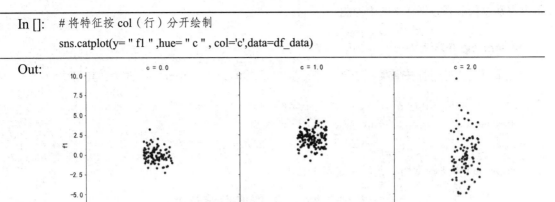

也可以将每个类别按列分别在子图中绘制，这时需要设置 row 参数。

In []:　# 将特征按 row（列）分开绘制
　　　　sns.catplot(y=" f1 ",hue=" c ", row='c',data=df_data)

Out:

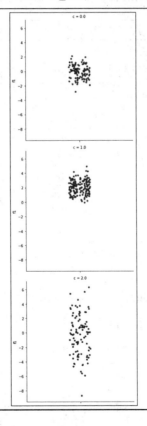

【范例分析】

catplot() 方法的 x,y,hue 参数可选，当省略这 3 个参数时，将以每个特征为 1 组，分别绘制 data 所接收的 DataFrame 对象的每个数值型特征序列。同时指定 x,y,hue 参数，可以 hue 为类别，对其他特征分类可视化。kind 参数接收 "point" "bar" "strip" "swarm" "box" "violin" "boxen" 等字符串。设置 kind 参数，将得到不同类型、带有核密度估计的可视化结果。可以设置 col 参数或 row 参数，将每个类别按行或列分别在子图中绘制。

2. stripplot() 方法

如果只是想把特征按照类别绘制为条形散点图，可以使用 stripplot() 方法，其格式为：

```
seaborn.stripplot(x=None, y=None, hue=None, data=None, order=None, hue_
order=None, jitter=True, dodge=False, orient=None, color=None, palette=
None, size=5, edgecolor='gray', linewidth=0, ax=None, **kwargs)
```

stripplot() 方法的常用参数说明如表 3-12 所示。

表 3-12 stripplot() 方法的常用参数说明

属性	含义
x	接收 data 的特征名或数组，表示要可视化的特征，可选
y	接收 data 的特征名或数组，表示要可视化的特征，可选
hue	接收 data 的特征名或数组，表示要分组的特征，可选
data	接收 DataFrame 对象
jitter	接收浮点数或 True 或 1，表示条带的宽度
orient	接收字符 'v''h'，表示纵向或横向绘制

【例 3-25】分类别绘制 strip 图。

如果省略 x,y,hue 参数，将绘制 data 中所有数值型特征的条形散点图。

```
In []:    # 按类别绘制 strip 图
          ax = sns.stripplot( data=df_data)
```

Out:

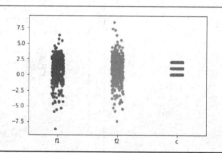

可以指定 x,y，设置要绘制的特征和分类依据的特征名称。

```
In []:    # 按照 c 的值分类别绘制 f1
          ax = sns.stripplot(x=" c ", y=" f1 ", data=df_data,jitter=True)
```

Out:

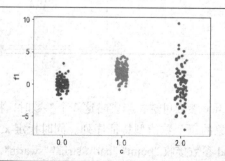

如果要改变条带的宽度，可以使用 jitter 参数进行设置。

In []:   # 改变 strip 的宽度
          ax = sns.stripplot(x=" c " , y=" f2 " , data=df_data,jitter=0.02)

Out:

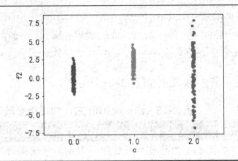

如果要在图中添加图例，可以使用 hue 参数指定分组绘制所依据的特征名称。

In []:   # 添加类别图例
          ax = sns.stripplot(x=" c " , y=" f2 " ,hue='c', data=df_data,jitter=0.02)

Out:

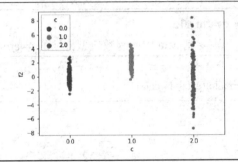

如果希望横向绘制条带散点图，可以设置 orient 参数的值为 ' h '。

In []:   # 绘制横向条形散点图
          ax = sns.stripplot(x=" f1 " , y=" c " ,hue='c', data=df_data,jitter=0.02,orient='h')

Out:

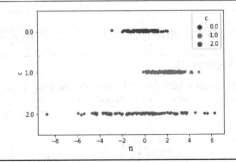

【范例分析】

stripplot() 方法的 x,y,hue 参数可选，如果忽略，将绘制 data 中所有数值型特征的条形散点图。可以指定 x,y,hue，设置要绘制的特征和分类依据的特征名称，将特征分类别绘制。jitter 参数用于改变条带的宽度。将 orient 参数的值设置为 ' h ' 时，能够横向绘制条带散点图。

3. swarmplot() 方法

Seaborn 还提供了所谓点群 (swarm) 图的分类别特征可视化方法 swarmplot()，既能将特征分类别可视化，也能体现特征的分布情况，其格式如下：

```
seaborn.swarmplot(x=None, y=None, hue=None, data=None, order=None, hue_
order=None, dodge=False, orient=None, color=None, palette=None, size=5,
edgecolor='gray ', linewidth=0, ax=None, **kwargs)
```

swarmplot() 方法的主要参数说明如表 3-13 所示。

表 3-13 swarmplot() 方法的常用参数说明

属性	意义
x	接收 data 的特征名或数组，表示要可视化的特征，可选
y	接收 data 的特征名或数组，表示要可视化的特征，可选
hue	接收 data 的特征名或数组，表示要分组的特征，可选
data	接收 DataFrame 对象
size	接收浮点数，表示点的大小
orient	接收字符 'v' 'h'，表示纵向或横向绘制

【例 3-26】分类别绘制 swarm 图。

如果不指定 x,y,hue，则绘制 data 中所有数值型特征的 swarm 图。

In []: # 绘制 swarm 分类图

ax = sns.swarmplot(data=df_data)

Out:

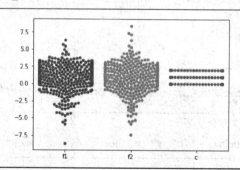

可以通过设置 x,y,hue 参数，指定要绘制的特征、分组依据和图例。

In []: # 按 c 值分类别绘制 f1

ax = sns.swarmplot(x=" c ", y=" f1 ",hue='c', data=df_data)

Out:

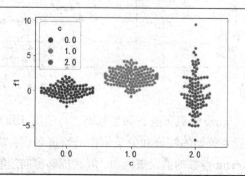

按 c 值分类别绘制 f2。

In []:	# 按 c 值分类别绘制 f2
	ax = sns.swarmplot(x=" c " , y=" f2 " ,hue='c', data=df_data)

Out:

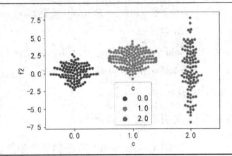

可以设置 size 的参数，改变点的大小。

In []:	# 添加类别图例，并改变 swarm 的大小
	ax = sns.swarmplot(x=" c " , y=" f2 " ,hue='c', data=df_data,size=3)

Out:

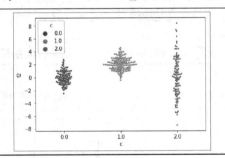

如果想要绘制横向的 swarm 图，可以设置 orient 参数的值为 'h'。

In []:	# 绘制横向 swarm 图
	ax = sns.swarmplot(x=" f1 " , y=" c " ,hue='c',
	data=df_data,size=4,orient='h')

Out:

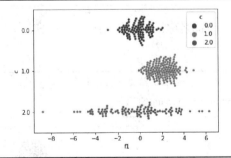

【范例分析】

swarmplot() 方法中，x,y,hue 这 3 个参数可选，如果不指定，则绘制 data 中所有数值型特征的 swarm 图。data 接收 DataFrame 对象。通过设置 x,y,hue 参数，指定要绘制的特征、分组依据和图例。设置 size 参数能够改变点的大小。设置 orient 参数的值为 'h'，能够绘制横向的 swarm 图。

4. violinplot() 方法

Seaborn 提供了能够分类别绘制特征，同时便于观察特征分布的小提琴 (violin) 图的 violinplot() 方法，其格式如下：

seaborn.violinplot(x=None, y=None, hue=None, data=None, order=None, hue_
order=None, bw='scott', cut=2, scale='area', scale_
hue=True, gridsize=100, width=0.8, inner='box', split=False, dodge=True,
orient=None, linewidth=None, color=None, palette=None,
saturation=0.75, ax=None, **kwargs)

violinplot() 方法的常用参数说明如表 3-14 所示。

表 3-14 violinplot() 方法的常用参数说明

属性	意义
x	接收 data 的特征名或数组，表示要可视化的特征，可选
y	接收 data 的特征名或数组，表示要可视化的特征，可选
hue	接收 data 的特征名或数组，表示要分组的特征，可选
data	接收 DataFrame 对象、数组或列表

【例 3-27】绘制小提琴图。

如果不指定 x,y,hue 参数，则 violinplot() 方法绘制 data 的所有特征的小提琴图。

In []:　# 绘制小提琴图
　　　　ax = sns.violinplot(data=df_data) # 默认绘制 df_data 所有数值型特征的小提琴图

Out:

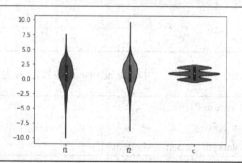

可以通过 x 或 y 指定特征名称，绘制单特征小提琴图。如果指定 x，则横向绘制；如果指定 y，则纵向绘制。

In []:　# 绘制 f1 单特征小提琴图，赋值给 x，横向绘制
　　　　ax = sns.violinplot(x=df_data['f1'])

Out:

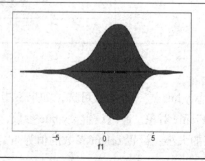

横向绘制特征 f2 的小提琴图。

In []: # 绘制 f2 单特征小提琴图，赋值给 x，横向绘制
ax = sns.violinplot(x=df_data['f2'])

Out:

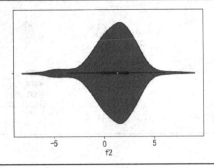

纵向绘制特征 f2 的小提琴图。

In []: # 绘制 f2 单特征小提琴图，赋值给 y，纵向绘制
ax = sns.violinplot(y=df_data['f2'])

Out:

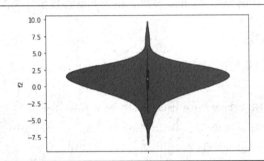

如果要分类别绘制单个特征，可以设置 x,y,hue 参数。设置 hue 将显示分类的图例。

In []: # 按 c 值分类别绘制特征 f1 的小提琴图，并添加类别图例
ax = sns.violinplot(x=" c ", y=" f1 ",hue='c', data=df_data)

Out:

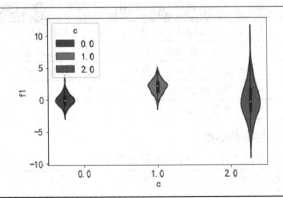

按 c 值分类别绘制特征 f2 的小提琴图，并添加类别图例。

In []: # 按 c 值分类别绘制特征 f2 的小提琴图，并添加类别图例

ax = sns.violinplot(x=" c ", y=" f2 ",hue='c', data=df_data)

Out: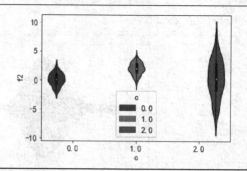

【范例分析】

violinplot() 方法中 x,y,hue 参数可选，如果不指定，则 violinplot() 方法绘制 data 所有数值型特征的小提琴图。data 接收 DataFrame 对象、数组或列表。可以通过 x 或 y 指定特征名称，绘制单特征小提琴图。需要注意的是，如果指定 x，则横向绘制；如果指定 y，则纵向绘制。如果要分类别绘制单个特征，可以同时设置 x,y,hue 参数。设置 hue 将显示分类的图例。

5. boxenplot() 方法

Seaborn 提供了以箱形图形式可视化特征分布的 boxenplot() 方法，其格式如下：

```
seaborn.
boxenplot(x=None, y=None, hue=None, data=None, order=None, hue_
order=None, orient=None, color=None, palette=None,
saturation=0.75, width=0.8, dodge=True, k_
depth='proportion', linewidth=None, scale='exponential', outlier_
prop=None, ax=None, **kwargs)
```

boxenplot() 方法的常用参数说明如表 3-15 所示。

表 3-15 boxenplot() 方法的常用参数说明

属性	意义
x	接收 data 的特征名或数组，表示要可视化的特征，可选
y	接收 data 的特征名或数组，表示要可视化的特征，可选
hue	接收 data 的特征名或数组，表示要分组的特征，可选
data	接收 DataFrame 对象、数组或列表
orient	接收字符 ' v ' 'h'，表示绘制方向

【例 3-28】绘制分布特征箱形图。

使用 boxenplot() 方法绘制具有分布特征的箱形图。

In []: # 绘制具有分布特征的单特征箱形图

ax = sns.boxenplot(x=df_data['f1']) # 赋值给 x，横向绘制

Out:

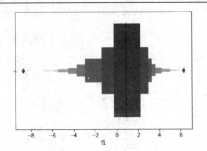

绘制具有分布特征的特征 f2 箱形图。

In []:　# 绘制具有分布特征的单特征箱形图
　　　　ax = sns.boxenplot(x=df_data['f2']) # 赋值给 x，横向绘制

Out:

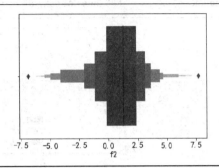

可以让 y 接收特征名，纵向绘制箱形图。

In []:　# 绘制具有分布特征的单特征箱形图
　　　　ax = sns.boxenplot(y=df_data['f2']) # 赋值给 y，纵向绘制

Out:

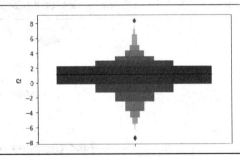

如果要分类别绘制特征的分布箱形图，可以同时设置 x,y,hue 参数，hue 参数将设置图例。

In []:　# 分类别绘制特征的分布箱形图
　　　　ax = sns.boxenplot(x=" c " , y=" f1 " ,hue='c', data=df_data)

Out:

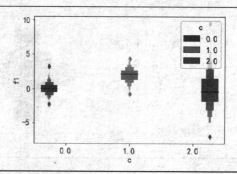

按 c 分类别绘制特征 f2 的分布箱形图，并添加图例。

In []: # 分类别绘制特征的分布箱形图

ax = sns.boxenplot(x=" c ", y=" f2 ",hue='c', data=df_data)

Out:

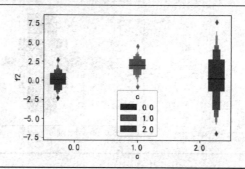

也可以横向绘制分布箱形图，此时需要设置 orient 为 ' h'，并令 y 为所依据的分类特征名称。

In []: # 分类别横向绘制特征的分布箱形图

ax = sns.boxenplot(x=" f2 ", y=" c ",hue='c', data=df_data,orient='h') #orient='h' 表示横向绘制

Out:

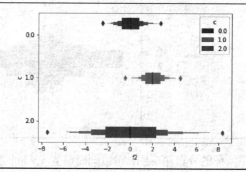

【范例分析】

boxenplot() 方法中，data 接收 DataFrame 对象、数组或列表。如果让 x 接收 data 的某个特征，则横向绘制该特征的箱形图。如果让 y 接收特征，则纵向绘制箱形图。可以同时设置 x,y,hue 参数，分类别绘制特征的分布箱形图，hue 参数将设置图例。设置 orient 为 'h' 时，可以横向绘制分布箱形图，此时需要令 y 为所依据的分类特征名称。

6. countplot() 方法

Seaborn 提供了能够分组可视化特征样本数量的 countplot() 方法。通过该方法，用户可以观察每个类别的样本数量，进行对比分析，其格式如下：

```
seaborn.countplot(x=None, y=None, hue=None, data=None, order=None, hue_
order=None,
orient=None, color=None, palette=None, saturation=0.75, dodge=True,
ax=None, **kwargs)
```

countplot() 方法的常用参数说明如表 3-16 所示。

表 3-16 countplot() 方法的常用参数说明

属性	意义
x	接收 data 的特征名或数组，表示要可视化的特征，可选
y	接收 data 的特征名或数组，表示要可视化的特征，可选
hue	接收 data 的特征名或数组，表示要分组的特征，可选
data	接收 DataFrame 对象、数组或列表
orient	接收字符 'v' 'h'，表示绘制方向

【例 3-29】绘制类别样本数量统计图。

In []:   # 绘制类别样本数量统计图
          ax = sns.countplot(x= " c " ,data=df_data)

Out:

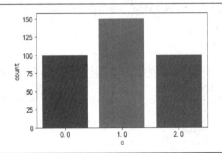

按 c 分类，绘制特征 c 的各类别样本数量统计图，并添加类别图例。

In []:   # 绘制样本数量统计图，并添加类别图例
          ax = sns.countplot(x= " c " ,hue='c',data=df_data)

Out:

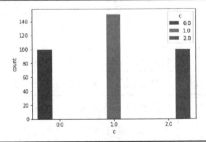

如果想要横向绘制数量统计图，此时可令 orient 参数为 'h', 并令 y 为接收类别所在的特征名称。

In []:	# 横向绘制样本数量统计图，并添加类别图例
	ax = sns.countplot(y=" c ",hue='c',data=df_data,orient='h') #orient='h' 表示横向绘制

Out:

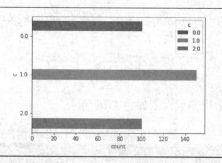

【范例分析】

countplot() 方法中，data 接收 DataFrame 对象、数组或列表，x,y 接收要统计绘制的类别型特征。系统将根据该类别特征自动统计不同类别的样本数量。其中 hue 参数指定图例的来源特征。设置 orient 参数为 'h', 可以横向绘制样本数量统计图。

3.3.3 ▶ 特征分布可视化

Seaborn 提供了特征分布概率密度函数估计结果的可视化方法，包括单特征分布、双特征联合分布等。这些方法有 jointplot(), pairplot(), distplot(), kdeplot(), rugplot()。

1. distplot() 方法

distplot() 方法用于估计特征的概率密度函数并可视化估计结果，其格式为：

seaborn.distplot(a, bins=None, hist=True, kde=True, rug=False, fit=None, hist_kws=None, kde_kws=None, rug_kws=None, fit_kws=None, color=None, vertical=False, norm_hist=False, axlabel=None, label=None, ax=None)

distplot() 方法的常用参数说明如表 3-17 所示。

表 3-17 distplot() 方法的常用参数说明

属性	意义
a	接收系列、一维数组或列表，表示要观察的数据
bins	接收整数，表示分箱数，可选
hist	接收 bool 值，表示是否绘制直方图，可选
kde	接收 bool 值，表示是否绘制高斯核密度估计结果，可选
rug	接收 bool 值，表示是否在坐标轴上绘制特征值的标识，可选
vertical	接收 bool 值，表示是否使用 y 轴表示观测值，可选
norm_hist	接收 bool 值，表示使用概率还是数量，可选

【例 3-30】绘制概率密度分布图。

使用 NumPy 的随机数组生成方法产生不同分布的数组，分别估计它们的概率密度函数，并可视化特征分布估计结果。

（1）使用 random.randn() 方法产生 3 个不同的随机数组，使用 distplot() 方法可视化其概率密度函数。

```
In []:   # 产生不同分布的数组，估计概率密度函数，并可视化特征分布
         x_norm1=np.random.randn(1000) # 产生 1000 个标准正态分布元素的数组
         x_norm2=2+np.random.randn(1000) # 产生 1000 个标准正态分布元素的数组，并整体右移 2
         # 产生 1000 个标准正态分布元素的数组，乘以 0.2，并与 x_norm1 的 3 倍叠加
         x_norm3=3*x_norm1+0.2*np.random.randn(1000)
         plt.rcParams['font.sans-serif'] = 'SimHei' # 设置字体为 SimHei 以显示中文
         plt.rcParams['axes.unicode_minus']=False # 坐标轴刻度显示负号
         plt.rc('font', size=14) # 设置图中字号大小
         sns.distplot(x_norm1,bins=50) # 绘制分布图，分箱数为 50
         plt.title('x_norm1 的分布 ')
```

Out:

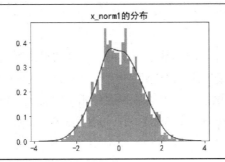

（2）将多个特征的概率密度函数可视化在一幅图中。

```
In []:   # 在一幅图中绘制多个特征的分布
         plt.rcParams['font.sans-serif'] = 'SimHei' # 设置字体为 SimHei 以显示中文
         plt.rc('font', size=14) # 设置图中字号大小
         sns.distplot(x_norm1,color= " r " ,bins=50) # 绘制分布图，分箱数为 50
         sns.distplot(x_norm2,color= " g " ,bins=50) # 绘制分布图，分箱数为 50
         sns.distplot(x_norm3,color= " b " ,bins=50) # 绘制分布图，分箱数为 50
         plt.legend(['x_norm1','x_norm2','x_norm3']) # 添加图例
         plt.title(' 多个特征分布 ')
```

Out:

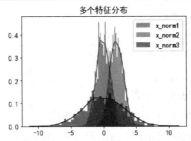

（3）如果只希望可视化概率密度函数，而不想出现柱形图，可令 hist=False。

In []:　# 只绘制概率密度曲线
　　　　sns.distplot(x_norm1,hist=False,color=" r ",bins=50) # 绘制概率密度曲线，分箱数为 50
　　　　sns.distplot(x_norm2,hist=False,color=" g ",bins=50) # 绘制概率密度曲线，分箱数为 50
　　　　sns.distplot(x_norm3,hist=False,color=" b ",bins=50) # 绘制概率密度曲线，分箱数为 50
　　　　plt.title(' 特征分布概率密度曲线 ')

Out:

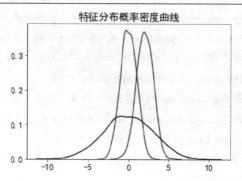

【范例分析】

distplot() 方法可统计绘制的数据有系列、一维数组或列表。其中 bins 参数用于设置分箱数；hist 用于设置是否绘制直方图；kde 参数设置是否绘制高斯核密度估计结果；rug 参数设置是否在坐标轴上绘制特征值的标识；vertical 设置是否使用 y 轴表示观测值；norm_hist 参数设置是使用概率还是数量。如果统计绘制为多个数据系列，可使用 color 参数分别为它们设置颜色。

2. jointplot() 方法

Seaborn 提供了估计并绘制二维特征联合分布的 jointplot() 方法，其格式如下：

seaborn.jointplot(x, y, data=None, kind='scatter', stat_func=None, color=None, height=6, ratio=5, space=0.2, dropna=True, xlim=None, ylim=None, joint_kws=None, marginal_kws=None, annot_kws=None, **kwargs)

jointplot() 方法的常用参数说明如表 3-18 所示。

表 3-18 jointplot() 方法的常用参数说明

属性	意义
x	接收字符串或向量，表示特征名称
y	接收字符串或向量，表示特征名称
data	接收 DataFrame 对象，可选
kind	接收字符串，表示要绘制的图的类型，值可以为 "scatter" "reg" "resid" "kde" "hex"，可选

【例 3-31】绘制两个特征的联合分布图。

使用 jointplot() 方法绘制两个特征的联合分布图。

设置 kind=" scatter "，绘制两个特征的散点图和各自的分布图。

In []:	# 绘制两个特征的联合分布图
	sns.jointplot(x_norm1, x_norm2,kind="scatter") # 绘制两个特征联合分布的散点图

Out:

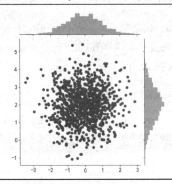

也可以令 kind= " kde " ，绘制两个特征的核密度估计。

In []:	# 绘制两个特征联合分布等高线图
	sns.jointplot(x_norm1, x_norm2,kind= " kde ")

Out:

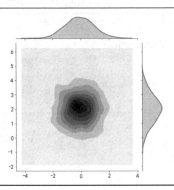

令 kind= " hex " ，将每个点绘制为正六角形。

In []:	# 绘制两个特征的联合分布正六角形散点图
	sns.jointplot(x_norm1, x_norm2,kind= " hex ")

Out:

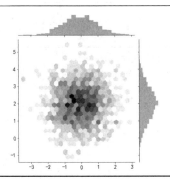

【范例分析】

使用 jointplot() 方法统计绘制两个数值型特征的联合分布图，并同时统计绘制每个特征的分布。其中 data 参数接收 DataFrame 对象。jointplot() 方法通过 kind 参数设置两个特征所构成的散点图的点样式。

3. kdeplot() 方法

Seaborn 提供了专门估计和绘制二维特征联合分布的核密度的 kdeplot() 方法，其格式如下：

```
seaborn.kdeplot(data, data2=None, shade=False, vertical=False, kernel='gau', bw='scott',
gridsize=100, cut=3, clip=None, legend=True, cumulative=False, shade_lowest=True, cbar=False, cbar_
ax=None, cbar_kws=None, ax=None, **kwargs)
```

kdeplot() 方法的常用参数说明如表 3-19 所示。

表 3-19 kdeplot() 方法的常用参数说明

属性	意义
data	接收一维数组，表示要估计的特征 1
data2	接收一维数组，表示要估计的特征 2，可选
shade	接收 bool 值，可选，为 True 表示颜色渐变
ax	接收 Matplotlib 坐标轴对象，表示要绘制到的坐标轴，可选

【例 3-32】绘制二维特征联合分布的核密度估计结果。

如果只对 data 赋值，则估计并绘制该特征的概率密度函数。

In []:　# 绘制二维特征联合分布的核密度估计结果
#subplots() 方法返回 matplotlib.figure.Figure 对象（本例记为 f），matplotlib.axes.Axes 子图对象（本例记为 ax）
f, ax = plt.subplots(figsize=(6, 6))
sns.kdeplot(x_norm1)

Out:

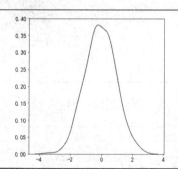

同时对 data、data2 赋值，将绘制两个特征联合分布的核密度函数估计结果。

In []:　f, ax = plt.subplots(figsize=(6, 6))
# 拟合、绘制二元特征核密度估计
sns.kdeplot(x_norm1, x_norm2)

Out:

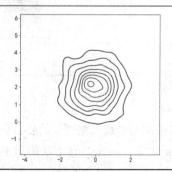

可以使用 rugplot() 函数，在坐标轴上添加绘制特征样本值的标识，其格式如下：

seaborn.rugplot(a, height=0.05, axis='x', ax=None, **kwargs)

其中 a 接收一维数组；axis 表示要绘制到的坐标轴；ax 接收 Matplotlib 坐标轴对象，表示要绘制到的图对象。

In []:   f, ax = plt.subplots(figsize=(6, 6))

　　　　　 # 拟合、绘制二元特征核密度估计

　　　　　 sns.kdeplot(x_norm1, x_norm2, ax=ax)

　　　　　 # 在坐标轴上绘制数据系列的标识

　　　　　 sns.rugplot(x_norm1, color=" g ", ax=ax)

　　　　　 sns.rugplot(x_norm2, vertical=True, ax=ax)

Out:

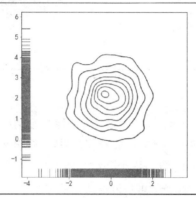

可以在 kdeplot() 方法中令 shade=True，以渐变色的形式绘制二元特征的核密度，其前提是先设置好颜色地图 cmap。

In []:   # 使用渐变色绘制二元特征核密度

　　　　　 f, ax = plt.subplots(figsize=(6, 6))

　　　　　 # 设置调色盘，包括整体颜色、比例等

　　　　　 cmap = sns.cubehelix_palette(as_cmap=True, dark=1, light=0)

　　　　　 sns.kdeplot(x_norm1, x_norm2, cmap=cmap, n_levels=60, shade=True)

Out:

也可以用相反的渐变色表示核密度的高低，此时需要修改 dark 和 light 的值。

In []: ＃反转亮度

f, ax = plt.subplots(figsize=(6, 6))

＃设置调色盘，包括整体颜色、比例等

cmap = sns.cubehelix_palette(as_cmap=True, dark=0, light=1)

sns.kdeplot(x_norm1, x_norm2, cmap=cmap, n_levels=60, shade=True)

Out:

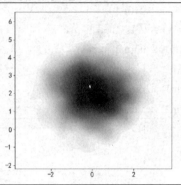

【范例分析】

kdeplot() 方法中，只对 data 参数赋值，将估计并绘制从 data 传入的特征的概率密度函数。如果同时对 data、data2 两个参数赋值，将绘制两个特征联合分布的核密度函数估计结果，它们是一系列的等高线。其中 Rugplot() 方法用于在坐标轴上标记特征的各个取值。如果不想使用等高线，可令 kdeplot() 方法的参数 shade=True，并设置好颜色地图 cmap，则以渐变色的形式绘制二元特征的核密度函数。

4. pairplot() 方法

Seaborn 提供了为 DataFrame 对象的全部数值型特征绘制任意两两特征间关系的 pairplot() 方法，其格式如下：

seaborn.pairplot(data, hue=None, hue_order=None, palette=None, vars=None, x_vars=None, y_vars=None, kind='scatter', diag_
kind='auto', markers=None, height=2.5, aspect=1, dropna=True, plot_
kws=None, diag_kws=None, grid_kws=None, size=None)

其中 data 接收 DataFrame 对象。

【例 3-33】绘制 DataFrame 对象任意数值型特征两两间的关系图。

In []: ＃绘制 DataFrame 对象任意数值型特征两两间的关系图

import pandas as pd

＃生成数据集，分别将 3 个数据系列的形状设置为 1 列，然后横向合并

X=np.hstack((x_norm1.reshape(-1,1),

x_norm2.reshape(-1,1),

x_norm3.reshape(-1,1)))

＃将数据集转化为 DataFrame 对象

df_X=pd.DataFrame(X,columns=[" x_norm1 " " x_norm2 "'x_norm3'])

sns.pairplot(df_X) ＃输入数据集必须是 DataFrame 对象

Out:

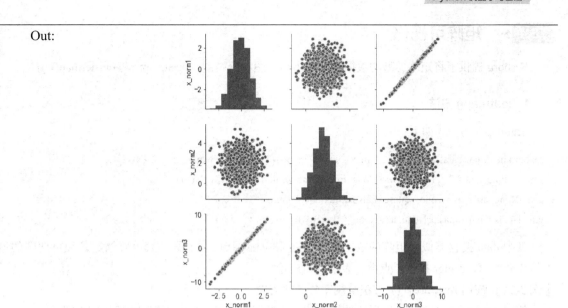

pairplot() 方法的 data 参数接收 DataFrame 对象。它将绘制 DataFrame 对象全部数值型特征的任意两个特征间的关系图。绘制结果是一个 n*n 的子图方阵，其中 n 为 DataFrame 对象中数值型特征的数量。主对角线上的图是每个数值型特征的频数统计图。使用该方法能够很方便地观察特征间是否存在线性关系，并大致了解每个特征的分布情况。

5. plot.density() 方法

plot.density() 方法用于统计绘制 DataFrame 对象的单个特征的概率密度曲线。如果要观察 DataFrame 对象的某个特征的概率密度曲线，可以使用 plot.density() 方法。

In []:	# 拟合并绘制 DataFrame 对象的某个特征的概率密度曲线
	df_X['x_norm1'].plot.density()

Out:

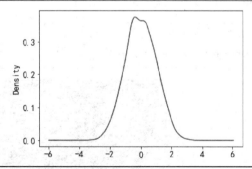

与前几种使用 Seaborn 对象调用绘图的方法不同，plot.density() 的调用者为 DataFrame 对象的单个特征。

3.3.4 ▶ 矩阵可视化

Seaborn 提供了将矩阵类型的数据集绘制为热力图和聚类图的 heatmap() 和 clustermap() 方法。

1. heatmap() 方法

heatmap() 的格式如下：

```
seaborn.heatmap(data, vmin=None, vmax=None, cmap=None, center=None, robust=False,
annot=None, fmt='.2g', annot_kws=None, linewidths=0, linecolor='white', cbar=True, cbar_
kws=None, cbar_ax=None, square=False, xticklabels='auto',
yticklabels='auto', mask=None, ax=None, **kwargs)
```

其中 data 接收类似于矩阵的数据集；vmin 和 vmax 接收浮点数，表示要锚定到颜色地图的最大值和最小值；center 接收浮点数，表示颜色中值。

【例 3-34】使用 `heatmap()` 方法绘制矩阵的热力图。

使用 randn() 方法生成指定形状的二维数组，使用 heatmap() 方法绘制其矩阵热力图。

In []:　# 绘制矩阵热力图
　　　　　# 生成形状为 (50,30) 的正态分布随机数组
　　　　　x_norm=np.random.randn(50,30)
　　　　　ax = sns.heatmap(x_norm) # 使用默认参数值绘制

Out:

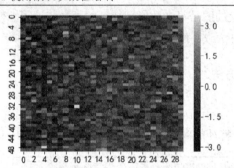

可以通过 vmin 和 vmax 指定颜色的最大值和最小值。

In []:　# 设置颜色的最大值和最小值
　　　　　ax = sns.heatmap(x_norm, vmin=0, vmax=1)

Out:

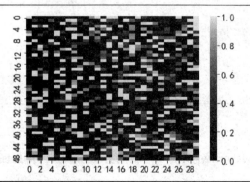

也可以通过 center 指定颜色中值，系统将自动推断颜色最大值和最小值。

In []:　# 设置颜色中值
　　　　ax = sns.heatmap(x_norm, center=0)

Out:

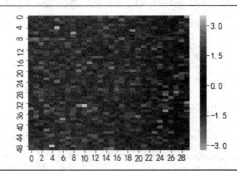

对数组进行排序，能观察到热度（颜色值）的变化情况。

In []:　# 对数组按列排序
　　　　x_norm=np.sort(np.random.randn(50,30),axis=0) # 纵向排序
　　　　ax = sns.heatmap(x_norm)

Out:

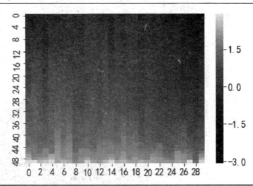

将矩阵元素沿纵轴排序后，可以非常直观地从热力图中观察到数据的变化情况。

In []:　# 对数组按行排序
　　　　x_norm=np.sort(np.random.randn(50,30),axis=1) # 横向排序
　　　　ax = sns.heatmap(x_norm)

Out:

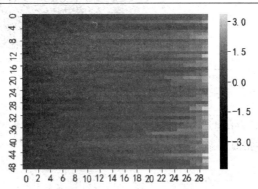

同样，将矩阵元素沿横轴排序后，可以非常直观地从热力图中观察到数据的变化情况。

【范例分析】

heatmap() 方法的 data 参数接收类似于矩阵的数据集。可以通过 vmin 和 vmax 设置颜色地图的最大值和最小值，或者设置 center 参数，表示颜色中值。系统将根据 data 元素的值自动为每个元素分配颜色值。

2. clustermap() 方法

Seaborn 还能够使用 clustermap() 方法对矩阵数据聚类，绘制聚类结果图，其格式如下：

seaborn.clustermap(data, pivot_kws=None, method='average', metric='euclidean', z_score=None, standard_scale=None, figsize=None, cbar_kws=None, row_cluster=True, col_cluster=True, row_linkage=None, col_linkage=None, row_colors=None, col_colors=None, mask=None, **kwargs）

其中 data 接收类似于矩阵的数据集。

【例 3-35】使用 clustermap() 方法绘制矩阵的聚类图。

```
In []:    # 绘制矩阵的聚类图
          g = sns.clustermap(x_norm) # 使用默认参数值绘制
```

Out:

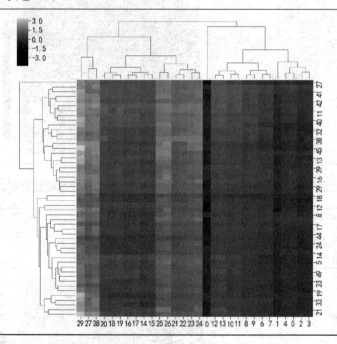

【范例分析】

使用 clustermap() 方法的 data 参数接收类似于矩阵的数据集，使用该方法能够粗略地观察一个矩阵数据集元素间的相似关系。

3.4 访问数据文件

机器学习和数据挖掘处理的对象是数据，因此就要对数据文件进行访问，执行读写操作。常用的数据文件有二进制文件、文本文件、各种类型的数据库文件。NumPy 提供了对各种数据文件的访问功能，包括访问二进制文件、文本文件、Excel 表格文件、SQL 数据库文件等，本书主要介绍前 3 种类型文件的访问方法。

3.4.1 ▶ NumPy 访问二进制文件

NumPy 使用 numpy.save() 函数将单个数组保存为后缀为 .npy 的二进制格式文件；使用 numpy. savez() 函数将多个数组保存到一个后缀为 .npz 的二进制格式文件中，每个数组的大小不必相同。可以使用压缩软件观察 .npz 格式文件，每个数组将按照先后顺序以 arr_0.npy, arr_1.npy, arr_2.npy, … 进行命名。要读取二进制文件，可使用 numpy.load() 函数。

numpy.save() 函数的格式为：

> numpy.save(file, arr, allow_pickle=True, fix_imports=True)

其中，file 接收字符串，表示文件路径，以文件名结尾；arr 接收要保存的数组。

numpy.savez() 函数的格式为：

> numpy.savez(file，*args,**kwds)

其中，file 接收字符串，表示文件路径，以文件名结尾。*args 接收要保存的多个数组序列。

numpy.load() 函数的格式为：

> numpy.load(file, mmap_mode=None, allow_pickle=True, fix_imports=True, encoding='ASCII')

其中，file 接收字符串，表示文件路径，以文件名结尾。

【例 3-36】保存数组为二进制文件并读取。

产生若干数据系列，将一个或多个数组保存为二进制文件，读取保存的文件数据，将读取的数据与保存前的数据分别进行可视化对比。

```
In []:    # 读、写二进制文件，并进行可视化
          import numpy as np
          import matplotlib.pyplot as plt
          # 产生数据
          x=np.linspace(0, 10, 30) # 产生 0~10 之间、30 个元素的等差数列
          noise=np.random.randn(30) # 产生 30 个标准正态分布的元素
          y1=x**2+2*noise # 产生叠加噪声的数据系列 1
          y2=x**1+2*noise # 产生叠加噪声的数据系列 2
          y3=x**1.5+2*noise # 产生叠加噪声的数据系列 3
          z=np.linspace(0, 10, 35) # 生成 0~10 之间、35 个元素的等差数列
```

In []: # 创建或访问一个文件夹

import os

path='D:\\PythonStudy\\data\\'

如果路径 path 不存在，则创建它

if not os.path.exists(path):

  os.makedirs(path)

访问二进制数据文件

保存一个数组至数据文件，默认扩展名为 .npy，可省略

np.save(path+'x_arr',x)

Out:

也可以保存多个数组至数据文件，此时默认扩展名为 .npz.

In []: # 保存多个数组至数据文件，默认扩展名为 .npz，可省略

np.savez(path+'xy_arr',x,y1,y2,y3)

保存多个不同形状数组至数据文件，默认扩展名为 .npz，可省略

np.savez(path+'xyz_arr',x,y1,y2,y3,z)

Out:

图 3-2 为屏幕截图，显示了在计算机指定路径中保存为 .npy 和 .npz 格式的文件信息。

图 3-2 保存的二进制文件

图 3-3 为屏幕截图，显示了使用压缩 / 解压软件打开保存的二进制文件时，在压缩文件中看到的各个数组的名称。

图 3-3 .npz 格式文件中保存的不同数组

读取保存的二进制文件，并进行可视化。

In []: # 读取含有单个数组的文件，扩展名不可省略

loaded_data = np.load(path+'x_arr.npy') # 读取二进制文件

#print(' 读取的数组为 \n',loaded_data)

loaded_data1 = np.load(path+'xy_arr.npz') # 读取含有多个数组的文件

不同的数组用 arr_n 的形式进行索引，n 从 0 开始

#print(' 读取的数组 1 为 ',loaded_data1['arr_0']) # 索引数组，读者可去掉注释自行运行观察

#print(' 读取的数组 2 为 ',loaded_data1['arr_1']) # 索引数组，读者可去掉注释自行运行观察

Out:

In []:　# 对保存和读取的数据文件进行可视化对比

　　　　p = plt.figure(figsize=(12,4)) # 设置画布大小

　　　　plt.rcParams['font.sans-serif'] = 'SimHei' # 设置字体为 SimHei 以显示中文

　　　　plt.rc('font', size=14) # 设置图中字号大小

　　　　# 子图 1：保存的数据集

　　　　ax1 = p.add_subplot(1,2,1)

　　　　plt.scatter(x,y1, marker='o') # 绘制散点图

　　　　plt.scatter(x,y2, marker='*') # 绘制散点图

　　　　plt.scatter(x,y3, marker='^') # 绘制散点图

　　　　plt.title(' 保存的数据集 ') # 添加标题

　　　　plt.legend([' 数据集 y1',' 数据集 y2',' 数据集 y3']) # 添加图例

　　　　plt.xlabel('x') # 添加横轴标签

　　　　plt.ylabel('y') # 添加纵轴标签

　　　　# 子图 2：读取的二进制文件数据集

　　　　ax1 = p.add_subplot(1,2,2)

　　　　# 不同的数组用 arr_n 的形式进行索引，n 从 0 开始

　　　　plt.scatter(loaded_data1['arr_0'],loaded_data1['arr_1'], marker='o') # 绘制散点图

　　　　plt.scatter(loaded_data1['arr_0'],loaded_data1['arr_2'], marker='*') # 绘制散点图

　　　　plt.scatter(loaded_data1['arr_0'],loaded_data1['arr_3'], marker='^') # 绘制散点图

　　　　plt.title(' 读取的二进制文件数据集 ') # 添加标题

　　　　plt.legend([' 数据集 arr_1',' 数据集 arr_2',' 数据集 arr_3']) # 添加图例

　　　　plt.xlabel('x') # 添加横轴标签

　　　　plt.ylabel('y') # 添加纵轴标签

　　　　plt.savefig(path+'binaryDataFile.jpg') # 保存图片

　　　　plt.show() # 显示图片

Out:

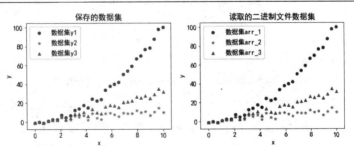

【范例分析】

save() 函数保存单个数组为 .npy 二进制格式文件。savez() 函数将多个数组保存到一个 .npz 二进制格式文件，要保存的每个数组的长度不必相同。在保存的数据文件中，每个数组将按照先后顺序以 arr_0.npy, arr_1.npy, arr_2.npy,… 自动进行命名。load() 函数将读取数据文件。这 3 个方法都必须有 file 参数来接收文件路径，包括文件名及其扩展名。

3.4.2 ▶ Pandas 访问文本文件

Python 的 Pandas 对象提供了数据帧对象 DataFrame，数据帧具有强大的数据处理功能，包括对数据文件的访问操作。DataFrame 可以访问文本文件、Excel 文件、数据库文件。

文本文件具有存储容量小、读写方便的优点。.csv 格式文件是一种典型的文本文件。它用行保存数据记录，不同的记录用不同的行保存。每行中，每个字段的值用英文逗号或者分号隔开。可以使用记事本打开 .csv 格式文件，也可以使用表格软件 Excel、WPS 等打开。此外，还可以使用表格处理软件将 Excel 表格保存为 .csv 格式文件。保存的方式是将文件另存，保存类型选择 .csv（逗号分隔）。若使用记事本另存为 .csv 文件，需在文件名后面添加 .csv 后缀（记事本默认保存为 .txt 文件），并在编码类型中推荐选择 UTF-8，以便能正常显示中文。

使用 Pandas 的数据帧 DataFrame 访问数据文件，需导入 Pandas 库，并生成实例，方法为：

```
import pandas as pd
```

其中 pd 是用户为 Pandas 实例起的名字，也可以设置为其他名字。

Pandas 使用 pandas.read_table() 函数读取 .csv 格式文件，其格式为：

```
pandas.read_table(filepath_or_buffer, sep='\t ', dialect=None, compression='infer',
doublequote=True, escapechar=None,
quotechar='" ', quoting=0, skipinitialspace=False, lineterminator=None,
header='infer', index_col=None, names=None, prefix=None, skiprows=None, skipfooter=None, skip_
footer=0, na_values=None, true_values=None, false_
values=None, delimiter=None, converters=None, dtype=None, usecols=None,
engine=None, delim_whitespace=False, as_recarray=False, na_filter=True, compact_ints=False, use_
unsigned=False, low_memory=True, buffer_lines=None, warn_bad_lines=True, error_bad_lines=True, keep_
default_
na=True, thousands=None, comment=None, decimal='.', parse_dates=False, keep_
date_col=False, dayfirst=False, date_parser=None, memory_map=False, float_
precision=None, nrows=None, iterator=False, chunksize=None,
verbose=False, encoding=None,
squeeze=False, mangle_dupe_cols=True, tupleize_cols=False, infer_datetime_
format=False, skip_blank_lines=True)
```

其中 filepath_or_buffer 接收字符串，表示数据文件的路径或 URL。

Pandas 使用 DataFrame.to_csv() 函数将一个 DataFrame 对象保存为 .csv 格式文件，其格式为：

```
DataFrame.to_csv(path_or_buf=None, sep=', ', na_rep='', float_
format=None, columns=None, header=True, index=True, index_label=None, mode='w',
encoding=None, compression=None, quoting=None,
quotechar=' " ', line_terminator='\n', chunksize=None, tupleize_cols=None,
date_format=None, doublequote=True, escapechar=None, decimal='.')
```

其中 path_or_buf 接收字符串，表示文件保存的路径； sep 接收分隔字符，默认为逗号，index 接收 boolean 值，表示是否写行索引号，默认为 True。

如果要使用 DataFrame.to_csv() 函数将数组保存为 .csv 格式文件，需先将数组转换为 DataFrame 对象。

【例 3-37】使用 Pandas 的数据帧对象 DataFrame 访问 .csv 格式的数据文件，为列添加列名、重命名列名，将数据保存为 .csv 格式的文本文件，读取保存的文件数据，将读取的数据与保存前的数据分别可视化进行对比。

In []:	# 利用 Pandas 的 DataFrame 访问数据文件
	import pandas as pd
	# 将数组转换为数据帧，并为每列数组在数据帧中指定列名，指定形式为 ' 列名 '：数组名
	df=pd.DataFrame({'x':x,'y1':y1,'y2':y2,'y':y3})
	print(' 指定的数据帧的列名称为：\n',df.columns) #columns 返回列名称
Out:	指定的数据帧的列名称为：
	Index(['x', 'y1', 'y2', 'y'], dtype='object')

以上代码将数组转换为数据帧对象，并为每个一维数组设置列名。如果不指定列名，则数据帧对象将按数组出现的顺序从 0 开始为其分配列名。数组转换为数据帧对象后，可以使用数据帧对象的许多方法实现用户需要的操作，也可以使用 rename() 方法修改数据帧对象的列名。

In []:	# 重命名列名
	df=df.rename(columns={'y':'y3'})
	print(' 重命名后的数据帧的列名称为：\n',df.columns) #columns 返回列名称
Out:	重命名后的数据帧的列名称为： Index(['x', 'y1', 'y2', 'y3'], dtype='object')

使用 to_csv() 方法将 df 保存为 .csv 格式的文本文件，并使用 pandas.read_table() 方法加载。

In []:	# 访问 .csv 文本文件
	df.to_csv(path+'xy123.csv',sep = ',',index = False) # 保存为 .csv 文本文件
	loaded_csv=pd.read_table(path+'xy123.csv',
	sep =',',encoding ='gbk') # 读取 .csv 文本文件，'gbk' 表示中文编码
Out:	

图 3-4 所示为计算机截屏，显示了保存为 xy123.csv 的文件。

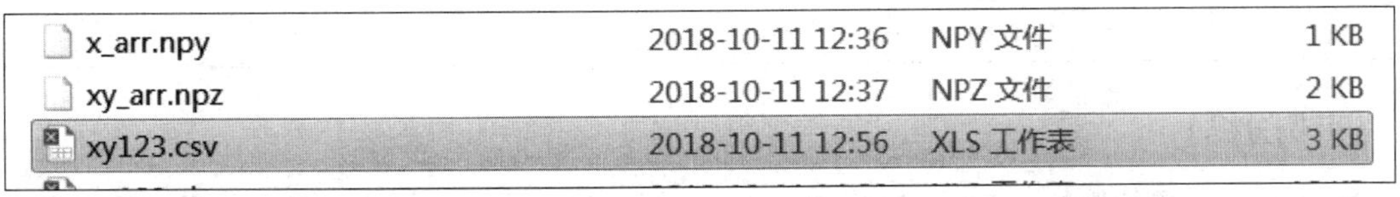

x_arr.npy	2018-10-11 12:36	NPY 文件	1 KB
xy_arr.npz	2018-10-11 12:37	NPZ 文件	2 KB
xy123.csv	2018-10-11 12:56	XLS 工作表	3 KB

图 3-4 数据帧对象保存的数据文件

对保存和读取的数据文件可视化，并进行对比观察。

```
In []:    # 对保存和读取的数据文件进行可视化对比
          p = plt.figure(figsize=(12,4))
          plt.rcParams['font.sans-serif'] = 'SimHei' # 设置字体为 SimHei 以显示中文
          plt.rc('font', size=14) # 设置图中字号大小
          # 子图 1：保存的数据集
          ax1 = p.add_subplot(1,2,1)
          plt.scatter(x,y1, marker='o') # 绘制散点图
          plt.scatter(x,y2, marker='*') # 绘制散点图
          plt.scatter(x,y3, marker='^') # 绘制散点图
          plt.title(' 保存的数据集 ') # 添加标题
          plt.legend([' 数据集 y1',' 数据集 y2',' 数据集 y3']) # 添加图例
          plt.xlabel('x') # 添加横轴标签
          plt.ylabel('y') # 添加纵轴标签
          # 子图 2：读取的 .csv 文本文件数据集
          ax1 = p.add_subplot(1,2,2)
          # 不同的数组用 loaded_csv[' 列名 '] 的形式进行索引
          plt.scatter(loaded_csv['x'],loaded_csv['y1'], marker='o') # 绘制散点图
          plt.scatter(loaded_csv['x'],loaded_csv['y2'], marker='*') # 绘制散点图
          plt.scatter(loaded_csv['x'],loaded_csv['y3'], marker='^') # 绘制散点图
          plt.title(' 读取的 .csv 文本文件数据集 ') # 添加标题
          plt.legend([' 列 y1',' 列 y2',' 列 y3']) # 添加图例
          plt.xlabel('x')# 添加横轴标签
          plt.ylabel('y') # 添加纵轴标签
          plt.savefig(path+'csv.jpg') # 保存图片
          plt.show() # 显示图片
```

Out:

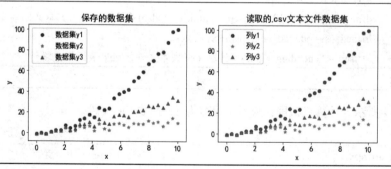

【 范例分析 】

DataFrame 对象使用 to_csv() 方法将 DataFrame 对象保存为 .csv 格式文件，如果要将数组保存为 .csv 格式文件，需先使用 DataFrame() 方法将其转换为 DataFrame 对象。在 DataFrame() 方法中，可以使用字典方式为每个特征（即数组的列）命名。如果不指定列名，则数据帧对象将按数组在 DataFrame() 方法中出现的顺序从 0 开始为其分配列名。可以使用 rename() 方法修改数据帧对象的列名。DataFrame.columns 属性用于返回 DataFrame 对象的全部特征（列）名称。to_csv() 方法保存

数据文件时，需要指定元素的分隔符，建议使用 ','。.read_table() 方法中，要指定 encoding 参数，其编码方式要与文本文件一致。如果数据文件包含中文，建议使用 'gbk' 编码。

3.4.3 ▶ Pandas 访问 Excel 文件

Pandas 提供了对 Excel 文件的访问方法。使用 pandas.read_excel() 函数读取 Excel 文件，使用 DataFrame.to_excel() 函数将数据帧的数据保存为 Excel 文件。pandas.read_excel() 函数读取 Excel 文件的格式如下：

```
pandas.read_excel(io, sheet_name=0, header=0, names=None, index_
col=None, usecols=None, squeeze=False, dtype=None, engine=None,
converters=None, true_values=None, false_values=None, skiprows=None, nrows=None, na_values=None, parse_
dates=False, date_parser=None, thousands=None, comment=None, skipfooter=0, convert_float=True, **kwds)
```

其中 io 接收字符串，表示文件名及其路径，可以是 URL。DataFrame.to_excel() 函数保存 Excel 文件的格式如下：

```
DataFrame.to_excel(excel_writer, sheet_name='Sheet1', na_rep='', float_
format=None, columns=None, header=True, index=True, index_
label=None, startrow=0, startcol=0, engine=None, merge_cells=True, encoding=None, inf_
rep='inf', verbose=True, freeze_panes=None)
```

其中 excel_writer 接收字符串，表示要保存的文件名及其路径。

【例 3-38】使用 Pandas 的数据帧对象 DataFrame 访问 Excel 数据文件，将例 3-37 的数据帧 df 保存为 Excel 格式文件，读取保存的文件数据，将读取的数据与保存前的数据分别可视化并进行对比。

In []:
```
# 访问 Excel 文件
# 保存为 Excel 文件
df.to_excel(path+'xy123.xls')
```

Out:

图 3-5 所示为计算机屏幕截图，显示了保存的 xy123.xls 文件。

	x_arr.npy	2018-10-11 12:36	NPY 文件	1 KB
	xy_arr.npz	2018-10-11 12:37	NPZ 文件	2 KB
	xy123.csv	2018-10-11 12:56	XLS 工作表	3 KB
	xy123.xls	2018-10-11 14:29	XLS 工作表	10 KB
	xyz_arr.npz	2018-10-11 12:37	NPZ 文件	3 KB

图 3-5 数据帧对象保存的 Excel 文件

读取保存的 Excel 数据文件，对保存和读取的数据进行可视化，并对比观察。

In []:
```
# 读取 Excel 数据文件
loaded_excel=pd.read_excel(path+'xy123.xls')
# 对保存和读取的数据文件可视化并进行对比
p = plt.figure(figsize=(12,4))
plt.rcParams['font.sans-serif'] = 'SimHei' # 设置字体为 SimHei 以显示中文
```

In []:　plt.rc('font', size=14) # 设置图中字号大小

　　　　# 子图 1：保存的数据集

　　　　ax1 = p.add_subplot(1,2,1)

　　　　plt.scatter(x,y1, marker='o') # 绘制散点图

　　　　plt.scatter(x,y2, marker='*') # 绘制散点图

　　　　plt.scatter(x,y3, marker='^') # 绘制散点图

　　　　plt.title(' 保存的数据集 ') # 添加标题

　　　　plt.legend([' 数据集 y1',' 数据集 y2',' 数据集 y3']) # 添加图例

　　　　plt.xlabel('x') # 添加横轴标签

　　　　plt.ylabel('y') # 添加纵轴标签

　　　　# 子图 2：读取的 Excel 文件数据集

　　　　ax1 = p.add_subplot(1,2,2)

　　　　# 不同的数组用 loaded_table[' 列名 '] 的形式进行索引

　　　　plt.scatter(loaded_excel['x'],loaded_excel['y1'], marker='o') # 绘制散点图

　　　　plt.scatter(loaded_excel['x'],loaded_excel['y2'], marker='*') # 绘制散点图

　　　　plt.scatter(loaded_excel['x'],loaded_excel['y3'], marker='^') # 绘制散点图

　　　　plt.title(' 读取的 Excel 文件数据集 ') # 添加标题

　　　　plt.legend([' 列 y1',' 列 y2v,' 列 y3v]) # 添加图例

　　　　plt.xlabel('x') # 添加横轴标签

　　　　plt.ylabel('y') # 添加纵轴标签

　　　　plt.savefig(path+'excel.jpg') # 保存图片

　　　　plt.show() # 显示图片

Out:

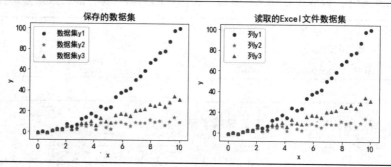

【范例分析】

　　to_excel() 方法将 DataFrame 保存为 Excel 表格文件，其最重要的一个参数就是文件的保存路径，包括文件名及其扩展名。可将保存前与保存后的数据分别进行可视化，并对比观察数据是否发生改变。

3.5　Pandas DataFrame 操作

3.5.1 ▶ DataFrame 对象及其属性

　　DataFrame 是 Pandas 最常用，也是非常重要的一个对象，它是一个二维的数据结构，数据以行和列的表格方式排列。从数据文件读取数据后，数据以 DataFrame 的结构保存在内存中。可以使用

DataFrame 的各种属性、方法查看数据的形状、值、类型、分布特征等信息，并进行修改数据、增加或删除行列等操作，还可以实现数组与 DataFrame 对象的相互转换。

　　Pandas 中，DataFrame 是一个类，其格式为：

```
class pandas.DataFrame(data=None, index=None, columns=None, dtype=None, copy=False)
```

　　该类共有 18 个属性和 204 种方法，足见其功能的强大。本书不专门介绍 DataFrame 类的每个属性和方法，而是采用在例子中边练习边体会的方式，对机器学习、数据挖掘所涉及的该类的主要属性和方法进行介绍。要使用 DataFrame，需导入并生成它的一个实例。

【例 3-39】查看 DataFrame 的属性和值。

　　利用 Pandas 的数据帧对象 DataFrame 读取数据文件，并查看数据帧的属性和值。

In []:	# 查看数据帧的属性和值
	import pandas as pd
	import os
	# 创建或访问一个文件夹
	path='D:\\PythonStudy\\data\\'
	# 如果路径 path 不存在，则创建它
	if not os.path.exists(path):os.makedirs(path)
	xy123=pd.read_table(path+'xy123.csv',sep = ',',encoding = 'gbk')
	# 读取 csv 文本文件，'gbk' 表示中文编码
	print('xy123 表的索引为：', xy123.index)
	print('xy123 的列名为：','\n', xy123.columns)
	print('xy123 的数据类型为：','\n', xy123.dtypes)
Out:	xy123 表的索引为： RangeIndex(start=0, stop=30, step=1)
	xy123 的列名为：
	Index(['x', 'y1', 'y2', 'y3'], dtype='object')
	xy123 的数据类型为：
	x float64
	y1 float64
	y2 float64
	y3 float64
	dtype: object

访问 DataFrame 对象 xy123 的 values 属性，并查看其值。

In []:	print('xy123 的所有值为：','\n', xy123.values) # 查看数据帧的值
Out:	xy123 的所有值为：
	[[0.00000000e+00 -1.12175729e+00 -1.12175729e+00 -1.12175729e+00]
	[3.44827586e-01 -2.02755091e-01 2.31664311e-02 -1.19171424e-01]
	[6.89655172e-01 -1.03897646e+00 -8.24945546e-01 -9.41873271e-01]
	[1.03448276e+00 8.74960815e-01 8.39288996e-01 8.56973743e-01]
	[1.37931034e+00 2.43524586e+00 1.91205918e+00 2.15266668e+00]

Out:	[1.72413793e+00 2.66444813e+00 1.41593446e+00 1.95570054e+00]
	[2.06896552e+00 7.06712679e+00 4.85547399e+00 5.76248759e+00]
	[2.41379310e+00 4.82800769e+00 1.41540364e+00 2.75177284e+00]
	[2.75862069e+00 6.96056181e+00 2.10919439e+00 3.93239327e+00]
	[3.10344828e+00 1.25693623e+01 6.04141941e+00 8.40519386e+00]
	（为节约篇幅，仅列出前 10 行）

查看 DataFrame 对象 xy123 的元素数量、维度、形状等属性。

In []:	print('xy123 表的元素个数为：', xy123.size) # 查看 DataFrame 的元素数量
	print('xy123 表的维度数为：',xy123.ndim) # 查看 DataFrame 的维度数
	print('xy123 表的形状为：', xy123.shape) # 查看 DataFrame 的形状
Out:	xy123 表的元素个数为：120
	xy123 表的维度数为：2
	xy123 表的形状为：(30, 4)

将 DataFrame 对象 xy123 转置，并观察转置前后的形状。

In []:	print('xy123 表转置前形状为：',xy123.shape)
	print('xy123 表转置后形状为：',xy123.T.shape) # 对 DataFrame 转置
Out:	xy123 表转置前形状为：(30, 4)
	xy123 表转置后形状为：(4, 30)

【范例分析】

DataFrame 对象的 index 属性返回 DataFrame 的行索引范围，从 0 开始，步长为 1。其中 columns 属性返回全部列名称；dtypes 属性返回全部列的数据类型，每列的所有元素数据类型是一致的；values 属性返回 DataFrame 对象的值；size 属性返回 DataFrame 的元素数量；ndim 属性返回 DataFrame 的维数；shape 属性返回 DataFrame 的形状。

3.5.2 ▶ 使用字典方式访问 DataFrame

对数据帧里的数据可以采用字典或属性的方式进行访问。字典方式指使用列名称对列进行访问，其格式如下：

访问单列：DataFrame['column_name']。

访问多列：DataFrame[['column1_name', 'column2_name',…]]。

访问单列多行：DataFrame['column_name'][m:n]。

访问多列多行：DataFrame[['column1_name','column2_name',…]][m:n]。

【例 3-40】使用字典方式访问数据帧。

In []:	# 使用字典方式访问数据帧
	print('xy123 表中的 x 的形状为 :','\n', xy123['x'].shape)
	print('xy123 表中的 x 列为 :','\n', xy123['x']) # 使用字典方式访问数据帧单列

Out:	xy123 表中的 x 的形状为：(30,)	5	1.724138
	xy123 表中的 x 列为：	6	2.068966
	0　0.000000	7	2.413793
	1　0.344828	8	2.758621
	2　0.689655	9	3.103448
	3　1.034483	10	3.448276
	4　1.379310		

为节约篇幅，仅列出前 10 行。

使用字典方式访问指定列的指定位置元素。

In []:	# 使用字典方式访问某列的前 5 个元素
	print('xy123 表中 y1 的前 5 个元素为：\n',xy123['y1'][:5])

Out:	xy123 表中 y1 的前 5 个元素为：
	0　-1.121757
	1　-0.202755
	2　-1.038976
	3　0.874961
	4　2.435246
	Name: y1, dtype: float64

使用字典方式访问多列元素。

In []:	# 使用字典方式访问多列
	print('xy123 表中的 x 和 y1 列为：\n',xy123[['x','y1']])

Out:	xy123 表中的 x 和 y1 列为：	5	1.724138　2.664448
	x　　　y1	6	2.068966　7.067127
	0　0.000000　-1.121757	7	2.413793　4.828008
	1　0.344828　-0.202755	8	2.758621　6.960562
	2　0.689655　-1.038976	9	3.103448　12.569362
	3　1.034483　0.874961	10	3.448276　13.788889
	4　1.379310　2.435246		

为节约篇幅，仅列出前 10 行。

使用字典方式访问多列指定位置的元素。

In []:	# 使用字典方式访问多列的前 5 行
	print('xy123 表中 x 和 y1 的前 5 个元素为：\n',xy123[['x','y1']][:5])

Out:	xy123 表中 x 和 y1 的前 5 个元素为：	2　0.689655　-1.038976
	x　　　y1	3　1.034483　0.874961
	0　0.000000　-1.121757	4　1.379310　2.435246
	1　0.344828　-0.202755	

使用字典方式访问指定行的元素。

In []:	#使用字典方式访问指定列中指定一行的元素
	print('xy123 表中的 x 和 y1 列索引号中 11 的元素为：\n',xy123[['x','y1']][11:12])
Out:	xy123 表中的 x 和 y1 列索引号为 11 的元素为：
	x y1
	11 3.793103 17.523638

使用字典方式访问指定列的连续多行的元素。

In []:	#使用字典方式访问指定列的连续多行的元素	
	print('xy123 表中的 x 和 y1 列索引号为 11 的元素为：\n',xy123[['x','y1']][11:16])	
Out:	xy123 表中的 x 和 y1 列索引号为 11 的元素为：	13 4.482759 24.264362
	x y1	14 4.827586 22.376196
	11 3.793103 17.523638	15 5.172414 23.988506
	12 4.137931 14.942014	

【范例分析】

DataFrame 使用 ['column_name'] 的形式访问单列，使用 [['column1_name','column2_name',…]] 的形式访问多列。注意，访问多列时需使用双重中括号。如果访问指定的列和行，则以两个中括号一前一后分别设置列和行。访问单列多行，使用 ['column_name'][m:n] 的形式。访问多列多行，使用 [['column1_name', 'column2_name',…]][m:n] 的形式。同样，访问多列多行时，列的指定需要使用双重中括号。

3.5.3 ▶ 使用属性方式访问 DataFrame

也可以使用"数据帧对象.列名称"的属性方式访问数据帧。使用属性方式访问数据帧的格式如下。

访问单列：DataFrame.column_name。

访问单列多行：DataFrame.column_name[m:n]。

【例 3-41】使用属性方式访问数据帧。

In []:	#使用访问属性方式取出 xy123 中的某一列		
	print('xy123 表中 y1 的形状为 :',xy123.y1.shape)		
	print('xy123 表中的 y1 列为 :\n',xy123.y1) #访问 y1 列		
Out:	xy123 表中的 y1 的形状为 : (30,)		
	xy123 表中的 y1 列为 :		
	0 −1.121757	6	7.067127
	1 −0.202755	7	4.828008
	2 −1.038976	8	6.960562
	3 0.874961	9	12.569362
	4 2.435246	10	13.788889（为节约篇幅，仅列出前 10 行）
	5 2.664448		

使用访问属性方式取出 DataFrame 对象 xy123 中指定列的指定位置元素。

In []:	# 使用访问属性方式取出 xy123 中某一列的某个元素
	print('xy123 表中 y1 列索引号为 3 的元素为 :\n',xy123.y1[3:4])

Out:	xy123 表中 y1 列索引号为 3 的元素为 : 3 0.874961 Name: y1, dtype: float64

使用访问属性方式取出 DataFrame 对象 xy123 中指定列的连续多个元素。

In []:	# 使用访问属性方式取出 xy123 中某一列的连续多个元素
	print('xy123 表中 y1 列索引号从 3 开始的 5 个元素为 :\n',xy123.y1[3:8])

Out:	xy123 表中 y1 列索引号从 3 开始的 5 个元 5 2.664448 素为 : 6 7.067127 3 0.874961 7 4.828008 4 2.435246 Name: y1, dtype: float64

【范例分析】

DataFrame 访问单列的形式为 DataFrame.column_name；访问单列多行的形式为 DataFrame.column_name[m:n]，这时列作为 DataFrame 的一个属性。注意，这里的列名称不使用引号，要指定行时，将行号用中括号括起来紧跟在列名称后。

3.5.4 ▶ DataFrame 访问行的特殊方法

Pandas DataFrame 对象提供了访问行的几种特殊方法，分别是 DataFrame[:][m:n], DataFrame.head(), DataFrame.tail()，它们的用法形式如下。

DataFrame[:][m:n]：访问 m 行到 n 行。

DataFrame.head()：访问前 5 行，可以修改访问的前 n 行参数，n 默认为 5。

DataFrame.tail()：访问最后 5 行，可以修改访问的最后 n 行参数，n 默认为 5。

【例 3-42】使用特殊访问方式访问 DataFrame 的特殊行。

In []:	# 访问行的特殊方式
	# 访问连续几行
	print('xy123 表的 2~5 行元素为 : ','\n',xy123[:][2:6])

Out:	xy123 表的 2~5 行元素为 : x y1 y2 y3 2 0.689655 –1.038976 –0.824946 –0.941873 3 1.034483 0.874961 0.839289 0.856974 4 1.379310 2.435246 1.912059 2.152667 5 1.724138 2.664448 1.415934 1.955701

使用 head() 方法访问 DataFrame 对象 xy123 的前 5 行元素。

In []:	# 访问前 5 行
	print('xy123 表中的前 5 行数据为：',' \n',xy123.head())
	# 访问后 5 行
	print('xy123 表中的后 5 行元素为：',' \n',xy123.tail())

Out: xy123 表中的前 5 行数据为：

```
          x         y1         y2         y3
0  0.000000 -1.121757 -1.121757 -1.121757
1  0.344828 -0.202755  0.023166 -0.119171
2  0.689655 -1.038976 -0.824946 -0.941873
3  1.034483  0.874961  0.839289  0.856974
4  1.379310  2.435246  1.912059  2.152667
```

xy123 表中的后 5 行元素为：

```
           x         y1         y2         y3
25  8.620690 76.663581 10.967981 27.658508
26  8.965517 78.242939  6.827957 24.707416
27  9.310345 87.467444 10.095268 29.193446
28  9.655172 97.999998 14.432816 34.778942
29 10.000000 99.755314  9.755314 31.378090
```

【范例分析】

DataFrame[:][m:n] 的第 1 个中括号表示列，: 表示全部列；第 2 个中括号表示行，m:n 表示访问 m 行到 n 行。DataFrame.head() 默认访问 DataFrame 的前 5 行，可以使用 head(n) 修改访问的前 n 行参数，如 head(10) 表示访问前 10 行。DataFrame.tail() 默认访问 DataFrame 的最后 5 行，可以修改访问的最后 n 行参数，如 head(10) 表示访问最后 10 行。

3.5.5 ▶ 使用 DataFrame.loc[ ], DataFrame.iloc[ ] 对 DataFrame 进行切片

Pandas DataFrame 提供了更为灵活的访问 DataFrame 元素的方式，包括 DataFrame.loc[]，DataFrame.iloc[] 及 DataFrame.ix[]。loc 为 location 的缩写，iloc 为 index location 的缩写，表示以索引值索引数据帧。使用这些方法，可以非常灵活、方便地访问数据帧中的数据。由于其访问数据帧元素的过程像是在进行切割，以获得想要的部分，因此形象地称之为对数据帧进行切片。

1. DataFrame.loc[ ] 方法

DataFrame.loc[] 的格式如下。

访问单列：DataFrame.loc[行索引或条件 ,'column_name']。

访问多列：DataFrame.loc[行索引或条件 , ['column1_name','column2_name',...]]。

访问单行：DataFrame.loc[n,'column_name']。

访问连续多行：DataFrame.loc[m:n,'column_name']。

访问不连续多行：DataFrame.loc[[n1,n2,...],'column_name']。

访问所有行：DataFrame.loc[:,'column_name']。

以上行、列的数量可以任意组合。

【例 3-43】 使用 loc[] 访问 DataFrame，对 DataFrame 进行切片。

In []:	# 使用 loc 访问 DataFrame #loc 需使用 DataFrame 的索引名称 print(' 使用 loc 提取 xy123 表 x 列的 size 为：', xy123.loc[:,'x'].size) #size 返回 x 列的大小 print(' 使用 loc 提取 xy123 表的 x,y1,y2 列的 size 为：', xy123.loc[:,['x','y1','y2']].size)# 三个列的大小
Out:	使用 loc 提取 xy123 表 x 列的 size 为： 30 使用 loc 提取 xy123 表的 x,y1,y2 列的 size 为： 90

使用 loc[] 方法对 DataFrame 进行切片。

In []:	print(' 列名为 x 和 y2, 行名为 5 的数据为：\n',
	　　xy123.loc[5,['x','y2']])# 访问指定列和行的元素
	print(' 列名为 x 和 y2, 行名为 11~15 的数据为：\n',xy123.loc[11:15,['x','y2']])
	　# 访问指定列、指定连续行的元素
	print(' 列名为 x 和 y2, 行名为 11,13,15 的数据为：\n',xy123.loc[[11,13,15],['x','y2']])
	　# 访问指定列、指定 (不连续) 行的元素

Out:	列名为 x 和 y2, 行名为 5 的数据为：　　　　　13 4.482759 8.651996 x　　1.724138　　　　　　　　　　　　14 4.827586 3.898194 y2　　1.415934　　　　　　　　　　　　15 5.172414 2.407055 Name: 5, dtype: float64　　　　　　　　列名为 x 和 y2, 行名为 11,13,15 的数据为： 列名为 x 和 y2, 行名为 11~15 的数据为：　　　　x　　　　y2 　　　x　　　y2　　　　　　　　　　　11 3.793103 6.929108 11 3.793103 6.929108　　　　　　　　13 4.482759 8.651996 12 4.137931 1.957472　　　　　　　　15 5.172414 2.407055

【范例分析】

DataFrame.loc[] 方法使用 [行索引或条件 ,'column_name'] 的方式对 DataFrame 进行切片。对行的指定使用行索引号或条件，对列的指定必须使用列名称。如果是多列，则还需要使用一个中括号将多个列名称括起来，不同列名称间用逗号分隔，即 [行索引或条件 , ['column1_name','column2_name',…]] 的形式。

2. DataFrame.iloc[ ] 方法

如果对列的索引也想使用列标号，可以使用 DataFrame.iloc[] 方法，其格式如下。

访问单列：DataFrame.iloc[行索引或条件 , m]。

访问连续多列：DataFrame.iloc[行索引或条件 , m1: m2]。

访问不连续多列：DataFrame.iloc[n,[m1,m2,...]]。

访问所有列：DataFrame.iloc[n,:]。

以上行、列的数量可以任意组合。

【例 3-44】使用 iloc[] 访问 DataFrame。

In []:	#iloc 访问 DataFrame 需使用行、列索引号
	print(' 使用 iloc 提取第 3 列的 size 为：', xy123.iloc[:,3].size) # 单列切片
	print(' 使用 iloc 提取 xy123 表中第 0、3 列的 size 为：', xy123.iloc[:,[1,3]].size) # 多列切片
Out:	使用 iloc 提取第 3 列的 size 为：30
	使用 iloc 提取 xy123 表中第 0、3 列的 size 为：60

使用 iloc[] 方法对 DataFrame 进行切片。

In []:	# 花式切片
	print(' 行位置为 5, 列位置为 1 和 3 的数据为：\n',xy123.iloc[5,[1,3]])
	print(' 行位置为 5,10,15, 列位置为 1 和 3 的数据为：\n',xy123.iloc[[5,10,15],[1,3]])
	print(' 行位置为 11~15, 列位置为 1 和 3 的数据为：\n',xy123.iloc[11:16,[1,3]])
	print(' 行位置为 1~5, 列位置为 1~3 的数据为：\n',xy123.iloc[1:6,1:3])
Out:	行位置为 5, 列位置为 1 和 3 的数据为：
	y1 2.664448
	y3 1.955701
	Name: 5, dtype: float64
	行位置为 5,10,15, 列位置为 1 和 3 的数据为：
	y1 y3
	5 2.664448 1.955701
	10 13.788889 8.301570
	15 23.988506 8.998231
	行位置为 11~15, 列位置为 1 和 3 的数据为：
	y1 y3
	11 17.523638 10.523412
	12 14.942014 6.236881
	13 24.264362 13.660370
	14 22.376196 9.677668
	15 23.988506 8.998231
	行位置为 1~5, 列位置为 1~3 的数据为：
	y1 y2
	1 −0.202755 0.023166
	2 −1.038976 −0.824946
	3 0.874961 0.839289
	4 2.435246 1.912059

【范例分析】

DataFrame.iloc[] 方法使用 [行索引或条件，列索引] 的形式对 DataFrame 进行切片，如要访问连续多列，可使用 iloc[行索引或条件，m1: m2] 的形式。如要访问不连续的多列，可使用 iloc[行索引或条件，[m1, m2,…]，此时需要将列举的多列索引号再用一个中括号括起来，各列索引号间以逗号分隔。要访问所有列，使用 iloc[行索引或条件 , :] 的形式，冒号表示全部列。

可以看出，DataFrame.loc[] 与 DataFrame.iloc[] 方法的主要区别是，前者对列的索引使用列名称的方式，而后者则使用列索引（标号）的方式。

3. 使用 DataFrame.loc[ ] 与 DataFrame.iloc[ ] 方法进行条件切片

DataFrame.loc[] 与 DataFrame.iloc[] 方法均可以在行索引中传入内部表达式，实现 DataFrame 的所谓条件切片，即筛选出符合条件的行元素。条件切片在机器学习、数据挖掘的数据集处理中非常有用。例如，将添加了类标签的样本按照类标签进行筛选。

【例 3-45】使用 loc[ ] 对 DataFrame 进行条件切片。

In []:	# loc 内部传入表达式，进行条件切片
	print(' 条件表达式使用字典方式，xy123 中 x<5 的 x 为：\n',xy123.loc[xy123['x']<3,['x']])
	# 条件表达式使用字典方式
	print(' 条件表达式使用属性方式，xy123 中 x>=8 的 x,y1 为：\n',xy123.loc[xy123.x>=8,['x','y1']])
	# 条件表达式使用属性方式

Out:	条件表达式使用字典方式，xy123 中 x<5 的 x 为：
	    x
	0 0.000000
	1 0.344828
	2 0.689655
	3 1.034483
	4 1.379310
	5 1.724138
	6 2.068966
	7 2.413793
	8 2.758621
	条件表达式使用属性方式，xy123 中 x>=8 的 x, y1 为：
	    x y1
	24 8.275862 69.978720
	25 8.620690 76.663581
	26 8.965517 78.242939
	27 9.310345 87.467444
	28 9.655172 97.999998
	29 10.000000 99.755314

在条件表达式中使用 loc[] 方法。

In []:	print(' 条件表达式使用 loc 方式，xy123 中 x>=8 的 x,y1,y2 为：\n', xy123.loc[xy123.loc[:,'x']>=8,['x','y1','y2']]) # 条件表达式使用 loc 方式

Out:	条件表达式使用 loc 方式，xy123 中 x>=8 的 x,y1,y2 为：		
	x	y1	y2
24	8.275862	69.978720	9.764689
25	8.620690	76.663581	10.967981
26	8.965517	78.242939	6.827957
27	9.310345	87.467444	10.095268
28	9.655172	97.999998	14.432816
29	10.000000	99.755314	9.755314

条件表达式使用 iloc 方式，xy123 中 x>=8 的 x,y1,y2,y3 为：

	x	y1	y2	y3
24	8.275862	69.978720	9.764689	25.296660
25	8.620690	76.663581	10.967981	27.658508
26	8.965517	78.242939	6.827957	24.707416
27	9.310345	87.467444	10.095268	29.193446
28	9.655172	97.999998	14.432816	34.778942
29	10.000000	99.755314	9.755314	31.378090

【范例分析】

loc 内部传入行索引表达式，将返回全部满足表达式条件的行。表达式可以采用字典方式，也可以采用属性方式，即可以使用 loc[] 方法，也可以使用 iloc[] 方法。对满足条件的行，同样可以选择返回单列、多列、全部列。

DataFrame.iloc[] 也可以实现条件切片，与 DataFrame.loc[] 不同的是，它需要在条件表达式后使用 .values 属性。

【例 3-46】使用 iloc[] 对 DataFrame 进行条件切片。

In []:
```
#iloc 条件切片
#iloc 内部传入表达式进行条件切片，需使用 .values 属性
print(' 条件表达式使用字典方式，xy123 中 x<1 的第 1、3 列数据为：\n',
    xy123.iloc[(xy123['x']<1).values,[1,3]]) # 条件表达式使用字典方式
print(' 条件表达式使用属性方式，xy123 中 x<1 的第 1、3 列数据为：\n',
    xy123.iloc[(xy123.x<1).values,[1,3]]) # 条件表达式使用字典方式
print(' 条件表达式使用 loc 方式，xy123 中 x<1 的第 1、3 列数据为：\n',
    xy123.iloc[(xy123.loc[:,'x']<1).values,[1,3]]) # 条件表达式使用字典方式
print(' 条件表达式使用 loc 方式，xy123 中 x<1 的第 1、3 列数据为：\n',
    xy123.iloc[(xy123.loc[:,'x']<1).values,[1,3]]) # 条件表达式使用字典方式
print(' 条件表达式使用 iloc 方式，xy123 中 x<1 的第 1、3 列数据为：\n',
    xy123.iloc[(xy123.iloc[:,0]<1).values,[1,3]]) # 条件表达式使用字典方式
```

Out:	条件表达式使用字典方式，xy123 中 x<1 的第 1、3 列数据为：	
	y1	y3
0	-1.121757	-1.121757
1	-0.202755	-0.119171

Out:　　2 –1.038976 –0.941873

　　　　条件表达式使用属性方式，xy123 中 x<1 的第 1、3 列数据为：

　　　　　　y1　　　　　y3

　　　　0 –1.121757 –1.121757

　　　　1 –0.202755 –0.119171

　　　　2 –1.038976 –0.941873

　　　　条件表达式使用 loc 方式，xy123 中 x<1 的第 1、3 列数据为：

　　　　　　y1　　　　　y3

　　　　0 –1.121757 –1.121757

　　　　1 –0.202755 –0.119171

　　　　2 –1.038976 –0.941873

　　　　条件表达式使用 iloc 方式，xy123 中 x<1 的第 1、3 列数据为：

　　　　　　y1　　　　　y3

　　　　0 –1.121757 –1.121757

　　　　1 –0.202755 –0.119171

　　　　2 –1.038976 –0.941873

【范例分析】

DataFrame.iloc[] 实现条件切片的方法基本与 DataFrame.loc[] 相同，条件表达式既可以使用字典方式，也可以使用属性方式；既可以使用 loc[] 方法，也可以使用 iloc[] 方法。唯一不同的是，需要在条件表达式后使用 values 属性，即条件表达式的形式为 (条件表达式).values。

除了 DataFrame.loc[] 方法和 DataFrame.iloc[] 方法，Pandas DataFrame 还提供了 DataFrame.ix[] 方法对 DataFrame 进行切片。可以将它简单地看成是 DataFrame.loc[] 方法与 DataFrame.iloc[] 方法的结合，在索引列的时候既可以接收列名称，也可以接收列标号。感兴趣的读者可以查阅官方文档，在此不再详述。

3.5.6 ▶ 更改 DataFrame 中的数据

用户可以对 DataFrame 中的数据进行更改，包括赋值、添加列、删除列、删除行等操作。这些操作都在计算机内存中进行，且一经更改便不可撤销。但是不会影响从磁盘读取的数据文件，除非进行了保存为与原数据文件相同名字、路径、文件类型的操作。

更改 DataFrame 值

更改 DataFrame 值的方法为对其指定元素重新赋值。

【例 3-47】 更改 DataFrame 的值。

In []:　　# 更改 DataFrame 的值

　　　　xy123.loc[5,['x']] = 10# 更改指定位置的元素值

　　　　print(' 更改后 xy123 中 5 行 x 列的元素为：\n',xy123.loc[5,['x']] = 10# 更改指定位置的元素值

　　　　print(' 更改后 xy123 中 5 行 x 列的元素为：\n',xy123.loc[5,['x']])

　　　　xy123.loc[xy123['x']<=3,'x'] = 3# 更改符合条件的记录的值

　　　　print(' 更改后 xy123 中 x<=3 的记录为：\n', xy123.loc[xy123['x']<=3,:])

Out:	更改后 xy123 中 5 行 x 列的元素为：x 10.0			
	Name: 5, dtype: float64			
	更改后 xy123 中 x<=3 的记录为：			
	x	y1	y2	y3
	0 3.0	-1.121757	-1.121757	-1.121757
	1 3.0	-0.202755	0.023166	-0.119171
	2 3.0	-1.038976	-0.824946	-0.941873
	3 3.0	0.874961	0.839289	0.856974
	4 3.0	2.435246	1.912059	2.152667

【 范例分析 】

更改 DataFrame 值的方法是使用新值为 DataFrame 重新赋值，可以通过切片方式，改变单个、多个元素的值。

（2）增加、删除 DataFrame 的行或列。

可以在数据帧中增加或删除列或行。要增加列或行，可以直接使用 DataFrame['column_name']=values 的形式。要删除列或行可以使用 drop() 方法，其格式为：

DataFrame.drop(labels=None, axis=0,
index=None, columns=None, level=None, inplace=False, errors='raise')

其中 labels 接收单个列名，或多个列名的列表，或列的索引。index 接收 1 或 0，分别表示列或行。

【 例 3-48 】增加和删除 DataFrame 的列、行。

In []:	# 新增 1 列
	xy123['sum_y'] = xy123['y1']+xy123['y2']+xy123['y3'] # 将 y1,y2,y3 的和作为新增的 1 列
	print('xy123 新增列后的前 5 行为：',\'\n\',xy123.head())

Out:	xy123 新增列后的前 5 行为：				
	x	y1	y2	y3	sum_y
	0 3.0	-1.121757	-1.121757	-1.121757	-3.365272
	1 3.0	-0.202755	0.023166	-0.119171	-0.298760
	2 3.0	-1.038976	-0.824946	-0.941873	-2.805795
	3 3.0	0.874961	0.839289	0.856974	2.571224
	4 3.0	2.435246	1.912059	2.152667	6.499972

在 drop() 方法中令 axis=1，删除列。

In []:	# 删除 1 列，axis=1 表示列，inplace=True 表示不创建新对象，直接对原始对象进行修改
	xy123.drop(labels ='sum_y',axis = 1,inplace = True)
	print(' 删除 sum_y 列后 xy123 的前 5 行为：',\'\n\',xy123.head())

Out:	删除 sum_y 列后 xy123 的前 5 行为：			
	x	y1	y2	y3
	0 3.0	-1.121757	-1.121757	-1.121757
	1 3.0	-0.202755	0.023166	-0.119171
	2 3.0	-1.038976	-0.824946	-0.941873
	3 3.0	0.874961	0.839289	0.856974
	4 3.0	2.435246	1.912059	2.152667

在 drop() 方法中令 axis=0, 删除行。

In []:	# 删除行，axis=0 表示行，inplace=True 表示不创建新对象，直接对原始对象进行修改
	print(' 删除 11~15 行前 xy123 的长度为：',len(xy123))
	xy123.drop(labels = range(11,16),axis = 0,inplace = True) #axis = 0 表示行
	print(' 删除 11~15 行后 xy123 的长度为：',len(xy123))
Out:	删除 11~15 行前 xy123 的长度为：30
	删除 11~15 行后 xy123 的长度为：25

【范例分析】

使用 DataFrame['column_name']=values 的形式，为 DataFrame 增加一个名称为 'column_name' 的列，该列的值为 values。drop() 方法用于删除 DataFrame 的行或列，需通过 labels 参数设置要删除的行索引或列名称。删除行需设置 axis 为 0，删除列需设置 axis 为 1。

3.6 综合实例——iris 数据集特征、特征间关系及分类别分析

利用本章所学知识，对机器学习库 scikit-learn 的 datasets 模块自带的 iris 鸢尾花数据集进行访问和分析，通过可视化观察特征、特征分布、特征间的关系。

iris 是 scikit-learn 的 datasets 模块自带数据集，它收集了 3 个品种，每个样本 4 个特征的鸢尾花数据，用于分类或聚类。要访问 iris 数据集，需先从 sklearn 导入 datasets 模块，然后使用 datasets.load_iris() 方法加载 iris 数据集。iris 数据集有 data、target、feature_names 等属性，分别保存了特征集、目标集、特征名称等信息，还保存了其他关于数据集的信息。可以打印加载后的 iris，观察其内容，了解数据集的详细信息。这里主要用到 data, target, feature_names 的相关内容。

【例 3-49】加载、查看、可视化 iris 数据集。

加载 sklearn 自带数据集 iris, 分别使用 Matplotlib、Seaborn 的方法可视化特征、特征分布、特征间关系、二维特征的联合分布。综合使用数组、DataFrame 对象的访问方法。

在进行机器学习模型训练之前，一般需要先观察数据集的信息，包括样本的数量、特征名称、特征数量、特征的分布、特征间的关系、特征间的联合分布，等等。本例中，需要先了解 iris 数据集的形状、特征名称及数量、类别、样本数量等基本信息，进而使用 Matplotlib 或 Seaborn 对数据集进行可视化，分析数据集的大致情况，为未来选择和训练机器学习模型提供参考依据。

本例将通过访问 iris 数据集的 data、target 形状，获知样本数量、特征数量等信息。通过访问 feature_names 属性，了解特征名称信息。

In []:	# 加载 scikit-learn 自带数据集 iris，分析特征及特征间关系
	import numpy as np # 导入 NumPy 模块
	import matplotlib.pyplot as plt # 导入 matplotlib.pyplot 模块
	import pandas as pd # 导入 Pandas 模块
	from sklearn import datasets # 导入机器学习模块 scikit-learn 的数据集模块 datasets
	iris = datasets.load_iris() # 加载 iris 数据集
	print('iris.data 的形状为：',iris.data.shape)
	print('iris.target 的形状为：',iris.target.shape)
	print('iris.data 的特征名称为：',iris.feature_names)

Out: iris.data 的形状为：(150, 4)

         iris.target 的形状为：(150,)

         iris.data 的特征名称为：['sepal length (cm)', 'sepal width (cm)'、'petal length (cm)'、'petal width (cm)']

通过上述对 iris 数据集的访问，可以知道 data 共有 150 个样本，每个样本有 4 个特征。feature_names 给出了 4 个特征的名称及单位。目标集 target 记录了每个样本的类别，共有 150 个样本。iris.data 和 iris.target 是数组。下面以子图的形式，使用 Matplotlib 绘制特征的散点图、点线图、柱状图、饼图、箱形图、直方图，观察各个特征的基本情况。

In []:
```python
# 使用 matplotlib.pyplot 绘制图形
# 以子图形式绘制特征的散点图、点线图、柱状图、饼图、箱形图、直方图
plt.rcParams['font.sans-serif'] = 'SimHei' # 设置字体为 SimHei 以显示中文
p = plt.figure(figsize=(12,10))
# 子图 1：iris 数据特征散点图
ax1 = p.add_subplot(3,2,1)
plt.scatter(iris.data[:,0],iris.data[:,1], marker='o') # 绘制散点图
plt.xlabel(iris.feature_names[0]) # 添加横轴标签
plt.ylabel(iris.feature_names[1]) # 添加 y 轴名称
plt.title('iris 数据集特征散点图 ') # 添加标题
# 子图 2：iris 特征集的点线图
ax1 = p.add_subplot(3,2,2)
plt.plot(iris.data[:,0],color ='r',linestyle ='--',marker ='o') # 绘制点线图
plt.plot(iris.data[:,1],color ='g',linestyle ='-',marker ='*')) # 绘制点线图
plt.plot(iris.data[:,2],color ='b',linestyle ='-',marker ='^')) # 绘制点线图
plt.plot(iris.data[:,3],color ='k',linestyle ='-',marker ='<')) # 绘制点线图
plt.legend([iris.feature_names[0],iris.feature_names[1],iris.feature_names[2],iris.feature_names[3]])
# 设置图例
plt.xlabel('index') # 添加横轴标签
plt.ylabel('feature values') # 添加纵轴名称
plt.title('iris 数据集特征点线图 ') # 添加标题
# 子图 3：iris 特征 0 的柱状图
ax1 = p.add_subplot(3,2,3)
plt.bar(range(len(iris.data[0:20,0])),iris.data[0:20,0],
        width = 0.5) # 绘制柱状图
plt.title('iris 特征 0 的柱状图 ') # 添加标题
#labels=[iris.feature_names[0]]
plt.xlabel(iris.feature_names[0]) # 添加横轴标签
plt.ylabel('feature values') # 添加纵轴名称
#plt.xticks(range(0),labels)
# 子图 4：iris 数据集各特征和的饼图
ax1 = p.add_subplot(3,2,4)
```

```
In []:    plt.pie([np.sum(iris.data[:,0]),np.sum(iris.data[:,1]),np.sum(iris.data[:,2]),np.sum(iris.data[:,3])],
              labels=iris.feature_names,autopct='%1.1f%%') # 绘制饼图
          plt.title('iris 数据集各特征和的饼图 ') # 添加标题
          # 子图 5：iris 数据集各特征的箱线图
          ax1 = p.add_subplot(3,2,5)
          plt.boxplot([iris.data[:,0],iris.data[:,1],
                  iris.data[:,2],iris.data[:,3]],
                  notch=True,labels =iris.feature_names,
                  meanline=True) # 绘制 iris 数据集 4 个特征的箱线图
          plt.title('iris 数据集各特征的箱线图 ') # 添加标题
          plt.xlabel(' 特征 ') # 添加横轴标签
          plt.ylabel(' 特征值 ') # 添加纵轴名称
          plt.xticks([1,2,3,4],iris.feature_names,rotation=15) #rotation=15 表示坐标刻度标签旋转 15 度
          # 子图 6：iris 特征直方图（概率）
          ax1 = p.add_subplot(3,2,6)
          plt.hist(iris.data[:,0],density=True,color='r')
          plt.hist(iris.data[:,1],density=True,color='g')
          plt.hist(iris.data[:,2],density=True,color='b')
          plt.hist(iris.data[:,3],density=True,color='k')
          plt.title('iris 特征直方图（概率）')
          plt.legend(iris.feature_names)
          plt.tight_layout() # 调整子图间距，避免重叠
          plt.show() # 显示图片
```

Out:

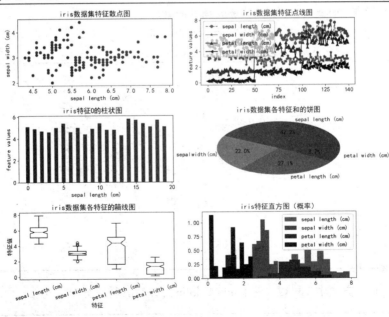

使用 Seaborn 对 iris 数据集可视化，进一步观察其特征分布、特征间的关系、特征间两两联合分布；将特征分类别可视化，观察每个类别的特征分布、特征间的关系、特征间两两联合分布。

In []:　# 使用 Seaborn 绘图，观察特征分布、特征间关系，且分类别可视化

import seaborn as sns

将 iris 的 data 和 target 合并

iris_data_target=np.hstack((iris.data,iris.target.reshape(-1,1)))

转化为 DataFrame 对象，并为特征指定名称

df_iris_data_target=pd.DataFrame(iris_data_target,

　　　　　　columns=['sepal length','sepal width',

　　　　　　'petal length','petal width',

　　　　　　'species'])

g = sns.catplot(data=df_iris_data_target)# 显示图片

Out:

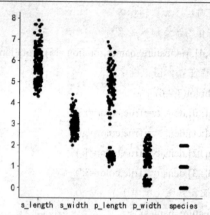

按照 species 分类别可视化特征 sepal length。

In []:　# 按 species 分类别可视化特征 sepal length

g = sns.catplot(x=" species ", y=" sepal length ",

　　　　hue=" species ", data=df_iris_data_target)

Out:

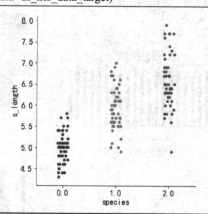

在 catplot() 方法中，可以设置 kind=" violin "，观察其特征分布情况。

In []:　# 对类别特征添加核密度估计　　　　　　　　　　　hue=" species ", kind=" violin ",

sns.catplot(x=" species ", y=" sepal width ",　　　　data=df_iris_data_target)

Out:

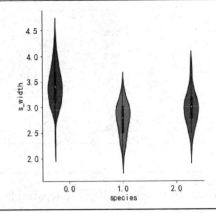

绘制 strip 图，按 species 分类别可视化特征 petal length。

In []:　# 按类别绘制特征的 strip 图
　　　　ax = sns.stripplot(x=" species ", y=" petal length ", data=df_iris_data_target,jitter=0.05)

Out:

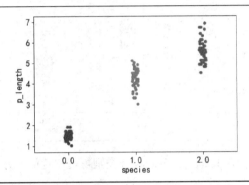

绘制 swarm 图，按 species 分类别可视化特征 petal width。

In []:　# 按类别绘制特征的 swarm 图
　　　　ax = sns.swarmplot(x=" species ", y=" petal width ",hue='species', data=df_iris_data_target)

Out:

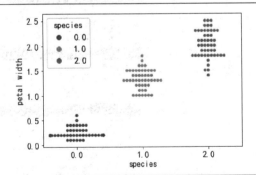

绘制小提琴图，按 species 分类别可视化特征 petal width。

In []:　# 按类别绘制各特征的小提琴图，并添加类别图例
　　　　ax = sns.violinplot(x=" species ", y=" petal width ", hue='species', data=df_iris_data_target)

Out:

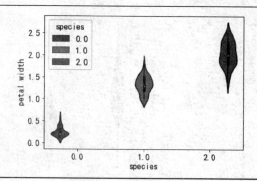

绘制分布箱形图，按 species 分类别可视化特征 sepal width。

In []:　# 分类别绘制特征的分布箱形图

ax = sns.boxenplot(x= " species " , y= " sepal width " , hue='species', data=df_iris_data_target)

Out:

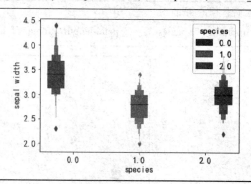

绘制水平样本数量统计图，按 species 分类别可视化特征，并统计各类别的样本数量。

In []:　# 绘制样本数量统计图，并添加类别图例

ax = sns.countplot(y= " species " ,hue='species',

　　　　data=df_iris_data_target,orient='h') #orient='h' 表示水平绘制

Out:

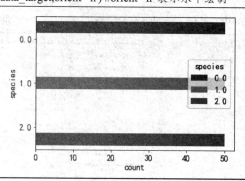

观察 iris 数据集特征 0 的分布情况。

In []:　# 绘制数组的分布

sns.distplot(iris.data[:,0])

plt.title(iris.feature_names[0]+' 的分布 ')

Out:

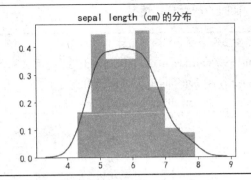

也可以对已生成的 DataFrame 对象进行切片，观察某个特征的分布情况。

In []:   # 绘制 DataFrame 对象切片的分布
          sns.distplot(df_iris_data_target.iloc[:,1])
          plt.title(iris.feature_names[1]+' 的分布 ')

Out:

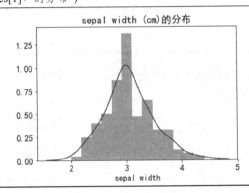

可以使用多种方式访问 DataFrame 对象的特征，如 iloc[] 方法、loc[] 方法、字典方式、属性方式，对 DataFrame 对象进行切片，绘制其特征分布。

In []:   # 使用多种方式访问 DataFrame 对象的特征、切片，绘制特征分布
          sns.distplot(df_iris_data_target.iloc[:,0],color=" r ")
          sns.distplot(df_iris_data_target.loc[:,'sepal width'],color=" g ")
          sns.distplot(df_iris_data_target.loc[:,'petal length'],color=" b ")
          sns.distplot(df_iris_data_target['petal width'],color=" k ")
          plt.legend(iris.feature_names)# 添加图例
          plt.title('iris 多个特征分布 ')

Out:

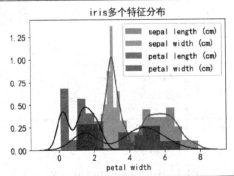

观察 iris 数据集特征间的联合分布情况。

In []: #绘制二维特征联合分布核密度估计

plt.rcParams['axes.unicode_minus']=False # 坐标轴显示负号

sns.jointplot(df_iris_data_target['petal length'],

df_iris_data_target['petal width'],kind= " kde ")

Out:

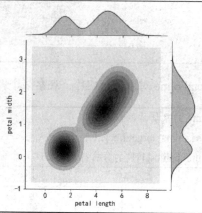

jointplot() 方法只能可视化两个特征间的联合分布情况。如果要观察任意两个特征间的关系，就可以使用 pairplot() 方法。

In []: # 将 iris.data 转化为 DataFrame 对象，绘制两两特征间的散点图

df_iris_data=pd.DataFrame(iris.data,columns=iris.feature_names)

sns.pairplot(df_iris_data)

Out:

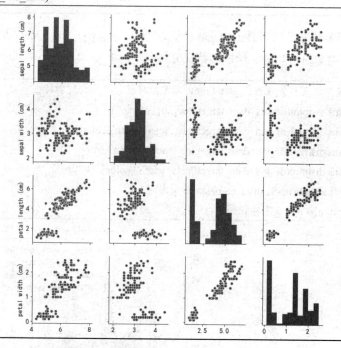

【范例分析】

iris 数据集是 sklearn 自带的，由 iris.data 和 iris.target 构成，分别代表数据集和目标集。iris 数

据集共有 150 个样本，每个样本有 4 个特征，共分为 3 个类别。iris 数据集是进行分类、聚类的常用数据集。在进入机器学习前，要先观察分析特征分布、特征间的相关性等，Matplotlib 和 Seaborn 提供了相应的可视化方法，包括可视化特征、特征分布、特征间关系、二维特征的联合分布。使用 Matplotlib 绘制特征的散点图、点线图、柱状图、饼图、箱形图、直方图，能够观察各个特征的基本情况。使用 Seaborn 对 iris 数据集可视化，可进一步观察特征分布、特征间的关系、特征间两两联合分布，将特征分类别可视化，观察每个类别的特征分布、特征间的关系、特征间两两联合分布。了解到这些信息后，对后续要进行的分类、聚类、降维等问题才能够做到心中有数。

3.7　本章小结

本章介绍了 NumPy 数组对象 ndarray、Matplotlib 可视化、Seaborn 统计数据可视化、访问数据文件、Pandas DataFrame 数据帧对象。

NumPy 数组对象 ndarray 可以创建任意值数组、等差数组、等比数组、随机数组等多种形式的数组。数组具有维度、形状、大小等属性。NumPy 提供了数组的形状改变方法，提供了数组的合并、拆分等方法。

Matplotlib.pyplot 模块提供了二维绘图功能。图的元素包括坐标轴、坐标轴刻度、坐标轴刻度标签、绘图区域、hold 属性、grid 网格线、坐标轴范围、图例等。可绘制的图形多种多样，本章重点介绍了散点图、折线图、柱状图、饼图、箱线图、直方图。

Seaborn 是基于 Matplotlib 开发的，封装了 Matplotlib 的一些功能，进一步简化了特殊数据图的绘制，便于绘制出漂亮的图，观察特征分布、二维特征联合分布、特征间的关系，以及按类别分组观察、分析。

NumPy 和 Pandas 都提供了访问数据文件的方法。其中 NumPy 可以访问扩展名为 .npy 或 .npz 的二进制文件。Pandas 的 DataFrame 对象则提供了访问文本文件、Excel 文件、数据库文件的方法。DataFrame 是 Pandas 最常用的一个对象，数据以行和列的表格方式排列。DataFrame 提供了多种属性和方法，用于查看数据的形状、值、类型、分布特征等信息，并执行修改数据、增加或删除行列、切片等操作。数据帧对象与数组之间可以相互转换。

3.8　习题

（1）使用 array() 方法创建一个一维数组 arr，观察其维数、大小、数据类型、形状等属性。

（2）使用 reshape() 方法，改变第（1）题中 arr 的形状为二维数组，观察其维数、大小、数据类型、形状等属性。

（3）在 1~100 之间创建一个有 30 个元素的等差数组。

（4）在 1~100 之间创建一个有 30 个元素的等比数组。

（5）创建一个 5 行 4 列标准正态分布的随机数组。

（6）索引第（5）题中数组的第 3 行 2~4 列的元素。

（7）创建一个任意形状的数组 arr1，令 arr2=2*arr1，计算两个数组的和、差、积、商。

（8）分别将第（7）题中的两个数组进行横向组合、纵向组合。

（9）在 0~10 之间产生 50 个均匀分布的数作为 x，令 y1=x, y2=sin(x),y3=x2。绘制 2 行 3 列的

子图，分别是 y1,y2,y3 的散点图、折线图；y1 的直方图；y1,y2,y3 的箱线图；y1,y2,y3 各自和的饼图。

（10）使用 DataFrame 将第（9）题的三个数组保存为一个 .csv 格式的文本文件，为每列添加列名称，读取该文件，并观察前 5 行的值。

（11）使用 loc 对第（10）题的 DataFrame 进行切片，访问其第 3 行、第 1 列、第 3~6 行、第 0~1 列、第 1 列的 3~6 行、第 5 行的第 1 列等元素。访问满足 y1<5 的所有数据。

（12）使用 iloc 方法实现第（11）题的切片。

（13）读取第（10）题的数据文件，使用 Seaborn 的 pairplot() 方法绘制特征间的两两关系图。

3.9 高手点拨

（1）ndarray.reshape() 方法并不改变数组 ndarray 的形状，而是创建了具有新形状的一个数组副本。如果要改变 ndarray 的形状，需要重新对 ndarray 赋值，即 ndarray=ndarray.reshape()。

（2）NumPy 提供了随机数组创建函数 numpy.random.random()、numpy.random.rand()、numpy.random.randn()、numpy.random.randint()，但是初学者一般较难记住哪些是创建均匀分布数组的函数，哪些是创建正态分布数组的函数。这里介绍个记忆技巧，由于单词末带"n"的是 normal distribution（正态分布）的首字母，因此以"n"结尾的就 randn() 是创建正态分布数组的函数。

（3）用户在创建自己的分类数据集时，常需要为样本指派类标签，其形状为 (-1, 1)。类标签可以是 0, 1, 2, … 此时可以使用 numpy.ones() 方法，生成单行或单列的全 1 数组。然后再分别让 0, 1, 2,…乘以该数组，即可得到需要的类标签数组。

（4）Seaborn 是基于 Matplotlib 的，因此，Matplotlib 的语法、语句也适用于 Seaborn 绘图。用户可以使用 Matplotlib 的方法，如设置字体、字号、显示负号、添加标题等。

（5）Seaborn 的许多方法只接收 DataFrame 对象，少数方法接收数组、列表。因此用户在使用时需要注意，如果只接收 DataFrame 对象，而用户的数据集是数组，就需要使用 pandas.DataFrame() 方法将其先转换为 DataFrame 对象，然后再使用 Seaborn 方法绘制图形。

（6）Seaborn 提供了绘制单特征分布、二维特征联合分布的概率密度函数估计结果的方法，但是没有返回概率密度函数的表达式。由于 Seaborn 是开源的，用户可自行下载这些方法的源代码，从中观察是否能够得到概率密度函数的表达式。

第 4 章

4

统计分析数学基础及
Python 实现

数据集蕴含的信息包括显式信息和隐式知识两种类型。对显式信息的获取一般通过对数据进行常规意义的统计分析，如求最大最小值、平均值、方差、中位数、排序等。显式特征的获取通过 NumPy 和 Pandas 提供的一些函数即可完成。隐式知识如规则、类别、模式、模型，使用一般的统计方法难以发现，需要运用机器学习和数据挖掘方法才能发现。本章将介绍 Python 关于显式统计特征的获取方法。

4.1 基本统计知识

在数据统计分析中，最常见的统计方法和指标包括排序、最大最小值、平均值、方差、标准差。这些指标都很常用，读者对它们也都比较熟悉，在此不再介绍。除了这些指标，还有几个指标也非常有用，包括中位数、众数、极差、协方差、相关性、协方差、相关系数、协方差矩阵等统计量。此外，在机器学习中，还涉及数据的标准化、归一化等问题。下面将对它们进行介绍。

4.1.1 ▶ 中位数、众数、极差

1. 中位数

平均数是很常用的一个统计量，它的优点是能够利用所有数据的特征，反映数据整体的变化趋势，而且比较好计算。但是平均数也有不足之处，正是因为它利用了所有样本的信息，所以容易受极端数据（非常大或非常小的数据）的影响。然而极端数据出现的频率非常低，并且会对平均数造成较大的影响，并不能准确反映数据的整体情况。这时，就可以采用中位数来避免极端数据的影响。

将一组数据按大小依次排列，把处在最中间位置的一个数（当数据的数量是奇数时），或最中间位置的两个数的平均数（当数据的数量是偶数时），作为这组数据的中位数。中位数的大小仅与数据的排列位置有关。因此偏大值和偏小值对中位数的影响非常小。当一组数据中的个别数据变动较大时，常用中位数来描述这组数据的集中趋势。类似地，还有 4 分位数（处于前 25% 和 75% 位置的数据）、任意分位数。

2. 众数

在一组数据中，有的数据出现的次数比较多，这个数据就能够比较典型地反映该组数据的集中趋势。把一组数据中出现次数最多的数据称为这组数据的众数。求一组数据的众数既不需要计算，也不需要排序，只要算出出现次数较多的数据的频率即可。因此，众数与概率有密切的关系。

需要指出的是，只有在数据分布偏态（不对称）的情况下，才会出现均值、中位数和众数的区别。如果偏态的情况特别严重，可以使用中位数。对于对称的数据，如数据符合或者近似符合正态分布，这时均值、中位数和众数基本相等。

3. 极差

当需要了解一组样本中数据的变化范围时，可以先统计出该组数据的最大值和最小值，再由最大值减最小值，得出的数据就称为极差。极差表示样本值变动的最大范围，有量纲。如果不同组数据的量纲不同，则不能使用极差进行比较。

4.1.2 ▶ 相关性、协方差、相关系数、协方差矩阵

1. 相关性

事物之间存在普遍联系，不同事物之间往往相互影响、相互制约、相互印证，这种相互关系称为相关关系，简称相关性。对于数据分析问题，需要评估一个因素与另一个因素之间相互影响或相互关联的关系，这种分析事物之间关联性的方法称为相关性分析。

客观事物之间的相关性大致可归纳为两大类：一类是函数关系，另一类是统计关系。函数关系是指两个变量的取值存在一个函数来描述。统计关系是指两事物之间非一一对应关系，即当变量 x 取一定值时，另一个变量 y 不唯一确定，但 y 按某种规律在一定的范围内发生变化。比如，子女身高与父母身高、车流量与时间的关系，是无法用一个函数关系唯一确定其取值的。但这些变量之间又确实存在一定的关系。大多数情况下，父母身高越高，子女的身高也就越高；上下班时间段，车流量较大。这种关系即统计关系。由于很多相关性不能用一个精确的函数来描述，因此人们更关心统计的相关性。描述两个变量是否有相关性，常见的方式有相关图、相关系数、统计显著性。

在求解回归问题时，应先分析各自变量与因变量之间有没有相关性，如果因变量与某个或某些自变量之间不存在相关性，就没有必要再对这些自变量进行回归分析。此时应将这些自变量剔除掉，而仅保留与因变量存在相关性的那些自变量，然后再通过回归分析进一步验证因变量与保留下来的自变量之间的准确关系。使用相关分析还有一个目的，即观察自变量之间的共线性程度如何，如果自变量间的相关性非常大，则表示存在共线性。

2. 协方差与相关系数

一种分析变量间相关性的有效方法是考察两个变量的变化方向，即它们是同方向变化还是反方向变化；同向或反向程度如何；变化方向是否存在明显的关联性。协方差正是考察变量间变化方向关联性的一个统计指标。对两个随机变量 X,Y，它们的协方差定义为式（4-1）：

$$\mathrm{Cov}(X,Y)=E[(X-E[X])(Y-E[Y])]$$
$$=E[XY]-2E[X]E[Y]+E[X]E[Y]$$
$$=E[XY]-E[X]E[Y] \tag{4-1}$$

式 (4-1) 中 $E[X]$ 和 $E[Y]$ 分别是 X,Y 的期望。由于样本是有限的，可以用平均值代替期望。

从协方差的定义可以看到，对 X,Y 两个变量，每个时刻的"X 值与其均值之差"乘以"Y 值与其均值之差"得到一个乘积，这个乘积序列构成一个数组，数组的均值即为随机变量 X,Y 的协方差。如果协方差为正值，说明数组中为正的元素的和大于为负的元素的和；如果协方差为负值，说明数组中为正的元素的和小于为负的元素的和。数组元素是 $(X-E[X])$ 与 $(Y-E[Y])$ 的乘积，乘积为正说明两者符号相同，即同为正数或负数；为负说明两者符号相反，即一个为正数，另一个为负数。符号相同表示与各自的均值相比，X,Y 同向变化，相反则表示反向变化。因此，协方差为正值，说明 X,Y 同向变化的总和要大于反向变化的总和；反之，协方差为负值，说明 X,Y 反向变化的总和要大于同向变化的总和。

如图 4-1 所示，图 (a) 中，数据系列 $y1$ 的均值为 0，$y2$ 的均值为 1，两个数据系列围绕各自均值的变化是同向的，即 $y1$ 正向远离 $y1$ 的均值，$y2$ 也正向远离 $y2$ 的均值；$y1$ 负向远离 $y1$ 的均值，$y2$ 也负向远离 $y2$ 的均值。$y1-E[y1]$ 与 $y2-E[y2])$ 同号，它们的乘积一定大于等于 0，则 $\text{Cov}(y1,y2)=E[(y1-E[y1])(y2-E[y2])]>0$。

图 (b) 中，数据系列 $y1$ 的均值为 0，$y3$ 的均值也为 0，两个数据系列围绕各自均值的变化是反向的。即 $y1$ 正向远离 $y1$ 的均值，$y3$ 负向远离 $y3$ 的均值；$y1$ 负向远离 $y1$ 的均值，$y3$ 正向远离 $y3$ 的均值。$y1-E[y1]$ 与 $y3-E[y3])$ 异号，它们的乘积一定小于等于 0，则 $\text{Cov}(y1,y3)=E[(y1-E[y1])(y3-E[y3])]<0$。

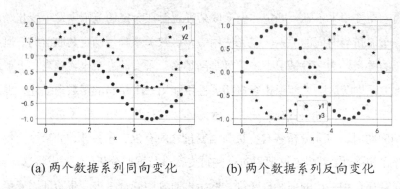

(a) 两个数据系列同向变化　　(b) 两个数据系列反向变化

图 4-1 数据系列变化示意图

因此，协方差反映了两个数据系列同向或反向变化的情况。从数值来看，协方差的绝对值越大，两个变量同向或反向变化的程度也就越大。如果协方差的值为 0，说明 X、Y 的变化方向不存在关联关系。

但是，协方差仅能进行定性分析，并不能进行定量分析，比如身高、体重之间的协方差为 20.5，它们之间的相关性具体是多少，协方差并没有给出定量的判断标准。而且，如果 X、Y 有量纲，那么协方差也是有量纲的。因此，为了消除量纲，能够相对统一地描述两个随机变量的相关性，人们引出了相关系数的概念。相关系数定义为式（4-2）：

$$\text{Corr}(X,Y) = \frac{\text{Cov}(X,Y)}{\sigma_X \sigma_Y} \tag{4-2}$$

式 (4-2) 中 σ_X,σ_Y 分别是 X,Y 的标准差。相关系数是介于 [-1, 1] 区间的数，于是有：

（1）当 $\text{Corr}(X,Y)=1$ 时，说明两个随机变量 X、Y 完全正相关，即满足 $Y=aX+b$，$a>0$；

（2）当 $\text{Corr}(X,Y)=-1$ 时，说明两个随机变量 X、Y 完全负相关，即满足 $Y=-aX+b$，$a>0$；

（3）当 $0<|\text{Corr}(X,Y)|<1$ 时，说明两个随机变量具有一定程度的线性关系。

说明：若 $\text{Corr}(X,Y)$ 为 0，表示 X 与 Y 不相关，这里的不相关是指 X 与 Y 没有线性关系，并不是没有关系。

在机器学习和数据挖掘中，如果在分析多个变量时发现其中有一定的相关性，可以将多个变量综合成少数几个相互无关的代表性变量来代替原来的变量，这就构成了数据降维、主成分分析的基本思想。

3. 协方差矩阵

在统计学与概率论中，常常使用协方差矩阵来考察不同随机变量之间的相关性。对 n 个随机变量 X_1，X_2，$\cdots$，X_n，计算任意两个随机变量 X_i，X_j 间的协方差 $Cov(X_i, Y_j)$，可得到一个 $n \times n$ 的矩阵，这个矩阵称为协方差矩阵，即式（4-3）：

$$C = (c_{ij})n \times n = \begin{bmatrix} c_{11} & c_{12} & \cdots & c_{1n} \\ c_{21} & c_{22} & \cdots & c_{2n} \\ \vdots & \vdots & \cdots & \vdots \\ c_{n1} & c_{n2} & \cdots & c_{nn} \end{bmatrix} \tag{4-3}$$

其中 c_{ij} 是随机变量 X_i、X_j 间的协方差。可以看出，协方差矩阵主对角线上的元素是每个随机变量与自身的协方差，其他位置的元素是不同随机变量之间的协方差。协方差矩阵非常方便地给出了 n 个随机变量中任意两个随机变量的相关关系。

4.1.3 ▶ 数据的分组聚合

在制作数据统计报表时，常常需要对数据按照字段的不同值进行分类汇总，如按照时间统计每天、每周、每月、每季度的生产或销售数据，按照店铺名称统计每个分店的销售数据，按照姓名统计每个销售员的销售额，按照产品名称统计各个产品的销售情况，等等。这实际上是对数据表的数据按照某个或多个字段的不同取值进行分组，然后再对各个组进行组内统计，这个过程叫作分组聚合。

分组聚合的基本原理如图 4-2 所示，将数据表的某个字段设置为分组键 key，按照分组键的不同取值，将分组键取值相同的记录划分到同一组，将分组键取值不同的记录划分为不同组，由此得到 A、B、C 三个组。分别在三个组内对各条记录的数据进行求和、求平均值等统计计算。

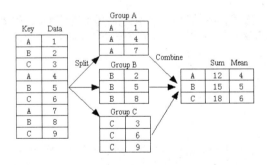

图 4-2 分组聚合示意图

如果对同一组内的记录还需要进行进一步细分，如除了统计每个销售员的销售额，还想了解每个销售员售卖产品的情况，则可以设置两个或更多分组键对数据表的记录进行分组，其过程如图 4-3 所示。设置一个主分组键 key1 和次分组键 key2，先按照 key1 的不同取值将数据表的记录分成若干组，然后按照 key2 的不同取值将组内的数据记录进一步分成若干子组，最后对各个子组进行组内聚合计算。

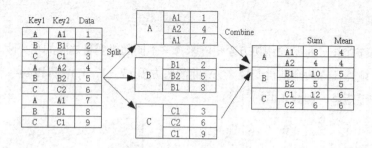

图 4-3 有 2 个分组键的分组聚合示意图

4.1.4 ▶ 数据透视表与交叉表

对数据表进行分组聚合后形成的统计报表称为数据透视表。透视表可以灵活方便地设置和更改分组键、统计函数，设置或更改完成后，统计结果随之立即更新。透视表既可以按照分组键对数据表内的所有数值型字段进行分组聚合统计，也可以仅对指定的字段进行分组聚合统计。

如果指定两个分组键和一个要进行分组聚合的数据字段，则其分组聚合结果表现为以一个分组键的不同取值（组）为行，另一个分组键的不同取值（组）为列，行列交叉处为数据字段的分组聚合结果的形式，图 4-3 的分组聚合（求和）结果如表 4-1 所示。

表 4-1 交叉表

	A1	A2	B1	B2	C1	C2
A	8	4	NaN	NaN	NaN	NaN
B	NaN	NaN	10	5	NaN	NaN
C	NaN	NaN	NaN	NaN	12	6

表中 NaN 表示空值，即不存在行、列交叉的分组，这是一种特殊的透视表，称为交叉表。

4.2 NumPy 统计分析

NumPy 提供了数组排序、数组元素去重的方法，以及求和、均值、方差、标准差、最大最小值等描述性统计计算函数。

1. 数组排序

NumPy 使用 numpy.sort() 函数和 numpy.ndarray.sort() 函数对数组进行排序，函数格式如下：

> numpy.sort(a, axis=-1, kind='quicksort', order=None)
>
> numpy.ndarray.sort(axis=-1, kind='quicksort', order=None)

其中 a 接收数组；axis 接收整数，可选，默认为 -1。

主要参数含义说明如表 4-2 所示。

表 4-2 numpy.sort() 函数和 numpy.ndarray.sort() 函数的主要参数含义

参数	a		接收数组，表示要排序的数组
	axis	含义	接收整数，默认为 -1，表示最后的轴，可选，1 表示沿横轴，0 表示沿纵轴
返回	numpy.sort()		返回排序后的数组
	numpy.ndarray.sort()		无

【例 4-1】 使用 sort() 函数对数组排序。

创建一维和二维数组，使用 numpy.ndarray.sort() 函数进行排序，并观察排序结果。

```
In []:    # 对数组元素进行排序
          import numpy as np  # 导入 NumPy 库
          np.set_printoptions(precision=2) # 设置精度，小数点后位数为 2
          arr = np.random.randn(10) # 生成 10 个标准正态分布的随机数
          print(' 创建的数组为：',arr)
          arr.sort()  # 直接排序
          print(' 排序后数组为：',arr)
```

```
Out:    创建的数组为： [-0.22 -1.51 0.69 2.44 -0.33 -0.52 1.83 -0.06 -0.75 0.1 ]
        排序后数组为： [-1.51 -0.75 -0.52 -0.33 -0.22 -0.06 0.1  0.69 1.83 2.44]
```

生成二维数组，使用 sort() 方法分别沿横轴和纵轴进行排序。

```
In []:    arr.sort(axis = 1)  # 沿横轴排序
          print('axis = 1 沿横轴排序后数组为：\n',arr)
          arr.sort(axis = 0)  # 沿纵轴排序
          print('axis = 0 沿纵轴排序后数组为：\n',arr)
```

```
Out:    创建的数组为：                         axis = 1 时沿横轴排序后数组为：
        [[-0.7  0.85 1.74 -1.08]           [[-1.08 -0.7  0.85 1.74]
        [-0.75 0.25 0.46 -1.05]            [-1.05 -0.75 0.25 0.46]
        [ 0.2  -1.03 -0.72 0.7 ]]          [-1.03 -0.72 0.2  0.7 ]]
        不指定 axis 时排序后数组为：           axis = 0 时沿纵轴排序后数组为：
        [[-1.08 -0.7  0.85 1.74]           [[-1.08 -0.75 0.2  0.46]
        [-1.05 -0.75 0.25 0.46]            [-1.05 -0.72 0.25 0.7 ]
        [-1.03 -0.72 0.2  0.7 ]]           [-1.03 -0.7  0.85 1.74]]
```

【范例分析】

sort() 实现对 NumPy 数组的排序，axis 参数接收整数，可选，默认为 -1，表示沿多维数组最后的轴排序。数组的维度（轴）是有索引号的，从 0 开始连续编号。对于二维数组，axis = 0 时表示沿纵轴排序，axis =1 时表示沿横轴排序。

2. 数组元素去重

如果数组有重复元素，则需要去除多个重复的元素，每个元素在数组中只能保留一次。例如在一个销售记录表中，每个销售员都有很多条销售记录，则销售员字段就有许多重复值。如果只是想知道有多少个销售员，就需要对销售员字段进行去重。NumPy 提供了去重函数 numpy.unique()，格式如下：

numpy.unique(ar, return_index=False, return_inverse=False, return_counts=False, axis=None)

其中 ar 接收要去重的数组。对数组去重后，数组元素将去掉重复值，并从小到大排列。

【例4-2】数组元素去重。

产生具有重复值的数组，对数组进行去重操作，并观察去重结果。

```
In []:   # 数组元素去重
         arr = np.random.randint(1,10,size = 12)  # 生成随机数
         print(' 创建的数组为：',arr)
         print(' 去重后的数组为：',np.unique(arr))  # 去重并排序
         arr=arr.reshape(3,4)
         print(' 改变形状后的数组为：\n',arr)
         print(' 改变形状后的数组去重后为：',np.unique(arr))
```

```
Out:     创建的数组为：[9 2 1 5 3 7 3 4 1 3 3 4]
         创建的数组为：[9 2 1 5 3 7 3 4 1 3 3 4]
         去重后的数组为：[1 2 3 4 5 7 9]
         改变形状后的数组为：
         [[9 2 1 5]
         [3 7 3 4]
         [1 3 3 4]]
         改变形状后的数组去重后为：[1 2 3 4 5 7 9]
```

【范例分析】

unique() 方法能自动统计数组的重复元素，去重并排序返回去重结果。去重后产生一个副本，但不会改变原数组的值。若要改变原数组，需用去重结果对原数组赋值。对二维数组的去重将返回展平的去重结果。

3. 描述性统计

在进行数据统计时，经常需要进行求和、均值、方差、标准差、最大最小值等计算，这是对数据的描述性统计。NumPy 提供了相应的计算函数，函数功能、名称和格式如下。

和：ndarray.sum(axis=None, dtype=None, out=None, keepdims=False)。

均值：ndarray.mean(axis=None, dtype=None, out=None, keepdims=False)。

标准差：ndarray.std(axis=None, dtype=None, out=None, ddof=0, keepdims=False)。

方差：ndarray.var(axis=None, dtype=None, out=None, ddof=0, keepdims=False)。

最小值：ndarray.min(axis=None, out=None, keepdims=False)。

最大值：ndarray.max(axis=None, out=None, keepdims=False)。

累计和：ndarray.cumsum(axis=None, dtype=None, out=None)。

累计积：ndarray.cumprod(axis=None, dtype=None, out=None)。

中位数：numpy.median(a, axis=None, out=None, overwrite_input=False, keepdims=False)。

极差：numpy.pad(array, pad_width, mode, **kwargs)。

协方差：numpy.cov(m, y=None, rowvar=True, bias=False, ddof=None,fweights=None, aweights=None)。

各函数中 axis 表示计算的范围，默认为 None，表示对全部元素进行计算。axis=1 时表示沿横轴，axis=0 时表示沿纵轴。

其中 ndarray.cumsum()、ndarray.cumprod() 函数返回的结果为累计和、累计积，即索引号为 n 的元素为原数组中前 n 个元素的和或积。

numpy.median() 返回数组的中位数，它将数组元素自动从小到大排序，当数组元素数量为奇数时，返回位于中间位置的元素；当数组元素数量为偶数时，返回中间两个元素的平均值。

极差是数组中最大元素与最小元素的差值，表示数组元素变动的最大范围。

【例 4-3】 数组的统计计算。

使用 randn() 函数产生随机数组，对数组进行各种统计计算，并观察计算结果。

```
In []:    # 数组的统计计算
          arr = np.random.randn(12).reshape(3,4) # 生成 3 行 4 列的随机数
          print(' 创建的数组为：\n',arr)
          print(' 数组的和为：',np.sum(arr)) # 计算数组的和
          print(' 数组横轴的和为：',arr.sum(axis = 1)) # 沿着横轴计算求和
          print(' 数组纵轴的和为：',arr.sum(axis = 0)) # 沿着纵轴计算求和
```

```
Out:   创建的数组为：                        数组的和为： -5.992607028436327
       [[-1.47 0.01 0.84 -0.74]            数组横轴的和为： [-1.37 -2.83 -1.79]
       [-1.49 -0.74 -0.44 -0.16]           数组纵轴的和为： [-4.8 -3.06 0.99 0.87]
       [-1.83 -2.33 0.59 1.78]]
```

输出观察 arr 沿横轴、纵轴的均值。

```
In []:    print(' 数组的均值为：',np.mean(arr)) # 计算数组均值
          print(' 数组横轴的均值为：',arr.mean(axis = 1)) # 沿着横轴计算数组均值
          print(' 数组纵轴的均值为：',arr.mean(axis = 0)) # 沿着纵轴计算数组均值
```

```
Out:   数组的均值为： -0.49938391903636054
       数组横轴的均值为： [-0.34 -0.71 -0.45]
       数组纵轴的均值为： [-1.6 -1.02 0.33 0.29]
```

输出观察数组 arr 的标准差、方差。

```
In []:    print(' 数组的标准差为：',np.std(arr)) # 计算数组标准差
          print(' 数组的方差为：',np.var(arr)) # 计算数组方差
```

```
Out:   数组的标准差为： 1.144153634867737
       数组的方差为： 1.3090875401810547
```

输出观察数组的最小值、最大值及其索引。

In []:	print(' 数组的最小值为：',np.min(arr)) # 计算数组最小值
	print(' 数组的最大值为：',np.max(arr)) # 计算数组最大值
	print(' 数组的最小元素位置为：[',np.argmin(arr),']') # 返回数组最小元素的索引
	print(' 数组的最大元素位置为：[',np.argmax(arr),']') # 返回数组最大元素的索引
Out:	数组的最小值为：-2.33022952269118
	数组的最大值为：1.77579107721917125
	数组的最小元素位置为：[9]
	数组的最大元素位置为：[11]

输出观察数组 arr 的累计和、累计积。

In []:	print(' 数组元素的累计和为：',np.cumsum(arr)) # 计算所有元素的累计和
	print(' 数组元素的累计积为：',np.cumprod(arr)) # 计算所有元素的累计积
Out:	数组元素的累计和为：
	[−1.47 −1.46 −0.63 −1.37 −2.86 −3.6 −4.04 −4.2 −6.03 −8.36 −7.77 −5.99]
	数组元素的累计积为：
	[−1.47e+00 −1.48e−02 −1.24e−02 9.21e−03 −1.37e−02 1.01e−02 −4.47e−03
	7.10e−04 −1.30e−03 3.03e−03 1.79e−03 3.18e−03]

使用 linspace() 方法生成数组，输出观察其中位数。

In []:	arr = np.linspace(1,10,10) # 生成数组
	print(' 创建的数组为：',arr)
	print(' 创建的数组的中位数为：',np.median(arr))
	print(' 数组前 9 个元素的中位数为：',np.median(arr[0:9]))
Out:	创建的数组为：[1. 2. 3. 4. 5. 6. 7. 8. 9. 10.]
	创建的数组的中位数为：5.5
	数组前 9 个元素的中位数为：5.0

【范例分析】

在描述性统计方法中，需注意统计的数据轴向，axis=0 时表示沿纵轴（列），axis=1 时表示沿横轴（行）。argmin()、argmax() 分别返回数组最小值、最大值的索引，即元素所在位置，而不是元素值本身。median() 方法对偶数个元素的数组，将返回排序在中间的两个元素的平均值；对奇数个元素的数组，将返回排序在中间的那个元素的值。

4.3 Pandas 统计分析

与 NumPy 类似，Pandas 也提供了常用的描述性统计方法。但是 Pandas 的统计功能更为强大，除了常见的描述性统计方法，还可以对数组或 DataFrame 对象进行数据分箱和频数统计。Pandas 能够将 DataFrame 对象分组并实现聚合计算，提供多种方法对 GroupBy object（分组对象）或

DataFrame 对象进行分组聚合计算，还可以直接对 DataFrame 对象操作，创建透视表和交叉表。

4.3.1 ▶ Pandas DataFrame 描述性统计

Pandas 提供了多个单统计量计算方法，也提供了计算多个统计量的描述性统计方法。

1. 单统计量计算方法

除了少数方法由 series 对象调用，Pandas 中的大部分描述性统计方法都由 DataFrame 对象调用，这些方法如下。

最小值：DataFrame.min(axis=None, skipna=None, level=None, numeric_only=None, **kwargs)。

最大值：DataFrame.max(axis=None, skipna=None, level=None, numeric_only=None, **kwargs)。

平均值：DataFrame.mean(axis=None, skipna=None, level=None, numeric_only=None, **kwargs)。

极差：Series.ptp(axis=None, skipna=None, level=None, numeric_only=None, **kwargs)。

方差：DataFrame.var(axis=None, skipna=None, level=None, ddof=1, numeric_only=None, **kwargs)。

标准差：DataFrame.std(axis=None, skipna=None, level=None, ddof=1, numeric_only=None, **kwargs)。

协方差：DataFrame.cov(min_periods=None)。

相关系数：DataFrame.corr(method='pearson', min_periods=1)。

标准误差：Series.sem(axis=None, skipna=None, level=None, ddof=1, numeric_only=None, **kwargs)。

众数：DataFrame.mode(axis=0, numeric_only=False)。

样本偏度：DataFrame.skew(axis=None, skipna=None, level=None, numeric_only=None, **kwargs)。

样本峰度：Series.kurt(axis=None, skipna=None, level=None, numeric_only=None, **kwargs)。

中位数：DataFrame.median(axis=None, skipna=None, level=None, numeric_only=None, **kwargs)。

分位数：DataFrame.quantile(q=0.5, axis=0, numeric_only=True, interpolation='linear')。

非空值数量：DataFrame.count(axis=0, level=None, numeric_only=False)。

平均绝对离差：DataFrame.mad(axis=None, skipna=None, level=None)。

【例 4-4】使用 Pandas 对汽车销售数据进行描述性统计。

加载汽车销售数据表，使用 Pandas 查看数值型特征的描述性统计。

```
In []:   # 查看汽车销售数据表数值型特征的描述性统计
         import pandas as pd
         import numpy as np
         # 读取汽车销售数据表 vehicle_sales.csv
         path='D:\\PythonStudy\\data\\'
         vs = pd.read_table(path+'vehicle_sales.csv',
                     sep =',',encoding ='gbk')
         #vs.to_csv(path+'vehicle_sales1.csv',sep =',',index=False,encoding ='gbk') # 保存数据表
         print(' 汽车销售数据表的形状为：',vs.shape)
         print(' 汽车销售数据表的列名为：',vs.columns)
         print(' 汽车销售数据表的前 5 行为：\n',vs.head())
```

Out: 汽车销售数据表的形状为：(309, 7)

汽车销售数据表的列名为： Index(['date','salesman_name','vehicle_type','counts','price',
'discount','amounts'], dtype='object')

汽车销售数据表的前 5 行为：

```
date salesman_name vehicle_type counts price discount amounts
0 2018-9-1      赵静        车型 1    1   13    0.0    13.0
1 2018-9-1      韦小宝      车型 3    1   18    0.0    18.0
2 2018-9-1      李世民      车型 1    1   13    0.0    13.0
3 2018-9-1      张三丰      车型 4    1   20    0.0    20.0
4 2018-9-1      程咬金      车型 1    1   13    0.0    13.0
```

查看汽车销售额的各项统计数据。

In []: # 查看汽车销售额的各项统计数据
print(' 汽车销售额的最小值为：',vs['amounts'].min())
print(' 汽车销售额的最大值为：',vs['amounts'].max())
print(' 汽车销售额的均值为：',vs['amounts'].mean())
print(' 汽车销售额的极差为：',vs['amounts'].ptp())
print(' 汽车销售额的方差为：',vs['amounts'].var())
print(' 汽车销售额的标准差为：',vs['amounts'].std())

Out: 汽车销售额的最小值为：12.85

汽车销售额的最大值为：24.0

汽车销售额的均值为：17.364012944983866

汽车销售额的极差为：11.15

汽车销售额的方差为：11.355624753078628

汽车销售额的标准差为：3.369810788913619

查看汽车销售表的协方差矩阵。

In []: # 默认返回全部数值型特征间的协方差矩阵
print(' 汽车销售数据表的协方差为：\n',vs.cov())
# 数值型特征与自己的协方差
print(' 汽车销售额与销售额的协方差为：',vs.amounts.cov(vs.amounts))
# 指定两个数值型特征间的协方差
print(' 汽车销售额与价格的协方差为：',vs['amounts'].cov(vs['price']))

Out: 汽车销售数据表的协方差为：

	counts	price	discount	amounts
price	0.0	11.428634	0.040978	11.387657
discount	0.0	0.040978	0.008946	0.032032
amounts	0.0	11.387657	0.032032	11.355625

汽车销售额与销售额的协方差为：11.355624753078635

汽车销售额与价格的协方差为：11.387656663724629

查看汽车销售表的特征间相关系数矩阵。

In []:	# 默认返回全部数值型特征间的相关系数矩阵
	print(' 汽车销售数据表的相关系数为：\n',vs.corr())
	# 默认返回全部数值型特征间的相关系数矩阵
	print(' 汽车销售数据表的相关系数为：\n',vs.corr())
	# 数值型特征与自己的相关系数
	print(' 汽车销售额与销售额的相关系数为：',vs.amounts.corr(vs.amounts))
	# 指定两个数值型特征间的相关系数
	print(' 汽车销售额与价格的相关系数为：',vs['amounts'].corr(vs['price']))

Out:	汽车销售数据表的相关系数为：

	counts	price	discount	amounts
counts	NaN	NaN	NaN	NaN
price	NaN	1.000000	0.128156	0.999612
discount	NaN	0.128156	1.000000	0.100500
amounts	NaN	0.999612	0.100500	1.000000

汽车销售额与销售额的相关系数为： 1.0
汽车销售额与价格的相关系数为： 0.9996124970761624

查看汽车销售表中销售额的标准误差、众数、样本偏度、样本峰度等统计量。

In []:	print(' 汽车销售额的标准误差为：',vs['amounts'].sem()) print(' 汽车销售额的众数为：\n',vs['amounts'].mode()) print(' 汽车销售额的样本偏度为：',vs['amounts'].skew()) print(' 汽车销售额的样本峰度为：',vs['amounts'].kurt())
Out:	汽车销售额的标准误差为： 0.19170183794152149 汽车销售额的众数为： 0 15.0 dtype: float64 汽车销售额的样本偏度为： 0.3184721859770848 汽车销售额的样本峰度为： -1.0735455341764857

查看汽车销售表中销售额的中位数、指定分位数、非空值数等统计量。

In []:	print(' 汽车销售额的中位数为：',vs['amounts'].median())
	# 设置任意分位数
	print(' 汽车销售额的四分位数为：',vs['amounts'].quantile(q=0.25)) #q=0.25 表示四分位数
	print(' 汽车销售额的非空值数为：',vs['amounts'].count())
	print(' 汽车销售额的平均绝对离差为：',vs['amounts'].mad())

Out:	汽车销售额的中位数为： 17.8 汽车销售额的四分位数为： 14.85 汽车销售额的非空值数为： 309 汽车销售额的平均绝对离差为： 2.886432274483917

【范例分析】

DataFrame.min() 返回 DataFrame 的最小值；DataFrame.max() 返回 DataFrame 的最大值；DataFrame.mean() 返回 DataFrame 的平均值；Series.ptp() 返回 Series 的极差；DataFrame.var() 返回 DataFrame 的方差；DataFrame.std() 返回 DataFrame 的标准差；DataFrame.cov() 返回 DataFrame 的协方差；DataFrame.corr() 返回 DataFrame 的相关系数；Series.sem() 返回 Series 的标准误差；DataFrame.mode() 返回 DataFrame 的众数；DataFrame.skew() 返回 DataFrame 的样本偏度；Series.kurt() 返回 Series 的样本峰度；DataFrame.median() 返回 DataFrame 的中位数；DataFrame.quantile() 返回 DataFrame 的分位数，默认返回半分位数，可根据需要更改；DataFrame.count() 返回 DataFrame 的非空值元素数量；DataFrame.mad() 返回 DataFrame 的平均绝对离差。调用这些方法的 DataFrame 对象可以是整个 DataFrame，也可以是 DataFrame 的某个特征（列）。当对整个 DataFrame 进行统计时，可由 axis 参数设置统计方向，默认按列统计，axis=0 表示按列统计，axis=1 表示按行统计。

2. 返回多个统计量的方法 DataFrame.describe()

除了上述求单个统计量的方法，Pandas DataFrame 还提供了一个能够返回多个统计量的方法 DataFrame.describe()，称为描述性统计，其格式如下：

```
DataFrame.describe(percentiles=None, include=None, exclude=None)
```

DataFrame.describe() 方法返回 DataFrame 全部或指定数值型字段的和、均值、标准差、最小值、最大值、25% 分位数、50% 分位数和 75% 分位数。

【例 4-5】用 describe() 方法进行描述性统计。

使用 DataFrame.describe() 对汽车销售数据表的数值型数据进行描述性统计。

| In []: | # 使用 DataFrame.describe() 对全部数值型数据进行描述性统计 |
| | print(' 汽车销售数据表的描述性统计为： \n',vs.describe()) |

Out:	汽车销售数据表的描述性统计为：			
		counts	price	discount	amounts
count	309.0	309.000000	309.000000	309.000000
mean	1.0	17.436893	0.072880	17.364013
std	0.0	3.380626	0.094583	3.369811
min	1.0	13.000000	0.000000	12.850000
25%	1.0	15.000000	0.000000	14.850000
50%	1.0	18.000000	0.000000	17.800000
75%	1.0	20.000000	0.150000	20.000000
max	1.0	24.000000	0.400000	24.000000

下面将对指定数值型数据字段 'price' 和 'amounts' 进行描述性统计。

In []:	# 对指定数值型数据进行描述性统计
	print(' 汽车价格、销售额的描述性统计为：\n',vs[['price','amounts']].describe())

Out:	汽车价格、销售额的描述性统计为：

	price	amounts
count	309.000000	309.000000
mean	17.436893	17.364013
std	3.380626	3.369811
min	13.000000	12.850000
25%	15.000000	14.850000
50%	18.000000	17.800000
75%	20.000000	20.000000
max	24.000000	24.000000

【范例分析】

DataFrame.describe() 方法返回 DataFrame 全部或指定数值型字段的和、均值、标准差、最小值、最大值、25% 分位数、50% 分位数和 75% 分位数。如果指定多个字段，需使用双重括号将字段名称括起来。字段名称之间用英文逗号分隔，即 DataFrame[['column1','column2', …]].describe() 的形式。

DataFrame.describe() 函数也可以对 DataFrame 的 category 类型（非数值型）进行描述性统计，返回 count、unique、top、freq 的值，分别代表记录的数量、类的数量、记录数量最多的类、记录数量最多的类的记录数量。要使用 DataFrame.describe() 函数查看非数值型字段，需要先使用 Pandas 提供的 DataFrame.astype() 函数，将非数值型字段转换为 category 类型。DataFrame.astype() 函数的格式如下：

```
DataFrame.astype(dtype, copy=True, errors='raise', **kwargs)
```

若令 dtype='category', 它将 DataFrame 强制转换为 category 类型。

【例 4-6】转换非数值型字段为 category 类型并进行描述性统计。

使用 DataFrame.astype() 函数将汽车销售数据表的非数值型字段转换为 category 类型，并使用 DataFrame.describe() 对其进行描述性统计。

In []:	# 使用 DataFrame.describe() 对 category 类型进行描述性统计
	# 先将类别转换为 category 类型
	vs['vehicle_type']=vs['vehicle_type'].astype('category')
	vs['salesman_name']=vs['salesman_name'].astype('category')
	print(' 汽车销售数据表车型、销售员的描述性统计为：\n', vs[['vehicle_type','salesman_name']].describe())

Out:	汽车销售数据表车型、销售员的描述性统计为：

	vehicle_type	salesman_name
count	309	309
unique	6	11
top	车型 2	西施
freq	82	48

【范例分析】

DataFrame.describe() 函数对 DataFrame 的非数值型字段进行描述性统计，返回 count、unique、top、freq 的值，分别代表记录的数量、类的数量、记录数量最多的类、记录数量最多的类的记录数量。使用 DataFrame.describe() 函数统计非数值型字段，需先使用 DataFrame.astype() 方法将非数值型字段转换为 category 类型。

4.3.2 ▶ Pandas DataFrame 数据离散化

在进行数据分析时，需要先了解数据的分布特征，如某个值出现的频次、不同的取值区间样本出现的多少，等等，以对数据的分布特征进行初步的了解。

1. 统计等值样本出现的频数

要统计相同值样本出现的频数，Pandas 提供了 pandas.series.value_counts() 方法。其格式如下：

```
Series.value_counts(normalize=False, sort=True, ascending=False, bins=None, dropna=True)
```

pandas.series.value_counts() 方法将 series 中的相同值看作一个类别，分别返回各个类别的记录数量，即频次，并根据 sort 的值决定是否按频次排序。

【例 4-7】使用 value_counts() 方法进行频数统计。

对汽车销售数据表分别按照车型、销售员进行记录数量的频数统计。

汽车销售数据表中，同一车型可能被销售多辆，同一销售员也可能销售多辆汽车。因此某个车型在数据库中会出现多次，某个销售员在数据库中也会出现多次。因此，汽车销售数据表中的车型、销售员字段具有等值样本，可使用 value_counts() 方法按值进行分类别统计。

In []:	# 按特征值进行频数统计
	print(' 汽车销售数据表的销售车型频数统计为：\n',vs['vehicle_type'].value_counts())

Out:	汽车销售数据表的销售车型频数统计为：	
	车型2 82	车型5 46
	车型3 75	车型4 33
	车型1 56	车型6 17
		Name: vehicle_type, dtype: int64

输出观察汽车销售数据表中销售员的频数统计。

In []:	print(' 汽车销售数据表中销售员的频数统计为：\n',vs['salesman_name'].value_counts())

Out:	汽车销售数据表的销售员频数统计为：	
	西施 48	张三丰 28
	黄蓉 41	李世民 22
	王语嫣 39	程咬金 21
	韦小宝 35	张飞 8
	紫霞 33	王五 2
	赵静 32	Name: salesman_name, dtype: int64

【范例分析】

pandas.series.value_counts() 方法将 series 中的相同值看作一个类别，将不同值看作不同类别，有多少个不同取值就有多少个类别，返回各个类别的记录数量，即频次。根据 sort 的值决定是否按频次对结果排序，默认对结果排序。

2. 数据系列的等宽法离散

在分析数据时，经常需要观察数据的分布情况，对其特征进行大致的判断。一种常用的做法是将变量的值域分割成若干个宽度相等、相互连接的区间，统计落在每个区间的样本数量，即频数。这需要做两步工作：第一，分割变量值域；第二，统计每个区间落入的样本数量。

Pandas 提供了 pandas.cut() 方法进行区间分割，其格式如下：

> pandas.cut(x, bins, right=True, labels=None, retbins=False, precision=3,
> include_lowest=False, duplicates='raise')

其中，x 接收要分割的一维数组；bins 接收正整数，表示要分割为的区间数量。

使用 pandas.cut() 方法和 pandas.series.value_counts() 方法能够将数据从最小值到最大值的值域分割为等宽的若干个区间，并统计各个区间的样本数量。这种方法称为样本等宽法离散化，简称等宽法。

【例4-8】等宽法离散数据。

对汽车销售数据表的销售额进行等宽法离散化，可视化离散结果。

```
In []:  #等宽法离散化数据系列，各区间宽度大致相同，求各区间的频数
        k=5 #离散化为等宽的 k 个区间
        #返回 k 个区间，相当于 k 个类，以 bins 作为分割点
        amounts=pd.cut(vs['amounts'],k)
        print(' 销售额分割成 ',k,' 个等宽区间的分割点是：\n',bins)
```

```
Out:   销售额分割成 5 个等宽区间的分割点是：
       [12.83885 15.08   17.31   19.54   21.77   24.   ]
```

使用 value_counts() 方法统计各个区间记录的频数。

```
In []:  #统计各个区间记录的频数，默认按照频数降序排列
        print(' 汽车销售额等宽离散化为 5 个区间后，每个区间及其频数为：\n',amounts.value_counts())
        #sort 参数默认为 True，则按频数对区间降序排列
```

```
Out:   汽车销售额等宽离散化为 5 个区间后，每
       个区间及其频数为：              (21.77, 24.0]     59
       (12.839, 15.08]   138         (19.54, 21.77]    37
       (17.31, 19.54]    75          (15.08, 17.31]     0
                                     Name: amounts, dtype: int64
```

可视化等宽法离散化频数的统计结果。

In []:　# 可视化，按照频数降序排列

a_frequency=amounts.value_counts() # 返回 amounts 每个区间的频数

labels=a_frequency.index[0:k] # 将区间作为标签

import matplotlib.pyplot as plt

plt.rcParams['font.sans-serif'] = 'SimHei' # 设置字体为 SimHei 以显示中文

plt.rc('font', size=14) # 设置图中字号大小

plt.figure(figsize=(6,4)) # 设置画布

plt.bar(range(k),a_frequency) # 绘制柱状图

plt.title(' 销售额等宽法频数统计图 ') # 添加标题

plt.xlabel(' 销售额 ') # 添加横轴标签

plt.ylabel(' 频数 ') # 添加纵轴名称

plt.xticks(range(k),labels,rotation=20) # 横轴刻度与标签对准，标签旋转 20 度

plt.show() # 显示图片

Out:

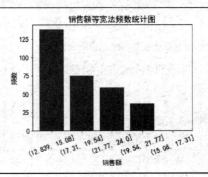

上面的 value_counts() 方法中，sort 参数使用了默认值 True, 则频数统计结果按照从大到小的降序排列，此时横轴的区间不是连续的。如果想按照取值区间从小到大排列统计结果，可将 sort 参数设置为 False。

In []:　# 可视化，按照区间从小到大排列

#sort 参数为 False, 不按频数对区间排序，各个区间从左至右首尾连接

a_frequency=amounts.value_counts(sort=False)

labels=a_frequency.index[0:k] # 将区间作为标签

plt.figure(figsize=(6,4)) # 设置画布

plt.bar(range(k),a_frequency) # 绘制柱状图

plt.title(' 销售额等宽法频数统计图 ') # 添加标题

plt.xlabel(' 销售额 ') # 添加横轴标签

plt.ylabel(' 频数 ') # 添加纵轴名称

plt.xticks(range(k),labels,rotation=20) # 横轴刻度与标签对准，标签旋转 20 度

plt.show() # 显示图片

Out:

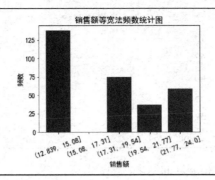

销售额等宽法频数统计图

【范例分析】

pandas.cut() 方法将数据系列 x 分割为 bins 个相等宽度的区间，返回各个区间的分割点，每个区间可视为一个类别。对分割结果使用 value_counts() 方法，返回每个区间的样本数量。如果设置 sort 参数为 True, 则频数统计结果按照从大到小的降序排列；如果设置 sort 参数为 False，则按照分割的区间从小到大排列统计结果。

3. 数据系列的等频法离散

对于不是均匀分布的数据，需要按照大致相同的样本频次观察其分布的不同区间，这种方法称为等频法离散化数据，简称为等频法。一种常用的做法是将样本从小到大进行排列，按照样本位置将数据划分为位置间隔相等的区间，样本位置反映了样本的数量，位置间隔相同意味着样本出现的频数相同。获得每个区间的第一个元素和最后一个元素的值，两者的差值即为与该位置区间对应的元素取值区间。使用 Pandas 的 DataFrame.quantile() 方法能够获得 DataFrame 的任意分位数，据此可以得到等频的样本值域分割点。

【例 4-9】使用 quantile() 方法求等频区间分割点。

先使用 DataFrame.quantile() 方法，建立等频法离散化汽车销售数据表的销售额数据，使各区间样本频数大致相同，再求区间分割点。

```
In []:  # 等频法离散化数据，各区间频数大致相同，求区间分割点。
        # 自定义等频法离散化函数
        def same_frequency_cut(data,k):
        # 产生 k 个分位数位置
        #arange() 产生从起始值到终止值（不含终止值），指定步长的等差数列
            w=data.quantile(np.arange(0,1+1.0/k,1.0/k)) # 返回 0,0.2,0.4,0.6,0.8,1.0 分位数组
            data=pd.cut(data,w) # 按照分位数组所指定的各分位位置离散化 data
            return data
        a_frequency= same_frequency_cut(vs['amounts'],5).value_counts() # 返回各个区间的样本频数
        print(' 汽车销售额等频法离散化后各个类别数目分布状况为：','\n',a_frequency)
```

Out:	汽车销售额等频法离散化后各个类别数目分布状况为：

(14.82, 15.0]　　73

(17.9, 21.7]　　63

(21.7, 24.0]　　60

(12.85, 14.82]　55

(15.0, 17.9]　　48

Name: amounts, dtype: int64

可视化等频法离散化值域区间结果。

In []:	# 可视化，按照区间从小到大排列

```
a_frequency=same_frequency_cut(vs['amounts'],5).value_counts(sort=False) # 不对区间按频数排序
labels=a_frequency.index[0:k] # 将区间作为标签
plt.figure(figsize=(6,4)) # 设置画布
plt.bar(range(k),a_frequency) # 绘制柱状图
plt.title(' 销售额等频法频数统计图 ') # 添加标题
plt.xlabel(' 销售额 ') # 添加横轴标签
plt.ylabel(' 频数 ') # 添加纵轴名称
plt.xticks(range(k),labels,rotation=20) # 横轴刻度与标签对准，标签旋转 20 度
plt.show() # 显示图片
```

Out:

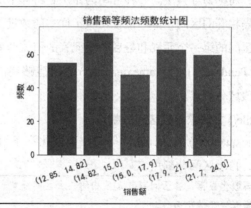

【范例分析】

等频法离散数据系列的基本思路是，设置相等间隔的分位数，使用 quantile() 方法获得具有相同样本数量的区间分割点。使用 cut() 方法按照获得的分割点将数据系列进行分割，然后使用 value_counts() 对每个区间的样本频数进行统计。数据系列离散化的结果是，每个区间的样本数量大致相等，但区间的宽度并不相同。这是由于分割的区间是由样本数量而不是样本取值决定的。

4.3.3 ▶ 使用 GroupBy 拆分数据并进行描述性统计

在数据统计中，经常需要对数据进行分类汇总。例如在汽车销售数据表中，统计每个销售员的销售额，或者统计每个车型的销售额，等等。这就需要先将汽车销售数据表按照销售员或者车型进

行分组，然后对每个组别分别进行统计，这个过程称为数据的分组聚合。

Pandas 提供了 DataFrame.groupby() 方法，按照指定的分组键（即特征、字段），将具有相同键值的 DataFrame 记录划分到同一组，将具有不同键值的 DataFrame 记录划分到不同组，并对各组进行统计计算，其格式如下：

```
DataFrame.groupby(by=None, axis=0, level=None, as_index=True, sort=True, group_
keys=True, squeeze=False, observed=False, **kwargs)
```

其中 by 接收分组键。

DataFrame.groupby() 返回一个称为 GroupBy object 的对象。分组后的结果不能直接查看，而是保存在内存中。如果使用 print() 命令打印分组结果，将显示分组结果在内存中保存的地址。GroupBy object 的描述性统计方法如下。

GroupBy object.count()：返回每组记录数量，包括缺失值。

GroupBy object.max()：返回组内最大值。

GroupBy object.min()：返回组内最小值。

GroupBy object.sum()：返回每组的和。

GroupBy object.mean()：返回每组的均值。

GroupBy object.std()：返回每组的标准差。

GroupBy object.median()：返回每组的中位数。

GroupBy object.size()：返回每组的大小。

【例 4-10】用 groupby() 方法进行描述性统计。

使用 groupby() 方法对汽车销售数据表进行分组聚合，并观察各个描述性统计。

In []:
```
# 对汽车销售数据表进行分组聚合，并观察各个描述性统计
vs['date']=pd.to_datetime(vs['date']) # 将 'date' 转换成日期型
# 按照日期进行分组
vsGroup = vs.groupby(by='vehicle_type')
# 各个特征使用相同的函数统计计算
print(' 汽车销售数据表按日期分组后，前 5 组每组的数量为：\n',
    vsGroup.count().head())
```

Out: 汽车销售数据表按日期分组后，前 5 组每组的数量为：

vehicle_type	date	salesman_name	counts	price	discount	amounts
车型 1	56	56	56	56	56	56
车型 2	82	82	82	82	82	82
车型 3	75	75	75	75	75	75
车型 4	33	33	33	33	33	33
车型 5	46	46	46	46	46	46

观察汽车销售数据表按日期分组后，前 5 组每组的最大值。

In []:	print(' 汽车销售数据表按日期分组后，前 5 组每组的最大值为：\n',
	vsGroup.max().head())

Out:　　汽车销售数据表按日期分组后，前 5 组每组的最大值为：

	date	salesman_name	counts	price	discount	amounts
vehicle_type						
车型 1	2018-09-30	黄蓉	1	13	0.15	13.0
车型 2	2018-09-30	黄蓉	1	15	0.18	15.0
车型 3	2018-09-30	黄蓉	1	18	0.25	18.0
车型 4	2018-09-30	黄蓉	1	20	0.25	20.0
车型 5	2018-09-30	黄蓉	1	22	0.30	22.0

观察汽车销售数据表按日期分组后，前 5 组每组的最小值。

In []:	print(' 汽车销售数据表按日期分组后，前 5 组每组的最小值为：\n',
	vsGroup.min().head())

Out:　　汽车销售数据表按日期分组后，前 5 组每组的最小值为：

	date	salesman_name	counts	price	discount	amounts
vehicle_type						
车型 1	2018-09-01	张三丰	1	13	0.0	12.85
车型 2	2018-09-01	张三丰	1	15	0.0	14.82
车型 3	2018-09-01	张三丰	1	18	0.0	17.75
车型 4	2018-09-01	张三丰	1	20	0.0	19.75
车型 5	2018-09-01	张三丰	1	22	0.0	21.70

观察汽车销售数据表按日期分组后，前 5 组每组的和。

In []:	print(' 汽车销售数据表按日期分组后，前 5 组每组的和为：\n',
	vsGroup.sum().head())

Out:　　汽车销售数据表按日期分组后，前 5 组每组的和为：

	counts	price	discount	amounts
vehicle_type				
车型 1	56	728	2.10	725.90
车型 2	82	1230	5.62	1224.38
车型 3	75	1350	8.20	1341.80
车型 4	33	660	1.95	658.05
车型 5	46	1012	2.25	1009.75

观察汽车销售数据表按日期分组后，前 5 组每组的平均值。

In []:	print(' 汽车销售数据表按日期分组后，前 5 组每组的均值为：\n',
	vsGroup.mean().head())

Out: 汽车销售数据表按日期分组后，前 5 组每组的均值为：

	counts	price	discount	amounts
vehicle_type				
车型 1	1	13	0.037500	12.962500
车型 2	1	15	0.068537	14.931463
车型 3	1	18	0.109333	17.890667
车型 4	1	20	0.059091	19.940909
车型 5	1	22	0.048913	21.951087

观察汽车销售数据表按日期分组后，前 5 组每组的标准差。

In []: print(' 汽车销售数据表按日期分组后，前 5 组每组的标准差为：\n',
vsGroup.std().head())

Out: 汽车销售数据表按日期分组后，前 5 组每组的标准差为：

	counts	price	discount	amounts
vehicle_type				
车型 1	0.0	0.0	0.061237	0.061237
车型 2	0.0	0.0	0.072557	0.072557
车型 3	0.0	0.0	0.096805	0.096805
车型 4	0.0	0.0	0.092242	0.092242
车型 5	0.0	0.0	0.095736	0.095736

观察汽车销售数据表按日期分组后，前 5 组每组的中位数。

In []: print(' 汽车销售数据表按日期分组后，前 5 组每组的中位数为：\n',
vsGroup.median().head())

Out: 汽车销售数据表按日期分组后，前 5 组每组的中位数为：

	counts	price	discount	amounts
vehicle_type				
车型 1	1	13	0.00	13.00
车型 2	1	15	0.05	14.95
车型 3	1	18	0.10	17.90
车型 4	1	20	0.00	20.00
车型 5	1	22	0.00	22.00

观察汽车销售数据表按日期分组后，前 5 组每组的大小，即记录数量。

In []: print(' 汽车销售数据表按日期分组后，前 5 组每组的大小为：\n',
vsGroup.size().head())

Out: 汽车销售数据表按日期分组后，前 5 组每组的大小为：
vehicle_type
车型 1   56
车型 2   82

Out:	车型 3	75
	车型 4	33
	车型 5	46
	dtype: int64	

【范例分析】

DataFrame.groupby() 方法使用 by 参数接收分组键（即特征、字段），将具有相同键值的 DataFrame 记录划分到同一组，将具有不同键值的 DataFrame 记录划分到不同组，返回一个 GroupBy 对象。GroupBy 对象的统计方法有：count() 返回每组记录数量，包括缺失值；max() 返回每组最大值；min() 返回每组最小值；sum() 返回每组的和；mean() 返回每组的均值；std() 返回每组的标准差；median() 返回每组的中位数；size() 返回每组的大小。

【例 4-11】使用 groupby() 方法进行聚合计算。

使用 DataFrame.groupby() 方法分别按照日期、销售员、价格、车型对汽车销售数据表进行分组，并进行聚合计算。

```
In []:   # 对汽车销售数据表进行分组聚合
         vs['date']=pd.to_datetime(vs['date'])# 将 'date' 转换成日期型
         # 按照日期进行分组
         vsGroup = vs[['date', 'salesman_name', 'vehicle_type',
                 'counts', 'price','discount','amounts'
                 ]].groupby(by = 'date')
         print(' 汽车销售数据表按日期分组后，前 5 组每组的和为：\n',
                 vsGroup.sum().head())# 各个特征使用相同的函数进行统计计算
```

Out: 汽车销售数据表按日期分组后，前 5 组每组的和为：

date	counts	price	discount	amounts
2018-09-01	9	149	0.0	149.0
2018-09-02	10	177	0.0	177.0
2018-09-03	15	256	0.0	256.0
2018-09-04	24	443	0.0	443.0
2018-09-05	12	198	0.0	198.0

按照销售员 'salesman_name' 对汽车销售数据表进行分组。

```
In []:   # 按照销售员进行分组
         vsGroup = vs[['salesman_name', 'vehicle_type',
                 'counts', 'price','discount','amounts'
                 ]].groupby(by = 'salesman_name')
         print(' 汽车销售数据表按销售员分组后，前 5 组每组的和为：\n',
                 vsGroup.sum().head())# 各个特征使用相同的函数进行统计计算
```

Out: 汽车销售数据表按销售员分组后，前 5 组每组的和为：

	counts	price	discount	amounts
salesman_name				
张三丰	28	491	2.23	488.77
张飞	8	130	0.88	129.12
李世民	22	361	1.73	359.27
王五	2	30	0.00	30.00
王语嫣	39	677	3.81	673.19

按照价格 'price' 对汽车销售数据表进行分组。

In []: # 按照价格进行分组
vsGroup = vs[['salesman_name', 'vehicle_type',
   'counts', 'price','discount','amounts'
    ]].groupby(by = 'price')
print(' 汽车销售数据表按售价分组后，前 5 组每组的和为：\n',
   vsGroup.sum().head())# 各个特征使用相同的函数进行统计计算

Out: 汽车销售数据表按售价分组后，前 5 组每组的和为：

	counts	discount	amounts
price			
13	56	2.10	725.90
15	82	5.62	1224.38
18	75	8.20	1341.80
20	33	1.95	658.05
22	46	2.25	1009.75

按照车型 'vehicle_type' 对汽车销售数据表进行分组。

In []: # 按照车型进行分组
vsGroup = vs[['salesman_name', 'vehicle_type',
# 按照车型进行分组
vsGroup = vs[['salesman_name', 'vehicle_type',
   'counts', 'price','discount','amounts'
    ]].groupby(by = 'vehicle_type')
print(' 汽车销售数据表按车型分组后，前 5 组每组的和为：\n',
   vsGroup.sum().head())# 各个特征使用相同的函数进行统计计算

Out: 汽车销售数据表按车型分组后，前 5 组每组的和为：

	counts	price	discount	amounts
vehicle_type				
车型 1	56	728	2.10	725.90
车型 2	82	1230	5.62	1224.38

Out:	车型 3	75	1350	8.20	1341.80
	车型 4	33	660	1.95	658.05
	车型 5	46	1012	2.25	1009.75

【范例分析】

本例展示了将不同字段作为分组键的分组聚合计算结果。需要说明的是，如果指定日期作为分组键，需先使用 to_datetime() 方法将数据表中的日期字段转换成日期类型。可以指定要进行聚合运算的字段，指定的方法为，单个字段用 GroupBy object['column_name']；多个字段用 GroupBy object[['column_name1','column_name2', …]]。即单个字段使用 1 个中括号将字段名称括起来，多个字段使用双重中括号将多个字段名称括起来，不同字段名称用逗号分开。

【例 4-12】可视化 groupby() 聚合结果。

对汽车销售数据表按车型分组，并将统计结果可视化。

```
In []:    # 按车型分组，将统计结果可视化
          vsGroup = vs[['vehicle_type','amounts'
                  ]].groupby(by = 'vehicle_type')
          print(' 按车型分组后每组的销售额为：',vsGroup.size().values)# 获取每组的值
          print(' 按车型分组后每组的名称为：\n',vsGroup.size().index)# 获取每组的名称
```

```
Out:     按车型分组后每组的销售额为： [56 82 75 33 46 17]
         按车型分组后每组的名称为：
          CategoricalIndex([' 车型 1',' 车型 2',' 车型 3',' 车型 4',' 车型 5',' 车型 6'
         按车型分组后每组的销售额为： [56 82 75 33 46 17]
         按车型分组后每组的名称为：
          CategoricalIndex([' 车型 1',' 车型 2',' 车型 3',' 车型 4',' 车型 5',' 车型 6'], categories=[' 车型 1',' 
         车型 2',' 车型 3',' 车型 4',' 车型 5',' 车型 6'],ordered=False, name='vehicle_type', dtype='category')
```

绘制按车型分组的销售额柱状图。

```
In []:    # 绘制按车型分组的销售额柱状图
          import matplotlib.pyplot as plt
          plt.figure(figsize=(6,4))# 设置画布
          plt.rcParams['font.sans-serif'] = 'SimHei'# 设置字体为 SimHei 以显示中文
          plt.rc('font', size=14)# 设置图中字号大小
          plt.bar(range(vsGroup.sum().size),vsGroup.sum().values.ravel(),
                  width = 0.5)# 绘制柱状图
          plt.title(' 按车型统计销售额柱状图 ')# 添加标题
          labels=vsGroup.size().index# 获得分组标签
          plt.xlabel(' 车型 ')# 添加横轴标签
          plt.ylabel(' 销售额（万元）')# 添加纵轴标签
          plt.xticks(range(vsGroup.sum().size),labels)# 横轴刻度与标签对准
          #plt.savefig(path+'bar1.jpg')# 保存图片
          plt.show() # 显示图片
```

Out:

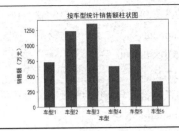

【范例分析】

groupby() 分组聚合结果的 size 属性（vsGroup.sum().size）返回组的数量；values 属性返回各组的聚合计算结果（vsGroup.sum().values）。分组对象 size() 结果的 index 属性（vsGroup.size().index）返回组名称，即分组键的全部不同值。据此可以获得每个组的名称、聚合运算结果，从而对聚合结果可视化。

4.3.4 ▶ 使用 agg 方法聚合数据

DataFrame.groupby() 方法将 DataFrame 进行分组，返回一个 GroupBy object 分组对象，然后使用描述性统计方法对各组进行聚合统计。除了可以对分组对象进行聚合计算，Pandas 还提供了直接对 DataFrame 进行聚合计算的 DataFrame.agg() 方法，使用该方法既能够对数据表的字段进行灵活的统计计算，也可以对分组对象进行聚合计算。

1. 使用 agg() 方法对 DataFrame 进行聚合计算

DataFrame.agg() 方法的格式如下：

```
DataFrame.agg(func, axis=0, *args, **kwargs)
```

func 接收函数、字符串、字典，或函数与字符串的列表。

agg() 方法能够对 DataFrame 对象和分组对象进行统计计算，可以使用系统自带的统计函数，也可以使用用户自定义的统计函数。对不同特征，可以使用相同的统计函数，也可以使用不同的统计函数。

【例 4-13】在 agg() 函数中使用不同的函数统计计算。

使用 agg() 方法，对汽车销售数据表的不同特征，使用不同的统计函数进行统计计算。

```
In []:   # 不同特征使用不同的统计函数
         #func 使用函数列表
         print(' 汽车销售数据表的汽车销量与售价的和及均值为：\n',
             vs[['counts','amounts']].agg([np.sum,np.mean]))
         #func 使用字典
         print(' 汽车销售数据表的汽车销量总和与售价的均值为：\n',
             vs.agg({'counts':np.sum,'amounts':np.mean}))
         #func 使用字典、函数列表
         print(' 汽车销售数据表的汽车销量总和与售价的总和及均值为：\n',
             vs.agg({'counts':np.sum,'amounts':[np.mean,np.sum]}))
```

Out:	汽车销售数据表的汽车销量与售价的和及均值为：	
	counts	amounts
sum	309.0	5365.480000
mean	1.0	17.364013

汽车销售数据表的汽车销量与售价的和及均值为：

	counts	amounts
sum	309.0	5365.480000
mean	1.0	17.364013

汽车销售数据表的汽车销量总和与售价的均值为：

```
counts      309.000000
amounts      17.364013
dtype: float64
```

汽车销售数据表的汽车销量总和与售价的总和及均值为：

	counts	amounts
mean	NaN	17.364013
sum	309.0	5365.480000

【范例分析】

DataFrame[['column1','column2']].agg([np.sum,np.mean]) 以函数列表形式，对 DataFrame 的指定特征使用 agg() 方法分别进行聚合计算。DataFrame.agg({'column1':np.sum,'column2':np.mean}) 以字典形式，对 DataFrame 的指定特征使用 agg() 方法分别进行聚合计算。DataFrame.agg({'column1':np.sum,'column2':[np.mean,np.sum]}) 以字典和函数列表的形式对 DataFrame 的指定特征进行聚合运算。

DataFrame.agg() 方法不仅能够进行 NumPy 函数的统计计算，也可以使用用户自定义的函数进行统计计算。

【例4-14】在 agg() 函数中使用自定义统计函数。

在 DataFrame.agg() 中使用自定义统计函数，并统计汽车销售数据表的数据。

In []:	# 使用自定义统计函数
	# 自定义函数求价格的 95 折
	def Discount(price):
	s = price*0.95
	return s
	print(' 汽车销售表的价格打 95 折后，前 5 行数据为：','\n',
	vs.agg({'price':Discount}).head())
Out:	汽车销售表的价格打 95 折后，前 5 行数据为：
	price
	0 12.35
	1 17.10
	2 12.35
	3 19.00
	4 12.35

【范例分析】

用户自定义函数可用于 agg() 方法的聚合计算。要求用户预先定义函数，在 agg() 方法中的用法与 NumPy 函数相同。

2. 使用 agg() 方法对分组对象进行聚合计算

对 DataFrame.groupby() 返回的分组对象，同样可以使用 DataFrame.agg() 方法进行分组聚合。

【例 4-15】使用 agg() 方法进行简单的聚合计算。

使用 agg() 方法对汽车销售数据表的分组对象进行简单的聚合计算。

In []:	# 使用 agg() 方法进行简单的聚合 print(' 汽车销售表分组后，前 5 组每组的均值为：\n', 　　　vsGroup.agg(np.mean).head())

Out: 汽车销售表分组后，前 5 组每组的均值为：

vehicle_type	counts	price	discount	amounts
车型 1	1	13	0.037500	12.962500
车型 2	1	15	0.068537	14.931463
车型 3	1	18	0.109333	17.890667
车型 4	1	20	0.059091	19.940909
车型 5	1	22	0.048913	21.951087

观察汽车销售表分组后，前 5 组每组的标准差。

In []:	print(' 汽车销售表分组后，前 5 组每组的标准差为：\n', 　　　vsGroup.agg(np.std).head())

Out: 汽车销售表分组后，前 5 组每组的标准差为：

vehicle_type	amounts
车型 1	0.061237
车型 2	0.072557
车型 3	0.096805
车型 4	0.092242
车型 5	0.095736

【范例分析】

分组对象使用 agg() 方法进行聚合计算的形式为 GroupBy object.agg(np.std)。

【例 4-16】使用 agg() 方法对分组对象的多个特征进行不同的统计。

In []:	# 使用 agg() 方法对分组对象的多个特征进行不同的统计
	vsGroup = vs[['counts','vehicle_type','amounts'
	　　　]].groupby(by = 'vehicle_type')
	print(' 汽车销售表分组后，前 5 组每组的销售总数和售价均值为：\n',

In []:	vsGroup.agg({'counts':np.sum,
	'amounts':np.mean}).head())
Out:	汽车销售表分组后，前 5 组每组的销售总数和售价均值为：

vehicle_type	counts	amounts
车型 1	56	12.962500
车型 2	82	14.931463
车型 3	75	17.890667
车型 4	33	19.940909
车型 5	46	21.951087

【范例分析】

agg() 使用了字典方式进行分组聚合计算，其形式为 GroupBy object.agg({'column1': np.sum,'column2':np.mean})，即以列表形式为每个特征指定计算函数。

4.3.5 ▶ 使用 apply 方法聚合数据

如果只是对 DataFrame 对象或分组对象进行统一的统计计算，也可以使用 Pandas 提供的 DataFrame.apply() 方法，其格式为：

DataFrame.apply(func, axis=0, broadcast=None, raw=False, reduce=None, result_type=None, args=(), **kwds)

其中 func 接收用于统计计算的函数。

【例 4-17】使用 **apply()** 方法对 **DataFrame** 进行聚合计算。

使用 apply() 方法对汽车销售数据表的 'counts' 和 'price' 字段进行聚合计算。

In []:	# 使用 apply() 方法聚合数据
	print(' 汽车销售表的销量与售价的均值为： \n',
	vs[['counts','price']].apply(np.mean))
Out:	汽车销售表的销量与售价的均值为：
	counts 1.000000
	price 17.436893
	dtype: float64

【范例分析】

apply() 方法对 DataFrame 进行聚合计算的形式为 DataFrame[['column1','column2']].apply(np.mean))，指定的特征将使用同一个函数进行聚合计算。

apply() 方法也可以对分组对象进行聚合计算。

【例 4-18】使用 **apply()** 方法对分组象进行聚合计算。

使用 apply() 方法对汽车销售数据表的分组对象聚合数据。

In []:	# 使用 apply() 方法对分组对象聚合数据
	print(' 汽车销售表分组后，前 5 组每组的均值为：',,'\n',
	vsGroup.apply(np.mean).head())

Out:	汽车销售表分组后，前 5 组每组的均值为：

	counts	amounts
vehicle_type		
车型 1	1.0	12.962500
车型 2	1.0	14.931463
车型 3	1.0	17.890667
车型 4	1.0	19.940909
车型 5	1.0	21.951087

观察汽车销售表分组后，前 5 组每组的标准差。

In []:	print(' 汽车销售表分组后，前 5 组每组的标准差为：',,'\n',
	vsGroup.apply(np.std).head())

Out:	汽车销售表分组后，前 5 组每组的标准差为：

	counts	amounts
vehicle_type		
车型 1	0.0	0.060688
车型 2	0.0	0.072113
车型 3	0.0	0.096157
车型 4	0.0	0.090833
车型 5	0.0	0.094690

【范例分析】

apply() 方法对分组对象进行聚合计算的形式为 GroupBy object.apply(np.std)，各个组将按照同一个函数进行聚合计算。

4.3.6 ▶ 使用 transform 方法聚合数据

除了前面介绍的 agg() 方法和 apply() 方法，Pandas 还提供了 transform() 方法对 DataFrame 对象和分组对象的指定列进行统计计算，该计算可以使用用户自定义函数，其格式为：

> DataFrame.transform(func,*args,**kwargs)

其中 func 接收用于统计计算的函数，其形式一般为 lambda x: f(x)，其中 x 为 DataFrame 或分组对象 GroupBy object 列的泛指。

【例 4-19】使用 transform() 方法对 DataFrame 聚合数据。

In []:	# 使用 transform() 方法对 DataFrame 聚合数据
	print(' 汽车销售表售价的 95 折为：\n',
	vs[['price']].transform(
	lambda x:x*0.96).head(5))

Out:	汽车销售表售价的 95 折为：

	price
0	12.48
1	17.28
2	12.48
3	19.20
4	12.48

【范例分析】

transform() 方法对 DataFrame 聚合数据的形式为 DataFrame[['column1']].transform(lambda x: f(x))，其中 x=DataFrame[['column1']]，f(x) 为用户自定义聚合计算函数。

【例 4-20】使用 transform() 方法对分组对象聚合数据。

使用 transform() 方法对汽车销售数据表分组对象聚合数据，实现离差标准化和 Z-score 标准化。

In []:	# 使用 transform() 方法对分组对象聚合数据
	print(' 汽车销售表分组后，实现组内离差标准化的前 5 行为：\n',
	vsGroup.transform(lambda x:(x-x.min())/(x.max()-x.min())).head())

Out:	汽车销售表分组后，实现组内离差标准化的前 5 行为：

	counts	amounts
0	NaN	1.0
1	NaN	1.0
2	NaN	1.0
3	NaN	1.0
4	NaN	1.0

对汽车销售表分组后进行组内 Z-score 标准化。

In []:	#Z-score 标准化，即缩放均值为 0，标准差为 1
	print(' 汽车销售表分组后，实现组内 Z-score 标准化的前 5 行为：\n',
	vsGroup.transform(lambda x: (x - x.mean()) / x.std()).head())

Out:	汽车销售表分组后，实现组内 Z-score 标准化的前 5 行为：

	counts	amounts
0	NaN	0.612372
1	NaN	1.129420
2	NaN	0.612372
3	NaN	0.640610
4	NaN	0.612372

【范例分析】

transform() 方法对分组对象 GroupBy object 聚合数据的形式为 GroupBy object.transform(lambda x: f(x))，其中 x 为分组对象的数值型特征，f(x) 为用户自定义聚合计算函数。

4.3.7 ▶ 使用 pivot_table 创建透视表

Pandas 提供了直接对 DataFrame 对象进行分组聚合的方法 pandas.pivot_table() 和 DataFrame.pivot_table()，使用这两种方法能对 DataFrame 对象指定分组键和聚合函数，实现分组聚合计算，其格式如下：

```
pandas.pivot_table(data, values=None, index=None, columns=None, aggfunc='mean',
fill_value=None, margins=False, dropna=True, margins_name='All')
DataFrame.pivot_table(values=None, index=None, columns=None, aggfunc='mean', fill_
value=None, margins=False, dropna=True, margins_name='All')
```

其中 data 接收 DataFrame；index 接收分组键字符串；columns 接收列分组键字符串；aggfunc 接收聚合函数，默认为 mean。

【例 4-21】使用 pivot_table() 方法的默认函数创建透视表。

使用 pandas.pivot_table() 方法，以 salesman_name 为分组键，创建汽车销售数据表的透视表。

In []: # 创建透视表
        # 以 salesman_name 为分组键，创建汽车销售数据表的透视表
        vsPivot = pd.pivot_table(vs[['salesman_name','vehicle_type',
                        'counts','amounts','discount']],
            index = 'salesman_name')# 默认使用 numpy.mean
        # 获取组名
        print(' 汽车销售数据表按销售员分组聚合后的组名为：\n',vsPivot.index)
        # 获取组的数量
        print(' 汽车销售数据表按销售员分组聚合后的组数量为：',vsPivot.index.size)

Out: 汽车销售数据表按销售员分组聚合后的组名为：
       Index([' 张三丰 ',' 张飞 ',' 李世民 ',' 王五 ',' 王语嫣 ',' 程咬金 ',' 紫霞 ',' 西施 ',' 赵静 ',' 韦小宝 ',
       ' 黄蓉 '], dtype='object', name='salesman_name')
       汽车销售数据表按销售员分组聚合后的组数量为： 11

获取和观察分组聚合后的各组值。

In []: # 获取分组聚合后的各组值
        print(' 汽车销售数据表按销售员分组聚合后的各组平均值为：\n',vsPivot.values)

Out: 汽车销售数据表按销售员分组聚合后的各组平均值为：
       [[17.45607143   1.   0.07964286]
       [16.14   1.   0.11   ]
       [16.33045455   1.   0.07863636]
       [15.   1.   0.   ]
       [17.26128205   1.   0.09769231]
       [17.38333333   1.   0.09285714]
       [17.19242424   1.   0.05   ]

Out:	[17.22645833	1.	0.08604167]	
	[18.431875	1.	0.068125]	
	[17.52257143	1.	0.04885714]	
	[17.62804878	1.	0.05487805]	

获取和观察分组聚合后，各组指定列的值。

In []:	#获取分组聚合后，各组指定列的值
	print(' 汽车销售数据表按销售员分组聚合后的销售额平均值为：\n',vsPivot['amounts'])

Out:	汽车销售数据表按销售员分组聚合后的销售额平均值为： salesman_name 张三丰　　17.456071 张飞　　　16.140000 李世民　　16.330455 王五　　　15.000000 王语嫣　　17.261282 程咬金　　17.383333 紫霞　　　17.192424 西施　　　17.226458 赵静　　　18.431875 韦小宝　　17.522571 黄蓉　　　17.628049 Name: amounts, dtype: float64

创建汽车销售数据透视表。

In []:	#获取汽车销售数据透视表 print(' 以 salesman_name 作为分组键创建的汽车销售数据透视表为：\n', vsPivot.head())

Out:	以 salesman_name 作为分组键创建的汽车销售数据透视表为：

	amounts	counts	discount
salesman_name			
张三丰	17.456071	1	0.079643
张飞	16.140000	1	0.110000
李世民	16.330455	1	0.078636
王五	15.000000	1	0.000000
王语嫣	17.261282	1	0.097692

【范例分析】

pandas.pivot_table() 方法对 DataFrame 分组聚合的形式为：

```
pandas.pivot_table(DataFrame[['column1','column2']], index = 'column3')
```

其中 index 参数指定分组键，默认使用 numpy.mean() 函数进行分组聚合计算。

还可以通过 aggfunc 参数指定其他聚合计算函数。

【例 4-22】在 pivot_table() 方法中使用其他函数创建透视表。

使用其他聚合函数，用 pandas.pivot_table() 方法创建汽车销售数据表的透视表，并对其进行可视化。

In []: # 使用其他聚合函数创建汽车销售数据表的透视表，并对其进行可视化
vsPivot = pd.pivot_table(vs[['salesman_name','vehicle_type',
                    'counts','amounts','discount']],
        index = 'salesman_name',aggfunc = np.sum)# 使用 numpy.sum
    # 获取分组聚合后的透视表
    print(' 以 salesman_name 作为分组键创建的汽车销售数据透视表为：\n',
        vsPivot.head())

Out: 以 salesman_name 作为分组键创建的汽车销售数据透视表为：

	amounts	counts	discount
salesman_name			
张三丰	488.77	28	2.23
张飞	129.12	8	0.88
李世民	359.27	22	1.73
王五	30.00	2	0.00
王语嫣	673.19	39	3.81

对销售员的销售额进行可视化观察。

In []: # 对销售员、销售额进行可视化
import matplotlib.pyplot as plt
labels=vsPivot.index # 将组名作为标签
plt.figure(figsize=(6,4)) # 设置画布
plt.rcParams['font.sans-serif'] = 'SimHei' # 设置字体为 SimHei 以显示中文
plt.bar(range(vsPivot['amounts'].size),vsPivot['amounts']) # 绘制柱状图
plt.title(' 按照销售员分组的销售额统计图 ') # 添加标题
plt.xlabel(' 销售员 ') # 添加横轴标签
plt.ylabel(' 销售额 ') # 添加纵轴名称
# 横轴刻度与标签对准
plt.xticks(range(vsPivot['amounts'].size),labels,rotation=45)
plt.show() # 显示图片

Out:

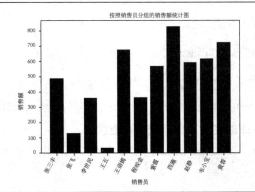

【范例分析】

pandas.pivot_table() 方法对 DataFrame 分组聚合的形式为：

pandas.pivot_table(DataFrame[['column1','column2']], index = 'column3',aggfunc = np.sum)

其中 index 参数指定分组键；aggfunc 参数指定分组聚合计算的函数为 numpy.sum()。

在 pivot_table() 方法中，可以通过 index 参数指定主、次两个分组键。相当于先按主分组键分组，再对各个分组结果按照次分组键进行二次分组。

【例 4-23】 使用两个分组键创建透视表。

使用 salesman_name、vehicle_type 两个分组键对汽车销售数据表进行分组聚合。

In []:　# 使用 salesman_name、vehicle_type 两个分组键对汽车销售数据表进行分组聚合
　　　　# 使用两个分组键，第一个为主分组键，第二个为次分组键
　　　　vsPivot = pd.pivot_table(vs[['salesman_name','vehicle_type',
　　　　　　　　　　　　'counts','amounts','discount']],
　　　　　　　　index = ['salesman_name','vehicle_type'],
　　　　　　　　　　aggfunc = np.sum)# 使用 numpy.sum
　　　　print(' 以 salesman_name 和 vehicle_type 作为分组键创建的汽车销售数据透视表为：\n',
　　　　　　　　vsPivot.head(10))

Out:　　以 salesman_name 和 vehicle_type 作为分组键创建的汽车销售数据透视表为：

alesman_name	vehicle_type	amounts	counts	discounts
张三丰	车型 1	77.75	6	0.25
	车型 2	74.72	5	0.28
	车型 3	143.00	8	1.00
	车型 4	60.00	3	0.00
	车型 5	109.30	5	0.70
	车型 6	24.00	1	0.00
张飞	车型 1	12.85	1	0.15
	车型 2	44.67	3	0.33
	车型 3	71.60	4	0.40
李世民	车型 1	64.85	5	0.15

【范例分析】

pandas.pivot_table() 方法对 DataFrame 分组聚合的形式为：

pandas.pivot_table(DataFrame[['column1','column2']], index =['column3', 'column4'],aggfunc = np.sum)

其中 index 参数指定 column3 作为主分组键，column4 作为次分组键。aggfunc 参数指定分组聚合计算的函数为 numpy.sum()，即在使用 column3 分组后，再对分组的每个结果按照 column4 分组。

【例 4-24】 交换例 4-23 的主、次分组键创建透视表。

使用 vehicle_type、salesman_name 两个分组键对汽车销售数据表进行分组聚合。

In []:	# 使用 vehicle_type、salesman_name 两个分组键对汽车销售数据表进行分组聚合

```
vsPivot = pd.pivot_table(vs[['salesman_name','vehicle_type',
            'counts','amounts','discount']],
    index = ['vehicle_type','salesman_name'],
        aggfunc = np.sum)# 使用 numpy.sum
print(' 以 vehicle_type,salesman_name 作为分组键创建的汽车销售数据透视表为：\n',
    vsPivot.head(20))
```

Out: 以 vehicle_type、salesman_name 作为分组键创建的汽车销售数据透视表为：

vehicle_type	salesman_name	amounts	counts	discount
车型 1	张三丰	77.75	6	0.25
	张飞	12.85	1	0.15
	李世民	64.85	5	0.15
	王语嫣	77.55	6	0.45
	程咬金	38.90	3	0.10
	紫霞	103.85	8	0.15
	西施	129.60	10	0.40
	赵静	51.85	4	0.15
	韦小宝	90.80	7	0.20
	黄蓉	77.90	6	0.10
车型 2	张三丰	74.72	5	0.28
	张飞	44.67	3	0.33
	李世民	119.12	8	0.88
	王五	30.00	2	0.00
	王语嫣	164.29	11	0.71
	程咬金	89.65	6	0.35
	紫霞	104.80	7	0.20
	西施	193.77	13	1.23
	赵静	89.57	6	0.43
	韦小宝	149.29	10	0.71

【范例分析】

将上例中的主、次分组键对换，将得到新的分组聚合结果。

pandas.pivot_table() 方法还能够同时指定 index、columns 作为行、列分组键，在行、列两个维度上分别进行分组聚合。

【例 4-25】创建有行、列分组键的透视表。

以 salesman_name 和 vehicle_type 作为行、列分组键创建汽车销售数据透视表。

In []:	# 以 salesman_name 和 vehicle_type 作为行、列分组键

```
# 创建的汽车销售数据透视表
vsPivot = pd.pivot_table(vs[['salesman_name','vehicle_type',
```

In []:		'counts','amounts']],							
		index = 'salesman_name',							
		columns='vehicle_type',							
		aggfunc = np.sum)# 使用 numpy.sum							

print(' 以 salesman_name 和 vehicle_type 作为行、列分组键创建的汽车销售数据透视表为: \n',
vsPivot.head())

Out: 以 salesman_name 和 vehicle_type 作为行、列分组键创建的汽车销售数据透视表为:

	amounts						counts		\
vehicle_type	车型 1	车型 2	车型 3	车型 4	车型 5	车型 6	车型 1	车型 2	车型 3
salesman_name									
张三丰	77.75	74.72	143.0	60.00	109.3	24.0	6.0	5.0	8.0
张飞	12.85	44.67	71.6	NaN	NaN	NaN	1.0	3.0	4.0
李世民	64.85	119.12	89.8	39.90	22.0	23.6	5.0	8.0	5.0
王五	NaN	30.00	NaN	NaN	NaN	NaN	NaN	2.0	NaN
王语嫣	77.55	164.29	214.3	59.75	109.6	47.7	6.0	11.0	12.0

vehicle_type	车型 4	车型 5	车型 6
salesman_name			
张三丰	3.0	5.0	1.0
张飞	NaN	NaN	NaN
李世民	2.0	1.0	1.0
王五	NaN	NaN	NaN
王语嫣	3.0	5.0	2.0

【范例分析】

pandas.pivot_table() 方法对 DataFrame 进行行、列分组聚合的形式为:

```
pandas.pivot_table(DataFrame[['column1','column2']], index = 'column3',
columns='column4'], aggfunc = np.sum)
```

其中 index 参数指定 column3 作为行分组键, column4 作为列分组键。aggfunc 参数指定分组聚合计算的函数为 numpy.sum(),分组结果在行、列两个维度上展开,无数据的地方以 NaN 填充。

【例 4-26】交换例 4-25 的行、列分组键并创建透视表。

以 vehicle_type 和 salesman_name 作为行、列分组键创建汽车销售数据透视表。

In []:	# 以 vehicle_type 和 salesman_name 作为行、列分组键
	# 创建的汽车销售数据透视表
	vsPivot = pd.pivot_table(vs[['salesman_name','vehicle_type',
	'counts','amounts']],
	index ='vehicle_type',
	columns='salesman_name',
	aggfunc = np.sum)# 使用 numpy.sum

In []:	print(' 以 vehicle_type 和 salesman_name 作为行、列分组键创建的汽车销售数据透视表为：\n', vsPivot.head())

Out:	以 vehicle_type 和 salesman_name 作为行、列分组键创建的汽车销售数据透视表为：

```
                              amounts                                              \
salesman_name       张三丰     张飞      李世民     王五      王语嫣    程咬金    紫霞      西施
vehicle_type
车型 1               77.75    12.85    64.85    NaN      77.55    38.90    103.85   129.60
车型 2               74.72    44.67    119.12   30.0     164.29   89.65    104.80   193.77
车型 3               143.00   71.60    89.80    NaN      214.30   107.35   143.10   160.90
车型 4               60.00    NaN      39.90    NaN      59.75    39.55    79.80    139.35
车型 5               109.30   NaN      22.00    NaN      109.60   66.00    87.80    131.65

                    ... counts                                                     \
salesman_name       赵静     韦小宝    ...   张飞      李世民    王五      王语嫣    程咬金    紫霞     西施
vehicle_type               ...
车型 2               89.57    149.29   ...   3.0      8.0      2.0      11.0     6.0      7.0     13.0
车型 3               125.00   89.80    ...   4.0      5.0      NaN      12.0     6.0      8.0     9.0
车型 4               119.90   39.80    ...   NaN      2.0      NaN      3.0      2.0      4.0     7.0
车型 5               131.60   219.80   ...   NaN      1.0      NaN      5.0      3.0      4.0     6.0


salesman_name       赵静     韦小宝    黄蓉
vehicle_type
车型 1               4.0      7.0      6.0
车型 2               6.0      10.0     11.0
车型 3               7.0      5.0      11.0
车型 4               6.0      2.0      4.0
车型 5               6.0      10.0     6.0

[5 rows x 22 columns]
```

【范例分析】

将上例中的行、列分组键对换，将得到新的分组聚合结果。

如果不希望分组结果中出现空值 NaN，可以用 0 填充，方法是在 pivot_table() 方法中设置 fill_value 参数为 0。

【例 4-27】在透视表中以 0 填充空值。

以 salesman_name 和 vehicle_type 作为行、列分组键创建汽车销售数据透视表，并将空值以 0 填充。

In []:	# 以 salesman_name 和 vehicle_type 作为行、列分组键创建
	# 汽车销售数据透视表，将空值以 0 填充
	vsPivot = pd.pivot_table(vs[['salesman_name','vehicle_type',
	'counts','amounts']],
	index = 'salesman_name',
	columns='vehicle_type',

In []:	aggfunc = np.sum,fill_value = 0)# 使用 numpy.sum，空值以 0 填充
	print(' 以 salesman_name 和 vehicle_type 作为行、列分组键创建的\
	汽车销售数据透视表为：\n',
	vsPivot.head())

Out: 以 salesman_name 和 vehicle_type 作为行、列分组键创建的汽车销售数据透视表为：

	amounts						counts			\
vehicle_type	车型 1	车型 2	车型 3	车型 4	车型 5	车型 6	车型 1	车型 2	车型 3	车型 4
salesman_name										
张三丰	77.75	74.72	143.0	60.00	109.3	24.0	6	5	8	3
张飞	12.85	44.67	71.6	0.00	0.0	0.0	1	3	4	0
李世民	64.85	119.12	89.8	39.90	22.0	23.6	5	8	5	2
王五	0.00	30.00	0.0	0.00	0.0	0.0	0	2	0	0
王语嫣	77.55	164.29	214.3	59.75	109.6	47.7	6	11	12	3

vehicle_type	车型 5	车型 6
salesman_name		
张三丰	5	1
张飞	0	0
李世民	1	1
王五	0	0
王语嫣	5	2

【范例分析】

pandas.pivot_table() 方法中，令 fill_value = 0，使分组聚合结果中的空值以 0 填充。

数据透视表中，可以将每组的分组聚合结果进行汇总，方法是设置 margins 为 True。

【例 4-28】在透视表中添加汇总数据。

以 salesman_name 和 vehicle_type 作为行、列分组键创建汽车销售数据透视表，将空值以 0 填充，并添加汇总数据。

In []:	# 以 salesman_name 和 vehicle_type 作为行、列分组键创建
	# 汽车销售数据透视表，将空值以 0 填充，并对 index 指定的分组键添加汇总数据
	vsPivot = pd.pivot_table(vs[['salesman_name','vehicle_type',
	'counts','amounts']],
	index = 'salesman_name',
	columns='vehicle_type',
	aggfunc = np.sum,fill_value = 0,margins = True)# 使用 numpy.sum，空值以 0 填充
	print(' 以 salesman_name 和 vehicle_type 作为行、列分组键创建\
	的汽车销售数据透视表为：\n',
	vsPivot.head())

Out: 以 salesman_name 和 vehicle_type 作为行、列分组键创建的汽车销售数据透视表为：

amounts	counts \

Out:	vehicle_type	车型 1	车型 2	车型 3	车型 4	车型 5	车型 6	All	车型 1	车型 2
	salesman_name									
	张三丰	77.75	74.72	143.0	60.00	109.3	24.0	488.77	6	5
	张飞	12.85	44.67	71.6	0.00	0.0	0.0	129.12	1	3
	李世民	64.85	119.12	89.8	39.90	22.0	23.6	359.27	5	8
	王五	0.00	30.00	0.0	0.00	0.0	0.0	30.00	0	2
	王语嫣	77.55	164.29	214.3	59.75	109.6	47.7	673.19	6	11

vehicle_type	车型 3	车型 4	车型 5	车型 6	All
salesman_name					
张三丰	8	3	5	1	28
张飞	4	0	0	0	8
李世民	5	2	1	1	22
王五	0	0	0	0	2
王语嫣	12	3	5	2	39

【范例分析】

pandas.pivot_table() 方法中，令 margins = True，将为每个特征的分组聚合结果添加汇总数据。例如，张三丰对 5 个车型的总销售额为 488.77，销售的汽车总数量为 28。

4.3.8 ▶ 使用 crosstab 创建交叉表

交叉表是一种特殊的数据透视表，它仅指定两个特征，一个特征作为行分组键，另一个特征作为列分组键，即交叉的意思。Pandas 提供了 pandas.crosstab() 方法创建交叉表，其格式如下：

```
pandas.crosstab(index, columns, values=None, rownames=None,
colnames=None, aggfunc=None, margins=False, margins_name='All', dropna=True, normalize=False)
```

其中 index、columns、values 分别接收 DataFrame 中的某一列。其他参数与 pandas.pivot_table() 方法类似。

【例 4-29】使用 crosstab() 方法创建交叉表。

以 vehicle_type 作为行分组键，salesman_name 作为列分组键，创建汽车销售数据交叉表。

```
In []:    # 创建交叉表，以 vehicle_type 作为行，salesman_name 作为列创建汽车销售数据交叉表
          vsCross = pd.crosstab(
              index=vs['vehicle_type'],
              columns=vs['salesman_name'],
              values = vs['counts'],aggfunc = np.sum)
          print(' 以 vehicle_type 和 salesman_name 为分组键，counts 为值 \
          的汽车销售数据交叉透视表的前 10 行和前 10 列为：\n',vsCross.iloc[:10,:10])
```

Out: 以 vehicle_type 和 salesman_name 为分组键，counts 为值的汽车销售数据交叉透视表的前 10 行和前 10 列为：

salesman_name vehicle_type	张三丰	张飞	李世民	王五	王语嫣	程咬金	紫霞	西施	赵静	韦小宝
车型 1	6.0	1.0	5.0	NaN	6.0	3.0	8.0	10.0	4.0	7.0
车型 2	5.0	3.0	8.0	2.0	11.0	6.0	7.0	13.0	6.0	10.0
车型 3	8.0	4.0	5.0	NaN	12.0	6.0	8.0	9.0	7.0	5.0
车型 4	3.0	NaN	2.0	NaN	3.0	2.0	4.0	7.0	6.0	2.0
车型 5	5.0	NaN	1.0	NaN	5.0	3.0	4.0	6.0	6.0	10.0
车型 6	1.0	NaN	1.0	NaN	2.0	1.0	2.0	3.0	3.0	1.0

【范例分析】

pandas.crosstab() 方法创建交叉表的形式为：

```
pd.crosstab(index=DataFrame['column1'], columns=DataFrame['column2'], values = DataFrame['column3'],
aggfunc = np.sum)
```

其中 index 设置行分组键；columns 设置列分组键；values 设置要聚合计算的特征（字段）。

与 pivot_table() 方法类似，crosstab() 方法也可以设置 margins=True，为行分组结果添加汇总数据。

【例 4-30】交换例 4-29 的行、列分组键创建交叉表，并添加汇总数据。

以 salesman_name 和 vehicle_type 为行、列创建汽车销售数据交叉表，并对 index 指定的分组键添加汇总数据。

```
In []:    # 以 salesman_name 和 vehicle_type 为行、列创建汽车销售数据交叉表
          # 并对 index 指定的分组键添加汇总数据
          vsCross = pd.crosstab(
              index=vs['salesman_name'],
              columns=vs['vehicle_type'],
              values = vs['amounts'],aggfunc = np.sum,margins=True)
          print(' 以 salesman_name 和 vehicle_type 为分组键、amounts 为值的汽车销售数据交叉透视表的
          前 10 行和前 10 列为： \n',vsCross.iloc[:10,:10])
```

Out: 以 salesman_name 和 vehicle_type 为分组键，amounts 为值的汽车销售数据交叉透视表的前 10 行和前 10 列为：

vehicle_type salesman_name	车型 1	车型 2	车型 3	车型 4	车型 5	车型 6	All
张三丰	77.75	74.72	143.00	60.00	109.30	24.0	488.77
张飞	12.85	44.67	71.60	NaN	NaN	NaN	129.12
李世民	64.85	119.12	89.80	39.90	22.00	23.6	359.27
王五	NaN	30.00	NaN	NaN	NaN	NaN	30.00
王语嫣	77.55	164.29	214.30	59.75	109.60	47.7	673.19
程咬金	38.90	89.65	107.35	39.55	66.00	23.6	365.05

Out:	紫霞	103.85	104.80	143.10	79.80	87.80	48.0	567.35
	西施	129.60	193.77	160.90	139.35	131.65	71.6	826.87
	赵静	51.85	89.57	125.00	119.90	131.60	71.9	589.82
	韦小宝	90.80	149.29	89.80	39.80	219.80	23.8	613.29

【范例分析】

pandas.crosstab() 方法创建交叉表的形式为：

```
pd.crosstab(index=DataFrame['column1'], columns=DataFrame['column2'], values =
DataFrame['column3'], aggfunc = np.sum, margins=True)
```

其中 index 设置行分组键，columns 设置列分组键，values 设置要聚合计算的特征（字段）。
设置 margins=True，为行分组结果添加汇总数据。

4.4　综合实例——iris 数据集统计分析

以 scikit-learn 的 datasets 模块自带数据集 iris 为例，综合使用 NumPy、Pandas 的统计分析方法。
包括对数组的排序、各统计特征的计算、分组聚合运算、创建透视表和交叉表等。

【例 4-31】iris 数据集统计分析。

加载 scikit-learn 自带数据集 iris，分别使用 NumPy、Pandas 进行统计分析，按照等宽法、等频
法的离散特征进行分组聚合，创建透视表、交叉表。

iris 数据集的特征保存在 iris.data 数组中，类标签保存在 iris.target 中。加载 iris 数据集后，先要
观察其形状，了解特征数量、样本数量，并通过访问 iris.feature_names 了解特征名称。

```
In []:   # 综合实例——iris 数据集统计分析
         # 加载 scikit-learn 自带数据集 iris，分别使用 NumPy、Pandas
         # 进行统计分析，按照等宽法、等频法的离散特征进行分组聚合，创建透视表、交叉表
         import numpy as np
         import matplotlib.pyplot as plt
         import pandas as pd
         from sklearn import datasets
         import seaborn as sns
         iris = datasets.load_iris()
         print('iris.data 的形状为：',iris.data.shape)
         print('iris.target 的形状为：',iris.target.shape)
         print('iris.data 的特征名称为：',iris.feature_names)
```

```
Out:   iris.data 的形状为：(150, 4)
       iris.target 的形状为：(150,)
       iris.data 的特征名称为：['sepal length (cm)', 'sepal width (cm)', 'petal length (cm)', 'petal width (cm)']
```

对 iris 的特征进行排序，可以使用 sort() 方法。用热力图能够直观地表示排序结果。下面先绘
制原始数据集的热力图，然后分别沿横轴和纵轴对 iris.data 数据集排序，绘制它们的热力图，并观

察排序结果。

In []:	#NumPy 统计分析，用热力图表示排序结果
	ax = sns.heatmap(iris.data)# 原始数据集

Out:	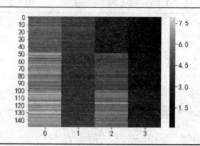

对 iris 数据集特征按照横轴排序，绘制其热力图。

In []:	ax = sns.heatmap(np.sort(iris.data))# 不指定 axis 时，默认沿横轴排序
Out:	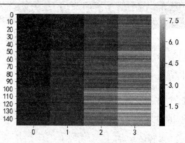

可以看出，热力图的颜色自左至右，由深（小）向浅（大）变化。这说明不指定 axis 时，默认沿着横轴排序，即按行排序。

In []:	ax = sns.heatmap(np.sort(iris.data,axis=0))# 沿着纵轴排序
Out:	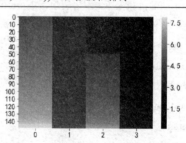

上述代码中，由于指定了 axis=0，则沿着纵轴排序，热力图的颜色自上至下，由深（小）向浅（大）变化。下面使用 NumPy 的方法计算 iris.data 各特征的统计量。

In []:	print('iris.data 各特征的和为：',iris.data.sum(axis = 0)) # 沿着纵轴计算 print('iris.data 各特征的均值为：',iris.data.mean(axis = 0)) # 沿着纵轴计算 print('iris.data 各特征的标准差为：',iris.data.std(axis = 0)) # 沿着纵轴计算 print('iris.data 各特征的方差为：',iris.data.var(axis = 0)) # 沿着纵轴计算

In []:	print('iris.data 的最大值为：',np.max(iris.data))
	print('iris.data 的最小值为：',np.min(iris.data))
	print('iris.data 特征 0 的最大值索引为：',np.argmax(iris.data[:,0]))
	print('iris.data 特征 0 的最小值索引为：',np.argmin(iris.data[:,0]))
	print('iris.data 的最大值索引为：',np.argmax(iris.data))
	print('iris.data 的最小值索引为：',np.argmin(iris.data))
	print('iris.data 特征 0 的中位数为：',np.median(iris.data[:,0]))
	print('iris.data 的中位数为：',np.median(iris.data))
	print('iris.data 特征 0 的极差为：',np.ptp(iris.data[:,0]))
	print('iris.data 的极差为：',np.ptp(iris.data))
	print('iris.data 特征 0 与特征 1 的协方差为：\n',np.cov(iris.data[:,0],iris.data[:,1]))
Out:	iiris.data 各特征的和为： [876.5 458.1 563.8 179.8]
	iris.data 各特征的均值为： [5.84333333 3.054 3.75866667 1.19866667]
	iris.data 各特征的标准差为： [0.82530129 0.43214658 1.75852918 0.76061262]
	iris.data 各特征的方差为： [0.68112222 0.18675067 3.09242489 0.57853156]
	iris.data 的最大值为： 7.9
	iris.data 的最小值为： 0.1
	iris.data 特征 0 的最大值索引为： 131
	iris.data 特征 0 的最小值索引为： 13
	iiris.data 的最大值索引为： 524
	iris.data 的最小值索引为： 39
	iris.data 特征 0 的中位数为： 5.8
	iris.data 的中位数为： 3.2
	iris.data 特征 0 的极差为： 3.6000000000000005
	iris.data 的极差为： 7.800000000000001
	iris.data 特征 0 与特征 1 的协方差为：
	[[0.68569351 -0.03926846]
	[-0.03926846 0.18800403]]

Pandas 的操作对象为 DataFrame 对象，因此要使用 Pandas 进行统计分析，就要先将数组转化为 DataFrame 对象。由于 iris.data 和 iris.target 是两个数组，可以使用 hstack() 方法将它们横向合并为一个数组，然后使用 DataFrame() 方法将其转化为 DataFrame 对象，并为每个特征设置名称。

In []:	#Pandas 统计分析
	# 合并 iris 的数据集和目标集，并转化为 DataFrame 对象
	df_iris=pd.DataFrame(np.hstack((iris.data,iris.target.reshape(-1,1))),
	columns=['f0','f1','f2','f3','species'])
	print('iris 的形状为：',df_iris.shape)
	print('iris 的列名为：',df_iris.columns)
	print('iris 的前 5 行为：\n',df_iris.head())

Out:	iris 的形状为：(150, 5)
	iris 的列名为：Index(['f0', 'f1', 'f2', 'f3', 'species'], dtype='object')
	iris 的形状为：(150, 5)
	iris 的列名为：Index(['f0', 'f1', 'f2', 'f3', 'species'], dtype='object')
	iris 的前 5 行为：

	f0	f1	f2	f3	species
0	5.1	3.5	1.4	0.2	0.0
1	4.9	3.0	1.4	0.2	0.0
2	4.7	3.2	1.3	0.2	0.0
3	4.6	3.1	1.5	0.2	0.0
4	5.0	3.6	1.4	0.2	0.0

以上代码将 iris 的数据集和目标集合并转换为 DataFrame 对象，并为每一列分配名称。下面使用 DataFrame 方法获取统计量，先获取单个特征的统计量。

In []:	# 查看 iris 特征 0 的各项统计数据
	print('iris 特征 0 的最小值为：',df_iris['f0'].min())
	print('iris 特征 0 的最大值为：',df_iris['f0'].max())
	print('iris 特征 0 的均值为：',df_iris['f0'].mean())
	print('iris 特征 0 的极差为：',df_iris['f0'].ptp())
	print('iris 特征 0 的方差为：',df_iris['f0'].var())
	print('iris 特征 0 的标准差为：',df_iris['f0'].std())

Out:	iris 特征 0 的最小值为：4.3
	iris 特征 0 的最大值为：7.9
	iris 特征 0 的均值为：5.843333333333335
	iris 特征 0 的极差为：3.6000000000000005
	iris 特征 0 的方差为：0.6856935123042505
	iris 特征 0 的标准差为：0.8280661279778629

计算特征间关系的统计量，先计算协方差矩阵。

In []:	print('iris 的协方差矩阵为：\n',df_iris[['f0', 'f1', 'f2', 'f3']].cov())
Out:	iris 的协方差矩阵为：

	f0	f1	f2	f3
f0	0.685694	-0.039268	1.273682	0.516904
f1	-0.039268	0.188004	-0.321713	-0.117981
f2	1.273682	-0.321713	3.113179	1.296387
f3	0.516904	-0.117981	1.296387	0.582414

计算特征间的相关系数。

In []:	print('iris 数据表的相关系数为: \n',df_iris[['f0', 'f1', 'f2', 'f3']].corr())
Out:	iris 数据表的相关系数为:

	f0	f1	f2	f3
f0	1.000000	-0.109369	0.871754	0.817954
f1	-0.109369	1.000000	-0.420516	-0.356544
f2	0.871754	-0.420516	1.000000	0.962757
f3	0.817954	-0.356544	0.962757	1.000000

从输出结果可以看出,f0 与 f2、f3、f2 与 f0、f3 之间的相关系数接近 1,说明它们之间具有相关性。下面计算其他统计量。

In []:	print('iris 特征 0 的标准误差为: ',df_iris['f0'].sem()) print('iris 特征 0 的众数为: \n',df_iris['f0'].mode()) print('iris 特征 0 的样本偏度为: ',df_iris['f0'].skew()) print('iris 特征 0 的样本峰度为: ',df_iris['f0'].kurt())
Out:	iris 特征 0 的标准误差为: 0.0676113162275986 iris 特征 0 的众数为: 　0　5.0 dtype: float64 iris 特征 0 的样本偏度为: 0.3149109566369728 iris 特征 0 的样本峰度为: -0.5520640413156395

观察特征 f0 的中位数、分位数、非空值数量、平均绝对离差等统计量。

In []:	print('iris 特征 0 的中位数为: ',df_iris['f0'].median())
	# 设置任意分位数
	print('iris 特征 0 的四分位数为: ',df_iris['f0'].quantile(q=0.25))
	print('iris 特征 0 的非空值数目为: ',df_iris['f0'].count())
	print('iris 特征 0 的平均绝对离差为: ',df_iris['f0'].mad())

Out:	iris 特征 0 的中位数为: 5.8 iris 特征 0 的四分位数为: 5.1 iris 特征 0 的非空值数目为: 150 iris 特征 0 的平均绝对离差为: 0.6875555555555561

使用 describe() 方法观察 df_iris 的 4 个数值型特征的描述性统计。

In []:	print('iris 数据表的描述性统计为: \n',df_iris[['f0', 'f1', 'f2', 'f3']].describe())

Out:	iris 数据表的描述性统计为：			
	f0	f1	f2	f3
count	150.000000	150.000000	150.000000	150.000000
mean	5.843333	3.054000	3.758667	1.198667
std	0.828066	0.433594	1.764420	0.763161
min	4.300000	2.000000	1.000000	0.100000
25%	5.100000	2.800000	1.600000	0.300000
50%	5.800000	3.000000	4.350000	1.300000
75%	6.400000	3.300000	5.100000	1.800000
max	7.900000	4.400000	6.900000	2.500000

将特征 species 转换为 category 类型，并观察其描述性统计。

In []:	# 类别型数据描述性统计，先将类别转换为 category 类型
	df_iris['species']=df_iris['species'].astype('category')
	print('iris 数据表的描述性统计为：\n',
	df_iris[['f0', 'f1', 'f2', 'f3','species']].describe())

Out:	iris 数据表的描述性统计为：			
	f0	f1	f2	f3
count	150.000000	150.000000	150.000000	150.000000
mean	5.843333	3.054000	3.758667	1.198667
std	0.828066	0.433594	1.764420	0.763161
min	4.300000	2.000000	1.000000	0.100000
25%	5.100000	2.800000	1.600000	0.300000
50%	5.800000	3.000000	4.350000	1.300000
75%	6.400000	3.300000	5.100000	1.800000
max	7.900000	4.400000	6.900000	2.500000

可以看出，虽然将 species 转换成了 category 类型，但当它与其他数值型特征一起使用 describe() 方法时，仍不能输出 species 的统计。这是由于 category 类型与数值型特征的统计量不同。因此，需单独对 category 类型特征使用 describe() 方法进行描述性统计。

In []:	print('iris 数据表 category 类别 species 的描述性统计为：\n',
	df_iris['species'].describe())

Out:	iris 数据表 category 类别 species 的描述性统计为：
	count 150.0
	unique 3.0
	top 2.0
	freq 50.0
	Name: species, dtype: float64

统计 species 的频数。

In []:	print('iris 品种的频数统计为：\n',df_iris['species'].value_counts())
Out:	iris 品种的频数统计为：

```
 2.0   50
 1.0   50
 0.0   50
Name: species, dtype: int64
```

观察特征 f0 的频数。

In []:	print('iris 特征 0 的频数统计为：\n',df_iris['f0'].value_counts())
Out:	iris 特征 0 的频数统计为：

```
 5.0   10
 6.3    9
 5.1    9
 6.7    8
 5.7    8
 5.5    7
 5.8    7
 6.4    7
 6.0    6
 4.9    6
 6.1    6
 5.4    6
 5.6    6
 6.5    5
 4.8    5
 7.7    4
 6.9    4
 5.2    4
 6.2    4
 4.6    4
 7.2    3
 6.8    3
 4.4    3
 5.9    3
 6.6    2
 4.7    2
```

Out:	4.7	2
	7.6	1
	7.6	1
	7.4	1
	4.3	1
	7.9	1
	7.3	1
	7.0	1
	4.5	1
	5.3	1
	7.1	1

Name: f0, dtype: int64

对特征 f0 进行等宽法离散化处理。

In []: k=5# 离散化为等宽的 k 个区间

　　　# 返回 k 个区间, 相当于 k 个类, 以 bins 作为分割点

　　　f0,bins=pd.cut(df_iris['f0'],k,retbins=True)

　　　print('iris 特征 0 分割成 ',k,' 个等宽区间的分割点是: \n',bins)

Out: iris 特征 0 分割成 5 个等宽区间的分割点是:

　　　[4.2964 5.02　5.74　6.46　7.18　7.9　]

统计每个区间的样本频数。

In []: print('iris 特征 0 等宽离散化为 5 个区间后, 每个区间及其频数为: \n',

　　　　f0.value_counts())

Out: iris 特征 0 等宽离散化为 5 个区间后, 每个区间及其频数为:

　　　(5.74, 6.46]　　42

　　　(5.02, 5.74]　　41

　　　(4.296, 5.02]　32

　　　(6.46, 7.18]　　24

　　　(7.18, 7.9]　　11

Name: f0, dtype: int64

可视化等宽法离散结果。

In []: # 可视化, 按照频数降序排列

　　　a_frequency=f0.value_counts()

　　　labels=a_frequency.index[0:k]# 将区间作为标签

　　　plt.figure(figsize=(6,4))# 设置画布

　　　plt.bar(range(k),a_frequency,width=0.5)# 绘制柱状图

In []:   plt.title('iris 特征 0 等宽法频数统计图 ')# 添加标题

plt.figure(figsize=(6,4))# 设置画布

plt.xlabel('iris 特征 0')# 添加横轴标签

plt.ylabel(' 频数 ')# 添加纵轴名称

plt.xticks(range(k),labels,rotation=20)# 横轴刻度与标签对准

plt.show() # 显示图片

Out:

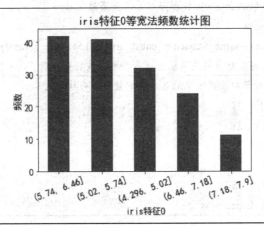

输出结果中，由于默认使用参数 sort=True, 因此对频数统计结果按照从大到小的顺序排列输出。这时横轴上的分段区间是不连续的。如果希望统计结果以连续区间的方式输出，可以指定参数 sort=False。

In []:   # 可视化，按照区间从小到大排列

a_frequency=f0.value_counts(sort=False)

labels=a_frequency.index[0:k]# 将区间作为标签

plt.figure(figsize=(6,4))# 设置画布

plt.bar(range(k),a_frequency,width=0.5)# 绘制柱状图

plt.title('iris 特征 0 等宽法频数统计图 ')# 添加标题

plt.xlabel('iris 特征 0')# 添加横轴标签

plt.ylabel(' 频数 ')# 添加纵轴名称

plt.xticks(range(k),labels,rotation=20)# 横轴刻度与标签对准

plt.show() # 显示图片

Out:

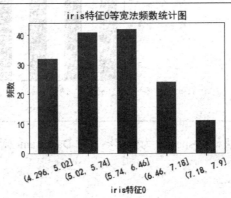

特征 f0 进行等频法离散化。

In []:	# 自定义等频法离散化函数

```
def same_frequency_cut(data,k):
    # 产生 k 个分位数位置
    w=data.quantile(np.arange(0,1+1.0/k,1.0/k))
    data=pd.cut(data,w)# 按照分位数位置离散化 data
    return data
a_frequency= same_frequency_cut(df_iris['f0'],5).value_counts()
print('iris 特征 0 等频法离散化后各个类别数目分布状况为：','\n',a_frequency)
```

Out:	iris 特征 0 等频法离散化后各个类别数目分布状况为：

```
 (5.0, 5.6]     33
(4.3, 5.0]     31
(6.52, 7.9]    30
(5.6, 6.1]     30
(6.1, 6.52]    25
Name: f0, dtype: int64
```

可视化等频法离散结果。

In []:	# 可视化，按照区间从小到大排列

```
a_frequency=same_frequency_cut(df_iris['f0'],5).value_counts(sort=False)
labels=a_frequency.index[0:k]# 将区间作为标签
plt.figure(figsize=(6,4))# 设置画布
plt.bar(range(k),a_frequency,width=0.5)# 绘制柱状图
plt.title('iris 特征 0 等频法频数统计图 ')# 添加标题
plt.xlabel('iris 特征 0')# 添加横轴标签
plt.ylabel(' 频数 ')# 添加纵轴名称
plt.xticks(range(k),labels,rotation=20)# 横轴刻度与标签对准
plt.show() # 显示图片
```

Out:

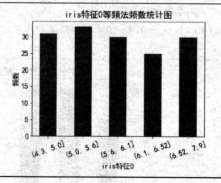

使用 groupby() 方法，以 species 为分组键，对 DataFrame 对象 df_iris 进行分组聚合计算。

In []:　# 使用 groupby 按照鸢尾花品种 (species) 进行分组聚合
　　　　irisGroup = df_iris.groupby(by='species')
　　　　# 各个特征使用相同的函数统计计算
　　　　print('iris 数据表按 species 分组后，前 5 组每组的数量为：\n',
　　　　　　irisGroup.count().head())

Out:　iris 数据表按 species 分组后，前 5 组每组的数量为：

species	f0	f1	f2	f3
0.0	50	50	50	50
1.0	50	50	50	50
2.0	50	50	50	50

可以看出，每个品种的数量都是 50 个，共有 3 个品种。由于只有 3 个鸢尾花品种，因此按 species 分为了 3 组。

In []:　print('iris 数据表按 species 分组后，前 5 组每组的最大值为：\n',
　　　　　　irisGroup.max().head())

Out:　iris 数据表按 species 分组后，前 5 组每组的数量为：

species	f0	f1	f2	f3
0.0	50	50	50	50
1.0	50	50	50	50
2.0	50	50	50	50

计算每组的其他统计量。

In []:　print('iris 数据表按 species 分组后，前 5 组每组的最大值为：\n',
　　　　　　irisGroup.max().head())

Out:　iris 数据表按 species 分组后，前 5 组每组的最大值为：

species	f0	f1	f2	f3
0.0	5.8	4.4	1.9	0.6
1.0	7.0	3.4	5.1	1.8
2.0	7.9	3.8	6.9	2.5

观察 iris 数据表按 species 分组后，前 5 组每组的最小值。

In []:　print('iris 数据表按 species 分组后，前 5 组每组的最小值为：\n',
　　　　　　irisGroup.min().head())

| Out: | iris 数据表按 species 分组后，前 5 组每组的最小值为： |

	f0	f1	f2	f3
species				
0.0	4.3	2.3	1.0	0.1
1.0	4.9	2.0	3.0	1.0
2.0	4.9	2.2	4.5	1.4

观察 iris 数据表按 species 分组后，前 5 组每组的和。

| In []: | print('iris 数据表按 species 分组后，前 5 组每组的和为：\n', |
| | irisGroup.sum().head()) |

| Out: | iris 数据表按 species 分组后，前 5 组每组的和为： |

	f0	f1	f2	f3
species				
0.0	250.3	170.9	73.2	12.2
1.0	296.8	138.5	213.0	66.3
2.0	329.4	148.7	277.6	101.3

观察 iris 数据表按 species 分组后，前 5 组每组的均值。

| In []: | print('iris 数据表按 species 分组后，前 5 组每组的均值为：\n', |
| | irisGroup.mean().head()) |

| Out: | iris 数据表按 species 分组后，前 5 组每组的均值为： |

	f0	f1	f2	f3
species				
0.0	5.006	3.418	1.464	0.244
1.0	5.936	2.770	4.260	1.326
2.0	6.588	2.974	5.552	2.026

观察 iris 数据表按 species 分组后，前 5 组每组的标准差。

| In []: | print('iris 数据表按 species 分组后，前 5 组每组的标准差为：\n', |
| | irisGroup.std().head()) |

| Out: | iris 数据表按 species 分组后，前 5 组每组的标准差为： |

	f0	f1	f2	f3
species				
0.0	0.352490	0.381024	0.173511	0.107210
1.0	0.516171	0.313798	0.469911	0.197753
2.0	0.635880	0.322497	0.551895	0.274650

观察 iris 数据表按 species 分组后，前 5 组每组的中位数。

In []:	print('iris 数据表按 species 分组后，前 5 组每组的中位数为：\n', 　　　　irisGroup.median().head())

Out:	iris 数据表按 species 分组后，前 5 组每组的中位数为： 　　　　　f0　　f1　　f2　　f3 species 0.0　　5.0　　3.4　　1.50　　0.2 1.0　　5.9　　2.8　　4.35　　1.3 2.0　　6.5　　3.0　　5.55　　2.0

观察 iris 数据表按 species 分组后，前 5 组每组的大小，即样本数量。

In []:	print('iris 数据表按 species 分组后，前 5 组每组的大小为：\n', 　　　　irisGroup.size().head())

Out:	iris 数据表按 species 分组后，前 5 组每组的大小为： species 0.0　　　　50 1.0　　　　50 2.0　　　　50 dtype: int64

使用 agg() 方法对 iris 数据集进行聚合运算，func 使用函数列表。

In []:	# 使用 agg() 聚合，func 使用函数列表 print('iris 数据表的特征 0 总和与特征 1 的总和与均值为：\n', 　　　　df_iris.agg({'f0':np.sum,'f1':[np.mean,np.sum]}))

Out:	iris 数据表的特征 0 总和与特征 1 的总和与均值为： 　　　　　f0　　　　f1 mean　　NaN　　3.054 sum　　876.5　　458.100

使用 agg() 方法对 iris 数据集进行聚合运算，聚合函数求平均值。

In []:	print('iris 数据表分组后，前 5 组每组的均值为：\n', 　　　　irisGroup.agg(np.mean).head())

Out:	iris 数据表分组后，前 5 组每组的均值为： 　　　　f0　　　f1　　　f2　　　f3 species 0.0　　5.006　　3.418　　1.464　　0.244 1.0　　5.936　　2.770　　4.260　　1.326 2.0　　6.588　　2.974　　5.552　　2.026

使用 agg() 方法对 iris 数据集进行聚合运算，聚合函数求平均值和标准差。

In []:	print('iris 数据表分组后，前 5 组每组的聚合结果为：\n',
	irisGroup.agg({'f0':np.sum,'f1':[np.mean,np.sum],
	'f2':[np.mean,np.sum,np.std]}))

| Out: | iris 数据表分组后，前 5 组每组的聚合结果为： |

	f0	f1		f2		
	sum	mean	sum	mean	sum	std
species						
0.0	250.3	3.418	170.9	1.464	73.2	0.173511
1.0	296.8	2.770	138.5	4.260	213.0	0.469911
2.0	329.4	2.974	148.7	5.552	277.6	0.551895

以 species 作为分组键，创建数据透视表。

In []:	# 创建透视表
	irisPivot = pd.pivot_table(df_iris[['f0','f1','f2','f3','species']],
	index = 'species')# 默认使用 numpy.mean
	# 获取组名
	print('iris 数据表按 species 分组聚合后的组名为：\n',irisPivot.index)
	# 获取组的数量
	print('iris 数据表按 species 分组聚合后，组的数量为：',irisPivot.index.size)

Out:	iris 数据表按 species 分组聚合后的组名为：
	CategoricalIndex([0.0, 1.0, 2.0], categories=[0.0, 1.0, 2.0], ordered=False, name='species',
	dtype='category')
	iris 数据表按 species 分组聚合后，组的数量为： 3

输出观察 iris 数据表按 species 分组聚合后的各组平均值。

In []:	print('iris 数据表按 species 分组聚合后的各组平均值为：\n',irisPivot.values)
Out:	iris 数据表按 species 分组聚合后的各组平均值为：
	[[5.006 3.418 1.464 0.244]
	[5.936 2.77 4.26 1.326]
	[6.588 2.974 5.552 2.026]]

以 species 作为分组键创建 iris 的数据透视表。

In []:	print(' 以 species 作为分组键创建的 iris 数据透视表为：\n',
	irisPivot.head())

| Out: | 以 species 作为分组键创建的 iris 数据透视表为： |

	f0	f1	f2	f3
species				
0.0	5.006	3.418	1.464	0.244
1.0	5.936	2.770	4.260	1.326
2.0	6.588	2.974	5.552	2.026

使用 f0 作为主分组键，species 作为次分组键，创建数据透视表。

In []:	# 使用两个分组键，即主分组键和次分组键
	irisPivot = pd.pivot_table(df_iris[['f0','f1','f2','f3','species']],
	index = ['f0','species'],aggfunc = np.sum)# 使用 numpy.sum
	print(' 以 f0 和 species 作为分组键创建的 iris 数据透视表为：\n',
	irisPivot.head(10))

Out: 以 f0 和 species 作为分组键创建的 iris 数据透视表为：

		f1	f2	f3
f0	species			
4.3	0.0	3.0	1.1	0.1
4.4	0.0	9.1	4.0	0.6
4.5	0.0	2.3	1.3	0.3
4.6	0.0	13.3	5.3	0.9
4.7	0.0	6.4	2.9	0.4
4.8	0.0	15.9	7.9	1.0
4.9	0.0	12.3	5.9	0.5
	1.0	2.4	3.3	1.0
	2.0	2.5	4.5	1.7
5.0	0.0	26.9	11.6	2.3

将两个分组键对换，创建数据透视表，并观察分组聚合的结果。

In []:	irisPivot = pd.pivot_table(df_iris[['f0','f1','f2','f3','species']],
	index = ['species','f0'],
	aggfunc = np.sum)# 使用 numpy.sum
	irisPivot = pd.pivot_table(df_iris[['f0','f1','f2','f3','species']],
	index = ['species','f0'],
	aggfunc = np.sum)# 使用 numpy.sum
	print(' 以 species 和 f0 作为分组键创建的 iris 数据透视表为：\n',
	irisPivot.head(10))

Out: 以 species 和 f0 作为分组键创建的 iris 数据透视表为：

		f1	f2	f3
species	f0			
0.0	4.3	3.0	1.1	0.1
	4.4	9.1	4.0	0.6
	4.5	2.3	1.3	0.3
	4.6	13.3	5.3	0.9
	4.7	6.4	2.9	0.4
	4.8	15.9	7.9	1.0
	4.9	12.3	5.9	0.5
	5.0	26.9	11.6	2.3

Out:	5.1	28.8	12.5	2.5
	5.2	11.0	4.4	0.5

指定行、列分组键，创建具有行、列分组的数据透视表。

In []:	irisPivot = pd.pivot_table(df_iris[['f0','f1','f2','f3','species']],
	index = 'species',
	columns='f0',
	aggfunc = np.sum)# 使用 numpy.sum
	print(' 以 species 和 f0 作为分组键创建的 iris 数据透视表为：\n',
	irisPivot.head(10))

Out:	以 species 和 f0 作为分组键创建的 iris 数据透视表为：

```
         f1                                    ... f3 \
f0      4.3  4.4  4.5  4.6  4.7  4.8  4.9  5.0  5.1  5.2...  6.8
species                                          ...
0.0     3.0  9.1  2.3  13.3 6.4  15.9 12.3 26.9 28.8 11.0... NaN
1.0     NaN  NaN  NaN  NaN  NaN  NaN  2.4  4.3  2.5  2.7... 1.4
2.0     NaN  NaN  NaN  NaN  NaN  NaN  2.5  NaN  NaN  NaN... 4.4


f0      6.9 7.0 7.1 7.2 7.3 7.4 7.6 7.7 7.9
species
0.0     NaN NaN NaN NaN NaN NaN NaN NaN NaN
1.0     1.5 1.4 NaN NaN NaN NaN NaN NaN NaN
2.0     6.7 NaN 2.1 5.9 1.8 1.9 2.1 8.8 2.0
[3 rows x 105 columns]
```

创建交叉表。

In []:	# 创建交叉表
	irisCross = pd.crosstab(
	index=df_iris['species'],
	columns=df_iris['f1'],
	values = df_iris['f0'],aggfunc = np.sum)
	print(' 以 species 和 f1 为分组键、f0 为值的 iris 数据交叉透视表前 10 行 10 列为：\n',
	irisCross.iloc[:10,:10])

Out:	以 species 和 f1 为分组键、f0 为值的 iris 数据交叉透视表前 10 行 10 列为：

```
f1      2.0  2.2  2.3   2.4  2.5   2.6   2.7   2.8   2.9   3.0
species
0.0     NaN  NaN  4.5   NaN  NaN   NaN   NaN   NaN   4.4   28.2
1.0     5.0  12.2 16.8  15.9 22.5  17.0  28.4  36.9  42.6  47.6
2.0     NaN  6.0  NaN   NaN  23.6  13.8  24.3  51.8  13.6  80.6
```

【范例分析】

iris 数据集收集了 150 个鸢尾花样本，共有 4 个特征、3 个类别，每个类别都有 50 个样本。可以使用 NumPy 的统计方法，分析观察数据集的统计特征。也可以将其转换为 DataFrame 对象，使用 DataFrame 的统计方法分析数据集的统计特征。对每个特征，可以按照等宽法、等频法进行离散化，考察各个取值区间的样本数量和相同频数的值域区间大小。使用 groupby() 方法，能够对数据集进行分组聚合计算。使用 pivot_table() 方法和 crosstab() 方法，能够创建数据透视表和交叉表。

4.5 本章小结

数据集的显式信息包括最大最小值、平均值、方差、中位数、众数、极差、排序等。特征之间的相关性用协方差、相关系数刻画。数据按照特征值分组，对分组进行聚合计算，并构建数据透视表和交叉表。NumPy 提供排序、数组去重方法，以及求和、求均值、求方差、求标准差、求最大最小值等描述性统计计算函数。Pandas 除了提供常见的描述性统计方法，还对数组和 DataFrame 对象提供了数据分箱和频数统计的方法，以及对分组对象和 DataFrame 对象进行灵活的分组聚合计算的多种方法，还可以直接对 DataFrame 对象进行操作，创建透视表和交叉表。

4.6 习题

（1）使用 random.randint() 函数生成 1 个 0~20 的 30 个整数的数组，使用 NumPy 的方法对数组进行排序、去重、求和、求均值、求方差、求标准差、求最大最小值，观察结果。

（2）加载汽车销售数据表 vehicle_sales.csv，使用 Pandas 方法求取数值型字段的最大最小值、平均值、方差、标准差、协方差、相关系数、众数、中位数、上下四分位数、非空值数量，统计汽车销售员的频数。

（3）加载汽车销售数据表 vehicle_sales.csv，按照 salesman_name 对 discount、amounts 两个字段进行分组，求取每组记录数量、组内最大最小值，以及每组的均值、标准差、中位数和大小。

（4）对第（3）题的汽车销售数据表分组对象，使用 agg() 方法计算每组 discount 的平均值、amounts 的最小值。

（5）对第（3）题的汽车销售数据表分组对象，使用 apply() 方法计算每组 discount、amounts 的标准差。

（6）对第（3）题的汽车销售数据表分组对象，使用 transform() 方法计算每组数值型字段的众数。

（7）加载汽车销售数据表 vehicle_sales.csv，以 salesman_name、vehicle_type 为分组键，以标准差为计算函数，创建透视表。

（8）加载汽车销售数据表 vehicle_sales.csv，以 salesman_name 为行分组键，vehicle_type 为列

分组键，以和为计算函数，创建透视表。

（9）加载汽车销售数据表 vehicle_sales.csv，以 salesman_name 为行分组键，vehicle_type 为列分组键，以和为计算函数，创建交叉表。

（10）对例 4-31，以 'species' 为 index，'f2' 为 columns，使用不同的函数，输出 iris 的数据透视表。

4.7 高手点拨

（1）Pandas.cut() 函数将返回 out 和 bins 两个结果，out 指 cut 后的类别、序列、数组，bins 则为分割点。当 a=pandas.cut() 时，将只返回 cut 后的类别；当 a, bins=pandas.cut() 时，则返回 cut 后的类别，同时还会返回类别的分割点。

（2）对 GroupBy() 方法形成的分组对象，可以使用 get_group('group name') 方法返回组名为 group name 的全部记录。如在例 4-10 中的 vsGroup 分组对象中，使用 vsGroup.get_group(" 车型 1")将返回 " 车型 1" 这个组的全部记录，运行结果如图 4-4 所示。

In [25]:	1	vsGroup.get_group("车型1")						
Out[25]:		date	salesman_name	vehicle_type	counts	price	discount	amounts
	0	2018-09-01	赵静	车型1	1	13	0.00	13.00
	2	2018-09-01	李世民	车型1	1	13	0.00	13.00
	4	2018-09-01	程咬金	车型1	1	13	0.00	13.00
	8	2018-09-01	王语嫣	车型1	1	13	0.00	13.00
	11	2018-09-02	韦小宝	车型1	1	13	0.00	13.00
	14	2018-09-02	赵静	车型1	1	13	0.00	13.00
	20	2018-09-03	韦小宝	车型1	1	13	0.00	13.00
	24	2018-09-03	韦小宝	车型1	1	13	0.00	13.00
	29	2018-09-03	赵静	车型1	1	13	0.00	13.00
	31	2018-09-03	西施	车型1	1	13	0.00	13.00
	36	2018-09-04	黄蓉	车型1	1	13	0.00	13.00
	40	2018-09-04	紫霞	车型1	1	13	0.00	13.00
	46	2018-09-04	李世民	车型1	1	13	0.00	13.00
	55	2018-09-04	西施	车型1	1	13	0.00	13.00

图 4-4 get_group() 方法返回的 vsGroup 分组对象部分结果

第二篇 数据预处理篇

第 5 章

5

数据分析第一步——产生和加载数据集

　　数据挖掘和机器学习的基础是数据，只有收集了一定的数据样本，才能够对它们进行分析，挖掘、发现隐含在数据中的各种模式、规则、知识、模型等。同时，数据也是学习数据挖掘和机器学习方法的必需品。在入门学习阶段，可以通过模拟产生数据集的方式获取数据，练习、掌握各种数据挖掘和机器学习方法。当掌握了一定的数据挖掘和机器学习方法后，就可以收集生产、生活中的各种实际数据，运用所掌握的技术分析数据，发现有用的知识。本章将介绍使用 Python 产生和加载数据集的方法，包括使用随机函数和拼接函数生成分类或聚类样本集、使用 scikit-learn 的样本生成器生成分类、聚类、回归等样本集，加载 scikit-learn 自带的样本集，访问外部数据集。

5.1 使用 NumPy 的函数产生模拟数据集

NumPy 提供了丰富的数组生成函数。根据分类、聚类、回归等不同问题，可以使用 NumPy 的随机函数、等差数组生成函数，生成需要的数据。如果需要叠加噪声（如回归分析），可使用随机函数生成正态分布的样本模拟噪声。对分类问题，还需要使用类标签对样本进行标记。使用各种函数生成的一般是一维数组。如果要模拟多个特征，就需要生成多个一维数组，再使用拼接方法将多个数组进行横向拼接，生成多个特征（包括类标签）。如果要生成有多个类别的数据集，还需要对不同类别的数据集进行纵向拼接，生成含有不同类别的分类问题样本集。

【例 5-1】使用 hstack() 方法和 vstack() 方法堆叠产生分类数据集。

在二维平面内以三个不同位置为中心，产生正态分布的二维样本点，添加类标签。使用 hstack() 函数将特征和类标签进行横向拼接，生成单类样本。使用 vstack() 函数把三个类的样本纵向拼接为一个数据集。将数据集保存为 .csv 格式的数据文件，读取保存的文件。可视化保存前的数据集和读取的数据文件，进行对比观察。

设置数据文件保存路径。

In []:
```
# 使用 hstack() 方法和 vstack() 方法堆叠产生分类数据集。
# 在二维平面内以不同位置为中心，产生正态分布的样本点；
# 添加类标签，使用 hstack() 进行横向拼接，生成单类样本；
# 使用 vstack() 把多个类的样本纵向拼接为一个数据文件。
import os# 导入 os
import numpy as np
import matplotlib.pyplot as plt
import pandas as pd
path='D:\\PythonStudy\\Data\\'
# 如果 path 不存在，则创建它，包括一个或多个文件夹
if not os.path.exists(path):
    os.makedirs(path)
```

Out:

生成数据集，添加类标签。

In []:
```
# 在 x,y 平面内随机生成两类各 num 个正态分布的点，并分别添加类标签，形成数据集 X
num=100#100 个样本点
# 生成类 c0, 类标签为 0
c0_x0,c0_y0=0,0# 设置类 c0 样本中心
c0_x=c0_x0+np.random.randn(num,1)#num 行 1 列
c0_y=c0_y0+np.random.randn(num,1)#num 行 1 列
c0_labels=0*np.ones((num,1))#num 行 1 列，值全为 0
# 横向拼接，将数据和类标签合并为一个 num*3 的数组
c0=np.hstack((c0_x,c0_y,c0_labels))
```

In []:	# 观察类 c0
	print(' 类 c0 的前 5 行为：\n',c0[0:5,:])

Out:	类 c0 的前 5 行为： [[-0.10453074 -0.67036828 0.] [-0.44797001 0.87476405 0.] [1.19768767 1.16453365 0.] [0.16294616 -0.31881866 0.] [-0.67667213 0.39692877 0.]]

生成类 c1 的数据集。

In []:	# 生成类 c1, 类标签为 1
	c1_x0,c1_y0=6,1# 设置类 c1 样本中心
	c1_x=c1_x0+np.random.randn(num,1)#num 行 1 列
	c1_y=c1_y0+np.random.randn(num,1)#num 行 1 列
	c1_labels=1*np.ones((num,1))#num 行 1 列，值全为 1
	# 横向拼接，将数据和类标签合并为一个 num*3 的数组
	c1=np.hstack((c1_x,c1_y,c1_labels))
	# 观察类 c1
	print(' 类 c1 的前 5 行为：\n',c1[0:5,:])

Out:	类 c1 的前 5 行为： [[3.93111857 0.07443854 1.] [5.28370907 0.09860306 1.] [5.55013831 1.18245408 1.] [8.16491957 2.05957244 1.] [6.91193696 0.17780468 1.]]

生成类 c2 的数据集。

In []:	# 生成类 c2 数据集，类标签为 2
	c2_x0,c2_y0=1,7# 设置类 c2 样本中心
	c2_x=c2_x0+np.random.randn(num,1)#num 行 1 列
	c2_y=c2_y0+np.random.randn(num,1)#num 行 1 列
	c2_labels=2*np.ones((num,1))#num 行 1 列，值全为 1
	# 横向拼接，将数据和类标签合并为一个 num*3 的数组
	c2=np.hstack((c2_x,c2_y,c2_labels))
	# 观察类 c2
	print(' 类 c2 的前 5 行为：\n',c2[0:5,:])

Out:	类 c2 的前 5 行为： [[1.76358579 7.61420175 2.] [0.240216 7.98471258 2.] [0.13935355 6.18804774 2.]

Out:	[0.99086381 6.410205 2.]
	[2.13934697 7.2298512 2.]]

将 c0,c1,c2 三类数据纵向拼接，合并为一个数据集 X。

```
In []:    # 将 c0,c1,c2 三类数据纵向拼接，合并为一个数据集 X
          X=np.vstack((c0,c1,c2))
          print(' 数据集 X 的形状为：',X.shape)
          print(' 数据集 X 的大小为：',X.size)
```

Out:	数据集 X 的形状为： (300, 3)
	数据集 X 的大小为： 900

绘制原始数据和保存为数据文件后重新读取的数据散点图。

```
In []:    # 可视化 X
          # 绘制原始数据散点图，以 * 表示
          p = plt.figure(figsize=(12,8))
          plt.rc('font', size=14)# 设置图中字号大小
          plt.rcParams['font.sans-serif'] = 'SimHei'# 设置字体为 SimHei 以显示中文
          plt.rcParams['axes.unicode_minus']=False# 坐标轴刻度显示负号
          # 子图 1
          ax1 = p.add_subplot(2,2,1)
          plt.scatter(X[:, 0], X[:, 1], c=X[:,2])
          plt.axis('tight')# 修改 x、y 坐标的范围，让所有的数据显示出来
          plt.title(' 生成的数据样本 ')# 添加标题
          # 将 X 转换为 DataFrame 对象，保存为 .csv 格式文件
          pd.DataFrame(X).to_csv(path+'points_3classes.csv',sep = ',',index = False)
          # 读取数据文件，并转换为数组
          X1 = pd.read_csv(path+'points_3classes.csv',sep = ',',encoding = 'utf-8').values
          # 子图 2，可视化 X1，与 X 对比
          ax1 = p.add_subplot(2,2,2)
          plt.scatter(X[:, 0], X[:, 1], c=X[:,2])# 使用类标签设置点的颜色
          plt.axis('tight')
          plt.title(' 从数据文件读取的数据样本 ')# 添加标题
          plt.show() # 显示图片
```

Out:

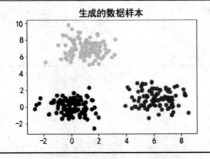
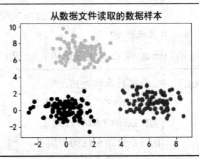

【范例分析】

本例生成不同类别二维特征样本的基本思路是：在二维平面以三个不同的位置为中心，产生二维随机数及其对应的类标签，共得到 3 个类别样本。对于分类或聚类问题，要把所有样本和类标签放在一个数据文件中。因此，需要将每个类别的每个特征和类标签先使用 numpy.hstack() 方法进行横向堆叠，然后将每个类别横向堆叠后的数据子集再使用 numpy.vstack() 方法纵向堆叠，即可得到含有 3 个类别、2 个特征、1 列类标签的数据集。对于生成的数据集，可使用 DataFrame().to_csv() 方法或其他方法，将数据集转换为 DataFrame 对象，并使用 to_csv() 方法将其保存为数据文件，便于以后读取使用。类似地，还可以生成具有多个特征属性和类别的样本。使用 numpy.hstack() 进行特征和类标签的横向拼接，注意，每个特征和类标签数组的长度（行形状）需相等。使用 numpy.vstack() 函数把不同类别的样本纵向拼接在一起，需注意这些类别样本的列形状应该相同。

除了上面用到的 numpy.hstack()、numpy.vstack() 函数，NumPy 还提供了 numpy.c_[] 函数，它能够将行形状相同的一个或多个一维数组横向拼接在一起。

【例 5-2】使用 numpy.c_[] 方法合并特征和目标，生成一元线性回归样本集。

在指定范围内生成均匀分布的自变量样本 X，产生正态分布的噪声，对因变量 $Y=2*X+3$ 叠加噪声。使用 array.ravel() 展平数组，使用 numpy.c_[] 将 X, Y 合并为二维数据集，生成回归问题样本集。将数据集保存为 .csv 格式的数据文件，读取该文件。可视化保存前的数据集和读取的数据文件，并进行对比观察。

In []:	# 使用 array.ravel() 展平数组；使用 numpy.c_[] 将等长数组（属性）对齐
	num=100
	X=np.random.uniform(0,10,num)
	noise=np.random.randn(num)
	Y=noise+2*X+3
	print('X 的形状为：',X.shape,'Y 的形状为：',Y.shape)
	# 将 X,Y 展平，将相同位置的值配对为一个二维坐标系的点
	XY=np.c_[X.ravel(),Y.ravel()]
	print(' 使用 np.c_[] 生成的数组 XY 的形状为：',XY.shape)
Out:	X 的形状为：(100,) Y 的形状为：(100,)
	使用 np.c_[] 生成的数组 XY 的形状为：(100, 2)

绘制保存前的原始数据散点图，以及保存为数据文件并重新读取的数据散点图。

In []:	# 可视化
	# 绘制原始数据散点图
	plt.rc('font', size=14)# 设置图中字号大小
	plt.rcParams['font.sans-serif'] = 'SimHei'# 设置字体为 SimHei 以显示中文
	plt.rcParams['axes.unicode_minus']=False# 坐标轴刻度显示负号
	p = plt.figure(figsize=(12,8))
	# 子图 1
	ax1 = p.add_subplot(2,2,1)
	plt.title(' 生成的数据 ')

```
In []:    plt.xlabel('x')# 添加横轴标签
          plt.ylabel('y')# 添加纵轴标签
          plt.scatter(XY[:,0], XY[:,1])
          # 将 X 转换为 DataFrame 对象，并保存为 .csv 格式文件
          path='D:\\PythonStudy\\Data\\'
          pd.DataFrame(XY).to_csv(path+'1x_regression.csv',sep = ',',index = False)
          # 读取数据文件，并转换为数组
          X1 = pd.read_csv(path+'1x_regression.csv',sep = ',',encoding = 'utf-8').values
          # 可视化 X1，与 X 对比
          ax1 = p.add_subplot(2,2,2)
          plt.title(' 读取的数据 ')
          plt.xlabel('x')# 添加横轴标签
          plt.ylabel('y')# 添加纵轴标签
          plt.scatter(X1[:, 0], X1[:, 1])
          plt.show() # 显示图片
```

Out:

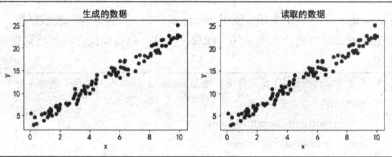

【范例分析】

本例生成线性回归问题样本集。产生自变量 X，根据线性模型 $Y=f(X)$ 产生 Y，并叠加噪声。由此得到的 X, Y 是具有相同样本数量的数组，因此可以使用 numpy.c_[] 方法将 X,Y 合并为二维数据集，生成回归问题样本集。numpy.c_[] 方法要求被合并的数据集具有相同的样本数量。为了便于以后读取，使用 DataFrame().to_csv() 方法将数据集转换为 DataFrame 对象并保存为 .csv 格式的数据文件。类似地，可以将更多的自变量与因变量使用 numpy.c_[] 拼接，形成多元回归问题样本集。

生成一个用于三元线性回归的数据集示例如下。

【例 5-3】使用 numpy.c_[] 方法合并特征和目标，生成三元线性回归样本集。

```
In []:    # 生成多元线性回归数据集
          X1=np.random.uniform(0,10,num)# 在 0~10 之间生成 num 个均匀分布的数
          X2=np.random.uniform(0,10,num)
          X3=np.random.uniform(0,10,num)
          noise=np.random.randn(num)# 生成正态分布的噪声
          a1,a2,a3,b=-5,3,6,-8
          Y=noise+a1*X1+a2*X2+a3*X3+b# 线性方程叠加噪声
          print('X1,X2,X3, 噪声 Y 的形状分别为：',X1.shape,X2.shape,X3.shape,Y.shape)
```

Out: X1、X2、X3, 噪声 Y 的形状分别为: (100,) (100,) (100,) (100,)

将 X1,X2,X3,Y 展平, 对应位置的元素组合为一个四维坐标系的样本点。

In []: # 将 X1,X2,X3,Y 展平, 相同位置的值配对为一个四维坐标系的点
Z=np.c_[X1.ravel(),X2.ravel(),X3.ravel(),Y.ravel()]
print(' 对齐后数据集 Z 的形状为: ',Z.shape)
print('Z 的前 5 行数据为: \n', Z[0:5,:])

Out: 对齐后数据集 Z 的形状为: (100, 4)
Z 的前 5 行数据为:
[[2.77176928 1.70357442 7.73586759 29.48282836]
 [6.02227427 9.41079492 7.79573919 36.96812652]
 [7.87105908 8.3825918   3.98585766 2.55218679]
 [7.86882016 3.0235811   9.62470202 19.80312   ]
 [1.02976028 9.48531119 3.34125869 33.35820937]]

将以上生成的数据集 Z 转换为 DataFrame 对象, 保存为 .csv 格式文件, 供后期使用。

In []: # 将 Z 转换为 DataFrame 对象, 保存为 .csv 格式文件
# 为每列设置名称, 即特征名称
df_Z=pd.DataFrame({'X1':Z[:,0],'X2':Z[:,1],'X3':Z[:,2],'Y':Z[:,3]})
df_Z.to_csv(path+'3x_regression.csv',sep = ',',index = False)
# 读取数据文件, 并转换为数组
X = pd.read_csv(path+'3x_regression.csv',sep = ',',encoding = 'utf-8')
print(' 读取数据集 X 的形状为: ',X.shape)
print(' 读取数据集 X 前 5 行的数据为: \n', X.head())# 第一行为列名称

Out: 读取的数据集 X 的形状为: (100, 4)
读取的数据集 X 前 5 行的数据为:
          X1   X2   X3   Y
0 2.771769 1.703574 7.735868 29.482828
1 6.022274 9.410795 7.795739 36.968127
2 7.871059 8.382592 3.985858   2.552187
3 7.868820 3.023581 9.624702 19.803120
4 1.029760 9.485311 3.341259 33.358209

【范例分析】

本例生成三元线性回归问题样本集。产生自变量 X1, X2, X3, 根据线性模型 Y=f(X1, X2, X3) 产生 Y, 并叠加噪声。由此得到的 X1, X2, X3, Y 是具有相同样本数量的数组, 因此可以使用 numpy.c_[] 方法将 X1, X2, X3,Y 合并为二维数据集, 生成三元线性回归问题样本集。numpy.c_[] 方法要求被合并的数据集具有相同的样本数量。为了便于以后读取使用, 使用 DataFrame().to_csv() 方法将数据集转换为 DataFrame, 并保存为 .csv 格式的数据文件。

5.2 使用 scikit-learn 样本生成器生成数据集

为了方便用户学习机器学习和数据挖掘的方法，机器学习库 scikit-learn 的数据集模块 sklearn.datasets 提供了 20 个样本生成函数，为分类、聚类、回归、主成分分析等各种机器学习方法生成模拟的样本集。这使用户在入门学习期间不必在获取真实数据集方面花费过多的时间，方便用户集中精力学习机器学习和数据挖掘的各种方法。在此挑选以下典型的样本生成函数进行介绍和练习。

1. 分类、聚类问题样本生成器 make_blobs()

对分类、聚类问题，sklearn.datasets 提供了典型的样本生成函数 sklearn.datasets.make_blobs()，其格式如下：

> sklearn.datasets.make_blobs(n_samples=100, n_features=2, centers=3, cluster_std=1.0, center_box=(-10.0, 10.0), shuffle=True, random_state=None)

主要参数含义说明如表 5-1 所示。

表 5-1 sklearn.datasets.make_blobs() 函数的主要参数含义

参数	n_samples	接收整数，表示要生成的样本数量，可选，默认为 100
	n_features	接收整数，表示样本特征的数量，可选，默认为 2
	centers	接收整数或形状为 [n_centers, n_features] 的数组，为整数时表示样本类别的数量，为数组时表示样本各个类的中心，可选，默认为 2
	cluster_std	接收浮点数或浮点数序列，表示类样本的标准差
返回	X	形状为 [n_samples, n_features] 的数组，即样本
	y	形状为 [n_samples] 的整数数组，即类标签

注：含义列中间跨行显示"含义"。

sklearn.datasets.make_blobs() 函数能够生成指定样本数量、特征数量、类别数量、类别中心、类别样本标准差的分类样本集。

【例 5-4】使用 make_blobs() 函数生成二元分类数据集。

使用 sklearn.datasets.make_blobs() 函数生成 100 个二元分类样本，并可视化生成的数据集。

```
In []:  #使用样本生成器 make_blobs 生成数据集
        #生成单标签样本
        #使用 make_blobs 生成 centers 个类的数据集 X，X 的形状为 (n_samples,n_features)
        #y 返回类标签
        from sklearn.datasets.samples_generator import make_blobs
        X, y = make_blobs(n_samples=100, centers=2, n_features=2,
                random_state=0)
        print('生成的属性集 X 的形状为：',X.shape)
        print('生成的类标签 y 的形状为：',y.shape)
        print('类标签 y 的前 10 个值为：',y[0:10])
```

Out:	生成的属性集 X 的形状为：(100, 2)
	生成的类标签 y 的形状为：(100,)
	类标签 y 的前 10 个值为：[1 1 0 0 1 0 0 1 0 1]

可视化生成的数据集 X，并按照类别 y 以不同颜色绘制散点图。

In []:	# 可视化
	plt.figure(figsize=(6, 4))
	plt.scatter(X[:,0],X[:,1],c=y)
	plt.title(' 使用 make_blobs 生成 2 类样本 ')# 添加标题
	plt.show() # 显示图片

Out:

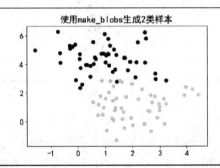

【范例分析】

本例中对 make_blobs() 方法仅指定了类的数量 (centers=2)，而没有指定类中心，系统自动随机分配类中心，类的界限可能不是很明显。如果想要得到具有明显区别的类，可以通过 centers 参数指定类的中心。样本的类标签由系统自动分配，记录在数组 y 中。在可视化时，将 y 设置为 scatter() 方法绘制样本散点图的颜色，能够将相同类别样本以同一种颜色绘制，而将不同类别样本以不同颜色绘制。

【例 5-5】使用 make_blobs() 函数生成指定中心的二元分类数据集。

使用 sklearn.datasets.make_blobs() 方法生成指定中心的 2 类样本，并可视化样本集。

In []:	# 使用样本生成器 make_blobs 生成数据集
	# 生成单标签样本
	# 使用 make_blobs 生成 centers 个类的数据集 X，X 形状为 (n_samples,n_features)
	# 指定每个类的中心位置，y 返回类标签
	centers = [(-5, 0), (5, 2)]
	X, y = make_blobs(n_samples=100, centers=centers, n_features=2,
	random_state=0)
	print(' 生成的属性集 X 的形状为：',X.shape)
	print(' 生成的类标签 y 的形状为：',y.shape)
	print(' 类标签 y 的前 10 个值为：',y[0:10])

Out:	生成的属性集 X 的形状为：(100, 2)
	生成的类标签 y 的形状为：(100,)
	类标签 y 的前 10 个值为：[0 1 0 1 1 0 0 1 0 0]

可视化生成的数据集 X，并按照类标签 y 以不同颜色绘制其散点图。

In []:	# 可视化
	plt.figure(figsize=(6, 4))
	plt.scatter(X[:,0],X[:,1],c=y)
	plt.title(' 使用 make_blobs 生成自定义中心的 2 类样本 ')# 添加标题
	plt.show() # 显示图片
Out:	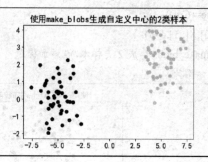

【 范例分析 】

本例中指定了 make_blobs() 方法的类中心参数 centers = [(-5, 0), (5, 2)]，两个类中心相隔较远，可以看出，与例 5-4 相比，本例生成的样本分类更为清晰。通过修改拟生成的样本数量 n_samples、样本中心数量 centers、样本特征数量 n_features 等参数，可以生成更多样的分类、聚类样本集。

【例 5-6】使用 make_blobs() 函数生成指定中心的三元分类数据集。

使用 sklearn.datasets.make_blobs() 函数生成指定类中心的 3 类样本，并可视化生成的样本集。

In []:	# 使用 make_blobs 生成 centers 个类的数据集 X，X 形状为 (n_samples,n_features)
	# 指定每个类的中心位置，y 返回类标签
	centers = [(-5, 0), (5, 2), (0, 5)]
	X, y = make_blobs(n_samples=300, centers=centers, n_features=2,
	random_state=0)
	plt.figure(figsize=(6, 4))
	plt.scatter(X[:,0],X[:,1],c=y,label="Class")
	plt.title(' 使用 make_blobs 生成自定义中心的 3 类样本 ')# 添加标题
	plt.show() # 显示图片
Out:	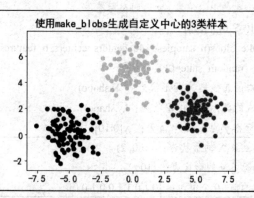

【范例分析】

本例中为 make_blobs() 方法指定了三个类中心位置 centers = [(-5, 0), (5, 2), (0, 5)]，获得 3 个类别的样本。通过设置 n_features 参数，可以生成具有更多特征的样本。由于多特征样本不便于可视化，在此不再举例，读者可自行练习。

2. 分类样本生成器 make_classification()

在实际数据中往往存在噪声、冗余，一些特征间存在相关性。这就需要对数据集进行去除噪声、主成分分析等预处理工作。为此，sklearn.datasets 提供了能够专门引入具有相关性、冗余和未知噪声的样本模拟生成器 datasets.make_classification()，用于数据预处理、主成分分析等模型的训练，其格式如下：

```
sklearn.datasets.make_classification(n_samples=100, n_features=20, n_informative=2, n_
redundant=2, n_repeated=0, n_classes=2, n_clusters_per_class=2, weights=None, flip_y=0.01, class_
sep=1.0, hypercube=True, shift=0.0, scale=1.0, shuffle=True, random_state=None)
```

datasets.make_classification() 函数的主要参数含义如表 5-2 所示。

表 5-2 sklearn.datasets.make_classification() 函数的主要参数含义

参数	n_samples	接收整数，表示要生成的样本数量，可选，默认为 100
	n_features	接收整数，表示样本特征的数量，可选，默认为 20
	n_redundant	接收整数，表示冗余特征的数量，可选，默认为 2
	n_classes	接收整数，表示类标签，可选，默认为 2
返回	X	形状为 [n_samples, n_features] 的数组，即样本
	y	形状为 [n_samples] 的整数数组，即类标签

【例 5-7】使用 make_classification() 函数生成三元分类数据集。

使用 datasets.make_classification() 函数生成冗余、有噪声、10 个特征的三元分类样本。

```
In []:    # 使用 make_classification() 函数生成三元分类数据集
          from sklearn import datasets
          # 使用 make_classification 生成分类样本，
          # 在样本中引入相关的、冗余的和未知的噪声
          X, y = datasets.make_classification(n_samples=100, n_features=10,
                          n_informative=6, n_redundant=2,
                          n_classes=3,random_state=42)
          print(' 分类特征集 X 的形状为 ',X.shape)
          print(' 类标签 y 的形状为 ',y.shape)
          print(' 分类特征集 X 的前 5 行为: \n',X[0:5,:])
          print(' 类标签 y 的前 5 个值为: ',y[0:5])
```

Out: 分类特征集 X 的形状为 (100, 10)

类标签 y 的形状为 (100,)

分类特征集 X 的前 5 行为：

[[-0.28328851 1.4437646 2.92354649 2.65306393 2.10748891 -1.086392

  -1.25153942 0.17931475 2.41531065 0.56213344]

 [-1.51319581 -0.38770156 0.94017807 0.67355598 1.24067726

-0.11473861

  -0.61278869 -0.69460862 0.91974318 0.03253993]

 [1.5217875 -1.88954073 0.57557862 -2.18949908 -3.96155964

  1.22086168

  -0.44618343 0.49667152 -2.32641181 -2.6442781]

 [-1.67705392 1.80094043 -0.44898153 -1.04320616 0.9059022

  -1.17533653

  -0.6763923 0.06356585 -0.70009994 -0.35773609]

 [0.76569273 -1.07008477 -0.93941605 -3.80885417 -1.31690104 -0.06108763

  1.846637 -2.88641867 1.69569813 0.06827289]]

类标签 y 的前 5 个值为：[0 1 1 1 0]

【范例分析】

make_classification() 方法使用 n_samples 参数传入要生成的样本数量，n_features 参数传入要生成的样本特征数量，n_redundant 参数传入冗余特征数量，n_classes 参数传入类别数量，将生成具有指定样本数量、类别数量、特征数量、冗余特征数量等指标的分类样本集。

3. 回归问题样本生成器 make_regression()

回归是根据已知样本中因变量随自变量的变化趋势，拟合出因变量与自变量之间的线性或非线性的曲线，当有新的自变量值时，据此模型预测因变量的值。sklearn.datasets 提供了用于回归分析的样本生成器函数 sklearn.datasets.make_regression()，其格式如下：

```
sklearn.datasets.make_regression(n_samples=100, n_features=100, n_informative=10, n_
targets=1, bias=0.0, effective_rank=None, tail_strength=0.5, noise=0.0, shuffle=True, coef=False, random_
state=None)
```

datasets.make_regression() 函数的主要参数含义如表 5-3 所示。

表 5-3 sklearn.datasets.make_regression() 函数的主要参数含义

参数	n_samples	含义	接收整数，表示要生成的样本数量，可选，默认为 100
	n_features		接收整数，表示样本特征的数量，可选，默认为 100
	n_targets		接收整数，表示输出 y 的维数，可选，默认为 1
	noise		接收浮点数，表示叠加到输出 y 的高斯噪声标准差，可选，默认为 0.0

返回	X		形状为 [n_samples, n_features] 的数组，即输入样本
	y		形状为 [n_samples] 或 [n_samples, n_targets] 的数组，即输出
	coef		形状为 [n_features] 或 [n_features, n_targets] 的数组，线性模型的自变量系数，可选，仅当 coef 参数设置为 True 时返回

【例 5-8】 使用 make_regression() 函数生成多特征回归数据集。

使用 sklearn.datasets.make_regression() 函数生成具有 100 个样本、4 个特征（自变量）的回归样本集，观察样本集的前 5 行。

```
In []:    # 生成回归样本
          X, y = datasets.make_regression(n_samples=100, n_features=4,
                          random_state=0, noise=4.0,
                          bias=100.0)
          print(' 特征集 X 的形状为 ',X.shape)
          print('y 的形状为 ',y.shape)
          print(' 特征集 X 的前 5 行为：\n',X[0:5,:])
          print('y 的前 5 个值为：',y[0:5])
```

```
Out:    特征集 X 的形状为 (100, 4)
        y 的形状为 (100,)
        特征集 X 的前 5 行为：
        [[ 0.42625873  0.67690804 -2.06998503  1.49448454]
        [-1.33425847 -1.34671751 -0.46071979  0.66638308]
        [-0.91282223  1.11701629  0.94447949  2.38314477]
        [ 0.74718833 -1.18894496  0.94326072 -0.70470028]
        [-0.1359497   1.13689136 -1.06001582  2.3039167 ]]
        y 的前 5 个值为： [ 148.96141773 -107.63762746 216.01108985  69.8352514  198.22843878]
```

【范例分析】

make_regression() 方法使用 n_samples 参数传入要生成的样本数量，n_features 参数传入要生成的特征（自变量）数量，并通过 random_state, noise, bias 等参数传入样本的随机状态、噪声、偏置等指标，生成回归问题数据集。其中，X 返回自变量集，y 返回因变量集。

4. 其他样本生成器

sklearn.datasets 模块还提供了一些有趣的样本生成器函数，用于生成分类或聚类问题的模拟数据集，其中包括著名的双圆形数据集合、交错半圆形数据集等。双圆形数据集生成器生成两个同心圆并叠加噪声的二元分类样本集，其函数为 sklearn.datasets.make_circles()；交错半圆形数据集生成两个相互交错的半圆作为二元分类样本集，其函数为 sklearn.datasets.make_moons()，它们的格式为：

sklearn.datasets.make_circles(n_samples=100, shuffle=True, noise=None, random_state=None, factor=0.8)

sklearn.datasets.make_moons(n_samples=100, shuffle=True, noise=None, random_state=None)

两个函数都有一个主要参数 n_samples，接收整数，表示要生成的样本数量。

【例 5-9】使用 make_circles() 函数生成双圆形数据集。

使用 sklearn.datasets.make_circles() 函数生成有 500 个样本的双圆形样本集，并可视化生成的样本集。

In []: # 生成双圆形样本集

n_samples = 500

X, y = datasets.make_circles(n_samples=n_samples, factor=.5,

noise=.05)

print('circles 特征集 X 的形状为 ',X.shape)

print('circles 类标签 y 的形状为 ',y.shape)

print('circles 特征集 X 的前 5 行为： \n',X[0:5,:])

print('circles 类标签 y 的前 5 个值为： ',y[0:5])

Out: circles 特征集 X 的形状为 (500, 2)

circles 类标签 y 的形状为 (500,)

circles 特征集 X 的前 5 行为：

[[-0.39398308 0.28847416]

[-1.00060216 0.14462656]

[0.42265279 0.13193769]

[0.27851349 -0.98702593]

[0.3373128   0.27516258]]

circles 类标签 y 的前 5 个值为：[1 0 1 0 1]

可视化生成的样本集。

In []: # 可视化

plt.figure(figsize=(6, 4))

plt.scatter(X[:,0],X[:,1],c=y,label="Class")

plt.title(' 使用 make_circles 生成的样本 ')# 添加标题

plt.show() # 显示图片

Out:

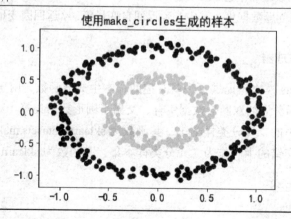

【范例分析】

make_circles() 方法生成双圆形样本集，通过 n_samples 参数传入要生成的样本数量，两个圆的样本数量相同。返回 X, y 两个数组，X 为特征集，y 为目标集，即类标签。

【例 5-10】使用 make_moons() 函数生成交错半月形数据集。

使用 sklearn.datasets.make_moons() 生成有 500 个样本的交错半月形样本集，并可视化生成的样本集。

In []: # 生成交错半月形样本集
      X, y = datasets.make_moons(n_samples=n_samples, noise=.05)
      print('moons 特征集 X 的形状为 ',X.shape)
      print('moons 类标签 y 的形状为 ',y.shape)
      print('moons 特征集 X 的前 5 行为: \n',X[0:5,:])
      print('moons 类标签 y 的前 5 个值为: ',y[0:5])

Out: moons 特征集 X 的形状为 (500, 2)
      moons 类标签 y 的形状为 (500,)   [0.21338844 0.98778604]
      moons 特征集 X 的前 5 行为: [0.30235385 0.92266521]
      [[-0.39650164 0.87358707]   [0.83533845 0.5804843]]
      [0.98114679 0.11724115]   moons 类标签 y 的前 5 个值为: [0 0 0 0 0]

可视化生成的样本集。

In []: # 可视化
      plt.figure(figsize=(6, 4))
      plt.scatter(X[:,0],X[:,1],c=y,label="Class")
      plt.title(' 使用 make_moons 生成的样本 ')# 添加标题
      plt.show() # 显示图片

Out:

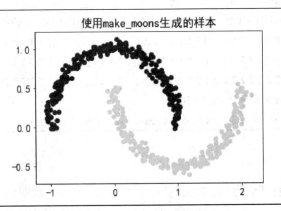

【范例分析】

make_moons() 方法使用 n_samples 参数传入要生成的样本数量，两个半圆的样本数量相同。该方法返回 X, y 两个数组，X 为特征集，y 为目标集。

5.3 访问 scikit-learn 自带数据文件

　　为了使用户在练习 scikit-learn 时能够方便地使用真实世界的数据，scikit-learn 的 datasets 模块自带了一些数据集，包括鸢尾花数据集、波士顿房价数据集、红酒数据集、糖尿病数据集、乳腺癌数据集等。用户可以使用 datasets.load_dataset_name() 等函数加载数据集，用于分类、聚类、回归等问题的练习。

　　用户导入 datasets 模块，使用 datasets.load_dataset_name() 等命令加载数据集，将其赋值给一个数据集对象。由于事先不知道数据集的内容，用户可以通过打印该数据集的对象名字来观察数据集的全部内容，查看其 data, target, feature_names 等内容、属性，以及数据集的介绍等。

【例 5-11】加载并观察 scikit-learn 自带数据集 iris。

　　iris 数据集记录了 3 种鸢尾花的 4 个特征，共有 150 个样本。特征值在 data 子集存放，类标签在 target 子集存放。花的名称可通过 target_names 属性访问。iris 可用于分类、聚类 (去掉类标签) 问题。

In []:	# 加载 scikit-learn 自带数据集 iris
	from sklearn import datasets
	iris = datasets.load_iris()
	#print('iris 的内容为：\n',iris)
	#print('iris.data 的内容为：\n',iris.data)
	print('iris.data 的形状为：',iris.data.shape)
	print('iris.target 的内容为：\n',iris.target)
	print('iris.target 的形状为：',iris.target.shape)
	print('iris.target 的鸢尾花名称为：\n',iris.target_names)
Out:	iris.data 的形状为：(150, 4)
	iris.target 的内容为：
	[0 0 0 0 0 0 0 0 0 0 0 0 0 0 0 0 0 0 0 0 0 0 0 0 0 0 0 0 0 0 0 0 0 0 0 0 0 0
	0 0 0 0 0 0 0 0 0 0 0 0 1 1 1 1 1 1 1 1 1 1 1 1 1 1 1 1 1 1 1 1 1 1 1 1 1 1
	1 1 1 1 1 1 1 1 1 1 1 1 1 1 1 1 1 1 1 1 1 1 1 1 2 2 2 2 2 2 2 2 2 2 2
	2 2 2 2 2 2 2 2 2 2 2 2 2 2 2 2 2 2 2 2 2 2 2 2 2 2 2 2 2 2 2 2 2 2 2 2 2]
	iris.target 的形状为：(150,)
	iris.target 的鸢尾花名称为：['setosa' 'versicolor' 'virginica']

【范例分析】

　　iris 数据集的特征集为 iris.data，其形状为 (150, 4)。iris 数据集的目标集为 iris.target，其形状为 (150,)，共有 3 个类别，类标签分别为 0、1、2。对应的鸢尾花名称为 'setosa' 'versicolor' 'virginica'。

　　上例中，由于 iris 的内容和 iris.data 的内容较多，打印出来占用篇幅较大，因此将其打印命令注释掉。读者上机练习时可解除注释，自行打印观察，以下例子与此情况相同。

【例 5-12】加载并观察 scikit-learn 的自带数据集 boston。

　　boston 数据集是一个包含 13 个特征、1 个目标和 506 个样本的房价数据集，可用于回归问题。

其中，特征值在 data 中存放，目标值在 target 中存放，特征名称可通过 feature_names 访问。

In []:	# 加载 scikit-learn 自带数据集 boston
	boston=datasets.load_boston()
	#print('boston 的内容为：\n',boston)
	#print('boston.data 的内容为：\n',boston.data)
	print('boston.data 的形状为：',boston.data.shape)
	#print('boston.target 的内容为：\n',boston.target)
	print('boston.target 的形状为：',boston.target.shape)
	print('boston.target 的特征名称为：\n',boston.feature_names)
Out:	boston.data 的形状为： (506, 13)
	boston.target 的形状为： (506,)
	boston.target 的特征名称为：
	['CRIM' 'ZN' 'INDUS' 'CHAS' 'NOX' 'RM' 'AGE' 'DIS' 'RAD' 'TAX' 'PTRATIO' 'B' 'LSTAT']

【范例分析】

boston 数据集的特征集为 boston.data，其形状为 (506, 13)。它的目标集为 boston.target，其形状为 (506,)。特征集共有 13 个特征，对应的特征名称为 ['CRIM' 'ZN' 'INDUS' 'CHAS' 'NOX' 'RM' 'AGE' 'DIS' 'RAD' 'TAX' 'PTRATIO' 'B' 'LSTAT']。

【例 5-13】加载并观察 scikit-learn 自带数据集 diabetes。

diabetes 是一个关于糖尿病诊断的数据集，它提供了 442 条、10 个特征的糖尿病诊断数据。特征值在 data 中存放，诊断结果（类标签）在 target 中存放，可以通过访问 feature_names 查看特征名称。diabetes 数据集可用于分类、聚类（去掉类标签）问题。

In []:	# 加载 scikit-learn 自带数据集 diabetes
	diabetes=datasets.load_diabetes()
	#print('diabetes 的内容为：\n',diabetes)
	#print('diabetes.data 的内容为：\n',diabetes.data)
	print('diabetes.data 的形状为：',diabetes.data.shape)
	#print('diabetes.target 的内容为：\n',diabetes.target)
	print('diabetes.target 的形状为：',diabetes.target.shape)
	print('diabetes.target 的特征名称为：\n',diabetes.feature_names)
Out:	diabetes.data 的形状为： (442, 10)
	diabetes.target 的形状为： (442,)
	diabetes.target 的特征名称为： ['age', 'sex', 'bmi', 'bp', 's1', 's2', 's3', 's4', 's5', 's6']

【范例分析】

diabetes 数据集收集了 442 条、10 个特征的糖尿病诊断数据。其中特征值在 diabetes.data 中存放，诊断结果（类标签）在 diabetes.target 中存放，可以通过访问 feature_names 查看特征名称。diabetes 数据集可用于分类、聚类问题。

【例 5-14】加载并观察 scikit-learn 自带数据集 digits。

digits 是一个用于数字手写体识别的数据集，可用于分类问题。该数据集共有 1797 个样本，每个样本包括 8*8 像素的图像和一个 0~9 整数中的某个数的标签。样本像素值以 64 个特征的形式保存在 data 中，类标签保存在 target 中。

In []: # 加载 scikit-learn 自带数据集 digits

digits=datasets.load_digits()

#print('digits 的内容为：\n',digits)

#print('digits.data 的内容为：\n',digits.data)

print('digits.data 的形状为：',digits.data.shape)

#print('digits.target 的内容为：\n',digits.target)

print('digits.target 的形状为：',digits.target.shape)

print('digits.target 的目标名称为：\n',digits.target_names)

#print('digits.images 的内容为：\n',digits.images)

print('digits.images 的形状为：\n',digits.images.shape)

Out: digits.data 的形状为：(1797, 64)

digits.target 的形状为：(1797,)

digits.target 的特征名称为：[0 1 2 3 4 5 6 7 8 9]

digits.images 的形状为：(1797, 8, 8)

【范例分析】

digits 数据集的特征集为 digits.data，其形状为 (1797, 64)，每条每个样本有 64 个特征，为 8*8 灰度图像按行展平的像素值。其中目标集为 digits.target，形状为 (1797,)。digits.target 的目标名称为 [0 1 2 3 4 5 6 7 8 9]，即目标为 0~9 的 10 个数字。此外，digits 数据集还在 digits.images 中保存了每个数字手写体的原始灰度图像数据，其形状为 (1797, 8, 8)。

【例 5-15】加载并观察 scikit-learn 自带数据集 linnerud。

linnerud 数据集用于多元回归分析。它有 20 个样本，每个样本有 3 个自变量特征和 3 个目标特征，分别保存在 data 和 target 中。自变量、因变量的特征名称分别可以通过 feature_names 和 target_names 查看。

In []: # 加载 scikit-learn 自带数据集 linnerud

linnerud=datasets.load_linnerud()

#print('linnerud 的内容为：\n',linnerud)

#print('linnerud.data 的内容为：\n',linnerud.data)

print('linnerud.data 的形状为：',linnerud.data.shape)

print('linnerud.data 的特征名称为：\n',linnerud.feature_names)

#print('linnerud.target 的内容为：\n',linnerud.target)

print('linnerud.target 的形状为：',linnerud.target.shape)

print('linnerud.target 的特征名称为：\n',linnerud.target_names)

Out:	linnerud.data 的形状为：(20, 3)
	linnerud.data 的特征名称为：['Chins', 'Situps', 'Jumps']
	linnerud.target 的形状为：(20, 3)
	linnerud.target 的特征名称为：['Weight', 'Waist', 'Pulse']

【范例分析】

linnerud 数据集的特征集（自变量）为 linnerud.data，其形状为 (20, 3)，因此它是一个三元回归问题。3 个特征的名称为 ['Chins', 'Situps', 'Jumps']。目标集为 linnerud.target，其形状为 (20, 3)。目标集也有 3 个特征，其名字分别为 ['Weight', 'Waist', 'Pulse']。因此 linnerud 数据集是一个多（三）元多（3）目标回归问题。

【例 5-16】加载并观察 scikit-learn 自带数据集 wine。

wine 数据集用于酒的多元分类或聚类。它有 13 个特征、3 个类别和 178 个样本。特征值保存在 data 中，类标签保存在 target 中。可以通过 feature_names 和 target_names 查看特征名和目标名。

In []:	# 加载 scikit-learn 自带数据集 wine
	wine=datasets.load_wine()
	#print('wine 的内容为：\n',wine)
	#print('wine.data 的内容为：\n',wine.data)
	print('wine.data 的形状为：',wine.data.shape)
	#print('wine.target 的内容为：\n',wine.target)
	print('wine.target 的形状为：',wine.target.shape)
	print('wine.target 的目标名称为：\n',wine.target_names)
Out:	wine.data 的形状为：(178, 13)
	wine.target 的形状为：(178,)
	wine.target 的目标名称为：['class_0' 'class_1' 'class_2']

【范例分析】

wine 数据集的特征集为 wine.data，其形状为 (178, 13)，共有 178 个样本，每个样本有 13 个特征。其中，目标集为 wine.target，形状为 (178,)，共有 3 个类别，名称为 ['class_0' 'class_1' 'class_2']。

【例 5-17】加载并观察 scikit-learn 自带数据集 breast_cancer。

breast_cancer 数据集用于乳腺癌的分类和聚类。它有 569 个样本、30 个特征、2 个类别。特征值和类标签分别保存在 data 和 target 中，特征名称和类名称分别可以通过 feature_names 和 target_names 查看。

```
In []:    # 加载 scikit-learn 自带数据集 breast_cancer
          breast_cancer=datasets.load_breast_cancer()
          #print('breast_cancer 的内容为：\n',breast_cancer)
          #print('breast_cancer.data 的内容为：\n',breast_cancer.data)
          print('breast_cancer.data 的形状为：',breast_cancer.data.shape)
          print('breast_cancer 的特征名称为：\n',breast_cancer.feature_names)
          #print('breast_cancer.target 的内容为：\n',breast_cancer.target)
          print('breast_cancer.target 的形状为：',breast_cancer.target.shape)
          print('breast_cancer.target 的目标名称为：',breast_cancer.target_names)

Out:      breast_cancer.data 的形状为：(569, 30)
          breast_cancer 的特征名称为：
           ['mean radius' 'mean texture' 'mean perimeter' 'mean area'
           'mean smoothness' 'mean compactness' 'mean concavity'
           'mean concave points' 'mean symmetry' 'mean fractal dimension'
           'radius error' 'texture error' 'perimeter error' 'area error'
           'smoothness error' 'compactness error' 'concavity error'
           'concave points error' 'symmetry error' 'fractal dimension error'
           'worst radius' 'worst texture' 'worst perimeter' 'worst area'
           'worst smoothness' 'worst compactness' 'worst concavity'
           'worst concave points' 'worst symmetry' 'worst fractal dimension']
          breast_cancer.target 的形状为：(569,)
          breast_cancer.target 的目标名称为：['malignant' 'benign']
```

【范例分析】

breast_cancer 数据集的特征集为 breast_cancer.data，其形状为 (569, 30)，共有 569 个样本，每个样本有 30 个特征，特征名称为 ['mean radius' 'mean texture' 'mean perimeter' 'mean area' 'mean smoothness' 'mean compactness' 'mean concavity' 'mean concave points' 'mean symmetry' 'mean fractal dimension' 'radius error' 'texture error' 'perimeter error' 'area error' 'smoothness error' 'compactness error' 'concavity error' 'concave points error' 'symmetry error' 'fractal dimension error' 'worst radius' 'worst texture' 'worst perimeter' 'worst area' 'worst smoothness' 'worst compactness' 'worst concavity' 'worst concave points' 'worst symmetry' 'worst fractal dimension']。目标集为 breast_cancer.target，目标名称为 ['malignant' 'benign']。

5.4 访问外部数据文件

用户若要访问外部数据集，可以使用 5.3 节的方法访问本地或网络上的文本文件，或者使用数据库访问方法访问外部数据库。

【例 5-18】加载并观察汽车销售数据集。

In []:　# 加载外部数据

　　　path='D:\\PythonStudy\\Data\\'

　　　# 读取数据文件，注意，encoding 的值要与文件的编码类型一致

　　　X = pd.read_csv(path+'vehicle_sales.csv',sep = ',',encoding = 'ANSI')

　　　print('X 的各特征属性名称为：\n',X.columns)

　　　print('X 的形状为：',X.shape)

　　　print('X 的前 5 行为：\n',X.head())

Out:　X 的各特征属性名称为：

　　　 Index(['date', 'salesman_name', 'vehicle_type', 'counts', 'price', 'discount',

　　　　　'amounts'],

　　　　　dtype='object')

　　　X 的形状为：(309, 7)

　　　X 的前 5 行为：

	date	salesman_name	vehicle_type	counts	price	discount	amounts
0	2018-9-1	赵静	车型 1	1	13	0.0	13.0
1	2018-9-1	韦小宝	车型 3	1	18	0.0	18.0
2	2018-9-1	李世民	车型 1	1	13	0.0	13.0
3	2018-9-1	张三丰	车型 4	1	20	0.0	20.0
4	2018-9-1	程咬金	车型 1	1	13	0.0	13.0

【范例分析】

访问外部数据集，可以根据数据集的类型选择相应的读取方法。本例访问的是 .csv 格式文件，因此使用 read_csv() 方法。

5.5　综合实例——加载 boston 数据集、另存为并重新访问

通过访问 scikit-learn 自带的回归问题数据集 boston，将其分别另存为 .csv 格式和 Excel 文件，并分别重新读取，将这三种数据文件使用 seaborn 的 pairplot() 方法可视化，综合练习本章生成、加载数据集的典型方法。

【例 5-19】加载观察 boston 数据集并保存为其他格式文件。

加载 scikit-learn 自带数据集 boston，进行可视化，再另存为 .csv 文件和 excel 文件，并分别可视化。

加载 boston 数据集，观察其特征集、目标集形状等基本信息。

In []: # 综合实例：加载 scikit-learn 自带数据集 boston，进行可视化，再另存为 .csv 文件和 excel 文件，

并分别可视化

from sklearn import datasets

import pandas as pd

import numpy as np

import seaborn as sns

boston=datasets.load_boston()

print('boston.data 的形状为：',boston.data.shape)

print('boston.target 的形状为：',boston.target.shape)

print('boston.target 的特征名称为：\n',boston.feature_names)

df_boston=pd.DataFrame(np.hstack((boston.data,boston.target.reshape(-1,1))))

Out: boston.data 的形状为：(506, 13)

boston.target 的形状为：(506,)

boston.target 的特征名称为：

['CRIM' 'ZN' 'INDUS' 'CHAS' 'NOX' 'RM' 'AGE' 'DIS' 'RAD' 'TAX' 'PTRATIO'

'B' 'LSTAT']

上面的代码中，先使用 hstack() 方法将 boston.data 与 boston.target 两个数组横向堆叠为一个数组，从而将特征集与目标集合并。然后使用 DataFrame() 方法将合并后的数据集转换为 DataFrame 对象，便于后续可视化和保存为数据文件。下面使用 pairplot() 方法绘制 df_boston 的数值型两两特征间的关系图。

In []: sns.pairplot(df_boston)# 必须是 DataFrame 对象

Out:

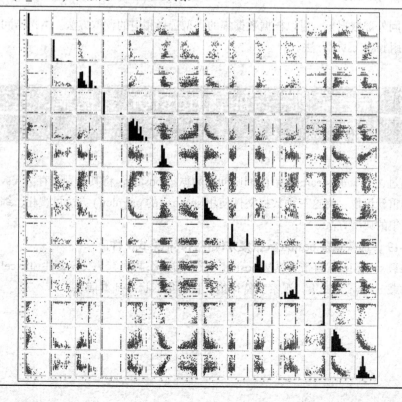

通过上面的两两特征间散点图，可以大致了解哪些特征间存在相关性（线性关系），以及每个特征的大致分布情况。下面将数据集保存为 .csv 格式文本文件，并读取该文件，绘制两两特征间的散点图，与上图进行对比。

In []:
```
# 创建或访问一个文件夹
import os
path='D:\\PythonStudy\\data\\'
if not os.path.exists(path):
  os.makedirs(path)
# 保存为 .csv 文本文件
df_boston.to_csv(path+'boston.csv',sep = ',',index = False) # 保存为 .csv 文本文件
loaded_boston=pd.read_table(path+'boston.csv',
    sep = ',',encoding = 'gbk')# 读取 .csv 文本文件
sns.pairplot(loaded_boston)# 必须是 DataFrame 对象
```

Out:

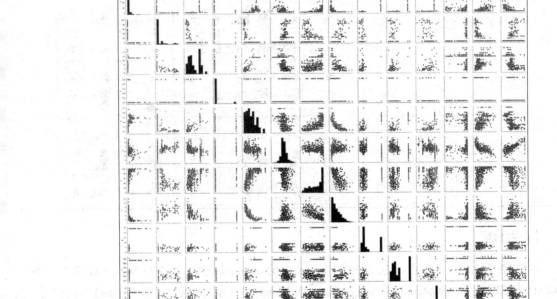

将两幅图像进行对比，发现两幅图完全一致，说明数据集在保存前和保存后没有发生改变。下面将数据集保存为 Excel 格式文件，并重新读取，可视化两两特征间的关系。

In []: # 保存为 Excel 文件

df_boston.to_excel(path+'boston.xls')

loaded_boston2=pd.read_excel(path+'boston.xls')

sns.pairplot(loaded_boston2)# 必须是 DataFrame 对象

Out:

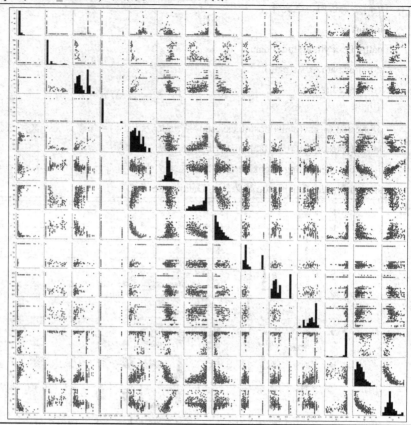

【范例分析】

本例使用 load_boston() 方法加载 scikit-learn 的 datasets 模块自带的 boston 数据集，使用 hstack() 方法将特征集 boston.data 与目标集 boston.target 横向合并。使用 DataFrame() 方法将合并后的数据集转换为 DataFrame 对象，分别保存为 .csv 格式和 Excel 格式文件。重新读取保存的文件，对保存前的数据集和保存后再读取的数据文件，分别绘制两两特征间散点图并进行对比。观察特征间的相关性和特征的分布，以及数据集在保存前和保存后是否发生改变。

5.6 本章小结

数据是机器学习、数据挖掘的基础和处理对象。真实世界的数据往往较难获取，为了方便用户将主要精力集中于学习机器学习、数据挖掘的方法，NumPy 和机器学习模块 scikit-learn 提供了许多模拟数据集生成方法，可以使用 NumPy 的数组对象生成样本，使用横向拼接、纵向拼接将不同特征、不同类别的样本组合成一个多特征、多类别的数据集。机器学习库 scikit-learn 的数据集模块 sklearn.datasets 提供了 20 个样本生成函数，用户可以为分类、聚类、回归、主成分分析等各种机器学习方法生成模拟的样本集。datasets 模块自带了鸢尾花数据集、波士顿房价数据集、红酒数据集、糖尿病数据集、乳腺癌数据集等，用户可以加载这些数据集，用于分类、聚类、回归等问题的练习。用户也可以使用数据文件访问方法，访问各种真实世界的数据集。

5.7 习题

（1）分别以 0、0、5、0 为中心，各生成 100 个正态分布的样本。将前两组样本横向拼接，作为类 0，并与类标签横向拼接；将后两组样本横向拼接，作为类 1，并与类标签横向拼接。将类 0 和类 1 纵向拼接，生成具有两个类、两个特征和一列类标签的数据集 X。

（2）使用 make_blobs() 函数生成一个具有 500 个样本、5 个特征的分类数据集，观察数据集的前 5 行。

（3）使用 make_classification() 函数生成一个具有 500 个样本、8 个特征（其中有 2 个冗余特征）、3 个类别的分类数据集，观察数据集的前 5 行。

（4）加载 scikit-learn 的 datasets 模块自带的鸢尾花数据集、波士顿房价数据集、糖尿病数据集、乳腺癌数据集，观察数据集的内容和其他属性。

（5）加载汽车销售数据集文件，观察其形状、维度、大小等属性，并观察前 5 行数据。

5.8 高手点拨

在综合实例中，将 boston.data 和 boston.target 保存为 .csv 文件或 .xls 文件之前，需要先将二者合并为一个数组，然后再转化为 DataFrame 对象。可以使用 boston.feature_names 的值为 DataFrame 对象中的 data 部分赋值特征名，但由于 DataFrame 中多了一个 target，因此 boston.feature_names 中的特征名称数量不够用，此时可以使用 numpy.append() 方法，在 boston.feature_names 的末尾加上一个 target 名称。最后在使用 DataFrame() 方法时，将其赋值给 columns 参数，即可为每个列设置名称，其语句如下：

```
columns=np.append(boston.feature_names,'values')
df_boston=pd.DataFrame(np.hstack((boston.data,boston.target.reshape(-1,1))),columns=columns)
sns.pairplot(df_boston)
```

程序运行结果如图 5-1 所示。从绘制的图形可以看出，在横轴和纵轴上出现了每列的名称，可方便用户观察特征间的关系，以及房价与各特征间的关系。

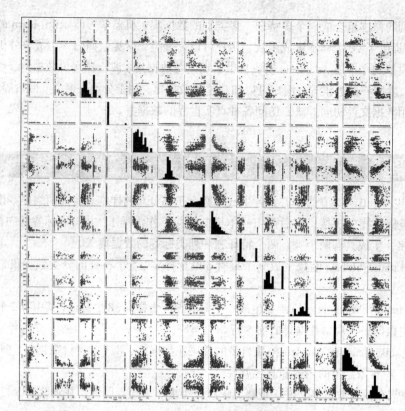

图 5-1 添加了列名称的 boston 数据集两两特征关系图

第 6 章

6

数据分析第二步——数据预处理

实际数据往往有缺失值、重复值、噪声，不同特征的值的数量级也可能有较大差别，还有一些特征不是数值型数据，而是类别型数据。这些都会影响到机器学习和数据挖掘的模型训练。因此，在训练模型之前，必须对数据进行预处理。本章介绍数据预处理的一般流程和常用方法，包括使用 scikit-learn 的 preprocessing 模块进行 Z-score 标准化、极差标准化、正则化、二值化、缺失值插补、特征编码等方法。

6.1 数据预处理的基础知识

一般的数据预处理包括去除唯一属性、处理缺失值、属性编码、数据标准化和正则化、特征选择、主成分分析等，本节将介绍数据预处理的常用方法，并简要介绍 Pandas 和 scikit-learn 的数据预处理方法。

6.1.1 ► 一般流程和常用方法

在实际的生活中产生的数据往往存在有缺失值、重复值、噪声等问题，因此在进入机器学习和数据挖掘之前需要进行数据预处理。针对不同的任务和数据集属性，数据预处理的流程也会有所不同。常用的一般流程为：去除唯一属性、缺失值插补、特征编码、特征二值化、特征标准化、特征正则化、主成分分析等，如图 6-1 所示。

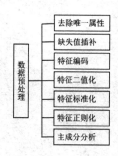

图 6-1 数据预处理的一般流程

1. 去除唯一属性

唯一属性是指类似于身份证号、编号等的 ID 属性，这些属性并不能刻画样本自身的分布规律，所以可简单地将这些属性从数据表中删除。

2. 缺失值插补

由于各种客观和主观原因，数据库中经常存在缺失值。对缺失值需要进行补全，才能作为机器学习模型训练的数据使用。常见的缺失值补全方法有均值插补、同类均值插补、众数插补、建模预测、高维映射、多重插补、极大似然估计、压缩感知和矩阵补全等。

（1）均值插补是使用属性的平均值来插补缺失值。

（2）同类均值插补要先将样本进行分类，然后以缺失值样本所在类的属性均值来插补缺失值。

（3）众数插补是使用属性值的中位数来进行插补。

（4）建模预测是将缺失的属性作为预测目标来预测，将数据集按照是否含有特定属性的缺失值分为两类，利用机器学习算法对数据集的缺失值进行预测。

（5）高维映射是将属性映射到高维空间，采用独热码编码技术，将包含 K 个离散取值范围的

属性值扩展为 $K+1$ 个属性值，若该属性值缺失，则将扩展后的第 $K+1$ 个属性值设为 1。这种做法较为精确，保留了所有的信息，也未添加任何额外信息，但若预处理时把所有的变量都这样处理，会大大增加数据的维度。这样做的好处是完整保留了原始数据的全部信息，不用考虑缺失值；缺点是计算量大大提升，且只有在样本量非常大的时候效果才好。

（6）多重插补认为待插补的值是随机的，实践时通常是估计出待插补的值，并叠加不同的噪声，形成多组可选插补值。

插补处理只是将未知值补以人们的主观估计值，不一定完全符合客观事实。在一些情况下，根据对所在具体问题领域的理解，需要手动插补缺失值，插补的效果会更好。

3. 特征二值化

特征二值化是将数值型的属性按照阈值转换为布尔值（1 或 0）的属性。用户需要根据具体问题设定一个阈值作为分割点，将属性值划分为 0 和 1 两种。

4. 特征编码

许多数据库的字段不是数值型的，而是分类型的，如性别有男、女；国籍有中国、美国、英国等国家；居住地有北京、上海、郑州等城市。需要将这些分类型属性进行编码，计算机才能够有效地从数据集中进行机器学习。

但是，不能简单地用数值来对分类属性值进行编码。例如，将"中国""美国""英国"分别用 1,2,3 进行编码，机器学习的估计器将认为这些属性值是有序的。

将分类特征转换为能够被机器学习模型使用的编码是 one-of-K 或 one-hot 编码，称为独热编码，又称一位有效编码。它采用 N 位状态寄存器来对 N 个可能的取值进行编码，每个状态都由独立的寄存器表示，并且在任意时刻只有其中一位有效。例如，对 6 个状态（分类属性的 6 个值）进行编码。

自然顺序码：000,001,010,011,100,101。

独热编码：000001,000010,000100,001000,010000,100000。

可以看出，独热编码打破了自然编码的顺序性。它的优点是能够处理非数值属性，在一定程度上扩充了特征。编码后的属性是稀疏的，存在大量的零元分量。

6.1.2 ▶ 标准化和正则化

在机器学习和数据分析中，不同的特征属性，如顾客年龄、收入水平、购买数量、购买金额，这些属性的性质、量纲、数量级都不同，在数值上相差数十倍甚至成百上千倍，因此不容易对各个属性进行比较、求解距离。数值较大的指标，在评价模型中的绝对作用时就会显得较为突出和重要；而数值较小的指标，其作用可能就会显得微不足道。如不进行适当的处理，基于原始数据建立的机器学习模型的参数、正确度、精确度都会受到影响，甚至得不出正确的结果。为了便于处理具有不同量纲和数量级的数据，就需要对数据进行一定的变换。

数据的标准化是通过一定的数学变换方式，将原始数据按照一定的比例进行转换，使之落入一个小的特定区间内，例如 0~1 或 –1~1 的区间内，消除不同变量之间性质、量纲、数量级等特征属性的差异，将其转化为一个无量纲的相对数值，也就是标准化数值。使各指标的数值都处于同一个数量级别上，从而使不同单位或数量级的指标能够进行综合分析和比较。

常用的数据标准化方法有极差标准化、Z-score 标准化、对数函数标准化、反正切函数标准化。

1. 极差标准化

极差标准化是消除变量纲和变异范围影响最简单的方法，其计算方法如式 (6-1) 所示。

$$x' = \frac{x - x_{min}}{x_{max} - x_{min}} \tag{6-1}$$

经过极差标准化方法处理后，无论原始数据是正值还是负值，该变量各个观察值的数值变化范围都满足 $0 \leqslant x' \leqslant 1$。

2. Z-score 标准化

当某个指标的最大值和最小值未知，或者有超出取值范围的离群数值的时候，就不再适宜计算极差了。此时可以采用另一种数据标准化最常用的方法，即 Z-score 标准化。其计算公式如式 (6-2) 所示。

$$x' = \frac{x - \bar{x}}{\sigma} \tag{6-2}$$

式 (6-2) 中，$\bar{x}$ 是数据系列 X 的平均值，σ 是其标准差。经过 Z-score 标准化后，数据的均值变为 0，标准差变为 1。因此 Z-score 标准化的本质是去中心化，使均值为 0，并进行缩放，缩放至标准差为 1。

3. 对数函数标准化

对于一些特定的数据集，采用对数函数进行变换会取得更好的分析效果。这是由于对数函数存在以下优点。

（1）对数函数在其定义域内是单调增函数，取对数后不会改变数据的相对关系。

（2）取对数后，能够缩小数据的绝对数值，方便计算。

（3）取对数后，可以将乘法计算转换为加法计算。

（4）某些情况下，在数据的整个值域中，不同区间带来的影响不同，对数函数自变量 x 的值越小，函数值 y 的变化就越快。也就是说，对数值小的部分差异的敏感程度比对数值大的部分的差异敏感程度更高。

（5）取对数后，不会改变数据的性质和相关关系，但压缩了变量的尺度，使数据更加平稳，削弱了模型的共线性、异方差性等。

对数函数标准化的计算公式为式 (6-3)。

$$x' = \frac{\log_{10} x}{\log_{10} x_{\max}}$$ （6-3）

4. 反正切函数标准化

三角函数中的反正切函数与对数函数具有相似的特性，因此也可以使用反正切函数实现数据的标准化转换，其计算方法如式 (6-4) 所示。

$$x' = \frac{2\arctan(x)}{\pi}$$ （6-4）

此外，还有小数定标标准化、线性比例标准化方法。前者是通过移动 x 的小数点位置来改变数据的数量级，后者则是拿数据 x 与最大值 $x_{\max}$ 的比或者最小值 $x_{\min}$ 与数据 x 的比实现标准化。

正则化是把数据变换到 [0，1] 区间的过程，将数据映射到 0~1 范围内进行处理，更加便捷快速。正则化可视为标准化的一种特例。

6.1.3 ▶ 特征选择

数据库往往具有许多特征属性（字段），并不是所有的特征都适用于机器学习模型的训练。从给定的特征集合中选出相关特征子集的过程称为特征选择。过多的特征维数并不会提高模型精度，反而会带来维数灾难。当特征维度超过一定界限后，分类器的性能将随着特征维度的增加而下降，而且维度越高，训练模型的时间开销也会越大。导致分类器下降的原因往往是这些高纬度特征中含有无关特征和冗余特征，因此特征选择的主要目的是去除特征中的无关特征和冗余特征所增加的学习任务难度。这就需要选择那些对训练模型有用的特征。

常见的特征选择类型包括过滤式、包裹式、嵌入式，如图 6-2 所示。

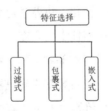

图 6-2 特征选择方法

（1）过滤式特征选择方法是先对数据集进行特征选择，然后再训练学习器。该特征选择过程与后续学习器无关。

（2）包裹式特征选择方法是直接把最终要使用的学习器性能作为特征子集的评价原则。其优点是直接针对特定学习器进行优化；缺点是由于特征选择过程需要多次训练学习器，故计算的开销会很大。

对学习器的评价准则一般有 5 个，即距离度量、信息增益度量、依赖性度量、一致性度量和分类器错误率度量。

① 距离度量是指差异性或者分离性的度量，常用的距离度量方法有欧氏距离等。对于一个二元

分类问题，如果特征 f1 引起的两类条件概率差异大于特征 f2，则认为特征 f1 优于特征 f2。

②信息增益度量是指使用特征 f 的先验不确定性与期望的后验不确性之间的差异。若特征 f1 的信息增益大于特征 f2 的信息增益，则认为特征 f1 优于特征 f2。

③依赖性度量又称为相关性度量，通常采用皮尔逊相关系数（Pearson Correlation Coefficient）来计算特征 f 与类别 C 之间的相关性，若特征 f1 与类别 C 之间的相关性大于特征 f2 与类别 C 之间的相关性，则认为特征 f1 优于特征 f2。同样也可以通过计算得到属性与属性之间的相关度，属性与属性之间的相关度越低越好。

④一致性度量是指观察两个样本，若它们的特征值和所属类别相同，则认为它们是一致的；否则称它们不一致。一致性常用不一致率来衡量，其尝试找出与原始特征集具有一样辨别能力的最小属性子集。

⑤分类器错误率度量是指使用学习器的性能作为最终的评价阈值。它倾向于选择那些在分类器上表现较好的子集。

以上 5 种度量准则中，距离度量、信息增益度量、依赖性度量、一致性度量常用于过滤式。分类器错误率度量则用于包裹式。

（3）嵌入式特征选择方法是指将特征选择算法本身作为组成部分嵌入学习算法里。典型的嵌入式特征选择方法是决策树算法，如 ID3、C4.5、CART 算法等。决策树算法在树增长过程的每个递归步骤都必须选择一个特征，将样本划分成较小的子集。选择特征的依据是划分后子节点的纯度，子节点越纯，说明划分效果越好。决策树生成的过程也就是特征选择的过程。

`6.1.4` ▶ 特征降维——主成分分析、线性判别分析

现实生活中产生的数据越来越多，许多数据集的特征数量已达到 1000 个甚至更多。随着数据的生成和数据收集量的不断增加，数据可视化、机器学习变得越来越困难，数据的存储、传输也变得异常困难。这迫使人们开始进行数据压缩技术的研究。

数据压缩技术可以帮助我们对数据进行存储和分析。特征降维（特征抽取）、特征选择和数据压缩是无监督学习的一个应用。特征降维将对数据集和机器学习带来如下好处：随着特征维度的降低，数据存储所需的空间会随之减少；低维数据有助于减少计算和机器学习训练的用时；一些算法在高维度数据上容易表现不佳，降维可提高算法的可用性；降维可以用删除冗余特征来解决多重共线性问题；降维有助于数据可视化。

特征降维方法一般可分为线性降维和非线性降维两大类，非线性降维又分为基于核函数的方法和基于特征值的方法。

线性降维方法包括主成分分析（PCA）、独立成分分析（ICA）、线性判别分析（LDA）、局部保留投影（LPP）等方法。非线性降维方法包括基于核函数的非线性降维方法，如核主成分分析（KPCA）、核独立分量分析（KICA）；基于特征值的非线性降维方法（流形学习），如等距特征映射（ISOMAP）、局部线性嵌入（LLE）、拉普拉斯特征映射（LE）、局部保持映射（LPP）、

局部切空间排列算法 (LTSA)、最大差异展开 (MVU) 等。

下面主要介绍 PCA 和 LDA 两种方法。

1. PCA

PCA（Principal Component Analysis，主成分分析）是提取数据集的主要特征成分，忽略次要特征成分，以达到降维目的。哪些是主要成分，哪些是次要成分，如何界定主要成分与次要成分，是 PCA 必须要解决的问题。

PCA 通过线性变换，将 N 维空间的原始数据变换到一个较低的 R 维空间 $(R<N)$，以达到降维目的。在降维过程中，不可避免地要造成信息损失。如原来在高维空间可分的点，在低维空间可能变成一个点，并变得不可分。因此，要在降维过程中要尽量减少这种损失。

特征之间的相关性越弱，特征就越应该作为主要成分被保留；反之，如果两个特征有较高的相关性，则只保留其中一个特征即可。为使样本投影到低维空间后尽可能分散，它们的方差要尽可能大。于是，就构成了 PCA 的基本思想。

PCA 将原始数据变换为一组各维度线性无关的表示。PCA 用于提取数据的主要特征分量，常用于高维数据的降维。假定一个数据集 X 有 N 个特征，M 个样本。若将每个样本用列向量 $x_j(j=1,2,\cdots,M)$ 表示，则该数据集可以用式 (6-5) 表示。

$$X = \begin{bmatrix} x_{11} & x_{12} & \cdots & x_{1M} \\ x_{21} & x_{22} & \cdots & x_{2M} \\ \cdots & \cdots & \cdots & \cdots \\ x_{N1} & x_{N2} & \cdots & x_{NM} \end{bmatrix} \tag{6-5}$$

如果想要把有 N 维特征的数据集 X 的维数降低到 R 维 $(R<N)$，可以选择 N 个 R 维的正交基 $p_i(i=1,2,\cdots,R)$ 组成的矩阵式 (6-6)。

$$P = \begin{bmatrix} p_{11} & p_{12} & \cdots & p_{1N} \\ p_{21} & p_{22} & \cdots & p_{2N} \\ \cdots & \cdots & \cdots & \cdots \\ p_{R1} & p_{R2} & \cdots & x_{RN} \end{bmatrix} \tag{6-6}$$

所谓正交，可以理解为两个向量 $p_{i,\,j}(i \neq j)$ 相互垂直，即一个向量在另一个向量的投影为 0，则有式（6-7）。

$$\begin{aligned} X' = PX &= \begin{bmatrix} p_{11} & p_{12} & \cdots & p_{1N} \\ p_{21} & p_{22} & \cdots & p_{2N} \\ \cdots & \cdots & \cdots & \cdots \\ p_{R1} & p_{R2} & \cdots & p_{RN} \end{bmatrix} \begin{bmatrix} x_{11} & x_{12} & \cdots & x_{NM} \\ x_{21} & x_{22} & \cdots & x_{NM} \\ \cdots & \cdots & \cdots & \cdots \\ x_{N1} & x_{N2} & \cdots & x_{NM} \end{bmatrix} \\ &= \begin{bmatrix} p_1x_1 & p_1x_2 & \cdots & p_1x_M \\ p_2x_1 & p_2x_2 & \cdots & p_2x_M \\ \cdots & \cdots & \cdots & \cdots \\ p_Rx_1 & p_Rx_2 & \cdots & p_Rx_M \end{bmatrix} \end{aligned} \tag{6-7}$$

式 (6-7) 中，$p_i x_i$ 表示 p_i 与 x_i 的内积，即式 (6-8)。

$$p_i x_j = p_{i1} x_{1i} + p_{i2} x_{2j} + \cdots + p_{iN} x_{NN} \quad (i=1, 2, \cdots, R;\ j=1, 2, \cdots, N) \quad (6-8)$$

可以看出，数据集 X 变换为 X' 后，其维数由原来的 N 维变换为 R 维 ($R<N$)，而样本数量 M 保持不变，这就是 PCA 降维的基本思想。为达到降维目的，要求正交基 p_i 的数量小于样本的特征维数，而其维数等于样本的特征维数。

通过正交基将维数 N 降到 R 后，可能带来的一个问题是，原本在 N 维空间可分的点，在 R 维空间变得不可分。例如在三维空间上，位于垂直于某坐标平面的一条直线上的不同点，投影到该坐标平面后成为一个点，从而使样本的可区分性丧失，造成信息丢失。为了避免这类问题，降维的一个基本原则是，降维后的点（或投影后的值）在新的低维空间里应尽可能的分散。于是 PCA 问题就变成一个正交基的优化问题，即寻找一组最优正交基，使得将 N 维数据集的样本点投影到 R 维空间后，新的样本点在 R 维空间尽可能的分散。

方差是刻画样本分散程度的统计量。对特征 $x_j(j=1, 2, \cdots, M)$，其方差为式 (6-9)。

$$\mathrm{var}(x_j) = \frac{1}{M} \sum_{k=1}^{M} (x_{jk} - \mu)^2 \quad (6-9)$$

其中 μ 为样本均值。为了简化计算，将 x_j 平移 μ 个单位，则样本均值变换为 0。用 a 表示变换过的 x，上式变换为式 (6-10)。

$$\mathrm{var}(a_j) = \frac{1}{M} \sum_{k=1}^{M} a_{jk}^2 \quad (6-10)$$

一方面，方差值越大，特征 $a_j(j=1, 2, \cdots, M)$ 的各个分量就越分散。另一方面，对多维特征空间，如果两个特征是线性相关的，则这两个特征是冗余的，只保留一个即可。因此，降维后的特征间应尽可能不相关。刻画特征相关关系的统计量是协方差。两个随机变量 X, Y 的协方差定义为式 (6-11)。

$$\mathrm{Cov}(X, Y) = E[(X-E[X])(Y-E[Y])]$$
$$= E[XY] - 2E[X]E[Y] + E[X]E[Y]$$
$$= E[XY] - E[X]E[Y] \quad (6-11)$$

式 (6-11) 中的 E 表示期望。由协方差的定义可知，它表示两个随机变量 X, Y 同向（或反向）变化的程度，其绝对值越大，则同向（或反向）变化的程度越明显，说明两者相关性越强；其值越接近 0，则两者同向（或反向）变化的程度越不明显，说明两者的相关性越弱。

对降维问题来说，希望保留下来的特征两两间是不相关的。因此要使其协方差的绝对值尽量小。由于各个特征经过平移，均值已为 0，因此有式 (6-12)。

$$\mathrm{Cov}(a_i, a_j) = E[a_i a_j] = \frac{1}{M} \sum_{k=1}^{M} a_{ik} a_{jk} \quad (6-12)$$

可以看出，在特征均值为 0 的情况下，两个特征的协方差表示为其内积除以元素数 M。当协方差为 0 时，表示两个特征完全独立。为了让协方差为 0，选择基的方向一定是正交的。降维问题的优化目标为：将一组 N 维向量降为 R 维（$R>0$，$R<N$），其目标是选择 R 个单位（模为 1）的正交基，使得原始数据变换到这组基上后，各特征两两间协方差为 0，而特征的方差则尽可能大。即

在正交约束下，取最大的 R 个方差。多个特征两两间的协方差可以通过协方差矩阵来表示。

从上面的介绍可以看出，PCA 的优化问题与特征的方差和特征间的协方差有关。将数据集 X 的特征进行 0 均值以后记为 A，即式 (6-13)。

$$A = \begin{bmatrix} a_{11} & a_{12} & ... & a_{1M} \\ a_{21} & a_{22} & ... & a_{2M} \\ ... & ... & ... & ... \\ a_{N1} & a_{N2} & ... & a_{NM} \end{bmatrix}$$ （6-13）

则有式 (6-14)。

$$\frac{1}{M}AA^{\mathrm{T}} = \frac{1}{M}\begin{bmatrix} a_{11} & a_{12} & ... & a_{1M} \\ a_{21} & a_{22} & ... & a_{2M} \\ ... & ... & ... & ... \\ a_{N1} & a_{N2} & ... & a_{NM} \end{bmatrix}\begin{bmatrix} a_{11} & a_{21} & ... & a_{N1} \\ a_{12} & a_{22} & ... & a_{N2} \\ ... & ... & ... & ... \\ a_{1M} & a_{2M} & ... & a_{NM} \end{bmatrix}$$

$$= \begin{bmatrix} \frac{1}{M}a_1a_1 & \frac{1}{M}a_1a_2 & ... & \frac{1}{M}a_1a_N \\ \frac{1}{M}a_2a_1 & \frac{1}{M}a_2a_2 & ... & \frac{1}{M}a_2a_N \\ ... & ... & ... & ... \\ \frac{1}{M}a_Na_1 & \frac{1}{M}a_Na_2 & ... & \frac{1}{M}a_Na_N \end{bmatrix}$$ （6-14）

可以看出，对角线上的元素为特征的方差，而非对角线上的元素为特征间的协方差。因此式 (6-14) 即为 N 维特征向量的协方差矩阵。PCA 的优化目标是，在新的低维空间，特征间的协方差为 0，特征维数为 R，则应该寻找一个能使式 (6-14) 变换 R 阶对角方阵的式 (6-15)。

$$\lambda = \begin{bmatrix} \lambda_1 & & & \\ & \lambda_2 & & \\ & & \ddots & \\ & & & \lambda_R \end{bmatrix}_{R \times R}$$ （6-15）

且式 (6-15) 中的对角线元素应是式 (6-14) 中对角线上前 R 个最大的元素，以满足特征方差越大、数据越分散的要求。令 P 为 $R \times N$ 单位对角矩阵，即有式 (6-16)。

$$P = \begin{bmatrix} 1 & & & \\ & 1 & & \\ & & \ddots & \\ & & & 1 \end{bmatrix}_{R \times N}$$ （6-16）

则有式 (6-17)。

$$P(\frac{1}{M}AA^{\mathrm{T}})P^{\mathrm{T}} = P\begin{bmatrix} \frac{1}{M}a_1a_1 & \frac{1}{M}a_1a_2 & ... & \frac{1}{M}a_1a_N \\ \frac{1}{M}a_2a_1 & \frac{1}{M}a_2a_2 & ... & \frac{1}{M}a_2a_N \\ ... & ... & ... & ... \\ \frac{1}{M}a_Na_1 & \frac{1}{M}a_Na_2 & ... & \frac{1}{M}a_Na_N \end{bmatrix}P^{\mathrm{T}}$$

$$= \begin{bmatrix} \frac{1}{M}a_1a_1 & & & \\ & \frac{1}{M}a_2a_2 & & \\ & & \ddots & \\ & & & \frac{1}{M}a_Ra_R \end{bmatrix} \tag{6-17}$$

至此，使用 P 将特征 0 均值化的 N 维数据集降维至 R 维。实际应用时，还需要保证留下来的 R 维空间中的特征内积（方差）之和最大，以使样本尽可能的分散。因此，要调整 P 的行向量与式 (6-17) 中对角线上最大的前 R 个值相适应，以保证选择的 R 维向量方差之和最大。

对 M 条 N 维数据，PCA 算法步骤可以描述如下。

（1）将原始数据按列组成 N 行 M 列矩阵 X。

（2）将 X 的每一行（代表一个特征）进行零均值化，即减去这一行的均值。

（3）求出协方差矩阵 $C = \frac{1}{M}AA^\mathrm{T}$。

（4）求出协方差矩阵的特征值及对应的特征向量。

（5）将特征向量按对应特征值大小从上到下按行排列成矩阵，取前 R 行组成矩阵 P。

（6）$Y = PX$ 即降维到 R 维后的数据。

2. LDA

LDA（Linear Discriminant Analysis，线性判别分析）是一种有监督学习的降维技术，它的数据集的每个样本都是有类别标签的，这一点和 PCA 不同。LDA 的思想可以用一句话概括，就是"投影后类内方差最小，类间方差最大"。即数据集投影到低维空间后，希望每一种类别数据的投影点尽可能的接近，而不同类别数据的类别中心之间的距离尽可能的远。

先看一下数据集有两个类别的二类 LDA 原理。假设数据集 $X = \{(x_i, y_i)|i=1, 2, \cdots, m\}$，其中 x_i 是 N 维向量，表示数据的特征；$y_i \in \{0,1\}$ 表示类标签。令 $N_j(j=0,1)$ 表示第 j 类样本的数量，$X_j(j=0,1)$ 表示第 j 类样本的集合，$\mu_j(j=0,1)$ 表示第 j 类样本的均值向量，$\Sigma_j(j=0,1)$ 为第 j 类样本的协方差矩阵，则有式 (6-18) 和式 (6-19)。

$$\mu_j = \frac{1}{N_j}\sum_{x \in X_j} x \, (j = 0,1) \tag{6-18}$$

$$\Sigma_j = \sum_{x \in X_j}(x - \mu_j)(x - \mu_j)^\mathrm{T} \, (j = 0,1) \tag{6-19}$$

由于只有两类数据，将其投影到一条直线（一维空间）即可。假设投影直线的向量是 ω，则样本 x_i 在 ω 上的投影为 $\omega^\mathrm{T}x_i$。例如，二维平面上的点 (3, 5) 以向量的形式记为 $[3, 5]^\mathrm{T}$，投影到 x 轴（方向为 $[1,0]^\mathrm{T}$）上的值为 $[1,0][3, 5]^\mathrm{T} = 3$。两个类别的中心点 μ_0, μ_1 在直线 ω 的投影为 $\omega^\mathrm{T}\mu_0$ 和 $\omega^\mathrm{T}\mu_1$。LDA 的目标是投影后使不同类别数据的类中心之间的距离尽可能大，即最大化 $\|\omega^\mathrm{T}\mu_0 - \omega^\mathrm{T}\mu_1\|_2^2$；同时希望同一类别数据的投影点尽可能的接近，即同类样本投影点的协方差 $\omega^\mathrm{T}\Sigma_0\omega$ 和 $\omega^\mathrm{T}\Sigma_1\omega$ 尽可能的小，即最小化 $\omega^\mathrm{T}\Sigma_0\omega + \omega^\mathrm{T}\Sigma_1\omega$，则优化目标可以用式 (6-20) 表示。

$$\underset{\omega}{\arg\max}\, J(\omega) = \frac{\left\| \omega^{\mathrm{T}}\mu_0 - \omega^{\mathrm{T}}\mu_1 \right\|_2^2}{\omega^{\mathrm{T}}\Sigma_0\omega + \omega^{\mathrm{T}}\Sigma_1\omega} = \frac{\omega^{\mathrm{T}}(\mu_0 - \mu_1)(\mu_0 - \mu_1)^{\mathrm{T}}\omega}{\omega^{\mathrm{T}}(\Sigma_0 + \Sigma_1)\omega} \tag{6-20}$$

定义类内散度矩阵 $\boldsymbol{S}_\omega$ 为式（6-21）。

$$\boldsymbol{S}_\omega = \Sigma_0 + \Sigma_1 = \sum_{x \in X_0}(x - \mu_0)(x - \mu_0)^{\mathrm{T}} + \sum_{x \in X_1}(x - \mu_1)(x - \mu_1)^{\mathrm{T}} \tag{6-21}$$

定义类间散度矩阵 $\boldsymbol{S}_b$ 为式（6-22）。

$$\boldsymbol{S}_b = (\mu_0 - \mu_1)(\mu_0 - \mu_1)^{\mathrm{T}} \tag{6-22}$$

则优化目标可以写为式（6-23）。

$$\underset{\omega}{\arg\max}\, J(\omega) = \frac{\omega^{\mathrm{T}}\boldsymbol{S}_b\omega}{\omega^{\mathrm{T}}\boldsymbol{S}_\omega\omega} \tag{6-23}$$

式（6-23）符合广义瑞利商 (Genralized Rayleigh Quotient) 的定义。它满足以下性质，$J(\omega)$ 的最大值为矩阵 $\boldsymbol{S}_\omega^{-1/2}\boldsymbol{S}_b\boldsymbol{S}_\omega^{-1/2}$ 的最大特征值，对应的 ω 为矩阵 $\boldsymbol{S}_\omega^{-1/2}\boldsymbol{S}_b\boldsymbol{S}_\omega^{-1/2}$ 的最大特征值对应的特征向量；矩阵 $\boldsymbol{S}_\omega^{-1}\boldsymbol{S}_b$ 的特征值和 $\boldsymbol{S}_\omega^{-1/2}\boldsymbol{S}_b\boldsymbol{S}_\omega^{-1/2}$ 的特征值相同，$\boldsymbol{S}_\omega^{-1}\boldsymbol{S}_b$ 的特征向量 ω' 和 $\boldsymbol{S}_\omega^{-1/2}\boldsymbol{S}_b\boldsymbol{S}_\omega^{-1/2}$ 的特征向量 ω 满足 $\omega' = \boldsymbol{S}_\omega^{-1/2}\omega$ 的关系。关于广义瑞利商的详细证明，请读者自行查阅相关文献。

对于二元分类问题，$\boldsymbol{S}_b\omega'$ 的方向恒为 $\mu_0 - \mu_1$，令 $\boldsymbol{S}_b\omega = \lambda(\mu_0 - \mu_1)$，将其代入 $(\boldsymbol{S}_\omega^{-1}\boldsymbol{S}_b)\omega' = \lambda\omega'$，可得 $\omega' = \boldsymbol{S}_\omega - 1(\mu_0 - \mu_1)$。由此可以看出，只要求出原始二类样本的均值和方差，就可以确定最佳投影方向 ω。

对于多元分类问题，很容易将二类样本的 LDA 优化问题及其求解方法推广到多类别数据集中。此时，投影到的低维空间不再是一维直线，而是一个多维超平面。将原始数据集投影到 d 维空间的基向量为 $[\omega_1, \omega_2, \cdots, \omega_d]^{\mathrm{T}}$。

6.1.5 ▶ Pandas 与 scikit-learn 数据预处理概述

1.Pandas 数据预处理

Pandas 提供了数据合并、数据重复、缺失值补插、异常值处理、数据标准化、哑变量处理、离散化连续数据等方法。

数据合并提供了数据横向、纵向堆叠的 pandas.concat() 方法；纵向合并数据表的 pandas.append() 方法；通过一个或多个键将两个数据集的行连接起来的 pandas.merge() 函数和 pandas.DataFrame.join() 方法；重叠合并数据的 pandas.DataFrame.combine_first() 方法。

对于去除重复数据，Pandas 提供了 pandas.DataFrame(Series).drop_duplicates() 方法。

对于缺失值补插，Pandas 提供了 pandas.DataFrame.isnull() 和 pandas.DataFrame.notnull() 方法识别缺失值和非缺失值。对于缺失值，可以使用 pandas.DataFrame.dropna() 方法删除记录或特征，也可以使用 pandas.DataFrame.fillna() 方法进行常量填补，或者使用 pandas.DataFrame.interpolate()、SciPy 的 interpolate 方法进行线性差值、多项式插值、样条插值。

对于异常值检测和数据标准化，Pandas 需要用户自定义相关函数的实现。

学习器一般只能处理数值型特征。当特征为分类型时，例如职业、学历、血型、疾病严重程度等，通常会将原始的多分类变量转化为数值型，这种转化后的特征（或变量）称为哑变量，又称为虚拟变量、虚设变量或名义变量。它是人为虚设的变量，通常取值为 0 或 1，来反映某个变量的不同属性。哑变量的处理过程实际上就是分类型特征值的编码过程。Pandas 提供了哑变量处理方法 pandas.getdummies()。

一些机器学习算法，如 ID3 决策树算法、Apriori 频繁项挖掘算法，要求数据是离散的，这时需要将连续型数据离散化。Pandas 提供了按照变量值域进行等宽分割的 pandas.cut() 方法。也可以使用 pandas.DataFrame.quantile() 方法获得具有相同位置间隔的不同分位数；使用 pandas.cut() 方法按照各个分位数切割区间，设计等频法离散化连续数据。

2. scikit-learn 数据预处理

scikit-learn 是著名的机器学习库，除了常见的有监督学习、无监督学习、回归等机器学习方法，它还提供了强大的数据预处理模块 preprocessing，其功能包括数据标准化、非线性变换、正则化、二值化、分类特征编码、缺失值补插、生成多项式特征、用户自定义转换器等。还提供了数据降维模块 sklearn.decomposition，用于特征选择。

导入这两个模块的命令分别为：

```
from sklearn import preprocessing
from sklearn import decomposition
```

由于 scikit-learn 的数据预处理功能强大且易学易用，因此本书将主要介绍 scikit-learn 的一些常用数据预处理方法。读者如对 Pandas 的数据预处理感兴趣，可自行查阅相关文献资料。

6.2 使用 scikit-learn 进行数据预处理

本节介绍使用 scikit-learn 进行数据标准化、正则化、二值化、缺失值补插、分类特征编码等数据预处理方法。包括用于标准化的 sklearn.preprocessing.scale() 方法，sklearn.preprocessing.MinMaxScaler() 类；用于正则化的 sklearn.preprocessing.normalize() 方法；用于二值化的 sklearn.preprocessing.Binarizer() 类；用于缺省值插补的 sklearn.preprocessing.Imputer() 类；用于独热编码的 sklearn.preprocessing.OneHotEncoder() 类。

6.2.1 ▶ 使用 sklearn 对数据集进行 Z-score 标准化

标准化也称去均值和方差、按比例缩放。数据集的标准化对 scikit-learn 中实现的大多数机器学习算法来说是常见的要求。如果个别特征或多或少看起来不是很像标准正态分布（具有零均值和单位方差），那么它们的表现力可能会较差。在实际情况中，经常会忽略特征的分布形状，直接经过去均值来对某个特征进行中心化，再通过除以非常量特征的标准差进行缩放。

许多学习算法中目标函数的基础都是假设所有的特征都是零均值，并且具有同一阶数上的方差。如果某个特征的方差比其他特征大几个数量级，那么它就会在学习算法中占据主导位置，导致学习器并不能像期望的那样从其他特征中学习。

scale() 函数为数组形状的数据集标准化提供了一个快捷实现，其格式如下：

```
sklearn.preprocessing.scale(X, axis=0, with_mean=True, with_std=True, copy=True)
```

其中，X 接收数组，表示要标准化的数据集。axis 接收 0 或 1，表示要标准化的数据范围。默认 axis=0，表示各个特征独立地进行标准化；axis=1 表示对数据集整体进行标准化。

经过缩放后的数据具有零均值及标准方差。sklearn.preprocessing 模块还提供了一个实用类，即缩放类 StandardScaler，它计算训练集的平均值和标准偏差，以便能够在测试集上重新应用相同的变换。该类使用 fit() 方法对训练集进行"训练"，生成一个实例（如 scaler），以获得训练集各个特征的平均值和标准偏差（缩放）。

训练的缩放类对象 scaler 使用 transform() 方法，可以在新数据上实现和训练集相同的缩放操作。

【例 6-1】使用 scale() 进行 Z-score 标准化。

使用样本生成器生成有 2 个特征的 500 个样本，指定样本中心。对样本的 2 个特征进行标准化，使样本均值为 0，方差为 1。可视化原始数据和标准化后的数据，获取缩放标准。

先生成有 2 个特征的 500 个样本，并指定样本中心为 (5,4)。

In []:	# Z-score 标准化，使样本均值为 0，方差为 1，并可视化原始数据和标准化后的数据
	from sklearn import preprocessing # 导入 scikit-learn 的数据预处理 preprocessing 模块
	import numpy as np
	# 使用样本生成器生成训练集
	# 使用 make_blobs 生成 centers 个类的数据集 X，X 形状为 (n_samples,n_features)
	# 指定类的中心位置，y 返回类标签
	from sklearn.datasets.samples_generator import make_blobs # 导入样本生成器
	import matplotlib.pyplot as plt
	X_train, y_train = make_blobs(n_samples=500, centers=[(5, 4)], n_features=2,
	random_state=0)
	np.set_printoptions(precision=2) # 设置精度，小数点后位数为 2
	print(' 训练集各个特征的样本均值为：',X_train.mean(axis=0))
	print(' 训练集各个特征的样本标准差为：',X_train.std(axis=0))
Out:	训练集各个特征的样本均值为：[4.93 3.97]
	训练集各个特征的样本标准差为：[0.97 1.]

从输出结果可以看出，样本的 2 个特征的均值分别为 4.93 和 3.97，不为 0，因此需要 Z-score 标准化将均值变为 0。2 个特征的标准差分别为 0.97 和 1，则分别按照 0.97 和 1 的比例进行缩放。

```
In []:    # 可视化训练集原始样本和标准化后的样本
          plt.rc('font', size=14) # 设置图中字号大小
          plt.rcParams['font.sans-serif'] = 'SimHei' # 设置字体为 SimHei 以显示中文
          plt.rcParams['axes.unicode_minus']=False # 设置坐标轴刻度，显示负号
          p1=plt.figure(figsize=(12, 4))
          ax1 = p1.add_subplot(1,2,1)# 创建一个 1 行 2 列的子图，绘制第 1 幅图
          plt.xlim((-3,8)) # 确定 x 轴范围
          plt.ylim((-3,8)) # 确定 y 轴范围
          # 分类别以不同颜色绘制原始数据集散点图
          plt.scatter(X_train[:,0],X_train[:,1],c=y_train)
          plt.title(' 训练集原始样本 ') # 添加标题
          ax1 = p1.add_subplot(1,2,2) # 绘制第 2 幅图
          X_scaled = preprocessing.scale(X_train) # 对 X_train 进行 Z-score 标准化
          plt.xlim((-3,8)) # 确定 x 轴范围
          plt.ylim((-3,8)) # 确定 y 轴范围
          # 分类别以不同颜色绘制标准化的数据集散点图
          plt.scatter(X_scaled[:,0],X_scaled[:,1],c=y_train)
          plt.title(' 训练集 Z-score 标准化后的样本 ')# 添加标题
          plt.show() # 显示图片
```

Out:

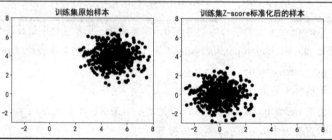

从给出的数据集原始样本和 Z-score 标准化后的可视化结果中可以看出，经过标准化，数据集的中心已平移至 (0,0)。下面再观察标准化后的数据集特征标准差。

```
In []:    print(' 训练集各个特征标准化后的样本均值为： ',X_scaled.mean(axis=0))
          print(' 训练集各个特征标准化后的样本标准差为： ',X_scaled.std(axis=0))
```

Out: 训练集各个特征标准化后的样本均值为： [2.55e-15 8.48e-16]
        训练集各个特征标准化后的样本标准差为： [1. 1.]

可以看出，每个特征标准化后的样本标准差为 1。下面对原始数据集拟合标准化缩放器，并将缩放器应用于测试集的标准化。

In []:	# 观察缩放指标
	scaler = preprocessing.StandardScaler().fit(X_train)
	print('scaler 的均值为：',scaler.mean_)
	print('scaler 的缩放比例为：',scaler.scale_)
	print(' 缩放后的 X_train 前 5 行为：\n',scaler.transform(X_train)[0:5,:])
Out:	scaler 的均值为：　[4.93 3.97]　　　　　　[0.03 −1.14]
	缩放后的 X_train 前 5 行为：　　　　　　　[1.47 −0.66]
	scaler 的缩放比例为：　[0.97 1.]　　　　[−1.42 0.83]
	[[1.43 −0.08]　　　　　　　　　　　　　[2.39 −0.02]]

【范例分析】

sklearn.preprocessing 模块的 scale() 方法通过参数 X 接收要标准化的数据集数组。参数 axis 缺省值为 0，表示各个特征要独立地进行标准化，即各个特征按照自己的均值和标准差进行标准化。标准化缩放器 StandardScaler() 使用 fit() 方法对数据集 X 进行拟合，即 StandardScaler().fit(X)，将得到数据集 X 的各个特征的均值和缩放比例。使用 mean_ 属性返回缩放器的均值，使用 scale_ 属性返回缩放器的缩放比例，获得的缩放器参数能够用于新数据集的标准化。

【例 6-2】 使用例 6-1 训练的缩放器变换测试集样本，生成与例 6-1 具有相同特征的测试集，观察测试集的均值和标准差。

将例 6-1 训练的缩放标准应用到测试集样本，对测试集进行标准化。对测试集标准化前后的数据进行可视化，并观察测试集标准化后的均值和标准差。

In []:	# 将训练集的缩放标准应用到测试集样本，对测试集进行标准化
	# 生成具有相同特征的测试集
	X_test, y_test = make_blobs(n_samples=200, centers=[(5, 4)], n_features=2,
	random_state=0)
	print(' 测试集各个特征的样本均值为：',X_test.mean(axis=0))
	print(' 测试集各个特征的样本标准差为：',X_test.std(axis=0))
Out:	测试集各个特征的样本均值为：　[4.93 4.01]
	测试集各个特征的样本标准差为：　[1. 0.98]

将例 6-1 训练的缩放器应用于测试集 X_test，进行 Z-score 标准化，分别绘制标准化前后的散点。

In []:	# 可视化测试集原始样本和标准化后的样本
	p1=plt.figure(figsize=(12, 4))
	ax1 = p1.add_subplot(1,2,1)# 创建一个 1 行 2 列的子图，绘制第 1 幅图
	plt.xlim((-3,8))# 确定 x 轴范围
	plt.ylim((-3,8))# 确定 y 轴范围
	plt.scatter(X_test[:,0],X_test[:,1],c=y_test)
	plt.title(' 测试集原始样本 ')# 添加标题

In []:	ax1 = p1.add_subplot(1,2,2)# 绘制第 2 幅图
	plt.xlim((-3,8))# 确定 x 轴范围
	plt.ylim((-3,8))# 确定 y 轴范围
	# 将训练集缩放标准应用于测试集，对测试集进行缩放
	plt.scatter(scaler.transform(X_test)[:,0],scaler.transform(X_test)[:,1],c=y_test)
	plt.title(' 应用缩放值标准化后的测试集样本 ')# 添加标题
	plt.show() # 显示图片

Out:

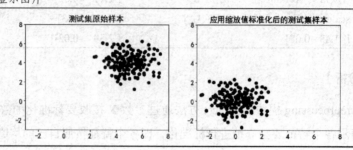

输出标准化后数据集的均值和标准差。

In []:	print(' 训练集各个特征标准化后的样本均值为：',scaler.transform(X_test).mean(axis=0))
	print(' 训练集各个特征标准化后的样本标准差为：',scaler.transform(X_test).std(axis=0))
Out:	训练集各个特征标准化后的样本均值为：[-0.01 0.04]
	训练集各个特征标准化后的样本标准差为：[1.02 0.98]

【范例分析】

拟合的缩放器使用 transform() 方法对新的数据集进行标准化转换，转换后的数据集的各个特征将具有 0 均值和标准差 1。本例使用上例拟合的缩放器对测试集进行标准化转换，前提是本例的测试集与上例的训练集使用相同的样本生成器和参数生成，因此训练集和测试集是同质的。如果两个数据集不同质，则不能用一个数据集训练的缩放器对另一个数据集进行标准化。

6.2.2 ▶ 使用 sklearn 对数据集进行极差标准化

有时候并不想将数据缩放为 0 均值，而是希望将其特征缩放至特定范围内，比如 [0,1] 区间。这时候就可以采用极差标准化。Sklearn.preprocessing 模块提供了 MinMaxScaler() 类将特征缩放到 0~1，也可以使用 MaxAbsScaler() 类将每个特征的最大绝对值转换至单位大小。两个类的格式为：

```
class sklearn.preprocessing.MinMaxScaler(feature_range=(0, 1), copy=True)
class sklearn.preprocessing.MaxAbsScaler(copy=True)
```

使用时，先生成类的实例（如 min_max_scaler），然后使用 fit_transform()、fit()、transform() 等方法对数据集进行训练，缩放至指定区间。其中 fit_transform() 的格式为：

```
fit_transform(X, y=None, **fit_params)
```

其中 X 接收数组。

【例 6-3】使用 MinMaxScaler() 对数据集进行极差标准化。

对例 6-1 的训练集进行极差标准化，将原始数据缩放至 [0,1] 区间。并对缩放前后的数据进行可视化。观察缩放后数据集各个特征的均值和标准差。

In []:
```
# 极差标准化，将原始数据缩放至 [0,1] 区间
min_max_scaler = preprocessing.MinMaxScaler()
X_train_minmax = min_max_scaler.fit_transform(X_train)
p1=plt.figure(figsize=(12, 4))
ax1 = p1.add_subplot(1,2,1)## 创建一个 1 行 2 列的子图，绘制第 1 幅图
plt.xlim((-3,8))# 确定 x 轴范围
plt.ylim((-3,8))# 确定 y 轴范围
plt.scatter(X_train[:,0],X_train[:,1],c=y_train)
plt.title(' 训练集原始样本 ')# 添加标题
ax1 = p1.add_subplot(1,2,2)# 绘制第 2 幅图
min_max_scaler = preprocessing.MinMaxScaler()
X_train_minmax = min_max_scaler.fit_transform(X_train)
plt.xlim((-3,8))# 确定 x 轴范围
plt.ylim((-3,8))# 确定 y 轴范围
plt.scatter(X_train_minmax[:,0],X_train_minmax[:,1],c=y_train)
plt.title(' 训练集缩放至 [0 1] 区间后的样本 ')# 添加标题
plt.show() # 显示图片
```

Out:

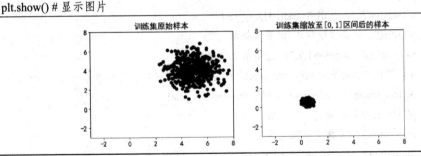

输出观察训练集标准化后的均值和标准差。

In []:
```
print(' 训练集各个特征标准化后的样本均值为：',X_train_minmax.mean(axis=0))
print(' 训练集各个特征标准化后的样本标准差为：',X_train_minmax.std(axis=0))
```

Out:
训练集各个特征标准化后的样本均值为：[0.48 0.52]
训练集各个特征标准化后的样本标准差为：[0.18 0.17]

【范例分析】

MinMaxScaler() 类用于极差标准化，它通过参数 feature_range 接收要变换到的区间，默认为 [0,1] 区间。要使用 MinMaxScaler() 类，先生成一个实例，使用该实例调用 fit_transform() 方法。该方法同时完成对输入数据集的极差标准化拟合和变换。拟合的极差标准化实例的 mean 属性返回特征均值，std 属性返回特征的标准差。例 6-3 拟合的极差标准化实例 min_max_scaler，对同质的新数

据集，同样可以使用 transform() 方法进行极差标准化变换。

【例 6-4】使用例 6-3 的极差标准化模型 min_max_scaler 变换测试集。

生成与例 6-1 相同特征的测试集，观察测试集的均值、标准差。将例 6-3 的极差标准化缩放标准应用于测试集。可视化测试集标准化前后的数据，并观察标准化后各个特征的均值和标准差。

In []:	# 将训练集的缩放标准应用到测试集样本，对测试集进行标准化
	# 生成具有相同特征的测试集
	X_test, y_test = make_blobs(n_samples=200, centers=[(5, 4)], n_features=2, random_state=0)
	print(' 测试集各个特征的样本均值为：',X_test.mean(axis=0))
	print(' 测试集各个特征的样本标准差为：',X_test.std(axis=0))
Out:	测试集各个特征的样本均值为： [4.93 4.01]
	测试集各个特征的样本标准差为： [1. 0.98]

使用上例训练的 min_max_scaler 模型对测试集进行极差标准化，并可视化测试集标准化前后的数据集样本。

In []:	# 可视化测试集原始样本和标准化后的样本
	p1=plt.figure(figsize=(12, 4))
	ax1 = p1.add_subplot(1,2,1)# 创建一个 1 行 2 列的子图，绘制第 1 幅图
	plt.xlim((-3,8))# 确定 x 轴范围
	plt.ylim((-3,8))# 确定 y 轴范围
	plt.scatter(X_test[:,0],X_test[:,1],c=y_test)
	plt.title(' 测试集原始样本 ')# 添加标题
	ax1 = p1.add_subplot(1,2,2)# 绘制第 2 幅图
	# 使用例 6-3 训练的 min_max_scaler 模型对测试集进行极差标准化
	X_test_minmax = min_max_scaler.transform(X_test)
	plt.xlim((-3,8))# 确定 x 轴范围
	plt.ylim((-3,8))# 确定 y 轴范围
	plt.scatter(X_test_minmax[:,0],X_test_minmax[:,1],c=y_test)
	plt.title(' 应用缩放值标准化后的测试集样本 ')# 添加标题
	plt.show() # 显示图片

Out:

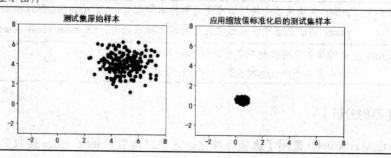

输出观察测试集极差标准化后的均值和标准差。

In []:	print(' 测试集缩放后各个特征的样本均值为：',X_test_minmax.mean(axis=0))
	print(' 测试集缩放后各个特征的样本标准差为：',X_test_minmax.std(axis=0))
Out:	测试集缩放后各个特征的样本均值为： [0.48 0.53]
	测试集缩放后各个特征的样本标准差为： [0.19 0.17]

【范例分析】

使用上例拟合的极差标准化实例 min_max_scaler，用 transform() 方法对新的数据集进行极差标准化变换。同样，要求拟合用的数据集 (X_train) 与被变换的数据集 (X_test) 是同质的。可以看出，本例标准化后样本的 2 个特征均值为 [0.48 0.53]，标准差为 [0.19 0.17]，与例 6-3 训练集标准化后的均值 [0.48 0.52]，标准差为 [0.18 0.17] 非常接近。

6.2.3 ▶ 使用 sklearn 对数据集正则化

sklearn 的 preprocessing 把归一化定义为缩放单个样本以使其具有单位范数的过程，这个过程又叫正则化。在有 N 个特征的数据集中，每个样本是 N 维向量。可以把范数理解为向量的长度，单位范数即向量长度为 1，preprocessing 模块提供了 normalize() 函数对数据集进行正则化，其格式为：

```
sklearn.preprocessing.normalize(X, norm='l2', axis=1, copy=True, return_norm=False)
```

其中 X 接收数组，表示要正则化的数据集。norm 接收字符串 'l1'，'l2'，'max'，默认为 'l2'，表示使用的范数。l1 表示曼哈顿距离，l2 表示欧氏距离。axis 接收 1 或 0，默认为 1，表示正则化的范围。axis=1 表示对每个样本进行正则化，axis=0 表示对每个特征进行正则化。

对样本 $x=[x_1,x_2,\cdots,x_n]$，其变换方法为如下。

（1）norm='l1' 时，正则化方法为样本各个特征值除以各个特征值的绝对值之和，即式 (6-24)。

$$x_i' = \frac{x_i}{\|x\|_1} = \frac{x_i}{\sum_{i=1}^{n}|x_i|} \tag{6-24}$$

（2）norm='l2' 时，正则化方法为样本各个特征值除以各个特征值的平方和的开方，即式 (6-25)。

$$x_i' = \frac{x_i}{\|x\|_2} = \frac{x_i}{\sqrt{\sum_{i=1}^{n}x_i^2}} \tag{6-25}$$

（3）norm='max' 时，正则化方法为样本各个特征值除以样本中特征值最大的值，即式 (6-26)。

$$x_i' = \frac{x_i}{\max(x_1,x_2,\cdots,x_n)} \tag{6-26}$$

【例 6-5】使用 normalize() 对数据集样本进行正则化。

对例 6-1 数据集的每个样本进行正则化，分别使用 'l1' 'l2' 'max' 范数，可视化原始数据集和正则化后的数据集。

In []:   # 正则化

p1=plt.figure(figsize=(12, 8))

ax1 = p1.add_subplot(2,2,1)# 创建一个 1 行 2 列的子图，绘制第 1 幅图

plt.xlim((-3,8))# 确定 x 轴范围

plt.ylim((-3,8))# 确定 y 轴范围

plt.scatter(X_train[:,0],X_train[:,1],c=y_train) # 分类别以不同颜色绘制散点图

plt.title(' 训练集原始样本 ')# 添加标题

nums=[2,3,4] # 设置子图索引号

norms=['l1','l2','max'] # 设置正则化使用的范数类型

for num,norm in zip(nums,norms):

    ax1 = p1.add_subplot(2,2,num)# 绘制第 num 幅图

    X_normalized = preprocessing.normalize(X_train, norm=norm)

    plt.xlim((0,1.5))# 确定 x 轴范围

    plt.ylim((0,1.5))# 确定 y 轴范围

    plt.scatter(X_normalized[:,0],X_normalized[:,1],c=y_train)

    plt.title(' 训练集归一化后的样本 norm='+norm)# 添加标题

plt.show() # 显示图片

Out:

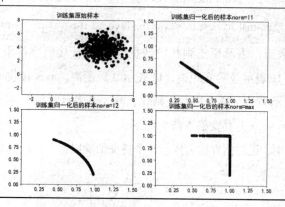

【范例分析】

normalize() 是 sklearn.preprocessing 模块的数据正则化方法。它使用 X 接收要正则化的数组，norm 接收正则化算法标识符 'l1', 'l2', 'max'，默认为 'l2'。axis=1 表示按样本进行正则化；axis=0 表示按特征进行正则化，默认 axis=1。norm='l1' 时，变换方法为样本各个特征值除以各个特征值的绝对值之和，这一变换是线性变换，因此变换结果在 (0,1) 与 (1,0) 两点的连线上；norm='l2' 时，变换方法为样本各个特征值除以各个特征值的平方之和的开方，则变换后的样本各个特征的平方和为 1，即变换后的样本一定在以 (0,0) 为圆心，1 为半径的单位圆上；norm='max' 时，正则化方法为样本各个特征值除以样本中特征值最大的值，则变换后的样本一定位于 $x=1$ 和 $y=1$ 两条直线上。

由于例 6-5 中原始数据的所有特征值都大于 0，变换后的数据集不足以展示正则化后的数据特点，因此可以将样本中心指定为 (0,0)，生成以 (0,0) 为中心的数据集，然后进行正则化，进一步观察变换后的数据集特点。

In []: # 正则化（续）

```
X1_train, y1_train = make_blobs(n_samples=500, centers=[(0, 0)], n_features=2,
            random_state=0)
p1=plt.figure(figsize=(12, 12))
ax1 = p1.add_subplot(2,2,1)# 创建一个 1 行 2 列的子图，绘制第 1 幅图
plt.scatter(X1_train[:,0],X1_train[:,1],c=y1_train)
plt.title(' 训练集原始样本 ')# 添加标题
nums=[2,3,4]
norms=['l1','l2','max']
for num,norm in zip(nums,norms):
    ax1 = p1.add_subplot(2,2,num)# 绘制第 num 幅图
    X_normalized = preprocessing.normalize(X1_train, norm=norm)
    plt.scatter(X_normalized[:,0],X_normalized[:,1],c=y1_train)
    plt.title(' 训练集归一化后的样本 norm='+norm)# 添加标题
plt.show() # 显示图片
```

Out:

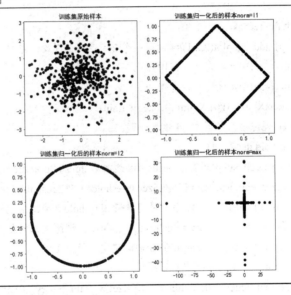

【范例分析】

从以上代码运行结果可知，对于二维特征样本，在 normalize() 方法中，norm='l1' 时，正则化变换的结果在 (0,1), (1,0), (0, -1), (-1, 0) 所围成的矩形边缘上；norm='l2' 时，变换后的样本在以 (0,0) 为圆心，1 为半径的单位圆上；norm='max' 时，变换后的样本位于 x=1 和 y=1 两条直线上。三维以上的样本，正则化结果具有类似特点。

至此，可以将 sklearn 对数据集的 Z-score 标准化、极差标准化、正则化（归一化）特点总结如下。

（1）Z-score 标准化：将数据集的各个特征变换为均值为 0，标准差为 1。

（2）极差标准化：将数据集的各个特征变换到指定区间，通常为 [0,1] 区间。

（3）正则化：变换数据集各个样本的范数为单位范数。

6.2.4 ▶ 使用 sklearn 对数据集二值化

在一些问题中，常常需要将数据进行二值化处理，如图像处理。sklearn 将二值化定义为将数值特征用阈值过滤得到布尔值的过程。Preprocessing 模块提供了 Binarizer() 二值化类，其格式如下：

```
class sklearn.preprocessing.Binarizer(threshold=0.0, copy=True)
```

其中 threshold 接收浮点数，表示二值化的阈值，默认为 0。

用户可以生成 Binarizer() 类的实例（如 binarizer），将该实例使用 fit()、fit_transform()、transform() 等方法对数据集进行训练。使用 fit() 时，不对数据集做任何事情，只需要使用 transform() 方法对数据进行二值化。

【例 6-6】使用 Binarizer() 对数据集二值化。

分别使用不同的阈值，将例 6-1 的训练集进行二值化，观察二值化的值，并可视化二值化后的结果。

```
In []:    # 将样本集进行二值化
          p1=plt.figure(figsize=(12, 8))
          ax1 = p1.add_subplot(2,2,1)## 创建一个 2 行 2 列的子图，绘制第 1 幅图
          plt.xlim((-3,8))## 确定 x 轴范围
          plt.ylim((-3,8))## 确定 y 轴范围
          plt.scatter(X_train[:,0],X_train[:,1],c=y_train)
          plt.title(' 训练集原始样本 ')# 添加标题
          for threshold in {2,3,4}:
             ax1 = p1.add_subplot(2,2,threshold)# 绘制第 threshold 幅图
             binarizer = preprocessing.Binarizer(threshold=1.5*threshold).\
             fit(X_train) #fit(X_train)# 不做任何事情 ,threshold # 为二值化阈值
             X_train_binary=binarizer.transform(X_train)# 对训练集二值化变换
             plt.xlim((0,X_train_binary[:,0].size))# 确定 x 轴范围
             plt.ylim((-0.5,1.5))# 确定 y 轴范围
             plt.scatter(range(X_train_binary[:,0].size),X_train_binary[:,0],c=y_train)
             plt.title(' 训练集二值化后特征 0 的样本 threshold='+np.str_(1.5*threshold))# 添加标题
             print(' 训练集二值化后 threshold=',1.5*threshold,' 前 5 行样本为： \n',
                 X_train_binary[0:5,:])
```

```
Out:    训练集二值化后 threshold= 3.0 前 5 行样本为：
        [[1. 1.]
        [1. 0.]
        [1. 1.]
        [1. 1.]
        [1. 1.]]
        训练集二值化后 threshold= 4.5 前 5 行样本为：
        [[1. 0.]
        [1. 0.]
```

Out:　　[1. 0.]

　　　　[0. 1.]

　　　　[1. 0.]]

训练集二值化后 threshold= 6.0 前 5 行样本为:

[[1. 0.]

　[0. 0.]

　[1. 0.]

　[0. 0.]

　[1. 0.]]

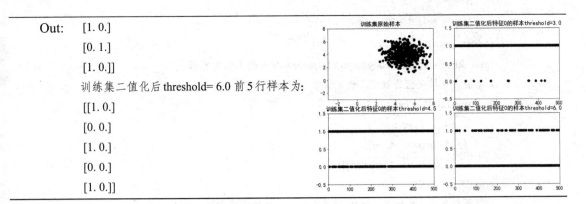

【范例分析】

Binarizer() 类通过 threshold 参数接收特征二值化的阈值。要使用 Binarizer() 类，通常先使用 Binarizer().fit(X) 方法生成二值化实例，其中 fit(X) 不做任何事情，只负责接收要二值化的数组。二值化实例使用 transform(X) 方法对数组 X 进行二值化处理。低于阈值的样本特征值变换为 0，高于阈值的样本特征值变换为 1。通过对同一个数据集使用不同阈值，分别给出了二值化结果。

6.2.5 ▶ 使用 sklearn 进行缺失值插补

由于各种原因，真实世界的许多数据集都包含缺失数据，这类数据经常被编码成空格、NaN，或者是其他的占位符。但是这样的数据集并不能被 scikit-learn 学习算法兼容，这是由于大多数的学习算法会默认数组中的元素都是数值。使用不完整的数据集的一个基本策略是，舍弃整行或整列包含缺失值的数据。但是这样可能会舍弃有价值的数据，即使它们是不完整的。处理缺失数值的一个更好的策略就是，从已有的数据中推断出缺失的数值。

sklearn 的 preprocessing 模块提供了 Imputer() 类，用于估算缺失值，使用缺失值所在的行列中的平均值、中位数或者众数来填充。这个类也支持不同的缺失值编码，Imputer() 类的格式为：

`class sklearn.preprocessing.Imputer(missing_values='NaN', strategy='mean', axis=0, verbose=0, copy=True)`

其中 missing_values 接收整数或 'NaN'，表示缺失值编码，可选，默认为 'NaN'。strategy 接收字符串，表示估算策略，有 mean（均值）、median（中位数）、most_frequent（众数）三种策略，默认为 mean。axis 接收 0 或 1，表示估算的方向，0 表示按列估算，1 表示按行估算，默认为 0。

要对样本集的缺失值进行插补，先生成 Imputer() 类的一个实例（如 imp），可在生成实例时指定缺失值并估算策略和方向，然后使用 fit()、fit_transform()、transform() 等方法对样本集的缺失值进行估算。

【例 6-7】使用 Imputer() 对数据集的缺失值进行插补。

生成具有缺失值的样本集，并打印输出该样本集。对样本集的缺失值分别使用均值、中位数、众数策略进行插补，并打印输出插补后的样本集。

```
In []:   # 对样本集的缺失值进行插补
         import numpy as np
         from sklearn.preprocessing import Imputer # 导入缺失值估算器
         # 生成具有缺失值的数组，缺失值以 np.nan 表示
         X = np.array([[np.nan, 2,  3,   4],
                 [4,    6, np.nan,5],
                 [5, np.nan,  4,   6],
                 [7, np.nan,  4,  np.nan]])
         print('X 为 \n',X)
         # 使用包含缺失值的列 ( 轴 0) 的不同策略来替换编码为 np.nan 的缺失值：
         #mean（均值）；median（中位数）；most_frequent（众数）
         for strategy in ['mean','median','most_frequent']:
             imp = Imputer(missing_values='NaN', strategy=strategy, axis=0)#axis=0 表示列
             imp.fit(X)# 训练缺失值插补估算器
             # 使用训练的估算器 imp 变换数据集，进行缺失值插补
             print(' 使用 ',strategy,' 插补缺失值后的 X 为： \n',imp.transform(X))
```

Out: X 为：

[[nan 2. 3. 4.]

[4. 6. nan 5.]

[5. nan 4. 6.]

[7. nan 4. nan]]

使用 mean 插补缺失值后的 X 为：

[[5.33 2. 3. 4.]

[4. 6. 3.67 5.]

[5. 4. 4. 6.]

[7. 4. 4. 5.]]

使用 median 插补缺失值后的 X 为：

[[5. 2. 3. 4.]

[4. 6. 4. 5.]

[5. 4. 4. 6.]

[7. 4. 4. 5.]]

使用 most_frequent 插补缺失值后的 X 为：

[[4. 2. 3. 4.]

[4. 6. 4. 5.]

[5. 2. 4. 6.]

[7. 2. 4. 4.]]

【范例分析】

Imputer() 通过参数 missing_values 接收整数或 NaN，表示缺失值编码，默认为 NaN。通过参数 strategy 接收字符串，表示估算策略，有 mean(均值)、median(中位数)、most_frequent(众数) 三种策略，默认为 mean。axis 接收 0 或 1，表示估算的方向，0 表示按列估算，1 表示按行估算，默认为 0。要使用 Imputer() 类对样本集的缺失值进行插补，先要生成 Imputer() 类的一个实例，在生成实例时指定缺失值估算策略和方向，然后使用 fit() 拟合 Imputer()，使用 fit_transform()、transform() 方法对样本集的缺失值进行估算。

6.2.6 ▶ 使用 sklearn 对分类特征编码

在机器学习中，很多时候特征并不是数值型而是分类型。例如，一个人可能有性别 ["male", "female"]、省份 ["Henan", "Beijing", "Guangdong"]、职称 ["Professor", "Professor Assistant", "Lecture",

"Assistant"] 等分类的特征。这些特征能够被有效地编码成整数，如 ["male", "Beijing", "Assistant"] 可以被表示为 [0, 1, 3]，["female", "Henan", "Lecture"] 可以被表示为 [1, 0, 2]。

整数特征表示并不能在 scikit-learn 的估计器中直接使用，因为这样的连续输入，估计器会认为类别之间是有序的，但实际却是无序的。例如，省份的类别数据是任意排序的。一种将分类特征转换为能够被 scikit-learn 中模型使用的编码是 one-of-K 或 one-hot，称为独热编码，在 OneHotEncoder() 类中实现。这个类使用 m 个可能值转换为 m 值化特征，将分类特征的每个元素转化为一个值。OneHotEncoder() 类的格式为：

```
class sklearn.preprocessing.OneHotEncoder(n_values='auto', categorical_features='all', dtype=<type 'numpy.float64'>, sparse=True, handle_unknown='error')
```

其中 n_values 接收字符串 'auto'，或整数，或整数数组，表示特征值的数量（特征的类别数量），默认为 'auto'，即自动从训练集推断每个特征值的数量。

要进行独热编码，首先要生成 OneHotEncoder() 类的一个实例。默认情况下，每个特征使用几维的数值由数据集自动推断，也可以通过使用 "n_values" 参数来精确指定。然后使用 fit() 方法训练编码算法，最后用 transform().toarray() 来对一个样本数据进行转换。

【例 6-8】 使用 OneHotEncoder() 对特征进行独热编码。

某数据集有 3 个分类型特征，分别有 2、3、4 个类，对这三个特征进行独热编码训练，并对每种特征值的组合进行独热编码，输出特征值取值组合及对应的编码结果。

In []:	```
	# 对特征进行独热编码
	# 数据系列 1:2 个类，数据系列 2:3 个类，数据系列 3:4 个类，
	enc = preprocessing.OneHotEncoder(n_values=[2, 3, 4])# 指定每个类的数量
	enc.fit([[0, 0, 3], [1, 1, 0], [0, 2, 1], [1, 0, 2]])
	for i in range(0,2):# 不包含上界 2
	    for j in range(0,3):
	        for k in range(0,4):
	            print('[',i,j,k,']',' 的编码为 :',
	                enc.transform([[i, j, k]]).toarray())
	``

Out:	
[0 0 0] 的编码为 [[1. 0. 1. 0. 0. 1. 0. 0. 0.]]	[1 0 0] 的编码为 [[0. 1. 1. 0. 0. 1. 0. 0. 0.]]
[0 0 1] 的编码为 [[1. 0. 1. 0. 0. 0. 1. 0. 0.]]	[1 0 1] 的编码为 [[0. 1. 1. 0. 0. 0. 1. 0. 0.]]
[0 0 2] 的编码为 [[1. 0. 1. 0. 0. 0. 0. 1. 0.]]	[1 0 2] 的编码为 [[0. 1. 1. 0. 0. 0. 0. 1. 0.]]
[0 0 3] 的编码为 [[1. 0. 1. 0. 0. 0. 0. 0. 1.]]	[1 0 3] 的编码为 [[0. 1. 1. 0. 0. 0. 0. 0. 1.]]
[0 1 0] 的编码为 [[1. 0. 0. 1. 0. 1. 0. 0. 0.]]	[1 1 0] 的编码为 [[0. 1. 0. 1. 0. 1. 0. 0. 0.]]
[0 1 1] 的编码为 [[1. 0. 0. 1. 0. 0. 1. 0. 0.]]	[1 1 1] 的编码为 [[0. 1. 0. 1. 0. 0. 1. 0. 0.]]
[0 1 2] 的编码为 : [[1. 0. 0. 1. 0. 0. 0. 1. 0.]]	[1 1 2] 的编码为 [[0. 1. 0. 1. 0. 0. 0. 1. 0.]]
[0 1 3] 的编码为 [[1. 0. 0. 1. 0. 0. 0. 0. 1.]]	[1 1 3] 的编码为 [[0. 1. 0. 1. 0. 0. 0. 0. 1.]]
[0 2 0] 的编码为 [[1. 0. 0. 0. 1. 1. 0. 0. 0.]]	[1 2 0] 的编码为 [[0. 1. 0. 0. 1. 1. 0. 0. 0.]]
[0 2 1] 的编码为 [[1. 0. 0. 0. 1. 0. 1. 0. 0.]]	[1 2 1] 的编码为 [[0. 1. 0. 0. 1. 0. 1. 0. 0.]]
[0 2 2] 的编码为 [[1. 0. 0. 0. 1. 0. 0. 1. 0.]]	[1 2 2] 的编码为 [[0. 1. 0. 0. 1. 0. 0. 1. 0.]]
[0 2 3] 的编码为 [[1. 0. 0. 0. 1. 0. 0. 0. 1.]]	[1 2 3] 的编码为 [[0. 1. 0. 0. 1. 0. 0. 0. 1.]]

【范例分析】

OneHotEncoder() 是 sklearn.preprocessing 模块的一个类，它通过 n_values 接收字符串 'auto'，或整数，或整数数组，表示特征的类别数量，默认为 'auto'，即自动从训练集推断每个特征的类别数量。要进行独热编码，首先要生成 OneHotEncoder() 类的一个实例，然后使用 fit() 方法训练编码算法，最后使用 transform().toarray() 来对样本进行编码。

6.3 特征降维

一些数据集的特征维数非常多。例如文档分类的数据集，往往有几千个特征。特征维数过多，将导致机器学习模型训练的工作量非常大，因此有必要对数据集进行降维，以加快估计器的训练速度。此外，数据集的特征里有许多特征是冗余的，如 0 方差特征、具有唯一性的特征（如身份证号码）。一些特征间存在较强的线性关系，这些特征对机器学习模型往往没有作用或作用甚微，这也使得特征降维变得非常有必要。本节将介绍 PCA 降维、LDA 降维、TSNE 降维这三种常用方法。

6.3.1 ▶ PCA 降维

PCA 即主成分分析，它的目的是抽取数据集的主要特征来训练机器学习模型。这些主要特征称为主成分。scikit-learn 模块提供了 PCA 降维的 PCA() 类，其格式为：

```
class sklearn.decomposition.PCA(n_components=None, copy=True, whiten=False, svd_
solver='auto', tol=0.0, iterated_power='auto', random_state=None)
```

其中，主要参数 n_components 接受降维后的维数。

PCA() 类具有以下属性。

（1）components_：数组，形状为 (n_components, n_features)。

（2）explained_variance_：数组，形状为 (n_components,)。

（3）explained_variance_ratio_：数组，形状为 (n_components,)。

（4）singular_values_：数组，形状为 (n_components,)。

（5）mean_：数组，形状为 (n_features,)。

（6）n_components_：整数。

（7）noise_variance_：浮点数。

PCA() 类具有以下方法。

（1）fit(X[, y])：拟合数据集 X。

（2）fit_transform(X[, y])：拟合数据集 X 并将结果用于 X 的降维。

（3）get_covariance()：用生成的模型计算数据的协方差。

（4）get_params([deep])：获取估计器的参数。

（5）get_precision()：用生成的模型计算数据精度矩阵。

（6）inverse_transform(X)：将数据反变换到原始空间。

（7）score(X[, y])：返回所有样本的平均对数似然值。

（8）score_samples(X)：返回每个样本的对数似然值。

（9）set_params(**params)：设置估计器参数。

（10）transform(X)：将模型拟合降维结果应用于数据集 X。

要使用 PCA 降维，要先生成一个实例，同时设置模型参数，主要是要降至的维数。然后使用 fit(X) 方法拟合模型，通过 transform(X) 或 fit_transform(X) 将拟合结果应用于数据集 X 的降维。下面通过一个例子展示使用 PCA 降维的方法和过程。

【例6-9】使用 PCA() 进行特征降维。

使用 scikit-learn 的 datasets 模块的样本生成器 make_classification()，生成有冗余特征的分类样本。通过可视化观察特征间的关系，使用 PCA 对数据集降维，观察降维结果，并与原始数据集进行对比。

使用 make_classification() 方法生成多特征、有冗余特征的分类样本。

```
In []:    # PCA 降维
          from sklearn import datasets
          import matplotlib.pyplot as plt
          # 使用 make_classification 生成分类样本
          # 在样本中引入相关的、冗余的和未知的噪声
          X, y = datasets.make_classification(n_samples=1000, n_features=20,
                          n_informative=6, n_redundant=5,
                          n_classes=3,random_state=42)
          print(' 分类特征集 X 的形状为 ',X.shape)
          print(' 类标签 y 的形状为 ',y.shape)
```

```
Out:      分类特征集 X 的形状为 (1000, 20)
          类标签 y 的形状为 (1000,)
```

使用 seaborn 分特征可视化数据集，观察各特征取值及大致分布。

```
In []:    # 分特征绘制 strip 图              ax = sns.stripplot( data=pd.DataFrame(X))
          import seaborn as sns              plt.title(' 原始数据集 X 各个特征可视化结果 ')
          import pandas as pd
```

Out:

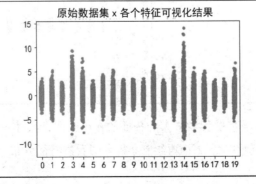

243

由于样本密集，strip 图不太容易展示特征分布。下面通过绘制小提琴图，可更直观地考察各特征分布。

In []: # 分特征绘制小提琴图

ax = sns.violinplot(data=pd.DataFrame(X))

plt.title(' 原始数据集 X 各个特征可视化结果 ')

Out:

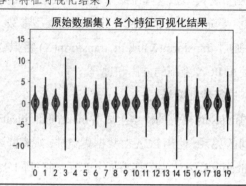

从上图可以看出，每个特征基本符合正态分布。下面实施 PCA 降维，先将特征数从 20 降至 15。

In []: from sklearn import decomposition# 导入 decomposition 模块

pca = decomposition.PCA(n_components=15)# 生成 PCA 实例 pca

pca.fit(X)# 训练模型

pca_X=pca.transform(X)# 使用训练的模型 pca 变换数据集

print('X 经 PCA 降维后的形状为 ',pca_X.shape)

Out: X 经 PCA 降维后的形状为 (1000, 15)

绘制 strip 图，分特征观察降维结果。

In []: # 分特征绘制 strip 图

ax = sns.stripplot(data=pd.DataFrame(pca_X))

plt.title('PCA 降维至 15 维的各个特征可视化结果 ')

Out:

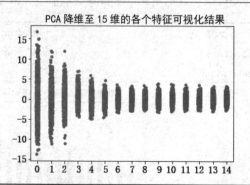

可以看出，PCA 将离散程度最大的特征放在最前面，其他特征按离散程度有序排列。离散程度最小的 5 个特征被剔除掉。下面再绘制小提琴图看看特征分布。

In []: # 分特征绘制小提琴图

ax = sns.violinplot(data=pd.DataFrame(pca_X))

plt.title('PCA 降维至 15 维的各个特征可视化结果 ')

Out:

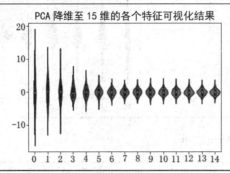

继续将原始数据集降维至 8 个维度。

In []: pca = decomposition.PCA(n_components=8)　　print('X 经 PCA 降维后的形状为 ',pca_X.shape)

pca.fit(X)

pca_X=pca.fit_transform(X)

Out: X 经 PCA 降维后的形状为 (1000, 8)

分特征绘制 strip 图，观察其降维结果。

In []: # 分特征绘制 strip 图　　　　　　plt.title('PCA 降维至 8 维的各个特征可视化结果 ')

ax = sns.stripplot(data=pd.DataFrame(pca_X))

Out:

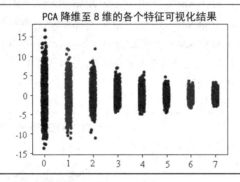

从上图可以看出，保留下的特征依然是离散程度最大的 8 个特征，且自左至右按离散程度降序排列。下面再绘制它们的小提琴图，观察特征分布。

In []: # 分特征绘制小提琴图

ax = sns.violinplot(data=pd.DataFrame(pca_X))

plt.title('PCA 降维至 8 维的各个特征可视化结果 ')

Out:

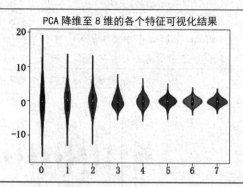

继续将原始数据集降至二维。

In []:
```
pca = decomposition.PCA(n_components=2)
pca.fit(X)
pca_X=pca.fit_transform(X)
print('X 经 PCA 降维后的形状为 ',pca_X.shape)
```

Out:　X 经 PCA 降维后的形状为 (1000, 2)

在二维平面上将降维后的二维特征分类别可视化。由于要按照类标签找每个类的样本，因此可以使用 numpy.where() 函数返回符合条件的类标签所在的索引，根据该索引找到对应的样本。

In []:
```
# 在二维平面上将二维特征分类别可视化
plt.figure(figsize=(6, 4))
plt.scatter(pca_X[np.where(y==0),0],pca_X[np.where(y==0),1],marker='.',c='r')
plt.scatter(pca_X[np.where(y==1),0],pca_X[np.where(y==1),1],marker='*',c='g')
plt.scatter(pca_X[np.where(y==2),0],pca_X[np.where(y==2),1],marker='<',c='b')
plt.title(' 降维为二维特征的分类别样本 ')# 添加标题
plt.legend(['c0','c1','c2'])
plt.show() # 显示图片
```

Out:

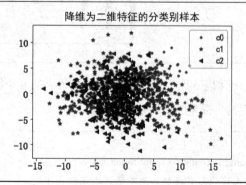

上图给出了降至二维的数据集在平面上的三个类别，由于平面对类别的区分性有限，因此这些点看起来部分是重叠在一起的。

【范例分析】

PCA() 是 sklearn.decomposition 模块的一个类，它通过 n_components 参数接收数据集降至的维数。要使用 PCA() 降维，要先生成一个实例，同时设置模型参数。然后使用 fit(X) 方法拟合模型，使用 transform(X) 或 fit_transform(X) 将拟合结果应用于数据集 X 的降维。PCA 降维后，将离散程度最大的特征放在前面，其他特征按离散程度有序排列。使用 seaborn 的 violinplot() 方法可视化降维后的结果，能够非常清楚地看到保留特征的离散程度、排序及核密度估计。

6.3.2 ▶ LDA 降维

LDA 称为线性判别式分析。scikit-learn 的 discriminant_analysis 模块提供了用于 LDA 降维或分类的 LinearDiscriminantAnalysis() 类，其格式为：

```
class sklearn.discriminant_analysis.LinearDiscriminantAnalysis(solver='svd', shrinkage=None, priors=None,
n_components=None, store_covariance=False, tol=0.0001)
```

其中主要的一个 n_components 参数接收整数，表示要降至的维数，要求小于类别的数量。

LinearDiscriminantAnalysis() 类的主要属性如下。

（1）coef_：数组，形状为 (n_features,) 或 (n_classes, n_features)。

（2）intercept_：数组，形状为 (n_features,)。

（3）covariance_：数组，形状为 (n_features, n_features)。

（4）explained_variance_ratio_：数组，形状为 (n_components,)。

（5）means_：数组，形状为 (n_classes, n_features)。

（6）priors_：数组，形状为 (n_classes,)。

（7）scalings_：数组，形状为 (rank, n_classes - 1)。

（8）xbar_：数组，形状为 (n_features,)。

（9）classes_：array-like, shape (n_classes,)。

LinearDiscriminantAnalysis() 类的主要方法如下。

（1）decision_function(X)：预测样本的置信度得分。

（2）fit(X, y)：根据给定训练数据拟合 LDA 模型。

（3）fit_transform(X[, y])：拟合模型，并将结果应用于原始数据集。

（4）get_params([deep])：获取估计器的参数。

（5）predict(X)：预测 X 中样本的类标签。

（6）predict_log_proba(X)：估计对数概率。

（7）predict_proba(X)：估计概率。

（8）score(X, y[, sample_weight])：返回在给定测试集和类标签上的平均准确率。

（9）set_params(**params)：设置估计器参数。

（10）transform(X)：投影数据集 X 最大化类间隔。

要使用 LDA 降维，需要先生产一个实例，同时设置模型参数，主要是要降至的维数。然后使用 fit(X, y) 方法拟合模型，使用 transform(X) 或 fit_transform(X) 将拟合结果应用于数据集 X 的降维。下面通过一个实例展示使用 LDA 降维的方法和过程。

注意，早期版本的 scikit-learn 的 LDA() 在 sklearn.lda 模块，与现在的 discriminant_analysis 模块是不同的类。

【例 6-10】使用 LDA() 进行特征降维。

使用 scikit-learn 的 datasets 模块的样本生成器 make_classification()，生成有冗余特征的分类样本，可视化观察特征间的关系。使用 LDA 对数据集降维，观察降维结果，并与原始数据集进行对比。

使用 make_classification() 方法生成具有 10 个特征、5 个类别的分类样本集。

```
In []:    # LDA 降维
          from sklearn import datasets
          import numpy as np
          # 导入 LinearDiscriminantAnalysis 模块
          from sklearn.discriminant_analysis import LinearDiscriminantAnalysis as LDA
          # 使用 make_classification 生成分类样本,
          # 在样本中引入相关、冗余和未知的噪声
          X, y = datasets.make_classification(n_samples=1000, n_features=10,
                              n_informative=4, n_redundant=5,
                              n_classes=5,random_state=42)
          print(' 分类特征集 X 的形状为 ',X.shape)
          print(' 类标签 y 的形状为 ',y.shape)
```

```
Out:    分类特征集 X 的形状为 (1000, 10)        类标签 y 的形状为 (1000,)
```

使用 seaborn 分特征绘制原始数据集的小提琴图，并观察特征及其分布。

```
In []:    # 分特征绘制小提琴图              ax = sns.violinplot(data=pd.DataFrame(X))
          import seaborn as sns           plt.title(' 原始数据集 X 的各个特征可视化结果 ')
          import pandas as pd
```

Out:

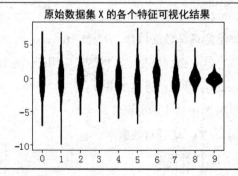

生成 LDA 实例，先设置要降至的维数，注意，要降至的维数须小于样本中类别的数量。然后使用 fit() 方法拟合模型，使用 fit_transform() 方法将拟合结果应用于原始数据集。

In []:   clf_lda=LDA(n_components=4)#n_components 要小于类的数量

        clf_lda.fit(X, y)

        lda_X=clf_lda.fit_transform(X,y)

        print('lda_X 的形状为 ',lda_X.shape)

Out: lda_X 的形状为 (1000, 4)

对降维后的数据集，分特征绘制小提琴图，观察特征分布情况。

In []:   # 分特征绘制小提琴图

        ax = sns.violinplot(data=pd.DataFrame(lda_X))

        plt.title('LDA 降维后的各个特征可视化结果 ')

Out:

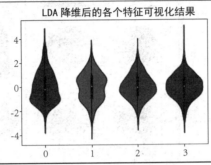

特征降维的主要目的是剔除相关性比较强的特征。下面将分别绘制原始数据集的两两特征间关系图，观察特征间是否存在相关性，即是否存在一定的线性关系。可以使用 seaborn 的 pariplot() 方法绘制两两特征间关系图。

In []:   # 绘制两两特征间关系

        sns.pairplot(pd.DataFrame(X))

Out:

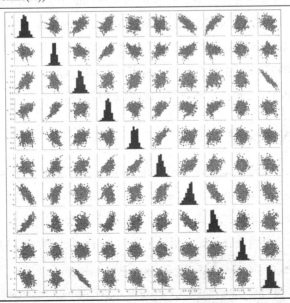

从上图可以看出，一些特征间的确存在线性关系，说明这些特征间存在相关性。下面再绘制降

维后的数据集两两特征间的散点图，观察降维后是否剔除了相关的特征。

In []:	# 绘制降维后两两特征间的散点图
	sns.pairplot(pd.DataFrame(lda_X))
Out:	

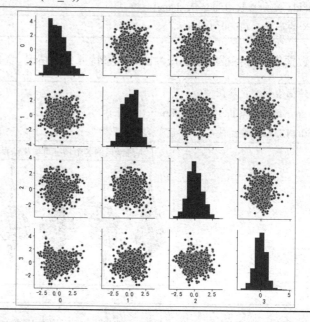

从上图可以看出，将原始数据集降至 4 维以后，保留下来的特征间已不存在相关性。

【范例分析】

LinearDiscriminantAnalysis() 是 sklearn.discriminant_analysis 模块的一个类，它使用 n_components 参数接收整数，表示要降至的维数，要求 n_components 小于类别的数量。要使用 LDA 降维，需要先生成一个实例，同时设置模型参数。对数据集 X 和目标集 y，使用 fit(X, y) 方法拟合模型，使用 transform(X) 或 fit_transform(X) 将拟合结果应用于数据集 X 的降维。使用 seaborn 的 pairplot() 方法分别对原始数据集和降维后的数据集绘制两两特征间散点图，能够观察特征间是否存在线性关系，以及降维后保留的特征是否已经消除了彼此间的线性关系。

6.3.3 ▶ TSNE 降维

TSNE（T-distributed Stochastic Neighbor Embedding）属于流形学习，是用于降维的一种机器学习算法，由 Laurens van der Maaten 和 Geoffrey Hinton 在 2008 年提出。TSNE 是一种非线性降维算法，非常适合将高维数据降维到二维或者三维，然后进行可视化。

scikit-learn 的流形模块 manifold 提供了 TSNE() 降维的类，其格式如下：

```
class sklearn.manifold.TSNE(n_components=2, perplexity=30.0, early_
exaggeration=12.0, learning_rate=200.0, n_iter=1000, n_iter_without_progress=300, min_grad_
norm=1e-07, metric='euclidean', init='random', verbose=0, random_state=None, method='barnes_hut', angle=0.5)
```

其中 n_components 参数接收整数，默认为 2，表示嵌入空间的维数。

TSNE() 类的属性如下。

（1）embedding_：数组，形状为 (n_samples, n_components)，存储嵌入向量。

（2）kl_divergence_：浮点数，表示优化后的 Kullback-Leibler 发散度。

（3）n_iter_：整数，表示迭代此数。

TSNE() 类的方法如下。

（1）fit(X[, y])：将数据集 X 拟合到一个嵌入空间。

（2）fit_transform(X[, y])：将数据集 X 拟合到一个嵌入空间并返回转换后的输出。

（3）get_params([deep])：获取估计器参数。

（4）set_params(**params)：设置估计器参数。

使用 TSNE() 降维要先生成一个实例，同时设置要降至的维数 (2 或 3)，然后使用 fit(X) 方法拟合模型，使用 fit_transform(X[, y]) 将拟合结果应用于数据集 X 的降维。下面通过一个实例展示使用 TSNE() 降维的方法和过程。

【例 6-11】使用 TSNE() 进行特征降维。

使用 scikit-learn 的 datasets 模块的样本生成器，生成有冗余特征的分类样本，可视化观察特征间的关系。使用 TSNE() 对数据集降维，观察降维结果，并与原始数据集进行对比。

使用 make_classification() 方法生成具有 10 个特征、3 个类别的分类样本集。由于 TSNE() 降维的计算量比较大，因此样本数量可以取少一点，500 个即可。

```
In []:   # TSNE( 降维 )
         from sklearn import datasets
         import matplotlib.pyplot as plt
         import numpy as np
         from sklearn.manifold import TSNE# 导入
         TSNE 模块
         # 使用 make_classification 生成分类样本，
         # 在样本中引入相关、冗余和未知的噪声
         X, y = datasets.make_classification(n_
         amples=500, n_features=10,
                           n_informative=4, n_redundant=5,
                           n_classes=3,random_state=42)
         print(' 分类特征集 X 的形状为 ',X.shape)
         print(' 类标签 y 的形状为 ',y.shape)
```

```
Out:     分类特征集 X 的形状为 (500, 10)        类标签 y 的形状为 (500,)
```

分特征绘制原始数据集的小提琴图，观察特征分布情况。

```
In []:   import seaborn as sns
         import pandas as pd
```

In []:
```
import seaborn as sns
import pandas as pd
# 分特征绘制小提琴图
ax = sns.violinplot(data=pd.DataFrame(X))
plt.title(' 原始数据集 X 的各个特征可视化结果 ')
```

Out:

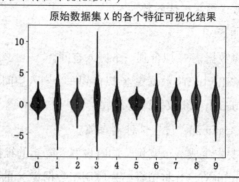

使用 TSNE() 将原始数据集降至二维。

In []:
```
tsne=TSNE(n_components=2)
tsne_X=tsne.fit_transform(X)
print('tsne_X 的形状为 ',tsne_X.shape)
```

Out: tsne_X 的形状为： (500, 2)

在二维平面上将降维后的样本分类别可视化，并观察样本分布情况。

In []:
```
# 在二维平面上将二维特征分类可视化
plt.figure(figsize=(6, 4))
plt.scatter(tsne_X[np.where(y==0),0],tsne_X[np.where(y==0),1],marker='.',c='r')
plt.scatter(tsne_X[np.where(y==1),0],tsne_X[np.where(y==1),1],marker='*',c='g')
plt.scatter(tsne_X[np.where(y==2),0],tsne_X[np.where(y==2),1],marker='<',c='b')
plt.title(' 降维为二维特征的分类别样本 ')# 添加标题
plt.legend(['c0','c1','c2'])
plt.show() # 显示图片
```

Out:

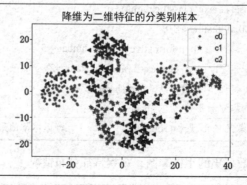

【范例分析】

TSNE() 是 sklearn.manifold 模块的一个类，它通过 n_components 参数接收整数，表示嵌入空间的维数，默认为 2。使用 TSNE() 降维，要先生成一个实例，同时设置降至的维数 (2 或 3)。然后使用 fit(X) 方法拟合模型，使用 fit_transform(X[, y]) 将拟合结果应用于数据集 X 的降维。数据集降至二维或三维后，可以在二维平面或三维空间绘制降维后数据集的散点图。将不同类别的样本绘制为不同的样式，可使用 numpy.where() 方法根据类标签 y 获取每个类的样本索引，然后使用该索引获得各个样本，分别绘制各个类别样本的散点图。

6.4 综合实例——breast_cancer 数据集预处理

scikit-learn 的 datasets 模块自带 breast_cancer 数据集，共收集了 569 个、特征数量为 30 的乳腺癌诊断记录。各个特征的数量级差异较大，一些特征间存在较强的相关性。下面将以 breast_cancer 数据集为例，综合展示数据集预处理、降维等方法。

【例 6-12】breast_cancer 数据集预处理。

对 breast_cancer 数据集进行特征关系分析、标准化、降维。观察 breast_cancer 数据集的特征取值、分布、特征间关系，确定需要进行预处理的内容。

```
In []:   #breast_cancer 数据集特征关系分析、标准化、降维
         from sklearn import preprocessing
         import numpy as np
         import seaborn as sns
         import pandas as pd
         # 加载 scikit-learn 自带数据集 breast_cancer
         breast_cancer=datasets.load_breast_cancer()
         print('breast_cancer.data 的形状为 ',breast_cancer.data.shape)
         print('breast_cancer 的特征名称为 \n',breast_cancer.feature_names)
         print('breast_cancer.target 的形状为 ',breast_cancer.target.shape)
         print('breast_cancer.target 的目标名称为 ',breast_cancer.target_names)
```

```
Out:   breast_cancer.data 的形状为 (569, 30)
       breast_cancer 的特征名称为
       ['mean radius' 'mean texture' 'mean perimeter' 'mean area'
        'mean smoothness' 'mean compactness' 'mean concavity'
        'mean concave points' 'mean symmetry' 'mean fractal dimension'
        'radius error' 'texture error' 'perimeter error' 'area error'
        'smoothness error' 'compactness error' 'concavity error'
        ' 'concave points error' 'symmetry error' 'fractal dimension error'
        'worst radius' 'worst texture' 'worst perimeter' 'worst area'
        'worst smoothness' 'worst compactness' 'worst concavity'
        'worst concave points' 'worst symmetry' 'worst fractal dimension']
       breast_cancer.target 的形状为 (569,)
       breast_cancer.target 的目标名称为 ['malignant' 'benign']
```

可以看出，breast_cancer 数据集共有 569 个样本，每个样本有 30 个特征，共有两个类别。下面使用 seaborn 绘制各特征小提琴图，并观察其取值及分布情况。

In []:   sns.violinplot(data=pd.DataFrame(breast_cancer.data))
           plt.title('breast_cancer.data 的各特征小提琴图 ')# 添加标题

Out:

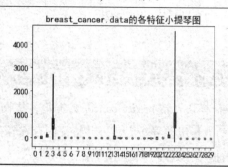

可以看出，部分特征的数量级非常大，需要将各个特征进行标准化处理，然后再观察原始数据集的特征间关系，可以使用 pairplot() 绘制特征间的两两关系图。

In []:   # 绘制特征间的两两关系图
           sns.pairplot(data=pd.DataFrame(breast_cancer.data))

Out:

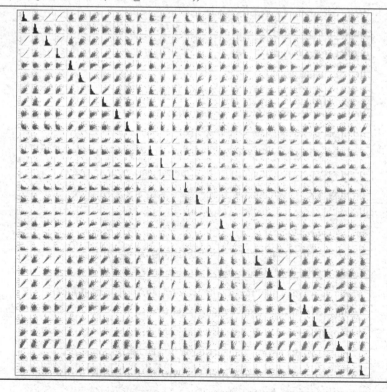

从上图可以看出，一些特征间具有很强的线性关系，因此还需要对数据集进行降维。先使用 preprocessing.MinMaxScaler() 方法对各特征进行极差标准化，将其变换到 [0,1] 区间，然后绘制各特征的小提琴图，观察标准化后数据集的取值和分布。

In []:	min_max_scaler = preprocessing.MinMaxScaler() X_min_max = min_max_scaler.fit_transform(breast_cancer.data) sns.violinplot(data=pd.DataFrame(X_min_max)) plt.title(' 极差标准化后各特征小提琴图 ')# 添加标题
Out:	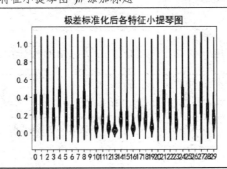

从上图可以看出，各个特征已全部变换到 [0,1] 区间，各个特征的核密度所在区域存在差异。对标准化后的数据集使用 pairplot() 方法绘制特征间两两散点图，观察标准化后的数据集特征间的关系。

In []:	# 绘制极差标准化后的两两特征关系图
	sns.pairplot(data=pd.DataFrame(X_min_max))

Out:	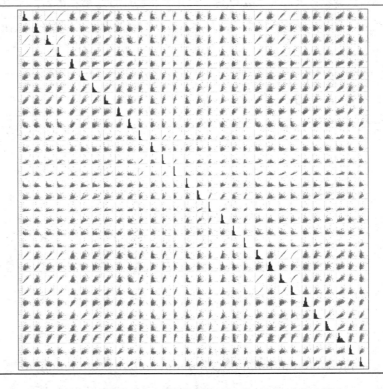

从上图可以看出，标准化后特征间的关系与原始数据集特征间的关系基本类似，一些特征间存在较大相关性，这就需要进行降维。PCA 可以灵活地将特征维数降至需要的数量，首先使用 PCA 降维。

In []:	#PCA 降维	pca_X=pca.transform(X_min_max)
	from sklearn import decomposition	print(' 经 PCA 降维后的形状为 ',pca_X.shape)
	pca = decomposition.PCA(n_components=10)	
	pca.fit(X_min_max)	
Out:	经 PCA 降维后的形状为 (569, 10)	

降至 10 维后，对数据集绘制小提琴图，观察保留的特征及其分布情况。

In []:	sns.violinplot(data=pd.DataFrame(pca_X))
	plt.title('PCA 降维后各特征小提琴图 ')# 添加标题
Out:	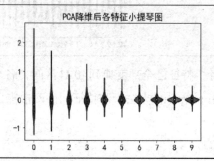

从上图可以看出，PCA 按照离散程度降序，将特征自左至右排列，前 10 个离散程度最大的特征保留了下来。下面需要绘制降维后的数据集特征关系散点图，观察降维后的特征间是否还存在相关性。

In []:	# 绘制降维后的两两特征间关系图
	sns.pairplot(data=pd.DataFrame(pca_X))
Out:	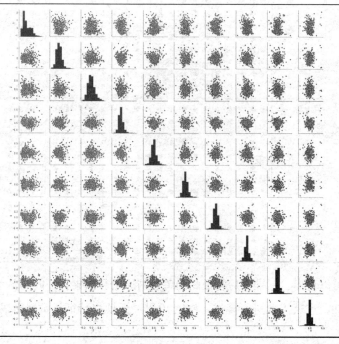

从上图可以看出，保留的 10 个特征间已不存在共线性，它们是不相关的。

下面再使用 LDA 方法对标准化后的数据集降维。由于 LDA 要求降至的维数要小于类别数量，而 breast_cancer 只有两个类，因此只能降至一维。

In []:	clf_lda=LDA(n_components=1)#n_components 要小于类别数量
	clf_lda.fit(X_min_max, breast_cancer.target)
	lda_X=clf_lda.fit_transform(X_min_max,breast_cancer.target)
	print('lda_X 的形状为：',lda_X.shape)
Out:	lda_X 的形状为 (569, 1)

绘制降维后的特征 strip 图，观察各类样本的分布情况。

In []:	# 绘制降维后的特征 strip 图
	ax = sns.stripplot(x=1,y=0,
	data=pd.DataFrame(np.hstack((lda_X, breast_cancer.target.reshape(-1,1)))),
	jitter=True)
Out:	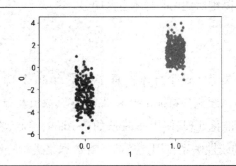

从上图可以看出，两个类的样本沿纵轴特征值方向区分明显。

使用 T-SNE 降维对标准化的 breast_cancer 进行降维。T-SNE 要求降至的维数小于 4，为便于可视化，可将其降至二维。

In []:	#T-SNE 降维
	from sklearn.manifold import TSNE
	tsne=TSNE(n_components=2)#n_components<4
	tsne_X=tsne.fit_transform(X_min_max)
	print('tsne_X 的形状为：',tsne_X.shape)
Out:	tsne_X 的形状为：(569, 2)

将降维后的特征在二维平面上分类别可视化。

In []:	# 在二维平面上将二维特征分类别可视化
	plt.figure(figsize=(6, 4))
	plt.scatter(tsne_X[np.where(breast_cancer.target==0),0],
	tsne_X[np.where(breast_cancer.target==0),1],marker='.',c='r')
	plt.scatter(tsne_X[np.where(breast_cancer.target==1),0],

In []:	tsne_X[np.where(breast_cancer.target==1),1],marker='*',c='g')

plt.title('breast_cancer 数据集降为二维的分类别样本 ')# 添加标题

plt.legend(breast_cancer.target_names)

plt.show() # 显示图片

Out:

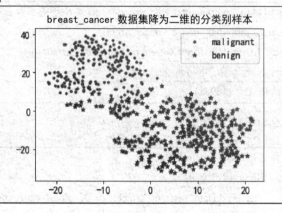

从上图可以看出，降维后的两类样本分区明显。

【范例分析】

breast_cancer 数据集有 569 个样本，每个样本有 30 个特征，共有两个类别。首先，使用 seaborn 的 violinplot() 方法绘制各特征小提琴图，观察其取值及分布情况。部分特征的数量级非常大，需要将各个特征进行标准化处理。使用 seaborn 的 pairplot() 绘制特征间的两两关系散点图，可以看出，一些特征间具有很强的线性关系，因此还需要对数据集进行降维。使用 MinMaxScaler() 方法对各特征进行极差标准化，再次绘制各特征的小提琴图，观察到标准化后数据集的各个特征已全部变换到 [0,1] 区间，各个特征的核密度所在区域存在差异。然后对标准化后的数据集再次使用 pairplot() 方法绘制特征间两两散点图，观察标准化后的数据集两两特征间的关系是否发生变化。可以看出，标准化后特征间的关系与原始数据集特征间的关系基本类似，一些特征间存在较大相关性。这就需要进行降维。首先使用 PCA 降至 10 维，对降维的数据集绘制小提琴图，可以看出，PCA 按照离散程度降序，将特征自左至右排列，前 10 个离散程度最大的特征保留了下来。绘制降维后的数据集特征关系散点图，可以看出，保留的 10 个特征间已不存在共线性。由于 LDA 要求降至的维数小于类别数量，而 breast_cancer 只有两个类，因此 LDA 方法只能将数据集降至一维。可以看出，两个类的样本沿纵轴特征值方向区分明显。TSNE 降维主要用于降维后数据集的可视化，要求降至的维数小于 4，为便于可视化，将其降至二维。从降维后的可视化结果可以看出，降维后的两类样本分区明显。

6.5 本章小结

数据预处理的任务一般包括去除唯一属性、缺失值插补、特征编码、特征标准化和特征正则化、特征二值化、主成分分析等。Pandas 提供了数据合并、数据去重、缺失值处理、异常值处理、数据标准化、哑变量处理、离散化连续数据等方法。scikit-learn 提供了数据预处理模块 preprocessing，其功能包括数据标准化、非线性变换、正则化、二值化、分类特征编码、缺失值补插、生成多项式特征、用户自定义转换器等，还提供了数据降维模块 sklearn.decomposition，用于特征选择。

6.6　习题

（1）加载 sklearn.datasets 自带的鸢尾花数据集 iris，对数据集进行 Z-score 标准化，观察对比标准化前后各特征的平均值、标准差。

（2）对鸢尾花数据集 iris 极差标准化，观察对比标准化前后各特征的均值、标准差。

（3）使用 normalize() 方法对鸢尾花数据集 iris 正则化，观察对比正则化前后前 10 条记录的值。

（4）选取阈值，对鸢尾花数据集 iris 二值化，观察对比二值化前后前 10 条记录的值。

（5）加载 breast_cancer 数据集，使用 PCA 降维将其降至 15 维。分别使用 seaborn 的 violinplot() 方法和 pairplot() 方法可视化降维后的数据集，分析降维后是否还存在共线性特征。

（6）使用 make_classification 方法生成 100 个特征、10 个类别、1000 个样本的分类样本集，使用 LDA 方法将其降至 8 维，观察降维后数据集特征间的共线性。

（7）使用 TSNE 降维，将第（6）题的数据集降至二维，在二维平面内分类别绘制降维后的特征散点图。

6.7　高手点拨

（1）数据集的标准化、正则化、特征降维是为应对不同数量级对机器学习性能的影响、减小计算量的一种无奈之举。实际上，这些预处理操作都会不可避免地造成信息的丢失。例如，在训练分类模型时，虽然有的问题在原始数据集上取得了不错的结果，但使用标准化后的数据集训练分类器，性能反而有所下降。因此，应该根据问题的复杂程度、计算量的大小，具体问题具体分析，可以比较使用上述预处理方法训练的估计器模型与使用标准化、降维后的数据集训练的估计器，在计算量与估计器性能之间取得平衡。

（2）使用 seaborn 的 pairplot() 方法绘制的数据集特征两两间散点图能够反映所有特征间的相关性，是观察原始数据集和降维后的数据集特征间是否存在相关性的一种方便的可视化方式。在面对未知数据集时，可以使用此方法绘制数据集两两特征间的关系散点图，观察分析特征间的关系。

（3）numpy.where() 方法能返回数组中符合条件的元素索引，这一点在获取数据集中特定类别的全部样本时非常有用，其格式为：

```
numpy.where(condition[, x, y])
```

其中 condition 接收条件表达式，值为 bool 型。例如对特征集 X 和目标集 y，如下命令将返回 X 中所有类标签为 0 的样本索引：

```
numpy.where(y==0)
```

下面的语句将返回所有特征 0 的值小于 10 的样本索引：

```
numpy.where(X[:, 0]<10)
```

根据返回的样本索引，可以找到这些索引的所有样本，进行分类别可视化等任务。

7

回归分析

函数是从自变量到因变量的一种映射关系。在一些问题中，常常希望根据已有数据确定目标变量（输出，即因变量）与其他变量（输入，即自变量）的关系。当观测到新的输入时，预测它可能的输出值，这种方法叫回归分析。本章介绍回归分析的理论基础、常用方法和 scikit-learn 回归分析方法，重点介绍线性回归分析方法及其实现原理—最小二乘法，练习和掌握使用 LinearRegression 类进行一元和多元线性回归的方法，练习岭回归、逻辑回归、多项式回归的方法。

7.1 回归分析及常用方法

回归分析（Regression Analysis) 是确定两种或两种以上变量间相互依赖的定量关系的一种统计分析方法。按照涉及变量的多少，回归分析分为一元回归分析和多元回归分析。按照自变量和因变量之间是否为线性关系，可分为线性回归分析和非线性回归分析。如果在回归分析中只包括一个自变量和一个因变量，且二者的关系可用一条直线近似表示，则这种回归分析称为一元线性回归分析。如果回归分析中包括两个或两个以上的自变量，且自变量之间存在线性相关，则称为多重线性回归分析。

常用的回归分析方法如图 7-1 所示，包括线性回归 (Linear Regression)、逻辑回归 (Logistic Regression)、多项式回归 (Polynomial Regression)、逐步回归 (Stepwise Regression)、岭回归 (Ridge Regression)、套索回归 (LASSO Regression)、弹性网络回归 (ElasticNet)。

图 7-1 常用回归分析方法

7.1.1 ▶ 线性回归

线性回归通常用于处理因变量是连续变量的问题。这个问题可以使用最小二乘法实现，它是用于拟合回归线最常用的方法。对于观测数据，最小二乘法通过最小化每个数据点到线的垂直偏差平方和来计算最佳拟合线。在计算总偏差时，偏差先平方，所以正值和负值没有抵消。线性回归通常是人们在学习预测模型时首选的技术之一，在这种技术中，因变量是连续的，自变量可以是连续的也可以是离散的，回归线的性质是线性的。

线性回归使用最佳的拟合直线（也就是回归线）在因变量（Y）和一个或多个自变量（X）之间建立一种关系，即式 (7-1)，使数据集实际观测数据和预测数据（估计值）之间的残差平方和最小。

$$Y=aX+b \tag{7-1}$$

式 (7-1) 中的 a 表示截距，b 表示直线的斜率。误差项一般用 e 表示，是观测值与实际值的偏差。

多个自变量的线性回归问题称为多元线性回归。同样，多元线性回归也可以根据给定的预测变量来预测目标变量的值。

7.1.2 ▶ 逻辑回归

逻辑回归用来计算 "事件 =Success" 和 "事件 =Failure" 的概率。当因变量的类型属于二元（1 / 0，真 / 假，是 / 否）变量时，应该使用逻辑回归。这里，当 Y 的值为 0 或 1 时，可以用式（7-2）~ 式（7-4）表示。

$$\text{odds}= p/(1-p)= \text{probability of event occurrence/probability of not event occurrence} \quad （7\text{-}2）$$

$$\ln(\text{odds}) = \ln(p/(1-p)) \quad （7\text{-}3）$$

$$\text{logit}(p) = \ln(p/(1-p)) =b_0+b_1X_1+b_2X_2+b_3X_3\cdots+b_kX_k \quad （7\text{-}4）$$

式 (7-2) ~ 式 (7-4) 中，p 表述具有某个特征的概率。有人可能会问：为什么要在公式中使用对数 log 呢？

因为这里使用的是二项分布（因变量），需要选择一个对于这个分布最佳的连结函数，那就是 logit 函数。在上述方程中，通过观测样本的极大似然估计值来选择参数，而不是最小化平方和误差。

7.1.3 ▶ 多项式回归

对于一个回归方程，如果自变量的指数大于 1，那么它就是多项式回归方程，如式 (7-5) 所示。

$$y=a+bx^2 \quad （7\text{-}5）$$

在这种回归技术中，最佳拟合线不是直线，而是一个用于拟合数据点的曲线。通常，多项式回归的方法是通过增加特征的方法，将高次项变换为 1 次项，从而将多项式回归问题转化为线性回归问题。

7.1.4 ▶ 逐步回归

在处理多个自变量时，可以使用逐步回归。在这种技术中，自变量的选择是在一个自动的过程中完成的，其中包括非人为操作。

通过观察统计的值，如 R-square、T-stats 和 AIC 指标，来识别重要的变量。逐步回归通过同时添加 / 删除基于指定标准的协变量来拟合模型。下面列出了一些最常用的逐步回归方法。

（1）标准逐步回归法。该方法做两件事情，即增加和删除每个步骤所需的预测。

（2）向前选择法。该方法从模型中最显著的预测开始，为每一步添加变量。

（3）向后剔除法。该方法与模型的所有预测同时开始，然后在每一步消除最小显著性的变量。

这种建模技术的目的是使用最少的预测变量数来最大化预测能力，这也是处理高维数据集的方法之一。

7.1.5 ▶ 岭回归

当数据之间存在多重共线性（自变量高度相关）时，就需要使用岭回归分析。在存在多重共线性时，尽管最小二乘法（OLS）测得的估计值不存在偏差，但它们的方差也会很大，从而使得观测值与真实值相差甚远。岭回归通过给回归估计值添加一个偏差值，来降低标准误差。

在线性等式中，预测误差可以划分为两个分量，一个是偏差造成的，另一个是方差造成的。预测误差可能是由这两者或两者中的任何一个造成的。这里讨论的是由方差所造成的误差。

岭回归通过收缩参数 λ（Lambda）解决多重共线性问题，如式（7-6）所示。

$$L2=\text{argmin}||y-x\beta||+\lambda||\beta|| \tag{7-6}$$

在式 (7-6) 中，有两个组成，分别为最小二乘项和 β 平方的 λ 倍，其中 β 是相关系数向量，与收缩参数一起添加到最小二乘项中，可以得到一个非常低的方差。

7.1.6 ▶ 套索回归

套索回归类似于岭回归，也会就回归系数向量给出惩罚值项。此外，它能够减少变化程度并提高线性回归模型的精度，如式 (7-7) 所示。

$$L1=\text{agrmin}||y-x\beta||+\lambda||\beta|| \tag{7-7}$$

套索回归与岭回归有一点不同，就是它使用的惩罚函数是 L1 范数，而不是 L2 范数。这导致惩罚值会使一些参数估计结果等于零（或等于约束估计的绝对值之和）。使用的惩罚值越大，进一步估计时会使缩小值越趋近于零。这将导致要从给定的 n 个变量中选择变量。

如果预测的一组变量是高度相关的，那么套索回归会选出其中一个变量并且将其他的收缩为零。

7.1.7 ▶ 弹性网络回归

弹性网络回归是套索回归和岭回归技术的混合体。它使用 L1 来训练且将 L2 优先作为正则化矩阵。当有多个相关的特征时，弹性网络回归是很有用的。套索回归会随机挑选 L1 和 L2 中的一个，而弹性网络回归则会选择两个。

套索回归和岭回归相结合的优点是，它允许弹性网络回归继承循环状态下岭回归的一些稳定性。

数据探索是构建预测模型的必然组成部分。在选择合适的模型时，如识别变量的关系和影响时，数据探索应该是首选的一步。

交叉验证是评估预测模型最好的方法。它将数据集分成互斥的两份，一份做训练，另一份做验证。互斥指训练集和验证集（测试集）的样本不同，它使用观测值和预测值之间的一个简单均方差来衡量预测精度。

如果数据集是多个混合变量，那么就不应该选择自动模型选择方法，因为不想在同一时间把所有变量都放在同一个模型中。但这也取决于用户的目的，一个不太强大的模型与具有高度统计学意义的模型相比，更易于实现。回归正则化方法（LASSO、Ridge 和 ElasticNet）在高维和数据集变量之间存在多重共线性的情况下运行良好。

7.2 线性回归理论基础

线性回归通常用于处理因变量是连续变量的问题，其目标是确定式 (7-1) 中 a 和 b 的值。这个问题可以使用最小二乘法完成。最小二乘法也是用于拟合回归线最常用的方法。对于观测数据，它通过最小化每个数据点到线的垂直偏差平方和来计算最佳拟合线。因为在相加时，偏差先平方，所以正值和负值没有抵消，它是最为人熟知的建模技术之一。线性回归通常是人们在学习预测模型时首选的技术之一，在这种技术中，因变量是连续的，自变量可以是连续的也可以是离散的，回归线的性质是线性的。

线性回归使用最佳的拟合直线（回归线）在因变量（Y）和一个或多个自变量（X）之间建立一种关系，使得数据集实际观测数据和预测数据（估计值）之间的残差平方和最小，即式 (7-8)。

$$Y=aX+b \qquad (7-8)$$

式 (7-8) 中的 a 表示截距，b 表示直线的斜率。对由 n 个样本组成的数据集，其样本总误差为式（7-9）。

$$
\begin{aligned}
Q(a,b) &= \sum_{i=1}^{n}(Y_i-(aX_i+b))^2 = (Y_1-(aX_1+b))^2 + (Y_2-(aX_2+b))^2 +\cdots+ (Y_n-(aX_n+b))^2 \\
&= [Y_1^2 - 2Y_1(aX_1+b)+(aX_1+b)^2] + [Y_2^2 - 2Y_2(aX_2+b)+(aX_2+b)^2] +\cdots \\
&\quad + [Y_n^2 - 2Y_n(aX_n+b)+(aX_n+b)^2] \\
&= Y_1^2 - 2aX_1Y_1 - 2bY_1 + a^2X_1^2 + 2abX_1 + b^2 \\
&\quad + Y_2^2 - 2aX_2Y_2 - 2bY_2 + a^2X_2^2 + 2abX_2 + b^2 \\
&\quad +\cdots \\
&\quad + Y_n^2 - 2aX_nY_n - 2bY_n + a^2X_n^2 + 2abX_n + b^2 \\
&= \sum_{i=1}^{n}Y_i^2 - 2a\sum_{i=1}^{n}X_iY_i - 2b\sum_{i=1}^{n}Y_i + a^2\sum_{i=1}^{n}X_i^2 + 2ab\sum_{i=1}^{n}X_i + nb^2 \\
&= n\overline{Y^2} - 2na\overline{XY} - 2nb\overline{Y} + na^2\overline{X^2} + 2nab\overline{X} + nb^2
\end{aligned}
\qquad (7-9)
$$

式 (7-9) 中，$\overline{Y^2}=\dfrac{1}{n}\sum_{i=1}^{n}Y_i^2$，$\overline{XY}=\dfrac{1}{n}\sum_{i=1}^{n}X_iY_i$，$\overline{Y}=\dfrac{1}{n}\sum_{i=1}^{n}Y_i$，$\overline{X^2}=\dfrac{1}{n}\sum_{i=1}^{n}X_i^2$，$\overline{X}=\dfrac{1}{n}\sum_{i=1}^{n}X_i$。

使用最小二乘法，将 a,b 作为变量，分别对式 (7-9) 求偏导数，并令其为 0，则可得到关于 a,b 的二元方程组，即式 (7-10)。

$$
\begin{cases}
\dfrac{\partial Q}{\partial a} = -2n\overline{XY} + 2na\overline{X^2} + 2nb\overline{X} = 0 \\[2mm]
\dfrac{\partial Q}{\partial b} = -2n\overline{Y} + 2na\overline{X} + 2nb = 0
\end{cases}
\qquad (7-10)
$$

简化式 (7-10)，可得式 (7-11)。

$$
\begin{cases}
-\overline{XY} + a\overline{X^2} + b\overline{X} = 0 \\[2mm]
-\overline{Y} + a\overline{X} + b = 0
\end{cases}
\qquad (7-11)
$$

对式 (7-11) 求解，得到 $a=\dfrac{\overline{X}\,\overline{Y}-\overline{XY}}{(\overline{X})^2-\overline{X^2}}$，$b=\overline{Y}-a\overline{X}$。

画出的拟合直线只是一个近似，因为很多点都没有落在直线上，那么直线拟合程度到底怎么样呢？在统计学中有一个术语叫 R2（Coefficient of Determination，判定系数、拟合优度、决定系数），用来判断回归方程的拟合程度。

总偏差平方和（又称总平方和，SST）是每个因变量的实际值（给定点的所有 Y）与因变量平均值（给定点的所有 Y 的平均）的差的平方和，即 SST 反映了因变量取值的总体波动情况，如式 (7-12) 所示。

$$SST = \sum_{i=1}^{n} (Y_i - \overline{Y})^2 \tag{7-12}$$

回归平方和（SSR）是因变量的回归值（直线上的 Y 值）与其均值（给定点的 Y 值平均）的差的平方和。它是由于自变量 X 的变化引起的 Y 的变化，反映了 Y 的总偏差中由于 X 与 Y 之间的线性关系引起的 Y 的变化部分，是可以由回归直线来解释的，如式 (7-13) 所示。

$$SSR = \sum_{i=1}^{n} (\hat{Y}_i - \overline{Y})^2 \tag{7-13}$$

残差平方和（又称误差平方和，SSE）是因变量的各实际观测值 (给定点的 Y 值) 与回归值（回归直线上的 Y 值）的差的平方和，它是除了 X 对 Y 的线性影响之外的其他因素对 Y 变化的作用，是不能由回归直线来解释的，如式 (7-14) 所示。

$$SSE = \sum_{i=1}^{n} (Y_i - \hat{Y}_i)^2 \tag{7-14}$$

因此，SST（总偏差）=SSR（回归线可以解释的偏差）+SSE（回归线不能解释的偏差）。

那么所画回归直线的拟合程度的好坏，其实就是看这条直线（及 X 和 Y 的线性关系）能够多大程度上反映（或者说解释）Y 值的变化。

定义 R2=SSR/SST 或 R2=1-SSE/SST, R2 的取值范围是 0~1，越接近 1 说明拟合程度越好。假如所有的点都在回归线上，说明 SSE 为 0，则 R2=1，意味着 Y 的变化 100% 由 X 的变化引起，没有其他因素会影响 Y，回归线完全能够解释 Y 的变化。如果 R2 很低，则说明 X 和 Y 之间可能不存在线性关系。

对有 p 个特征的数据集，即自变量的数量为 p 个，其多元线性回归可表示为式 (7-15)。

$$Y = a_1 X_1 + a_2 X_2 + \cdots + a_p X_p + b \tag{7-15}$$

其总体误差公式为式 (7-16)。

$$Q(a_1, a_2, \cdots, a_p, b) = \sum_{i=1}^{n} (Y_i - (a_1 X_{1i} + a_2 X_{2i} + \cdots + a_p X_{pi} + b))^2 \tag{7-16}$$

按照一元线性回归求解方法，分别对 p 个变量 a_i, b 求偏导，可得 $p+1$ 个方程组成的方程组。解这个方程组，即可得 p 元线性回归方程。

7.3 使用 scikit-learn 进行线性回归

scikit-learn 提供了广义线性模型模块 sklearn.linear_model，它定义线性模型为式 (7-17)。

$$\hat{y}(w, x) = w_0 + w_1 x_1 + \cdots + w_p x_p \tag{7-17}$$

其中 $\hat{y}$ 是预测值。定义 $w = [w_1, w_2, \cdots, w_p]^T$，作为自变量的系数 coef_；定义 w_0 作为截距，

intercept_. linear_model 模块提供用于线性回归的 LinearRegression() 类，其格式如下：

class sklearn.linear_model.LinearRegression(fit_intercept=True, normalize=False, copy_X=True, n_jobs=1)

LinearRegression() 拟合一个带有系数 $w=[w_1, w_2, \cdots, w_p]^T$ 的线性模型，使得数据集实际观测数据和预测数据（估计值）之间的残差平方和最小，其数学表达式为式 (7-18)。

$$\min_{w} = \|Xw - y\|_2^2 \qquad (7\text{-}18)$$

该模型等价于式 (7-16)。

先生成一个 LinearRegression 类的实例，使用该实例调用 fit() 方法来拟合数组 X, y，并且将线性模型的系数 w 存储在其成员变量 coef_ 中。可通过访问 coef_ 和 intercept_ 观察拟合的方程中各自变量的系数和截距。fit() 方法的格式为：

fit(X, y, sample_weight=None)

其中 X, y 接收数组，分别代表训练集和目标。拟合好回归方程后，使用 predict() 方法能够预测一个新的样本回归值，其格式如下：

predict(X)

其中 X 是新的样本。

【例 7-1】使用 LinearRegression() 进行一元线性回归。

读取第 5 章产生的一元线性回归数据文件 1x_regression.csv，进行回归分析，打印输出回归模型参数和回归方程，可视化回归结果，并对新样本点进行预测。

```
In []:   # 读取第 5 章产生的一元线性回归数据，进行回归分析，可视化回归结果
         import numpy as np
         import matplotlib.pyplot as plt
         import pandas as pd
         from sklearn.linear_model import LinearRegression# 导入线性回归模块 LinearRegression
         # 读取数据文件
         path='D:\\PythonStudy\\Data\\'
         X = pd.read_csv(path+'1x_regression.csv',sep = ',',encoding = 'utf-8').values
         # 可视化原始数据集
         plt.rcParams['font.sans-serif'] = 'SimHei'# 设置字体为 SimHei 以显示中文
         plt.rcParams['axes.unicode_minus']=False# 坐标轴刻度显示负号
         plt.rc('font', size=14)# 设置图中字号大小
         plt.figure(figsize=(4, 3))
         plt.title(' 原始数据散点图 ')
         plt.xlabel('x')# 添加横轴标签
         plt.ylabel('y')# 添加纵轴标签
         # 绘制原始数据散点图，观察其特征
         plt.scatter(X[:,0], X[:,1])
         plt.show() # 显示图形
```

Out:

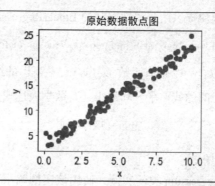

生成线性回归模型实例，使用数据集 X 训练回归模型，用训练的模型预测训练集样本的目标值，并可视化回归结果。

In []:
```
lr = LinearRegression()# 生成线性回归模型实例
# 可视化原始数据集和回归结果
plt.figure(figsize=(4, 3))
lr.fit(X[:,0].reshape(-1,1), X[:,1].reshape(-1,1))# 训练线性回归模型
# 将原始数据与回归曲线画在一张图上
plt.scatter(X[:,0], X[:,1])
plt.plot(X[:,0], lr.predict(X[:,0].reshape(-1,1)), 'k-')# 绘制回归模型预测结果
plt.title(' 原始数据与回归方程图 ')
plt.xlabel('x')# 添加横轴标签
plt.ylabel('y')# 添加纵轴标签
plt.show() # 显示图形
```

Out:

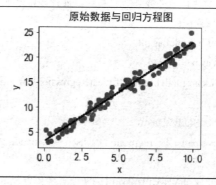

访问回归模型的系数和截距，输出回归方程。

In []:
```
print(' 回归方程为 :\n','y=',lr.coef_[0],'*x+',lr.intercept_[0])
```

Out: 回归方程为 :
y= [1.98804799] *x+ 3.1848630570536027

使用训练的回归模型预测自变量为从 0~9 的整数时，因变量（目标）的值。

In []:
```
for x in range(10):
    print('x=',x,' 时， y 的预测值为 :',lr.predict(x))
```

Out:	x= 0 时，y 的预测值为 :[[3.18486306]]
	x= 1 时，y 的预测值为 :[[5.17291105]]
	x= 2 时，y 的预测值为 :[[7.16095904]]
	x= 3 时，y 的预测值为 :[[9.14900703]]
	x= 4 时，y 的预测值为 :[[11.13705502]]
	x= 5 时，y 的预测值为 :[[13.12510302]]
	x= 6 时，y 的预测值为 :[[15.11315101]]
	x= 7 时，y 的预测值为 :[[17.101199]]
	x= 8 时，y 的预测值为 :[[19.08924699]]
	x= 9 时，y 的预测值为 :[[21.07729498]]

【范例分析】

LinearRegression() 是 sklearn.linear_model 的一个类，要使用它进行线性回归分析，先要生成一个 LinearRegression 类的实例，使用实例调用 fit(X, y) 方法来拟合数组自变量集 X 和目标集 y。可通过拟合模型的 coef_ 和 intercept_ 属性观察拟合方程中各自变量的系数和截距，拟合好回归方程后，再使用 predict() 方法预测新样本的回归值。

上例的数据集只有一个特征，属于一元线性回归。下面看一个多元线性回归的例子。

【例 7-2】使用 LinearRegression() 进行多元线性回归。

读取第 5 章的多元线性回归数据文件 3x_regression.csv，进行多元线性回归，打印输出回归模型参数、回归方程，并对新的样本进行预测。

In []:	# 读取数据文件，进行多元线性回归
	X = pd.read_csv(path+'3x_regression.csv',sep = ',',encoding = 'utf-8').values
	lr = LinearRegression()# 生成线性回归模型的实例
	lr.fit(X[:,0:3], X[:,3])# 训练线性回归模型
	print(' 回归系数为：',lr.coef_)
	print(' 截距为：',lr.intercept_)
Out:	回归系数为：[-4.93 3.06 5.98]
	截距为：-8.32675825616487

输出回归模型方程。

In []:	print(' 回归方程为：\n','y=',lr.coef_[0],'*x0+',
	lr.coef_[1],'*x1+',lr.coef_[2],'*x2+',lr.intercept_)
Out:	回归方程为：
	y= -4.925629844231549 *x0+ 3.061059501281465 *x1+ 5.978049630233645 *x2+
	-8.32675825616487

下面将产生不同的自变量值，使用训练的线性回归模型预测它们的目标值，并输出预测结果。

In []:	for x0 in [1,3]:
	　　for x1 in [2,4]:
	　　　　for x2 in [5,7]:
		x=np.array([x0,x1,x2]).reshape(1,-1)
		print('x=',x,' 时，y 的预测值为：',
		　lr.predict(x))

Out:	x= [[1 2 5]] 时，y 的预测值为 :[22.76] x= [[1 2 7]] 时，y 的预测值为 :[34.72] x= [[1 4 5]] 时，y 的预测值为 :[28.88] x= [[1 4 7]] 时，y 的预测值为 :[40.84] x= [[3 2 5]] 时，y 的预测值为 :[12.91] x= [[3 2 7]] 时，y 的预测值为 :[24.86] x= [[3 4 5]] 时，y 的预测值为 :[19.03] x= [[3 4 7]] 时，y 的预测值为 :[30.99]	

【范例分析】

多元线性回归的过程与一元回归类似。先生成 LinearRegression() 类的一个实例 lr，使用 lr 调用 fit() 方法拟合模型，访问 coef_ 和 intercept_ 属性能够获得各特征在回归模型的斜率和截距。使用 lr 调用 predict() 方法对新样本进行预测。然后使用 sklearn 的 datasets 回归样本生成器生成回归样本，进行多元线性回归分析。

【例 7-3】使用 LinearRegression() 对 make_regression() 生成的回归数据集进行多元线性回归。

使用 sklearn 的 datasets 回归样本生成器 make_regression() 生成回归样本，并进行多元线性回归，打印输出回归模型参数、回归方程，并对新的样本进行预测。

In []:	# 使用样本生成器生成回归样本，并进行多元线性回归
	from sklearn import datasets
	# 生成回归样本
	X, y = datasets.make_regression(n_samples=100, n_features=4,
	　　　　　　　random_state=0, noise=4.0,
	　　　　　　　bias=10.0)
	lr = LinearRegression()# 生成线性回归模型实例
	lr.fit(X,y)# 拟合线性回归模型
	print(' 回归系数为：',lr.coef_)
	print(' 截距为：',lr.intercept_)

Out:	回归系数为： [67.33 87.55 34.58 20.44] 截距为： 10.073229233026046

输出多元线性回归模型方程。

In []:	print(' 多元回归方程为：\n','y=',lr.coef_[0],'*x0+', 　　lr.coef_[1],'*x1+',lr.coef_[2],'*x2+', 　　lr.coef_[0],'*x3+',lr.intercept_)

Out:	多元回归方程为： y= 67.33481568055772 *x0+ 87.54941418723655 *x1+ 34.57825751126466 *x2+ 67.33481568055772 *x3+ 10.073229233026046

下面将产生不同的自变量值，使用训练的多元线性回归模型预测它们的目标值，并输出预测结果。

| In []: | ```
for x0 in [1,3]:
    for x1 in [2,4]:
        for x2 in [5,7]:
            for x3 in [2,5]:
                x=np.array([x0,x1,x2,x3]).reshape(1,-1)
                print('x=',x,' 时，y 的预测值为：',lr.predict(x))
``` |
|---|---|
| Out: | x= [[1 2 5 2]] 时，y 的预测值为:[466.27];   x= [[3 2 5 2]] 时，y 的预测值为 :[600.94]
x= [[1 2 5 5]] 时，y 的预测值为:[527.58];   x= [[3 2 5 5]] 时，y 的预测值为 :[662.25]
x= [[1 2 7 2]] 时，y 的预测值为:[535.43];   x= [[3 2 7 2]] 时，y 的预测值为 :[670.1]
x= [[1 2 7 5]] 时，y 的预测值为:[596.74];   x= [[3 2 7 5]] 时，y 的预测值为 :[731.41]
x= [[1 4 5 2]] 时，y 的预测值为:[641.37];   x= [[3 4 5 2]] 时，y 的预测值为 :[776.04]
x= [[1 4 5 5]] 时，y 的预测值为:[702.68];   x= [[3 4 5 5]] 时，y 的预测值为 :[837.35]
x= [[1 4 7 2]] 时，y 的预测值为:[710.53];   x= [[3 4 7 2]] 时，y 的预测值为 :[845.2]
x= [[1 4 7 5]] 时，y 的预测值为:[771.84];   x= [[3 4 7 5]] 时，y 的预测值为 :[906.51] |

【范例分析】

make_regression() 方法用于生成回归样本，它通过 n_samples 参数接收要生成的样本数量，n_features 参数接收特征数量（即自变量数量）。生成数据集后，要先生成 LinearRegression() 类的一个实例 lr，使用 lr 调用 fit() 方法拟合模型，访问 coef_ 和 intercept_ 属性获得各特征在回归模型的斜率和截距；使用 lr 调用 predict() 方法对新样本进行预测。

7.4 使用 scikit-learn 进行岭回归

对于有些矩阵，矩阵中某个元素的一个很小的变动，就会导致最后计算结果的误差很大，这种矩阵称为"病态矩阵"。有时候不正确的计算方法也会使一个正常的矩阵在运算中表现出病态。岭回归是一种专用于共线性数据分析的有偏估计回归方法，实质上是一种改良的最小二乘估计法。通过放弃最小二乘法的无偏性，以损失部分信息、降低精度为代价获得回归系数更符合实际、更可靠的回归方法，对病态数据的拟合要强于最小二乘法。

岭回归的优化问题可以通过对式 (7-18) 中的最小二乘法引入小的平方偏差因子实现，即式 (7-19)。

$$\min_{w} = \|Xw - y\|_2^2 + a\|w\|_2^2 \tag{7-19}$$

岭回归能处理特征变量之间存在很高的共线性问题，它缩小了系数的值，但没有达到零，也没有特征选择功能。
```

scikit-learn 的 sklearn.linear_model 模块提供了岭回归 Ridge() 类，其格式如下：

class sklearn.linear_model.Ridge(alpha=1.0, fit_intercept=True, normalize=False, copy_X=True, max_iter=None, tol=0.001, solver='auto', random_state=None)

其主要参数 alpha 即式 (7-19) 中的 a。

Ridge() 类的主要属性如下。

（1）coef_：数组，形状为 (n_features,) 或 (n_targets, n_features)，表示权重向量。

（2）intercept_：浮点数，表示截距。

（3）n_iter_：数组，形状为 (n_targets,)，表示每个目标的迭代次数，可以是 None。

Ridge() 类的主要方法如下。

（1）fit(X, y[, sample_weight])：拟合岭回归模型。

（2）get_params([deep])：获取估计器参数。

（3）predict(X)：预测 X 中样本的回归值。

（4）score(X, y[, sample_weight])：返回 R^2 决策系数的预测值。

（5）set_params(**params)：设置估计器参数。

【例 7-4】使用 Ridge() 进行岭回归。

使用 make_classification() 方法生成具有共线性特征的分类数据集，以对各个特征设置系数，叠加噪声，生成回归目标，进行岭回归。

使用 make_classification() 方法生成具有冗余特征的分类样本集，观察各个特征的共线性。

```
In []:   # 岭回归
         # 生成具有共线性特征的分类数据集，以对各个特征设置系数，叠加噪声，生成回归目标，进
         行岭回归
         import numpy as np
         import matplotlib.pyplot as plt
         import pandas as pd
         from sklearn import datasets
         n_samples=100
         # 生成具有冗余特征（共线性）的分类样本集
         X, y = datasets.make_classification(n_samples=n_samples, n_features=10,
                            n_informative=2, n_redundant=7,
                            n_classes=2)
         import seaborn as sns
         # 可视化 X 所有特征两两间的关系
         sns.pairplot(pd.DataFrame(X))
```

Out:

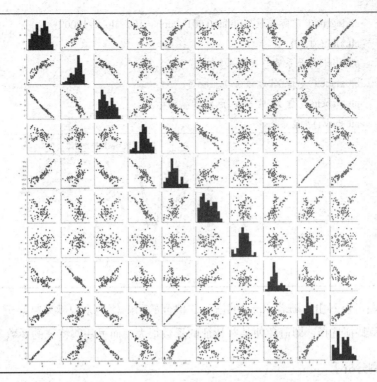

可以看出，多个特征间表现出了明显的线性特征。下面将为每个特征设置系数、截距，生成多元线性回归样本。并对样本进行岭回归分析，设置不同的 alpha 值，对比观察拟合的回归模型系数，并与真实系数对比。

```
In []:   # 为 X 的每个特征设置系数和截距
         b,a0,a1,a2,a3,a4,a5,a6,a7,a8,a9=3,-5,4,8,-9,-3,6,2,-1,3,7
         noise=np.random.randn(n_samples)
         # 叠加噪声，生成回归目标集
         y=2*noise+b+a0*X[:,0]+a1*X[:,1]+a2*X[:,2]+a3*X[:,3]+a4*X[:,4]+\
         a5*X[:,5]+a6*X[:,6]+a7*X[:,7]+a8*X[:,8]+a9*X[:,9]
         from sklearn import linear_model
         # 可视化，绘制真实系数与回归分析系数对比图
         plt.figure(figsize=(6,4))
         plt.rc('font', size=14)# 设置图中字号大小
         plt.rcParams['font.sans-serif'] = 'SimHei'# 设置字体为 SimHei 以显示中文
         plt.rcParams['axes.unicode_minus']=False# 坐标轴刻度显示负号
         plt.plot([b,a0,a1,a2,a3,a4,a5,a6,a7,a8,a9],marker='o')# 真实系数
         # 构造循环体，可视化各个 alpha 值的回归模型系数。
         for alpha in [0.001,100,1000]:
             ridge = linear_model.Ridge(alpha=alpha)
             ridge.fit(X, y)# 拟合模型
             plt.plot(np.append(ridge.intercept_,ridge.coef_),marker='*')# 拟合系数
             np.append(label,np.str_(alpha))
```

In []:	plt.legend([' 实际系数 ','alpha=0.001', 'alpha=100','alpha=1000'])
	plt.xlim(-1,20)
	plt.title(' 拟合系数与实际系数对比 ')
	plt.xlabel(' 变量 Xi')# 添加横轴标签
	plt.ylabel(' 变量 Xi 的系数 ')# 添加纵轴标签
	plt.show() # 显示图形

Out:

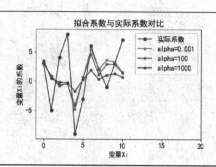

从上图可以看出，随着 alpha 的增加，拟合的回归模型系数越来越靠近 0 值，但又不是 0。这样可以避免特征选择，即避免使某些特征的系数很大，而另一些特征的系数又很小。

【范例分析】

岭回归的优化通过在最小二乘法中引入平方偏差因子来实现，放弃最小二乘法的无偏性，以损失部分信息、降低精度为代价获得回归系数更符合实际、更可靠的回归方法。它对病态数据的拟合要强于最小二乘法，能处理特征变量之间存在很高的共线性问题。它缩小了系数的值，但没有达到 0，所以没有特征选择功能。Ridge() 是 sklearn.linear_model 模块的一个类，它通过 alpha 参数接收式 (7-19) 中的 a。本例使用 make_classification() 方法生成具有共线性特征的数据集，特征间的共线性可使用 seaborn 的 pairplot() 方法进行可视化观察。使用 Ridge() 方法进行岭回归，先生成一个 ridge 实例，使用该实例调用 fit(X, y) 方法拟合岭回归模型，回归模型的 coef_ 属性返回特征在回归模型的权重向量，intercept_ 返回特征在回归模型的截距。训练的模型使用 predict() 预测新样本的回归值，分别设置不同的 alpha 值，可以看出，随着 alpha 的增加，拟合的回归模型系数越来越靠近 0 值，但又不是 0。因此，岭回归可以避免使某些特征的系数很大，而另一些特征的系数又很小。

7.5 使用 scikit-learn 进行逻辑回归

逻辑回归是一种与线性回归非常类似的算法，但从本质上讲，线型回归处理的问题类型与逻辑回归不一致。线性回归处理的是数值问题，预测的结果是数字，而逻辑回归属于分类算法，预测结果是离散的分类，如判断用户是否会点击某条广告。因此逻辑回归是一种经典的二分类算法。

实现方面，逻辑回归只是对线性回归的计算结果加上了一个 Sigmoid 函数，将数值结果转化为 0 到 1 之间的概率 (数值越大，函数越逼近 1；数值越小，函数越逼近 0)，根据这个概率预测样本的类别。直观地来看，逻辑回归是画出了一条分类线。

scikit-learn 机器学习模块的 sklearn.linear_model 提供了逻辑回归类 LogisticRegression()，其格式如下：

```
class sklearn.linear_model.LogisticRegression(penalty='l2', dual=False, tol=0.0001, C=1.0, fit_
intercept=True, intercept_scaling=1, class_weight=None, random_state=None, solver='warn', max_
iter=100, multi_class='warn', verbose=0, warm_start=False, n_jobs=None)
```

其中的主要参数说明如下。

（1）penalty：惩罚项，str 类型，可选参数为 l1 和 l2，默认为 l2。用于指定惩罚项中使用的规范。newton-cg、sag 和 lbfgs 求解算法只支持 l2 规范。

（2）multi_class：分类方式选择参数，str 类型，可选参数为 ovr 和 multinomial，默认为 ovr。ovr 即前面提到的 one-vs-rest(OvR)，而 multinomial 即前面提到的 many-vs-many(MvM)。如果是二元逻辑回归，ovr 和 multinomial 并没有任何区别，区别主要在多元逻辑回归上。

LogisticRegression() 类的主要属性如下。

（1）classes_：数组，形状为 (n_classes,)，表示分类器的类标签列表。

（2）coef_：数组，形状为 ((1, n_features) 或 (n_classes, n_features)，表示决策函数中特征的系数。

（3）intercept_：数组，形状为 (1,) 或 (n_classes,)，表示决策函数的截距。

（4）n_iter_：数组，形状为 (n_classes,) 或 (1,)，表示所有类的实际迭代次数。

LogisticRegression() 类的主要方法如下。

（1）decision_function(X)：预测样本的置信度分数。

（2）densify()：将系数矩阵转化为紧密数组的格式。

（3）fit(X, y[, sample_weight])：对给定训练数据拟合模型。

（4）get_params([deep])：获取估计器参数。

（5）predict(X)：预测 X 中样本的类标签。

（6）predict_log_proba(X)：估计概率对数。

（7）predict_proba(X)：估计概率。

（8）score(X, y[, sample_weight])：返回对测试集的平均分类准确率。

（9）set_params(**params)：设置估计器参数。

（10）sparsify()：将系数矩阵转化为稀疏格式。

使用 LogisticRegression() 类，要先生成一个实例，同时设置模型参数。然后使用 fit() 方法训练逻辑回归模型，使用 predict() 方法预测新样本的类别。

【例 7-5】使用 LogisticRegression() 进行二元逻辑回归。

使用 make_blobs() 方法生成具有两个特征的二元分类样本，分类别绘制原始样本集散点图，使用样本集训练逻辑回归模型，用训练好的模型对样本集进行分类，观察分类结果。

使用 make_blobs() 方法生成具有两个特征的二元分类样本，并对样本分类别可视化。

In []:
```
#逻辑回归
#生成具有两个特征的二元分类样本，分类别绘制原始样本集散点图
#使用样本集训练逻辑回归模型，用训练好的模型对样本集进行分类，观察分类结果
import numpy as np
from sklearn.datasets.samples_generator import make_blobs
#使用 make_blobs 生成 centers 个类的数据集 X，X 形状为 (n_samples,n_features)
#指定每个类的中心位置，y 返回类标签
centers = [(-2, 0), (2, 0)]
X, y = make_blobs(n_samples=500, centers=centers, n_features=2,
            random_state=0)
#分类别可视化样本集
plt.rc('font', size=14)#设置图中字号大小
plt.rcParams['font.sans-serif'] = 'SimHei'#设置字体为 SimHei 以显示中文
plt.rcParams['axes.unicode_minus']=False#坐标轴刻度显示负号
plt.figure(figsize=(6, 4))
plt.scatter(X[np.where(y==0),0],X[np.where(y==0),1],marker='o',c='r')
plt.scatter(X[np.where(y==1),0],X[np.where(y==1),1],marker='<',c='b')
plt.xlim(-5,5)
plt.ylim(-4,4)
plt.legend(['y=0','y=1'])
plt.title(' 使用 make_blobs 生成自定义中心的两类样本 ')# 添加标题
plt.show()    # 显示图形
```

Out:

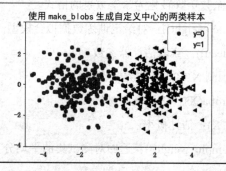

生成 LogisticRegression() 的实例，使用 fit(X, y) 训练逻辑回归模型，使用 predict(X) 预测 X 的类别，并分类别可视化预测结果。

In []:
```
from sklearn.linear_model import LogisticRegression
#训练逻辑回归模型
logi_reg = LogisticRegression(random_state=0, solver='lbfgs',
            multi_class='multinomial').fit(X, y)
#使用训练好的模型预测 X 的每个样本类别
y_predict=logi_reg.predict(X)
#分类别可视化预测结果
plt.figure(figsize=(6, 4))
```

In []:	plt.scatter(X[np.where(y_predict==0),0],X[np.where(y_predict==0),1],marker='o',c='r')
	plt.scatter(X[np.where(y_predict==1),0],X[np.where(y_predict==1),1],marker='<',c='b')
	plt.xlim(-5,5)
	plt.ylim(-4,4)
	plt.legend(['y_predict=0','y_predict=1'])
	plt.title(' 对 X 预测结果 ')# 添加标题
	plt.show() # 显 示 图 形
Out:	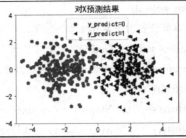

将预测结果与实际类标签进行对比，绘制预测错误的样本散点图。

In []:	# 绘制预测错误的样本	plt.title(' 预测错误的样本 ')# 添加标题
	plt.figure(figsize=(6, 4))	plt.xlim(-5,5)
	plt.scatter(X[np.where(y_predict!=y),0],X[np.	plt.ylim(-4,4)
	where(y_predict!=y),1],marker='x')	plt.show()# 显 示 图 形
Out:	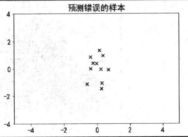	

【 范例分析 】

LogisticRegression() 是 sklearn.linear_model 模块提供的一个逻辑回归类。本例先使用 make_blobs()
方法生成具有两个特征的二元分类样本，并对样本分类别可视化。然后生成 LogisticRegression() 的实例，
使用 fit(X, y) 训练逻辑回归模型，使用 predict(X) 预测 X 的类别，并分类别可视化预测结果。将预测
结果与实际类标签进行对比，绘制预测错误的样本散点图，观察预测错误的样本。可视化时使用了
numpy.where() 方法获取相同类别的样本索引，用于对样本分类别进行可视化。

下面进一步增加样本的类别数至 3，进行逻辑回归分析。

【例 7-6】使用 LogisticRegression() 进行多元逻辑回归。

仿照例 7-5，生成三元分类样本，训练逻辑回归模型，并预测样本集，可视化，对比分析预测结果。

先使用 make_blobs() 方法指定样本类别中心，生成具有两个特征的三元分类样本，并对样本分
类别可视化。

In []:　#仿照例7-5生成三元分类样本，训练逻辑回归模型，并预测样本集，可视化，对比分析预测结果。

```
import numpy as np
from sklearn.datasets.samples_generator import make_blobs
# 使用 make_blobs 生成 centers 个类的数据集 X，X 形状为 (n_samples,n_features)
# 指定每个类的中心位置，y 返回类标签
centers = [(-2, 0), (2, 0),(0,3)]
X, y = make_blobs(n_samples=1000, centers=centers, n_features=2,
        random_state=0)
plt.rc('font', size=14)# 设置图中字号大小
plt.rcParams['font.sans-serif'] = 'SimHei'# 设置字体为 SimHei 以显示中文
plt.rcParams['axes.unicode_minus']=False# 坐标轴刻度显示负号
plt.figure(figsize=(6, 4))
plt.scatter(X[np.where(y==0),0],X[np.where(y==0),1],marker='o',c='r')
plt.scatter(X[np.where(y==1),0],X[np.where(y==1),1],marker='<',c='g')
plt.scatter(X[np.where(y==2),0],X[np.where(y==2),1],marker='*',c='b')
plt.xlim(-5,7)
plt.ylim(-4,6)
plt.legend(['y=0','y=1','y=2'])
plt.title(' 使用 make_blobs 生成自定义中心的三类样本 ')# 添加标题
plt.show() # 显示图形
```

Out:

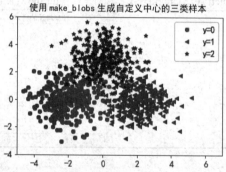

生成LogisticRegression()的实例,使用fit(X, y)训练逻辑回归模型,使用predict(X)预测X的类别,并分类别可视化预测结果。

In []:
```
from sklearn.linear_model import LogisticRegression
logi_reg = LogisticRegression(random_state=0, solver='lbfgs',
        multi_class='multinomial').fit(X, y)
y_predict=logi_reg.predict(X)
plt.figure(figsize=(6, 4))
plt.scatter(X[np.where(y_predict==0),0],X[np.where(y_predict==0),1],marker='o',c='r')
plt.scatter(X[np.where(y_predict==1),0],X[np.where(y_predict==1),1],marker='<',c='g')
plt.scatter(X[np.where(y_predict==2),0],X[np.where(y_predict==2),1],marker='*',c='b')
plt.xlim(-5,7)
```

In []:   plt.ylim(-4,6)

        plt.legend(['y_predict=0','y_predict=1','y_predict=2'])

        plt.title(' 对 X 预测结果 ')# 添加标题

        plt.show() # 显示图形

Out:

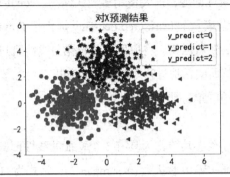

将预测结果与实际类标签进行对比，分类别绘制原始样本和预测错误的样本散点图。

In []:   plt.figure(figsize=(6, 4))

        plt.scatter(X[np.where(y==0),0],X[np.where(y==0),1],marker='o',c='r')

        plt.scatter(X[np.where(y==1),0],X[np.where(y==1),1],marker='<',c='g')

        plt.scatter(X[np.where(y==2),0],X[np.where(y==2),1],marker='*',c='b')

        plt.scatter(X[np.where(y_predict!=y),0],X[np.where(y_predict!=y),1],

                s=100, facecolors='none',zorder=10, edgecolors='k')

        plt.legend(['y=0','y=1','y=2',' 错误预测 '])

        plt.title(' 预测错误的样本 ')# 添加标题

        plt.xlim(-5,7)

        plt.ylim(-4,6)

        plt.show()# 显示图形

Out:

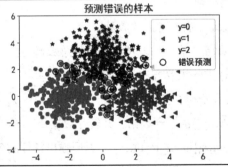

【范例分析】

先使用 make_blobs() 方法指定类别中心，生成具有两个特征的三元分类样本，并对样本分类别可视化。生成 LogisticRegression() 的实例，使用 fit(X, y) 训练逻辑回归模型，使用 predict(X) 预测 X 的类别，并分类别可视化预测结果。将预测结果与实际类标签进行对比，分类别绘制原始样本和预测错误的样本散点图。

7.6 使用 scikit-learn 进行多项式回归

对具有高次项的非线性问题，需要使用多项式回归。scikit-learn 对多项式回归没有提供直接的方法，而是在数据预处理模块 sklearn.preprocessing 提供了 PolynomialFeatures() 类。该类将数据集变换为具有高次项特征的新数据集，将原始问题转化为线性回归问题，再使用线性回归方法对转化后的数据集进行训练，从而间接地进行多项式回归分析。

例如，对具有二次项的单特征 (x) 回归问题式 (7-20)：

$$y=ax^2+bx+c \tag{7-20}$$

PolynomialFeatures() 类将其转化为具有 3 个特征的线性回归问题，这 3 个特征分别是 x、x^2 和一个值全为 1 的常量特征。输出形状为 (n_samples,3)，格式为 $[1, x, x^2]$ 的新数据集。这时，新的数据集将是一个线性回归问题，使用线性回归方法对其拟合，即可以得到回归模型。

对多特征、有更高次项的样本，PolynomialFeatures() 类同样通过增加高次项特征的方法，将其转化为线性特征数据集。

要预测新值，也需要先使用训练的 PolynomialFeatures() 模型将其转为线性数据集，然后使用训练的线性回归模型对转化后的数据集进行预测。

PolynomialFeatures() 类的格式如下：

```
class sklearn.preprocessing.PolynomialFeatures(degree=2, interaction_only=False, include_bias=True)
```

其中，参数 degree 接收整数，表示拟合目标中项的最高指数，默认为 2。

PolynomialFeatures() 类的主要参数如下。

（1）powers_：数组，形状为 (n_output_features, n_input_features)，powers_[i, j] 是第 j 个输入特征在第 i 个输出特征的指数。

（2）n_input_features_：输入特征的数量。

（3）n_output_features_：输出的多项式特征的总数量。

PolynomialFeatures() 类的主要方法如下。

（1）fit(X[, y])：计算输出特征的数量。

（2）fit_transform(X[, y])：拟合数据，并转化数据。

（3）get_feature_names([input_features])：返回输出特征的名称。

（4）get_params([deep])：获取估计器参数。

（5）set_params(**params)：设置估计器参数。

（6）transform(X)：将数据集转化为多项式特征。

7.6.1 ▶ 单特征数据集多项式回归

先通过一个一元二次方程的回归分析，介绍多项式回归的方法。然后增加自变量的指数，再进行回归分析。

【例 7-7】 单特征数据集多项式回归。

根据已知一元二次方程 $y=1.5x^2-5x-10$，生成有 10 个样本的非线性样本集，并对样本集进行多项式回归分析。

先生成 10 个均匀分布的自变量 x 的值，按方程计算相应的 y 值，并可视化原始数据集。

```
In []:   #多项式回归
         # 根据已知一元二次方程，生成非线性样本集，并对样本集进行多项式回归分析。
         import numpy as np
         import matplotlib.pyplot as plt
         n_samples=10
         X=np.sort(np.random.uniform(-5,10,n_samples)).reshape(-1,1)# 形状为 1 列（一个特征）
         y = 1.5 * X**2 -5*X -10
         plt.rcParams['font.sans-serif'] = 'SimHei'# 设置字体为 SimHei 以显示中文
         plt.rcParams['axes.unicode_minus']=False# 坐标轴刻度显示负号
         plt.rc('font', size=14)# 设置图中字号大小
         plt.figure(figsize=(6, 4))
         plt.scatter(X,y)
         plt.title(' 原始样本集 ')# 添加标题
         plt.show() # 显示图形
```

Out:

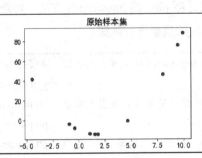

原始数据集中，特征与目标之间是非线性关系，因此需要使用 PolynomialFeatures() 类增加高次项特征，将其转化为线性关系。由于已知原方程的最高次数是 2，因此令 degree 参数为 2，然后使用 fit() 方法拟合数据集，使用 transform() 方法将原始数据集变换为线性形式。

```
In []:   from sklearn.preprocessing import PolynomialFeatures
         from sklearn.linear_model import LinearRegression
         poly = PolynomialFeatures(2)
         poly.fit(X)# 拟合多项式模型
         X2=poly.transform(X)# 使用拟合模型变换 X
         print(' 原始数据集 X 的形状为 :\n',X.shape)
         print('X 转换为 X2 后的形状为 :\n',X2.shape)
```

```
Out:    (10, 1)
        X 转换为 X2 后的形状为 :
        (10, 3)
```

可以看出，原始数据集只有 1 个特征，而转化的数据集有 3 个特征，分别是常数项 $1, x, x^2$，可以输出原始数据集和变换后的数据集，并对比观察。

In []:	print(' 原始数据集 X 为 :\n',X) print('X 转换为 X2 后为 :\n',X2)

Out:	原始数据集 X 为 :	X 转换为 X2 后为 :
	[[-4.43992733]	[[1. -4.43992733 19.71295467]
	[-0.93841667]	[1. -0.93841667 0.88062584]
	[-0.37997207]	[1. -0.37997207 0.14437878]
	[1.04689556]	[1. 1.04689556 1.09599031]
	[1.52518738]	[1. 1.52518738 2.32619655]
	[1.79842688]	[1. 1.79842688 3.23433925]
	[4.66532663]	[1. 4.66532663 21.76527256]
	[8.02884214]	[1. 8.02884214 64.46230616]
	[9.41238999]	[1. 9.41238999 88.59308538]
	[9.9226618]]	[1. 9.9226618 98.45921721]]

可以看出，第三列是第二列的平方。转换后的数据集 X2 是线性的，因此使用线性回归 LinearRegression() 模型对 X2 进行拟合，训练线性回归估计器。要预测新数据的值，需要使用训练好的 PolynomialFeatures 估计器 ploy 的 transform() 方法，将新数据进行变换；然后使用训练好的线性回归模型 lin_reg 对转换后的数据进行预测。

In []:	lin_reg = LinearRegression()# 生成线性回归模型实例
	lin_reg.fit(X2,y)# 使用变换后的数据集拟合线性回归模型
	# 生成均匀分布、排序的测试集，便于绘制曲线
	x_test=np.sort(np.random.
	uniform(-10,15,100))
	# 使用拟合的多项式模型变换测试集
	x_test2=poly.transform(x_test.reshape(-1,1))
		# 使用拟合的线性回归模型预测变换后的测试集
		y_test_predict=lin_reg.predict(x_test2)
		plt.figure(figsize=(6, 4))
		plt.plot(x_test,y_test_predict,linewidth=2,c='y')
		plt.scatter(X,y)
		plt.title(' 多项式回归结果 ')# 添加标题
		plt.legend(['n=2',' 原始样本 '])
		plt.show() # 显示图形

Out:	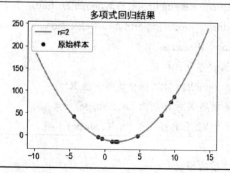

从拟合结果可以看出，原始数据都在回归曲线上，说明拟合效果良好。

【范例分析】

scikit-learn 并没有提供直接的多项式回归方法，而是在数据预处理模块 sklearn.preprocessing 提供了 PolynomialFeatures() 类。该类将高次项特征转换为 1 次项特征，特征数将增加，并根据新的特征计算获得新的数据集，将原始问题转化为线性回归问题。用户再使用线性回归方法对转化后的数据集进行训练，从而间接进行多项式回归分析。要预测新值，也需要使用训练好的 PolynomialFeatures() 模型将其转为线性数据集，然后使用训练好的线性回归模型对转化后的数据集进行预测。PolynomialFeatures() 类通过参数 degree 接收特征的最高指数，默认为 2，要将具有高次特征的数据集转换为特征最高次数为 1 的数据集，先生成 PolynomialFeatures() 类的一个实例，然后使用 fit() 计算输出特征的数量，使用 fit_transform() 拟合和转换数据，或者使用 transform() 将数据集转换为 1 次特征数据集。

上例中，假定回归的目标多项式最高次数为 2。事实上，对于一个数据集，往往不知道其多项式最高次数，这需要由低到高逐步进行试凑，根据回归结果确定最好的回归模型。

【例 7-8】 比较不同最高指数的多项式回归。

对例 7-7 的特征叠加噪声进行多项式回归，分别令目标多项式回归的最高指数为 1,2,3,4，使用 PolynomialFeatures() 类进行特征变换，对变换后的数据集进行线性回归分析。

先生成回归问题的数据集，其项的最高次数为 2，并叠加噪声。

In []:
```
# 对例 7-7 的方程叠加噪声，分别令多式回归的最高指数为 1,2,3,4
# 观察回归结果
import numpy as np
import matplotlib.pyplot as plt
n_samples=30
X=np.sort(np.random.uniform(-5,10,n_samples)).reshape(-1,1)
y = 1.5 * X**2 -5*X -10 +10*np.random.
randn(n_samples).reshape(-1,1)
plt.rcParams['font.sans-serif'] = 'SimHei'# 设置字体为 SimHei 以显示中文
plt.rcParams['axes.unicode_minus']=False# 坐标轴刻度显示负号
plt.rc('font', size=14)# 设置图中字号大小
plt.figure(figsize=(6, 4))
plt.scatter(X,y)
plt.title(' 原始样本集 ')# 添加标题
plt.show() # 显示图形
```

Out:

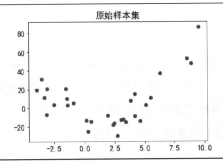

生成 PolynomialFeatures() 类的实例，并分别令多项式回归的最高指数为 1,2,3,4，将原始数据集进行特征变换，对变换后的数据集训练线性回归模型，使用训练好的线性回归模型预测新值，并可视化回归模型。

In []:
```
from sklearn.preprocessing import PolynomialFeatures
from sklearn.linear_model import LinearRegression
print(' 原始数据集 X 的形状为：',X.shape)
plt.figure(figsize=(6, 4))
for i in [1,2,3,4]:
    poly = PolynomialFeatures(i)
    poly.fit(X)
    X2=poly.transform(X)
    print(' 项的指数最高为 ',i,' 时，转换后的数据集形状为：',X2.shape)
    lin_reg = LinearRegression()# 生成线性回归模型实例
    lin_reg.fit(X2,y)
    X_test=np.sort(np.random.uniform(-10,15,100)).reshape(-1,1)
    X_test2=poly.transform(X_test)
    y_test_predict=lin_reg.predict(X_test2)
    plt.plot(X_test,y_test_predict,linewidth=2)
plt.scatter(X,y)
plt.title(' 多项式回归结果 ')# 添加标题
plt.legend(['n=1','n=2','n=3','n=4',' 原始样本 '])
plt.show()# 显示图形
```

Out:
原始数据集 X 的形状为： (30, 1)
项的指数最高为 1 时，转换后的数据集形状为： (30, 2)
项的指数最高为 2 时，转换后的数据集形状为： (30, 3)
项的指数最高为 3 时，转换后的数据集形状为： (30, 4)
项的指数最高为 4 时，转换后的数据集形状为： (30, 5)

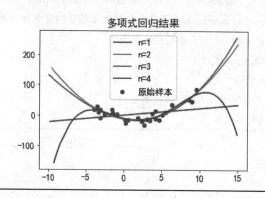

从拟合结果可以看出，最高指数 $n=1$ 时，转换后的特征数量为 2，即 1 次项和常数项，拟合结果为直线；$n=2,3,4$ 时，转换后的数据集特征数量分别为 3,4,5。在训练样本所在区域，拟合结果基本一致，而在远离训练样本的区域，拟合结果差异较大。

【范例分析】

本例先生成回归问题的数据集，其项的最高次数为 2，并叠加噪声。试图分别将其拟合为最高具有 1,2,3,4 次项的多项式。生成 PolynomialFeatures() 类的实例，并分别令多项式回归的最高指数为 1,2,3,4，将原始数据集进行特征变换，对变换后的数据集生成线性回归模型的实例，训练线性回归模型，使用训练好的线性回归模型预测新值。从拟合结果可以看出，最高指数 n=1 时，转换后的特征数量为 2，拟合结果为直线；n=2,3,4 时，转换后的数据集特征数量分别为 3,4,5。要预测新值，先使用训练好的 PolynomialFeatures 类实例将其进行特征变换，对变换后的特征数据集，使用训练好的线性回归模型预测其回归值。从可视化的预测结果可以看出，在训练样本所在区域，拟合结果基本一致，而在远离训练样本的区域，拟合结果差异较大。

7.6.2 ▶ 多特征数据集多项式回归

实际的回归问题数据集不可能仅有一个特征，而是会有多个特征。下面介绍有多个特征的多项式回归问题，以两个特征为例。

【例 7-9】二特征多项式回归。

根据已知二元高次方程 $y = \sqrt[3]{2 - x_1^3 - x_2^3}$，生成非线性样本集，并对样本集进行多项式回归分析。对多个特征，同样可以使用 PolynomialFeatures() 进行特征的线性变换。

要先生成两个特征的数据样本和目标样本，并进行可视化，观察原始数据集。

```
In []:   # 二特征多项式回归
         # 根据已知二元高次方程，生成非线性样本集，对样本集进行多项式回归分析。
         import numpy as np
         import matplotlib.pyplot as plt
         n_samples=50
         X1=np.linspace(-1,1,n_samples).reshape(-1,1)# 形状为 1 列（一个特征）
         X2=np.linspace(-1,1,n_samples).reshape(-1,1)# 形状为 1 列（一个特征）
         #X1, X2 = np.meshgrid(X1, X2)
         X=np.hstack((X1,X2))
         y =(2-X1**3-X2**3)**0.3333
         from mpl_toolkits.mplot3d import Axes3D
         import matplotlib.pyplot as plt
         fig = plt.figure()
         ax = Axes3D(fig)
         ax.scatter(X1, X2,y)
         plt.title(' 原始样本集 ')
         plt.show() # 显示图形
```

Out:

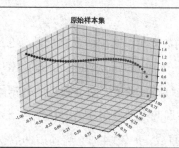

原始样本集

由上图可以看出，生成的样本集是一条空中曲线。但实际的方程式是一个曲面，在此先不考虑曲面的情况。下面对数据集进行多项式线性变换，生成 PolynomialFeatures() 类的一个实例，并指定目标多项式的最高次数为 3。

In []:
```
from sklearn.preprocessing import PolynomialFeatures
from sklearn.linear_model import LinearRegression
poly2 = PolynomialFeatures(3)
poly2.fit(X)# 拟合多项式模型
X_poly=poly2.transform(X)# 使用拟合模型变换 X
print(' 原始数据集 X 的形状为：',X.shape)
print('X 转换为 X_poly 后的形状为：',X_poly.shape)
print('y 的形状为：',y.shape)
```

Out:
```
原始数据集 X 的形状为： (50, 2)
X 转换为 X_poly 后的形状为： (50, 10)
y 的形状为： (50, 1)
```

从以上代码的运行结果可以看出，两个特征、项的最高指数为 3 的数据集线性变换后有 10 个特征。下面观察原始数据集和变换后的数据集。

In []:
```
print(' 原始数据集 X 前 5 行为：\n',X[0:5,:])
print('X 转换为 X_poly 后前 5 行为：\n',X_poly[0:5,:])
```

Out:
```
原始数据集 X 前 5 行为：
[[-1.          -1.        ]
 [-0.95918367  -0.95918367]
 [-0.91836735  -0.91836735]
 [-0.87755102  -0.87755102]
 [-0.83673469  -0.83673469]]
X 转换为 X_poly 后前 5 行为：
[[ 1.          -1.          -1.          1.          1.          1.
  -1.          -1.          -1.          -1.        ]
 [ 1.          -0.95918367  -0.95918367  0.92003332  0.92003332  0.92003332
  -0.88248094  -0.88248094  -0.88248094  -0.88248094]
 [ 1.          -0.91836735  -0.91836735  0.84339858  0.84339858  0.84339858
  -0.77454972  -0.77454972  -0.77454972  -0.77454972]
```

| Out: | [1. | −0.87755102 | −0.87755102 | 0.77009579 | 0.77009579 | 0.77009579 |

  −0.67579835 −0.67579835 −0.67579835 −0.67579835]

  −0.67579835 −0.67579835 −0.67579835 −0.67579835]

  [1.   −0.83673469 −0.83673469   0.70012495   0.70012495   0.70012495

  −0.58581883 −0.58581883 −0.58581883 −0.58581883]]

下面生成线性回归类 LinearRegression() 的实例，使用 fit() 方法拟合变换后的数据集，得到线性回归模型。生成新值，使用上一步的 poly2 模型，调用 transform() 方法，将新值进行变换。使用训练的线性回归模型调用 predict() 方法对变换后的新值进行预测，并可视化预测结果。由于样本是在三维空间，因此需要使用 3D 绘图。这可以从 mpl_toolkits.mplot3d 模块导入 Axes3D 实现。

```
In []:   lin_reg2 = LinearRegression()# 生成线性回归模型实例
         lin_reg2.fit(X_poly,y)# 使用变换后的数据集拟合线性回归模型
         # 生成均匀分布、排序的测试集，便于绘制曲线
         x_test1=np.linspace(-0.8,0.8,200)
         x_test2=np.linspace(-0.8,0.8,200)
         X_test=np.hstack((x_test1.reshape(-1,1),x_test2.reshape(-1,1)))
         X_test_poly=poly2.transform(X_test)
         y_predict=lin_reg2.predict(X_test_poly)
         fig = plt.figure()
         ax = Axes3D(fig)
         ax.plot_surface(X1, X2,y, shade=True)
         ax.scatter(x_test1, x_test2,y_predict)
         plt.title(' 预测结果 ')
         plt.show() # 显示图形
```

Out:

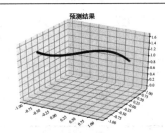

从上图可以看出，预测结果较好地拟合了原始曲线。

【范例分析】

本例的数据集有两个特征。对两个以上特征的多项式回归问题，同样使用 PolynomialFeatures() 进行特征的线性变换。先生成 PolynomialFeatures() 类的一个实例，并指定目标多项式的最高次数为 3，则两个特征的原始数据集线性变换后有 10 个特征。对变换后的数据集，生成线性回归类 LinearRegression() 的实例，使用 fit() 方法拟合数据得到线性回归模型。对要测试的新值，使用已训

练的 poly2 模型，调用 transform() 方法，将新值进行变换。使用训练的线性回归模型调用 predict() 方法对变换后的新值进行预测。本例的可视化使用了 Axes3D，可从 mpl_toolkits.mplot3d 模块导入。可以看出，预测结果较好地拟合了原始曲线。

下面再看一个具有两个特征的二次空间曲面拟合的实例。

【例 7-10】 二元二次多项式回归。

根据已知二元二次方程 $y = x_1^2 + x_2^2$，生成非线性样本集，并对样本集进行多项式回归分析。

拟合曲面要有足够数量的训练样本。先生成均匀分布的两个特征系列，然后使用 meshgrid() 方法将其转化为矩阵，以获得更多样本。再将每个矩阵转化为单列（单个特征），进行多项式特征的线性变换和线性回归模型的训练。

```
In []:   # 二特征多项式回归
         # 根据已知二元二次方程生成非线性样本集，再对样本集进行多项式回归分析。
         import numpy as np
         import matplotlib.pyplot as plt
         n_samples=30
         X1=np.random.uniform(-1,1,n_samples).reshape(-1,1)# 形状为 1 列（一个特征）
         X2=np.random.uniform(-1,1,n_samples).reshape(-1,1)# 形状为 1 列（一个特征）
         print('X1 的形状为：',X1.shape)
         print('X2 的形状为：',X2.shape)
         # 生成矩阵，以生成更多空间样本
         X1, X2 = np.meshgrid(X1, X2)
         y =X1**2+X2**2+0.3*np.random.randn(n_samples)# 叠加噪声
         print(' 生成矩阵后 X1 的形状为：',X1.shape)
         print(' 生成矩阵后 X2 的形状为：',X2.shape)
         print('y 的形状为：',y.shape)
```

```
Out:     X1 的形状为： (30, 1)
         X2 的形状为： (30, 1)
         生成矩阵后 X1 的形状为： (30, 30)
         生成矩阵后 X2 的形状为： (30, 30)
         y 的形状为： (30, 30)
```

下面绘制原始样本的 3D 散点图。

```
In []:   # 导入 3D 绘图模块，绘制原始样本的 3D 散点图
         from mpl_toolkits.mplot3d import Axes3D# 导入 3D 绘图模块
         import matplotlib.pyplot as plt
         fig = plt.figure()
         ax = Axes3D(fig)
         ax.scatter(X1, X2,y,c='y')
         plt.title(' 原始样本集 ')
         plt.show() # 显示图形
```

Out:

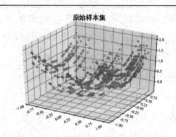

原始样本集

可以看出，两个特征转换为矩阵后，形状变成了 (30,30)，增加了许多样本。从可视化结果可以看出，这些样本分布在一个空间曲面周围。

In []:
```
from sklearn.preprocessing import PolynomialFeatures
from sklearn.linear_model import LinearRegression
# 将 X1,X2 转化为单列特征，横向合并
X=np.hstack((X1.reshape(-1,1),X2.reshape(-1,1)))
poly2 = PolynomialFeatures(2)# 多项式拟合模型参数最高指数为 2
poly2.fit(X)# 拟合多项式模型
X_poly=poly2.transform(X)# 使用拟合模型变换 X
print(' 原始数据集 X 的形状为：',X.shape)
print('X 转换为 X_poly 后的形状为：',X_poly.shape)
```

Out:
原始数据集 X 的形状为： (900, 2)
X 转换为 X_poly 后的形状为： (900, 6)

从输出结果可以看出，两个特征、项指数最高为 2 的数据集，经多项式线性变换以后，变成了具有 6 个特征的数据集。

In []:
```
print(' 原始数据集 X 前 5 行为： \n',X[0:5,:])
print('X 转换为 X_poly 后前 5 行为： \n',X_poly[0:5,:])
```

Out:
原始数据集 X 前 5 行为：
[[0.81709456 0.57252128]
 [-0.14310544 0.57252128]
 [0.99790216 0.57252128]
 [-0.46873166 0.57252128]
 [0.72100988 0.57252128]]
X 转换为 X_poly 后前 5 行为：
[[1.   0.81709456 0.57252128 0.66764352 0.46780403 0.32778062]
 [1.   -0.14310544 0.57252128 0.02047917 -0.08193091 0.32778062]
 [1.   0.99790216 0.57252128 0.99580873 0.57132023 0.32778062]
 [1.   -0.46873166 0.57252128 0.21970937 -0.26835885 0.32778062]
 [1.   0.72100988 0.57252128 0.51985525 0.4127935   0.32778062]]

使用变换过的数据集拟合线性回归模型，并生成测试样本。测试样本同样采用矩阵的中介形式，以生成在一个空间曲面周围分布的样本集。

In []:   lin_reg2 = LinearRegression()# 生成线性回归模型实例

lin_reg2.fit(X_poly,y.reshape(-1,1))# 使用变换后的数据集拟合线性回归模型

生成测试集, 用于预测, 并绘制拟合曲面

n_test_samples=100

x_test1=np.linspace(-1.1,1.1,n_test_samples)

x_test2=np.linspace(-1.1,1.1,n_test_samples)

print('x_test1 的形状为：',x_test1.shape)

print('x_test2 的形状为：',x_test2.shape)

Out: x_test1 的形状为： (100,)

x_test2 的形状为： (100,)

生成矩阵形式的样本集。

In []:   # 将测试集转化为矩阵, 以生成更多样本

x_test1,x_test2=np.meshgrid(x_test1,x_test2)

print(' 生成矩阵后 x_test1 的形状为：',x_test1.shape)

print(' 生成矩阵后 x_test1 的形状为：',x_test1.shape)

Out: 生成矩阵后 x_test1 的形状为： (100, 100)

生成矩阵后 x_test1 的形状为： (100, 100)

使用已训练的多项式估计器模型转换测试集数据，并用已训练的线性回归模型预测测试集的值。将测试集与预测值绘制为曲面，作为拟合的空间曲面。

In []:   # 将 x_test1,x_test2 再转换为单列（单特征）数组，并横向合并

X_test=np.hstack((x_test1.reshape(-1,1),x_test2.reshape(-1,1)))

X_test_poly=poly2.transform(X_test)# 多项式特征变换

y_predict=lin_reg2.predict(X_test_poly)# 线性回归模型预测

利用预测结果绘制拟合曲面，绘制原始数据散点图

fig = plt.figure()

ax = Axes3D(fig)

将 x_test1,x_test2 恢复为矩阵形式，绘制预测结果的曲面

ax.plot_surface(x_test1.reshape(-1,n_test_samples),

       x_test2,y_predict.reshape(-1,n_test_samples),

       color='b')

ax.scatter(X1, X2,y,c='y')# 绘制原始数据

plt.title(' 原始样本集与拟合曲面 ')

plt.show()# 显示图片

Out:

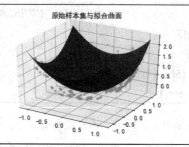

原始样本集与拟合曲面

【范例分析】

本例要拟合的是有两个特征、项的最高次数为 2 的空间曲面。先使用 numpy.meshgrid() 方法，对每个特征生成具有矩阵形式的样本，以获得更多样本。再将每个特征的矩阵转化为单列，即单个特征。使用 PolynomialFeatures() 的实例 poly2 对获得的双特征数据集进行多项式特征的拟合 (fit() 方法) 和线性变换（transform() 方法 ）。两个特征、目标多项式项的最高次数为 2 时，变换后特征数量将增加至 6。生成线性回归类 LinearRegression() 的实例 lin_reg2，对变换后的数据集使用 fit() 方法拟合 lin_reg2，对拟合后的模型使用 predict() 方法预测新样本（测试集）的值。要预测新样本，先使用已训练的多项式估计器模型 poly2 转换数据，然后使用已训练的线性回归模型 lin_reg2 预测测试集的值。

7.7　综合实例——波士顿房价数据集回归分析

下面对 sklearn.datasets 模块自带的波士顿房价数据集 Boston，分别使用线性回归、二次多项式回归、三次多项式回归，对数据集进行回归分析，并比较几种方法的回归结果。

【例 7-11】Boston 数据集的线性、二次多项式、三次多项式回归。

使用线性回归、二次多项式回归、三次多项式回归，分别训练 Boston 房价回归模型，并使用训练的模型对数据集进行房价预测，观察、比较预测结果。

使用 load_boston() 方法，从 sklearn.datasets 模块导入波士顿房价数据集，观察数据集的特征数量、样本数量、目标等信息。

```
In []:    # 综合实例——波士顿房价数据集的回归分析
          # Boston 房价回归模型
          from sklearn.linear_model import LinearRegression
          from sklearn.datasets import load_boston
          boston = load_boston()
          print('boston 房价数据集的特征名字为：',boston.feature_names)
          X = boston.data
          y = boston.target
          print('X 的形状为：',X.shape)
          print('y 的形状为：',y.shape)
```

Out: Boston 房价数据集的特征名字为 ['CRIM' 'ZN' 'INDUS' 'CHAS' 'NOX' 'RM' 'AGE' 'DIS' 'RAD'
'TAX' 'PTRATIO'
'B' 'LSTAT']
X 的形状为：(506, 13)
y 的形状为：(506,)

可以看出，数据集共有 13 个特征、506 个样本。由于不知道各个特征与目标间是线性关系还是非线性关系，需要使用线性回归、多项式回归训练数据集，比较预测结果，从中找到较好的拟合模型。先使用线性回归对数据集进行分析，并可视化回归分析结果。

In []:
```
# 线性回归
lin_reg = LinearRegression().fit(X,y)
y_lin_reg_pred = clf_lin_reg.predict(X)
import matplotlib.pyplot as plt
# 可视化
plt.rcParams['font.sans-serif'] = 'SimHei'# 设置字体为 SimHei 以显示中文
plt.rcParams['axes.unicode_minus']=False# 坐标轴刻度显示负号
plt.rc('font', size=14)# 设置图中字号大小
plt.figure(figsize=(15,4))
plt.plot(y,marker='o')
plt.plot(y_lin_reg_pred,marker='*')
plt.legend([' 真实值 ',' 预测值 '])
plt.title('Boston 房价线性回归预测值与真实值的对比 ')
plt.show() # 显示图形
```

Out:

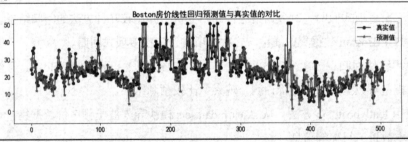

上图给出了原始数据集的目标房价和训练的线性回归模型对原始数据集预测的结果。可以看出，二者还是存在一定差异的。说明对波士顿房价数据集来说，线性模型不是较好的回归模型。

下面将训练多项式特征模型，将原始数据集变换为线性形式，然后使用线性回归分析对变换的数据集进行拟合。使用训练好的多项式特征模型和线性回归模型分别转换原始数据集、预测转换后的数据集，获取房价目标值，并将预测值与实际值对比分析。由于不知道模型中项的最高次数，因此先从指数 2 开始训练。

In []:
```
#2 次多项式回归
from sklearn.preprocessing import PolynomialFeatures
from sklearn.linear_model import LinearRegression
```

In []:	boston_poly = PolynomialFeatures(2)
	boston_poly.fit(X)# 拟合多项式模型
	X2=boston_poly.transform(X)# 使用拟合模型变换 X
	print(' 原始数据集 X 的形状为：',X.shape)
	print('X 转换为 X2 后的形状为：',X2.shape)
Out:	原始数据集 X 的形状为： (506, 13)
	X 转换为 X2 后的形状为： (506, 105)

可以看出，对一个有 13 个特征的数据集，经二次多项式线性变换后，特征增加到了 105 个。下面使用线性回归方法，对转换后的数据集 X2 训练线性回归模型。使用训练好的多项式特征模型和线性回归模型分别转换原始数据集、预测转换后的数据集，获取房价目标值，并将预测值与实际值对比分析。

In []:	lin_reg = LinearRegression()# 生成线性回归模型实例
	lin_reg.fit(X2,y)# 使用变换后的数据集拟合线性回归模型
	y_poly2_predict=lin_reg.predict(X2)
	# 可视化
	plt.figure(figsize=(15,4))
	plt.plot(y,marker='o')
	plt.plot(y_poly2_predict,marker='*')
	plt.legend([' 真实值 ',' 预测值 '])
	plt.title('Boston 房价二次多项式回归预测值与真实值的对比 ')
	plt.show() # 显示图形
Out:	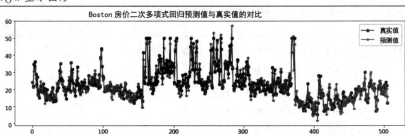

可以看出，将二次多项式进行特征转换后，与线性回归结果相比，预测结果与房价的真实值更加接近，但仍有一些样本存在一定差异。下面将多项式的最高指数提高到 3，重复上述过程，进一步观察三次多项式变换后的预测结果。

In []:	#三次多项式回归
	boston_poly3 = PolynomialFeatures(3)
	boston_poly3.fit(X)# 拟合多项式模型
	X3=boston_poly3.transform(X)# 使用拟合模型变换 X
	print(' 原始数据集 X 的形状为：',X.shape)
	print('X 转换为 X3 后的形状为：',X3.shape)
Out:	原始数据集 X 的形状为： (506, 13)
	X 转换为 X3 后的形状为： (506, 560)

可以看出，原始数据集的 13 个特征经三次多项式变换后，增加到了 560 个特征，这是一个非常大的变换。原始特征数和多项式变换的项最高次数的增加，将使线性变换后的特征数急剧增加。

In []: lin_reg = LinearRegression()# 生成线性回归模型实例

          lin_reg.fit(X3,y)# 使用变换后的数据集拟合线性回归模型

          y_poly3_predict=lin_reg.predict(X3)

          # 可视化

          plt.figure(figsize=(15,4))

          plt.plot(y,marker='o')

          plt.plot(y_poly3_predict,marker='*')

          plt.legend([' 真实值 ',' 预测值 '])

          plt.title('Boston 房价三次多项式回归预测值与真实值的对比 ')

          plt.show() # 显示图形

Out:

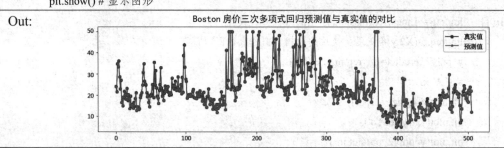

从上图可以看出，三次多项式变换后，训练的线性回归模型对原始数据集进行了非常好的预测。预测值与真实值的点大部分重合。为了进一步对比 3 个估计器的性能，下面分别计算预测值与真实值的相对误差，绘制相对误差曲线，并进行对比分析。

In []: # 计算 3 种回归模型预测值与真实值的相对误差

          error_linear=(y_lin_reg_pred-y)/y

          error_poly2=(y_poly2_predict-y)/y

          error_poly3=(y_poly3_predict-y)/y

          # 可视化，绘制相对误差

          plt.figure(figsize=(15,4))

          plt.plot(error_linear,c='r')

          plt.plot(error_poly2,c='y')

          plt.plot(error_poly3,c='b')

          plt.legend(['linear','ploy2','ploy3'])

          plt.title('3 个估计器对 Boston 房价预测值与真实值的相对误差 ')

          plt.show() # 显示图形

Out:

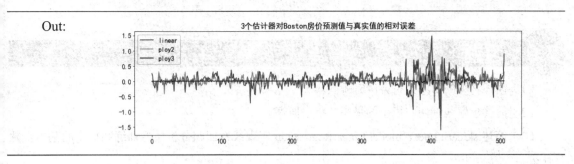

从上图可以看出，训练的 3 个估计器中，线性回归模型的相对误差最大，二次多项式回归次之，三次多项式回归模型的相对误差最小，且拟合和预测效果最好。

【范例分析】

Boston 数据集共有 13 个特征、506 个样本。由于不知道各个特征与目标间是线性关系还是非线性关系，需要使用线性回归、多项式回归训练数据集，比较预测结果，从中找到较好的拟合模型。先使用线性回归对数据集进行拟合，并使用拟合的模型对数据集进行预测。从可视化结果中可以看出，线性模型不是较好的回归模型。再使用多项式回归模型，先训练多项式特征模型，将原始数据集变换为线性形式，然后使用线性回归分析对变换的数据集进行拟合。使用训练好的多项式特征模型和线性回归模型分别转换原始数据集、预测转换后的数据集，获取房价目标值。当目标多项式项的最高指数为 2 时，原始数据集的 13 个特征增加至 105 个。将多项式的最高指数提高到 3，原始数据集的 13 个特征增加至 560 个。从线性、二次多项式、三次多项式的拟合和预测结果来看，线性回归模型的相对误差最大，二次多项式回归次之，三次多项式回归模型的相对误差最小，且拟合和预测效果最好。

7.8 本章小结

常用的回归分析方法有线性回归、逻辑回归、多项式回归、逐步回归、岭回归、套索回归、弹性网络回归。线性回归将因变量与自变量的关系用线性模型表示，将各个自变量的系数（斜率）和截距作为变量，使用最小二乘法求取其值，即在总体误差公式中分别对各个变量求偏导，令其等于 0，求解得到方程组。scikit-learn 的 sklearn.linear_model 模块中有 LinearRegression 类，用于一元和多元线性回归分析。sklearn.preprocessing 模块的 PolynomialFeatures() 类，用于将含有高次项的特征数据集转换为线性特征数据集，从而将非线性回归问题转化为线性回归问题，转换后的数据集特征数量将增加。线性回归使用 fit() 方法训练数据集，获得线性回归模型。使用 predict() 方法预测一个新样本的回归值。

7.9 习题

（1）简述常见的回归分析方法有哪些。

（2）简述求解线性回归模型的最小二乘法原理。

（3）简述 sklearn.linear_model.LinearRegression 实现线性回归分析模型训练和预测的基本步骤是什么。

（4）按照函数 $y=2x+3$ 在 [0, 10] 区间共产生 100 个样本点，对 y 叠加随机噪声，使用 sklearn.linear_model. LinearRegression 进行回归分析，输出模型的方程式，使用回归模型预测 $x=5$ 时 y 的值。

（5）使用 datasets.make_regression() 生成具有 5 个特征的 100 个样本，使用 sklearn.linear_model.LinearRegression 进行回归分析，输出模型的方程式，使用回归模型预测 $x=(1,2,3,4,5)$ 时 y 的值。

（6）使用四次多项式转换波士顿房价数据集，对变换后的数据集训练线性回归模型，观察、评价预测结果。

7.10 高手点拨

（1）逻辑回归处理的是二元分类问题，因此，它更像是一种分类算法。对多元分类问题，逻辑回归类 LogisticRegression() 可以采用 ovr 模式，即将某个类的样本看作一类，将其他所有类的样本看作一类，分别进行二元分类。

（2）岭回归主要解决复共线性数据集的回归问题。如果数据集的多个特征之间存在线性关系，那么它们在线性回归模型中的权重应该是相近的，而不能差异过大。因此，要使用岭回归 Ridge()，就需要先可视化观察特征间的关系，分析它们是否存在较强的相关性。

（3）严格来讲，多项式回归在 scikit-learn 中并不是回归方法，而是属于特征的线性化变换方法，因此它被放在 sklearn.preprocessing 模块中。PolynomialFeatures() 类通过增加高次项特征的方法，将含有高次项的回归问题变换为线性问题。对变换后的数据集，再使用线性回归方法进行分析。要预测新值，需要使用训练好的多项式估计器模型先对新值进行变换，然后对变换后的数据集应用训练好的线性回归模型进行预测。

（4）不知道数据集的特征间关系时，可以使用线性回归、多项式回归分别试拟合，多项式的项最高指数可以由低到高逐渐增加。对各种方法的预测结果进行评价，选择其中较好的回归模型。可视化是一种对比分析模型性能的直观方法。事实上，scikit-learn 专门提供了回归分析的模型评价方法，这些内容将在后续章节中陆续展开介绍。

第 8 章

8

分类算法——决策树学习

　　影响人们对问题做出决策的因素往往有多个，每个因素对决策的重要程度是不同的，重要的因素会被优先考虑。因此，人们的决策过程是一个类似于"观察因素 A，再根据 A 的情况观察因素 B"的形式，从而形成一种树状结构。决策树学习是模仿人类决策过程而发展起来的一种有监督机器学习方法。本章介绍决策树概念，以及与决策树相关的信息熵、信息增益、信息增益率等概念，详细介绍 ID3 算法的基本原理，练习掌握 scikit-learn 的 tree 模块下 DecisionTreeClassifier 类的 CART 决策树模型训练和预测方法。

8.1 决策树算法基础

现实生活中，人们常常要进行各种决策，而影响决策结果的因素有很多，这些因素对决策结果的影响程度也存在差异。例如，决定是否买某件衣服，其决策过程如图 8-1 所示。首先考虑口袋里的钱是否够用，如果不够，决定不买；如果钱够用，则要看衣服的款式。如果款式 1 是自己非常喜欢的款式，则不再考虑其他因素，决定购买；对款式 2，也喜欢，但是要看其是否有折扣，有折扣则决定购买，无折扣则决定不购买；对款式 3，不是自己喜欢的款式，决定不购买。

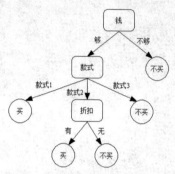

图 8-1 买衣服的树状决策过程

可以看出，图 8-1 中买衣服的决策过程考虑了钱、款式、折扣这三个因素，根据各个因素的不同情况，做出买或不买的决定。在这个决策过程中，是否有足够的钱是最重要的因素，称为影响决策结果的首要因素。其次是款式，再次是折扣。这些因素在决定是否买衣服的过程中的重要性是有差异的。这种树状结构很直观地展示了各种因素的重要程度，以及买或不买的决策过程。

生活中还可以找到许多类似的例子。可以把获得某件事情结果的过程称为决策，决策的结果可以有多种。影响决策结果的因素称为决策属性，每个属性有一个或多个取值。那么如何衡量每个属性的重要程度，以及如何构造类似图 8-1 的树状决策结构呢？下面将讨论这些问题。

8.1.1 ▶ 信息熵、信息增益、信息增益率

对任何一件事情都可以收集到它的许多决策实例。将这些决策实例计入数据集，一个数据集里许多条不同类别的记录混杂在一起，这样的数据样本是无序的。如何度量样本集的信息量？可以借助热力学中表示分子状态混乱程度的物理量——熵，香农 (Shannon) 于 1948 年提出了信息熵的概念，来描述信源的不确定度。其基本思想是：通常，一个信源发送出什么符号是不确定的，可以根据其出现的概率来度量，概率大，出现机会多，不确定性就小；反之，不确定性就大。

由此可以看出，一方面，描述信源的不确定性函数 f 是概率 p 的单调递减函数，即不确定度随概率 p 的增加而减少。另一方面，两个或多个独立符号所产生的不确定性应等于各自不确定性之和，即满足 $f(p_1, p_2, \cdots, p_n) = f(p_1) + f(p_2) + \cdots + f(p_n)$，这称为不确定度的可加性。同时满足这两个条件的函数 f 是对数函数，即式 (8-1)。

$$f(p) = \log(\frac{1}{p}) = -\log(p) \tag{8-1}$$

在信源中，不确定性往往来自多个符号，因此需要考虑该信源所有可能发生情况的平均不确定性，即对式（8-1）的不确定度进行加权平均。于是，对 n 个信源有式 (8-2)。

$$I = -\sum_{i=1}^{n} p_i \log_2 p_i \tag{8-2}$$

式 (8-2) 即为香农信息熵。它是样本的不确定性的量化指标。熵值越大，不确定性越高，说明信源越无序；反之，不确定性越低，说明信源越有序。

对有很多条不同类的记录混杂在一起的样本集，如果样本的种类越多，则样本属于某个类的概率就越小，意味着样本越无序，或者说样本的纯度越低，其信息熵越大。反之，如果样本的种类越少，则样本属于某个类的概率就越大，意味着样本越有序，或者说样本的纯度越高，其信息熵越小。极限情况下，全体样本属于一个类，即每个样本属于该类的概率都为 1，由式 (8-2) 可知，此时样本的信息熵为 0，即样本最纯。

对分类问题，用信息熵能够量化描述样本集的信息量，或某个类别的样本出现的不确定性。使用某个属性对样本集进行划分后，样本集变得有序了，因此划分后的样本信息熵下降了。根据每个属性对样本进行划分后，信息熵下降的程度不同，可以判断出属性的重要程度差异。由此可见，使信息熵下降较多的属性的重要性更高，这就构成了决策树算法属性选择的基本思想。

1. 信息熵

设 S 是 N 个样本的集合。样本集 S 可以分为 M 个类 $C=\{C_1, C_2, \cdots, C_M\}$，若 n_m 是类 $C_m(i=1,2,\cdots,M)$ 中的样本数量，则样本 S 的信息熵定义为式 (8-3)。

$$I(S) = -\sum_{m=1}^{M} p_m \log_2 p_m \tag{8-3}$$

式 (8-3) 中，$p_m = n_m/N$ 是样本属于 C_m 的概率的估计值。

2. 信息增益

假设样本集的任意一个样本可以用 K 维属性 $A=\{A_1, A_2, \cdots, A_K\}$ 表示，属性 $A_i(i=1,2,\cdots,K)$ 根据样本取值不同将样本 S 划分为 V_i 个类，即 V_i 个子集 $\{S_{i1}, S_{i2}, \cdots, S_{iv_i}\}$。其中子集 $S_{iv}(v=1,2,\cdots,V_i)$ 中有 $n_{iv}(v=1,2,\cdots,V_i)$ 个样本。子集 $S_{iv}(v=1,2,\cdots,V_i)$ 中属于类 $C_m(i=1,2,\cdots,M)$ 的样本个数为 n_{ivm}，则使用属性 A_i 对样本集 S 进行一次划分后，样本的信息熵为式 (8-4)。

$$I(S, A_i) = -\sum_{v=1}^{V_i} \frac{n_{iv}}{N} I(S_{iv})$$

$$= -\sum_{v=1}^{V_i} \frac{n_{iv}}{N} \sum_{m=1}^{M} (\frac{n_{ivm}}{n_{iv}} \log_2 \frac{n_{ivm}}{n_{iv}}) \tag{8-4}$$

使用属性 A_i 对样本 S 进行划分后，样本变得有序了，即信息熵下降了。与划分前相比，信息熵下降的数量称为信息增益。使用属性 A_i 对样本 S 进行划分后得到的信息增益定义为式 (8-5)。

$$G(S, A_i) = I(S) - I(S, A_i)$$
（8-5）

下面看一个是否打高尔夫球的决策的例子。表 8-1 给出了几个打与不打高尔夫球的决策样本。Play 是决策结果，影响决策结果的属性有 4 个，分别是 Outlook、Temperature、Humidity、Windy，样本数量总共有 14 个。

表 8-1 打高尔夫的决策表

Outlook	Temperature	Humidity	Windy	Play
Sunny	85	85	FALSE	Don't Play
Sunny	80	90	TRUE	Don't Play
Overcast	83	78	FALSE	Play
Rain	70	96	FALSE	Play
Rain	68	80	FALSE	Play
Rain	65	70	TRUE	Don't Play
Overcast	64	65	TRUE	Play
Sunny	72	95	FALSE	Don't Play
Sunny	69	70	FALSE	Play
Rain	75	80	FALSE	Play
Sunny	75	70	TRUE	Play
Overcast	72	90	TRUE	Play
Overcast	81	75	FALSE	Play
Rain	71	80	TRUE	Don't Play

表 8-1 中，Outlook 的值为类别型。学习器一般不能处理类别型特征，此时可以将其进行编码。编码后的高尔夫数据集如表 8-2 所示。Sunny、Overcast、Rain 分别以 1, 2, 3 表示。当然，对类别型的特征进行编码不像 1, 2, 3 这样简单。后续章节将介绍编码方法，这里先以 1, 2, 3 进行代替。

表 8-2 编码后的打高尔夫决策表

Outlook	Temperature	Humidity	Windy	Play
1	85	85	FALSE	Don't Play
1	80	90	TRUE	Don't Play
2	83	78	FALSE	Play
3	70	96	FALSE	Play
3	68	80	FALSE	Play
3	65	70	TRUE	Don't Play
2	64	65	TRUE	Play
1	72	95	FALSE	Don't Play
1	69	70	FALSE	Play
3	75	80	FALSE	Play
1	75	70	TRUE	Play

Outlook	Temperature	Humidity	Windy	Play
2	72	90	TRUE	Play
2	81	75	FALSE	Play
3	71	80	TRUE	Don't Play

其中决策结果 Play 有两个取值：Play 和 Don't Play。按照决策结果可以将样本分为两类，其中 Play 的样本数量为 9 个；Don't Play 的样本数量为 5 个。则按照决策结果计算样本集的信息熵为式 (8-6)。

$$I(S) = -\frac{9}{14}\log_2\frac{9}{14} - \frac{5}{14}\log_2\frac{5}{14} \qquad （8-6）$$

使用 Outlook 将样本分类为 3 个取值：Sunny、Overcast、Rain。则 Outlook 属性将样本分为 3 类，其样本数量分别为 5, 4, 5，使用 Outlook 将样本划分后的信息熵为式 (8-7)。

$$I(S, \text{Outlook}) = -\frac{5}{14}I(\text{Sunny}) - \frac{4}{14}I(\text{Overcast}) - \frac{5}{14}I(\text{Rain}) \qquad （8-7）$$

Sunny 的 5 个样本中，Play, Don't Play 的样本数量分别是 2, 3；Overcast 的 4 个样本中，Play, Don't Play 的样本数量分别是 4, 0。Rain 的 5 个样本中，Play, Don't Play 的样本数量分别是 3, 2，则有式（8-8）～式（8-10）

$$I(\text{Sunny}) = -\frac{2}{5}\log_2\frac{2}{5} - \frac{3}{5}\log_2\frac{3}{5} \qquad （8-8）$$

$$I(\text{Outlook}) = -\frac{4}{4}\log_2\frac{4}{4} = 0 \qquad （8-9）$$

$$I(\text{Rain}) = -\frac{3}{5}\log_2\frac{3}{5} - \frac{2}{5}\log_2\frac{2}{5} \qquad （8-10）$$

将式 (8-8)～式 (8-10) 的值代入式 (8-7)，可得 $I(S, \text{Outlook})$ 的值。那么按照式 (8-5)，可得到使用 Outlook 划分样本后的信息增益。

同理，可求得分别使用另外 3 个属性划分样本后的信息增益。

需要指出的是，Outlook 属性属于分类型，而 Temperature、Humidity 属于数值型。数值型属性具有连续性，在构造决策树时，应该将其二值化或进行分箱处理。

3. 信息增益率

用信息增益作为评判划分属性的方法存在一定缺陷，信息增益准则对那些属性取值比较多的属性有所偏好。也就是说，采用信息增益作为判定方法，会倾向于选择属性取值比较多的属性。举个比较极端的例子，将 ID 作为一个属性。ID 具有唯一性，每个人或实体的 ID 都是不相同的，有多少个人或实体，就有多少种 ID 的取值。如果用 ID 这个属性去划分数据集，则数据集中有多少个样本，就会被划分为多少个子集，每个子集只有一个人或实体。这种极端情况下，因为一个人或实体只可能属于一种类别，它属于该类别的概率为 1。此时每个子集的信息熵为 0($p=1$, $\log_2 p = \log_2 1 = 0$)，每个子集都特别纯。这样的话，会导致信息增益公式 (8-5) 的第二项整体为 0，结果就是计算出来的信息增益特别大。因此，为了改变这种将信息增益作为属性选择准则带来的偏好和不利影响，人们提出了采用信息增益率作为评判划分属性的方法，信息增益率定义为式 (8-11)。

$$G\_Ratio(S, A_i) = \frac{G(S, A_i)}{I(A_i)}$$ （8-11）

式 (8-11) 中的 $G(S, A_i)$ 是使用属性 A_i 划分样本后的信息增益，其计算方法为式 (8-12)。

$$I(A_i) = -\sum_{v=1}^{V_i} \frac{n_{iv}}{N} \log_2 \frac{n_{iv}}{N}$$ （8-12）

从式 (8-12) 可以看出，$I(A_i)$ 是把属性 A_i 的 V_i 个取值作为 V_i 个类，对全体样本计算得到的信息熵。属性 A_i 的取值种类越少，意味着 A_i 越纯，则 $I(A_i)$ 越小。极限情况下只有一种取值，则 $I(A_i)=0$。属性 A_i 的取值种类越多，意味着 A_i 的纯度越低，则 $I(A_i)$ 越大。而熵增益 $G(S, A_i)$ 随 A_i 的取值种类数量同向变化，即取值种类越多，$G(S, A_i)$ 越大。极限情况下，属性 A_i 的取值种类数为 N，相当于属性为 ID 的例子，此时 $G(S, A_i)$ 取得最大值。因此 $G(S, A_i)$ 与 $I(A_i)$ 是同向变化的，$I(A_i)$ 能够抵消使用 $G(S, A_i)$ 选择属性时 $G(S, A_i)$ 过大造成的属性选择偏差。

8.1.2 ▶ 决策树算法

对有 K 个属性的给定样本集，根据决策结果将样本分成几个类别，分别统计各个类别的样本数量，计算每类样本出现的概率。根据式 (8-3) 可计算得到该样本集的信息熵。

对各个分类属性，分别使用每个属性对样本进行一次划分，按照式 (8-4)~ 式 (8-7) 计算使用每个属性对样本分类后的信息增益或信息增益率。信息增益或信息增益率最大的属性使得样本的信息熵下降最多，说明使用该属性对样本进行划分后，样本向有序化方向变化的程度越大，则该属性应最为重要，因此作为样本划分（即分类）的首要属性，即根属性。

使用根属性以外的其他 K-1 个属性对使用根属性划分后形成的每个子类样本重复上述过程，可得到次要属性。使用该属性对根属性划分形成的子类样本逐个进行划分，又会得到新的子类样本。

对剩余的属性递归地重复上述过程，直至所有的属性选择完毕，最终可以得到一个树状结构，如图 8-2 所示。

图 8-2 决策树示意图

由此生成的树状结构即为样本集的决策树，其中各个节点代表某个属性或决策结果，节点的连线代表属性的取值，这个结构像一棵倒立的树，称为决策树。从图 8-2 中可以看出，当有一条新的观测记录时，能够非常清晰地找到一条从根节点到决策结果的路线，直观地作出决策。构造决策树算法的基本过程可以描述如下。

（1）对给定样本集，按照式 (8-3) 计算其信息熵。

（2）分别使用每个属性 $A_i(i=1,2,\cdots,K)$ 对样本集 S 进行划分，按照式 (8-3)~ 式 (8-7) 计算分类后的信息熵、信息增益或信息增益率。

（3）选取信息增益或信息增益率最大的属性作为根属性。

（4）使用根属性对样本进行划分，生成一棵子树。

（5）对每一棵子树，使用其余的属性递归地重复上述过程。

（6）全部属性选择完毕，算法终止。

决策树最初的构建算法是 ID3，该算法检查所有的候选属性，选择增益最大的属性作为根结点，形成子树。然后对子树同样处理，递归地形成决策树。后来，人们又相继提出了 ID4、ID5、C4.5、CART 等算法。一些改进算法中使用了信息增益率作为属性选择准则。CART 算法和其他算法的不同之处在于，CART 属于二叉树，即每个属性只有两个取值；并且它使用基尼系数作为属性选择准则。基尼系数的计算公式为式 (8-13)。

$$Gini(S) = \sum_{m=1}^{M} p_m(1-p_m) \tag{8-13}$$

式中 m 和 p 的含义同式 (8-3)。

8.2 使用 scikit-learn 进行决策树学习

决策树是一种用来进行分类和回归的无参监督学习方法，其目的是创建一种模型，从数据特征中学习简单的决策规则，从而预测一个目标变量的值。scikit-learn 提供了 tree 模块，在该模块下提供 DecisionTreeClassifier 类和 DecisionTreeRegressor 类，分别用于处理分类和回归问题。本章主要介绍决策树的分类问题。DecisionTreeClassifier 类的格式如下：

```
class sklearn.tree.DecisionTreeClassifier(criterion='gini', splitter='best', max_depth=None, min_samples_split=2, min_samples_leaf=1, min_weight_fraction_leaf=0.0, max_features=None, random_state=None, max_leaf_nodes=None, min_impurity_decrease=0.0, min_impurity_split=None, class_weight=None, presort=False)
```

其常用参数说明如表 8-3 所示。

表 8-3 DecisionTreeClassifier 类的常用参数

属性	意义
criterion	接收字符串，可选，表示属性选择准则，值为 'gini' 或 'entropy'，默认为 'gini'
splitter	接收字符串，可选，表示节点分割策略，默认为 'best', 也可以是 'random'
max_depth	接收整数或 None，表示决策树的最大深度，默认为 None，表示所有叶子节点为纯节点

其他参数和属性可参阅 scikit-learn 官方网站。

对数据集构造决策树，先生成 DecisionTreeClassifier 类的一个实例（如 clf），然后使用该实例调用 fit() 方法进行训练，其格式为：

```
fit(X, y, sample_weight=None, check_input=True, X_idx_sorted=None)
```

其中 X, y 为数组，表示样本输入属性值和目标值。对训练好的决策树模型，可以使用 predict() 方法对新的样本进行预测。predict() 的格式为：

```
predict(X, check_input=True)
```

其中 X 接收与 fit() 方法中的 X 有相同特征的数组。predict() 将返回新样本值的预测类别。sklearn.tree 模块提供了训练决策树模型的文本描述输出方法 export_graphviz()，如果要查看训练的决策树模型参数，可以使用该方法，其格式为：

```
sklearn.tree.export_graphviz(decision_tree, out_file=None, max_depth=None, feature_names=None, class_
names=None, label='all', filled=False, leaves_parallel=False, impurity=True, node_ids=False,
proportion=False, rotate=False, rounded=False, special_characters=False, precision=3)
```

其常用参数说明如表 8-4 所示。

表 8-4 export_graphviz() 方法的常用参数

属性	意义
decision_tree	接收要输出到 GraphViz 的决策树分类或回归模型
out_file	接收文件对象或字符串，可选，默认为 None，表示输出文件的名字或句柄。如果是 None, 结果返回为字符串
max_depth	接收整数，可选，默认为 None，表示模型描述的最大深度。如果是 None, 表示完全生成决策树
feature_names	接收字符串列表，可选，默认为 None，表示每个特征的名字
class_names	接收字符串列表、布尔值或 None，可选，默认为 None，表示数字升序排列的类名称。如果是 True, 则显示类名称的符号描述
filled	接收布尔值，可选，默认为 False，表示是否填充节点
impurity	接收布尔值，可选，默认为 True，表示是否在每个节点标注杂质
node_ids	接收布尔值，可选，默认为 False，表示是否在每个节点标注 ID
proportion	接收布尔值，可选，默认为 False。如果为 True, 则不显示 values 和 / 或 samples, 而显示比例或百分比
rotate	接收布尔值，可选，默认为 False。如果为 True, 则决策树自左至右水平显示
rounded	接收布尔值，可选，默认为 False。如果为 True, 则使用圆角矩形和 Helvetica 字体绘制节点，否则使用矩形和 Times-Roman 字体
precision	接收整数，可选，默认为 3，表示浮点数精度

export_graphviz() 返回 dot_data 参数，表示要输入 GraphViz 的决策树模型描述，仅在 out_file 为 None 时返回。GraphViz 是用于将决策树模型可视化的一个模块。Anaconda 并不自带该模块，如果用户想要可视化决策树，需要执行以下步骤。

（1）下载安装 GraphViz。可通过网络搜索或到 https://graphviz.gitlab.io/_pages/Download/

Download_windows.html 地址下载。如果计算机操作系统是 Linux，可以用 apt-get 或者 yum 方法安装。如果是 Windows 系统，在官网下载 GraphViz-2.38.msi 文件并安装。无论是 Linux 还是 Windows，装完后都要设置环境变量，将 GraphViz 的 bin 目录加入 PATH。如果是 Windows 系统，将 C:/Program Files (x86)/Graphviz2.38/bin/ 加入 PATH。

（2）安装 Python 插件 GraphViz，在 Anaconda Prompt 弹出的窗口中运行以下命令：

```
pip install graphviz
```

（3）安装 Python 插件 pydotplus。第（2）步执行完后，在窗口中继续执行以下命令：

```
conda install -c conda-forge pydotplus
```

这时环境就搭好了。如果还是找不到 GraphViz，这时执行第（4）步。

（4）在程序代码里加入这两行代码：

```
import os
os.environ["PATH"] += os.pathsep + 'C:/Program Files (x86)/Graphviz2.38/bin/'
```

注意，后面的路径是自己计算机上安装 GraphViz 的 bin 目录，如有不同请自行修改。

下面先看一个简单的决策树分类实例，将平面上的两个点分别作为两个类，构造其分类决策树模型。

【例 8-1】使用平面上的两个点作为两个类别，训练决策树分类模型。

二维平面上有两个点：(-1, 0) 作为类 0；(1, 0) 作为类 1。将这两个点作为训练集构造决策树，使用训练的模型对新样本值进行预测，观察决策结果数据文件，并可视化决策树。

In []:	# 二维平面上有两个点：(-1, 0) 作为类 0；(1, 0) 作为类 1

```
# 将这两个点作为训练集构造决策树，使用训练的模型对新值进行预测
# 观察决策结果数据文件，并可视化决策树
import numpy as np
from sklearn import tree
X_train = [[-1, 0], [1, 0]]
Y_train = [0, 1]
clf = tree.DecisionTreeClassifier()# 生成决策树实例，使用默认参数
clf = clf.fit(X_train, Y_train)# 使用训练集拟合决策树模型
print( '[-0.4,0] 的类别为：',clf.predict([[-0.4,0]]))# 使用拟合的决策树模型预测新样本的类别
print( '[0.4,0] 的类别为：',clf.predict([[0.4,0]]))
print( '[-0.4,1] 的类别为：',clf.predict([[-0.4,1]]))
print( '[0.4,1] 的类别为：',clf.predict([[0.4,1]]))
```

Out:	[-0.4,0] 的类别为： [0]

```
[0.4,0] 的类别为： [1]
[-0.4,1] 的类别为： [0]
[0.4,1] 的类别为： [1]
```

输出观察训练的决策树模型 clf 的描述文件。

In []:	dot_data=tree.export_graphviz(clf, out_file=None,
	class_names=True,
	filled=True, rounded=True)
	# 观察 dot_data 决策树模型描述文件
	print('dot_data 决策结果数据文件为: \n',dot_data)
Out:	dot_data 决策树模型描述文件为:
	digraph Tree {
	node [shape=box, style="filled, rounded", color="black", fontname=helvetica] ;
	edge [fontname=helvetica] ;
	0 [label="X[0] <= 0.0\ngini = 0.5\nsamples = 2\nvalue = [1, 1]\nclass = y[0]", fillcolor="#e5813900"] ;
	1 [label="gini = 0.0\nsamples = 1\nvalue = [1, 0]\nclass = y[0]", fillcolor="#e58139ff"] ;
	0 -> 1 [labeldistance=2.5, labelangle=45, headlabel="True"] ;
	2 [label="gini = 0.0\nsamples = 1\nvalue = [0, 1]\nclass = y[1]",
	dot_data 决策树模型描述文件为:
	digraph Tree {
	node [shape=box, style="filled, rounded", color="black", fontname=helvetica] ;
	edge [fontname=helvetica] ;
	0 [label="X[0] <= 0.0\ngini = 0.5\nsamples = 2\nvalue = [1, 1]\nclass = y[0]", fillcolor="#e5813900"] ;
	1 [label="gini = 0.0\nsamples = 1\nvalue = [1, 0]\nclass = y[0]", fillcolor="#e58139ff"] ;
	0 -> 1 [labeldistance=2.5, labelangle=45, headlabel="True"] ;
	2 [label="gini = 0.0\nsamples = 1\nvalue = [0, 1]\nclass = y[1]", fillcolor="#399de5ff"] ;
	0 -> 2 [labeldistance=2.5, labelangle=-45, headlabel="False"] ;
	}

导入 GraphViz 模块，将训练生成的决策树数据文件可视化，绘制决策树图。要求事先安装好 GraphViz 模块。

In []:	# 导入 graphviz 模块，将训练生成的决策树数据文件可视化
	# 要求事先安装好 graphviz 模块
	import graphviz
	# 设置环境变量，将 graphviz 的 bin 目录加入 PATH
	import os
	os.environ["PATH"] += os.pathsep + 'C:/Program Files (x86)/Graphviz2.38/bin/'
	# 决策树可视化
	graph=graphviz.Source(dot_data)
	graph

Out:

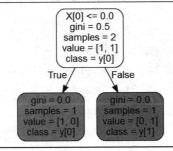

【范例分析】

DecisionTreeClassifier() 是 sklearn.tree 模块的一个类，要拟合决策树分类器，需要先生成类的一个实例 clf，同时设置决策树参数（本例全部使用默认参数）。然后使用实例 clf 调用 fit() 方法训练决策树，fit() 通过参数 X, y 接收样本特征和目标。对训练好的决策树模型 clf，使用 predict() 方法预测新样本的类别。sklearn.tree 模块提供了决策树模型的文本描述输出方法 export_graphviz()，可以使用该方法查看决策树模型，使用 GraphViz 可视化模型。需要注意的是，DecisionTreeClassifier() 使用 CART 算法，它是一个二叉树算法，即每个节点只有两个取值。

下面通过构造一个打高尔夫球的决策树实例，进一步介绍决策树分类方法。

【例 8-2】使用 **DecisionTreeClassifier()** 训练打高尔夫球的决策树。

读取打高尔夫球的数据集 playgolf.csv。

In []:	# 构造打高尔夫球的决策树
	import numpy as np
	import pandas as pd
	# 读数据文件
	golf = pd.read_csv('D:\PythonStudy\playgolf.csv',sep = ',',encoding = 'utf-8')
	# 观察 playgolf 数据集的列名称，即属性名称
	print ('playgolf 数据集的列名称（属性）为: \n',golf.columns)
Out:	playgolf 数据集的列名称（属性）为:
	Index(['Outlook', 'Temperature', 'Humidity', 'Windy', 'Play']dtype='object')

可以看出，playgolf 数据集有 5 个属性，其中前 4 个为特征，Play 为结果，或称目标。下面输出数据集，观察各个特征的取值和结果。

In []:	# 观察数据集
	#Outlook 属性: 1——Sunny,2——Overcast,3——Rain
	#Windy 属性: True——1，False——0
	print (' 打高尔夫球的数据集为 :\n',golf)
Out:	打高尔夫球的数据集为:

	Outlook	Temperature	Humidity	Windy	Play
0	1	85	85	0	Don't play
1	1	80	90	1	Don't play

Out:	2	2	83	78	0	Play
	3	3	70	96	0	Play
	4	3	68	80	0	Play
	5	3	65	70	1	Don't play
	6	2	64	65	1	Play
	7	1	72	95	0	Don't play
	8	1	69	70	0	Play
	9	3	75	80	0	Play
	10	1	75	70	1	Play
	11	2	72	90	1	Play
	12	2	81	75	0	Play
	13	3	71	80	1	Don't play

设置训练集的特征数据和目标。

In []:	train_data=golf [['Outlook', 'Temperature', 'Humidity', 'Windy']][0:]
	# 观察训练集
	print (train_data)

Out:		Outlook	Temperature	Humidity	Windy		7	1	72	95	0
	0	1	85	85	0		8	1	69	70	0
	1	1	80	90	1		9	3	75	80	0
	2	2	83	78	0		10	1	75	70	1
	3	3	70	96	0		11	2	72	90	1
	4	3	68	80	0		12	2	81	75	0
	5	3	65	70	1		13	3	71	80	1
	6	2	64	65	1						

设置训练用的目标属性及值。

In []:	# 设置训练用的目标属性及值
	train_target=golf[['Play']][0:]
	# 观察目标集
	print (train_target)

Out:		Play		7	Don't play
	0	Don't play		8	Play
	1	Don't play		9	Play
	2	Play		10	Play
	3	Play		11	Play
	4	Play		12	Play
	5	Don't play		13	Don't play
	6	Play			

生成 DecisionTreeClassifier() 的实例，设置决策树的最大深度为 max_depth=2。使用训练集训

练决策树模型，并输出模型数据文件。

In []:　# 导入 scikit-learn 的 tree 模块

from sklearn import tree

调用决策树分类器，使用默认参数

添加参数

clf = tree.DecisionTreeClassifier(max_depth=2)# 生成决策树实例，最大深度为 2

将训练集和目标集进行匹配训练

clf.fit(train_data,train_target)# 拟合决策树模型

dot_data=tree.export_graphviz(clf, out_file=None,

　　　　　　　　feature_names=train_data.columns,

　　　　　　　　class_names=True,

　　　　　　　　filled=True, rounded=True)

观察 dot_data 决策结果数据文件

print('dot_data 决策结果数据文件为：\n',dot_data)

Out:　dot_data 决策结果数据文件为：

digraph Tree {

node [shape=box, style="filled, rounded", color="black", fontname=helvetica] ;

edge [fontname=helvetica] ;

0 [label="Outlook <= 1.5\ngini = 0.459\nsamples = 14\nvalue = [5, 9]\nclass = y[1]",

fillcolor="#399de571"] ;

1 [label="Humidity <= 77.5\ngini = 0.48\nsamples = 5\nvalue = [3, 2]\nclass = y[0]",

fillcolor="#e5813955"] ;

0 -> 1 [labeldistance=2.5, labelangle=45, headlabel="True"] ;

2 [label="gini = 0.0\nsamples = 2\nvalue = [0, 2]\nclass = y[1]", fillcolor="#399de5ff"] ;

1 -> 2 ;

3 [label="gini = 0.0\nsamples = 3\nvalue = [3, 0]\nclass = y[0]", fillcolor="#e58139ff"] ;

1 -> 3 ;

4 [label="Windy <= 0.5\ngini = 0.346\nsamples = 9\nvalue = [2, 7]\nclass = y[1]",

fillcolor="#399de5b6"] ;

0 -> 4 [labeldistance=2.5, labelangle=-45, headlabel="False"] ;

5 [label="gini = 0.0\nsamples = 5\nvalue = [0, 5]\nclass = y[1]",

fillcolor="#399de5ff"] ;

4 -> 5 ;

6 [label="gini = 0.5\nsamples = 4\nvalue = [2, 2]\nclass = y[0]", fillcolor="#e5813900"] ;

4 -> 6 ;

}

使用 GraphViz 将拟合的决策树模型可视化。

```
In []:    # 导入 GraphViz 模块，将训练生成的决策树数据文件可视化。
          # 要求事先安装好 GraphViz 模块。
          import GraphViz
          # 设置环境变量，将 GraphViz 的 bin 目录加入 PATH
          import os
          os.environ["PATH"] += os.pathsep + 'C:/Program Files (x86)/Graphviz2.38/bin/'
          # 决策树可视化
          graph=graphviz.Source(dot_data)
          graph
```

Out:

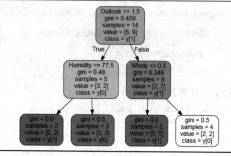

使用拟合的决策树模型 clf，调用 predict() 方法预测新值。

```
In []:    # 使用决策树进行预测，观察对新数据的决策结果
          print(' 新数据为 [1,80,80,0] 时的决策结果为：',clf.predict([[1,80,80,0]]))
          print(' 新数据为 [2,65,70,1] 时的决策结果为：',clf.predict([[2,65,70,1]]))
          print(' 新数据为 [3,85,85,0] 时的决策结果为：',clf.predict([[3,85,85,0]]))
```

Out: 新数据为 [1,80,80,0] 时的决策结果为： ["Don't play"]
          新数据为 [2,65,70,1] 时的决策结果为： ["Don't play"]
          新数据为 [3,85,85,0] 时的决策结果为： ['Play']

【范例分析】

本例使用 pandas.read_csv() 方法读取打高尔夫球的数据集 playgolf.csv，数据集有 5 个属性，其中前 4 个为特征，Play 为目标。生成 DecisionTreeClassifier() 的实例 clf，通过 max_depth 参数设置决策树的最大深度为 2，使用训练集训练决策树模型。使用 tree.export_graphviz() 方法输出模型数据文件，使用 graphviz.Source() 方法可视化决策树模型。拟合的决策树模型 clf 调用 predict() 方法预测新值。

【例 8-3】使用 DecisionTreeClassifier() 训练打篮球数据集的决策树。

读取打篮球数据集 PlayBasketball2.csv。

```
In []:    # 构造打篮球的决策树
          import numpy as np
          import pandas as pd
          # 读数据文件
```

In []:	PlayBasketball = pd.read_csv('D:\PythonStudy\data\PlayBasketball2.csv',
	sep = ',',encoding = 'ANSI')
	# 观察 PlayBasketball2 数据集的列名称，即属性名称
	print ('PlayBasketball 数据集的列名称（属性）为：\n',PlayBasketball.columns)
Out:	PlayBasketball 数据集的列名称（属性）为：
	Index(['Weather', 'Temperature/℃ ', 'Courses', 'Partner', 'Play'], dtype='object')

可以看出，打篮球数据集共有 5 个属性，其中前 4 个为特征，第 5 个 Play 为目标。下面输出数据集进行观察。

In []:	# 观察数据集，Weather 属性已用数值代替 Sunny: 1; Rain:2
	print ('PlayBasketball 数据集为 :\n',PlayBasketball)
Out:	PlayBasketball 数据集为 :

	Weather	Temperature/℃	Courses	Partner	Play
0	1	25	4	True	True
1	1	25	4	False	True
2	2	–5	1	True	True
3	1	35	5	True	True
4	2	25	8	False	False
5	1	–5	5	True	True
6	1	–5	7	False	False
7	2	25	2	True	True
8	2	25	6	True	False
9	1	15	6	True	False
10	2	15	3	False	False
11	2	15	1	True	False
12	1	15	8	True	False
13	1	5	3	True	True
14	2	5	2	True	False

设置训练决策树用的各属性及值。

In []:	# 设置训练用的各属性及值
	train_data=PlayBasketball[['Weather', 'Temperature/℃ ', 'Courses', 'Partner']][0:]
	# 观察训练集
	print (train_data)

Out:		Weather	Temperature/℃	Courses	Partner	7	2	25	2	True
	0	1	25	4	True	8	2	25	6	True
	1	1	25	4	False	9	1	15	6	True
	2	2	–5	1	True	10	2	15	3	False
	3	1	35	5	True	11	2	15	1	True
	4	2	25	8	False	12	1	15	8	True

Out:	5	1	-5	5	True	13	1	5	3	True
	6	1	-5	7	False	14	2	5	2	Tru

设置训练决策树用的目标属性及值。

In []:	# 设置训练用的目标属性及值
	train_target=PlayBasketball[['Play']][0:]
	# 观察目标集
	print (train_target)

Out:	Play		7	True
	0	True	8	False
	1	True	9	False
	2	True	10	False
	3	True	11	False
	4	False	12	False
	5	True	13	True
	6	False	14	False

生成 DecisionTreeClassifier() 类的实例，同时设置分裂标准 criterion='entropy', 决策树最大深度 max_depth=2。使用 fit() 方法拟合决策树模型，使用 tree.export_graphviz() 方法输出模型数据文件。

In []:	# 导入 scikit-learn 的 tree 模块
	from sklearn import tree
	# 调用决策树分类器，添加参数
	clf = tree.DecisionTreeClassifier(criterion='entropy',max_depth=2)
	# 将训练集和目标集进行匹配训练
	clf.fit(train_data,train_target)
	dot_data=tree.export_graphviz(clf, out_file=None,
	feature_names=train_data.columns,
	class_names=True,
	filled=True, rounded=True)
	# 观察 dot_data 决策结果数据文件
	print('dot_data 决策结果数据文件为 :\n',dot_data)

Out:	dot_data 决策结果数据文件为 :
	digraph Tree {
	node [shape=box, style="filled, rounded", color="black", fontname=helvetica] ;
	edge [fontname=helvetica] ;
	0 [label="Courses <= 5.5\nentropy = 0.997\nsamples = 15\nvalue = [8, 7]\nclass = y[0]",
	fillcolor="#e5813920"] ;
	1 [label="Weather <= 1.5\nentropy = 0.881\nsamples = 10\nvalue = [3, 7]\
	nclass = y[1]", fillcolor="#399de592"] ;
	0 -> 1 [labeldistance=2.5, labelangle=45, headlabel="True"] ;

Out:	2 [label="entropy = 0.0\nsamples = 5\nvalue = [0, 5]\nclass = y[1]", fillcolor="#399de5ff"] ;
	1 -> 2 ;
	3 [label="entropy = 0.971\nsamples = 5\nvalue = [3, 2]\nclass = y[0]", fillcolor="#e5813955"] ;
	1 -> 3 ;
	4 [label="entropy = 0.0\nsamples = 5\nvalue = [5, 0]\nclass = y[0]", fillcolor="#e58139ff"] ;
	0 -> 4 [labeldistance=2.5, labelangle=-45, headlabel="False"] ;
	}

使用 graphviz.Source() 方法可视化拟合的决策树。

In []:	# 导入 graphviz 模块，将训练生成的决策树数据文件可视化。要求事先安装好 graphviz 模块。
	import graphviz
	# 设置环境变量，将 graphviz 的 bin 目录加入 PATH
	import os
	os.environ["PATH"] += os.pathsep + 'D:/Program Files/Graphviz2.38/bin/'
	# 决策树可视化
	graph=graphviz.Source(dot_data)
	graph

Out:

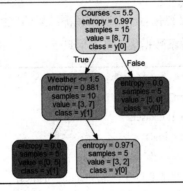

使用拟合的决策树 clf，调用 predict() 方法预测新值。

In []:	# 使用决策树进行预测，观察对新数据的决策结果
	print(' 新数据为 [1,30,6,False] 时的决策结果为：',clf.predict([[1,30,6,False]]))
	print(' 新数据为 [2,25,2,True] 时的决策结果为：',clf.predict([[2,25,2,True]]))
	print(' 新数据为 [1,25,2,True] 时的决策结果为：',clf.predict([[1,25,2,True]]))

Out:	新数据为 [1,30,6,False] 时的决策结果为： [False]
	新数据为 [2,25,2,True] 时的决策结果为： [False]
	新数据为 [1,25,2,True] 时的决策结果为： [True]

【范例分析】

本例使用 pandas.read_csv() 方法读取打篮球的数据集 PlayBasketball2.csv。打篮球数据集共有 5 个属性，其中前 4 个为特征，第 5 个 Play 为目标。要训练决策树模型，先生成 Decision

TreeClassifier() 类的实例 clf，DecisionTreeClassifier() 通过 criterion 参数接收分裂标准，本例设置为 'entropy'。通过 max_depth 参数接收决策树最大深度，本例设置为 2。clf 使用 fit() 方法拟合决策树模型，使用 tree.export_graphviz() 方法输出模型数据文件。使用 graphviz.Source() 方法可视化拟合的决策树。拟合的决策树模型 clf 调用 predict() 方法预测新样本值的类别（打球或不打球）。

8.3 综合实例——使用决策树对鸢尾花数据集 iris 进行分类

通过 scikit-learn 的 datasets 模块自带数据集 iris 训练决策树模型，使用不同的模型参数，对比观察模型的分类结果。

【例 8-4】训练 iris 数据集的决策树分类器。

使用决策树对 scikit-learn 的 datasets 模块自带数据集 iris（鸢尾花数据集）进行分类，分别使用 gini 和 entropy 参数，并设置不同的深度，对比观察分类结果。

iris 数据集有 4 个特征，保存在 iris.data 中；3 个类别标签组成的目标保存在 iris.target 中。本例将使用 datasets.load_iris() 方法加载数据集，观察其特征集、目标集，使用 tree.DecisionTreeClassifier() 类设置决策树模型参数，使用 fit() 方法训练模型，使用 predict() 方法对数据集进行预测。通过将样本的实际类别和预测结果可视化对比，观察预测结果的准确性。

先导入 iris 数据集，观察数据集的基本信息。

```
In []:    # 使用决策树对鸢尾花数据集 iris 进行分类
          # 加载 scikit-learn 自带数据集 iris
          from sklearn import datasets
          iris = datasets.load_iris()
          print('iris.data 的形状为 ',iris.data.shape)
          print('iris.data 的特征名称为：',iris.feature_names)
          print('iris.target 的内容为：\n',iris.target)
          print('iris.target 的形状为：',iris.target.shape)
          print('iris.target 的鸢尾花名称为：',iris.target_names)
```

```
Out:      iris.data 的形状为：(150, 4)
          iris.data 的特征名称为：['sepal length (cm)', 'sepal width (cm)', 'petal length (cm)', 'petal
          width (cm)']
          iris.target 的内容为：
          [0 0 0 0 0 0 0 0 0 0 0 0 0 0 0 0 0 0 0 0 0 0 0 0 0 0 0 0 0 0 0 0 0 0 0 0
           0 0 0 0 0 0 0 0 0 0 0 0 0 0 1 1 1 1 1 1 1 1 1 1 1 1 1 1 1 1 1 1 1 1 1 1
           1 1 1 1 1 1 1 1 1 1 1 1 1 1 1 1 1 1 1 1 1 1 1 1 1 1 2 2 2 2 2 2 2 2 2 2
           2 2 2 2 2 2 2 2 2 2 2 2 2 2 2 2 2 2 2 2 2 2 2 2 2 2 2 2 2 2 2 2 2 2 2 2
           2 2]
          iris.target 的形状为：(150,)
          iris.target 的鸢尾花名称为：['setosa' 'versicolor' 'virginica']
```

导入 tree 模块，生成 DecisionTreeClassifier() 类的实例，设置评价标准为 criterion='entropy'，决策树最大深度为 max_depth=2。训练模型，并输出模型数据文件。

In []:	X=iris.data

```
X=iris.data
y=iris.target
# 导入 scikit-learn 的 tree 模块
from sklearn import tree
# 调用决策树分类器，添加参数
clf_tree = tree.DecisionTreeClassifier(criterion='entropy',max_depth=2)
# 将训练集和目标集进行匹配训练
clf_tree.fit(X,y)
dot_data=tree.export_graphviz(clf_tree, out_file=None,
                    feature_names=iris.feature_names,
                    class_names=True,
                    filled=True, rounded=True)
# 观察 dot_data 决策结果数据文件
print('dot_data 决策结果数据文件为：\n',dot_data)
```

```
Out:    dot_data 决策结果数据文件为：
 digraph Tree {
node [shape=box, style="filled, rounded", color="black", fontname=helvetica] ;
edge [fontname=helvetica] ;
0 [label="petal width (cm) <= 0.8\nentropy = 1.585\nsamples = 150\nvalue = [50, 50, 50]\nclass =
y[0]", fillcolor="#e5813900"] ;
1 [label="entropy = 0.0\nsamples = 50\nvalue = [50, 0, 0]\nclass = y[0]", fillcolor="#e58139ff"] ;
0 -> 1 [labeldistance=2.5, labelangle=45, headlabel="True"] ;
2 [label="petal width (cm) <= 1.75\nentropy = 1.0\nsamples = 100\nvalue = [0, 50, 50]\nclass = y[1]",
fillcolor="#39e58100"] ;
0 -> 2 [labeldistance=2.5, labelangle=-45, headlabel="False"] ;
3 [label="entropy = 0.445\nsamples = 54\nvalue = [0, 49, 5]\nclass = y[1]", fillcolor="#39e581e5"] ;
2 -> 3 ;
4 [label="entropy = 0.151\nsamples = 46\nvalue = [0, 1, 45]\nclass = y[2]", fillcolor="#8139e5f9"] ;
2 -> 4 ;
        }
```

为了能直观地观察训练好的决策树，下面导入 GraphViz 模块，将决策树数据文件可视化。要求事先安装好 GraphViz 模块。

In []: # 导入 GraphViz 模块，将训练生成的决策树数据文件可视化。要求事先安装好 GraphViz 模块。
import graphviz
# 设置环境变量，将 GraphViz 的 bin 目录加入 PATH
import os
os.environ["PATH"] += os.pathsep + 'D:/Program Files/Graphviz2.38/bin/'
# 决策树可视化
graph=graphviz.Source(dot_data)
graph

Out:

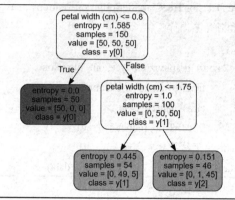

使用训练好的决策树模型 clf_tree 对数据集进行预测。将预测结果与真实类标签进行可视化对比，观察预测结果的正确或错误情况。

In []: y_predict=clf_tree.predict(X)
# 可视化
import matplotlib.pyplot as plt
plt.rcParams['font.sans-serif'] = 'SimHei'# 设置字体为 SimHei 以显示中文
y#plt.rcParams['axes.unicode_minus']=False# 坐标轴刻度显示负号
plt.rc('font', size=14)# 设置图中字号大小
plt.figure(figsize=(10,4))
plt.scatter(range(len(y)),y,marker='o')
plt.scatter(range(len(y)),y_predict+0.1,marker='*')# 将数据错开
plt.legend([' 真实类别 ',' 预测类别 '])
plt.title(' 使用决策树对 iris 数据集的预测结果与真实类别进行对比 ')
plt.show()# 显示图形

Out:

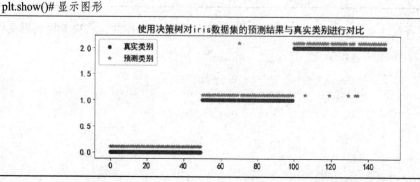

从上图可以看出，有 6 个样本的预测结果发生错误。下面将评价标准改为 'gini'，最大深度保持不变，重复上述过程。

In []:
```
# 调用决策树分类器，添加参数
clf_tree2 = tree.DecisionTreeClassifier(criterion='gini',max_depth=2)
# 将训练集和目标集进行匹配训练
clf_tree2.fit(X,y)
dot_data=tree.export_graphviz(clf_tree2, out_file=None,
                feature_names=iris.feature_names,
                class_names=True,
                filled=True, rounded=True)
graph=graphviz.Source(dot_data)
graph
```

Out:

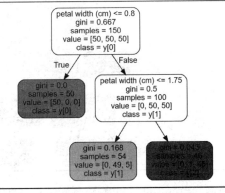

使用 clf_tree2 对数据集 X 进行预测，可视化预测结果，并与真实类别进行对比。

In []:
```
y_predict2=clf_tree2.predict(X)
# 可视化
plt.figure(figsize=(10,4))
plt.scatter(range(len(y)),y,marker='o')
plt.scatter(range(len(y)),y_predict2+0.1,marker='*')# 将数据错开
plt.legend([' 真实类别 ',' 预测类别 '])
plt.title(' 使用决策树对 iris 数据集的预测结果与真实类别进行对比 ')
plt.show() # 显示图形
```

Out:

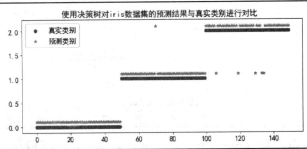

可以看出，仍然有 6 个样本的预测结果错误。这说明不能通过改变评价标准的方式提高预测结

317

果的准确率。下面仍然使用 'gini' 评价标准，将最大深度改为 max_depth=3，重新训练模型并对数据集进行预测。

```
In []:   # 调用决策树分类器，添加参数
         clf_tree3 = tree.DecisionTreeClassifier(criterion='gini',max_depth=3)
         # 将训练集和目标集进行匹配训练
         clf_tree3.fit(X,y)
         dot_data=tree.export_graphviz(clf_tree3, out_file=None,
                        feature_names=iris.feature_names,
                        class_names=True,
                        filled=True, rounded=True)
         graph=graphviz.Source(dot_data)
         graph
```

Out:

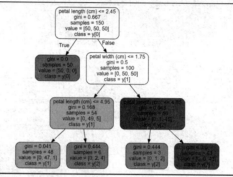

使用拟合的决策树模型对数据集进行预测,将预测结果与真实类别进行对比,并可视化对比结果。

```
In []:   y_predict3=clf_tree3.predict(X)
         # 可视化
         plt.figure(figsize=(10,4))
         plt.scatter(range(len(y)),y,marker='o')
         plt.scatter(range(len(y)),y_predict3+0.1,marker='*')# 将数据错开
         plt.legend([' 真实类别 ',' 预测类别 '])
         plt.title(' 使用决策树对 iris 数据集的预测结果与真实类别进行对比 ')
         plt.show() # 显示图形
```

Out:

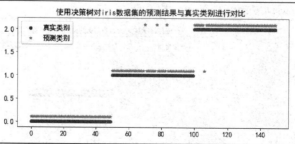

从上图可以看出，预测错误的样本减少到 4 个，比深度为 2 时的分类准确率有所提高。这说明可以通过增加深度的方式提高分类的准确率。

【范例分析】

本例使用 datasets.load_iris() 方法加载 sklearn.datasets 模块的 iris 数据集，该数据集有 4 个特征、3 个类别、150 个样本。本例使用不同参数训练了 3 个决策树模型。先生成 DecisionTreeClassifier() 类的实例 clf_tree1, clf_tree2, clf_tree3，通过 criterion 参数分别设置分裂标准为 'entropy', 'gini', 'gini'。通过 max_depth 参数分别设置决策树最大深度为 2, 2, 3，使用 fit() 方法分别训练模型。使用 tree.export_graphviz() 输出模型数据文件，使用 graphviz.Source() 可视化决策树数据文件。使用训练的决策树模型调用 predict() 方法对数据集进行预测，将预测结果与真实类标签进行可视化对比。可以看出，clf_tree1 有 6 个样本的预测结果发生错误；clf_tree2 有 6 个样本的预测结果发生错误；clf_tree3 预测错误的样本减少到 4 个。

8.4 本章小结

信息熵是样本不确定性的量化指标。熵值越大，不确定性越高。使用某个属性对样本进行划分后，样本向有序化方向变化，信息熵下降的数量称为信息增益。ID3 算法使用信息增益选择属性，递归地构造决策树。信息增益准则对属性取值比较多的属性有偏好，为抑制这种偏好，采用信息增益率作为属性选择准则。信息增益率是某属性划分样本后的信息增益与划分后样本信息熵的比，由于二者同向变化，能够抑制信息增益准则偏向选择信息增益大的属性所带来的不利影响。scikit-learn 的 tree 模块提供 DecisionTreeClassifier 类和 DecisionTreeRegressor 类，分别用于分类和回归问题。DecisionTreeClassifier 类使用 fit() 方法从训练集训练决策树，使用 predict() 方法预测新值的类别。

8.5 习题

（1）简述什么是信息熵、信息增益、信息增益率，它们的计算公式是什么，各自的物理意义是什么。

（2）简述常用的决策树算法。

（3）简述 ID3 算法的基本原理是什么。

（4）以 X_train = [[0, 0], [5, 5]], Y_train = [0, 1] 为训练集，使用 scikit-learn 的 tree 模块的 DecisionTreeClassifier() 类训练、构造 CART 决策树，观察决策树模型描述文件，使用训练的模型预测点 (1,1), (4,4) 的类别。

（5）对例 8-2，分别改变 max_depth 的参数为 3,4，观察运行结果。

（6）对例 8-3，分别改变 max_depth 的参数为 3,4，观察运行结果。

（7）将例 8-4 中的评价标准改为 entropy，深度设为 3，训练决策树模型，并使用训练好的模型对数据集进行预测，观察预测结果。

（8）将例 8-4 中的评价标准设置为 gini，深度设为 4，训练决策树模型，并使用训练好的模型对数据集进行预测，观察预测结果。

8.6 高手点拨

（1）ID3决策数算法使用信息增益来划分属性，信息增益越大，属性越重要。这将使某些取值分散的特征具有较大的信息增益，从而在决策树中占有较高的权重。一种极端的情况是，如果一个数据集中的某个特征对每个样本都是不同的，如身份证号，由于身份证号的唯一性，使用信息增益评价标准，将使得该特征作为最重要的属性。而实际上，对数据集按照身份证号进行分类是没有意义的。因此，人们提出了改进的算法，引入了信息增益率指标。它相当于对信息增益进行了标准化，能够抵消信息增益对特征的偏好。

（2）scikit-learn tree模块的DecisionTreeClassifier类，采用二叉树方法对属性取值进行划分，即认为一个属性只有两种情况的取值。实际上还有许多问题，某个属性可能有更多的取值情况（如按身高有高个子、中等个子、矮个子之分），因此，决策树算法并不局限于二叉树。

9

支持向量机

在二元分类问题中，如果两类样本是线性可分的，人们就希望类的分界直线（二维）或超平面（多维）是最优的。而大多数实际问题是线性不可分的，这时可以将样本映射到高维空间，在高维空间中找到一个最优分类超平面，从而将低维空间线性不可分问题在高维空间中实现线性分类。最优分类超平面取决于两类样本中距该平面最近的少量样本，这些样本构成了最优分类超平面的支持向量，这种分类方法称为支持向量机。本章将介绍支持向量机的基础知识，包括分类超平面、支持向量的定义，线性可分最优超平面的求解方法，线性不可分样本的高维映射方法，核函数及其作用。练习掌握 sklearn.svm.SVC() 类进行支持向量机分类的方法。

9.1 支持向量机基础

支持向量机是一种二元分类器，它的目标是在两类样本之间寻找一个最优分类超平面，使类间隔最大。对于低维空间线性不可分问题，它使用核函数将其映射到高维空间，在高维空间进行线性分类，而确定最优分离超平面的优化过程仍然在低维空间进行。位于最优分类超平面两侧的点是构成该超平面的支持向量，而其他远离超平面的点对寻找最优分类超平面是没有作用的。本节将介绍支持向量机的基础知识。

9.1.1 ▶ 分类超平面、支持向量和高维映射

在分类中经常会遇到两类问题。第一类问题如图 9-1(a) 所示，由圆形和正方形组成的两类样本，使用直线（在三维以上空间称为超平面，以后统称超平面）l_1 和 l_2 都能分开，那么哪个超平面的分类效果更好呢？如果类间样本的差异大，则说明类具有良好的区分性。因此这个问题可以换句话说，就是是否存在一个分类超平面，使两类样本距这个超平面的距离最远？这样的分类超平面就称为最优分类超平面，如图 9-1(b) 所示。距离最优分类超平面最近的样本称为支持向量，它们是构成类间间隔和分类超平面的关键，而其他距分类超平面较远的样本实际上对分类的作用不大。

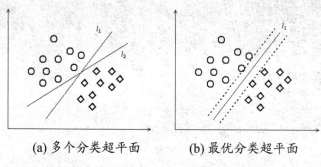

(a) 多个分类超平面　　　(b) 最优分类超平面

图 9-1 线性可分的最优分类超平面

事实上，现实中遇到的许多分类问题并不是线性可分的，而是线性不可分的。如图 9-2(a) 所示，圆形和正方形两类样本混杂在一起，不存在一个超平面能够将它们分开，此时应该如何解决两类样本的分类问题呢？一种有效的方法是设法把两类样本映射到一个高维空间，在高维空间中将一个低维空间线性不可分的问题进行分类。实际上，在日常生活中有很多类似的经验，如在桌子上混放着重量不同的两类球，用力拍桌子，则两种球都会弹到空中。重量轻的球弹的位置高，重量重的球弹的位置低，这样在空中就可以用一个平面将两类球分开。这就是使用了将球从二维平面变换到三维空间的方法，从而将在二维空间线性不可分的问题，转换到三维空间进行分开。这种类似拍桌子的方法在支持向量机中叫作核函数，它的作用是将样本映射到高维空间。那么在低维空间线性不可分的问题，将转换为寻找合适的核函数将样本映射到高维空间，进而在高维空间寻找最优分类超平面的问题，如图 9-2(b) 所示。

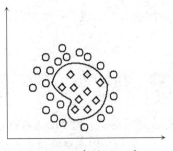 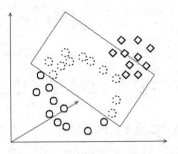

(a) 线性不可分　　　　　　(b) 映射到高维空间进行分类

图 9-2 线性不可分，映射到高维空间进行分类

支持向量机 (Support Vector Machine，SVM) 是一种二分类模型，其基本模型定义为特征空间上间隔最大的线性分类器，其学习策略便是间隔最大化。那么，如何根据已知样本找到最优分类超平面？如何构造核函数，将样本映射到高维空间？下面将回答这些问题。

9.1.2 ▶ 线性可分最优超平面的求解

已知平面内，任何一点 (x_0, y_0) 到直线 $Ax+By+C=0$ 的距离可以用式 (9-1) 表示。

$$d = \frac{|Ax_0 + By_0 + C|}{\sqrt{A^2 + B^2}}$$
（9-1）

三维空间内，任何一点 (x_0, y_0, z_0) 到平面 $Ax+By+Cz+D=0$ 的距离公式为式 (9-2)。

$$d = \frac{|Ax_0 + By_0 + Cz_0 + D|}{\sqrt{A^2 + B^2 + C^2}}$$
（9-2）

类似地，N 维空间任何一点 $(x_{10}, x_{20}, \cdots, x_{N0})$ 到超平面 $w_1x_1+w_2x_2+, \cdots, +w_Nx_N+b=0$ 的欧氏距离公式为式 (9-3)。

$$d = \frac{|w_1x_{10} + w_2x_{20} + \cdots + w_2x_{N0} + b|}{\sqrt{w_1^2 + w_2^2 + \cdots + w_N^2}}$$
（9-3）

令 $x=[x_1, x_2, \cdots, x_N]^{\mathrm{T}}$，$w=[w_1, w_2, \cdots, w_N]^{\mathrm{T}}$，则 N 维空间的超平面可以表示为式 (9-4)。

$$w^{\mathrm{T}}x+b=0$$
（9-4）

令

$$f(x)=w^{\mathrm{T}}x+b$$
（9-5）

对样本 $x=[x_1, x_2, \cdots, x_N]^{\mathrm{T}}$，添加类标签后记为 $p=[x_1, x_2, \cdots, x_N, y]^{\mathrm{T}}$，$y=\{-1,1\}$。如果 $f(x)=0$，则 x 是位于超平面上的点；如果 $f(x)<0$，则一定有 $f(x)\leqslant-1$。这是由于所有样本的类标签要么是 -1，要么是 1，此时 x 是属于类标签 $y=-1$ 的样本，它位于超平面的一侧。同理，如果 $f(x)>0$，则一定有 $f(x)\geqslant1$，则 x 是属于类标签 $y=1$ 的样本，它位于超平面的另一侧，则类间隔两侧的任一样本一定满足 $yf(x)=y(w^{\mathrm{T}}x+b)\geqslant1$，距超平面最近的样本满足 $yf(x)=1$，称为支持向量。类间隔取决于两类中距离较近的样本点间的距离，因此，类间隔和分类超平面将由支持向量决定，而与远离类间隔的样本无关。

支持向量机的目标是使两个类的间隔最大化，如图 9-1(b) 所示。

$\|w\| = \sqrt{w_1^2 + w_2^2 + \cdots + w_N^2}$ ，$\|w\|$ 为非负值，表示向量 w 的长度。N 维空间任何一点 $x=(x_1,x_2,\cdots,$ $x_N)^{\mathrm{T}}$ 到超平面 $w^{\mathrm{T}}x+b=0$ 的距离可以表示为式 (9-6)。

$$d = \frac{|f(x)|}{\|w\|} = \frac{|w^{\mathrm{T}}x+b|}{\|w\|} = \frac{yf(x)}{\|w\|} = \frac{y(w^{\mathrm{T}}x+b)}{\|w\|} \tag{9-6}$$

由于分类超平面仅由支持向量确定，对一个数据点进行分类，超平面离数据点的"间隔"越大，分类的确信度也越高。所以，为了使分类的确信度尽量高，需要让所选择的超平面能够最大化这个"间隔"值。对于支持向量，满足 $yf(x)=1$。从式 (9-6) 可以看出，距离 d 与 $\|w\|$ 成反比，则样本 x 到分类超平面 $f(x)=w^{\mathrm{T}}x+b$ 的最大间隔问题转化为求 $\|w\|$ 的最小值问题，这一问题等价于求 $\min(\frac{1}{2}\|w\|^2)$ 的问题。

将类间隔中间的超平面作为分类超平面，即 $y=f(x)=w^{\mathrm{T}}x+b=0$。由于所有样本位于类间隔以外的区域：$y=f(x)=w^{\mathrm{T}}x+b \leqslant -1$ 或 $y=f(x)=w^{\mathrm{T}}x+b \geqslant 1$，则类间隔两侧的任一样本一定满足 $yf(x)=y(w^{\mathrm{T}}x+b) \geqslant 1$，即 $y(w^{\mathrm{T}}x+b)-1 \geqslant 0$。于是，对样本集 $X=\{p_i|i=1,2,\cdots,I\}$ 求最优分类超平面问题转化为一个含有 $N+1$ 个变量 $w=[w_1,w_2,\cdots,w_N]^{\mathrm{T}},b$ 的函数，在 I 个不等式约束条件（I 个样本）下的求最小值问题，即式 (9-7)。

$$\min(\frac{1}{2}\|w\|^2) \ , (w=[w_1,w_2,\cdots,w_N]),\mathrm{s.t.}\ y_i(w^{\mathrm{T}}x_i+b)-1 \geqslant 0(i=1,2,\cdots,I) \tag{9-7}$$

其中的 s.t. 是 subjected to 的缩写，表示受后面的条件约束。式 (9-7) 的目标函数是二次的，约束条件是线性不等式，属于凸二次规划问题（如果集合中任意两个元素之间连线上的点也在集合中，那么这个集合就是凸集；任意两点连线上的值大于对应自变量处函数值的函数称为凸函数），存在全局最优解。这 $N+1$ 个变量在 I 个线性不等式约束条件下的极值问题，可以通过引入 I 个拉格朗日算子 $a=[a_1,a_2,\cdots,a_I]$，转换为有 $N+1+I$ 个自由变量函数的求极值问题，即式 (9-8)。

$$L(w,a,b) = \frac{1}{2}\|w\|^2 + \sum_{i=1}^{I} a_i[1-y_i(w^{\mathrm{T}}x_i+b)] \tag{9-8}$$

式 (9-8) 中的 a_i 为拉格朗日算子，满足 $a_i \geqslant 0$。式 (9-8) 消除了约束条件，其求解极值的方法是分别对 $N+1+I$ 个变量 $w_n(n=1,2,\cdots,N),b,a_i(i=1,2,\cdots,I)$ 求偏导，并令偏导值为 0，则可得 $N+1+I$ 个方程组成的方程组。不过，由于样本数量 I 很大，使用拉格朗日获得的函数，用求偏导的方法求解依然很困难。因此，需要对问题再进行一次转换，这里使用一个数学技巧——拉格朗日对偶。所以，在拉格朗日优化问题上，需要进行下面两个步骤。

（1）将有约束的原始目标函数转换为无约束的新构造的拉格朗日目标函数。

（2）使用拉格朗日对偶性，将不易求解的优化问题转化为易求解的优化问题。

观察式 (9-8)，当所有的约束条件 $y_i(w^{\mathrm{T}}x_i+b)-1 \geqslant 0(i=1,2,\cdots,I)$，$a_i \geqslant 0$ 都满足时，$L(w,a,b)$ 存在极大值 $\frac{1}{2}\|w\|^2$，则式 (9-7) 的极小值问题等价于对 $L(w,a,b)$ 直接求极小值的问题。

令 $\theta(w) = \max\limits_{a_i \geqslant 0} L(w,a,b)$ ，则目标函数变换为式 (9-9)。

$$\min_{w,b}\theta(w) = \min_{w,b}\max_{a_i \geqslant 0} L(w,a,b) = p^* \tag{9-9}$$

其中 p^* 表示问题的最优值，且和最初的问题式 (9-7) 等价。式 (9-9) 的新目标函数先求最大值，再求最小值。这样就要面对带有需要求解的参数 w 和 b 的方程，而 a_i 又是不等式约束，这个求解过程不好做。所以，需要利用拉格朗日函数对偶性，将最小值和最大值的位置交换一下，即式 (9-10)。

$$\max_{a_i>0}\min_{w,b} L(w,a,b) = d^*$$ （9-10）

交换以后的新问题是原始问题的对偶问题，这个新问题的最优值用 d^* 来表示，而且 $d^* \leqslant p^*$，$d=p$ 才是要的解。要使 $d=p$，需满足优化问题是凸优化问题并满足 KKT 条件。凸优化问题是满足的。KKT 条件将拉格朗日乘法中的等式约束优化问题推广至不等式约束，其证明过程较为复杂，这里直接使用结论，即式 (9-10) 满足 KKT 条件。

其对偶问题是先对式 (9-8) 求极小值，再求式 (9-10) 的极大值。对偶问题的求解方法是，先固定 a，让 $L(w,a,b)$ 关于 w 和 b 最小化，分别对 w 和 b 求偏导数，令其等于 0，即式 (9-11)。

$$\begin{cases} \dfrac{\partial L}{\partial w} = w - \displaystyle\sum_{i=1}^{I} a_i x_i y_i = 0 \\ \dfrac{\partial L}{\partial b} = \displaystyle\sum_{i=1}^{I} a_i y_i = 0 \end{cases}$$ （9-11）

将式 (9-12) 代入式 (9-8) 中，有式 (9-13)。

$$\begin{cases} w = \displaystyle\sum_{i=1}^{I} a_i x_i y_i \\ \displaystyle\sum_{i=1}^{I} a_i y_i = 0 \end{cases}$$ （9-12）

$$\begin{aligned} L(w,a,b) &= \frac{1}{2}\|w\|^2 + \sum_{i=1}^{I} a_i [1 - y_i(w^{\mathrm{T}} x_i + b)] \\ &= \frac{1}{2} w^{\mathrm{T}} w + \sum_{i=1}^{I} a_i - w^{\mathrm{T}} \sum_{i=1}^{I} a_i y_i x_i - b \sum_{i=1}^{I} a_i y_i \\ &= \sum_{i=1}^{I} a_i + \frac{1}{2} w^{\mathrm{T}} \sum_{i=1}^{I} a_i y_i x_i - w^{\mathrm{T}} \sum_{i=1}^{I} a_i y_i x_i \\ &= \sum_{i=1}^{I} a_i - \frac{1}{2} (\sum_{i=1}^{I} a_i y_i x_i)^{\mathrm{T}} \sum_{i=1}^{I} a_i y_i x_i \\ &= \sum_{i=1}^{I} a_i - \frac{1}{2} \sum_{i,j=1}^{I} a_i a_j y_i y_j x_i^{\mathrm{T}} x_j \end{aligned}$$ （9-13）

注意，式 (9-13) 中的 x_i 是 N 维向量，$x_i^{\mathrm{T}} x_j$ 的乘积是向量 x_i, x_j 的内积，也可写作 $<x_i, x_j>$ 的形式，其结果是标量，其他参数都是标量。由于 $p_i=[x_{i1}, x_{i2}, \cdots, x_{iN}, y_i] (i=1,2,\cdots,I)$ 的值已知，此时式中只有一个变量 a，对式 (9-13) 中的 a 求偏导，以求其最大值，可得到 a。根据 a 可求解出 w 和 b，进而求得最优分类超平面。为加速求解过程，要用到 SMO（Sequential Minimal Optimization，序列最小优化）算法，将大优化问题分解为多个小优化问题来求解。这些小优化问题往往很容易求解，并且对它们进行顺序求解的结果与将它们作为整体来求解的结果完全一致。在结果完全相同的同时，

SMO 算法的求解时间短很多。由于 SMO 算法比较复杂，本书不再介绍。

最终得到的最优分类超平面为式（9-14）。

$$f(x) = w^{\mathrm{T}}x + b = (\sum_{i=1}^{l} a_i x_i y_i)^{\mathrm{T}} x + b = \sum_{i=1}^{l} a_i y_i < x_i, x > + b \tag{9-14}$$

从式 (9-14) 中可以看出，对于新样本点 x 的预测，只需要计算它与训练数据点的内积 $<x_i, x>$ 即可。此时，支持向量也将显示出来。从式 (9-8) 可以看出，对于远离分类超平面的样本点，由于 $y_i(w^{\mathrm{T}}x_i+b)>1$，$a_i \geqslant 0$，要使 $L(w, a, b)$ 最大化，必须使它们的系数 $a_i=0$，则不需要计算新点 x 与远离超平面样本的内积。而对满足 $y_i(w^{\mathrm{T}}x_i+b)=1$ 的点，要使 $L(w, a, b)$ 最大化，则 a_i 可以取大于 0 的值。这些满足 $y_i(w^{\mathrm{T}}x_i+b)=1$ 的样本点构成了分类超平面的支持向量。因此，对于新样本点 x，仅需针对少量满足 $y_i(w^{\mathrm{T}}x_i+b)-1=0$ 的"支持向量"而不是所有的训练数据计算内积即可。

9.1.3 ▶ 线性不可分样本的高维映射

实际问题中，样本数据往往不是线性可分的。对图 9-2 所示的线性不可分问题，如果原始空间的维数是有限的，即特征的数量是有限的，那么一定存在一个高维特征空间，将原始样本映射到高维空间后线性化，从而找到一个分类超平面将样本进行分类。

例如，$x^2+y^2=1$ 和 $x^2+y^2=4$ 表示二维平面上以 1 和 2 为半径的两个圆，每个圆上的点可看作一个类，如图 9-3(a) 所示，图中叠加了噪声。如果分别令 $z_1=x^2$，$z_2=y^2$，则以上两个圆的方程变换为 $z_1+z_2=1$ 和 $z_1+z_2=4$，它们在变换后的空间里面是线性的，如图 9-3(b) 所示。这时，很容易找到一个超平面将它们分开。

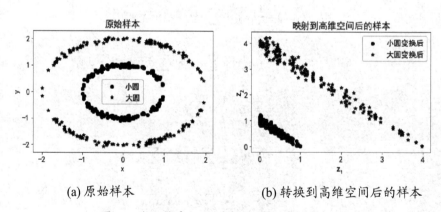

(a) 原始样本　　　　　　　　　　(b) 转换到高维空间后的样本

图 9-3 将二维空间的两个圆变换到高维空间

一般来说，二维空间中，如果用 x_1 和 x_2 表示二维平面的两个坐标，即两个变量，一个二次曲线的方程可以写成式 (9-15) 的形式。

$$w_1x_1+w_2x_1^2+w_3x_2+w_4x_2^2+w_5x_1x_2+b=0 \tag{9-15}$$

分别令 $z_1=x_1, z_2=x_1^2, z_3=x_2, z_4=x_2^2, z_5=x_1x_2$，则式 (9-15) 可以变换成式 (9-16) 的线性形式。

$$w_1z_1+w_2z_2+w_3z_3+w_4z_4+w_5z_5+b=0 \tag{9-16}$$

可以看出，二维空间的二次曲线映射到五维空间后，变成了线性形式 (9-16)。如图 9-3(a) 圆的例子中，由于在二维空间只含有 x^2, y^2 项，因此可以只映射到二维空间。对一般意义的二次曲线，则需要映射到五维空间才能变成线性形式。令 $w=[w_1,w_2,w_3,w_4,w_5]^T$, $z=[z_1,z_2,z_3,z_4,z_5]^T$，则式 (9-16) 可以表示为式（9-17）。

$$w^Tz+b=0 \tag{9-17}$$

类似地，对有 N 个特征的样本，可以找到 $N+D$ 个函数，将样本映射到 $N+D$ 维空间，从而使样本线性化表示，令 $\phi(x)$ 表示 $N+D$ 个变换函数组成的向量。于是在 $N+D$ 维空间中，样本的分类超平面可表示为式（9-18）。

$$f(x)=w^T\phi(x)+b=0 \tag{9-18}$$

类似地，在 $N+D$ 维空间寻找最大间隔的最优分类超平面问题，等价于最小化函数式（9-19）。

$$\min(\frac{1}{2}\|w\|^2)\,,(w=[w_1,w_2,\cdots,w_{N+D}]^T),\text{s.t.}\,y_i(w\phi(x_i)+b)-1\geqslant0(i=1,2,\cdots,I) \tag{9-19}$$

与 9.1.2 节类似，应用拉格朗日对偶问题，可得到式 (9-20) 和式（9-21）。

$$\begin{cases} w = \sum_{i=1}^{I} a_i\phi(x_i)y_i \\ \sum_{i=1}^{I} a_i y_i = 0 \end{cases} \tag{9-20}$$

$$L(w,a,b) = \frac{1}{2}\|w\|^2 + \sum_{i=1}^{I} a_i[1 - y_i(w^T\phi(x_i) + b)]$$

$$= \sum_{i=1}^{I} a_i - \frac{1}{2}\sum_{i,j=1}^{I} a_i a_j y_i y_j \phi(x_i)^T\phi(x_j) \tag{9-21}$$

此时式 (9-21) 中也只有一个变量 a，求其最大值，即对 a 求偏导并令其等于 0，可得到 a，再根据 a 求解出 w 和 b，进而求得最优分类超平面，即式 (9-22)。

$$f(x) = w^Tx + b = (\sum_{i=1}^{I} a_i\phi(x_i)y_i)^Tx + b = \sum_{i=1}^{I} a_i y_i <\phi(x_i), x> +b \tag{9-22}$$

$\phi(x)$ 是 $N+D$ 个函数组成的向量，理论上讲，求出 $\phi(x_i)x_j$ 的内积 $<\phi(x_i),x_j>$，即可求得 $N+D$ 维空间的最优分类超平面。但是，由于从低维空间向高维空间的映射将导致维度爆炸性增长。如前文分析，二维空间的 2 次曲线变换为线性形式后的维数为 5。如果原始空间是三维（含一阶、二阶和三阶的组合），可以分析变换为线性形式后的维数为 19，当特征空间维数继续增加时，将造成高维空间的维数灾难。这使 $<\phi(x_i),x_j>$ 的计算非常困难甚至无法计算。于是，人们开始想办法来解决这个问题。

观察二维空间的向量 $z=[z_1,z_2]^T$，使用 $\phi(\cdot)$ 线性化后映射到 5 维空间为式 (9-23)。

$$\phi(z)=[z_1,z_1^2,z_2,z_2^2,z_1z_2] \tag{9-23}$$

则对两个二维向量 $x_1=\eta=[\eta_1,\eta_2]^T$, $x_2=\varepsilon=[\varepsilon_1,\varepsilon_2]^T$，使用 $\phi(\cdot)$ 线性化后映射到 5 维空间分别为 $[\eta_1,\eta_1^2,\eta_2,\eta_2^2,\eta_1\eta_2]$, $[\varepsilon_1,\varepsilon_1^2,\varepsilon_2,\varepsilon_2^2,\varepsilon_1\varepsilon_2]$。$\phi(x_1),\phi(x_2)$ 的内积为式 (9-24)。

$$<\phi(x_1),\phi(x_2)>=\eta_1\varepsilon_1+\eta_1^2\varepsilon_1^2+\eta_2\varepsilon_2+\eta_2^2\varepsilon_2^2+\eta_1\eta_2\varepsilon_1\varepsilon_2 \tag{9-24}$$

观察 $(<x_1,x_2>+1)^2$ 的展开式 (9-25)：

$$(<x_1,x_2>+1)^2=(\eta_1\varepsilon_1+\eta_2\varepsilon_2+1)^2=2\eta_1\varepsilon_1+\eta_1^2\varepsilon_1^2+2\eta_2\varepsilon_2+\eta_2^2\varepsilon_2^2+2\eta_1\eta_2\varepsilon_1\varepsilon_2+1 \tag{9-25}$$

式 (9-25) 与式 (9-24) 具有很多相似的项。实际上，只要把某几个维度进行线性缩放，然后再加上一个常数维度，就可以得到与式（9-24）相同的结果。以二维空间的向量 $z=[z_1,z_2]^T$ 为例，构造映射式为 (9-26)。

$$\phi(z)=[\sqrt{2}z_1,z_1^2,\sqrt{2}z_2,z_2^2,\sqrt{2}z_1z_2]^T \tag{9-26}$$

则有式 (9-27) 和式 (9-28)。

$$\phi(x_1)=[\sqrt{2}\eta_1,\eta_1^2,\sqrt{2}\eta_2,\eta_2^2,\sqrt{2}\eta_1\eta_2]^T \tag{9-27}$$

$$\phi(x_2)=[\sqrt{2}\varepsilon_1,\eta_1^2,\sqrt{2}\varepsilon_2,\varepsilon_2^2,\sqrt{2}\varepsilon_1\varepsilon_2]^T \tag{9-28}$$

则两者的内积为式 (9-29)。

$$<\phi(x_1),\phi(x_2)>=2\eta_1\varepsilon_1+\eta_1^2\varepsilon_1^2+2\eta_2\varepsilon_2+\eta_2^2\varepsilon_2^2+2\eta_1\eta_2\varepsilon_1\varepsilon_2 \tag{9-29}$$

将式 (9-29) 与式 (9-25) 比较可知，$<\phi(x_1),\phi(x_2)>=(<x1,x2>+1)^2-1$。因此，在映射后的高维空间（5维）的向量内积运算，可以在映射前的低维空间（2维）的特征向量内积实现（内积加 1 再平方），从而避免了高维空间的内积运算。将 $<\phi(x_1),\phi(x_2)>=(<x1,x2>+1)^2-1$ 代入式 (9-21)，可得到关于映射 $\phi(\cdot)$ 的权值（线性方程系数）向量，即式 (9-30)。

$$\begin{cases} W=\sum_{i=1}^{I}a_i\phi(x_i)y_i \\ \sum_{i=1}^{I}a_iy_i=0 \end{cases} \tag{9-30}$$

对比式 (9-23) 与式 (9-26)，可得出关于映射 $\phi(\cdot)$ 的权值（线性方程系数）向量为式（9-31）。

$$w=\begin{bmatrix} w_1 \\ w_2 \\ w_3 \\ w_4 \\ w_5 \end{bmatrix}=\begin{bmatrix} W_1/\sqrt{2} \\ W_2 \\ W_3/\sqrt{2} \\ W_4 \\ W_5/\sqrt{2} \end{bmatrix} \tag{9-31}$$

进而求出 b，可得到最优分类超平面的解。

把 $(<x_1,x_2>+1)^2$ 记作 $k<x_1,x_2>$，即式 (9-32)。

$$k<x_1,x_2>=(<x_1,x_2>+1)^2 \tag{9-32}$$

这种在低维特征空间进行内积运算，得到高维空间内积的函数称为核函数。

类似地，对于 N 维特征空间，可以构造映射到 $N+D$ 维空间后，在 N 维特征空间进行内积运算的核函数，从而实现高维空间的内积运算。

9.1.4 ▶ 常用核函数

构造 N 维特征空间映射到 $N+D$ 维空间后，在 N 维空间进行内积运算的核函数并不是一件容易的事。幸运的是，人们已经构造了一些核函数，能够满足大部分分类需求。

1. 线性核函数

线性核函数定义为式 (9-33)。

$$k<x_1,x_2>==<x_1,x_2> \tag{9-33}$$

线性核函数主要用于线性可分的情况，这实际上就是原始空间中的内积。这个核存在的主要目的是使"映射后空间中的问题"和"映射前空间中的问题"在形式上统一起来。这样统一的目的是，在编写代码或写公式时，能够使用通用表达式，然后再代入不同的核。对于线性可分数据，线性核分类的效果很理想。使用 SVM 进行分类时，通常会先尝试用线性核函数来做分类，看看效果如何，如果不行再换别的核函数。

2. 多项式核函数

多项式核函数定义为式 (9-34)。

$$k<x_1,x_2>=(<x_1,x_2>+1)^d \tag{9-34}$$

多项式核函数可以实现将低维的输入空间映射到高维的特征空间，但是多项式核函数的参数多，当多项式的阶数比较高的时候，核矩阵的元素值将趋于无穷大或者无穷小，计算复杂度会大到无法计算。

3. 高斯（RBF）核函数

高斯核函数又称径向基核函数，定义为式 (9-35)。

$$k<x_1,x_2>= \exp(-\frac{\|x_1-x_2\|^2}{\sigma^2}) \tag{9-35}$$

高斯径向基函数是一种局部性强的核函数，它可以将一个样本映射到一个更高维的空间内。该核函数是应用最广的一个，无论大样本还是小样本都有比较好的性能，而且其相对于多项式核函数参数要少，因此大多数情况下可优先使用高斯核函数。

4. sigmoid 核函数

sigmoid 核函数定义为式 (9-36)。

$$k<x_1,x_2>=\tanh(\eta<x_1,x_2>+\theta) \tag{9-36}$$

采用 sigmoid 核函数，支持向量机实现的是一种多层神经网络。

在处理分类问题时，如果对数据有一定的先验知识，就利用先验知识来选择符合数据分布的核函数；如果没有的话，通常使用交叉验证的方法来试用不同的核函数，误差最小的即为效果最好的核函数。也可以将多个核函数结合起来，形成混合核函数。

本节最开始讨论支持向量机的时候，假定数据是线性可分的，即可以找到一个可行的超平面将数据完全分开。后来为了处理非线性数据，使用核函数对线性 SVM 进行了推广，使得对非线性的情况也能处理。虽然通过映射将原始数据变换到高维空间之后，能够使线性分隔的概率大大增加，但是对于某些情况还是很难处理。例如，可能并不是因为数据本身是非线性结构，而是因为数据有噪声。这种偏离正常位置很远的数据点称为 Outlier，在原来的 SVM 模型里，Outlier 的存在有可能造成很大的影响。因为超平面本身只由少数几个支持向量组成，如果这些支持向量里又存在 Outlier 的话，其影响就会很大。

为此，人们又在式 (9-7) 中引入了松弛变量 ξ，对应数据点允许偏离的函数距离的量，使得 SVM 方法能够处理噪声数据。引入松弛变量的优化问题为式 (9-37)。

$$\min \frac{1}{2}\|w\|^2 + C\sum_{i=1}^{l}\xi_i$$

$$\text{s.t. } y_i(w^{\mathrm{T}}x_i+b) \geqslant 1-\xi_i(i=1,2,\cdots,l;\xi_i \geqslant 0) \tag{9-37}$$

其中 C 是控制目标函数中两项（"寻找类间隔最大的超平面"和"数据点偏差量最小"）之间的权重，是一个事先确定好的常量。ξ 也是需要优化的变量。式 (9-37) 的求解过程与前面类似，本书不再详细介绍，感兴趣的读者请参考其他文献。

9.2 使用 scikit-learn 进行支持向量机分类

scikit-learn 提供 svm 模块用于支持向量机分类。支持向量机可用于监督学习、回归和异常检测。支持向量机的优点是，在高维空间中非常高效，即使在数据维度比样本数量大的情况下仍然有效。scikit-learn 在决策函数中使用训练集的子集（支持向量），因此它也是高效利用内存的。支持向量机具有通用性，不同的核函数与特定的决策函数一一对应，常见的核函数已经提供，也可以指定定制的内核。支持向量机的缺点是，如果特征数量比样本数量大得多，在选择核函数时要避免过拟合，并且正则化项也非常重要。

9.2.1 ▶ sklearn.svm 支持向量机分类概述

sklearn.svm 模块提供了 SVC()、LinearSVC()、NuSVC() 三个类，它们都能在数据集中实现二元分类，也能够实现多元分类。要实现多元分类，本质上还是两两分类。SVC 和 NuSVC 提供了"one-against-one"（1 类对 1 类，即两两分类）的方法，对任意两类样本分别构建分类器。如果有 n_class 个类别，那么重构 n_class * (n_class - 1) / 2 个分类器，而且每一个分类器从两个类别中训练数据。为了给各个分类器提供一致的交互，decision_function_shape 选项允许聚合"one-against-one"分类器的结果，形成形状为 (n_samples, n_classes) 数组的决策函数。LinearSVC 则使用"one-vs-the-rest"（1 类对其余）的多类别策略，对每个类别，将其余类别看成一个不属于该类别的类别，训练它与其余类别的分类器，一共得到 n_classes 个分类器。如果只有两类，则只训练一个模型。

SVC 和 NuSVC 是相似的方法，只是在参数设置方面稍有不同，并且有不同的数学方程。LinearSVC 是一个专门实现线性核函数的支持向量分类器，它不接受关键词 kernel，因为它已被假设为线性核。它也缺少一些 SVC 和 NuSVC 的成员，比如 support_。

本书将主要介绍 SVC() 类，其格式如下：

```
class sklearn.svm.SVC(C=1.0, kernel='rbf', degree=3, gamma='auto_
deprecated', coef0=0.0, shrinking=True, probability=False, tol=0.001,
cache_size=200, class_weight=None, verbose=False, max_iter=-1, decision_function_shape='ovr', random_
state=None)
```

SVC() 类的主要参数和属性的含义如表 9-1 和表 9-2 所示。

表 9-1 sklearn.svm.SVC 类的主要参数含义

参数	含义
C	接收浮点数，可选，默认为 1.0，表示误差项惩罚参数。C 越小对误分类的惩罚越小，决策平面越光滑；C 越大对误分类的惩罚越大，越倾向于精确地分类。
kernel	接收字符串，可选，默认为 'rbf'，必须是 'linear', 'poly', 'rbf', 'sigmoid' 中的一个，表示核函数的类型
degree	接收整数，可选，默认为 3，表示多项式核函数 ('poly') 的次数
gamma	接收浮点数，可选，默认为 'auto'，表示 'rbf', 'poly', 'sigmoid' 核函数的系数，auto 表示 $1 / n\_features$

表 9-2 sklearn.svm.SVC 类的属性

参数	含义
support_	返回形状为 [n_SV] 的数组，表示支持向量的索引
support_vectors_	返回形状为 [n_SV, n_features] 的数组，表示支持向量
n_support_	返回形状为 [n_class] 的数组，表示每个类的支持向量数量
dual_coef_	返回形状为 [n_class–1, n_SV] 的数组，表示决策函数中支持向量的系数
coef_	返回形状为 [n_class * (n_class–1) / 2, n_features] 的数组，表示特征（原始问题的系数）权重，仅在使用线性核时有效
intercept_	返回形状为 [n_class * (n_class–1) / 2] 的数组，表示决策函数中的常数

和其他分类器一样，SVC、NuSVC 和 LinearSVC 将两个数组作为输入：[n_samples, n_features] 大小的数组 X 作为训练样本，[n_samples] 大小的数组 y 作为类别标签（字符串或者整数）。

拟合后，分类器模型可以用来预测新样本值的类别。SVMs 决策函数取决于训练集的一些子集，称为支持向量，这些支持向量的部分特性可以在 support_vectors_、support_ 和 n_support 属性中找到。

要使用 SVC 类训练支持向量机模型，需先生成一个实例。使用该实例调用 fit() 方法，其格式如下：

```
fit(X, y, sample_weight=None)
```

其中 X, y 分别接收形状为 (n_samples, n_features) 和 (n_samples,) 的数组，表示训练集样本和类标签。训练的分类器使用 predict() 方法对新样本进行分类预测，其格式为：

```
predict(X)
```

X 接收与 fit() 方法中的 X 具有相同特征的一维（一个样本）数组 (1, n_features) 或多维（多个样本）数组 (n_samples, n_features)，预测结果返回类标签数组 (n_samples,)。SVC 类提供决策函数

decision_function()，用于返回样本 X 到分类超平面的函数距离，其格式为：

> decision_function(X)

其中 X 接收形状为 (n_samples, n_features) 的数组，表示要计算到分类超平面函数距离的样本，决策函数返回样本到各个分类超平面的函数距离。对 'ovo'（两两分类）策略分类，decision_function() 返回形状为 (n_samples, n_classes * (n_classes-1) / 2) 的数组；对 'ovr'（1 类对其余）策略，返回形状为 (n_samples, n_classes) 的数组。

9.2.2 ▶ 支持向量机二元分类

支持向量机属于有监督学习的二元分类方法。sklearn.svm 模块的 SVC() 类训练支持向量机模型的步骤为：设置参数，主要是选择核函数，生成 SVC() 类的实例；使用 fit() 方法训练模型；使用 predict() 预测新值，其格式如下：

> clf = svm.SVC()
> clf.fit(X_train, y_train)
> clf.predict(X_test)

先通过一个简单的例子，利用二维平面上的两个点分别作为两个类，练习使用 sklearn.svm 模块的 SVC() 类训练支持向量机模型，并使用训练的模型预测新值。

【例 9-1】使用平面上的两个点作为两个类别训练支持向量机分类器。

二维平面上有两个点：(-1, 0) 作为类 0；(1, 0) 作为类 1，将这两个点作为训练集训练支持向量机，使用训练的模型对新值进行预测，观察模型参数和训练过的模型参数。

生成 SVC() 类的实例，同时设置参数，主要是核函数类型 kernel，然后使用 fit() 方法拟合支持向量机模型。

```
In []:  # 二维平面上有两个点: (-1, 0) 作为类 0, (1, 0) 作为类 1
        # 将这两个点作为训练集训练支持向量机，使用训练的模型对新值进行预测
        # 观察模型参数和训练过的模型参数
        import numpy as np
        from sklearn import svm
        X_train = [[-1, 0],[1, 0]]
        y_train = [0,1]
        # 使用支持向量机进行训练
        # 可选择不同的核函数 kernel： 'linear', 'poly', 'rbf','sigmoid'
        clf = svm.SVC(kernel='linear',gamma=2)# 设置模型参数
        clf.fit(X_train, y_train)# 训练
        print(' 支持向量机模型训练参数为： \n',clf)
```

Out:	支持向量机模型训练参数为：
	SVC(C=1.0, cache_size=200, class_weight=None, coef0=0.0,
	decision_function_shape='ovr', degree=3, gamma=2, kernel='linear',
	max_iter=-1, probability=False, random_state=None, shrinking=True,
	tol=0.001, verbose=False)

使用 predict() 方法，用训练的支持向量机模型 clf 预测新样本值的类别。

In []:	# 使用训练好的模型对新值预测
	print('[-0.4,0] 的类别为：',clf.predict([[-0.4,0]]))
	print('[0.4,0] 的类别为：',clf.predict([[0.4,0]]))
	print('[-0.4,1] 的类别为：',clf.predict([[-0.4,1]]))
	print('[0.4,1] 的类别为：',clf.predict([[0.4,1]]))
Out:	[-0.4,0] 的类别为： [0] [-0.4,1] 的类别为： [0]
	[0.4,0] 的类别为： [1] [0.4,1] 的类别为： [1]

接下来观察训练的支持向量机模型 clf 的各个属性。

In []:	# 观察训练的支持向量机模型的各个属性
	print(' 支持向量在训练集中的索引为：',clf.support_)
	print(' 支持向量为：\n',clf.support_vectors_)
	print(' 每个类的支持向量的数量为：',clf.n_support_)
	print(' 支持向量机决策函数中支持向量的系数为：',clf.dual_coef_)
	print(' 支持向量机的特征权重（仅在使用线性核时）为：',clf.coef_)
	print(' 决策函数中的常数为：',clf.intercept_)
Out:	支持向量在训练集中的索引为： [0 1]
	支持向量为：
	[[-1. 0.]
	[1. 0.]]
	每个类的支持向量的数量为： [1 1]
	支持向量机决策函数中支持向量的系数为： [[-0.5 0.5]]
	支持向量机的特征权重（仅在使用线性核时）为： [[1. 0.]]
	决策函数中的常数为： [-0.]

【范例分析】

本例将二维平面上的两个点作为两个类，训练支持向量机。先生成 SVC() 类的实例 clf，同时将 kernel 参数设置核函数类型为 'linear'，SVC() 类支持 4 种核函数类型，分别是 'linear', 'poly', 'rbf','sigmoid'。然后使用 fit(X, y) 方法拟合支持向量机模型，其中 X 接收特征集，y 接收目标集。对训练好的支持向量机 clf，使用 predict(X_test) 方法预测新样本 X_test 的类别。support_ 属性返回支持向量在训练集中的索引，support_vectors_ 属性返回支持向量，.n_support_ 属性返回每个类的支持向量的数量，dual_coef_ 属性返回支持向量机决策函数中支持向量的系数，coef_ 属性返回使用线性核时支持向量机的特征权重，intercept_ 属性返回决策函数中的常数（截距）。

上例中，由于每个类只有一个样本，因此每个样本都是支持向量。对训练的模型，可以通过访问 support_, support_vectors_, n_support_ 属性来了解支持向量在训练集中的索引、支持向量的值，以及支持向量的个数。实际的分类问题中，类的样本不可能只有一个，下面看一个具有多个样本的二元分类问题。

【例 9-2】使用 SVC() 训练二元类别数据集的支持向量机分类器。

使用样本生成器 make_blobs() 生成二元分类样本，选择核函数训练 SVM 模型，对两类样本进行分类。观察支持向量的数量和值。可视化原始数据、支持向量、分类超平面及函数距分类超平面的函数距离等高线。

先指定类别中心位置，使用样本生成器 make_blobs() 生成二元分类样本。然后生成支持向量机 SVC() 类的实例，使用 fit() 方法对数据集拟合支持向量机分类模型，并观察支持向量等属性。

```
In []:    # 使用样本生成器生成分类样本，选择核函数训练 SVM 模型
          # 对两类样本进行分类，可视化样本和分类结果
          import numpy as np
          import matplotlib.pyplot as plt
          import pandas as pd
          from sklearn import svm
          # 使用样本生成器生成数据集
          # 使用 make_blobs 生成 centers 个类的数据集 X，X 形状为 (n_samples,n_features)
          # 指定每个类的中心位置，y 返回类标签
          from sklearn.datasets.samples_generator import make_blobs
          centers = [(-2, 0), (2, 2)]
          X, y = make_blobs(n_samples=100, centers=centers, n_features=2,
                      random_state=0)
          # 使用支持向量机进行训练
          # 可选择不同的核函数 kernel： 'linear', 'poly', 'rbf','sigmoid'
          clf = svm.SVC(kernel='linear',gamma=2)
          clf.fit(X, y)
          # 观察训练的支持向量机模型的各个属性
          print(' 支持向量在训练集中的索引为：',clf.support_)
          print(' 支持向量为： \n',clf.support_vectors_ )
          print(' 每个类的支持向量的数量为：',clf.n_support_)
```

```
Out:      支持向量在训练集中的索引为： [ 5 31 46 35 42]    支持向量为：
          支持向量为：                                    [[-0.46722079  1.46935877]
          [[-0.46722079  1.46935877]                    [ 0.26975462  -1.45436567]
          [ 0.26975462  -1.45436567]                    [-0.51174781   1.89588918]
          [-0.51174781  1.89588918]                     [ 0.99978465   0.4552289 ]
          支持向量在训练集中的索引为： [ 5 31 46 35 42]    [ 0.68409259   1.5384154 ]]
                                                        每个类的支持向量的数量为： [3 2]
```

可以看出，具有 100 个样本的二元分类问题，支持向量只有 5 个，两个类中支持向量的数量分别为 3 和 2。下面对原始数据、分类超平面的支持向量、分类超平面及样本到超平面距离的等高线可视化。对原始数据和支持向量，可以使用 scatter() 方法绘制其散点图。要绘制样本到超平面距离的等高线，需先计算二维坐标平面内所有点到分类超平面的距离，然后将同为指定距离值的点连接起来。SVC() 类提供了 decision_function() 方法来计算样本到分类超平面的距离，其格式如下：

SVC.decision_function(X)

其中 X 接收特征与训练集相同、形状为 (n_samples, n_features) 的数组，表示要计算到超平面距离的样本点。返回形状为 (n_samples, n_classes * (n_classes-1) / 2) 的数组，表示到分类超平面（二元分类）或每个分类超平面（多元分类）的距离。关于多元分类，将在后续章节中进行介绍。

下面编写代码，可视化原始数据、拟合的分类超平面支持向量、分类超平面及等高线。

```
In []:    # 可视化原始数据、拟合的分类超平面支持向量、分类超平面及等高线
          plt.figure(figsize=(6, 4))
          plt.rc('font', size=14)# 设置图中字号大小
          plt.rcParams['font.sans-serif'] = 'SimHei'# 设置字体为 SimHei 以显示中文
          plt.rcParams['axes.unicode_minus']=False# 坐标轴刻度显示负号
          # 获得支持向量，绘制其散点图，默认以圆圈表示
          plt.scatter(clf.support_vectors_[:, 0], clf.support_vectors_[:, 1], s=80,
                      facecolors='none', zorder=10, edgecolors='k')
          # 绘制原始数据散点图，以 * 表示
          plt.scatter(X[:, 0], X[:, 1], c=y,marker='*', zorder=10, cmap=plt.cm.Paired,
                      edgecolors='k')
          plt.legend([' 支持向量 ',' 原始数据 '])
          x_min,x_max=np.min(X[:,0])-1,np.max(X[:,0])+1
          y_min,y_max=np.min(X[:,1])-1,np.max(X[:,1])+1
          # 绘制等高线
          #XX, YY 分别从最小值到最大值间均匀取 200 个数，形状都为 200*200
          XX, YY = np.mgrid[x_min:x_max:200j, y_min:y_max:200j]
          #XX.ravel(), YY.ravel() 分别将 XX, YY 展平为 40000*1 的数组
          #np.c_[XX.ravel(), YY.ravel()] 的形状为 40000*2
          # 计算 XX, YY 规定的平面内每个点到分割超平面的函数距离
          Z = clf.decision_function(np.c_[XX.ravel(), YY.ravel()])
          # 设置 Z 的形状与 XX 相同，准备将 Z 的值与 XX,YY 规定的平面内的每一点的颜色值关联
          Z = Z.reshape(XX.shape)
          #Z>0 返回 True 或 False
          # 以点到超平面的距离 0 为分界线（即超平面自身），用两种颜色 (1 和 0) 绘制超平面的两侧
          plt.pcolormesh(XX, YY, Z>0, cmap=plt.cm.Paired)
          # 绘制等高线，连接 XX,YY 规定的平面上具有相同 Z 值的点，等高线的值由 levels 规定
          plt.contour(XX, YY, Z, colors=['k', 'r', 'k'], linestyles=['--', '-', '--'],
```

In []:	levels=[−.5, 0, .5])
	# 对 XX,YY 规定的平面设置坐标轴刻度范围
	plt.xlim(x_min, x_max)
	plt.ylim(y_min, y_max)
	plt.title(' 支持向量机分类结果 ')# 添加标题
	plt.show() # 显示图形
Out:	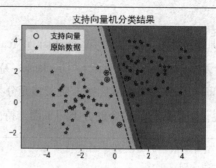

上面的代码中，np.mgrid[x_min:x_max:200j, y_min:y_max:200j] 将返回两个形状同为 (200, 200) 的数组，x_min:x_max:200j 表示在 [x_min, x_max] 区间（包括 x_min, x_max）的 200 个间隔相等的点，与 y_min:y_max:200j 的含义相同。因此 mgrid() 方法返回一个 200*200 的二维平面网格。从可视化结果可以看出，拟合的最优分类超平面具有 5 个支持向量，其中一个类别有 3 个支持向量，另一个类别有 2 个支持向量。下面使用 predict() 方法预测新样本的类别。

In []:	# 使用模型进行分类预测
	print(' 样本 (3,3) 属于类 ',clf.predict([[3, 3]]))
	print(' 样本 (−3,3) 属于类 ',clf.predict([[−3, 3]]))
Out:	样本 (3,3) 属于类 [1]
	样本 (−3,3) 属于类 [0]

【范例分析】

本例使用样本生成器 make_blobs() 生成具有 100 个样本的二元分类数据集。生成支持向量机 SVC() 类的实例 clf，同时通过参数 kernel 指定核函数类型为 'linear'。使用 fit() 方法对数据集拟合支持向量机分类模型，使用 clf.support_ 属性返回支持向量在训练集中的索引，使用 clf.support_vectors_ 属性返回支持向量，使用 clf.n_support_ 属性返回每个类的支持向量的数量。可以看出，具有 100 个样本的二元分类问题，支持向量只有 5 个，两个类中支持向量的数量分别为 3 和 2。要可视化支持向量机分类结果，一般要绘制分类超平面、样本距分类超平面的距离值等高线、支持向量。SVC() 类的 decision_function() 方法用于计算样本到分类超平面的距离，分离超平面即距离为 0 的等高线，而支持向量可以由 support_ 属性返回其在训练集中的索引。要绘制等高线，需计算平面（二维特征）内所有的点到分类超平面的函数距离，因此使用了 np.mgrid[] 方法。np.mgrid[x_min:x_max:200j, y_min:y_max:200j] 返回两个形状同为 (200, 200) 的数组，它们表示一个 200*200 二维平面的网格，计算网格中各个点到分离超平面的距离，根据计算结果可绘制等高线。对新样本，使用 predict() 方法预测其类别。

上例中，支持向量机的训练使用了线性核函数。SVC() 类支持 4 种核函数，即线性核、多项式核、径向基核和 sigmoid 核，它们分别用 'linear'、'poly'、'rbf'、'sigmoid' 字符串表示。不同的核函数适用不同的分类问题，使用支持向量机分类，需要选择合适的核函数。下面通过一个例子，分别使用 4 种核函数训练支持向量机模型，观察不同核函数的分类结果。

【例 9-3】对例 9-2 的数据集训练不同核函数的支持向量机分类器。

对例 9-2 的数据集，分别使用线性核、多项式核、径向基核和 sigmoid 核训练支持向量机，对样本进行分类，可视化分类结果。

先使用 make_blobs() 方法生成二元分类数据集。由于要使用 4 种核函数训练支持向量机分类器，因此，可以放在一个循环语句中进行。在循环体中生成 SVC() 类的实例，通过 kernel 参数设置核函数类型，使用 fit() 方法拟合支持向量机，对模型进行可视化，并使用 predict() 方法预测新样本的类别。

```
In []:   # 使用不同核函数训练支持向量机，对样本进行分类
         import numpy as np
         import matplotlib.pyplot as plt
         import pandas as pd
         from sklearn import svm
         # 使用样本生成器生成数据集
         # 使用 make_blobs 生成 centers 个类的数据集 X，X 形状为 (n_samples,n_features)
         # 指定每个类的中心位置，y 返回类标签
         from sklearn.datasets.samples_generator import make_blobs
         centers = [(-2, 0), (2, 2)]
         X, y = make_blobs(n_samples=100, centers=centers, n_features=2,
                   random_state=0)
         # 可视化原始样本、支持向量、分类超平面和等高线
         x_min,x_max=np.min(X[:,0])-1,np.max(X[:,0])+1
         y_min,y_max=np.min(X[:,1])-1,np.max(X[:,1])+1
         plt.rc('font', size=14)# 设置图中字号大小
         plt.rcParams['font.sans-serif'] = 'SimHei'# 设置字体为 SimHei 以显示中文
         figNum=[1,2,3,4]
         for kernel,i in zip(kernels,figNum):#zip() 用于非嵌套的多个变量的循环
             # 使用支持向量机进行训练
             clf = svm.SVC(kernel=kernel,gamma=2)
             clf.fit(X, y)
             # 可视化
             # 获得支持向量，绘制其散点图，默认以圆圈表示
             ax1 = p.add_subplot(2,2,i)
             plt.scatter(clf.support_vectors_[:, 0], clf.support_vectors_[:, 1], s=80,
```

```
In []:          facecolors='none', zorder=10, edgecolors='k')
        # 绘制原始数据散点图, 以 * 表示
        plt.scatter(X[:, 0], X[:, 1], c=y,marker='*', zorder=10, cmap=plt.cm.Paired,
                edgecolors='k')
        #XX, YY 分别从最小值间最大值间均匀取 200 个数, 形状都为 200*200
        XX, YY = np.mgrid[x_min:x_max:200j, y_min:y_max:200j]
        #XX.ravel(), YY.ravel() 分别将 XX, YY 展平为 40000*1 的数组
        #np.c_[XX.ravel(), YY.ravel()] 的形状为 40000*2
        # 计算 XX, YY 规定的平面内每个点到分割超平面的函数距离
        Z = clf.decision_function(np.c_[XX.ravel(), YY.ravel()])
        # 设置 Z 的形状与 XX 相同, 准备将 Z 的值与 XX,YY 规定的平面内的每一点的颜色值关联
        Z = Z.reshape(XX.shape)
        #Z>0 返回 True 或 False
        # 以点到超平面的距离 0 为分界线 (即超平面自身)
        # 用两种颜色 (1 和 0) 绘制超平面的两侧
        plt.pcolormesh(XX, YY, Z>0, cmap=plt.cm.Paired)
        # 绘制等高线, 连接 XX,YY 规定的平面上具有相同 Z 值的点, 等高线的值由 levels 规定
        plt.contour(XX, YY, Z, colors=['k', 'r', 'k'], linestyles=['--', '-', '--'],
                levels=[-.5, 0, .5])
        # 对 XX,YY 规定的平面设置坐标轴刻度范围
        plt.xlim(x_min, x_max)
        plt.ylim(y_min, y_max)
        title=' 使用 '+kernel+' 核函数的支持向量机分类结果 '
        plt.title(title)# 添加标题
        # 使用分类模型进行预测
        print(' 使用 ',kernel,' 核函数预测样本 (3,3) 属于类 ',clf.predict([[3, 3]]))
        print(' 使用 ',kernel,' 核函数预测样本 (-3,3) 属于类 ',clf.predict([[-3, 3]]))
        plt.show() # 显示图形
```

Out: 使用 linear 核函数预测样本 (3,3) 属于类 [1]

    使用 linear 核函数预测样本 (-3,3) 属于类 [0]

    使用 poly 核函数预测样本 (3,3) 属于类 [1]

    使用 poly 核函数预测样本 (-3,3) 属于类 [0]

    使用 rbf 核函数预测样本 (3,3) 属于类 [1]

    使用 rbf 核函数预测样本 (-3,3) 属于类 [0]

    使用 sigmoid 核函数预测样本 (3,3) 属于类 [1]

    使用 sigmoid 核函数预测样本 (-3,3) 属于类 [1]

Out:

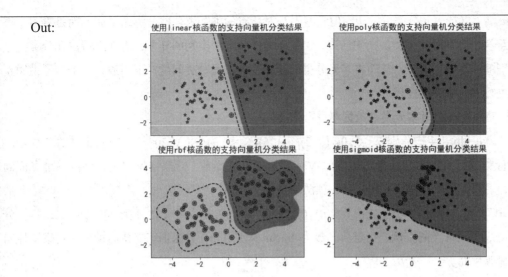

上面的循环语句中使用了 zip() 函数，其格式为：

zip(iterable1,iterable2, ...)

其中 iterable 接收字符串、列表、元组、字典。该函数将多个等长的 iterable 可迭代对象压缩为元组。可使用 list() 方法访问压缩结果。上面的 kernels 和 figNum 的压缩结果如下：

In []:	print('kernels=',kernels)	zipped=zip(kernels,figNum)
	print('figNum=',figNum)	print('zip(kernels,figNum)=',list(zipped))
Out:	kernels= ['linear', 'poly', 'rbf', 'sigmoid']	
	figNum= [1, 2, 3, 4]	
	zip(kernels,figNum)= [('linear', 1), ('poly', 2), ('rbf', 3), ('sigmoid', 4)]	

【范例分析】

本例使用 make_blobs() 方法生成具有 100 个样本、2 个特征的二元分类数据集，分别训练 'linear', 'poly', 'rbf','sigmoid'4 种核函数的支持向量机分类器，将其模型训练、可视化、预测放在一个循环体中进行。在循环体中，生成 SVC() 类的实例，通过 kernel 参数设置核函数类型，使用 fit() 方法拟合支持向量机，对模型进行可视化，然后使用 predict() 方法预测新样本的类别。循环体具有核函数类型 kernel 和子图索引 i 共 2 个循环变量，因此使用了 zip() 方法。zip() 方法将两个变量打包，每个变量均可以从中遍历自己的取值。4 种核函数训练的支持向量机分类可视化结果表明，多项式核和线性核的分类效果最好。径向基核分类效果最差，它几乎把所有的训练样本都作为支持向量，这就失去了分类超平面仅由少数支持向量决定的初衷。

9.2.3 ▶ 支持向量机实现多元分类

实际分类问题往往是多元的，而支持向量机属于二元分类问题。为了能够处理多元分类问题，

SVC() 类提供了支持多元分类的方法。但它并不是对所有的类寻求公共分类超平面，而是将多个类别中的任意两个类别两两分类。换句话说，SVC() 类任取两个类别的样本，将其进行二元分类，直至所有类别的样本分类完毕，从而将多元分类问题转换为二元分类问题。下面通过两个例子说明支持向量机进行多元分类的过程。

【例 9-4】使用 SVC() 对多元类别数据集进行分类。

使用 make_blobs 生成分别以 (-5, 0), (5, 2), (-4, 5), (2, 6) 为中心，200 个二维特征的分类样本。使用 SVC() 类进行支持向量机多元分类，SVM 使用线性核函数。观察支持向量，预测二维平面的分类结果，可视化原始样本、支持向量、预测结果。

先使用 make_blobs() 方法生成以 (-5, 0), (5, 2), (-4, 5), (2, 6) 为中心的 4 类 200 个、二维特征分类样本。生成 SVC() 类的实例，指定核函数为 'linear'。使用 fit() 方法训练支持向量机，观察支持向量及其数量等属性。

```
In []:   # 使用 SVC 进行多元分类，SVM 使用某个核函数对多类样本进行分类
         # 使用样本生成器生成数据集，生成单标签样本
         # 使用 make_blobs 生成 centers 个类的数据集 X，X 形状为 (n_samples,n_features)
         # 指定每个类的中心位置，y 返回类标签
         centers = [(-5, 0), (5, 2), (-4, 5), (2, 6)]
         X, y = make_blobs(n_samples=200, centers=centers, n_features=2,
                     random_state=0)
         # 使用支持向量机进行训练
         # 可选择不同的核函数 kernel 'linear', 'poly', 'rbf','sigmoid'
         clf = svm.SVC(kernel='linear',gamma=2)
         clf.fit(X, y)
         # 观察训练的支持向量机模型的各个属性
         print(' 支持向量在训练集中的索引为：\n',clf.support_)
         print(' 支持向量为：\n',clf.support_vectors_ )
         print(' 每个类的支持向量的数量为：',clf.n_support_)
```

```
Out:     支持向量在训练集中的索引为：
         [  0  58 191  30  41 121 130  14  23  55  74 197  64  76 165 167]
         支持向量为：
         [[-2.73024538  -1.45436567]
          [-3.51174781   1.89588918]
          [-4.02126202   2.2408932 ]
          [ 3.50874241   2.4393917 ]
          [ 3.82687659   3.94362119]
          [ 4.13877431   3.91006495]
          [ 3.68409259   1.5384154 ]
          [-1.6960833    3.93998418]
          [-4.30901297   3.32399619]
          [-1.74069105   4.95774285]
```

Out:　[−3.60095365　2.22740724]

　　　　[−2.50551546　2.93001497]

　　　　[2.64331447　　4.42937659]

　　　　[−0.25556423　4.97749316]

　　　　[−0.65917224　6.60631952]

　　　　[3.36453185　5.31055082]]

　　　　每个类的支持向量的数量为：[3 4 5 4]

可以看出，4 个类别中的支持向量数量分别是 3,4,5,4 个。注意，由于样本随机产生，每次运行产生的样本不同，支持向量及其数量也可能不同。下面可视化支持向量机的分类界限。由于多元分类的超平面和等高线绘制结果比较凌乱，因此将使用训练的支持向量机对整个平面上的点进行预测，然后将预测结果以不同颜色分类别进行绘制，相同颜色区域即同一类别样本区域，颜色边界即类别界限。

```
In []:　# 可视化原始数据和全平面分类预测结果
        plt.rc('font', size=14)# 设置图中字号大小
        plt.rcParams['font.sans-serif'] = 'SimHei'# 设置字体为 SimHei 以显示中文
        plt.rcParams['axes.unicode_minus']=False# 坐标轴刻度显示负号
        # 获得支持向量，绘制其散点图，默认以圆圈表示
        plt.scatter(clf.support_vectors_[:, 0], clf.support_vectors_[:, 1], s=80,
                  facecolors='none', zorder=10, edgecolors='k')
        # 绘制原始数据散点图，以 * 表示
        plt.scatter(X[:, 0], X[:, 1], c=y,marker='*', zorder=10, cmap=plt.cm.Paired,
                  edgecolors='k')
        x_min,x_max=np.min(X[:,0])−1,np.max(X[:,0])+1
        y_min,y_max=np.min(X[:,1])−1,np.max(X[:,1])+1
        #XX, YY 分别从最小值到最大值间均匀取 200 个数，形状都为 200*200
        XX, YY = np.mgrid[x_min:x_max:200j, y_min:y_max:200j]
        #XX.ravel(), YY.ravel() 分别将 XX, YY 展平为 40000*1 的数组
        Z_for_predict = np.c_[XX.ravel(), YY.ravel()]
        Z_predict=clf.predict(Z_for_predict)# 使用分类模型对每个点进行预测
        Z_predict = Z_predict.reshape(XX.shape)
        # 同一类点用相同颜色绘制
        plt.pcolormesh(XX, YY, Z_predict, cmap=plt.cm.Paired)
        # 对 XX,YY 规定的平面设置坐标轴刻度范围
        plt.xlim(x_min, x_max)
        plt.ylim(y_min, y_max)
        plt.title(' 支持向量机对全平面样本的分类结果 ')# 添加标题
        plt.show() # 显示图形
```

Out:

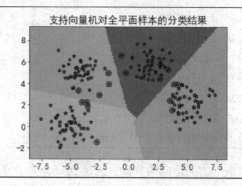

【范例分析】

本例使用 make_blobs() 方法生成以 (-5, 0), (5, 2), (-4, 5), (2, 6) 为中心的 4 类类别、200 个二维特征的分类样本集 X 及目标集 y。生成 SVC() 类的实例 clf，同时指定核函数类型为 'linear'。使用 fit(X, y) 方法训练支持向量机，使用 clf.support_ 属性观察支持向量在训练集中的索引，使用 clf.support_vectors_ 属性观察支持向量，使用 clf.n_support_ 属性观察支持向量数量。可以看出，4 个类别中的支持向量数量分别是 3,4,5,4 个。对于多元分类，支持向量机将自动按照 "1 类对其余" 的两两二元分类方法训练模型，直至实现多元分类。支持向量机的多元分类不便于绘制超平面和等高线。为了绘制类界限，使用 mgrid[] 方法生成二维（二维特征）平面的网格，对网格上的每一点，使用 clf.predict() 方法预测其类别，将所有点按照类别以不同颜色进行绘制，颜色边界即类别分界线。

下面再观察一下使用不同核函数实现多元分类的不同结果。

【例 9-5】用多元类别数据集训练不同核函数的支持向量机分类器。

下面使用 make_blobs() 方法生成分别以 (-5, 0), (5, 2), (-4, 5), (2, 6) 为中心的 500 个二维特征分类样本，使用 SVC() 类进行支持向量机多元分类。SVM 分别使用线性核、多项式核、径向基核、sigmoid 核函数。观察支持向量，预测二维平面的分类结果，并可视化原始样本、支持向量、预测结果。

先使用 make_blobs() 方法生成分别以 (-5, 0), (5, 2), (-4, 5), (2, 6) 为中心的 4 个类别、500 个二维特征的分类样本。由于要训练 4 种不同核函数的支持向量机，因此将其放在一个循环体中进行。

In []:

```
# 使用 SVC 进行多元分类，SVM 分别使用多个核函数对多类样本进行分类
import numpy as np
import matplotlib.pyplot as plt
import pandas as pd
from sklearn import svm
# 使用样本生成器生成数据集
# 生成单标签样本
# 使用 make_blobs 生成 centers 个类的数据集 X，X 形状为 (n_samples,n_features)
# 指定每个类的中心位置，y 返回类标签
from sklearn.datasets.samples_generator import make_blobs
centers = [(-5, 0), (5, 2), (-4, 5), (2, 6)]
```

```
In []:    X, y = make_blobs(n_samples=500, centers=centers, n_features=2,
                 random_state=0)
          x_min,x_max=np.min(X[:,0])-1,np.max(X[:,0])+1
          y_min,y_max=np.min(X[:,1])-1,np.max(X[:,1])+1
          plt.rc('font', size=14)# 设置图中字号大小
          plt.rcParams['font.sans-serif'] = 'SimHei'# 设置字体为 SimHei 以显示中文
          plt.rcParams['axes.unicode_minus']=False# 坐标轴刻度显示负号
          p=plt.figure(figsize=(12, 8))
          kernels=['linear', 'poly', 'rbf','sigmoid']
          figNum=[1,2,3,4]
          for kernel,i in zip(kernels,figNum):#zip() 用于非嵌套的多个变量的循环
            # 使用支持向量机进行训练
            clf = svm.SVC(kernel=kernel,gamma=2)
            clf.fit(X, y)
            # 获得支持向量，绘制其散点图，默认以圆圈表示
            ax1 = p.add_subplot(2,2,i)
            plt.scatter(clf.support_vectors_[:, 0], clf.support_vectors_[:, 1], s=80,
                 facecolors='none', zorder=10, edgecolors='k')
            # 绘制原始数据散点图，以 * 表示
            plt.scatter(X[:, 0], X[:, 1], c=y,marker='*', zorder=10, cmap=plt.cm.Paired,
                 edgecolors='k')
            #XX, YY 分别从最小值到最大值间均匀取 200 个数，形状都为 200*200
            XX, YY = np.mgrid[x_min:x_max:200j, y_min:y_max:200j]
            #np.c_[XX.ravel(), YY.ravel()] 的形状为 40000*2
            Z_for_predict = np.c_[XX.ravel(), YY.ravel()]
            Z_predict=clf.predict(Z_for_predict)# 使用分类模型对每个点进行预测
            Z_predict = Z_predict.reshape(XX.shape)
            # 同一类点用相同颜色绘制
            plt.pcolormesh(XX, YY, Z_predict, cmap=plt.cm.Paired)
            # 对 XX,YY 规定的平面设置坐标轴刻度范围
            plt.xlim(x_min, x_max)
            plt.ylim(y_min, y_max)
            title=' 使用 '+kernel+' 核函数的支持向量机分类结果 '
            plt.title(title)# 添加标题
          plt.show()# 显示图形
```

Out:

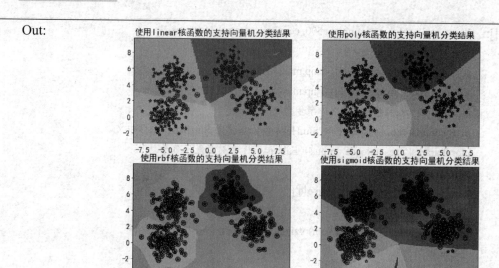

【范例分析】

本例使用 make_blobs() 方法生成分别以 (-5, 0), (5, 2), (-4, 5), (2, 6) 为中心的 4 个类别、500 个二维特征的分类特征集 X 和目标集 y。在一个循环体中训练 4 种不同核函数的支持向量机，需先生成 SVC() 类的实例 clf，同时通过 kernel 参数设置核函数类型。使用 clf.fit(X, y) 方法拟合支持向量机。为可视化多元分类的类界限，使用 mgrid[] 方法生成二维平面网格，使用 clf.predict() 方法预测网格上每个点的类别，将平面上的点按照预测结果以不同颜色进行绘制，颜色边界即类别界限。使用 clf.support_vectors_ 属性返回支持向量，并绘制其散点图。从可视化结果来看，线性核和多项式核取得了较好的分类结果，而径向基核和 sigmoid 核几乎将全部样本作为支持向量，这就丧失了支持向量机仅使用少数支持向量确定分类超平面以减少计算量的初衷。

9.2.4 ▶ 划分数据集为训练集和测试集来训练支持向量机、保存和加载模型

前面的例子中，由于将整个数据集都用来训练支持向量机模型，因此无法使用不同样本对训练的模型预测结果进行验证。

在实际的机器学习中，并未使用整个数据集来训练模型，而是随机抽取样本，将数据集划分为两个互斥的集合，其中一个集合作为训练集，另一个集合作为测试集。互斥表示一个样本只能属于训练集或测试集中的一个。使用训练集训练模型，对建立的模型来说，测试集的样本都是新数据。将训练的模型应用于新样本值的预测，称为模型的泛化。使用训练的模型对测试集进行预测，并将预测结果与测试集的实际结果相对比，以评估测试误差，作为对泛化误差的估计。

sklearn 的模型选择模块 model_selection 提供了将数据集拆分为训练集和测试集的方法 train_test_split()，其格式如下：

```
sklearn.model_selection.train_test_split(*arrays, **options)
```

主要参数的含义如表 9-3 所示。

表 9-3 train_test_split() 方法的主要参数含义

参数	含义	返回
*arrays	接收列表、NumPy 数组、scipy 稀疏矩阵或 pandas 的数据框（如 X, y 分别表示数据集和类标签集）	
test_size	接收浮点数、整数或 None，默认为 None。若为浮点，表示测试集占总样本的百分比；若为整数，表示测试样本数；若为 None，test size 自动设置成 0.25	
train_size	接收浮点数、整数或 None，默认为 None。若为浮点，表示训练集占总样本的百分比；若为整数，表示训练样本数；若为 None，train_size 自动被设置成 0.75	
random_state	接收整数、RandomState 实例或 None，默认为 None。若为 None，每次生成的数据都是随机的，可能不一样；若为整数，每次生成的数据都相同	
stratify	接收类似数组或 None。若为 None，划分出来的测试集或训练集中的类标签比例也是随机的；若不为 None，划分出来的测试集或训练集中的类标签比例与输入数组中类标签的比例相同，可以用于处理不均衡的数据集	

要使用 train_test_split() 方法，需从模型选择模块 model_selection 导入该方法，即：

```
from sklearn.model_selection import train_test_split
```

对于训练的机器学习模型，需要将其持久化，将模型保存起来。这样在下次使用模型预测新样本时，不必重新训练模型，只需加载已保存模型，使用以前训练好的模型即可。保存和加载训练好的机器学习模型，需要使用 sklearn.externals 模块的 joblib 模块，其导入方法为：

```
from sklearn.externals import joblib
```

或者使用以下指令：

```
from joblib import dump, load
```

其中 dump 用于保存模型，load 用于加载模型。它们的用法分别为：

```
joblib.dump(clf,'filename.m')
clf_svm = joblib.load('filename.m')
```

或

```
dump(clf, 'filename.joblib')
clf=load('filename.joblib')
```

模型文件的扩展名需为 Python 支持的文件类型。

下面将练习使用 model_selection 模块的 train_test_split() 方法将数据集拆分为训练集和测试集，使用训练集训练支持向量机模型。保存训练的模型使之持久化，加载保存的支持向量机分类模型，使用测试集验证训练的模型。

【例 9-6】划分数据集为训练集和测试集来训练支持向量机、保存和加载模型。

使用 make_blobs() 方法生成分别以 (-5, 0), (5, 2), (-4, 5), (2, 6) 为中心的二维特征、200 个样本、

4 个类别的分类样本，使用 model_selection 模块的 train_test_split() 方法将数据集拆分为训练集和测试集，分别使用线性核、多项式核、径向基核、sigmoid 核对训练集进行训练，并保存模型，加载模型对测试集进行分类预测。可视化测试集原始样本、支持向量和预测错误的样本。

首先，使用 make_blobs() 方法生成具有二维特征、200 个样本、4 个类别的分类特征集 X 和目标集 y，使用 train_test_split() 方法将数据集拆分为训练集和测试集。在一个循环体中生成 svm. SVC() 类的实例，同时设置核函数类型。使用 fit() 方法拟合支持向量机模型，使用 joblib.dump() 方法保存训练的模型。然后使用 joblib.load() 方法加载保存的支持向量机模型，使用 predict() 对测试集进行预测。最后绘制使用不同核函数拟合的支持向量机分类模型对测试集的预测结果。

```
In []:    # 将数据集拆分为训练集和测试集, 分别使用不同核函数对训练集进行训练
          # 保存模型, 加载模型对测试集进行分类预测
          # 并分别对分类结果进行评价
          import numpy as np
          import matplotlib.pyplot as plt
          import pandas as pd
          from sklearn import svm
          from sklearn.model_selection import train_test_split
          from sklearn.externals import joblib
          # 使用样本生成器生成数据集和单标签样本
          # 使用 make_blobs 生成 centers 个类的数据集 X, X 形状为 (n_samples,n_features)
          # 指定每个类的中心位置, y 返回类标签
          from sklearn.datasets.samples_generator import make_blobs
          centers = [(-5, 0), (5, 2), (-4, 5), (2, 6)]
          X, y = make_blobs(n_samples=200, centers=centers, n_features=2,
                      random_state=0)
          # 拆分数据集为训练集和测试集
          X_train,X_test, y_train,y_test = train_test_split(
              X,y,train_size = 0.8,random_state = 42)
          x_min,x_max=np.min(X[:,0])-1,np.max(X[:,0])+1
          y_min,y_max=np.min(X[:,1])-1,np.max(X[:,1])+1
          # 可视化
          plt.rc('font', size=14)# 设置图中字号大小
          plt.rcParams['font.sans-serif'] = 'SimHei'# 设置字体为 SimHei 以显示中文
          plt.rcParams['axes.unicode_minus']=False# 坐标轴刻度显示负号
          p=plt.figure(figsize=(12, 10))
          kernels=['linear', 'poly', 'rbf','sigmoid']
          figNum=[1,2,3,4]
          for kernel,i in zip(kernels,figNum):#zip() 用于非嵌套的多个变量的循环
              # 使用支持向量机进行训练
              clf = svm.SVC(kernel=kernel,gamma=2)
```

```
In []:      clf.fit(X_train, y_train)
            joblib.dump(clf,'svm_'+kernel+'.m')# 保存模型
            clf_svm = joblib.load('svm_'+kernel+'.m') # 加载模型
            y_pred = clf_svm.predict(X_test)
            ax1 = p.add_subplot(2,2,i)
            # 绘制原始数据散点图
            plt.scatter(X_test[:, 0], X_test[:, 1], c='k',marker='.')
            # 获得支持向量，绘制其散点图，默认以圆圈表示
            plt.scatter(clf.support_vectors_[:, 0], clf.support_vectors_[:, 1], s=80,
                    facecolors='none', zorder=10, edgecolors='k')
            y_wrong=np.where(y_pred!=y_test)# 获得分类错误的样本索引
            # 绘制测试集错误分类样本
            plt.scatter(X_test[y_wrong, 0], X_test[y_wrong, 1], marker='v')
            plt.legend([' 测试集 ',' 支持向量 ',' 错误分类 '])
            plt.xlim(x_min, x_max)
            plt.ylim(y_min, y_max)
            title=' 使用 '+kernel+' 核函数的测试集分类结果 '
            plt.title(title)# 添加标题
p.tight_layout()# 调整空白，避免子图重叠
plt.show()# 显示图形
```

Out:

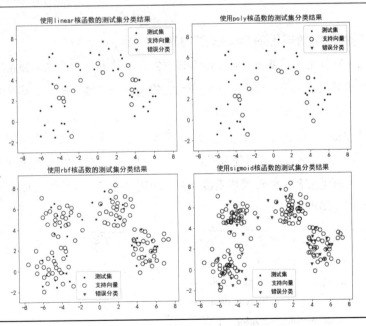

【范例分析】

本例使用 make_blobs() 方法生成具有二维特征、200 个样本、4 个类别的分类特征集 X 和目标集 y，使用 train_test_split() 方法将数据集拆分为训练集和测试集。train_test_split() 接收要拆分的特

征集 X 和目标集 y，通过 train_size 接收训练集和测试集样本数量的拆分比例 0.8。train_test_split()
返回 4 个数组，分别为训练特征集、测试特征集、训练目标集、测试目标集，通常以 X_train, X_
test, y_train, y_test 表示。训练集和测试集的样本从 X, y 中随机抽取，且互斥。构造一个以核函数类
型和子图编号为变量的循环体，在循环体中生成 svm.SVC() 类的实例 clf，同时设置核函数类型。
使用 fit(X_train, y_train) 方法，用训练集拟合支持向量机模型。使用 joblib.dump(clf,'filename.m') 方
法保存训练的模型，将模型持久化。然后使用 joblib.load('filename.m') 方法加载保存的支持向量机
模型为 clf_svm，使用 clf_svm.predict(X_test) 对测试集进行预测。可视化测试集、支持向量、预测
错误的样本时，用到了 where() 函数，它将预测结果与真实结果不相等 (y_pred!=y_test) 作为条件，
返回二者不等的样本索引，根据该索引可获得预测错误的样本。从可视化结果可以看出，使用不同
的核函数对测试集预测的结果是不同的。使用 linear 核函数和 poly 核函数，需要的支持向量少，且
预测结果全部正确。使用 rbf 核函数，需要的支持向量较多。使用 sigmoid 核函数，需要的支持向
量较多，且分类错误的样本也较多。因此，使用支持向量机进行分类，核函数的选择是影响分类结
果的一个较为重要的因素。

9.2.5 ▶ 使用支持向量机对鸢尾花数据集进行多元分类

通过 sklearn.datasets 自带的 iris 数据集，练习支持向量机多元分类方法。iris 数据集有 4 个特征、
3 个类别。为了可视化方便，可先选用其中的前两个特征作为样本集，训练和验证支持向量机分类
模型。

【例 9-7】使用 iris 的部分特征训练支持向量机。

加载 iris 数据集，以特征 0 和 1 作为数据集，将其拆分为训练集和测试集。使用训练集分别对
不同核函数训练支持向量机模型。使用训练的模型预测二维平面的全部点的分类，并可视化分类结
果，观察支持向量、预测结果、类边界。

先使用 datasets.load_iris() 方法加载 iris 数据集，取其前两个特征作为特征集，使用 train_test_
split() 方法将特征集和目标集拆分为训练集和测试集。以核函数类型和子图索引为变量构造循环体，
生成 svm.SVC() 的实例，并设置核函数类型，使用训练集训练模型，使用训练好的模型对测试集进
行预测。可视化类界限。

```
In []:    # 使用 SVM，分别使用不同核函数对鸢尾花数据集按照特征 0 和 1 进行分类
          import numpy as np
          import matplotlib.pyplot as plt
          from sklearn import svm, datasets
          import matplotlib.pyplot as plt
          import pandas as pd
          from sklearn.model_selection import train_test_split
          iris = datasets.load_iris()
          # 为可视化方便，只取前两列作为特征属性
```

```
In []:    #print('iris 的内容为 \n',iris)
          X = iris.data[:, :2]
          y = iris.target
          X_train,X_test, y_train,y_test = train_test_split(
              X,y,train_size = 0.8,random_state = 42)
          x_min,x_max=np.min(X[:,0])-1,np.max(X[:,0])+1
          y_min,y_max=np.min(X[:,1])-1,np.max(X[:,1])+1
          plt.rc('font', size=14)# 设置图中字号大小
          plt.rcParams['font.sans-serif'] = 'SimHei'# 设置字体为 SimHei 以显示中文
          plt.rcParams['axes.unicode_minus']=False# 坐标轴刻度显示负号
          p=plt.figure(figsize=(12, 8))
          kernels=['linear', 'poly', 'rbf','sigmoid']
          figNum=[1,2,3,4]
          for kernel,i in zip(kernels,figNum):#zip() 用于非嵌套的多个变量的循环
              # 使用支持向量机进行训练
              clf = svm.SVC(kernel=kernel,gamma=2)
              clf.fit(X_train, y_train)
              # 可视化，获得支持向量，以特征 0 和 1 绘制其散点图，默认以圆圈表示
              ax1 = p.add_subplot(2,2,i)
              # 绘制训练集原始数据散点图，以表示
              plt.scatter(X_train[:, 0], X_train[:, 1], marker='.', zorder=10, cmap=plt.cm.Paired,
                      edgecolors='k')
              plt.scatter(clf.support_vectors_[:, 0], clf.support_vectors_[:, 1], s=80,
                      facecolors='none', zorder=10, edgecolors='k')
              #XX, YY 分别在最小值到最大值间均匀取 200 个数，形状都为 200*200
              XX, YY = np.mgrid[x_min:x_max:200j, y_min:y_max:200j]
              #np.c_[XX.ravel(), YY.ravel()] 的形状为 40000*2
              Z_for_predict = np.c_[XX.ravel(), YY.ravel()]
              Z_predict=clf.predict(Z_for_predict)# 使用分类模型对每个点进行预测
              Z_predict = Z_predict.reshape(XX.shape)
              plt.pcolormesh(XX, YY, Z_predict, cmap=plt.cm.Paired)# 同一类点用相同颜色绘制
              # 对 XX,YY 规定的平面设置坐标轴刻度范围
              plt.xlim(x_min, x_max)
              plt.ylim(y_min, y_max)
              plt.xlabel('sepal length')
              plt.ylabel('sepal width')
              title=kernel+' 核函数对全平面分类结果 '
              plt.title(title)# 添加标题
          p.tight_layout()# 调整空白，避免子图重叠
          plt.show() # 显示图形
```

Out:

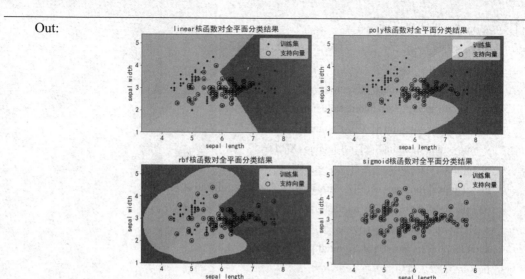

【范例分析】

本例使用 datasets.load_iris() 方法加载 sklearn.datasets 模块自带的 iris 数据集。该数据集收集了 3 类鸢尾花数据，每类 50 个样本，每个样本 4 个特征，属于多元分类问题。为可视化方便，取其前两个特征作为特征集 X，使用 train_test_split(X,y) 方法将特征集和目标集拆分为训练集和测试集 X_train,X_test, y_train,y_test。以核函数类型和子图索引为变量构造循环体，在循环体内生成 svm. SVC() 的实例 clf，同时通过 kernel 参数设置核函数类型，使用 clf.fit(X_train, y_train) 方法对训练集 X_train, y_train 训练支持向量机模型 clf。由于是多元分类，支持向量机采用 "1 对其余"方法，分别将每个类别与其他类别作为二元分类问题拟合支持向量机模型。这时不便于绘制分类超平面和等高线。采用 mgrid[] 生成二维平面网格的方法，使用训练的模型对网格点用 clf.predict() 方法进行预测，按照预测结果分类别以不同颜色绘制网格点，则不同颜色区域的界限即为类界限。使用 clf.support_vectors_ 属性返回支持向量。

下面使用训练的 4 个支持向量机对测试集进行预测，并可视化预测结果。

【例 9-8】使用例 9-7 训练的支持向量机预测测试集。

使用例 9-7 训练的不同核函数的支持向量机模型对测试集进行分类，可视化原始样本、支持向量和分类错误的样本。

```
In []:  # 使用例 9-7 的模型对测试集进行分类
        plt.rc('font', size=14)# 设置图中字号大小
        plt.rcParams['font.sans-serif'] = 'SimHei'# 设置字体为 SimHei 以显示中文
        plt.rcParams['axes.unicode_minus']=False# 坐标轴刻度显示负号
        p=plt.figure(figsize=(12, 8))
        kernels=['linear', 'poly', 'rbf','sigmoid']
        figNum=[1,2,3,4]
        for kernel,i in zip(kernels,figNum):#zip() # 用于非嵌套的多个变量的循环
```

In []:   clf = svm.SVC(kernel=kernel,gamma=2)

clf.fit(X_train, y_train)

y_test_pred=clf.predict(X_test)# 使用分类模型对测试集进行预测

可视化, 获得支持向量, 以特征 0 和 1 绘制其散点图, 默认以圆圈表示

ax1 = p.add_subplot(2,2,i)

绘制原始数据散点图

plt.scatter(X_test[:, 0], X_test[:, 1], c='k',marker='.')

获得支持向量, 绘制其散点图, 默认以圆圈表示

plt.scatter(clf.support_vectors_[:, 0], clf.support_vectors_[:, 1], s=80,
        facecolors='none', zorder=10, edgecolors='k')

y_wrong=np.where(y_test_pred!=y_test)# 获得分类错误的样本索引

绘制测试集错误的分类样本

plt.scatter(X_test[y_wrong, 0], X_test[y_wrong, 1], marker='v')

plt.legend([' 测试集 ',' 支持向量 ',' 错误分类 '])

plt.xlim(x_min, x_max)

plt.ylim(y_min, y_max)

title=' 使用 '+kernel+' 核函数对 iris 测试集分类结果 '

  plt.title(title)# 添加标题

p.tight_layout()# 调整空白, 避免子图重叠

plt.show()# 显示图形

Out:

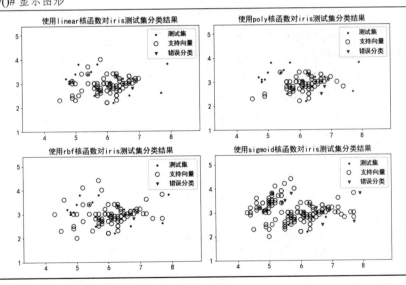

【范例分析】

本例使用例 9-7 训练好的模型 clf, 用 clf.predict(X_test) 对测试集 X_test 进行预测。将预测结果与真实结果对比, 用 np.where(y_test_pred!=y_test) 方法返回预测结果与真实结果不同的样本索引, 从而获得预测错误的样本。使用 clf.support_vectors_ 属性返回支持向量。从可视化结果可以看出, 使用 linear 核函数、poly 核函数、rbf 核函数的分类结果相对较好。使用 sigmoid 核函数的分类结果

出现错误的数量较多。但 4 种核函数都把训练集的大量样本作为支持向量，这说明仅使用 iris 数据集的两个特征，分类信息不够丰富，并不能使支持向量机取得较好的性能。

下面使用 iris 数据集的全部 4 个特征训练支持向量机模型，观察对测试集的预测结果。

【例 9-9】使用 iris 数据集的全部特征训练支持向量机。

将鸢尾花数据集的全部特征作为数据集，将数据集拆分为训练集和测试集，分别使用不同核函数训练支持向量机模型，可视化训练集原始样本和支持向量。使用训练的模型对测试集进行预测，可视化测试集原始样本、分类错误样本。

由于 4 个特征不便于可视化，因此在可视化测试集的原始样本、支持向量和分类错误样本时，仍取特征 0 和 1 在二维平面内进行可视化展示，但模型的训练和样本预测都使用四维特征。

使用 datasets.load_iris() 加载 iris 数据集为特征集 X 和目标集 y，使用 train_test_split(X,y) 方法将数据集拆分为训练集和测试集 X_train,X_test, y_train,y_test。以核函数类型和子图索引为变量，构造循环体。在循环体内生成 svm.SVC() 的实例，使用 fit() 方法拟合训练集。可视化训练集（特征 0,1）和模型拟合的支持向量。

```
In []:   # 分别使用不同核函数对鸢尾花数据集按照全部特征进行分类
         # 并分别对分类结果进行评价
         import numpy as np
         import matplotlib.pyplot as plt
         from sklearn import svm, datasets
         import matplotlib.pyplot as plt
         import pandas as pd
         from sklearn.model_selection import train_test_split
         iris = datasets.load_iris()
         # 取全部 4 列作为特征属性
         X = iris.data
         y = iris.target
         X_train,X_test, y_train,y_test = train_test_split(
             X,y,train_size = 0.8,random_state = 42)
         x_min,x_max=np.min(X[:,0])-1,np.max(X[:,0])+1
         y_min,y_max=np.min(X[:,1])-1,np.max(X[:,1])+1
         # 可视化训练集（特征 0,1）、支持向量
         plt.rc('font', size=14)# 设置图中字号大小
         plt.rcParams['font.sans-serif'] = 'SimHei'# 设置字体为 SimHei 以显示中文
         plt.rcParams['axes.unicode_minus']=False# 坐标轴刻度显示负号
         p=plt.figure(figsize=(12, 8))
         kernels=['linear', 'poly', 'rbf','sigmoid']
         figNum=[1,2,3,4]
         for kernel,i in zip(kernels,figNum):#zip() 用于非嵌套的多个变量的循环
             # 使用支持向量机进行训练
```

In []:
```
clf = svm.SVC(kernel=kernel,gamma=2)
clf.fit(X_train, y_train)
#y_pred = clf_svm.predict(X_test)
# 可视化，获得支持向量，以特征 0 和 1 绘制其散点图，默认以圆圈表示
ax1 = p.add_subplot(2,2,i)
# 绘制训练集原始数据散点图
plt.scatter(X_train[:, 0], X_train[:, 1], marker='.')
plt.scatter(clf.support_vectors_[:, 0], clf.support_vectors_[:, 1], s=80,
        facecolors='none', zorder=10, edgecolors='k')
# 对 XX,YY 规定的平面设置坐标轴刻度范围
plt.xlim(x_min, x_max)
plt.ylim(y_min, y_max)
plt.xlabel('sepal length')
plt.ylabel('sepal width')
plt.legend([' 训练集 ',' 支持向量 '])
title=kernel+' 核函数对训练集的支持向量 '
plt.title(title)# 添加标题
p.tight_layout()# 调整空白，避免子图重叠
plt.show() # 显示图形
```

Out:

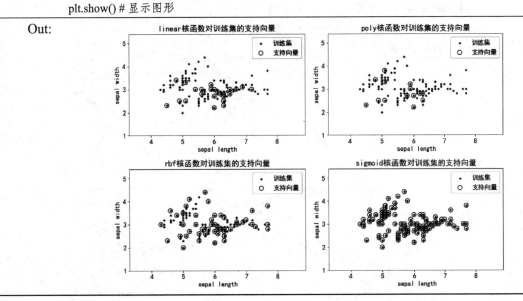

从可视化结果可以看出，rbf 核函数和 sigmoid 核函数的支持向量较多，估计这两种核函数不适合 iris 数据集的分类。下面使用 predict() 方法预测测试集，将预测结果与测试集的真实目标对比，绘制测试集、预测错误的测试集样本、训练集的支持向量散点图。

In []:
```
# 可视化测试集、支持向量、分类错误的样本（特征 0,1）
p=plt.figure(figsize=(12, 8))
kernels=['linear', 'poly', 'rbf','sigmoid']
figNum=[1,2,3,4]
```

In []:   for kernel,i in zip(kernels,figNum):#zip() 用于非嵌套的多个变量的循环

```
        clf = svm.SVC(kernel=kernel,gamma=2)
        clf.fit(X_train, y_train)
        y_test_pred=clf.predict(X_test)# 使用分类模型对测试集进行预测
        # 可视化，获得支持向量，以特征 0 和 1 绘制其散点图，默认以圆圈表示
        ax1 = p.add_subplot(2,2,i)
        # 绘制原始数据散点图
        plt.scatter(X_test[:, 0], X_test[:, 1], c='k',marker='.')
        # 获得支持向量，绘制其散点图，默认以圆圈表示
        plt.scatter(clf.support_vectors_[:, 0], clf.support_vectors_[:, 1], s=80,
                facecolors='none', zorder=10, edgecolors='k')
        y_wrong=np.where(y_test_pred!=y_test)# 获得分类错误的样本索引
        # 绘制分类错误的测试集样本
        plt.scatter(X_test[y_wrong, 0], X_test[y_wrong, 1], marker='v')
        plt.legend([' 测试集 ',' 支持向量 ',' 错误分类 '])
        plt.xlim(x_min, x_max)
        plt.ylim(y_min, y_max)
        title=' 使用 '+kernel+' 核函数对 iris 测试集分类结果 '
        plt.title(title)# 添加标题
    p.tight_layout()# 调整空白，避免子图重叠
    plt.show() # 显示图形
```

Out:

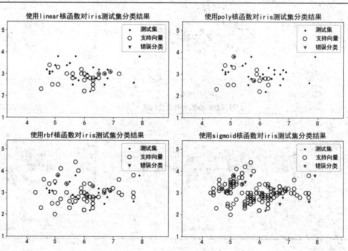

可以看出，与例 9-8 相比，由于使用了 4 个特征训练支持向量机分类模型，前 3 种核函数对测试集的预测错误样本数量为 0，只有 sigmoid 核函数的预测结果仍存在预测错误样本。下面再将测试集的特征 2,3 散点图与训练集支持向量、分类错误样本散点图共同绘制。

In []:   # 可视化测试集、支持向量、分类错误的样本（特征 2,3）

```
        p=plt.figure(figsize=(12, 8))
        kernels=['linear', 'poly', 'rbf','sigmoid']
```

```
In []:    figNum=[1,2,3,4]
          for kernel,i in zip(kernels,figNum):#zip()# 用于非嵌套的多个变量的循环
              clf = svm.SVC(kernel=kernel,gamma=2)
              clf.fit(X_train, y_train)
              y_test_pred=clf.predict(X_test)# 使用分类模型对测试集进行预测
              # 可视化，获得支持向量，以特征 0 和 1 绘制其散点图，默认以圆圈表示
              ax1 = p.add_subplot(2,2,i)
              # 绘制原始数据散点图
              plt.scatter(X_test[:, 2], X_test[:, 3], c='k',marker='.')
              # 获得支持向量，绘制其散点图，默认以圆圈表示
              plt.scatter(clf.support_vectors_[:, 2], clf.support_vectors_[:, 3], s=80,
                      facecolors='none', zorder=10, edgecolors='k')
              y_wrong=np.where(y_test_pred!=y_test)# 获得分类错误的样本索引
              # 绘制分类错误的测试集样本
              plt.scatter(X_test[y_wrong, 2], X_test[y_wrong, 3], marker='v')
              plt.legend([' 测试集 ',' 支持向量 ',' 错误分类 '])
              #plt.xlim(x_min, x_max)
              #plt.ylim(y_min, y_max)
              title=' 使用 '+kernel+' 核函数对 iris 测试集分类结果 '
              plt.title(title)# 添加标题
          p.tight_layout()# 调整空白，避免子图重叠
          plt.show()# 显示图形
```

Out:

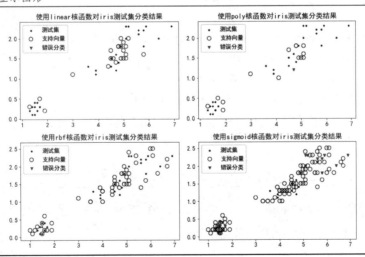

【范例分析】

本例使用 datasets.load_iris() 加载 iris 数据集为特征集 X 和目标集 y，使用 train_test_split(X,y)
方法将数据集拆分为训练集和测试集 X_train,X_test, y_train,y_test。以核函数类型和子图索引为变量，
构造循环体。在循环体内生成 svm.SVC() 的实例 clf，同时使用 kernel 参数传入核函数类型。使用

fit(X_train,y_train)方法拟合训练集，拟合模型时使用了全部 4 个特征。可视化时只选取 2 个特征（前 2 个或后 2 个），便于绘制二维散点图。使用 clf 调用 predict(X_test, y_test) 方法预测测试集 X_test、y_test。将预测结果与测试集的真实目标对比，绘制测试集、预测错误的测试集样本、训练集的支持向量散点图。可以看出，由于使用了 4 个特征训练支持向量机分类模型，前 3 种核函数对测试集的预测错误样本数量为 0，只有 sigmoid 核函数的预测结果仍存在预测错误样本。

9.3 综合实例——使用支持向量机对 wine 数据集进行分类

本节对 scikit-learn 的 datasets 模块自带数据集 wine，训练支持向量机模型进行分类，进一步说明使用 SVC() 类进行支持向量机分类的方法。

【例 9-10】 使用 SVC() 对 wine 数据集进行分类。

使用支持向量机对 scikit-learn 自带数据集 wine 进行分类。要求将数据集拆分为训练集和测试集，使用训练集训练支持向量机模型，使用测试集测试模型。分别使用不同核函数训练支持向量机，将对测试集的预测结果与实际类标签进行对比，说明哪种核函数的支持向量机分类准确率最高。

使用 datasets.load_wine() 方法加载 wine 数据集，观察数据集的基本信息。

```
In []:  # 使用支持向量机对 scikit-learn 自带数据集 wine 进行分类
        # 加载 scikit-learn 自带数据集 wine
        import matplotlib.pyplot as plt
        from sklearn import svm, datasets
        import matplotlib.pyplot as plt
        from sklearn.model_selection import train_test_split
        wine=datasets.load_wine()
        print('wine.data 的形状为 :',wine.data.shape)
        print('wine.target 的形状为 :',wine.target.shape)
        print('wine.target 的特征名称为 :\n',wine.target_names)
```
```
Out:    wine.data 的形状为 :(178, 13)
        wine.target 的形状为 :(178,)
        wine.target 的特征名称为 :['class_0' 'class_1' 'class_2']
```

可以看出，wine 数据集有 13 个特征、178 个样本、3 个类别。下面使用 train_test_split() 方法将数据集和目标集拆分为训练集和测试集。

```
In []:  # 将数据集拆分为训练集和测试集
        X = wine.data
        y = wine.target
        X_train,X_test, y_train,y_test = train_test_split(
            X,y,train_size = 0.8,random_state = 42)
        print(' 拆分后训练集特征集的形状为 : ',X_train.shape)
```

In []:	print(' 拆分后训练集目标集的形状为：',y_train.shape)
	print(' 拆分后测试集特征集的形状为：',X_test.shape)
	print(' 拆分后测试集目标集的形状为：',y_test.shape)
Out:	拆分后训练集特征集的形状为： (142, 13)
	拆分后训练集目标集的形状为： (142,)
	拆分后测试集特征集的形状为： (36, 13)
	拆分后测试集目标集的形状为： (36,)

可以看出，拆分后的训练集样本数量是 142 个，测试集的样本数量是 36 个。用户可以改变 train_size 的值来调节训练集和测试集样本的数量。下面使用训练集训练支持向量机，使用训练好的模型对测试集进行预测。分别使用线性核、多项式核、径向基核、sigmoid 核，将预测结果与实际结果的类标签可视化对比观察，分析不同核函数对分类准确率的影响。

In []:	kernels=['linear', 'poly', 'rbf','sigmoid']
	for kernel in kernels:
	# 使用支持向量机进行训练
	clf_svm = svm.SVC(kernel=kernel,gamma=2)
	clf_svm.fit(X_train, y_train)
	y_pred = clf_svm.predict(X_test)# 预测
	# 可视化预测结果，将预测结果与实际类标签对比
	plt.rc('font', size=14)# 设置图中字号大小
	plt.rcParams['font.sans-serif'] = 'SimHei'# 设置字体为 SimHei 以显示中文
	plt.figure(figsize=(10, 4))
	# 绘制训练集原始数据散点图
	plt.scatter(range(len(y_test)),y_test, marker='o')
	plt.scatter(range(len(y_pred)),y_pred+0.1, marker='*')# 将类标签错开
	plt.xlabel(' 样本索引 ')
	plt.ylabel(' 类标签 ')
	plt.legend([' 实际类标签 ',' 预测类标签 '])
	title=kernel+' 核函数对测试集的预测结果与实际类标签对比 '
	plt.title(title)# 添加标题
	plt.show()# 显示图形

Out

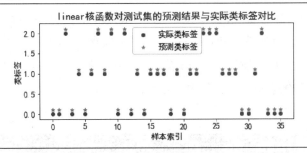

Out:

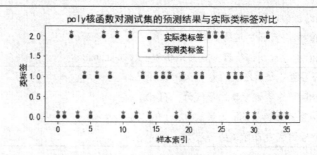

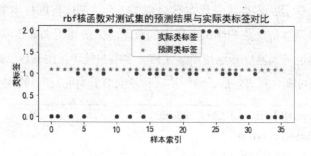

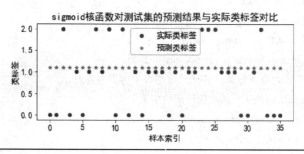

【范例分析】

本例使用 datasets.load_wine() 方法加载 scikit-learn 的 datasets 模块自带数据集 wine 为特征集 X 和目标集 y。wine 数据集有 13 个特征、178 个样本、3 个类别。使用 train_test_split() 方法，以 0.8 的比例将数据集 X 和目标集 y 拆分为训练集和测试集 X_train,X_test, y_train,y_test。拆分后的训练集样本数量是 142 个，测试集的样本数量是 36 个。以核函数类型为变量，构造循环体。在循环体内生成 svm.SVC() 类的实例 clf_svm，同时使用 kernel 参数传入核函数类型。clf_svm 使用 fit(X_train, y_train) 对训练集拟合支持向量机，使用训练好的模型用 predict(X_test) 对测试集进行预测。分别绘制测试集的真实类标签和 clf_svm 对测试集预测的类标签。从输出的 4 个图可以看出，线性核和多项式核分类准确率最高，对测试集的分类准确率达到 100%；径向基核和 sigmoid 核的分类准确率很低，不适合对 wine 数据集进行分类。

9.4 本章小结

支持向量机属于有监督学习，用于二元分类问题。对线性可分样本，寻找最优分类超平面以使类间隔最大。对线性不可分样本，使用核函数将样本映射到高维空间，转化为线性可分样本。支持向量是距超平面最近的样本，最优分类超平面只与支持向量有关。核函数将样本映射到高维空间，但在低维空间计算内积。scikit-learn 的 sklearn.svm 模块提供 SVC()、LinearSVC()、NuSVC() 这 3 个类用于支持向量机分类。SVC 和 NuSVC 提供了 "one-against-one" 的方法，对任意两类样本分别构建分类器。LinearSVC 使用 "one-vs-the-rest" 多类别策略。SVC() 类支持线性核、多项式核、径向基核和 sigmoid 核，其进行分类的步骤为：设置参数，包括选择核函数，生成 SVC() 类的实例；使用 fit() 方法训练模型；使用 predict() 预测新样本的类别。sklearn.model_selection 模块提供了 train_test_split() 方法，它将 X, y 的数据集、目标集拆分为训练集 X_train、测试集 X_test、训练集的目标集 y_train 和测试集的目标集 y_test。对数据集的学习，一般要将其拆分为训练集和测试集，使用训练集训练机器学习模型，使用测试集测试模型的性能。

9.5 习题

（1）简述支持向量机实现线性可分样本的二元分类问题的基本思路。

（2）简述支持向量机如何处理线性不可分样本的分类。

（3）简述核函数的作用是什么，有哪些常用的核函数。

（4）简述 SVC() 类如何实现多元分类。

（5）以 X_train = [[0, 0], [5, 5]], Y_train = [0, 1] 为训练集，使用 sklearn.svm 模块的 SVC 类，使用线性核训练支持向量机模型，使用训练的模型预测点 (1,1), (4,4) 的类别。

（6）以 X_train = [[0, 0], [5, 5]], Y_train = [0, 1] 为训练集，使用 sklearn.svm 模块的 SVC 类，使用多项式核训练支持向量机模型，使用训练的模型预测点 (1,1), (4,4) 的类别。

（7）以 X_train = [[0, 0], [5, 5]], Y_train = [0, 1] 为训练集，使用 sklearn.svm 模块的 SVC 类，使用径向基核训练支持向量机模型，使用训练的模型预测点 (1,1), (4,4) 的类别。

（8）以 X_train = [[0, 0], [5, 5]], Y_train = [0, 1] 为训练集，使用 sklearn.svm 模块的 SVC 类，使用 sigmoid 核训练支持向量机模型，使用训练的模型预测点 (1,1), (4,4) 的类别。

（9）加载鸢尾花数据集 iris，将其全部特征作为数据集。拆分数据集为训练集和测试集，使用训练集训练线性核的支持向量机模型，使用测试集对模型进行验证。分别输出测试集的真实类标签和预测类标签，并进行对比分析。

（10）将例 9-9 wine 数据集的分类中的 train_size 设置为 0.7，重复该例的训练和测试过程，分析 4 类核函数对测试集的分类结果。

9.6 高手点拨

（1）支持向量机属于二元分类问题，即它假定数据集中只有两类样本。对多类样本，它将数据集当作二元分类问题进行处理，分别训练某类样本和其余样本的模型进行分类，从而间接地实现多元分类。

（2）支持向量机的不同核函数类型适用于不同的问题。由于事先不知道哪种核函数对具体问题的分类效果最优，一般可以分别训练各个核函数的支持向量机，评价其分类性能，选择具有最优分类性能的核函数。

（3）在进行机器学习时，将数据集拆分为训练集和测试集，使用训练集训练机器学习模型，使用测试集评价估计器的性能，这是机器学习的普遍做法。在前面的章节中，为了简化问题，循序渐进，没有将数据集进行拆分。从本章以后都将使用 train_test_split() 方法将数据集拆分为训练集和测试集，读者也要养成这样的习惯。

10

聚类算法——聚类分析

在机器学习领域有一类问题—样本没有类标签。解决这类问题的方法是把没有类标签的样本聚集成若干簇，使得簇内的样本尽可能相似，簇间的样本尽可能不相似。这个过程称为聚类。聚类是无监督学习方法。本章介绍常用的几种聚类方法，重点介绍 K-means 算法的原理和 K 值的选择方法，并教读者练习掌握 sklearn.cluster 模块的 K-means 聚类方法。

10.1 聚类分析基础知识

聚类分析简称聚类,它根据聚类算法将数据或样本对象划分成两个以上的子集,如图 10-1 所示。每一个子集称为一个簇,簇中对象因特征属性值接近而彼此相似。不同簇对象之间则彼此存在差异。簇内的对象越相似,聚类的效果就越好。聚类和分类最大的不同在于,分类的目标是已知的,每个样本都存在类标签。聚类则不一样,聚类事先并不知道目标变量是什么,类别没有像分类那样被预先定义出来。所以,聚类属于无监督学习。聚类的方法几乎可以应用于所有对象。

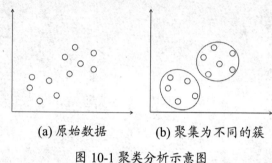

(a) 原始数据　　　(b) 聚集为不同的簇

图 10-1 聚类分析示意图

10.1.1 ▶ 聚类方法概述

聚类分析试图将相似的对象归入同一簇,将不相似的对象归为不同簇,那么,显然需要一种合适的相似度计算方法。常见的相似度计算方法包括欧氏距离、余弦距离、汉明距离等。

对两个 N 维向量 $x=[x_1,x_2,\cdots,x_n], y=[y_1,y_2,\cdots,y_n]$,可以灵活使用多种距离测度方式。

(1)欧氏距离(Euclidean Distance)是所有距离测度中最为简单直观的,适合二、三维的距离测度,其计算公式为式(10-1)。

$$d = \sqrt{\sum_{i=1}^{n}(x_i - y_i)^2} \tag{10-1}$$

(2)闵可夫斯基距离(Minkowski Distance)是欧氏距离的扩展,可以理解为 n 维空间的欧氏距离,其计算公式为式(10-2)。

$$d = \sqrt[q]{\sum_{i=1}^{n}(x_i - y_i)^q} \tag{10-2}$$

(3)曼哈顿距离(Manhattan Distance),也称为街区距离,两个点之间的距离是它们坐标差的绝对值之和,其计算公式为式(10-3)。

$$d = |x_1 - y_1| + |x_2 - y_2| + \cdots + |x_n - y_n| \tag{10-3}$$

(4)余弦距离(Cosine Distance)用来表示两个向量方向上的差异,其计算公式为式(10-4)。

$$d = 1 - \frac{x_1 y_1 + x_2 y_2 + \cdots + x_n y_n}{\sqrt{x_1^2 + x_2^2 + \cdots x_n^2}\sqrt{y_1^2 + y_2^2 + \cdots y_n^2}} \tag{10-4}$$

根据具体的应用，用户可以灵活选择合适的相似度计算方法。

对应聚类对象的复杂性，聚类方法也具有多样性。常用的聚类分析方法大致可以分为以下几种，如图 10-2 所示。

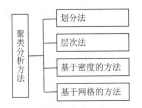

图 10-2 聚类分析方法的类别

（1）划分法（Partitioning Method）：给定一个 N 个对象的集合，将集合分为 K 个组（$K \leqslant N$）。典型的划分法是基于距离采取互斥的簇划分，即构建一个初始划分后，采用迭代的定位技术，将对象从一个簇移到另一个簇来改进划分，使同一个簇内的对象尽可能地相关，而不同簇的对象尽可能地不同。K-means 是典型的基于划分的聚类算法。

（2）层次法（Hierarchical Method）：对数据对象集进行层次分解。根据层次分解的方式，层次法又可以分为凝聚法和分裂法两种。凝聚法先将每个对象作为单独的一个簇，然后自下而上逐个合并相近的簇，直到满足终止条件。分裂法先将所有对象置于一个簇中，然后自上而下进行迭代，每进行一次迭代就将一个簇划分成更小的簇，直到满足终止条件。

（3）基于密度的方法（Density-based Method）：大部分划分法是基于距离进行聚类，因此只能发现球状簇，对非球状簇的数据集不适用；基于密度的方法则可以用于非球状数据集的聚类，其主要思想是，只要簇"邻域"中的密度到达了设定的阈值，就将其划分给该簇。也就是说，簇中的每个数据点，在给定半径的邻域中至少都含有一定数目的数据点。基于密度的方法可以过滤噪声或离群点，并发现任意形状的簇。

（4）基于网格的方法（Grid-based Method）：先将对象空间分割成有限个单元形成网格结构，然后在网格结构上进行聚类操作。该方法的处理速度很快，因为其执行时间通常独立于数据对象的个数，仅仅由量化空间中每一维的单元数决定。

聚类分析过程主要包括样本准备与特征提取、相似度计算、聚类、聚类结果评估这四大步骤，如图 10-3 所示。

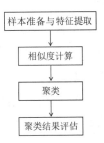

图 10-3 聚类分析过程示意图

（1）样本准备与特征提取：根据样本特性选取有效特征，并将特征组向量化。

（2）相似度计算：选择合适的距离测度函数，计算相似度。

（3）聚类：根据聚类算法进行聚类。

（4）聚类结果评估：对聚类质量进行评估，并对结果进行解读。

聚类过程中的特征向量化、距离测度、算法选取都会影响到聚类结果，因此聚类后需要评估聚类的质量。评估基准是由专家构造的理想聚类。一般而言，根据是否有基准可用，可以将聚类质量评估方法分为两类——外在方法和内在方法。外在方法是在有基准可用的条件下，通过比较聚类结果和基准来评估聚类质量；内在方法是在没有基准可用的情况下，通过簇间的分离情况和簇内的紧凑情况来评估聚类质量。

轮廓系数（Silhouette Coefficient）是内在评估方法常用的度量。对于包含 N 个样本的数据集 X，假设 X 被划分成 K 个簇 $C_1, C_2, \cdots, C_K$，对于每个样本 $s \in X$，计算 s 与所在簇内其他对象之间的平均距离 $a(s)$，s 与不属于 s 所在簇的对象之间的最小平均距离 $b(s)$ 为式 (10-5) 和式 (10-6)。

$$a(s) = \frac{\sum_{s' \in C_i, s \neq s'} \mathrm{dist}(s, s')}{|C_i| - 1} \tag{10-5}$$

$$b(s) = \min \left\{ \frac{\sum_{s' \in C_j} \mathrm{dist}(s, s')}{|C_j| - 1} \right\} (i,j = 1, 2, \cdots, K, i \neq j) \tag{10-6}$$

则样本 s 的轮廓系数定义为式 (10-7)。

$$r(s) = \frac{b(s) - a(s)}{\max(a(s), b(s))} \tag{10-7}$$

由式 (10-5) ~ 式 (10-7) 求得轮廓系数的值在 –1 到 1。$a(s)$ 的值反映 s 与所属簇的紧密性，该值越小，意味着它与所属簇越紧密；$b(s)$ 的值反映 s 与其他簇的分离程度，该值越大，意味着 s 与其他簇越分离。因此 s 的轮廓系数值越接近 1，说明 s 离所在簇越近且离其他簇越远，这是比较理想的聚类结果；反之，轮廓系数为负，则意味着 s 距离其他簇的对象比距离自己同簇的对象还近，这显然是不合理的聚类结果。

从以上的分析中可知，簇中所有对象的轮廓系数平均值可以反映该簇的聚合性，因此，整个数据集中数据对象的轮廓系数的平均值，便可以用来评估聚类质量的优劣。

10.1.2 ▶ K-means 聚类算法

K-means 算法中的 K 表示的是聚类为 K 个簇，means 代表取每一个聚类中数据值的均值作为该簇的中心，或者称为质心，用质心对该簇进行描述。

K-means 算法在 P 个样本中随机选取 K 个样本作为初始聚类中心点，而对于剩余的其他样本，根据与所选的各聚类中心点的相似度或者距离，将它们分别分配给相似度最高或距离最近的类，然后再计算每一类中样本数据的平均值，更新聚类中心点，并不断重复这个过程，直到各个质心不再变化。

假设由 P 个样本组成的数据集为 $X = \{x_1, x_2, \cdots, x_P\}$。其中 $x_p (p = 1, 2, \cdots, P)$ 是具有 N 个特征的向量，设定 K 为簇的个数，随机选择 K 个样本作为初始质心 $c = \{c_1, c_2, \cdots, c_K\}$。$c_K (k = 1, 2, \cdots, K)$ 也是有 N 个特征的向量。

若 $c_K=[c_{K1},c_{K2},\cdots,c_{KN}]$ 代表簇 C_k 的初始簇心，则 X 中任一样本 $x_p(p=1,2,\cdots,P)$ 与 c_K 的距离为式 (10-8)（以欧氏距离为例）。

$$d(c_{km},x_{pm}) = \sqrt{\sum_{m=1}^{N}(c_{km}-x_{pm})^2} \qquad (10\text{-}8)$$

其中对 $k=1,2,\cdots,K$，计算 x_p 与所有质心的距离，将其划分到距离最近的质心所代表的簇。对 X 中的全部样本实施上述操作和计算，则可以将全部样本划分到唯一的某个簇中。

第一次划分完成后，按照每个簇内的样本平均值更新簇心。若划分到簇 C_k 的样本数量为 n_k，则其质心按照式 (10-9) 更新。

$$c_k' = \frac{1}{n_k}\sum_{x_j \in C_k} x_j \qquad (10\text{-}9)$$

每个簇的质心更新完毕后，重复上述操作，迭代至每个簇的质心不再发生变化。

K-means 算法的流程描述如下。

（1）输入样本集 $X=[x_1,x_2,\cdots,x_p]$。

（2）随机选择 K 个样本作为初始质心 $c=\{c_1,c_2,\cdots,c_K\}$。

（3）基于某一个距离测度，计算所有样本与 K 个质心的距离 $d(x_i,c_k)$。如果某个距离满足 $d(x_i,c_k)=\min\{d(x_i,c_k) \mid i=1,2,\cdots,P;k=1,2,\cdots,K\}$，则将样本 x_i 分配到以 c_K 为质心的簇中。

（4）将所有数据点分配完成后，更新 K 个质心。

（5）如果质心 c_K 不再变化或变化在预先设定的阀值范围内，则终止迭代，否则转回步骤 (3) 开始新一轮的计算。

从以上流程描述中可知，K-means 算法的关键步骤为第（3）和第（4）两步，即计算样本与所有聚类中心的距离，生成新的聚类中心。

10.1.3 ▶ K-means 聚类中 K 值的选择依据

K-means 算法通常使用肘部法则来选择 K 值。肘部法则考察聚类后全体样本的误差平方和 SSE（Sum of the Squared Errors），将 SSE 随 K 值的变化由快速下降转变为缓慢变化的拐点处的 K 值，作为最佳聚类簇数。由于 SSE 随 K 值的变化曲线在拐点前后如同人的胳膊肘部，因此称为肘部法则。聚类后全体样本的误差平方和 SSE 按照式 (10-10) 计算。

$$\text{SSE} = \sum_{k=1}^{K}\sum_{x_j \in C_k}(x_j-c_k)^2 \qquad (10\text{-}10)$$

其中，C_k 是第 K 个簇，x_j 是 C_k 中的样本点，c_k 是 C_k 的质心，SSE 是所有样本的聚类误差平方和，代表了聚类效果的好坏。

按照肘部法则选择 K 值的依据是：随着聚类数 K 的增大，样本划分会更加精细，每个簇的聚合程度会逐渐提高，那么误差平方和 SSE 自然会逐渐变小。并且，当 K 小于真实聚类数时，由于 K 的增大会大幅增加每个簇的聚合程度，故 SSE 的下降幅度会很大；当 K 达到真实聚类数时，再增加 K 所得到的聚合程度，回报就会迅速变小，所以 SSE 的下降幅度会骤减，然后随着 K 值的继续增大而趋于平缓。也就是说，SSE 和 *K* 的关系图是一个手肘的形状，而这个肘部对应的 *K* 值就是数据的真实聚类数。

10.2 使用 sickit-learn 进行 K-means 聚类

机器学习库 scikit-learn 的 sklearn.cluster 模块提供了 K-means 聚类、仿射传播聚类、均值漂移聚类、谱聚类、凝聚聚类、密度聚类、高斯混合聚类、层次聚类等典型聚类方法，本书将主要介绍 K-means 聚类方法。

10.2.1 ▶ 使用 KMeans() 类进行简单 K-means 聚类

scikit-learn 的 K-means 聚类有两种方法，使用 KMeans() 类或使用 k_means 方法。KMeans() 类的格式如下：

```
class sklearn.cluster.KMeans(n_clusters=8, init='k-means++', n_init=10, max_iter=300, tol=0.0001, precompute_distances='auto', verbose=0, random_state=None, copy_x=True, n_jobs=1, algorithm='auto')
```

KMeans() 类的主要参数含义如表 10-1 所示。

表 10-1 sklearn.cluster.KMeans() 类的主要参数含义

参数	含义
n_clusters	接收整数，可选，默认为 8。表示要聚类的簇数，也是要产生的质心数
init	接收字符串或数组，默认为 "k-means++"，可以是 "random"，表示初始化方法。"k-means++" 表示选择智能方法初始化簇中心以加速收敛。"random" 表示随机 *K* 个样本作为初始簇中心，也可以接收形状为 (n_clusters, n_features) 的数组作为初始簇中心
algorithm	接收字符串，默认为 "auto"，还可以是 "full" 或 "elkan"，表示使用的 K-means 算法。"full" 表示 EM 算法。"elkan" 表示使用三角不等式方法，这种方法更有效，但暂不支持稀疏数据。"auto" 表示对密集数据自动选择 "elkan"，对稀疏数据选择 "full"

KMeans() 类的主要属性如表 10-2 所示。

表 10-2 sklearn.cluster.KMeans() 类的主要属性

属性	含义
cluster_centers_	返回形状为 [n_clusters, n_features] 的数组，表示每个簇的质心
labels_	返回每个样本的类标签
inertia_	返回浮点数，表示样本到最近簇质心的距离和

KMeans() 类提供了 fit()、predict() 等 8 个方法供数据拟合、预测等使用。

k_means() 方法的格式如下：

sklearn.cluster.k_means(X, n_clusters, sample_weight=None, init='k-means++', precompute_distances='auto', n_init=10, max_iter=300, verbose=False, tol=0.0001, random_state=None, copy_x=True, n_jobs=None, algorithm='auto', return_n_iter=False)

其中 X 接收数组，表示要聚类的数据。n_clusters 接收整数，表示要聚类的簇数。返回簇质心、每个样本的簇标签等参数。

本章主要介绍 KMeans() 类的使用方法。要使用 KMeans() 类拟合数据集，需要先生成一个实例，用该实例调用 fit() 方法，其格式如下：

fit(X, y=None, sample_weight=None)

其中 X 接收要拟合的形状为 [n_samples, n_features] 的数据集，y 没有用到。该方法使 KMeans() 类的实例返回其属性值。要使用拟合的模型预测新值的簇标签，可以使用 predict() 方法，其格式如下：

predict(X, sample_weight=None)

其中 X 接收要预测的形状为 [n_samples, n_features] 的数据集。返回形状为 [n_samples,] 的数组，表示每个样本的簇标签。

【例 10-1】使用 KMeans() 对平面上的 5 个点聚类。

二维平面上有 5 个点 (-1, 0),(-1, 1),(1, 0),(1, 1),(1, -1)，使用 sklearn.cluster 模块的 KMeans() 类将它们进行聚类，观察聚类结果。可视化原始数据，将聚类结果分类显示。

假定可以将 5 个点聚为 2 类，即 $K=2$，使用 KMeans().fit() 方法训练模型。对聚类结果，可以使用 where() 方法获得不同簇的样本索引，进而将样本按簇可视化。

In []:	# 二维平面上有 5 个点，将它们进行聚类，观察聚类结果
	import numpy as np
	import matplotlib.pyplot as plt
	X_train = np.array([[-1, 0],[-1, 1],[1, 0],[1, 1],[1, -1]])
	from sklearn.cluster import KMeans # 导入 KMeans
	kmeans = KMeans(n_clusters = 2).fit(X_train)# 构建并训练模型
	print('Kmeans 模型的参数为：\n',kmeans)
	print(' 簇的质心为：',kmeans.cluster_centers_)
	print(' 各个样本聚类结果的簇标签为：',kmeans.labels_)
	print(' 样本到最近簇质心的距离和为：',kmeans.inertia_)

Out:	Kmeans 模型的参数为：	簇的质心为： [[1.00000000e+00 5.55111512e-17]
	KMeans(algorithm='auto', copy_x=True,	[-1.00000000e+00 5.00000000e-01]]
	init='k-means++', max_iter=300,	各个样本聚类结果的簇标签为：[1 1 0 0 0]
	n_clusters=2, n_init=10, n_jobs=1,	样本到最近簇质心的距离和为：2.5
	precompute_distances='auto',	
	random_state=None, tol=0.0001, verbose=0)	

上述代码中，cluster_centers_ 属性返回簇的质心，它是该簇所有样本的平均值。labels_ 返回样

本的簇标签。下面可视化原始数据与聚类结果。

In []:
```
# 可视化原始数据和聚类结果
plt.rc('font', size=14)# 设置图中字号大小
plt.rcParams['font.sans-serif '] = 'SimHei'# 设置字体为 SimHei 以显示中文
plt.rcParams['axes.unicode_minus']=False# 坐标轴刻度显示负号
p = plt.figure(figsize=(12,4))
# 绘制子图 1：原始数据
ax1 = p.add_subplot(1,2,1)
plt.grid(True)
plt.scatter(X_train[:,0], X_train[:,1],c='k')
plt.xlim((-2,2))
plt.ylim((-2,2))
plt.title(' 原始数据 ')
# 绘制子图 2：聚类结果
ax1 = p.add_subplot(1,2,2)
plt.grid(True)
labels=kmeans.labels_# 获取聚类结果的簇标签
# 获取簇标签的索引
index_label0,index_label1=np.where(labels==0),np.where(labels==1)
plt.scatter(X_train[index_label0,0], X_train[index_label0,1],c='k')
plt.scatter(X_train[index_label1,0], X_train[index_label1,1],c='k',marker='v')
plt.xlim((-2,2))
plt.ylim((-2,2))
plt.legend([' 簇 0',' 簇 1'])
plt.title(' 聚类结果 ')
plt.show# 显示图形
```

Out:

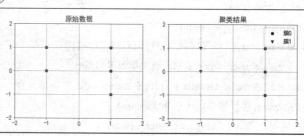

【范例分析】

本例使用 numpy.array() 方法生成二维平面的 5 个点作为要聚类的数据集 X_train。使用 KMeans(n_clusters = 2).fit(X_train) 生成 KMeans() 的实例 kmeans，同时用数据集 X_train 拟合该模型。使用 n_clusters 参数设置要聚集的簇数为 2，也可以将生成实例与 fit() 方法分开按两条语句使用。cluster_centers_ 属性返回簇的质心，labels_ 属性返回样本的簇标签。分别令 labels==0 和 labels==1 作为条件语句，使用 where() 方法能够获得簇标签为 0,1 的样本索引，从而分簇别绘制聚类结果。

10.2.2 ▶ 使用肘部法则确定 K-means 聚类的最佳 *K* 值

在 K-means 聚类中，重要的是确定要聚类的最佳簇数。换句话说，要确定 *K* 值为多大时，聚类结果最佳，即满足簇内样本最相似，而簇间样本最不相似。确定最佳 *K* 值的一种有效方法是肘部法则，下面说明如何使用肘部法则确定最佳 *K* 值。

【例 10-2】使用肘部法则确定二元分类样本的最佳 *K* 值。

使用 make_blobs() 方法生成分别以 (-2, 0), (2, 2) 为中心的 100 个样本，使用肘部法则确定 K-means 聚类算法中的最佳 *K* 值。

肘部法则的基本思想是：规定样本到簇中心的距离指标，例如使用样本到每个簇中心的最短距离的平均值 meandistortions；令 *K* 从 1 开始逐次增加 1，直到某个值（如 10），对每个 *K* 值，分别使用 K-means 聚类算法进行聚类，计算每个 *K* 值对应的 meandistortions；绘制 (*K*, meandistortions) 点线图；观察绘制的点线图，选择肘部位置的 *K* 为最佳 *K* 值。

```
In []:   #使用肘部法则确定最佳 K 值
         import numpy as np
         import matplotlib.pyplot as plt
         import pandas as pd
         #使用样本生成器生成数据集
         #使用 make_blobs 生成 centers 个类的数据集 X，X 形状为 (n_samples,n_features)
         #指定每个类的中心位置，y 返回类标签
         from sklearn.datasets.samples_generator import make_blobs
         centers = [(-2, 0), (2, 2)]
         X, y = make_blobs(n_samples=100, centers=centers, n_features=2,
                   random_state=0)
         #获取类标签的索引,用于将样本按类绘制
         index_y0,index_y1=np.where(y==0),np.where(y==1)
         #可视化
         plt.rc('font', size=14)#设置图中字号大小
         plt.rcParams['font.sans-serif'] = 'SimHei'#设置字体为 SimHei 以显示中文
         plt.rcParams['axes.unicode_minus']=False#坐标轴刻度显示负号
         p = plt.figure(figsize=(12,4))
         #绘制子图 1：两个类的原始数据
         ax1 = p.add_subplot(1,2,1)
         plt.scatter(X[index_y0,0], X[index_y0,1],c='k',marker='.')
         plt.scatter(X[index_y1,0], X[index_y1,1],c='k',marker='*')
         plt.legend([' 类 0',' 类 1'])
         plt.title(' 两个类的原始数据 ')
         #定义函数，计算 K 值从 1 到 10 对应的平均畸变程度，寻找较好的聚类数目 K
         def DrawElbowKMeans(X):
             #导入 KMeans 模块
```

```
In []:    from sklearn.cluster import KMeans
          # 导入 scipy，求解距离
          from scipy.spatial.distance import cdist
          K=range(1,10)
          meandistortions=[]
          for k in K:
              kmeans=KMeans(n_clusters=k)
              kmeans.fit(X)
              meandistortions.append(sum(np.min(
                  cdist(X,kmeans.cluster_centers_,
                      'euclidean'),axis=1))/X.shape[0])
          import matplotlib.pyplot as plt
          plt.grid(True)
          plt.plot(K,meandistortions,'kx-')
          plt.xlabel('k')
          plt.ylabel(u' 平均畸变程度 ')
          plt.title(u' 用肘部法则来确定最佳的 K 值 ')
          #plt.show()
          # 绘制子图 2：用肘部法则来确定最佳的 K 值
          ax2 = p.add_subplot(1,2,2)
          #plt.grid(True)
          #plt.plot(K,meandistortions,'kx-')
          #plt.xlabel('k')
          #plt.ylabel(u' 平均畸变程度 ')
          #plt.title(u' 用肘部法则来确定最佳的 K 值 ')
          DrawElbowKMeans(X=X)
          plt.show() # 显示图形
```

Out: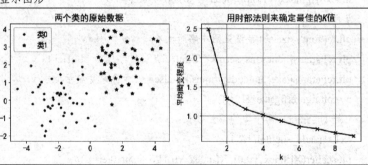

【范例分析】

本例使用 make_blobs() 生成具有 100 个样本、二维特征的特征集 X 和目标集 y，不使用目标集 y，则特征集 X 可作为聚类分析用的无标签数据集。考虑 y，使用 where() 方法获得类别 0 和类别 1 的样本索引，分类别绘制原始数据集的散点图。令 K 为 1 至 10 的整数，对每个 K 值，KMeans() 类使用 n_clusters 接收 K 值，生成实例 kmeans。该实例调用 kmeans.fit(X) 方法对数据集 X 拟合 K

均值聚类模型。考察每个 K 值下的平均畸变程度 meandistortions，meandistortions 定义为每个 K 值下数据集 X 的每个样本与聚类的簇中心距离中，最小距离的和与簇数的比值。meandistortions 从显著变化到不显著变化的拐点即为最佳 K 值。def DrawElbowKMeans(X) 语句定义了一个名字为 DrawElbowKMeans 的函数，它有一个输入参数 X，接收数组。在该函数中构造循环体，生成 KMeans() 类的实例，拟合聚类模型，计算平均畸变程度，并绘制平均畸变程度随 K 变化的曲线。可以看出，曲线在 $K=2$ 处是一个明显拐点，说明 2 是最佳聚类的 K 值。

上例中，在聚类之前 meandistortions 没有赋值，因此用 meandistortions=[] 表示。每执行一次聚类，将得到一个 meandistortions 的值，应将新值追加到 meandistortions 的尾部，因此 meandistortions 是一个动态列表。使用 append() 方法能够在列表尾部追加元素。

以上代码中计算样本到簇中心的距离用到了 cdist() 方法，它是 scipy.spatial.distance 模块的一个方法，用于求解两个向量间的距离，其格式如下：

```
scipy.spatial.distance.cdist(XA, XB, metric='euclidean', p=None, V=None, VI=None, w=None)
```

其中 XA，XB 接收数组；metric 接收字符串，表示计算向量距离的方式，共有 22 种距离计算方式，默认为 'euclidean'，其他如 cityblock（曼哈顿距离）、cosine（余弦距离）、hamming（汉明距离）等。

例中，代码 sum(np.min(cdist(X,kmeans.cluster_centers_, 'euclidean'),axis=1))/X.shape[0] 说明如下。

（1）cdist(X,kmeans.cluster_centers_, 'euclidean') 表示返回数据集 X 的各个样本分别与聚类结果的各个簇中心的欧氏距离。

（2）np.min(cdist(X,kmeans.cluster_centers_, 'euclidean'),axis=1) 表示返回 X 的各个样本与聚类结果的各个簇中心的最小欧氏距离。

（3）sum(np.min(cdist(X,kmeans.cluster_centers_, 'euclidean'),axis=1)) 表示返回上述各最小距离的和。

（4）sum(np.min(cdist(X,kmeans.cluster_centers_, 'euclidean'),axis=1))/X.shape[0] 表示返回上述和与簇数量的比值。

下面再看一个有 4 个类的样本，使用肘部法则确定最佳 K 值的方法。

【例 10-3】使用肘部法则确定四元分类样本的最佳 K 值。

使用 KMeans() 对 make_blobs() 生成的四元分类样本聚类。使用样本生成器 make_blobs()，分别以 (-3, 0), (3, 2), (-4, 5), (0, 6) 为中心，生成有 4 个类、500 个样本的数据集，可视化数据集，使用肘部法则确定 K-means 的最佳 K 值。

本例中，使用样本生成器 make_blobs() 生成有 4 个类、500 个样本的二维特征数据集。将随机生成的分类样本按类可视化，需要使用 where() 方法获得各个类的样本索引，然后对各个类分别绘制散点图。在聚类过程中，不使用类标签。

```
In []:    #使用样本生成器生成有 4 个类的数据集，生成单标签样本
          #使用 make_blobs 生成 centers 个类的数据集 X，X 形状为 (n_samples,n_features)
          #指定每个类的中心位置，y 返回类标签
          from sklearn.datasets.samples_generator import make_blobs
          centers = [(-3, 0), (3, 2), (-4, 5), (0, 6)]
```

In []:   X, y = make_blobs(n_samples=500, centers=centers, n_features=2,

random_state=0)

\# 获取类标签的索引，用于将样本按类绘制

index_y0,index_y1=np.where(y==0),np.where(y==1)

index_y2,index_y3=np.where(y==2),np.where(y==3)\# 可视化

p = plt.figure(figsize=(12,4))

\# 绘制子图 1：4 个类的原始数据

ax1 = p.add_subplot(1,2,1)

plt.scatter(X[index_y0,0], X[index_y0,1],c='k',marker='.')

plt.scatter(X[index_y1,0], X[index_y1,1],c='k',marker='*')

plt.scatter(X[index_y2,0], X[index_y2,1],c='k',marker='v')

plt.scatter(X[index_y3,0], X[index_y3,1],c='k',marker='D')

plt.legend([' 类 0',' 类 1',' 类 2',' 类 3'])

plt.title('4 个类的原始数据 ')

\# 绘制子图 2：用肘部法则来确定最佳的 K 值

ax2 = p.add_subplot(1,2,2)

DrawElbowKMeans(X=X)

plt.show() \# 显 示 图 形

Out:

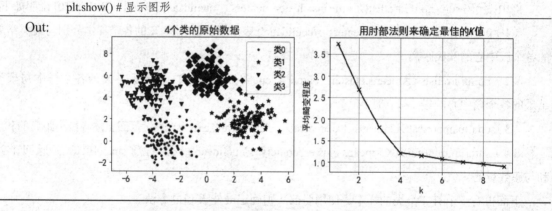

【范例分析】

本例中，使用样本生成器 make_blobs() 生成有 4 个类、500 个样本的二维特征集 X 和目标集 y。以 y==0, y==1, y==2 和 y==3 为条件，使用 where() 获得 4 个类的样本索引，将 4 个类的样本散点图分别绘制。调用上例的 DrawElbowKMeans(X) 函数，令参数 X 为本例的特征集 X。在该函数中构造循环体，K 值从 1 到 10，生成 KMeans() 类的实例，拟合聚类模型，计算平均畸变程度，并绘制平均畸变程度随 K 变化的曲线。可以看出，曲线在 K=4 处是一个明显拐点，说明 4 是最佳聚类的 K 值。

10.2.3 ▶ 使用 KMeans 类对分类样本聚类

确定最佳 K 值后，可以按照该 K 值对样本进行聚类。在进入实际聚类问题前，先使用分类样本，

将聚类结果与真实类标签进行比较，便于了解聚类效果。

【例 10-4】使用 KMeans() 对两个特征的二元分类样本聚类。

使用 make_blobs() 方法生成以 (-2, 0), (2, 2) 为中心的 2 特征、2 类别、100 个样本。使用肘部法则确定最佳 K 值，根据确定的 K 值对样本集进行聚类。可视化聚类结果，包括原始样本、聚类结果，以及与真实类标签相比聚类错误的样本。

本例要分类别可视化原始样本，分簇别可视化聚类结果，并可视化聚类错误的样本。聚类结果的簇标签与样本的类标签可能不同，例如类 0 的聚类标签可能是 0，也可能是 1，为便于观察，需要将二者调为一致。由于只有两个类（簇），每个样本的类（簇）标签要么是 0，要么是 1。因此，将簇标签与类标签调为一致的基本思路是：查看聚类结果中某个簇的簇标签，与该簇样本的真实类标签的大多数（众数）是否一致？如果一致则不需调整，如果不一致则将该簇与另一个簇的标签互换。

In []:
```
# 对两个分类样本进行聚类，使用肘部法则确定最佳 K 值
# 使用特征集进行聚类，使用类标签对聚类结果进行对比
import numpy as np
import matplotlib.pyplot as plt
import pandas as pd
# 使用样本生成器生成数据集
# 使用 make_blobs 生成 centers 个类的数据集 X，X 形状为 (n_samples,n_features)
# 指定每个类的中心位置，y 返回类标签
from sklearn.datasets.samples_generator import make_blobs
centers = [(-2, 0), (2, 2)]
X, y = make_blobs(n_samples=100, centers=centers, n_features=2, random_state=0)
# 获取类标签的索引，用于将样本按类绘制
index_y0,index_y1=np.where(y==0),np.where(y==1)
# 可视化
plt.rc('font', size=14)# 设置图中字号大小
plt.rcParams['font.sans-serif'] = 'SimHei'# 设置字体为 SimHei 以显示中文
plt.rcParams['axes.unicode_minus']=False# 坐标轴刻度显示负号
p = plt.figure(figsize=(12,8))
# 绘制子图 1：两个类的原始数据
ax1 = p.add_subplot(2,2,1)
plt.scatter(X[index_y0,0], X[index_y0,1],c='k',marker='.')
plt.scatter(X[index_y1,0], X[index_y1,1],c='k',marker='*')
plt.legend([' 类 0',' 类 1'])
plt.title(' 两个类的原始数据 ')
# 绘制子图 2：用肘部法则来确定最佳的 K 值
ax2 = p.add_subplot(2,2,2)
```

```
In []:    DrawElbowKMeans(X=X)
          from sklearn.preprocessing import MinMaxScaler
          from sklearn.cluster import KMeans
          data = X# 提取数据集中的特征
          #scale = MinMaxScaler().fit(data)# 训练规则
          dataScale = scale.transform(data)# 应用规则，极差标准化数据
          kmeans = KMeans(n_clusters = 2).fit(dataScale)# 构建并训练模型
          # 绘制子图 3：K 均值聚类结果
          labels= kmeans.labels_ # 提取聚类结果的类标签
          # 获取每个样本的簇标签的索引，获取簇 0 和簇 1
          index_label0,index_label1=np.where(labels==0),np.where(labels==1)
          ax = p.add_subplot(2,2,3)
          # 簇 0、簇 1 可能是原始数据的类 0、类 1，也可能是类 1、类 0，将其调为一致以便对比
          # 分别求取簇 0（或 1）与类 0（或 1）的众数，若二者相等则说明类、簇编号相同
          # 若不等则说明类、簇编号相反，此时应更换簇标签，使之与类标签一致
          # 转化为 DataFrame 对象使用 mode 求取众数
          label0_mode=pd.DataFrame(labels[index_label0]).mode(axis=0)
          y0_mode=pd.DataFrame(y[index_label0]).mode(axis=0)
          if label0_mode.values!=y0_mode.values:
             labels[index_label0]=1
             labels[index_label1]=0
          plt.scatter(X[index_label0,0], X[index_label0,1],c='k',marker='.')
          plt.scatter(X[index_label1,0], X[index_label1,1],c='k',marker='*')
          plt.legend([' 簇 0',' 簇 1'])
          plt.title('K 均值聚类结果 ')
          # 子图 4：聚类结果与原类别的对比
          ax = p.add_subplot(2,2,4)
          # 获取错误聚类样本的索引
          index_wrong=np.where(labels!=y)
          plt.scatter(X[index_y0,0], X[index_y0,1],c='k',marker='.')
          plt.scatter(X[index_y1,0], X[index_y1,1],c='k',marker='*')
          plt.scatter(X[index_wrong,0], X[index_wrong,1],c='k',marker='x',s=80,
                     facecolors='none', zorder=10, edgecolors='b')
          plt.legend([' 原类 0',' 原类 1',' 聚类错误 '])
          plt.title(' 聚类错误样本与原类别的对比 ')
          plt.show() # 显示图形
```

Out:

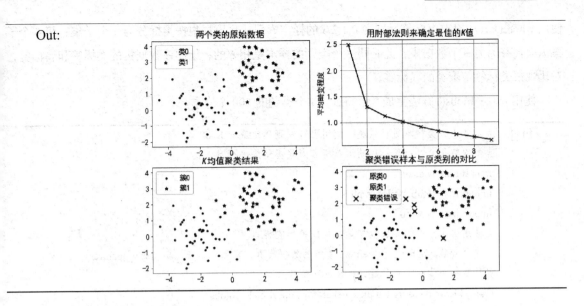

【范例分析】

本例使用 make_blobs() 方法生成 2 个特征、2 个类别、100 个样本的特征集 X 和目标集 y，分别以 y==0,y==1 为条件，使用 where() 获得两个类别的样本索引，使用 scatter() 方法绘制两个类别的原始样本。调用 DrawElbowKMeans() 方法绘制平均畸变程度随 K 值的变化曲线。从曲线上可以看出，在 K=2 处取得拐点，说明数据集可聚类的最佳簇数为 2。令 K=2，导入 MinMaxScaler()类对原始数据集进行极差标准化，生成其实例 scale 并调用 fit() 训练极差标准化模型，使用transform() 方法将原始数据极差标准化为 dataScale，变换后的数据在 [0,1] 区间。生成 KMeans() 的实例 kmeans，应用 fit() 方法对 dataScale 拟合聚类模型。使用 labels_ 属性返回每个样本的簇标签labels，使用 where() 方法返回两个簇的样本索引。簇 0、簇 1 可能是原始数据的类 0、类 1，也可能是类 1、类 0，应将其调为一致以便对比。调整方法是：分别求取簇 0（或 1）的簇标签与类 0（或 1）的类标签的众数，若二者相等则说明类、簇编号相同；若不等则说明类、簇编号相反，此时更换簇标签，使之与类标签一致。簇、原始类标签调为一致后，将二者对比，不一致的即为聚类错误的样本。从可视化结果可以看出，有 4 个样本聚类错误。

下面再看一下对有 4 个类的样本聚类的情况。

【例 10-5】使用 KMeans() 对两个特征的四元分类样本聚类。

使用 make_blobs() 方法生成分别以 (-3, 0), (3, 2), (-4, 5), (0, 6) 为中心、2 个特征、4 个类别的500 个样本。使用肘部法则确定最佳 K 值，使用该 K 值对特征集进行 K-means 聚类。按类别可视化原始样本，按簇别可视化聚类结果，将聚类结果与真实类标签对比，可视化聚类错误的样本。

本例中，可以使用 where() 方法获得原始样本的各个类别样本和聚类结果的各个簇的样本。但是由于原始类别数量和聚类结果的簇数量都为 4，不便于采用例 10-4 的方法将簇标签与类标签调为一致，因此将采用另一种方法观察聚类结果与原始类别的对比。这种方法的思路是：将原始特征集、真实类标签、聚类结果的簇标签横向合并，合并后的数据集包含样本的真实类标签和聚类簇标签；

使用 where() 方法提取类标签分别为 0,1,2,3 的样本索引，将数据集按类拆分为 4 个子集；将 4 个子集纵向合并为另一个数据集，此时同一个类别的样本是相邻的；绘制该数据集的类标签和簇标签，对比观察类标签与聚类的簇标签。

使用 make_blobs() 方法生成 2 个特征、4 个类别的 500 个样本。

In []:	# 对 4 个分类样本进行聚类，使用肘部法则确定最佳 K 值，
	# 使用特征集进行聚类，使用类标签对聚类结果进行对比
	import numpy as np
	import matplotlib.pyplot as plt
	import pandas as pd
	# 使用样本生成器生成数据集，生成单标签样本
	# 使用 make_blobs 生成 centers 个类的数据集 X，X 形状为 (n_samples,n_features)
	# 指定每个类的中心位置，y 返回类标签
	from sklearn.datasets.samples_generator import make_blobs
	centers = [(-3, 0), (3, 2), (-4, 5), (0, 6)]
	X, y = make_blobs(n_samples=500, centers=centers, n_features=2,
	random_state=0)
	print(' 数据集 X 的形状为 ',X.shape)

Out:	数据集 X 的形状为 (500, 2)

下面使用肘部法则确定最佳 K 值。

In []:	# 可视化
	plt.rc('font', size=14)# 设置图中字号大小
	plt.rcParams['font.sans-serif'] = 'SimHei'# 设置字体为 SimHei 以显示中文
	plt.rcParams['axes.unicode_minus']=False# 坐标轴刻度显示负号
	# 肘部法则确定最佳 K 值
	plt.figure(figsize=(6,4))
	DrawElbowKMeans(X=X)
	plt.show# 显示图片

Out:

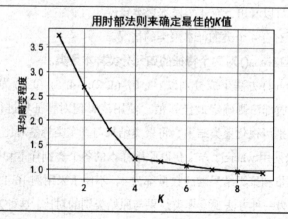

从平均畸变程度与 K 的变化曲线中可以看出，拐点在 $K=4$ 处，因此聚类的最佳簇数为 4。令 $K=4$，将数据集进行极差标准化，进行 K 均值聚类。分类别绘制原始数据和聚类结果的散点图。

In []:
```
from sklearn.preprocessing import MinMaxScaler
from sklearn.cluster import KMeans
data = X# 提取数据集中的特征
scale = MinMaxScaler().fit(data)# 训练规则，标准化数据
dataScale = scale.transform(data)# 应用规则
kmeans = KMeans(n_clusters =4).fit(dataScale)# 构建并训练模型
# 获取类标签的索引，用于将样本按类绘制
index_y0,index_y1=np.where(y==0),np.where(y==1)
index_y2,index_y3=np.where(y==2),np.where(y==3)
labels= kmeans.labels_ # 提取聚类结果的类标签
# 获取簇标签的索引，用于将样本按簇绘制
index_label0,index_label1=np.where(labels==0),np.where(labels==1)
index_label2,index_label3=np.where(labels==2),np.where(labels==3)
# 可视化原始数据类别与聚类结果，进行对比
p=plt.figure(figsize=(12,4))
# 子图 1：绘制原始类别数据
ax = p.add_subplot(1,2,1)
plt.scatter(X[index_y0,0], X[index_y0,1],c='k',marker='.')
plt.scatter(X[index_y1,0], X[index_y1,1],c='k',marker='o')
plt.scatter(X[index_y2,0], X[index_y2,1],c='k',marker='*')
plt.scatter(X[index_y3,0], X[index_y3,1],c='k',marker='v')
plt.legend([' 类 0',' 类 1',' 类 2',' 类 3'])
plt.title(' 原始样本类别 ')
# 子图 2：绘制聚类结果
ax = p.add_subplot(1,2,2)
plt.scatter(X[index_label0,0], X[index_label0,1],c='k',marker='.')
plt.scatter(X[index_label1,0], X[index_label1,1],c='k',marker='o')
plt.scatter(X[index_label2,0], X[index_label2,1],c='k',marker='*')
plt.scatter(X[index_label3,0], X[index_label3,1],c='k',marker='v')
plt.legend([' 簇 0',' 簇 1',' 簇 2',' 簇 3'])
plt.title(' 聚类结果 ')
plt.show() # 显示图形
```

Out:

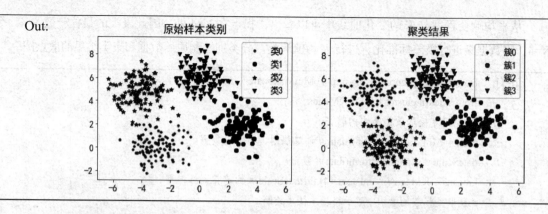

下面将原始数据集 X、目标集 y、聚类结果的样本簇标签合并为一个数据集。

In []: # 将原始数据与类标签、簇标签合并为一个数据集，
# 按类别组织数据，对比类标签与簇标签，观察聚类结果
print(' 原始数据集 X 的形状为：',X.shape)
X_yl=np.hstack((X,y.reshape(-1,1),labels.reshape(-1,1)))
print(' 原始数据集与类标签、聚类标签合并后的数据集 X_yl 的形状为：',X_yl.shape)
print(' 原始数据集与类标签、聚类标签合并后的数据集 X_yl 的前 5 行为：\n',X_yl[0:5,:])

Out: 原始数据集 X 的形状为：(500, 2)
原始数据集与类标签、聚类标签合并后的数据集 X_yl 的形状为：(500, 4)
原始数据集与类标签、聚类标签合并后的数据集 X_yl 的前 5 行为：
[[-2.6722173 4.89871851 2.   0.   ]
 [-3.03928282 -1.1680935   0.   2.   ]
 [4.36453185 1.31055082 1.   1.   ]
 [1.5534653   2.80029795 1.   1.   ]
 [-0.74069105 -0.04225715 0.   2.   ]]

下面，对合并后的数据集 X_yl，分别获取各个类别的样本索引，进而获取各个类别的样本子集，将其纵向合并。

In []: # 获取类标签的索引,用于将样本按类绘制
index_0,index_1=np.where(X_yl[:,2]==0),np.where(X_yl[:,2]==1)
index_2,index_3=np.where(X_yl[:,2]==2),np.where(X_yl[:,2]==3)
X_yl1=np.vstack((X_yl[index_0],X_yl[index_1],X_yl[index_2],X_yl[index_3]))
print(' 原始数据集按类组织后的数据集 X_yl1 的形状为：',X_yl1.shape)
print(' 原始数据集按类组织后的数据集 X_yl1 的前 5 行为：\n',X_yl1[0:5,:])

Out: 原始数据集按类组织后的数据集 X_yl1 的形状为：(500, 4)
原始数据集按类组织后的数据集 X_yl1 的前 5 行为：
[[-3.03928282 -1.1680935   0.   2.   ]
 [-0.74069105 -0.04225715 0.   2.   ]
 [-2.07914118 0.31872765 0.   2.   ]

Out:	[[−3.03928282 −1.1680935 0. 2.]
	[−0.74069105 −0.04225715 0. 2.]
	[−2.07914118 0.31872765 0. 2.]
	[−0.83676405 1.33652795 0. 2.]
	[−3.09845252 −0.66347829 0. 2.]]

经过上述操作，每个类别的样本在 X_yl1 中是相邻的。下面绘制 X_yl1 的类标签和簇标签，将二者对比。

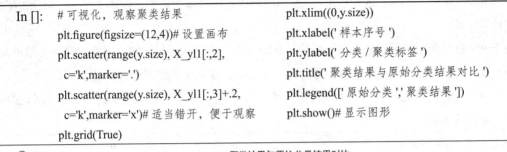

In []:	# 可视化，观察聚类结果	plt.xlim((0,y.size))
	plt.figure(figsize=(12,4))# 设置画布	plt.xlabel(' 样本序号 ')
	plt.scatter(range(y.size), X_yl1[:,2],	plt.ylabel(' 分类 / 聚类标签 ')
	c='k',marker='.')	plt.title(' 聚类结果与原始分类结果对比 ')
	plt.scatter(range(y.size), X_yl1[:,3]+.2,	plt.legend([' 原始分类 ',' 聚类结果 '])
	c='k',marker='x')# 适当错开，便于观察	plt.show()# 显示图形
	plt.grid(True)	

Out:

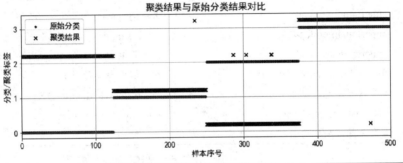

【范例分析】

本例使用 make_blobs() 方法生成 2 个特征、4 个类别、500 个样本的特征集 X 和目标集 y。对特征集 X，调用前例定义的函数 DrawElbowKMeans()，以肘部法则确定最佳聚类簇数为 4。令 K=4，导入 MinMaxScaler() 类对原始数据集进行极差标准化，生成其实例 scale 并调用 fit() 训练极差标准化模型，使用 transform() 方法将原始数据极差标准化为 dataScale，变换后的数据在 [0,1] 区间。生成 KMeans() 的实例 kmeans，应用 fit() 方法对 dataScale 拟合聚类模型。使用 labels_ 属性返回每个样本的簇标签 labels，使用 where() 方法返回 4 个簇的样本索引和原始数据集 4 个类别的样本索引，使用 scatter() 方法分别分类绘制 4 个原始类别和聚类的 4 个簇的样本散点图。但二者对比并不太容易观察到聚类错误的样本，因此，使用 hstack() 方法将原始特征集 X、原始类标签 y、聚类簇标签 labels 横向合并为数组 X_yl。使用 where() 方法获取每个类别的样本索引，将 X_yl 拆分为 4 个子集，使用 vstack() 方法将其纵向合并为数组 X_yl1，则在 X_yl1 中，同类别的样本是相邻的，按索引号绘制类标签与簇标签，可以观察聚类结果与原始类别的对比情况。从上图可以看出，类 0、类 2 的类标签与簇标签不同，而类 1、类 3 的类标签与簇标签相同。类 0 的聚类错误样本数量为 0 个，类 1、类 3 的聚类错误样本数量都为 1 个，类 2 的聚类错误样本数量为 3 个。

10.3 综合实例——使用 KMeans 对 iris 数据集聚类

下面使用 KMeans() 类对 scikit-learn 的 datasets 模块的自带数据集 iris 进行聚类分析。

【例 10-6】使用 KMeans() 对 iris 数据集聚类。

加载 iris 数据集，按照全部 4 个特征，应用肘部法则确定最佳 K 值。使用 KMeans 类进行聚类，可视化聚类结果。

由于 iris 数据集的数据是按类别保存的，即同一类别的样本是相邻的。因此在将聚类结果与真实类别可视化对比时，可以直接按索引号绘制样本的类标签和聚类结果的簇标签。

使用 datasets.load_iris() 方法加载 iris 数据集，并调用 DrawElbowKMeans() 方法，以肘部法则确定聚类的最佳 K 值。

```
In []:    # 对 iris 数据进行聚类              #print('iris 的内容为：\n',iris)
          import numpy as np                 X = iris.data
          import matplotlib.pyplot as plt    y = iris.target
          import pandas as pd                # 计算 K 值从 1 到 10 对应的平均畸变程度，寻找
          from sklearn import datasets       # 较好的聚类数目 K
          # 导入鸢尾花数据集 iris            DrawElbowKMeans(X=X)
          iris = datasets.load_iris()        plt.show() # 显示图形
          # 取全部 4 列作为特征属性
```

Out:

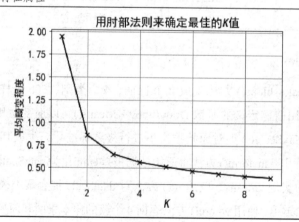

可以看出，较好的 K 值为 2 或 3，因此选择 3 为最佳 K 值。下面对数据集进行极差标准化，令 $K=3$，拟合 K 均值聚类模型。

```
In []:    from sklearn.preprocessing import MinMaxScaler
          from sklearn.cluster import KMeans
          data = X# 提取数据集中的特征
          scale = MinMaxScaler().fit(data)# 训练规则，极差标准化
```

In []:	dataScale = scale.transform(data)# 应用规则
	kmeans = KMeans(n_clusters = 3).fit(dataScale)# 构建并训练模型
	# 观察聚类结果的数据文件
	print(' 构建的 K-Means 模型为：\n',kmeans)
Out:	构建的 K-Means 模型为：
	KMeans(algorithm='auto', copy_x=True, init='k-means++', max_iter=300,
	n_clusters=3, n_init=10, n_jobs=1, precompute_distances='auto',
	random_state=None, tol=0.0001, verbose=0)

查看训练的聚类模型 kmeans 的 labels_ 属性，以及簇标签与原始数据的类标签。

In []:	labels= kmeans.labels_ # 提取聚类结果的类标签
	print('iris 数据集原始类别为：\n',y)
	print('iris 数据集聚类结果为：\n',labels)
Out:	iris 数据集原始类别为：
	[0 0 0 0 0 0 0 0 0 0 0 0 0 0 0 0 0 0 0 0 0 0 0 0 0 0 0 0 0 0 0 0 0 0 0
	0 0 0 0 0 0 0 0 0 0 0 0 0 0 0 1 1 1 1 1 1 1 1 1 1 1 1 1 1 1 1 1 1 1 1
	1 1 1 1 1 1 1 1 1 1 1 1 1 1 1 1 1 1 1 1 1 1 1 1 1 2 2 2 2 2 2 2 2 2 2 2
	2 2 2 2 2 2 2 2 2 2 2 2 2 2 2 2 2 2 2 2 2 2 2 2 2 2 2 2 2 2 2 2 2 2 2 2
	2 2]
	iris 数据集聚类结果为：
	[0 0 0 0 0 0 0 0 0 0 0 0 0 0 0 0 0 0 0 0 0 0 0 0 0 0 0 0 0 0 0 0 0 0 0
	0 0 0 0 0 0 0 0 0 0 0 0 0 0 0 2 1 2 1 1 1 1 1 1 1 1 1 1 1 1 1 1 1 1 1 1
	1 1 1 2 1 1 1 1 1 1 1 1 1 1 1 1 1 1 1 1 1 1 1 1 1 1 2 1 2 2 2 2 1 2 2 2
	2 2 1 2 2 2 2 2 1 2 1 2 1 2 2 1 1 2 2 2 2 2 1 1 2 2 2 1 2 2 2 1 2 2 2 1 2
	2 1]

从原始数据集的类标签与聚类结果的簇标签对比来看，有少量样本聚类错误。下面观察簇质心 cluster_centers_ 等属性。

In []:	print(' 簇的质心为：\n',kmeans.cluster_centers_)
	print(' 样本到最近簇质心的距离和为：',kmeans.inertia_)
Out:	簇的质心为：
	[[0.19611111 0.59083333 0.07864407 0.06]
	[0.44125683 0.30737705 0.57571548 0.54918033]
	[0.70726496 0.4508547 0.79704476 0.82478632]]
	样本到最近簇质心的距离和为：6.998114004826761

按照索引号绘制原始数据的类标签和每个样本的聚类簇标签，将聚类结果与真实类别进行对比。

In []: # 可视化，观察聚类结果，与原始类别进行对比

plt.figure(figsize=(12,4))# 设置画布

plt.scatter(range(y.size), y, c='k',marker='.')

plt.scatter(range(y.size), labels+.1, c='k',marker='x')# 适当错开，便于观察

plt.xlim((0,y.size))

plt.xlabel(' 样本序号 ')

plt.ylabel(' 分类 / 聚类标签 ')

plt.title(' 鸢尾花 K 均值聚类结果与原始分类结果对比 ')

plt.legend([' 原始分类 ',' 聚类结果 '])

plt.show() # 显示图形

Out:

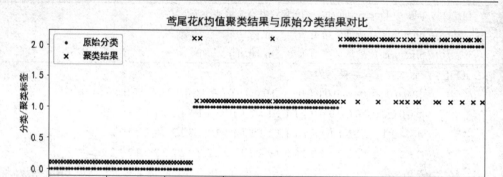

【范例分析】

本例使用 datasets.load_iris() 方法加载 iris 数据集，特征集送入 X，目标集送入 y。iris 数据集共有 150 个样本、3 个类别，每个类别有 50 个样本，每个样本有 4 个特征。同一类的样本相邻保存。调用 DrawElbowKMeans() 方法，以肘部法则确定聚类的最佳 K 值为 2 或 3，选择 3。生成 MinMaxScaler() 类的实例 scale，使用 fit() 方法拟合极差标准化模型，使用 scale.transform() 将原始特征集 X 变换为 dataScale，所有特征值变换到 [0,1] 区间。令 n_clusters = 3，使用 KMeans(n_clusters = 3).fit(dataScale) 命令生成 KMeans() 的实例 kmeans，同时训练模型。使用 kmeans.labels_ 属性提取聚类结果的类标签。使用 scatter() 方法分别绘制原始数据集的类标签 y 和聚类结果的簇标签 labels 散点图，可以看出，3 个类别的类标签与各自聚类结果的簇标签恰好相同。类 0 的聚类错误样本数量为 0，类 1 的聚类错误样本数量为 3 个，类 2 的聚类错误样本数量为 14 个。

本例中，如果真实数据集的样本不是按类别顺序保存，则可以采用例 10-5 的方法，将其重组为按类别保存的数据集，便于观察同类样本的聚类簇标签。

10.4 本章小结

聚类属于无监督学习。K-means 算法在 P 个样本中随机选取 K 个样本作为初始聚类中心点，计算每个样本到各聚类中心点的相似度或者距离，将样本分配给相似度最高或距离最近的簇中，更新聚类中心点。不断重复这个过程，直到各个质心不再变化。sklearn.cluster 模块提供了 K-means 聚类、仿射传播聚类、均值漂移聚类、谱聚类、凝聚聚类、密度聚类、高斯混合聚类、层次聚类等典型聚类方法。KMeans 类提供了 K-means 聚类方法。可使用肘部法则确定最佳 K 值，使用 fit() 方法训练 K-means 聚类模型，使用 predict() 方法预测新值的簇标签。

10.5 习题

（1）简述什么是聚类。

（2）简述常用的聚类方法有哪些。

（3）简述计算样本距离的方法有哪些。

（4）简述 K-means 聚类的基本过程是什么。

（5）简述什么是肘部法则。

（6）简述使用肘部法则确定二维平面上 5 个点 (-1, 0),(-1, 1),(1, 0),(1, 1),(1, -1) 的最佳聚类簇数。

（7）设置 K 为第（6）题的最佳簇数，使用 sklearn.cluster 模块的 KMeans 类方法将二维平面上的 5 个点 (-1, 0),(-1, 1),(1, 0),(1, 1),(1, -1) 聚为 K 类，预测 (-1, -1) 的簇标签。

（8）将例 10-6 的 K 值改为 2，观察聚类结果。

（9）加载 iris 数据集，按照前两个特征，取 $K=3$，使用 KMeans 类进行聚类，可视化聚类结果。

10.6 高手点拨

（1）K-means 聚类中，K 值的选择是关键，它将直接影响聚类结果。肘部法则是一个确定 K 值的有效方法。但即使如此，对一些复杂的数据集，K 值的确定依然不是一个简单的问题。例如在例 10-6 中，按照肘部法则，最佳 K 值应为 2，而实际的类别数是 3。因此，聚类结果受数据集自身、聚类方法、参数的影响。在面临具体问题时，要慎重选择聚类方法、参数。对聚类结果，要辩证对待。

（2）对具有类标签的数据集进行聚类时，将聚类结果的簇标签与实际的类标签可视化对比，是评价聚类结果的一种直观的方法。由于原始数据集的样本可能是无序保存的，不同类别的样本交错相邻，直接绘制类标签与簇标签，无益于对比观察。这时，可以将原始数据集、类标签、簇标签横向合并，使用 where() 方法，获得每个类别的样本索引，将数据集拆分为单个类别的若干子集，然后将这些子集纵向合并为新的数据集。在新的数据集中，样本按类别有序存放，此时再绘制类标签与簇标签的散点图，则能够较好地进行对比观察。

第 11 章

11

集成学习算法——集成学习

集成学习是将多个弱机器学习器结合，构建一个有较强性能的机器学习器的方法。构成集成学习的弱学习器称为基学习器、基估计器，根据集成学习的各基估计器类型是否相同，可以分为同质和异质。集成学习常用的方法有 Bagging、随机森林、AdaBoost、梯度树提升 (Gradient Tree Boosting)、XGBoost 等方法。本章将对这些集成学习方法的基本原理进行介绍，并使用 Python 进行实战练习。

11.1 集成学习概述

集成学习（Ensemble Learning）是将多个弱机器学习器集成、结合，构建一个具有较强性能的机器学习器，完成学习任务的方法。集成学习可以用于分类问题集成、回归问题集成、特征选取集成、异常点检测集成等。

集成学习的过程如图 11-1 所示。对有 N 个特征、M 个样本的数据集 DMN，采取抽样放回 (bootstrap) 的方式，建立 K 个样本子集。每个子集的特征数量为 $n(n \leqslant N)$，样本数量为 $m(m \leqslant M)$。由于采用抽样放回，因此同一个样本可以被重复抽取到，即一个子集中可能有重复的样本。对每个数据子集分别训练机器学习器。对每个机器学习器的输出按照一定的方法集成、输出结果。

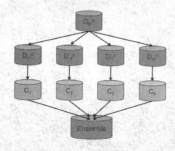

图 11-1 集成学习

根据每个数据子集训练的弱学习器称为子学习器，或基学习器、个体学习器。由各个基学习器集合而成的学习器称为集成学习器。

根据每个基学习器是否同属一个种类，可以将集成学习分为同质和异质两种类型。同质表示各个基学习器都属于同一个种类，比如都是决策树学习器，或者同为神经网络学习器。异质是指所有的个体学习器不全是一个种类的。例如对分类问题，对训练集先采用支持向量机个体学习器、逻辑回归个体学习器和朴素贝叶斯个体学习器来学习，再通过某种结合策略来确定最终的分类强学习器。

目前，同质个体学习器的应用最为广泛。一般的集成学习均指同质个体学习器，而同质个体学习器使用最多的模型是 CART 决策树和神经网络。同质个体学习器按照个体学习器之间是否存在依赖关系可以分为两类，一类是个体学习器之间不存在强依赖关系，一系列个体学习器可以并行生成，代表算法有 Bagging 和随机森林系列算法；另一类是个体学习器之间存在强依赖关系。一般来说，当前的个体学习器的输入依赖于上一个个体学习器的输出，一系列个体学习器基本都需要串行生成，代表算法是 Boosting 系列算法。

集成学习算法之间的主要区别在于以下 3 个方面：提供给个体学习器的训练数据不同；产生个体学习器的过程不同；学习结果的组合方式不同。在集成学习中，主要从数据样本、参数和模型结构 3 个方面增强多样性，提高集成学习的泛化能力。

可以采用输入样本扰动、输入特征扰动、输出表示扰动等方法来增强数据样本的多样性。

（1）输入样本扰动根据原始数据产生多个不同种类的数据子集，然后利用不同的数据子集训练个体学习器。常用的方法有：重采样法，通过有放回地采样得到固定样本容量的数据子集；序列采样法，根据前一轮的学习结果进行采样；混合采样方法。

（2）输入特征扰先从初始特征集中抽取出若干特征性子集，再基于每个特征子集训练基学习器。该方法不仅能产生差异性大的个体，还会因属性数的减少而大幅节省计算时间。使用该方法的算法有：随机子空间算法、随机森林算法。特征集拆分同样是一种输入特征扰动方法，该方法通过将原始特征集拆分成多个不相交的特征子集来分别训练个体学习器，最后集成多个学习器得到最终模型。在高维特征的学习任务中，特征集拆分具有良好的表现效果。

（3）输出表示扰动对输出表示进行操纵以增强多样性，可对训练样本的类标进行变动。常用算法有：翻转法，随机改变一些训练样本的标记；输出调制法，将分类输出转化为回归输出后构建个体学习器；将原始任务拆解为多个可同时求解的子任务，或将多分类拆解为一系列的二分类问题。

算法参数多样性是指通过使用不同的参数集来产生不同的个体学习器，即使每个个体学习器都使用相同的训练集，但是由于使用的参数不同，其输出也会随参数的改变而变化。例如，在决策树算法 C4.5 中，置信因子会影响该算法的学习效果，利用在不同参数值下多次运行 C4.5 算法的策略，可以得到不同的决策树来构造集成系统。多核学习也是一种增强参数多样性的集成学习方法，它采用调整每个内核的参数和组合参数的方法，将多个内核的优点组合，然后用于分类或回归。在神经网络中，通过改变网络中的节点数，或者将不同的初始权重分配给网络，或者使用不同的网络拓扑结构来提高网络多样性。

结构多样性主要是由个体学习器的内部结构或外部结构的不同而产生的。如果个体学习器都是由同种算法训练产生的，则称为同质集成。相反，如果一个集成系统中包含不同类型的个体学习器，则称为异质集成。例如，在神经网络集成系统中添加一些决策树，通常会提高整体的性能。

集成学习的结合策略有平均法、投票法、学习法。

（1）平均法将各个个体学习群的输出进行平均或加权平均，作为集成学习的结果。平均法适用于大规模数据集的集成，学习的权重较高，加权平均法易导致过拟合。个体学习器性能相差较大时宜使用加权平均法，相近时则宜使用简单平均法。

（2）投票法是将各个个体学习器的输出进行投票，将投票结果作为集成学习的输出。投票法有 3 种情况：绝对多数投票法，即要求某标记的得票超过个体学习器的半数；相对多数投票法，预测得票最多的标记，若同时有多个标记的票最高，则从中随机选取一个；加权投票法，将各个个体学习器的输出加权平均，作为集成学习的输出。

以上两种方法都是对弱学习器的结果做平均或者投票，相对比较简单，但是可能学习误差较大，于是就有了学习法这种方法。

（3）学习法的代表方法是 Stacking，当使用 Stacking 的结合策略时，不是对弱学习器的结果做简单的逻辑处理，而是再加上一层学习器，先从初始数据集中训练出初级学习器，然后"生成"一个新数据集用于训练次级学习器。在新数据集中，初级学习器的输出被当作样例输入特征，初始样本的标记仍被当作样例标记。也就是说，将弱学习器的学习结果作为输入，将训练集的输出作为输出，重新训练一个学习器来得到最终结果。

这种方法类似于人们对英文单词的学习。由于各个单词的难易程度不同，有些单词容易记忆，而有些单词则较难记忆。当每一次对单词进行记忆时，人们一般会快速浏览一下已经记住的单词，然后再侧重学习上一次没有记住的那些单词，以便加深对它们的印象。通过几个回合的学习，最后就会记住所有的单词。

在这种情况下，将弱学习器称为初级学习器，将用于结合的学习器称为次级学习器。对于测试集，先用初级学习器预测一次，得到次级学习器的输入样本，再用次级学习器预测一次，得到最终的预测结果。

11.2 集成学习常用方法

集成学习常用的方法有 Bagging、随机森林、AdaBoost、梯度树提升、XGBoost 等。下面对这些方法的基本原理进行介绍，并使用 Python 进行实战练习。

11.2.1 ▶ Bagging

Bagging（Bootstrap Aggregating）方法在原始训练集的随机子集上构建一类黑盒估计器的多个实例，然后把这些估计器的预测结果结合起来形成最终的预测结果。该方法通过在构建模型的过程中引入随机性，来减少基估计器的方差。在多数情况下，Bagging 方法提供了一种非常简单的方式来对单一模型进行改进，而无须修改背后的算法。因为 Bagging 方法可以减小过拟合，所以通常在强分类器和复杂模型上表现得很好。

Bagging 方法有很多种，其主要区别在于随机抽取训练子集的方法不同。如果抽取的数据集的随机子集是样例的随机子集，就是 Pasting。如果样例抽取是有放回的，就是 Bagging。如果抽取的数据集的随机子集是特征的随机子集，就是随机子空间。如果基估计器构建在对于样本和特征抽取的子集之上，就是随机补丁。

在 scikit-learn 中，Bagging 方法使用统一的 BaggingClassifier 分类元估计器（或者 BaggingRegressor 回归元估计器），输入的参数和随机子集抽取策略由用户指定。参数 max_samples 和 max_features 控制着子集的大小（对于样例和特征），bootstrap 和 bootstrap_features 控制着样例和特征的抽取是有放回还是无放回的。当使用样本子集时，通过设置 oob_score=True，可以使用袋外样本 (out-of-bag) 来评估泛化精度。

在 Bagging 中，一个样本可能被多次采样，也可能一直不被采样。假设一个样本一直不出现在采样集的概率为 $(1-1/N)^N$(N 为样本数量)，那么对其求极限可知，原始样本数据集中约有 63.2% 的样本出现在了 Bagging 使用的数据集中。同时，在采样中还可以使用袋外样本对模型的泛化精度进行评估。

对于分类任务使用简单投票法，即每个分类器按一票进行投票 (也可以进行概率平均)，获得最终的预测结果。对于回归任务，则采用简单平均获取最终结果，即取所有分类器的平均值。

sklearn 的 ensemble 模块提供了 BaggingClassifier() 类和 BaggingRegressor 类，分别用于分类和回归问题。本章只介绍 BaggingClassifier() 类，其格式如下：

```
class sklearn.ensemble.BaggingClassifier(base_estimator=None, n_estimators=10, max_samples=1.0, max_
features=1.0, bootstrap=True, bootstrap_features=False, oob_score=False, warm_start=False, n_
jobs=None, random_state=None, verbose=0)
```

BaggingClassifier() 类的主要参数含义如表 11-1 所示。

表 11-1 BaggingClassifier() 类的主要参数含义

参数	含义
base_estimator	接收估计器类型，表示用于拟合数据集的随机子集的基估计器类型，可选，默认为 None，表示默认估计器是决策树
n_estimators	接收整数，可选，默认为 10，表示要集成的基估计器的数量
max_samples	接收整数、浮点数，可选，默认为 1.0，表示从数据集中抽取的用于训练每个基估计器的样本数量。如果是整数，则抽取 max_samples 个样本；如果是浮点数，则抽取 max_samples * X.shape[0] 个样本
max_features	接收整数、浮点数，可选，默认为 1.0，表示从数据集中抽取的用于训练每个基估计器的特征数。如果是整数，则抽取 max_features 个特征；如果是浮点数，则抽取 max_features * X.shape[1] 个特征

BaggingClassifier() 类的属性如下。

（1）base_estimator_：返回基估计器。

（2）estimators_：返回拟合的基估计器列表。

（3）estimators_samples_：返回每个基估计器抽取的样本子集列表。

（4）estimators_features_：返回每个基估计器抽取的样本特征列表。

（5）classes_：返回形状为 [n_classes] 的数组，表示类标签。

（6）n_classes_：返回整数或列表，表示类的数量。

（7）oob_score_：返回浮点数，表示使用袋外样本估计的训练集分数。

（8）oob_decision_function_：返回形状为 [n_samples, n_classes] 的数组，表示对训练集使用袋外样本估计的决策函数。

BaggingClassifier() 类的方法如下。

（1）decision_function(X)：返回基分类器的平均决策函数值。

（2）fit(X, y[, sample_weight])：从训练集 (X, y) 构建一个 Bagging 集成估计器。

（3）get_params([deep])：获取估计器参数。

（4）predict(X)：预测 X 的类别。

（5）predict_log_proba(X)：预测 X 类别的对数概率。

（6）predict_proba(X)：预测 X 类别的概率。

（7）score(X, y[, sample_weight])：返回给定测试集和目标集的平均分类准确率。

（8）set_params(**params)：设置估计器参数。

【例 11-1】使用 BaggingClassifier() 进行集成学习。

使用 make_classification() 方法生成 10 个特征、1000 个样本的分类数据集，将数据集划分为训练集和测试集。训练支持向量机分类模型，并对测试集进行预测。以支持向量机作为基估计器，使用训练集训练 Bagging 集成学习模型，使用训练好的模型对测试集预测。将集成学习预测结果与支持向量机预测结果对比分析。

使用 make_classification() 方法生成数据集，将数据集划分为训练集和测试集。使用训练集训练支持向量机分类模型，用训练好的支持向量机模型对测试集进行预测。将预测结果与测试集的真实类标签对比，记录预测错误的样本数量。

```
In []:   #Bagging 集成学习
         import numpy as np
         from sklearn import svm, datasets
         import matplotlib.pyplot as plt
         from sklearn.ensemble import BaggingClassifier
         from sklearn.model_selection import train_test_split
         X, y = datasets.make_classification(n_samples=1000, n_features=10,
                         n_informative=5, n_redundant=2,
                         n_classes=3,random_state=42)
         X_train,X_test, y_train,y_test = train_test_split(
            X,y,train_size = 0.8,random_state = 42)
         kernel='poly'
         clf_svm = svm.SVC(kernel=kernel,gamma=2)# 设置模型参数
         clf_svm.fit(X_train,y_train)
         y_svm_pred=clf_svm.predict(X_test)
         svm_wrong_num=len(y[np.where(y_svm_pred!=y_test)])
         print('SVM 预测错误的样本数量为：',svm_wrong_num)
```
```
Out:    SVM 预测错误的样本数量为： 52
```

可以看出，SVM 对测试集预测错误的样本数量为 52。下面将支持向量机作为基估计器，支持向量机的模型参数与前例相同，其他参数使用默认参数。

```
In []:   clf_bagging = BaggingClassifier(svm.SVC(kernel=kernel,gamma=2))
         clf_bagging.fit(X_train,y_train)
         print('clf_bagging 的 base estimator 为： \n',clf_bagging.base_estimator_)
```
```
Out:    clf_bagging 的 base estimator 为：
         SVC(C=1.0, cache_size=200, class_weight=None, coef0=0.0,
         decision_function_shape='ovr', degree=3, gamma=2, kernel='poly',
         max_iter=-1, probability=False, random_state=None, shrinking=True,
         tol=0.001, verbose=False)
```

观察 clf_bagging 的基估计器类型及参数。

In []:	print('clf_bagging 的 estimators 为：\n',clf_bagging.estimators_)
Out:	clf_bagging 的 estimators 为：
	[SVC(C=1.0, cache_size=200, class_weight=None, coef0=0.0,
	decision_function_shape='ovr', degree=3, gamma=2, kernel='poly',
	max_iter=-1, probability=False, random_state=142985649, shrinking=True,
	tol=0.001, verbose=False), SVC(C=1.0, cache_size=200, class_weight=None, coef0=0.0,
	decision_function_shape='ovr', degree=3, gamma=2, kernel='poly',
	max_iter=-1, probability=False, random_state=625691, shrinking=True,
	tol=0.001, verbose=False), SVC(C=1.0, cache_size=200, class_weight=None, coef0=0.0,
	decision_function_shape='ovr', degree=3, gamma=2, kernel='poly',
	max_iter=-1, probability=False, random_state=1796585279, shrinking=True,
	# 其余省略

输出观察 clf_bagging 的各估计器所使用的样本。

In []:	print('clf_bagging 的各估计器样本为：\n',clf_bagging.estimators_samples_)
Out:	clf_bagging 的各估计器样本为：
	[array([True, False, True, True, True, True, False, True, True,
	False, True, True, True, True, True, False, False, True,
	False, True, True, True, True, True, True, True, True,
	# 其余省略

观察各基估计器使用的样本特征。

In []:	print('clf_bagging 的各估计器特征为：\n',clf_bagging.estimators_features_)
Out:	clf_bagging 的各估计器特征为：
	[array([0, 1, 2, 3, 4, 5, 6, 7, 8, 9]), array([0, 1, 2, 3, 4, 5, 6, 7, 8, 9]), array([0, 1, 2, 3, 4, 5, 6, 7, 8, 9]),
	array([0, 1, 2, 3, 4, 5, 6, 7, 8, 9]), array([0, 1, 2, 3, 4, 5, 6, 7, 8, 9]), array([0, 1, 2, 3, 4, 5, 6, 7, 8, 9]),
	array([0, 1, 2, 3, 4, 5, 6, 7, 8, 9]), array([0, 1, 2, 3, 4, 5, 6, 7, 8, 9]), array([0, 1, 2, 3, 4, 5, 6, 7, 8, 9]),
	array([0, 1, 2, 3, 4, 5, 6, 7, 8, 9])]

观察 clf_bagging 的类标签。

In []:	print('clf_bagging 的类标签为：\n',clf_bagging.classes_)
Out:	clf_bagging 的类标签为： [0 1 2]

观察 bagging 的类别数量。

In []:	print('clf_bagging 的类的数量为：\n',clf_bagging.n_classes_)
Out:	clf_bagging 的类的数量为： 3

观察 clf_bagging 基分类器的平均决策函数值。

In []:	print('clf_bagging 基分类器的平均决策函数为：\n',clf_bagging.decision_function(X_train))
Out:	clf_bagging 基分类器的平均决策函数为：
	[[1.9153117 −0.0180261 1.1027144]
	[0.89956715 1.40108573 0.69934712]
	[1.7066612 0.492873 0.8004658]
	...
	[1.70385392 0.29715854 0.99898755]
	[2.03038667 −0.02176492 0.99137825]
	[0.69989716 0.39426642 1.90583642]]

观察 clf_bagging 模型的参数。

In []:	print('clf_bagging 的参数为：\n',clf_bagging.get_params())
Out:	clf_bagging 的参数为：
	{'base_estimator__C': 1.0, 'base_estimator__cache_size': 200, 'base_estimator__class_weight': None, 'base_estimator__coef0': 0.0, 'base_estimator__decision_function_shape': 'ovr', 'base_estimator__degree': 3, 'base_estimator__gamma': 2, 'base_estimator__kernel': 'poly', 'base_estimator__max_iter': −1, 'base_estimator__probability': False, 'base_estimator__random_state': None, 'base_estimator__shrinking': True, 'base_estimator__tol': 0.001, 'base_estimator__verbose': False, 'base_estimator': SVC(C=1.0, cache_size=200, class_weight=None, coef0=0.0,
	decision_function_shape='ovr', degree=3, gamma=2, kernel='poly',
	max_iter=−1, probability=False, random_state=None, shrinking=True,
	tol=0.001, verbose=False), 'bootstrap': True, 'bootstrap_features': False, 'max_features': 1.0, 'max_samples': 1.0, 'n_estimators': 10, 'n_jobs': 1, 'oob_score': False, 'random_state': None, 'verbose': 0, 'warm_start': False}

观察 clf_bagging 对测试集的预测概率。

In []:	print('clf_bagging 对测试集的预测概率为：\n',clf_bagging.predict_proba(X_test))
Out:	clf_bagging 对测试集的预测概率为：
	[[0.8 0. 0.2]
	[0. 0. 1.]
	[0. 1. 0.]
	[0.3 0.5 0.2]
	[0. 0.9 0.1]
	[0.3 0. 0.7]
	[0.1 0. 0.9]
	# 其余省略

观察 clf_bagging 对测试集预测的平均准确率。

In []:	print('clf_bagging 对测试集预测的平均准确率为：\n',clf_bagging.score(X_test, y_test))
Out:	clf_bagging 对测试集预测的平均准确率为： 0.83

统计 clf_bagging 对测试集预测错误的样本数量。

In []:	y_bag_pred=clf_bagging.predict(X_test)
	bag_wrong_num=len(y[np.where(y_bag_pred!=y_test)])
	print('Bagging 预测错误的样本数量为：',bag_wrong_num)
Out:	Bagging 预测错误的样本数量为：34

可以看出，使用支持向量机对测试预测错误的样本数量为 52，使用 Bagging 集成学习，将预测错误的样本数量降低到了 34。而 clf_bagging 中的基估计器模型与支持向量机完全一样。这说明 Bagging 集成学习的分类效果有一定的提高。

【范例分析】

本例使用 make_classification() 方法生成具有 10 个特征、1000 个样本、3 个类别的数据集，特征集是 X，目标集是 y。使用 train_test_split() 方法，以 0.8 的比例将其拆分为训练集和测试集 X_train,X_test, y_train,y_test。先使用多项式核函数 kernel='poly'；使用 SVC() 类的 fit() 方法拟合支持向量机分类模型；使用 predict() 方法对测试集进行预测，将预测结果 y_svm_pred 与真实类标签 y_test 对比；使用 where() 方法获得预测错误的样本索引；使用 len() 方法得知预测错误的样本数量为 52。然后以相同的支持向量机参数作为基估计器，生成缺省值 (10) 个支持向量机基估计器的 BaggingClassifier() 实例 clf_bagging，使用 clf_bagging.fit(X_train,y_train) 方法训练 Bagging 分类器。对拟合的 clf_bagging 分类器，访问 estimators_ 属性查看各个基估计器参数；访问 estimators_samples_ 属性查看各个基估计器使用的样本；访问 estimators_features_ 属性查看各个基估计器使用的特征，访问 classes_ 属性查看训练集的类标签；访问 n_classes_ 属性查看训练集的类别数量。使用 score(X_test, y_test) 方法返回 clf_bagging 对测试集 X_test, y_test 预测的准确率，使用 predict(X_test) 方法返回 clf_bagging 对测试集 X_test 的预测结果。将预测结果 y_bag_pred 与真实结果 y_test 对比，使用 where() 方法获得二者不一致即预测错误的样本索引，使用 len() 方法获得预测错误样本的数量为 34，比只使用一个支持向量机预测的错误数量 52 有所降低，说明 Bagging 集成学习方法的学习效果比单个基估计器有所提高。

11.2.2 ▶ 随机森林

决策树（Decision Tree）是一个树结构（可以是二叉树或非二叉树），其每个非叶子节点表示一个特征属性上的测试，每个分支代表这个特征属性在某个值域上的输出，而每个叶子节点存放一个类别。使用决策树进行决策的过程就是从根节点开始，测试待分类项中相应的特征属性，并按照其值选择输出分支，直到到达叶子节点，将叶子节点存放的类别作为决策结果。

随机森林由 LeoBreiman 于 2001 年提出，它通过自助法（Bootstrap）重采样技术，从原始训练样本集 N 中有放回地重复随机抽取 k 个样本生成新的训练样本集合，然后根据自助样本集生成 k 个分类树，这 k 个分类树组成随机森林。新数据的分类结果按各分类树投票多少形成的分数而定。

随机森林的实质是对决策树算法的一种改进，它将多个决策树合并在一起。每棵树的建立都依赖于一个独立抽取的样品，森林中的每棵树具有相同的分布，分类误差取决于每棵树的分类能力和它们之间的相关性。特征选择采用随机的方法去分裂每一个节点，然后比较不同情况下产生的误差。能够检测到的内在估计误差、分类能力和相关性决定选择特征的数目。

单棵树的分类能力可能很小，但在随机产生大量的决策树后，一个测试样品可以被每一棵树进行分类，统计分类结果后选择最可能的分类。

随机森林是用随机的方式建立一个森林，森林由很多的决策树组成，随机森林的每一棵决策树之间是没有关联的。在得到森林之后，当有一个新的输入样本进入时，就让森林中的每一棵决策树分别进行判断，先看这个样本应该属于哪一类，然后再看哪一类被选择得最多，就预测这个样本为那一类。

在创建决策树的过程中，有两点需要注意：采样与完全分裂。首先是两个随机采样的过程，Random Forest 对输入的数据要进行行、列的采样。对于行采样，采用有放回的方式，也就是在采样得到的样本集合中可能有重复的样本。假设输入样本为 N 个，那么采样的样本也为 N 个。这样使得在训练的时候，每一棵树的输入样本都不是全部的样本，相对不容易出现过拟合 (over-fitting)。然后进行列采样，从 M 个特征中选择 m 个（$m \ll M$）。之后就是对采样之后的数据使用完全分裂的方式建立决策树，这样决策树的某一个叶子节点要么是无法继续分裂的，要么里面的所有样本都指向同一个分类。一般很多决策树算法都有一个重要的步骤——剪枝，但是这里不需要剪枝。由于之前的两个随机采样的过程保证了随机性，因此就算不剪枝也不会出现过拟合。

scikit-learn 的 ensemble 模块提供了 RandomForestClassifier() 和 RandomForestRegression() 两个类，分别用于分类和回归问题。本章只介绍分类问题的 RandomForestClassifier() 类，其格式如下：

```
class sklearn.ensemble.RandomForestClassifier(n_estimators='warn', criterion='gini', max_depth=None, min_samples_split=2, min_samples_leaf=1, min_weight_fraction_leaf=0.0, max_features='auto', max_leaf_nodes=None, min_impurity_decrease=0.0, min_impurity_split=None, bootstrap=True, oob_score=False, n_jobs=None, random_state=None, verbose=0, warm_start=False, class_weight=None)
```

RandomForestClassifier() 类的主要参数含义如表 11-2 所示。

表 11-2 RandomForestClassifier() 类的主要参数含义

参数	含义
n_estimators	接收整数，可选，默认为 10(从 V0.22 版本开始改为 100)，表示森林中树的数量
criterion	接收字符串，可选，默认为 'gini'，可以为 'entropy'，表示分裂质量评价标准
max_depth	接收整数或 None，可选，默认为 None，表示树的最大深度。如果是 None，表示扩展节点直至每个叶子是纯的，或者每个叶子包含的样本数量少于 min_samples_split
min_samples_split	接收整数、浮点数，可选，默认为 2，表示分裂内部节点所需要的最小样本数量。如果是整数，将 min_samples_split 作为分裂内部节点所需要的最小样本数量。如果是浮点数，将 min_samples_split * n_samples 作为分裂内部节点所需要的最小样本数量

RandomForestClassifier() 类的主要属性如下。

（1）estimators_：返回拟合的各子分类器列表。

（2）classes_：返回形状为 [n_classes] 的数组或数组的列表，对单输出系统表示类标签；对多输出系统表示类标签的列表或数组。

（3）n_classes_：返回整数或列表，对单输出系统表示类的数量；对多输出系统表示每个输出的类的数量列表。

（4）n_features_：返回整数，表示拟合的特征数量。

（5）n_outputs_：返回整数，表示拟合完成后输出的数量。

（6）feature_importances_：返回形状为 [n_features] 的数组，返回特征重要程度，值越高，特征越重要。

（7）oob_score_：返回浮点数，使用袋外样本估计时得到的训练集分数。

（8）oob_decision_function_：返回形状为 [n_samples, n_classes] 的数组，表示对训练集使用袋外样本估计时的决策函数值。

RandomForestClassifier() 类的主要方法如下。

（1）apply(X)：将森林中的树应用于 X，返回叶子的索引。

（2）decision_path(X)：返回森林中的决策路径。

（3）fit(X, y[, sample_weight])：对训练集 (X, y) 建立一个有多个数的森林。

（4）get_params([deep])：获取估计器参数。

（5）predict(X)：预测 X 的类别。

（6）predict_log_proba(X)：预测 X 的类别对数概率。

（7）predict_proba(X)：预测 X 的类别概率。

（8）score(X, y[, sample_weight])：返回在给定测试集和标签上的平均分类准确率。

（9）set_params(**params)：设置估计器参数。

【例 11-2】使用 RandomForestClassifier() 训练随机森林分类器。

使用 make_classification() 方法生成具有 10 个特征、1000 个样本的分类数据集，将数据集划分为训练集和测试集。训练决策树分类模型，并对测试集进行预测。使用训练集训练随机森林分类器，使用训练好的模型对测试集进行预测。将随机森林分类器预测结果与决策树预测结果对比分析。

```
In []:   # 随机森林集成学习
         import numpy as np
         from sklearn import  tree, datasets
         from sklearn.ensemble import RandomForestClassifier
         from sklearn.model_selection import train_test_split
         X, y = datasets.make_classification(n_samples=1000, n_features=10,
                         n_informative=5, n_redundant=2,
                         n_classes=3,random_state=42)
         X_train,X_test, y_train, y_test = train_test_split(
```

```
In []:     X,y,train_size = 0.8,random_state = 42)
           clf_tree = tree.DecisionTreeClassifier(criterion='gini',max_depth=3)# 设置模型参数
           clf_tree.fit(X_train,y_train)
           y_tree_pred=clf_tree.predict(X_test)
           tree_wrong_num=len(y[np.where(y_tree_pred!=y_test)])
           print(' 决策树预测错误的样本数量为: ',tree_wrong_num)
```

```
Out:     决策树预测错误的样本数量为:  54
```

从输出结果可以看出，使用单个决策树对测试集预测错误的样本数量为 54 个。下面是生成随机森林的实例，基估计器的决策树模型参数与之前一致，基估计器的数量设为 50。

```
In []:     clf_rfc = RandomForestClassifier(n_estimators=50, criterion='gini',max_depth=3,
                          random_state=0)
           clf_rfc.fit(X_train, y_train)
```

```
Out:     RandomForestClassifier(bootstrap=True, class_weight=None, criterion='gini',
                  max_depth=3, max_features='auto', max_leaf_nodes=None,
                  min_impurity_decrease=0.0, min_impurity_split=None,
                  min_samples_leaf=1, min_samples_split=2,
                  min_weight_fraction_leaf=0.0, n_estimators=50, n_jobs=1,
                  oob_score=False, random_state=0, verbose=0, warm_start=False)
```

访问 estimators_ 属性，观察随机森林的各基估计器参数。

```
In []:     print(' 随机森林分类器的各子估计器为: \n',clf_rfc.estimators_)
```

```
Out:     随机森林分类器的各子估计器为:
          [DecisionTreeClassifier(class_weight=None, criterion='gini', max_depth=3,
                  max_features='auto', max_leaf_nodes=None,
                  min_impurity_decrease=0.0, min_impurity_split=None,
                  min_samples_leaf=1, min_samples_split=2,
                  min_weight_fraction_leaf=0.0, presort=False,
                  random_state=209652396, splitter='best'), DecisionTreeClassifier(class_weight=None,
          criterion='gini', max_depth=3,
                  max_features='auto', max_leaf_nodes=None,
                  min_impurity_decrease=0.0, min_impurity_split=None,
                  min_samples_leaf=1, min_samples_split=2,
                  min_weight_fraction_leaf=0.0, presort=False,
          其余省略
```

访问 classes_ 属性，观察随机森林分类器的类标签。

```
In []:     print(' 随机森林分类器的类为: \n',clf_rfc.classes_)
```

Out:	随机森林分类器的类为： [0 1 2]

访问 n_classes_ 属性，观察随机森林分类器的类数量。

In []:	print(' 随机森林分类器的类数量为： \n',clf_rfc.n_classes_)
Out:	随机森林分类器的类数量为： 3

访问 n_features_ 属性，观察随机森林分类器的特征数量。

In []:	print(' 随机森林分类器的特征数量为： \n',clf_rfc.n_features_)
Out:	随机森林分类器的特征数量为： 10

访问 n_outputs_ 属性，观察随机森林分类器的输出数量。

In []:	print(' 随机森林分类器输出数量为： \n',clf_rfc.n_outputs_)
Out:	随机森林分类器的输出数量为： 1

访问 feature_importances_ 属性，观察随机森林分类器中各个特征的重要程度

In []:	print(' 随机森林分类器中特征的重要程度为： \n',clf_rfc.feature_importances_)
Out:	随机森林分类器中特征的重要程度为： [0.11258908 0.00400648 0.05102187 0.08779754 0.16799077 0.00422633 0.1101373 0.00159106 0.28636212 0.17427744]

对训练集 X_train 使用 decision_path(X_train) 方法，观察随机森林分类器在训练集的决策路径。

In []:	print(' 随机森林分类器在训练集的决策路径为： \n',clf_rfc.decision_path(X_train))

Out:	随机森林分类器在训练集的决策路径为：
	(<800x746 sparse matrix of type '<class 'numpy.int64'>
	        with 159974 stored elements in Compressed Sparse Row format>, array([0, 15, 30, 45,
	60, 75, 90, 105, 120, 135, 150, 165, 180,
	   195, 210, 225, 240, 255, 270, 285, 300, 315, 330, 345, 360, 375,
	   390， 405, 420, 435, 450, 465, 480, 495, 508, 523, 538, 553, 568,
	   583, 598, 613, 628, 643, 658, 673, 686, 701, 716, 731, 746],
	   dtype=int32))

使用 get_params() 方法，观察随机森林分类器的参数。

In []:	print(' 随机森林分类器的参数为： \n',clf_rfc.get_params())
Out:	随机森林分类器的参数为： {'bootstrap': True, 'class_weight': None, 'criterion': 'gini', 'max_depth': 3, 'max_features': 'auto', 'max_leaf_nodes': None, 'min_impurity_decrease': 0.0, 'min_impurity_split': None, 'min_samples_leaf': 1, 'min_samples_split': 2, 'min_weight_fraction_leaf': 0.0, 'n_estimators': 50, 'n_jobs': 1, 'oob_score': False, 'random_state': 0, 'verbose': 0, 'warm_start': False}

对测试集 X_test 使用 predict_proba(X_test) 方法, 观察随机森林分类器对测试集预测结果的概率。

In []:	print(' 随机森林分类器对测试集预测的概率为：\n',clf_rfc.predict_proba(X_test))
Out:	随机森林分类器对测试集预测的概率为： [[0.47856518 0.15287324 0.36856158] [0.22836195 0.26106131 0.51057674] [0.081729 0.77749162 0.14077939] [0.13266638 0.43519468 0.43213894] [0.06926444 0.58793109 0.34280447] 其余省略

对测试集 X_test, y_test 使用 score(X_test, y_test) 方法, 观察随机森林分类器对测试集预测的平均准确率。

In []:	print(' 随机森林分类器对测试集预测的平均准确率为：\n',clf_rfc.score(X_test, y_test))
Out:	随机森林分类器对测试集预测的平均准确率为： 0.785

对测试集 X_test 使用 predict(X_test) 方法, 使用随机森林分类器对测试集进行预测, 将预测结果与真实标签对比, 统计预测错误的样本数量。

In []:	y_rfc_pred=clf_rfc.predict(X_test) rfc_wrong_num=len(y[np.where(y_rfc_pred!=y_test)]) print(' 随机森林预测错误的样本数量为：',rfc_wrong_num)
Out:	随机森林预测错误的样本数量为：43

【范例分析】

本例使用 datasets.make_classification() 生成具有 10 个特征、3 个类别、1000 个样本的数据集, 其中特征集为 X, 目标集为 y。使用 train_test_split() 方法, 以 0.8 的比例将数据集随机拆分为测试集和训练集 X_train,X_test, y_train, y_test, 以 criterion 参数接收决策树的分裂准则为 'gini', 以 max_depth 参数接收决策树的最大深度为 3, 其余参数使用缺省值。生成 tree.DecisionTreeClassifier() 类的实例 clf_tree, 使用 clf_tree.fit(X_train,y_train) 对训练集进行拟合, 使用 clf_tree.predict(X_test) 方法对测试集 X_test 进行预测, 获得预测结果 y_tree_pred, 将之与真实类标签 y_test 对比, 综合使用 where() 方法和 len() 方法, 获得预测错误的样本数量为 54。使用 RandomForestClassifier() 类, 以 n_estimators 参数传入基估计器的数量 50, 以 criterion 参数传入分裂准则为 'gini', 以 max_depth 参数传入基估计器决策树的最大深度 3, 构造的随机森林 clf_rfc 的基估计器与前述决策树具有相同的参数。classes_ 属性返回随机森林分类器 clf_rfc 的训练集类标签; n_classes_ 属性返回 clf_rfc 的训练集类数量, n_features_ 属性返回 clf_rfc 的训练集特征数量; n_outputs_ 属性返回 clf_rfc 输出的数量; feature_importances_ 属性返回 clf_rfc 各个特征的重要程度。对训练集 X_train 使用 decision_path(X_ train) 方法，返回 clf_rfc 在训练集的决策路径；使用 get_params() 方法，返回 clf_rfc 的参数，对测试集 X_test 使用 predict_proba(X_test) 方法，返回 clf_rfc 对测试集预测的概率；对测试集 X_test, y_test 使用 score(X_test, y_test) 方法，返回 clf_rfc 对测试集预测的平均准确率；对测试集 X_test 使用 predict(X_test) 方法，返回 clf_rfc 对测试集的预测结果。将预测结果 y_rfc_pred 与真实标签 y_test 对比，综合 where() 方法与 len() 方法，统计预测错误的样本数量为 43 个，比单个决策树预测错误的样本数 54 个有所降低。而随机森林中的决策树参数与单决策树的参数一致，这说明随机森林的集成学习对数据集的分类性能有所提高。

11.2.3 ▶ AdaBoost

对一个分类问题，如果存在一个算法能够学习并得到很高的分类正确率，那么这个算法称为强学习器。反之，如果正确率只是稍大于随机猜测（50%），则称为弱学习器。在实际情况中，弱学习器往往比强学习器更容易获得，所以就有了能否把弱学习器提升（Boosting）为强学习器的疑问。于是提升类方法应运而生，它代表了一类从弱学习器出发，反复训练，得到一系列弱学习器，然后组合这些弱学习器，构成一个强学习器的算法。

Boosting 算法是一类将弱学习器提升为强学习器的集成学习算法，它通过改变训练样本的权值，学习多个分类器，并将这些分类器进行线性组合，提高泛化性能。

大多数 Boost 方法会改变数据的概率分布（数据权值），具体而言就是提高前一轮训练中被错误分类数据的权值，降低正确分类数据的权值，使被错误分类的数据在下一轮的训练中更受关注。然后根据不同分布调用弱学习算法得到一系列弱学习器实现，再将这些学习器线性组合。具体组合方法是，误差率小的学习器会被增大权值，误差率大的学习器会被减小权值，这种方法的典型代表是 AdaBoost 算法。

AdaBoost（Adaptive Boosting) 的算法过程可以描述如下。

给定一个二分类的训练数据集 $T=\{(x_i, y_i)|i=1, 2, \cdots, N\}$，其中 x_i 为向量，$y_i \in [-1,1]$。初始化训练数据的权值分布，即式 (11-1)。

$$D_1=(w_{11}, w_{12},\cdots, w_{1i}, \cdots, w_{1N})\ w_{1i}=1/N, i=1, 2, \cdots, N \tag{11-1}$$

指定生成 T 个学习器，即进行 $t=1,2,\cdots, T$ 迭代。

对于第 t 次迭代，根据前一次迭代得到的权值分布 D_t 训练数据集，得到弱分类器，即式 (11-2)。

$$G_t(x): X \to \{-1,1\} \tag{11-2}$$

按式 (11-3) 计算 $G_t(x)$ 在权值分布 D_t 上的分类误差。

$$e_t = P(G_t(x_i \neq y_i)) = \sum_{i=1}^{N} w_{1i}I(G_t(x_i \neq y_i)) \tag{11-3}$$

可以看出，分类误差 e_t 是当前学习器得到的未正确分类数据项对应的权值之和，说明 AdaBoost 算法的分类误差受权值分布 D_t 的影响。

按式 (11-4) 计算当前学习器 $G_t(x)$ 的权值。

$$a_t = \frac{1}{2} \log \frac{1-e_t}{e_t}$$ （11-4）

这个权值在最后线性组合各分类器时作为各个分类器的权重。式 (11-4) 具有这样的特点，当 $e_t \leqslant 1/2$ 时，$a_t > 0$，且随着 e_t 的减小而增大，即分类误差越小，分类器的权值越大。还可以看出，权值分布 D_t 通过影响 e_t 来影响 a_t，这是 D_t 的第一个影响。

按照式 (11-5) 和式 (11-6) 更新权值分布 $D_t+1(x)$。

$$D_t+1 = (w_{t+1,1}, w_{t+1,2},\cdots, w_{t+1,i}, \cdots, w_{t+1,N})$$ （11-5）

$$w_{t+1} = \frac{w_{t,i} \exp(-a_t y_i G_t(x_i))}{\sum_{i=1}^{N} w_{t,i} \exp(-a_t y_i G_t(x_i))}$$ （11-6）

分析式 (11-6) 可知，当 $G_t(x) \neq y_i$ 时，即两者异号，则指数为正，此时 w_{t+1} 变大；反之，则两者同号，指数为负，则 w_{t+1} 变小。因此，分类错误的数据对应的下一次权值被扩大，正确分类的权值被缩小。因此，算法更加关注被错误分类的数据。

按照式 (11-7) 和式 (11-8) 构建最终的分类器。

$$G(x) = \text{sign}(\sum_{t=1}^{T} a_t G_t(x))$$ （11-7）

$$\text{sign}(x) = \begin{cases} 1 & x > 0 \\ 0 & x = 0 \\ -1 & x < 0 \end{cases}$$ （11-8）

对分类和回归问题，scikit-learn 的 ensemble 模块分别提供了 AdaBoostClassifier() 类和 AdaBoostRegression() 类，用于分类和回归。本章只介绍 AdaBoostClassifier() 类，其格式如下：

```
class sklearn.ensemble.AdaBoostClassifier(base_estimator=None, n_estimators=50, learning_rate=1.0,
algorithm='SAMME.R', random_state=None)
```

AdaBoostClassifier() 类的主要参数含义如表 11-3 所示。

表 11-3 AdaBoostClassifier() 类的主要参数含义

属性	意义
base_estimator	接收分类器对象，可选，默认为 None，表示用于构建集成分类器的基估计器。如果是 None，使用的基分类器为 DecisionTreeClassifier(max_depth=1)
n_estimators	接收整数，可选，默认为 50，表示在提升结束时估计器的最大数量（好的拟合中，学习过程可能提前结束）
learning_rate	接收浮点数，可选，默认为 1，表示学习速率。学习速率会缩小每个分类器的贡献，在 learning_rate 和 n_estimators 之间需要进行权衡

续表

属性	意义
algorithm	接收字符串，值可为 {'SAMME', 'SAMME.R'}，可选，默认为 'SAMME.R'。SAMME.R 使用 real boosting algorithm。基估计器必须支持类概率计算；SAMME 使用离散提升算法。SAMME.R 算法比 SAMME 算法收敛快
random_state	接收整数、随机状态实例 (RandomState) 或 None，可选，默认为 None。整数表示 random_state 是随机数字发生器的种子；随机状态实例表示 random_state 是随机数字发生器；None 表示随机数字发生器是 np.random 产生的随机状态实例

AdaBoostClassifier() 类的主要属性如下。

（1）estimators_：返回拟合的各子估计器的列表。

（2）classes_：返回形状为 [n_classes] 的数组，表示类标签。

（3）n_classes_：返回类数量。

（4）estimator_weights_：返回浮点数组，表示每个估计器在提升集成中的权重。

（5）estimator_errors_：返回浮点数组，表示每个估计器在提升集成中的分类误差。

（6）feature_importances_：返回形状为 [n_features] 的数组，表示特征的重要性，值越高，特征越重要。

AdaBoostClassifier() 类的主要方法如下。

（1）decision_function(X)：计算 X 的决策函数。

（2）fit(X, y[, sample_weight])：从训练集 (X, y) 中构建一个提升分类器。

（3）get_params([deep])：获取估计器参数。

（4）predict(X)：预测 X 的类别。

（5）predict_log_proba(X)：预测 X 的类别对数概率。

（6）predict_proba(X)：预测 X 的类别概率。

（7）score(X, y[, sample_weight])：返回估计器在给定测试集和标签的平均分类准确率。

（8）set_params(**params)：设置估计器参数。

（9）staged_decision_function(X)：计算 X 每次提升迭代的决策函数。

（10）staged_predict(X)：返回对 X 每次迭代的预测。

（11）staged_predict_proba(X)：预测 X 每次迭代的类别概率。

（12）staged_score(X, y[, sample_weight])：返回 X, y 每次迭代的分数。

【例 11-3】使用 AdaBoostClassifier() 进行集成学习。

使用 make_classification() 方法生成具有 10 个特征、1000 个样本的分类数据集，将数据集划分为训练集和测试集。使用训练集训练 AdaBoost 集成学习模型，并使用训练好的模型对测试集进行预测。

使用 make_classification() 方法生成分类数据集，将数据集划分为训练集和测试集。生成 AdaBoostClassifier() 类的实例，使用训练集拟合 AdaBoost 学习器。

In []:	#AdaBoost 集成学习

```
import numpy as np
from sklearn import  datasets
from sklearn.ensemble import AdaBoostClassifier
from sklearn.model_selection import train_test_split
X, y = datasets.make_classification(n_samples=1000, n_features=10,
                         n_informative=5, n_redundant=2,
                          n_classes=3,random_state=42)
X_train,X_test, y_train, y_test = train_test_split(
    X,y,train_size = 0.8,random_state = 42)
adaboost = AdaBoostClassifier(base_estimator=tree.DecisionTreeClassifier(max_depth=3))# 设置模型
参数
adaboost.fit(X_train,y_train)
```

Out:	AdaBoostClassifier(algorithm='SAMME.R',

```
        base_estimator=DecisionTreeClassifier(class_weight=None,
    criterion='gini', max_depth=3,
        max_features=None, max_leaf_nodes=None,
        min_impurity_decrease=0.0, min_impurity_split=None,
        min_samples_leaf=1, min_samples_split=2,
        min_weight_fraction_leaf=0.0, presort=False, random_state=None,
        splitter='best'),
    learning_rate=1.0, n_estimators=50, random_state=None)
```

可以看出，AdaBoost 集成学习已将决策树设置为基估计器，分裂准则默认为 'gini'，决策树最大深度已设置为 3，下面观察各子估计器的参数。

In []:	print('AdaBoost 分类器的各子估计器为：\n',adaboost.estimators_)
Out:	AdaBoost 分类器的各子估计器为：

```
[DecisionTreeClassifier(class_weight=None, criterion='gini', max_depth=3,
        max_features=None, max_leaf_nodes=None,
        min_impurity_decrease=0.0, min_impurity_split=None,
        min_samples_leaf=1, min_samples_split=2,
        min_weight_fraction_leaf=0.0, presort=False,
        random_state=1377934969, splitter='best'), DecisionTreeClassifier(class_weight=None,
    criterion='gini', max_depth=3,
        max_features=None, max_leaf_nodes=None,
        min_impurity_decrease=0.0, min_impurity_split=None,
        min_samples_leaf=1, min_samples_split=2,
        min_weight_fraction_leaf=0.0, presort=False,
```

其余省略

访问 classes_ 属性，观察 AdaBoost 估计器的类标签。

In []:	print('AdaBoost 分类器的类为：\n',adaboost.classes_)
Out:	AdaBoost 分类器的类为：[0 1 2]

访问 n_classes_ 属性，观察 AdaBoost 估计器的类别数量。

In []:	print('AdaBoost 分类器的类数量为：\n',adaboost.n_classes_)
Out:	AdaBoost 分类器的类数量为：3

访问 estimator_weights_ 属性，观察 AdaBoost 估计器的各子估计器的权重。

In []:	print('AdaBoost 分类器的各子估计器的权重为：\n',adaboost.estimator_weights_)
Out:	AdaBoost 分类器的各子估计器的权重为： [1. 1. 1. 1. 1. 1. 1. 1. 1. 1. 1. 1. 1. 1. 1. 1. 1. 1. 1. 1. 1. 1. 1. 1. 1. 1. 1. 1. 1. 1. 1. 1. 1. 1. 1. 1. 1. 1. 1. 1. 1. 1. 1. 1. 1. 1. 1. 1. 1. 1.]

可以看出，各子估计器的权值相等。下面访问 estimator_errors_ 属性，观察各子估计器的误差。

In []:	print('AdaBoost 分类器的各子估计器误差为：\n',adaboost.estimator_errors_)
Out:	AdaBoost 分类器的各子估计器误差为： [0.26375 0.29667638 0.36594052 0.40102 0.32139841 0.33188542 0.29404232 0.37246214 0.30141475 0.21307264 0.22701916 0.31311241 0.18921707 0.28179493 0.19948845 0.38151457 0.41079035 0.2453272 0.38621664 0.28994528 0.31349602 0.22216314 0.26998443 0.38295051 0.31641601 0.27248669 0.42319654 0.26228775 0.33740927 0.38475728 0.30540151 0.18678152 0.22618676 0.20431319 0.25993327 0.22863677 0.24913856 0.24582932 0.21315949 0.20714915 0.17094703 0.1707914 0.17544717 0.24372858 0.19349787 0.32849451 0.13368373 0.16020209 0.21003626 0.217644]

访问 feature_importances_ 属性，观察 AdaBoost 估计器各特征的重要性。

In []:	print('AdaBoost 分类器的特征重要性为：\n',adaboost.feature_importances_)
Out:	AdaBoost 分类器的特征重要性为： [0.14535385 0.06330038 0.07549466 0.09977237 0.11147152 0.06865463 0.1443666 0.09330679 0.12450001 0.07377918]

可以看出，特征 0 和 6 最重要，特征 8 次之，特征 4 再次之，其他特征重要性较小。下面对训练集 X_train 使用 decision_function(X_train) 方法，观察估计器的决策函数值。

In []:	print('AdaBoost 分类器的决策函数为：\n',adaboost.decision_function(X_train))

Out:	AdaBoost 分类器的决策函数为：

```
[[ 2.03168791 -3.37290068  1.34121277]
 [-2.45420685  2.36048337  0.09372348]
 [ 2.3658456  -4.01825641  1.65241081]
 ...
 [ 1.27795055  0.03038437 -1.30833492]
 [ 5.71522844 -3.93824334 -1.7769851 ]
 [ 1.23513123 -2.62837368  1.39324245]]
```

使用 get_params() 方法，观察 AdaBoost 分类器的参数。

In []:	print('AdaBoost 分类器的参数为：\n',adaboost.get_params())

Out:	AdaBoost 分类器的参数为：

```
{'algorithm': 'SAMME.R', 'base_estimator__class_weight': None, 'base_estimator__criterion': 'gini',
'base_estimator__max_depth': 3, 'base_estimator__max_features': None, 'base_estimator__max_
leaf_nodes': None, 'base_estimator__min_impurity_decrease': 0.0, 'base_estimator__min_impurity_
split': None, 'base_estimator__min_samples_leaf': 1, 'base_estimator__min_samples_split': 2, 'base_
estimator__min_weight_fraction_leaf': 0.0, 'base_estimator__presort': False, 'base_estimator__
random_state': None, 'base_estimator__splitter': 'best', 'base_estimator': DecisionTreeClassifier(class_
weight=None, criterion='gini', max_depth=3,
            max_features=None, max_leaf_nodes=None,
            min_impurity_decrease=0.0, min_impurity_split=None,
            min_samples_leaf=1, min_samples_split=2,
            min_weight_fraction_leaf=0.0, presort=False, random_state=None,
            min_samples_leaf=1, min_samples_split=2,
            min_weight_fraction_leaf=0.0, presort=False, random_state=None,
            splitter='best'), 'learning_rate': 1.0, 'n_estimators': 50, 'random_state': None}
```

对测试集 X_test 使用 predict_proba(X_test) 方法，观察 AdaBoost 分类器对测试集预测的概率。

In []:	print('AdaBoost 分类器对测试集预测的概率为：\n',adaboost.predict_proba(X_test))

Out:	

```
[[0.40428787 0.10710027 0.48861186]
 [0.16601843 0.01164288 0.82233869]
 [0.0490726  0.62541875 0.32550865]
 [0.01020876 0.3434151  0.64637614]
 [0.02820043 0.40468649 0.56711308]
其余省略
```

对测试集 X_test, y_test 使用 score(X_test, y_test) 方法，观察 AdaBoost 分类器对测试集预测的平均准确率。

In []:	print('AdaBoost 分类器对测试集预测的平均准确率为：\n',
	adaboost.score(X_test, y_test))

Out:	AdaBoost 分类器对测试集预测的平均准确率为: 0.735

观察 AdaBoost 分类器对训练集每次迭代的决策函数。

In []:	print('AdaBoost 分类器对训练集每次迭代的决策函数为: \n', adaboost.staged_decision_function(X_train))
Out:	AdaBoost 分类器对训练集每次迭代的决策函数为: \<generator object AdaBoostClassifier.staged_decision_function at 0x000002113EB53C78\>

由于决策函数表较大,因此输出的是一个产生器对象 generator,决策函数仍保存在内存中。

In []:	print('AdaBoost 分类器对测试集每次迭代的预测为: \n', adaboost.staged_predict(X_test))
Out:	AdaBoost 分类器对测试集每次迭代的预测为: \<generator object AdaBoostClassifier.staged_predict at 0x000002113EB53E58\>

输出观察 AdaBoost 分类器对测试集每次迭代的预测类别概率。同样,由于数量较大,输出的是一个产生器对象 generator,概率值仍保存在内存中。

In []:	print('AdaBoost 分类器对测试集每次迭代的预测类别概率为: \n', adaboost.staged_predict_proba(X_test))
Out:	AdaBoost 分类器对测试集每次迭代的预测类别概率为: \<generator object AdaBoostClassifier.staged_predict_proba at 0x000002113EB53840\>

输出观察 AdaBoost 分类器对测试集每次迭代的分数。同样,由于数量较大,输出的是一个产生器对象 generator,分数值仍保存在内存中。

In []:	print('AdaBoost 分类器对测试集每次迭代的分数为: \n', adaboost.staged_score(X_test, y_test))
Out:	AdaBoost 分类器对测试集每次迭代的分数为: \<generator object BaseWeightBoosting.staged_score at 0x000002113EB53DE0\>

对测试集 X_test,使用 predict(X_test) 方法预测各个样本的类别,将预测结果与真实类别对比,统计预测错误样本的数量。

In []:	y_adaboost_pred=adaboost.predict(X_test) adaboost_wrong_num=len(y[np.where(y_adaboost_pred!=y_test)]) print('adaboost 预测错误的样本数量为: ',adaboost_wrong_num)
Out:	adaboost 预测错误的样本数量为: 53

【范例分析】

本例使用 datasets.make_classification() 方法生成具有 10 个特征、3 个类别、1000 个样本的分

类数据集，其中 X 为特征集，y 为目标集。以 0.8 的比例，使用 train_test_split() 方法将数据集拆分为训练集和测试集 X_train,X_test, y_train, y_test。生成 AdaBoostClassifier() 的实例 AdaBoost，该类使用 base_estimator 参数接收，基估计器类型为 tree.DecisionTreeClassifier(max_depth=3)，同时已经将基估计器的深度通过 max_depth 参数设置为 3，其他参数使用缺省值。对训练集 X_train,y_train，使用 adaboost.fit(X_train,y_train) 方法拟合模型。classes_ 属性返回 AdaBoost 估计器的类标签；n_classes_ 属性返回 AdaBoost 的类别数量；estimator_weights_ 属性返回 AdaBoost 估计器各子估计器的权重；estimator_errors_ 属性返回 AdaBoost 估计器各子估计器的误差；feature_importances_ 属性返回 AdaBoost 估计器的各特征重要性。下面对训练集 X_train 使用 decision_function(X_train) 方法，返回 AdaBoost 估计器的决策函数值；使用 get_params() 方法，返回估计器 AdaBoost 的参数；对测试集 X_test 使用 predict_proba(X_test) 方法，返回估计器 AdaBoost 对测试集预测的概率；对测试集 X_test, y_test 使用 score(X_test, y_test) 方法，返回估计器 AdaBoost 对测试集预测的平均准确率；对测试集 X_test，使用 predict(X_test) 方法预测各个样本的类别，将预测结果与真实类别对比，结合 where() 和 len() 方法，统计预测错误样本的数量为 53。

11.2.4 ▶ Gradient Tree Boosting

梯度树提升算法（Gradient Tree Boosting，GBDT）是树提升算法的一种。对训练数据集 $D=\{(x_i, y_i)|i=1, 2,\cdots, N\}$，其中 x_i 为向量，$y_i \in [0,1]$，用 M 个决策树 $T(x; \Theta_m)$ 构成一个集成学习器，即式 (11-9)。

$$f_M(x) = \sum_{m=1}^{M} T(x;\Theta_m) \tag{11-9}$$

其中 Θ_m 表示决策树的参数，如节点数量、深度等。将 Θ_m 视为变量，定义损失函数 $L(y, f(x))$。提升树的优化目标是，选择决策树的参数 $\Theta=\{\Theta_1,\Theta_2,\cdots,\Theta_m\}$，以最小化损失函数 $\sum L(y, f(x))$，即式 (11-10)。

$$\arg \min_{\Theta} \sum_{i=1}^{N} L(y_i, f_M(x_i)) = \arg \min_{\Theta} \sum_{i=1}^{N} L(y_i, \sum_{m=1}^{M} T(x;\Theta_m)) \tag{11-10}$$

损失函数有多种定义方法，如平方误差损失函数、指数损失函数、对数似然损失函数等。对于分类情况，由于样本输出不是连续的值，而是离散的类别，导致无法直接从输出类别去拟合类别输出的误差。要解决这个问题，主要有两种方法，一种是用指数损失函数，此时 GBDT 退化为 AdaBoost 算法；另一种是用类似于逻辑回归的对数似然损失函数。也就是说，用类别的预测概率值和真实概率值的差来拟合损失。

在计算任意样本的残差时，不使用损失函数的值，而是使用快速下降的近似方法来计算残差的近似值，即定义残差为负梯度，如式 (11-11)。

$$r_{m,i} = -\left[\frac{\partial L(y_i, f(x_i))}{\partial f(x_i)}\right]_{f(x)=f_{m-1}(x)} \quad (11\text{-}11)$$

根据 $\{(x_i, r_{m,i})|i=1, 2, \cdots, N\}$ 训练决策树，更新它们的参数，直至迭代停止。详细的算法请读者查阅相关文献资料。

scikit-learn 的 ensemble 模块提供了 GradientBoostingClassifier() 和 GradientBoostingRegression() 两个类，分别用于分类和回归问题。本章只介绍 GradientBoostingClassifier() 类，其格式如下：

class sklearn.ensemble.GradientBoostingClassifier(loss='deviance', learning_rate=0.1, n_estimators=100, subsample=1.0, criterion='friedman_mse', min_samples_split=2, min_samples_leaf=1, min_weight_fraction_leaf=0.0, max_depth=3, min_impurity_decrease=0.0, min_impurity_split=None, init=None, random_state=None, max_features=None, verbose=0, max_leaf_nodes=None, warm_start=False, presort='auto', validation_fraction=0.1, n_iter_no_change=None, tol=0.0001)

GradientBoostingClassifier() 类的主要参数说明如表 11-4 所示。

表 11-4 GradientBoostingClassifier() 类的主要参数说明

参数	含义
loss	接收字符串 {'deviance', 'exponential'}，可选，默认为 'deviance'，表示要优化的损失函数。deviance 表示以逻辑回归作为分类概率输出；exponential 表示使用 AdaBoost 算法
learning_rate	接收浮点数，可选，默认为 0.1，学习速率通过该参数压缩各树的贡献，在 learning_rate 和 n_estimators 之间需要寻求平衡
n_estimators	接收整数，默认为 100，表示提升阶段要执行的数量。梯度提升对过拟合很鲁棒，因此数量大会得到好的性能
subsample	接收浮点数，可选，默认为 1.0，表示用于拟合各个基估计器的样本比例。如果小于 1，会使用随机梯度提升

GradientBoostingClassifier() 类的主要属性如下。

（1）n_estimators_：返回整数，如果指定 n_iter_no_change，表示学习早期停止时选择的估计器数量；否则该参数为 n_estimators。

（2）feature_importances_：返回形状为 (n_features,) 的数组，表示特征重要性，值越高，重要性越高。

（3）oob_improvement_：返回形状为 (n_estimators,) 的数组，表示相对上次迭代，损失的改善值。

（4）train_score_：返回形状为 (n_estimators,) 的数组，表示模型在训练集上每次迭代的分数。

（5）loss_：返回损失函数对象。

（6）init_：返回初始预测的估计器。

（7）estimators_：返回形状为 (n_estimators, loss_.K) 的决策树回归估计器数组。

GradientBoostingClassifier() 的类主要方法如下。

（1）apply(X)：将集成模型的树应用于 X，返回叶子的索引。

（2）decision_function(X)：计算 X 的决策函数。

（3）fit(X, y[, sample_weight, monitor])：拟合梯度提升模型。

（4）get_params([deep])：获取估计器参数。

（5）predict(X)：预测 X 的类别。

（6）predict_log_proba(X)：预测 X 类别的对数概率。

（7）predict_proba(X)：预测 X 类别的概率。

（8）score(X, y[, sample_weight])：返回给定测试集和标签的平均分类准确率。

（9）set_params(**params)：设置估计器参数。

（10）staged_decision_function(X)：计算对 X 每次迭代的决策函数。

（11）staged_predict(X)：预测 X 在每个阶段的类别。

（12）staged_predict_proba(X)：预测 X 在每个阶段的类别概率。

【例 11-4】使用 GradientBoostingClassifier() 进行集成学习。

使用 make_classification() 方法生成具有 10 个特征、1000 个样本、3 个类别的分类数据集，将数据集划分为训练集和测试集。使用 GradientBoostingClassifier() 训练分类器，进行集成学习。

GradientBoostingClassifier() 的基估计器为 CART 决策树，CART 决策树为二叉树。本例全部使用默认参数训练模型。

生成分类数据集，生成 GradientBoostingClassifier() 类的实例，拟合模型，并观察模型参数。

In []:	#Gradient Tree Boosting 集成学习
	import numpy as np
	from sklearn import datasets
	from sklearn.ensemble import GradientBoostingClassifier# 导入 GradientBoostingClassifier 模块
	from sklearn.model_selection import train_test_splitX, y = datasets.make_classification(n_
	samples=1000, n_features=10,
	n_informative=5, n_redundant=2,
	n_classes=3,random_state=42)
	X_train,X_test, y_train, y_test = train_test_split(
	X,y,train_size = 0.8,random_state = 42)
	gboost = GradientBoostingClassifier()# 设置模型参数
	gboost.fit(X_train,y_train)
Out:	GradientBoostingClassifier(criterion='friedman_mse', init=None,
	learning_rate=0.1, loss='deviance', max_depth=3,
	max_features=None, max_leaf_nodes=None,
	min_impurity_decrease=0.0, min_impurity_split=None,
	min_samples_leaf=1, min_samples_split=2,
	min_weight_fraction_leaf=0.0, n_estimators=100,
	presort='auto', random_state=None, subsample=1.0, verbose=0,
	warm_start=False)

以上代码使用默认参数，生成了 GradientBoostingClassifier() 类的实例 gboost。从输出的模型参数可以看出，基估计器的分裂准则为 'friedman_mse'，学习率为 0.1，损失函数类型为 'deviance'，决策树最大深度为 3。下面访问 n_estimators 属性查看基估计器的数量。

In []:	print('Gradient Tree Boost 分类器的子估计器数量为 \n',gboost.n_estimators)
Out:	Gradient Tree Boost 分类器的子估计器数量为：100

访问 feature_importances_ 属性查看训练集各个特征在分类器中的重要性。

In []:	print('Gradient Tree Boost 分类器的特征重要性为：\n',gboost.feature_importances_)
Out:	Gradient Tree Boost 分类器的特征重要性为：
	[0.1031753 0.06725661 0.08025057 0.11067459 0.11804333 0.05350599
	0.12616618 0.04991895 0.19635484 0.09465364]

访问 train_score_ 属性查看分类器的训练分数，它表现为各个基分类器的分数。

In []:	print('Gradient Tree Boost 分类器的训练分数为：\n',gboost.train_score_)
Out:	Gradient Tree Boost 分类器的训练分数为：
	[806.26216488 746.4784068 695.50696525 652.6940529 614.70194366
	580.946424 552.45178225 527.14234799 503.51083492 480.6355698
	461.64794513 445.31487759 428.43751876 413.68055235 400.85918239
	388.67809887 377.97486351 368.52612612 357.28059123 347.9689519
	338.40207248 331.39932139 323.36415023 315.98925735 309.35759446
	303.48315302 298.01076674 291.4945997 285.57101718 280.64006061
	274.83563514 272.00216616 264.77927219 260.53971009 257.24682335
	252.14068952 246.37059359 243.49944903 240.14772758 235.19256252
	230.20481938 227.36758549 223.59853523 220.82927318 216.84604337
	214.19797242 209.38220264 206.96031111 204.0144675 200.99440934
	198.20718364 194.86109367 192.40126761 190.37323166 187.43707887
	185.45541727 182.99079208 180.48584851 178.65486878 175.65845926
	173.82101116 172.1701507 169.84614208 168.39015082 166.93101052
	164.75945098 161.90172906 160.16552213 158.69630515 157.27644664
	154.59940728 152.80896307 150.93727952 149.08185589 147.33301249
	145.23547158 143.77798289 141.92442001 140.6315782 139.15862675
	138.05446246 135.53967622 134.38106963 133.41722291 131.94128561
	130.03997844 128.47714429 127.36276413 126.32866214 123.99327013
	122.65039069 121.61527174 119.96782234 119.01825877 117.72325811
	116.20588964 115.29451028 114.43622447 112.91801488 112.07970766]

访问 loss_ 属性查看分类器的损失函数值。

In []:	print('Gradient Tree Boost 分类器的损失为：\n',gboost.loss_)

Out:　　Gradient Tree Boost 分类器的损失为：

　　　　　<sklearn.ensemble.gradient_boosting.MultinomialDeviance object at

　　　　　t 0x000002113EB83240>

由于 loss_ 记录了损失函数的每一次迭代值，数量非常之大，因此返回一个内存地址。init_ 属性返回分类器的初始估计器。

In []:　　print('Gradient Tree Boost 分类器的初始估计器为：\n',gboost.init_)

Out:　　Gradient Tree Boost 分类器的初始估计器为：

　　　　　<sklearn.ensemble.gradient_boosting.PriorProbabilityEstimator object at

　　　　　0x000002113EB83E10>

下面访问 estimators_ 属性查看各基估计器的参数。

In []:　　print('Gradient Tree Boost 分类器的子估计器为：\n',gboost.estimators_)

Out:　　Gradient Tree Boost 分类器的子估计器为：

　　　　　[[DecisionTreeRegressor(criterion='friedman_mse', max_depth=3,

　　　　　　　max_features=None, max_leaf_nodes=None,

　　　　　　　min_impurity_decrease=0.0, min_impurity_split=None,

　　　　　　　min_samples_leaf=1, min_samples_split=2,

　　　　　　　min_weight_fraction_leaf=0.0, presort='auto',

　　　　　　　random_state=<mtrand.RandomState object at 0x0000021139CFB948>,

　　　　　　　splitter='best')

　　　　　其余省略

对训练集 X_train，使用 decisio 3 n_function(X_train) 返回分类器对训练集的决策函数值。

In []:　　print('Gradient Tree Boost 分类器的决策函数为：\n',gboost.decision_function(X_train))

Out:　　Gradient Tree Boost 分类器的决策函数为：

　　　　　[2.44598869　-2.46958283　0.08274562]

　　　　　[-0.47451715　1.16955883　0.19516739]

　　　　　[1.52125082　-1.70516796　0.04296345]

　　　　　...

　　　　　[1.18412101　-1.21709336　-0.82094018]

　　　　　[3.46490368　-1.92402141　-1.31770424]

　　　　　[1.42945183　-2.35868263　1.75910075]]

使用 get_params() 方法返回分类器的参数。

In []:　　print('Gradient Tree Boost 分类器的参数为：\n',gboost.get_params())

Out:	Gradient Tree Boost 分类器的参数为：

{'criterion': 'friedman_mse', 'init': None, 'learning_rate': 0.1, 'loss': 'deviance', 'max_depth': 3, 'max_features': None, 'max_leaf_nodes': None, 'min_impurity_decrease': 0.0, 'min_impurity_split': None, 'min_samples_leaf': 1, 'min_samples_split': 2, 'min_weight_fraction_leaf': 0.0, 'n_estimators': 100, 'presort': 'auto', 'random_state': None, 'subsample': 1.0, 'verbose': 0, 'warm_start': False}

对测试集 X_test，使用 predict_proba(X_test) 方法返回分类器对测试集的预测概率。

In []:	print('Gradient Tree Boost 分类器对测试集预测的概率为：\n',gboost.predict_proba(X_test))
Out:	Gradient Tree Boost 分类器对测试集预测的概率为：

[[6.43116941e-01 3.10091747e-02 3.25873884e-01]

[1.98437467e-02 9.73929446e-03 9.70416959e-01]

[9.69383415e-03 9.42165274e-01 4.81408920e-02]

[9.71676533e-03 9.72818931e-01 1.74643040e-02]

[4.19180182e-03 9.49688748e-01 4.61194503e-02]

其余省略

对测试集 X_test, y_test，使用 score(X_test, y_test) 方法返回分类器对测试集预测的平均准确率。

In []:	print('Gradient Tree Boost 分类器对测试集预测的平均准确率为：\n', gboost.score(X_test, y_test))
Out:	Gradient Tree Boost 分类器对测试集预测的平均准确率为： 0.85

【范例分析】

本例使用 datasets.make_classification() 方法生成具有 10 个特征、3 个类别、1000 个样本的分类数据集，其中 X 为特征集，y 为目标集。以 0.8 的比例，使用 train_test_split() 方法将数据集拆分为训练集和测试集 X_train,X_test, y_train, y_test。GradientBoostingClassifier() 类的基估计器为 CART 决策树，即二叉树。使用默认参数生成 GradientBoostingClassifier() 类的实例 gboost，使用 gboost.fit(X_train,y_train) 对训练集 X_train,y_train 拟合分类器。基估计器的默认分裂准则为 'friedman_mse'，学习率为 0.1，损失函数类型为 'deviance'，决策树最大深度为 3。n_estimators 属性返回 gboost 基估计器的数量；feature_importances_ 属性返回各个特征在分类器中的重要性；train_score_ 属性返回 gboost 的训练分数，loss_ 属性返回包括 gboost 损失函数值在内存的地址；init_ 属性返回 gboost 的初始估计器；estimators_ 属性返回 gboost 各基估计器的参数。对训练集 X_train，使用 decision_function(X_train) 方法，返回 gboost 对训练集的决策函数值，使用 get_params() 方法返回 gboost 的参数；对测试集 X_test，使用 predict_proba(X_test) 方法返回 gboost 对测试集的预测概率，使用 score(X_test, y_test) 方法返回 gboost 对测试集预测的平均准确率为 0.85。

11.2.5 ▶ XGBoost

XGBoost 是一个优化的分布式梯度增强库，具有设计高效、灵活、可移植的特点，在梯度增强框架下实现了机器学习算法。XGBoost 提供了一个并行的树增强，可以快速、准确地解决许多数据科学问题。同样的代码运行在主要的分布式环境（Hadoop、SGE、MPI）中，可以解决超过数十亿个样本的问题，适用于大数据的处理。XGBoost 可以在 Python、R、Julia、Scala 中使用。

XGBoost 也使用决策树作为基估计器。但在 XGBoost 中，是一棵一棵往里加树的，每加一棵都希望效果能够提升。一开始树是 0，然后往里加第一棵树，相当于多了一个函数，再加第二棵树，相当于又多了一个函数，以此类推。要保证加入新的函数能够提升整体表达效果。提升表达效果的意思是，加上新的树之后，目标函数（损失）的值会下降。

如果叶子节点的个数太多，那么过拟合的风险就会很大，所以这里要限制叶子节点的个数，在原来的目标函数里加上一个惩罚项。

XGBoost 的优化目标函数为式 (11-12)。

$$\mathrm{Obj}^{(t)} = \sum_{i=1}^{N} L(y_i, \hat{y}_i^{(t)} + \sum_{i=1}^{t} \Omega(f_i)$$

$$= \sum_{i=1}^{N} (L(y_i, \hat{y}_i^{(t-1)} + f_t(x_i)) + \Omega(f_t)) + cons \qquad (11\text{-}12)$$

其中 L 为损失函数，f 为树的输出值，且规定 $f_0=0$。Ω 为惩罚项，cons 为常数。Obj 表示当指定一个树的结构时，在目标上最多会减少多少，可以把它叫作结构分数，这个分数越小越好。对于每次扩展，要枚举所有可能的方案。对于某个特定的分割，要计算出这个分割的左子树（二叉树的左边）对损失函数的导数和与右子数导数之和，然后同分割前进行比较，看分割后的损失有没有发生变化，如果有，变化了多少。遍历所有分割，选择变化最大的作为最合适的分割。

关于 XGBoost 的详细算法，请读者参阅相关文献，在此不再深入介绍。

值得说明的是，XGBoost 为 scikit-learn 提供了专门的 API，早期的 scikit-learn 版本集成了这个 API，但目前 scikit-learn 不自带 XGBoost，要使用 XGBoost，需要读者自行安装。pip 安装的命令是：

```
pip install xgboost
```

XGBoost 有多个 API，以支持不同的环境调用。它的主要类有 DMatrix()、Booster()，主要方法有 predict()、train()、fit()。

1.DMatrix() 类

DMatrix() 类用于将数据集转换为 XGBoost 支持的格式，其格式如下：

```
classxgboost
.DMatrix(data, label=None, missing=None, weight=None,
silent=False, feature_names=None, feature_types=None, nthread=None)
```

DMatrix() 类的主要参数说明如表 11-5 所示。

表 11-5 xgboost.DMatrix() 类的主要参数说明

参数	含义
data	接收字符串、数组、DataFrame 对象等，是 DMatrix 的数据源。当 data 是字符串时，表示 libsvm 格式的文本文件路径，或 xgboost 可读入的二进制文件
label	接收列表、一维数组，可选，表示训练数据的标签
missing	接收浮点数，可选，表示数据中需要作为缺失值显示的值。如果是 None，缺省为 np.nan
weight	接收列表、一维数组，可选，表示每个实例的权重
silent	接收布尔值，可选，表示在构建过程中是否打印信息
feature_names	接收列表，可选，设置特征名称
feature_types	接收列表，可选，设置特征类型
nthread	接收整数，可选，表示从 NumPy 数组加载数据使用的线程数。如果是 -1，表示使用系统可用的最大线程数

xgboost.DMatrix() 类的主要方法如下。

（1）feature_names：获取特征名称。

（2）feature_types：获取特征类型。

（3）get_base_margin()：返回 DMatrix 的基边界。

（4）get_float_info(field)：返回 DMatrix 的浮点数信息。

（5）get_label()：获取 DMatrix 的标签。

（6）get_uint_info(field)：获取 DMatrix 的无符号数信息。

（7）get_weight()：获取 DMatrix 的权重。

（8）num_col()：获取 DMatrix 的特征数量。

（9）num_row()：获取 DMatrix 的行数。

（10）save_binary(fname, silent=True)：将 DMatrix 保存到一个 XGBoost 缓冲区，通过提供文件路径，保存的二进制文件可以作为 DMatrix() 的输入。

（11）set_base_margin(margin)：设置提升器启动的基边界。

（12）set_float_info(field, data)：向 DMatrix 设置浮点数类型信息。

（13）set_float_info_npy2d(field, data)：对 NumPy 二维数组，向 DMatrix 设置浮点数类型信息。

（14）set_group(group)：设置 DMatrix 的组大小（用于 ranking)。

（15）set_label(label)：设置 DMatrix 的标签。

（16）set_label_npy2d(label)：设置 DMatrix 的标签。

（17）set_uint_info(field, data)：设置 DMatrix 的单元类型信息。

（18）set_weight(weight)：设置每个实例的权重。

（19）set_weight_npy2d(weight)：对 NumPy 二维数组，设置每个实例的权重。

（20）slice(rindex)：对 DMatrix 切片，返回一个只包含 rindex 的新数组。

Booster() 类用于提升计算，其格式如下：

class xgboost.Booster(params=None, cache=(), model_file=None)

Booster 类的主要参数说明如表 11-6 所示。

表 11-6 xgboost.Booster 类的主要参数说明

参数	含义
params	接收字典，表示提升器的参数
cache	接收列表，表示缓存项目的列表
model_file	接收字符串，表示模型文件的路径

xgboost.Booster 类的主要方法如下。

（1）attr(key)：返回提升器的属性字符串。

（2）attributes()：以字典形式获取提升器的属性。

（3）boost(dtrain, grad, hess)：提升器进行一次迭代，运行用户定制的梯度统计，其中 dtrain (DMatrix) 为训练用的 DMatrix，grad (list) 为第一梯度，hess (list) 为第二梯度。

（4）copy()：返回一个提升器对象的副本。

（5）dump_model(fout, fmap='', with_stats=False, dump_format='text')：把模型保存为文本文件或 JSON 文件，其中各参数的含义如下。

① fout (string)：输出文件的名字。

② fmap (string, optional)：文件包含的特征地图名字。

③ with_stats (bool, optional)：控制是否输出分裂统计。

④ dump_format (string, optional)：模型保存格式，文本文件或 json。

（6）eval(data, name='eval', iteration=0)：评价训练好的模型，其中各参数的含义如下。

① data (DMatrix)：保存输入的 dmatrix。

② name (str, optional)：数据集的名字。

③ iteration (int, optional)：当前迭代次数。

（7）eval_set(evals, iteration=0, feval=None)：评价数据集，其中各参数的含义如下。

① evals (list of tuples (DMatrix, string))：要评价的项目列表。

② iteration (int)：当前迭代次数。

③ feval (function)：以后评价函数。

（8）get_dump(fmap='', with_stats=False, dump_format='text')：将模型作为字符串返回，其中各参数的含义如下。

① fmap (string, optional)：包含特征地图名字的文件名称。

② with_stats (bool, optional)：控制分裂统计是否输出。

③ dump_format (string, optional)：保存的模型的格式，文本文件或 json 格式文件。

（9）get_fscore(fmap='')：获取每个特征的重要性。

（10）get_score(fmap=", importance_type='weight')：获取每个特征的重要性，重要性类型可以定义如下。

① weight：特征在所有树中分裂数据的次数。

② gain：特征所有分裂的平均增益。

③ cover：特征对所有分裂的平均覆盖率。

④ total_gain：特征在所有分裂的总增益。

⑤ total_cover：特征在所有分裂的总覆盖率。

（11）get_split_value_histogram(feature, fmap=", bins=None, as_pandas=True)：获取特征分裂值的直方图，其中各参数的含义如下。

① feature (str)：特征名称。

② fmap (str (optional))：特征地图文件的名称。

③ bins (int, default None)：最大分箱数。

④ as_pandas (bool, default True)：如果安装了 pandas，则返回 DataFrame；如果没有安装，则返回 NumPy 数组。

（12）load_model(fname)：从文件加载模型。

（13）load_rabit_checkpoint()：通过从 rabit 检查点加载来初始化模型。

2.predict() 方法

predict() 方法用于预测数据，其格式如下：

```
predict(data, output_margin=False, ntree_limit=0, pred_leaf=False, pred_contribs=False, approx_
contribs=False, pred_interactions=False, validate_features=True)
```

predict() 方法的主要参数说明如表 11-7 所示。

表 11-7 predict() 方法的主要参数说明

参数	含义
data	接收 DMatrix，表示要预测的数据
output_margin	接收布尔值，表示是否输出稀疏未变换的边界值
ntree_limit	接收整数，表示预测时限制树的数量，缺失值为 0

3.train() 方法

train() 方法用于拟合模型，其格式如下：

```
xgboost.train(params, dtrain, num_boost_
round=10, evals=(), obj=None, feval=None, maximize=False, early_stopping_rounds=None, evals_
result=None, verbose_eval=True, xgb_model=None, callbacks=None, learning_rates=None)
```

train() 方法的主要参数说明如表 11-8 所示。

表 11-8 xgboost.train() 方法的主要参数说明

参数	含义
params	接收字典，表示提升器的参数
dtrain	接收 DMatrix，表示要训练的数据
num_boost_round	接收整数，表示提升迭代次数
evals	接收 (DMatrix, string) 对列表，表示训练过程中要评价的项目
obj	接收函数，表示用户自定义的目标函数
feval	接收函数，表示用户自定义的评价函数

4.fit() 方法

fit() 方法用于拟合模型，转为 scikit-learn 设计，其格式如下：

fit(X, y, sample_weight=None, eval_set=None, eval_metric=None, early_stopping_
rounds=None, verbose=True, xgb_model=None, sample_weight_eval_set=None, callbacks=None)

fit() 方法的主要参数说明如表 11-9 所示。

表 11-9 fit() 方法的主要参数说明

参数	含义
X	接收数组，表示特征矩阵
y	接收数组，表示类标签
sample_weight	接收数组，表示实例权重
eval_set	接收列表，可选，表示用作早期停止验证集的 (x, y) 元组对列表
sample_weight_eval_set	接收列表，可选，表示形如 $[L\_1, L\_2, \cdots, L\_n]$ 的列表，其中 L_i 是在第 i 个验证集的实例权重列表
xgb_model	接收字符串，表示现存 xgb 模型或提升器实例的文件名字

对拟合的模型，提供了以下方法访问模型。

（1）get_booster()：获取该模型的 xgboost 提升器。

（2）get_num_boosting_rounds()：获取 xgboost 的提升轮次。

（3）get_params(deep=False)：获取估计器参数。

（4）get_xgb_params()：获取 xgboost 类型参数。

（5）intercept_：线性学习器的截距。

（6）load_model(fname)：从文件加载模型。

更多的 XGBoost API 信息请参阅其官方网址 https://xgboost.readthedocs.io/en/latest/python/python_api.html#。

【例 11-5】使用 XGBClassifier 进行集成学习。

使用 make_classification() 方法生成具有 10 个特征、1000 个样本的分类数据集，将数据集划分为训练集和测试集。使用 XBoost 集成学习训练模型，并对测试集进行预测。

使用 make_classification() 方法生成分类数据集，生成 XGBClassifier() 的实例，使用 fit() 方法拟合模型。

```
In []:   #XBoost 集成学习，需从 anaconda prompt 管道安装 xgboost 模块
         #xgboost 模块网站 https://xgboost.readthedocs.io/en/latest/
         # 安装命令：pip install xgboost
         from xgboost import XGBClassifier
         import xgboost as xgb
         import numpy as np
         from sklearn import  datasets
         from sklearn.model_selection import train_test_split
         X, y = datasets.make_classification(n_samples=1000, n_features=10,
                          n_informative=5, n_redundant=2,
                           n_classes=3,random_state=42)
         X_train,X_test, y_train, y_test = train_test_split(
            X,y,train_size = 0.8,random_state = 42)
         xgboost = XGBClassifier()# 设置模型参数
         xgboost.fit(X_train,y_train)
```

```
Out:     XGBClassifier(base_score=0.5, booster='gbtree', colsample_bylevel=1,
             colsample_bytree=1, gamma=0, learning_rate=0.1, max_delta_step=0,
             max_depth=3, min_child_weight=1, missing=None, n_estimators=100,
             n_jobs=1, nthread=None, objective='multi:softprob', random_state=0,
             reg_alpha=0, reg_lambda=1, scale_pos_weight=1, seed=None,
             silent=True, subsample=1)
```

以上代码生成了 XGBClassifier() 类的实例 xgboost，全部使用缺省参数。

```
In []:   print('XGBoost 分类器的提升器为：',xgboost.get_booster())
```
```
Out:     XGBoost 分类器的提升器为：<xgboost.core.Booster object at 0x000002113EB83DD8>
```

使用 get_params() 方法查看 xgboost 的参数。

```
In []:   print('XGBoost 分类器的参数为：',xgboost.get_params(deep=False))
```
```
Out:     XGBoost 分类器的参数为：{'base_score': 0.5, 'booster': 'gbtree',
         'colsample_bylevel': 1, 'colsample_bytree': 1, 'gamma': 0, 'learning_rate': 0.1, 'max_delta_step': 0,
         'max_depth': 3, 'min_child_weight': 1, 'missing': None, 'n_estimators': 100, 'n_jobs': 1, 'nthread': None,
         'objective': 'multi:softprob', 'random_state': 0, 'reg_alpha': 0, 'reg_lambda': 1, 'scale_pos_weight': 1,
         'seed': None, 'silent': True, 'subsample': 1}
```

使用 get_xgb_params() 方法，能够获取 xgboost 分类器的类型参数。

```
In []:   print('XGBoost 分类器的类型参数为：',xgboost.get_xgb_params())
```

Out: XGBoost 分类器的类型参数为： {'base_score': 0.5, 'booster': 'gbtree', 'colsample_bylevel': 1, 'colsample_bytree': 1, 'gamma': 0, 'learning_rate': 0.1, 'max_delta_step': 0, 'max_depth': 3, 'min_child_weight': 1, 'missing': None, 'n_estimators': 100, 'nthread': 1, 'objective': 'multi:softprob', 'reg_alpha': 0, 'reg_lambda': 1, 'scale_pos_weight': 1, 'seed': 0, 'silent': True, 'subsample': 1, 'verbosity': 0}

对测试集 X_test，使用 xgboost.predict(X_test) 方法预测测试集，将预测结果与真实类标签对比，结合 where() 方法和 len() 方法，能够获取预测错误的样本数量。

In []: y_xgboost_pred=xgboost.predict(X_test)

xgboost_wrong_num=len(y[np.where(y_xgboost_pred!=y_test)])

print('XGBoost 分类器对测试集预测错误的样本数量为：',xgboost_wrong_num)

Out: XGBoost 分类器对测试集预测错误的样本数量为：32

【范例分析】

本例使用 datasets.make_classification() 方法生成具有 10 个特征、3 个类别、1000 个样本的分类数据集，其中 X 为特征集，y 为目标集。以 0.8 的比例，使用 train_test_split() 方法将数据集拆分为训练集和测试集 X_train,X_test, y_train, y_test。全部使用缺省参数，生成 XGBClassifier() 类的实例 xgboost。对训练集 X_train,y_train，使用 xgboost.fit(X_train,y_train) 方法拟合分类器模型。使用 get_params() 方法可以查看 XGBoost 的参数，使用 get_xgb_params() 方法能够获取 XGBoost 分类器的类型参数。对测试集 X_test，使用 xgboost.predict(X_test) 方法进行预测，用 y_xgboost_pred 记录预测结果，将 y_xgboost_pred 与真实类标签 y_test 对比，以二者不等为条件，结合 where() 方法和 len() 方法，获取预测错误的样本数量为 32。

11.3 综合实例——训练 digits 数据集，对比分析各种集成学习方法

digits 数据集是 scikit-learn 的 datasets 模块的自带数据集，收录了数字 0~9 的手写体。本节以 digits 数据集为例，分别使用 Bagging、AdaBoost、GradientBoosting、XGBoost 集成学习方法，对其进行分类，对比分析各种集成学习方法的性能。

【例 11-6】使用多种集成学习模型对 digits 数据集分类。

加载 scikit-learn 自带数据集 digits，将数据集划分为训练集和测试集。使用训练集训练决策树，以及 Bagging、AdaBoost、GradientBoosting、XGBoost 集成学习方法估计器，使用训练的估计器对测试集进行分类。对比分析各种方法预测错误的数量和拟合时间。

使用 datasets.load_digits() 方法加载 digits 数据集，观察其基本信息。

```
In []:   # 加载 scikit-learn 自带数据集 diabetes，使用集成学习方法进行分类
         from sklearn.ensemble import BaggingClassifier,RandomForestClassifier
         from sklearn.ensemble import AdaBoostClassifier,GradientBoostingClassifier
         from xgboost import XGBClassifier
         from sklearn import tree, datasets
         import numpy as np
         from sklearn.model_selection import train_test_split
         digits=datasets.load_digits()
         print('digits.data 的形状为：',digits.data.shape)
         print('digits.target 的形状为：',digits.target.shape)
         print('digits.target 的特征名称为：\n',digits.target_names)
         print('digits.images 的形状为：\n',digits.images.shape)
```

```
Out:     digits.data 的形状为：(1797, 64)
         digits.target 的形状为：(1797,)
         digits.target 的特征名称为：[0 1 2 3 4 5 6 7 8 9]
         digits.images 的形状为：(1797, 8, 8)
```

可以看出，digits 数据集共有 1797 个样本、64 个特征、10 个类别，是数字 0~9 的手写体，其图像数据在 digits.images 中保存，每幅图像为 8*8（像素）。下面将数据集拆分为训练集和测试集。

```
In []:   X=digits.data
         y=digits.target
         X_train,X_test, y_train,y_test = train_test_split(
             X,y,train_size = 0.8,random_state = 42)
```

Out:

下面设置 Bagging、AdaBoost、GradientBoosting、XGBoost 模型，分别生成它们的实例，全部选用默认参数。

```
In []:   d_tree = tree.DecisionTreeClassifier()
         bagging=BaggingClassifier(base_estimator=tree.DecisionTreeClassifier())
         r_forest=RandomForestClassifier()
         adaboost = AdaBoostClassifier(base_estimator=
                       tree.DecisionTreeClassifier())
         gboost = GradientBoostingClassifier()
         xgboost = XGBClassifier()
```

Out:

将生成的模型实例放在一个列表中，构造循环体，以模型实例作为变量，以循环的方式分别拟合每个模型，并对测试集进行预测，记录拟合时间，统计预测错误的样本数量。其中要用到 time 模块，因此要导入它，导入方法如下。

```
In []:   model_name=[' 决策树 ','Bagging',' 随机森林 ','AdaBoost','XGBoost']
         models={d_tree,bagging, r_forest, adaboost, gboost, xgboost}
         import time
         for name_idx, model in zip([0,1,2,3,4],models):
             start = time.perf_counter()# 记录拟合开始时间
             model.fit(X_train,y_train)
             end = time.perf_counter()# 记录拟合结束时间
             print (model_name[name_idx],' 模型拟合时间为：',end-start)# 输出拟合所用时间
             y_pred=model.predict(X_test)
             wrong_pred_num=len(y[np.where(y_pred!=y_test)])
             print(model_name[name_idx],' 预测错误的样本数量为：',wrong_pred_num)
             time.sleep(2)# 延迟 2 秒
```

Out: 决策树 模型拟合时间为： 0.024949151003966108
决策树 预测错误的样本数量为： 54
Bagging 模型拟合时间为： 2.9497830479958793
Bagging 预测错误的样本数量为： 12
随机森林 模型拟合时间为： 0.017841114007751457
随机森林 预测错误的样本数量为： 56
AdaBoost 模型拟合时间为： 0.12101863999851048
AdaBoost 预测错误的样本数量为： 22
XGBoost 模型拟合时间为： 2.995837037000456
XGBoost 预测错误的样本数量为： 12

【范例分析】

本例使用 datasets.load_digits() 方法加载 digits 数据集。digits 数据集收录了 0~9 共 10 个手写体数字（10 个类别）、1797 个手写体样本，每个样本为 64 个特征，为 8*8（像素）图像展平后的像素数据。以 0.8 的比例，使用 train_test_split() 方法将数据集拆分为训练集和测试集 X_train,X_test, y_train, y_test。对 tree.DecisionTreeClassifier(), BaggingClassifier(), RandomForestClassifier(), AdaBoostClassifier(), GradientBoostingClassifier(), XGBClassifier() 类，分别生成它们的实例 d_tree, bagging, r_forest, adaboost, gboost, xgboost，全部使用缺省参数，各集成学习器的基估计器类型和参数与单个决策树 d_tree 相同。对各个模型分别使用 fit(X_train,y_train) 方法拟合模型，使用 predict(X_test) 方法预测测试集，分别将预测结果 y_pred 与实际类标签 y_test 对比，并结合 where() 和 len() 方法统计预测错误的数量。使用 time.perf_counter() 方法分别记录模型拟合前和拟合结束的时间，能够获取模型拟合所花费时间。从输出结果来看，Bagging、XGBoost 的预测错误样本数量最少，AdaBoost 次之。它们均比单个决策树的预测结果准确率要提高许多。从拟合模型所用时间来看，随机森林所用时间最短，但其准确率要低于单个决策树的预测结果，说明随机森林不太适合这个问题的分类。

11.4 本章小结

Bagging 在原始训练集的随机子集上构建一类黑盒估计器的多个实例，然后把这些估计器的预测结果结合起来形成最终的预测结果。随机森林将多个决策树合并在一起，森林中的每棵树具有相同的分布，分类误差取决于每一棵树的分类能力和它们之间的相关性。AdaBoost 算法会改变数据的概率分布（数据权值），提高前一轮训练中被错误分类的数据权值，降低正确分类数据的权值，使被错误分类的数据在下一轮的训练中更受关注。梯度树提升算法使用多棵决策树构成一个集成学习器，将每棵树的参数作为变量进行优化，在计算任意样本的残差时，不使用损失函数的值，而是使用快速下降的近似方法来计算残差的近似值。XGBoost 是一个优化的分布式梯度增强库，具有高效、灵活、可移植的特点。XGBoost 提供了一个并行的树增强，可以快速、准确地解决许多数据科学问题。适用于大数据的处理。XGBoost 可以在 Python、R、Julia、Scala 中使用。XGBoost 也使用决策树作为基估计器，但在 XGBoost 中，是一棵一棵往里加树的，每加一棵都希望效果能够得到提升。

11.5 习题

（1）使用 make_classification() 方法生成具有 20 个特征、1000 个样本的分类数据集，将数据集划分为训练集和测试集。使用训练集训练 Bagging 集成学习模型，使用训练好的模型对测试集进行预测。

（2）使用第（1）题的训练集训练随机森林集成学习模型，使用训练好的模型对测试集进行预测。

（3）使用第（1）题的训练集训练 AdaBoost 集成学习模型，使用训练好的模型对测试集进行预测。

（4）使用第（1）题的训练集训练梯度树提升集成学习模型，使用训练好的模型对测试集进行预测。

（5）使用第（1 题的训练集训练 XGBoost 提升集成学习模型，使用训练好的模型对测试集进行预测。

（6）使用 make_classification() 方法生成具有 100 个特征、1000 个样本的分类数据集，将数据集划分为训练集和测试集。使用训练集训练 XGBoost 提升集成学习模型，使用训练好的模型对测试集进行预测。

11.6 高手点拨

（1）Bagging 方法的基估计器可以由用户指定，不必局限于决策树，而随机森林、AdaBoost、梯度树提升 (Gradient Tree Boosting)、XGBoost 等方法的基估计器都是决策树。

（2）XGBoost 适用于大数据集的学习。读者可以使用 make_classification() 方法生成具有更多特征和样本数量的数据集（如 1000 个特征、10000 个样本），使用 XGBoost 学习一下，观察运行时间和结果。

（3）有些集成学习方法，如 Bagging，训练基估计器的样本数量和特征数量是可以指定的。通过选择不同的特征、样本，使数据集多样化，能够增加估计器的泛化能力。

第 12 章

12

神经网络学习

　　人类神经系统由几百亿个神经元相互连接形成，神经元感知体内、外信息，以电传导或化学传递的方式把信息传给其他神经元或效应器。借助人类的神经机制，人们提出了神经元数学模型，以及神经元相互连接构成神经网络。本章将介绍神经元的数学模型、典型神经网络、BP 神经网络及其算法，以及 sklearn.neural_network 模块的多层感知器 MLPClassifier 类，带领读者练习和掌握多层感知机（MLP）的训练方法、预测方法、模型保存方法、加载方法。

12.1 神经网络基础

人工神经网络技术是受人类脑神经系统结构和信息传递、处理等机制的启发而诞生的。人脑由许多神经元相互连接形成一个庞大的神经元网络。根据人脑神经元的结构、连接方式、刺激传递机制，科学家们提出了神经元的数学模型，以及不同的连接机制，形成了不同的神经网络类型。

12.1.1 ▶ 人类神经元结构及连接机制

现代医学发现，人类神经系统最基本的结构和功能单位是神经元，即神经细胞。人脑由几百亿个神经元构成。神经细胞一般都有长的突起，胞体和突起总称为神经元。

神经元大小和外观差异很大，但都具有胞体和树突、轴突。胞体又叫核周体，内含神经丝、微管、内质网、游离核糖体和一个有明显核仁的核。树突和轴突是神经元的突起，能在神经元之间传递电冲动，突起的大小和形态各不相同。

树突是自神经元胞体伸出的较短而分支多的突起。树突分支的多寡、长短和配布样式在不同的神经元中差别极大。树突接受来自其他神经元的冲动，因此它的分布范围可代表该神经元接受刺激的范围。树突内所含细胞器与神经元胞体相似，树突的分支上有树突棘或叫树突小芽，与其他神经元末梢形成突触。

轴突是从神经元发出的一条突起。轴突的长度在不同类型的神经元中相差悬殊，长者可达一米以上，短者仅在胞体周围。轴突以直角发出侧支，在接近终末处反复分支。末端在中枢内可形成终扣或终足，与另一条神经元的表面形成突触，在周围分布各种类型的神经末梢器官。轴突传递自神经元发出的冲动。

突触是神经元之间在功能上发生联系的部位，也是信息传递的关键部位。在光学显微镜下，可以看到一个神经元的轴突末梢经过多次分支，最后每一小支的末端膨大呈杯状或球状，叫作突触小体。这些突触小体可以与多个神经元的细胞体或树突相接触，形成突触，如图12-1所示。

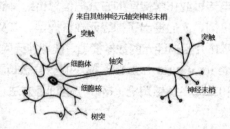

图 12-1 人类神经元结构示意图

突触是两个神经元之间或神经元与效应器细胞之间相互接触，并借以传递信息的部位。突触前细胞借助化学信号，即神经递质，将信息转送到突触后细胞，这类突触称为化学突触。借助于电信号传递信息者称电突触。哺乳动物进行的突触传递几乎都是化学突触；电突触主要见于鱼类和两栖类动物。根据突触前细胞传来的信号，使突触后细胞的兴奋性上升（产生兴奋）或下降（不易产生兴奋），化学突触和电突触又被分为兴奋性突触和抑制性突触。使下一个神经元产生兴奋的为兴奋性突触，对下一个神经元产生抑制效应的为抑制性突触。

神经元可以直接或间接（经感受器）地从体内、外得到信息，再用传导兴奋的方式把信息沿着长的纤维（突起）进行远距离传送。信息从一个神经元以电传导或化学传递的方式跨过细胞之间的联结（突触），传给另一个神经元或效应器，最终产生肌肉的收缩或腺体的分泌。神经元也能处理信息，还能以某种尚未清楚的方式存储信息。神经元通过突触的连接，使数目众多的神经元组成比其他系统复杂得多的神经系统。神经元也和感受器（如视、听、嗅、味、机械和化学感受器）及效应器（如肌肉和腺体）等形成突触连接。高等动物的神经元可以分成许多类别，各类神经元甚至各个神经元在功能、大小和形态等细节上都有明显的差别。

12.1.2 ▶ 神经元的数学模型及连接形式

1958 年，计算科学家 Rosenblatt 提出了由两层神经元组成的神经网络，并将之命名为"感知器"（Perceptron）。在"感知器"中有两个层次，分别是输入层和输出层。输入层里的"输入单元"只负责传输数据，不做计算。输出层里的"输出单元"则需要对前面一层的输入进行计算。感知器是当时首个可以学习的人工神经网络。Rosenblatt 现场演示了其学习识别简单图像的过程，这在当时的社会引起了轰动。

神经元的数学模型如图 12-2 所示。

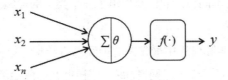

图 12-2 神经元数学模型

图中，$[x_1, x_2, \cdots, x_n]^T$ 为 n 个输入组成的输入向量，y 为输出，$f(\cdot)$ 为激励函数，θ 为阈值，$[w_1, w_2, \cdots, w_n]$ 为连接权重，则神经元的输入输出关系为式（12-1）。

$$y = f(S) \tag{12-1}$$

式（12-1）中的 S 为式（12-2）。

$$S = \sum_{i=1}^{n} w_i x_i - \theta \tag{12-2}$$

由多个神经元相互连接构成了神经网络。按照不同的连接方式，神经网络可以分为感知器模型、多层感知机模型、前向多层神经网络、Hopfield 神经网络、动态反馈网络、自组织神经网络等。

1986 年，Rumelhar 和 Hinton 等人提出了反向传播（Back Propagation，BP）算法，解决了两层神经网络所需要的复杂计算量问题，从而带动了使用两层神经网络研究的热潮。两层神经网络除了包含一个输入层和一个输出层，还增加了一个中间层。此时，中间层和输出层都是计算层。理论证明，两层神经网络可以无限逼近任意连续函数。也就是说，面对复杂的非线性分类任务，带一个隐藏层的两层神经网络可以取得很好的分类结果。

2006 年，Hinton 在 *Science* 和相关期刊上发表了论文，首次提出了"深度信念网络"的概念。与传统的训练方式不同，"深度信念网络"有一个"预训练"（Pre-Training）的过程，这可以方便地让神经网络中的权值找到一个接近最优解的值，之后再使用"微调"（Fine-Tuning）技术对整个网络进行优化训练。这两项技术大幅度减少了训练多层神经网络的时间。Hinton 给多层神经网络相关的学习方法赋予了一个新名词——深度学习。

很快，深度学习在语音识别领域崭露头角。2012 年，深度学习技术又在图像识别领域大展拳脚。Hinton 与他的学生在 ImageNet 竞赛中，用多层卷积神经网络成功地对包含 1000 个类别的 100 万张图片进行了训练，取得了分类错误率为 15% 的好成绩，这个成绩比第二名高了近 11 个百分点，充分证明了多层神经网络识别效果的优越性。

与两层神经网络不同，多层神经网络中的层数增加了很多。那么，增加更多的层次能带来什么好处呢？更多层数意味着能够更深入的表示特征，以及具有更强的函数模拟能力。对更深入的表示特征可以这样理解，随着网络层数的增加，每一层对于前一层的抽象表示更深入。在神经网络中，每一层神经元学习到的是前一层神经元值的更抽象的表示。例如在图像分类中，神经网络的第一个隐藏层学习到的是"边缘"特征，第二个隐藏层学习到的是由"边缘"组成的"形状"特征，第三个隐藏层学习到的是由"形状"组成的"图案"特征，最后的隐藏层学习到的是由"图案"组成的"目标"特征。通过抽取更抽象的特征来对事物进行区分，从而获得更好的区分与分类能力。

目前，按照体系结构的不同，人们已经提出了三个类别的神经网络类型，即前馈神经网络、递归神经网络、对称连接网络。

（1）前馈神经网络是实际应用中最常见的神经网络类型，第一层是输入，最后一层是输出。如果有多个隐藏层，则称为"深层"神经网络。每一层神经元的活动都是下一层中活动的非线性函数。

（2）递归神经网络的连接中有直接的循环，使得信息有时可以回到开始的地方。它们可能有复杂的动态，这会使它们很难训练，但更具生物现实性。递归神经网络是建模时序数据的一种非常自然的方法，相当于每个时间片都具有一个非常深的隐藏层网络。除了在每个时间片上使用相同的权重，它们还能在每个时间片都得到输入。它们有能力长时间记住隐藏状态的信息，但很难训练它们使用这种潜力。

（3）对称连接网络类似于递归网络，但是单元之间的连接是对称的（它们在两个方向上具有相同的权重）。对称网络比递归网络更容易分析，但因为它们服从能量函数，所以也会受到更多的限制。没有隐藏单元的对称连接网络称为"霍普菲尔德网络"；具有隐藏单元的对称连接网络称为"玻尔兹曼机"。

12.2 神经网络经典算法

BP（Back propagation，BP）误差反向传播算法是神经网络最著名和常用的方法。它由输入层开始，逐层向前计算神经元输出；又从输出层开始，逐层向后计算神经元输出误差。在网络误差函数寻优过程中，它采用了梯度下降法，即当前的网络参数（连接权值、激励函数阈值）按照梯度下降方向变化。梯度下降方法能够保证误差损失函数快速收敛。因此，下面将从梯度下降算法开始介绍，并逐步引入 BP 算法和概率神经网络算法。

12.2.1 ▶ 梯度下降算法

机器学习的目标函数一般都是凸函数，学习的目标是使误差（损失）最小。往往希望找到一个从初始点到极小值点的最优路径，使机器学习算法能够快速收敛。就自变量空间的当前位置而言，可以选择的下一个位置有许多，但是只有一个方向是最优的，那就是沿梯度下降最快的方向。做一个形象的比喻，凸函数求解问题，可以把目标损失函数想象成一口锅，目标是找到这口锅的锅底。一种非常直观的做法是，沿着初始某个点的函数梯度方向往下走（梯度下降）。

如图 12-3 所示，在一个等高线图上，等高线间的宽度表示梯度变化的大小。从 S 点出发，目标是 G 点。显然，沿梯度方向的路径 1 能更快到达目标。

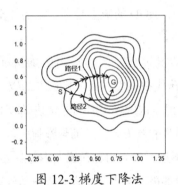

图 12-3 梯度下降法

不失一般性，假设凸优化函数 $J(\Theta)$ 是 K 个变量 $\theta_1, \theta_2, \cdots, \theta_K$ 的函数，即有式 (12-3)。

$$J(\Theta) = f(\theta_1, \theta_2, \cdots, \theta_K) \qquad (12\text{-}3)$$

其中，$J(\Theta)$ 存在最小值，则根据当前位置 $\Theta^0 = <\theta_1^0, \theta_2^0, \cdots, \theta_K^0>$，需要确定如何选择下一个位置 $\Theta^1 = <\theta_1^1, \theta_2^1, \cdots, \theta_K^1>$。梯度下降算法选择梯度下降方向作为下一个位置的路径，由于 Θ^0 到 Θ^1 的变化较小，$J(\Theta)$ 的变化也比较小，可以将其变化 $\nabla J(\Theta)$ 认为近似等于 $J(\Theta)$ 在 Θ^0 对各变量的偏导数，即有式 (12-4)。

$$\nabla J(\Theta) = \frac{\partial J}{\partial \Theta} = <\frac{\partial J}{\partial \theta_1}, \frac{\partial J}{\partial \theta_2}, \cdots, \frac{\partial J}{\partial \theta_K}> \qquad (12\text{-}4)$$

选择学习步长 a，则有式 (12-5)。

$$\Theta^1 = \Theta^0 - a\nabla J(\Theta) \qquad (12\text{-}5)$$

将各个变量展开，得到式 (12-6)。

$$
\begin{cases}
\theta_1^1 = \theta_1^0 - a\dfrac{\partial J}{\partial \theta_1^0} \\[2mm]
\theta_2^1 = \theta_2^0 - a\dfrac{\partial J}{\partial \theta_2^0} \\[2mm]
\cdots \\[2mm]
\theta_K^1 = \theta_K^0 - a\dfrac{\partial J}{\partial \theta_K^0}
\end{cases}
\tag{12-6}
$$

将上式写成向量形式，有式 (12-7)。

$$
<\theta_1^1,\theta_2^1,\cdots,\theta_K^1> = <\theta_1^0 - a\frac{\partial J}{\partial \theta_1^0},\theta_2^0 - a\frac{\partial J}{\partial \theta_2^0},\cdots,\theta_K^0 - a\frac{\partial J}{\partial \theta_K^0}>
\tag{12-7}
$$

则在每一个点，重复式 (12-4) 和式 (12-5) 的步骤，直到满足误差条件，则问题得解。

梯度下降算法每次学习都使用整个训练集，称为全量梯度下降法、批量梯度下降法（Batch Gradient Descent，BGD）。因此每次更新都会朝着正确的方向进行，最后能够保证收敛于极值点，对凸函数来说能收敛于全局极值点。BGD 的缺点是训练集的样本过多，导致学习时间太长，消耗大量内存。

为了降低内存消耗和加速学习过程，人们提出了随机梯度下降算法（Stochastic Gradient Descent，SGD）。SGD 在每一轮迭代中只用一条随机选取的数据，这使迭代次数大大增加。尽管 SGD 的迭代次数比 BGD 多很多，但一次的学习时间非常快。SGD 的缺点在于，每次更新可能并不会按照正确的方向进行，参数更新具有高方差，从而导致损失函数波动剧烈。尤其是在最优解附近波动，难以判断是否已经收敛。不过，如果目标函数有盆地区域，SGD 会使优化的方向从当前的局部极小值点跳到另一个更好的局部极小值点。这样对于非凸函数可能最终收敛于一个较好的局部极值点，甚至全局极值点。

为了降低损失函数的剧烈波动，人们又提出了小批量梯度下降算法（Mini-Batch Gradient Descent，MBGD）。MBGD 采用一次迭代多条数据的方法，即每次迭代不是仅有一个样本参与训练，而是有一批样本参与迭代训练。如果批量大小选择合理，不仅收敛速度比 SGD 更快、更稳定，而且在最优解附近的跳动也不会很大，甚至可以得到比 BGD 更好的解。这样就综合了 SGD 和 BGD 的优点，同时弱化了其缺点。总之，MBGD 比 SGD 和 BGD 的算法性能都要好。

12.2.2 ▶ BP 神经网络算法

神经网络的结构如图 12-4 所示，一般包含输入层、隐层和输出层。输入层的神经元数量等于特征的维数，每个输入层神经元接收一个维度的特征。隐层的层数和每层的神经元数量不等，根据问题复杂程度而定。每个隐层神经元将上一层神经元的输出加权平均后作为自己的输入，并产生一个向前的输出。输出层神经元最终输出由前面各层神经元传递过来的输出，其神经元的数量一般取决于样本的类别数量。

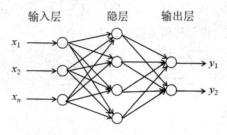

图 12-4 神经网络结构

误差反向传播算法由 Rumelhar 和 Hinton 等人于 1986 年提出，用于解决两层神经网络的复杂计算量问题。

设第 $q(q=1,2,\cdots,Q)$ 层的神经元数量为 $n^{(q)}$，第 q 层的第 i 个神经元记为 $n_i^{(q)}$，如图 12-5 所示。

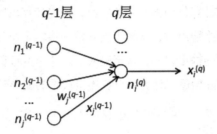

图 12-5 BP 网络

第 q-1 层的第 j 个神经元 $n_j^{(q-1)}$ 与第 q 层的第 i 个神经元 $n_i^{(q)}$ 的连接权重为 $w_{ij}^{(q)}$($i=1,2,\cdots,n^{(q)}$; $j=1,2,\cdots,n^{(q-1)}$)，则神经元 $n_i^{(q)}$ 的输入为第 q-1 层所有神经元的输出与连接权重的加权和，即式 (12-8)。

$$S_i^{(q)} = \sum_{j=1}^{n^q} w_{ij}^{(q)} x_j^{(q-1)} \tag{12-8}$$

其中 $x_j^{(q-1)}$ 为第 q-1 层的第 j 个神经元 $n_j^{(q-1)}$ 的输出，考虑到神经元 $n_i^{(q)}$ 的阈值 $\theta_i^{(q)}$，式 (12-8) 变为式 (12-9)。

$$S_i^{(q)} = \sum_{j=1}^{n^q} w_{ij}^{(q)} x_j^{(q-1)} - \theta_i^{(q)} \tag{12-9}$$

式 (12-7) 中，令 $x_0^{(q-1)} = \theta_i^{(q)}$，$w_0^{(q)} = -1$，则式 (12-9) 可以统一为式 (12-10)。

$$S_i^{(q)} = \sum_{j=0}^{n^q} w_{ij}^{(q)} x_j^{(q-1)} \tag{12-10}$$

假如选用 sigmoid 激活函数，即式 (12-11)。

$$y = f(x) = \frac{1}{1 + e^{-x}} \tag{12-11}$$

则有神经元 $n_i^{(q)}$ 的输入输出关系为式 (12-12)。

$$x_i^{(q)} = f(s_i^{(q)}) = \frac{1}{1 + e^{-s_i^{(q)}}} \quad (i=1,2,\cdots,n^{(q)}; j=1,2,\cdots,n^{(q-1)}; q=1,2,\cdots,Q) \tag{12-12}$$

给定 P 组输入输出样本 $x_p = [x_{p1}^{(0)}, x_{p2}^{(0)}, \cdots, x_{pn0}^{(0)}]^{\mathrm{T}}$，$d_p^{(0)} = [d_{p1}, d_{p2}, \cdots, d_{pn3}]^{\mathrm{T}}$，$(p=1,2,\cdots,P)$。使用该样本集对网络进行训练。规定拟合误差代价函数为式 (12-13)。

$$E = \frac{1}{2} \sum_{p=1}^{P} \sum_{i=1}^{n^{(Q)}} (d_{pi} - x_{pi}^{(Q)})^2 = \sum_{p=1}^{P} E_p \qquad (12\text{-}13)$$

其中，$E_p = \frac{1}{2} \sum_{i=1}^{n^{(Q)}} (d_{pi} - x_{pi}^{(Q)})^2$。

初始时，随机为各神经元的连接分配权重。网络训练的目标是调整连接权重，使代价函数 E 最小。这里采用阶梯度下降法，其优化方法是使用代价函数 E 对网络中的各连接权重求一个阶偏导数，得到各连接权重的梯度。沿梯度方向改变权重，使用训练样本迭代此过程，直至网络收敛，达到满意性能。

由于训练样本集的输入输出已知，网络的各连接权重在初始时随机分配，对每一个输入样本，从输入端开始，可以逐层向前计算每个神经元的输出，最终计算出网络输出层每个神经元的输出。这是一个前馈的过程。得到网络输出后，从输出层开始，将输出层每个节点的输出与实际样本输出进行比较，并逐层计算各隐层的输出误差，直至输入层。这个过程称为误差反向传播。

对代价函数 E，从输出层开始逐层计算其对各连接权重的偏导数，即式 (12-14)。

$$\partial E / \partial w_{ij}^{(q)} \ (q=Q,Q-1,\cdots,1) \qquad (12\text{-}14)$$

由于 $\dfrac{\partial E}{\partial w_{ij}^{(q)}} = \sum_{i=1}^{P} \dfrac{\partial E_p}{\partial w_{ij}^{(q)}}$，因此着重讨论 $\partial E_p / \partial w_{ij}^{(q)}$。

对第 Q 层任意节点与第 Q-1 层任意节点的任一连接权重 $w_{ij}^{(Q)}$，有式 (12-15)。

$$\frac{\partial E_p}{\partial w_{ij}^{(Q)}} = \frac{\partial E_p}{\partial x_{pi}^{(Q)}} \frac{\partial x_{pi}^{(Q)}}{\partial s_{pi}^{(Q)}} \frac{\partial s_{pi}^{(Q)}}{\partial w_{ij}^{(Q)}} = -(d_{pi} - x_{pi}^{(Q)}) f'(s_{pi}^{(Q)}) x_{pi}^{(Q-1)} = -\delta_{pi}^{(Q)} x_{pi}^{(Q-1)} \qquad (12\text{-}15)$$

式 (12-15) 中，$\delta_{pi}^{(Q)} = -\dfrac{\partial E_p}{\partial s_{pi}^{(Q)}} = (d_{pi} - x_{pi}^{(Q)}) f'(s_{pi}^{(Q)})$，这是只与第 Q 层有关的计算项。

对第 Q-1 层任意节点与第 Q-2 层任意节点的任一连接权重 $w_{ij}^{(Q-1)}$，有式 (12-16)。

$$\frac{\partial E_p}{\partial w_{ij}^{(Q-1)}} = \frac{\partial E_p}{\partial x_{pi}^{(Q)}} \frac{\partial x_{pi}^{(Q)}}{\partial s_{pi}^{(Q)}} \frac{\partial s_{pi}^{(Q)}}{\partial x_{pi}^{(Q-1)}} \frac{\partial x_{pi}^{(Q-1)}}{\partial s_{pi}^{(Q-1)}} \frac{\partial s_{pi}^{(Q-1)}}{\partial w_{ij}^{(Q-1)}} = \delta_{pi}^{(Q)} w_{ij}^{(Q)} f'(s_{pi}^{(Q-1)}) x_{pi}^{(Q-2)} \qquad (12\text{-}16)$$

其中，令 $\delta_{pi}^{(Q-1)} = \delta_{pi}^{(Q)} w_{ij}^{(Q)} f'(s_{pi}^{(Q-1)})$，它是只与第 Q-1 层后相关的计算项，则有式 (12-17)。

$$\frac{\partial E_p}{\partial w_{ij}^{(Q-1)}} = \delta_{pi}^{(Q-1)} x_{pi}^{(Q-2)} \qquad (12\text{-}17)$$

依次逐层递推，可以计算出每层节点连接权重的梯度变化。对所有的训练样本实施上述计算，并将结果相加，可得到网络整体拟合误差代价函数对任一连接权重 w_{ij} 的梯度。如果将阈值 θ 也作为训练参数，则类似上述方法，可以求得任意节点的激励函数阈值变化梯度。

计算出各连接权重和激励函数阈值的梯度后，设置调节因子 η_1、η_2，则对任意权重 w_{ij} 和阈值

θ_i，其调节公式为式 (12-18) 和式 (12-19)。

$$w_{ij} = w_{ij} - \eta_1 \frac{\partial E(w,\theta)}{\partial w_{ij}} \tag{12-18}$$

$$\theta_i = \theta_i - \eta_2 \frac{\partial E(w,\theta)}{\partial \theta_i} \tag{12-19}$$

则 BP 神经网络的算法可以描述如下。

（1）初始化网络层数、各层节点数、各节点的连接权重、各节点的激励函数阈值、连接权重和激励函数阈值调节因子。

（2）输入样本 $x_p=[x_{p1}^{(0)}, x_{p2}^{(0)}, \cdots, x_{pn0}^{(0)}]^T$，按照式 (12-8) 从输入层开始，逐层向前计算各个节点的输出。

（3）从输出层开始，按照式 (12-5)、式 (12-6) 逐层向后计算各个连接权重、各节点激励函数阈值的变化梯度。

（4）分别按照式 (12-8)、式 (12-9) 对各个连接权重、各节点激励函数阈值进行调节。

（5）重复步骤（2）~（4），直至网络收敛。

12.2.3 ▶ 概率神经网络

概率神经网络（Probabilistic Neural Network, PNN）由 D.F.Speeht 博士在 1989 年提出。它是径向基网络的一个分支，属于前馈网络的一种。概率神经网络一般由输入层、模式层、求和层和输出层构成。有时也把模式层称为隐含层，求和层称为竞争层。其中，输入层负责将特征向量传入网络，输入层个数是样本特征的数量。模式层通过连接权值与输入层连接，计算输入特征向量与训练集中各个模式的匹配程度，也就是相似度，将其距离送入高斯函数得到模式层的输出。模式层的神经元个数是输入样本的数量，也就是有多少个训练样本，该层就有多少个神经元。求和层负责将各个类的模式层单元连接起来，这一层的神经元个数是样本的类别数目。输出层负责输出求和层中得分最高的那一类。

如果有一个识别任务，样本类别有 2 类，每一个样本的特征维度为 3 维，那么可以画出图 12-6 所示的网络结构图。

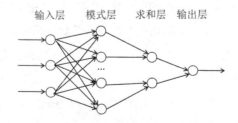

图 12-6 概率神经网络结构

概率神经网络具有学习过程简单、训练速度快、分类更准确、容错性好等优点。

将有 D 维 N 个样本的训练集记为 $x_n=(x_{n1}, w_{n2}, \cdots, w_{nD})$, $n=1, 2, \cdots, N$, 训练集共有 M 个模式（类）。隐含层中第 $m(m=1, 2, \cdots, M)$ 类模式的第 i 个神经元所确定的输入输出关系为式 (12-20)。

$$\Phi_{mi} = \frac{1}{(2\pi)^{\frac{1}{2}}\sigma^D} \mathrm{e}^{-\frac{(x_n-x_{mi})(x_n-x_{mi})^{\mathrm{T}}}{\sigma^2}} \qquad (12\text{-}20)$$

其中 σ 为平滑因子，它对网络的性能起着重要作用。求和层中，第 m 个模式（类）对应的神经元把模式层中同类的神经元输出按照式 (12-21) 进行加权平均。

$$v_m = \frac{\sum_{i=1}^{N_m}\Phi_{mi}}{N_m} \qquad (12\text{-}21)$$

其中 N_m 为类 m 的样本数量。输出层取求和层中最大的一个作为输出的类别，即式 (12-22)。

$$y=\mathrm{argmax}(v_m) \qquad (12\text{-}22)$$

概率神经网络具有如下特性：训练容易，收敛速度快，非常适合实时处理；可以实现任意的非线性逼近，用 PNN 网络形成的判决曲面与贝叶斯最优准则下的曲面非常接近；隐含层采用径向基的非线性映射函数，考虑了不同类别模式样本的交错影响，具有很强的容错性；隐含层的传输函数可以选用各种用来估计概率密度的基函数，且分类结果对基函数的形式不敏感；扩充性能好，增加或减少类别模式时不需要重新进行长时间的训练学习；各层神经元的数目比较固定，易于硬件实现。

12.3 使用 scikit-learn 的多层感知器训练神经网络

机器学习模块 scikit-learn 提供了神经网络方法，用于分类和回归问题。本节介绍 sklearn.neural_network 模块的多层感知器类 MLPClassifier()，它用于处理神经网络分类问题。

12.3.1 ▶ scikit-learn 神经网络概述

scikit-learn 提供了 MLPClassifier() 和 MLPRegression() 两个类，分别用于神经网络分类和回归任务。本书只介绍 MLPClassifier() 类。

sklearn 提供了多层感知器（MLP）的监督学习算法，通过在数据集上训练来学习函数 $f(\cdot):R^m{\rightarrow}R^o$，其中 m 是输入的维数，o 是输出的维数。给定一组特征 $X = \{x_1, x_2, \cdots, x_m\}$ 和标签 y，它可以学习用于分类或回归的非线性函数。 与逻辑回归不同的是，在输入层和输出层之间，可以有一个或多个非线性层，称为隐藏层。

sklearn.neural_network 模块提供了多层感知器类 MLPClassifier()，其格式如下：

```
class sklearn.neural_network.MLPClassifier(hidden_layer_
sizes=(100, ), activation='relu', solver='adam', alpha=0.0001,
```

```
batch_size='auto', learning_rate='constant', learning_rate_init=0.001, power_
t=0.5, max_iter=200, shuffle=True, random_state=None, tol=0.0001, verbose=False, warm_
start=False, momentum=0.9, nesterovs_momentum=True, early_stopping=False, validation_
fraction=0.1, beta_1=0.9, beta_2=0.999, epsilon=1e-08)
```

MLPClassifier() 类的主要参数含义及类属性如表 12-1 和表 12-2 所示。

表 12-1 MLPClassifier 类的主要参数

参数	意义
hidden_layer_sizes	接收元组，长度为 n_layers −2（即神经网络的层数 −2），表示隐层的层数和神经元数量，第 i 个元素表示隐层第 i 层的神经元数量，默认为 (100,)，即 1 个隐层 100 个神经元
activation	接收字符串，可以为 {'identity', 'logistic', 'tanh', 'relu'}，默认为 'relu'，表示隐层神经元激励函数的类型
solver	接收字符串，可以为 {'lbfgs', 'sgd', 'adam'}，默认为 'adam'，表示权值优化方法
learning_rate	接收字符串，可以为 {'constant', 'invscaling', 'adaptive'}，默认为 'constant'，表示权值更新的学习速率

表 12-2 MLPClassifier 类的属性

属性	意义
classes_	返回形状为 (n_classes,) 的数组，表示类标签
loss_	返回损失函数当前值
coefs_	返回列表，长度为 n_layers −1，列表第 i 个元素表示与第 i 层相关的权值矩阵
intercepts_	返回列表，长度为 n_layers −1，列表第 i 个元素表示与第 i+1 层相关的偏差向量
n_iter_	返回整数，表示迭代次数
n_layers_	返回整数，表示神经网络的层数
n_outputs_	返回整数，表示输出层节点数量
out_activation_	返回字符串，表示神经元输出激励函数

使用 MLPClassifier()，需要先使用以下命令导入该类：

```
from sklearn.neural_network import MLPClassifier
```

然后生成类的一个实例（如 clf）。MLPClassifier 类使用 fit() 方法训练神经网络，其格式为：

```
clf.fit(X, y)
```

其中 X 接收数组，表示神经网络的输入，即训练集。y 接收数组，表示训练集的类标签。该方法将返回训练过的 MLP 模型。MLPClassifier() 类使用 predict() 方法对新样本进行分类预测，其格式为：

```
clf.predict(X)
```

其中 X 接收要预测的输入样本。MLPClassifier() 类使用 get_params() 方法返回神经网络的参数，其格式为：

```
clf.get_params(deep=True)
```

用户可以查看 MLPClassifier 的属性，观察训练过的模型参数。

12.3.2 ▶ 使用 MLPClassifier 构建一个简单神经网络

先以平面上的两个点各自作为一个类别，训练一个 MLP 神经网络模型，并使用该模型预测新样本值的类别。

【例 12-1】用平面上的两个点作为两个类别训练神经网络分类器。

二维平面上有两个点：(-1, 0) 作为类 0，(1, 0) 作为类 1。将这两个点作为训练集训练 MLP 神经网络，使用训练的模型对新值进行预测，观察模型训练参数和训练过的模型参数。

生成训练集，它只是二维平面的两个点。然后生成 MLPClassifier() 类的实例，使用 fit() 方法拟合神经网络模型。

In []:	```# 用二维平面上的两个点训练 MLP 神经网络 import numpy as np```

```
# 用二维平面上的两个点训练 MLP 神经网络 import numpy as np
from sklearn.neural_network import MLPClassifier
X_train = [[-1, 0], [1, 0]]
Y_train = [0, 1]
clf = MLPClassifier(solver='lbfgs',hidden_layer_sizes=(2,))
clf.fit(X_train, Y_train)
print( '[-0.4,0] 的类别为：',clf.predict([[-0.4,0]]))
print( '[0.4,0] 的类别为：',clf.predict([[0.4,0]]))
print( '[-0.4,1] 的类别为：',clf.predict([[-0.4,1]]))
print( '[0.4,1] 的类别为：',clf.predict([[0.4,1]]))
```

Out:	[-0.4,0] 的类别为：[0]	[-0.4,1] 的类别为：[0]
	[0.4,0] 的类别为：[1]	[0.4,1] 的类别为：[1]

MLPClassifier() 类使用 hidden_layer_sizes 接收神经网络的隐层参数，隐层可以是 1 层、2 层或多层，以上代码 (2,) 表示有一个隐层，隐层的神经元数量为 2，下面访问训练的神经网络 clf 的属性，观察模型的有关参数。

```
print(' 神经网络输出的类标签为：',clf.classes_)
print(' 神经网络的权值矩阵为：\n',clf.coefs_)
print(' 神经网络的偏差向量为：\n',clf.intercepts_)
print(' 神经网络当前的损失函数值为：',clf.loss_)
print(' 神经网络训练的迭代次数为：',clf.n_iter_)
print(' 神经网络的层数为：',clf.n_layers_)
print(' 神经网络输出层的节点数量为：',clf.n_outputs_)
print(' 神经网络输出的激励函数为：',clf.out_activation_)
```

Out:	神经网络输出的类标签为：[0 1]

```
神经网络输出的类标签为：[0 1]
神经网络的权值矩阵为：
[array([[ 3.91742468,  0.19916805],
       [ 0.3087279 , -0.18103202]]), array([[2.5628328 ],
       [0.69968458]])]
神经网络的偏差向量为：
```

Out:	[array([3.95020256, –0.61055837]), array([–9.47290309])]
	神经网络当前的损失函数值为：0.0006174928319408021
	神经网络训练的迭代次数为：13
	神经网络的层数为：3
	神经网络输出层的节点数量为：1
	神经网络输出的激励函数为：logistic

使用 get_params() 方法观察拟合的神经网络的参数。

In []:	clf.get_params(deep=True)	
Out:	{'activation': 'relu',	'momentum': 0.9,
	'alpha': 0.0001,	'nesterovs_momentum': True,
	'batch_size': 'auto',	'power_t': 0.5,
	'beta_1': 0.9,	'random_state': None,
	'beta_2': 0.999,	'shuffle': True,
	'early_stopping': False,	'solver': 'lbfgs',
	'epsilon': 1e-08,	'tol': 0.0001,
	'hidden_layer_sizes': (2,),	'validation_fraction': 0.1,
	'learning_rate': 'constant',	'verbose': False,
	'learning_rate_init': 0.001	'warm_start': False},
	'max_iter': 200,	

【范例分析】

本例将二维平面的两个点作为两个类，构建训练集，生成 MLPClassifier() 类的实例 clf，同时通过 hidden_layer_sizes 参数传入 (2,)，设置神经网络有 1 个隐层，该隐层有 2 个神经元。clf 使用 fit(X_train, Y_train) 方法对训练集 X_train, Y_train 拟合神经网络模型。MLPClassifier() 根据训练集的特征维数和类别数量，自动推断输入层和输出层神经元的数量。clf 拟合好后，使用 predict() 方法预测新样本的类别。classes_ 属性返回 clf 的类标签，coefs_ 属性返回 clf 的权值矩阵，intercepts_ 属性返回 clf 的偏差向量，loss_ 属性返回 clf 的损失函数值，n_iter_ 属性返回 clf 的迭代次数，n_layers_ 属性返回 clf 的层数，n_outputs_ 属性返回 clf 输出层的节点数量，out_activation_ 属性返回 clf 输出的激励函数。使用 get_params() 方法返回 clf 的参数。

12.3.3 ▶ 使用样本生成器生成的数据集训练神经网络

神经网络是有监督学习方法，使用 sklearn 的样本生成器能够生成各种分类样本。下面将使用样本生成器生成分类样本来训练神经网络模型，并对新值进行预测。

【例 12-2】 使用 MLPClassifier() 训练 2 特征、2 类别数据集神经网络分类器。

使用样本生成器 make_blobs() 生成 2 特征分类数据集，训练 MLP 模型。将二维平面上的点作为新值，使用训练的 MLP 模型预测新样本的类别，并可视化分类结果。

本例为了可视化方便，以二维平面的点作为 2 特征样本。可以使用 sklearn.datasets 模块的样本生成器 samples_generator 的 make_blobs() 方法，生成二元或多元分类数据集，使用生成的数据集训练 MLP 模型。对坐标平面的每个点，使用训练的 MLP 模型预测其类别，根据类别不同来可视化结果，则能看到平面内每个点的类别，以及类的边界。

```
In []:   # 使用样本生成器生成数据集，训练 MLP 模型
         # 对新样本进行分类预测，并可视化分类结果
         import numpy as np
         import matplotlib.pyplot as plt
         from sklearn.datasets.samples_generator import make_blobs
         import pandas as pd
         from sklearn.neural_network import MLPClassifier
         # 使用样本生成器生成数据集，具有单个类标签
         # 使用 make_blobs 生成 centers 个类的数据集 X，X 形状为 (n_samples,n_features)
         # 指定每个类的中心位置，y 返回类标签
         centers = [(-3, 0), (3, 2)]
         X, y = make_blobs(n_samples=200, centers=centers, n_features=2,
                 random_state=0)
         # 训练 MLP，两个隐层，神经元数量分别是 4 和 2
         clf = MLPClassifier(solver='lbfgs', alpha=1e-5,
                   hidden_layer_sizes=(4,2), random_state=1)
         clf.fit(X, y)
         print(' 神经网络输出的类标签为：',clf.classes_)
         print(' 神经网络当前的损失函数值为：',clf.loss_)
         print(' 神经网络训练的迭代次数为：',clf.n_iter_)
         print(' 神经网络的层数为：',clf.n_layers_)
         print(' 神经网络输出层的节点数量为：',clf.n_outputs_)
```

```
Out:     神经网络输出的类标签为： [0 1]
         神经网络当前的损失函数值为： 6.19883867406536e-06
         神经网络训练的迭代次数为： 5
         神经网络的层数为： 4
         神经网络输出层的节点数量为： 1
```

以上代码生成以 (-3, 0), (3, 2) 为中心的两类共 200 个样本，使用 MLPClassifier() 类生成一个具有两个神经元输入层、两个隐层（神经元数量分别是 4 和 2）、一个神经元输出层的神经网络。下面可视化神经网络 clf 对二维平面的分类结果。基本思路是：生成一个二维平面的网格，使用训练的模型 clf 对网格的每个点进行预测。按照预测结果对网格的点以不同颜色绘制散点图，颜色边界即 clf 预测的类边界。先用 mgrid[] 方法生成二维网格。

In []: # 可视化准备
# 将 x,y 坐标轴刻度规定为最小值为 –2 到最大值为 +2 的范围
x_min =np.min(X[:,0])–2
# 可视化准备
# 将 x,y 坐标轴刻度规定为最小值为 –2 到最大值为 +2 的范围
x_min =np.min(X[:,0])–2
x_max = np.max(X[:,0])+2
y_min =np.min(X[:,1])–2
y_max = np.max(X[:,1])+2
# 生成要预测的样本 Z，即整个平面
#XX, YY 分别从最小值到最大值间均匀取 200 个数，形状都为 200*200
XX, YY = np.mgrid[x_min:x_max:200j, y_min:y_max:200j]
#XX.ravel(), YY.ravel() 分别将 XX, YY 展平为 40000*1 的数组
#np.c_[XX.ravel(), YY.ravel()] 的形状为 40000*2
# 将 XX,YY 转换成规定的平面内每个点的坐标
Z = np.c_[XX.ravel(), YY.ravel()]
print(' 要预测的样本集 Z 的形状为：',Z.shape)

Out: 要预测的样本集 Z 的形状为：(40000, 2)

程序中的 mgrid[] 方法用于生成一维坐标轴上或二维平面内的网格状的点。x_min:x_max:200j 表示在 [x_min, x_max] 区间生成 200 个均匀的数。为了便于观察生成的网格样子，再举一个含较少样本的网格进行说明。

In []: xxyy = np.mgrid[0:4:5j, 0:4:5j]　　　　print('xx 展平后为：\n',xx.ravel())
print('xxyy 为：\n',xxyy)　　　　　　　print('yy 为：\n',xx)
xx, yy = np.mgrid[0:4:5j, 0:4:5j]　　　print('yy 展平后为：\n',yy.ravel())
print('xx 为：\n',xx)

Out: xxyy 为：
[[[0. 0. 0. 0. 0.]
 [1. 1. 1. 1. 1.]
 [2. 2. 2. 2. 2.]
 [3. 3. 3. 3. 3.]
 [4. 4. 4. 4. 4.]]
 [[0. 1. 2. 3. 4.]
 [0. 1. 2. 3. 4.]
 [0. 1. 2. 3. 4.]
 [0. 1. 2. 3. 4.]
 [0. 1. 2. 3. 4.]]]
xx 为：
[[0. 0. 0. 0. 0.]
 [1. 1. 1. 1. 1.]
 [2. 2. 2. 2. 2.]
 [3. 3. 3. 3. 3.]
 [4. 4. 4. 4. 4.]]
xx 展平后为：
[0. 0. 0. 0. 0. 1. 1. 1. 1. 1. 2. 2. 2. 2. 2. 3. 3. 3. 3. 3. 4. 4. 4. 4. 4.]
yy 为：
[[0. 0. 0. 0. 0.]
 [1. 1. 1. 1. 1.]
 [2. 2. 2. 2. 2.]
 [3. 3. 3. 3. 3.]
 [4. 4. 4. 4. 4.]]
yy 展平后为：
[0. 1. 2. 3. 4. 0. 1. 2. 3. 4. 0. 1. 2. 3. 4. 0. 1. 2. 3. 4. 0. 1. 2. 3. 4.]

可以看出，xxyy = np.mgrid[0:4:5j, 0:4:5j] 生成两个 5*5 形状的数组，将它们展平后，由 (xx,yy) 构成二维平面上一系列的点：(0,0), (0,1), (0,2), (0,3), (0,4), (1,0), (1,1), (1,2), (1,3), (1,4),…它们即是二维平面的一个网格，其可视化代码及结果如下所示。本例中用 mgrid[] 方法生成二维平面的网格，作为下一步训练神经网络要进行预测的新样本集，以观察整个平面的分类结果和类的分界线。

```
In []:    # 可视化网格
          plt.figure(figsize=(6,4))
          plt.scatter(xx.ravel(),yy.ravel())
          plt.show()# 显示图形
```

Out:

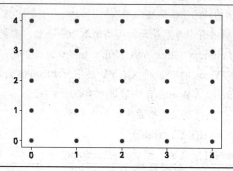

绘制原始数据散点图，使用训练的分类模型 clf 对 Z 进行预测，并按照预测结果以不同颜色可视化 Z。

```
In []:    # 可视化分类结果
          plt.rc('font', size=14)# 设置图中字号大小
          plt.rcParams['font.sans-serif'] = 'SimHei'# 设置字体为 SimHei 以显示中文
          plt.rcParams['axes.unicode_minus']=False# 坐标轴刻度显示负号
          p = plt.figure(figsize=(12,8))
          # 子图 1：绘制原始数据
          ax1 = p.add_subplot(2,2,1)
          plt.scatter(X[:,0],X[:,1],c=y)
          plt.xlim(x_min, x_max)
          plt.ylim(y_min, y_max)
          plt.title(' 使用 make_blobs 生成自定义中心的 2 类样本 ')# 添加标题
          # 用训练好的神经网络对平面内每个点进行预测，并用 Z_predict 保存分类结果
          Z_predict=clf.predict(Z)
          #print('Z_predict 的形状为：',Z_predict.shape)
          # 设置 Z_predict 的形状与 XX 相同，准备将其与 XX,YY 规定的平面内每个点的颜色值关联
          Z_predict = Z_predict.reshape(XX.shape)
          ax1 = p.add_subplot(2,2,2)
          plt.pcolormesh(XX, YY, Z_predict/2, cmap=plt.cm.Paired)
          plt.scatter(X[:,0],X[:,1],c=y)# 绘制原始数据
          plt.title('MLP 分类结果 ')# 添加标题
          # 对 XX,YY 规定的平面设置坐标轴刻度范围
```

```
In []:    plt.xlim(x_min, x_max)
          plt.ylim(y_min, y_max)
          plt.show()# 显示图形
```

Out:

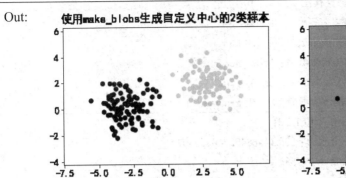

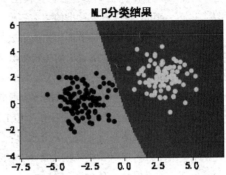

【范例分析】

本例使用 make_blobs() 方法生成训练集 X, y。它有以 (-3, 0), (3, 2) 为中心的两个类、共 200 个样本。使用 MLPClassifier() 类生成一个神经网络的实例 clf，具有 1 个输入层、2 个隐层、1 个输出层，神经元的数量分别是 2, 4, 2, 1。使用 clf.fit(X, y) 训练神经网络。classes_ 属性返回 clf 的类标签为 [0，1]，loss_ 属性返回 clf 的当前损失函数值为 6.19883867406536e-06，n_iter_ 属性返回 clf 的迭代次数为 5，n_layers_ 属性返回 clf 的神经网络的层数为 4，n_outputs_ 属性返回 clf 的输出层的节点数量为 1。为绘制 clf 对特征空间（整个二维平面）的分类结果，以观察类边界，用 mgrid[] 方法生成 200*200 的二维网格，共 40000 个点，分别使用 clf.predict() 方法预测这些点的类别，然后使用 scatter() 方法按照类别以不同的颜色绘制这些点的散点图，颜色边界即 clf 预测的类边界。

上例的数据集只有 2 个类别。下面使用 make_blobs() 方法生成 4 个类别的样本，重新训练神经网络，并使用训练的 MLP 模型对坐标平面进行预测，观察预测结果和类的边界。

【例 12-3】使用 MLPClassifier() 训练 2 特征、4 类别数据集神经网络分类器。

使用样本生成器生成有 4 个类的数据集来训练 MLP 模型，对新样本进行分类预测，并可视化预测结果。

使用 make_blobs() 方法生成训练集。生成 MLPClassifier() 类的实例，同时设置隐层数量和隐层每层的神经元数量，然后使用 fit() 方法拟合神经网络，并查看拟合神经网络模型的一些重要属性。

```
In []:    # 使用样本生成器生成 4 个类的数据集，训练 MLP 模型
          # 对新样本进行分类预测，可视化预测结果
          # 使用 make_blobs 生成 centers 个类的数据集 X，X 形状为 (n_samples,n_features)
          # 指定每个类的中心位置，y 返回类标签
          centers = [(-3, 0), (3, 2), (-4, 5), (0, 6)]
          X, y = make_blobs(n_samples=500, centers=centers, n_features=2,
                  random_state=0)
```

In []:　hidden_n,hidden_m=10,6# 隐层大小，2 层，神经元数量分别为 hidden_n,hidden_m

　　　　clf = MLPClassifier(solver='lbfgs', alpha=1e-5,

　　　　　　　　　　hidden_layer_sizes=(hidden_n,hidden_m), random_state=1)

　　　　clf.fit(X, y)# 训练神经网络模型

　　　　print(' 神经网络输出的类标签为：',clf.classes_)

　　　　print(' 神经网络当前的损失函数值为：',clf.loss_)

　　　　print(' 神经网络训练的迭代次数为：',clf.n_iter_)

　　　　print(' 神经网络的层数为：',clf.n_layers_)

　　　　print(' 神经网络输出层的节点数量为：',clf.n_outputs_)

Out:　神经网络输出的类标签为：[0 1 2 3]

　　　神经网络当前的损失函数值为：0.014588402740265802

　　　神经网络训练的迭代次数为：158

　　　神经网络的层数为：4

　　　神经网络输出层的节点数量为：4

为可视化神经网络对特征空间的分类边界，生成二维平面的网格。

In []:　# 将 x,y 坐标轴刻度规定为最小值 –2 到最大值 +2 的范围

　　　　x_min =np.min(X[:,0])–2

　　　　x_max = np.max(X[:,0])+2

　　　　y_min =np.min(X[:,1])–2

　　　　y_max = np.max(X[:,1])+2

　　　　# 生成要预测的样本集，即整个平面

　　　　#XX, YY 分别从最小值到最大值间均匀取 200 个数，形状都为 200*200

　　　　XX, YY = np.mgrid[x_min:x_max:200j, y_min:y_max:200j]

　　　　#XX.ravel(), YY.ravel() 分别将 XX, YY 展平为 40000*1 的数组

　　　　#np.c_[XX.ravel(), YY.ravel()] 的形状为 40000*2

　　　　# 将 XX,YY 转换成规定的平面内每个点的坐标

　　　　Z = np.c_[XX.ravel(), YY.ravel()]

　　　　print(' 要预测的新样本集 Z 的形状为：',Z.shape)

Out:　要预测的新样本集 Z 的形状为：(40000, 2)

使用 predict() 方法预测网格上每一点的类别，并分类别以不同颜色绘制网格点的散点图。

In []:　# 可视化原始数据与全平面分类预测结果

　　　　plt.rc('font', size=14)# 设置图中字号大小

　　　　plt.rcParams['font.sans-serif'] = 'SimHei'# 设置字体为 SimHei 以显示中文

　　　　plt.rcParams['axes.unicode_minus']=False# 坐标轴刻度显示负号

　　　　p = plt.figure(figsize=(12,8))

　　　　# 子图 1：绘制原始数据

　　　　ax1 = p.add_subplot(2,2,1)

　　　　plt.scatter(X[:,0],X[:,1],c=y)

In []:　plt.xlim(x_min, x_max)

plt.ylim(y_min, y_max)

plt.title(' 使用 make_blobs 生成自定义中心的 4 类样本 ')# 添加标题

用训练好的神经网络对平面内每一点进行预测，用 Z_predict 保存分类结果

Z_predict=clf.predict(Z)

#print('Z_predict 的形状为：',Z_predict.shape)

设置 Z_predict 的形状与 XX 相同，准备将其与 XX,YY 规定的平面内每一点的颜色值进行关联

Z_predict = Z_predict.reshape(XX.shape)

ax1 = p.add_subplot(2,2,2)

plt.pcolormesh(XX, YY, Z_predict/2, cmap=plt.cm.Paired)

plt.scatter(X[:,0],X[:,1],c=y)# 绘制原始数据

plt.title('MLP 分类结果 ')# 添加标题

对 XX,YY 规定的平面设置坐标轴刻度范围

plt.xlim(x_min, x_max)

plt.ylim(y_min, y_max)

plt.show()# 显示图形

Out:

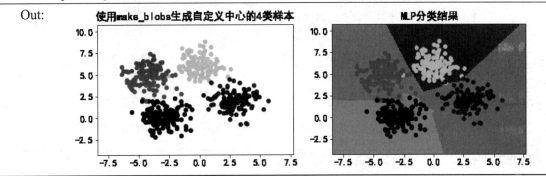

【范例分析 】

本例使用 make_blobs() 方法生成训练集 X, y。它以二维平面的 4 个点为中心，代表 4 个类，共 500 个样本。使用 MLPClassifier() 类生成一个神经网络的实例 clf，具有 1 个输入层、2 个隐层、1 个输出层，神经元的数量分别是 2, 10, 6, 1。使用 clf.fit(X, y) 训练神经网络，classes_ 属性返回 clf 的类标签为 [0 1 2 3]，loss_ 属性返回 clf 当前的损失函数值为 0.014588402740265802，n_iter_ 属性返回 clf 的迭代次数为 158，比例 12-2 的 5 次大幅增加，n_layers_ 属性返回 clf 的神经网络的层数为 4，n_outputs_ 属性返回 clf 的输出层的节点数量为 4。用 mgrid[] 方法生成 200*200 的二维网格，共 40000 个点，将其展平为 2 特征数组，分别使用 clf.predict() 方法预测这些点的类别，然后使用 scatter() 方法按照类别以不同的颜色绘制这些点的散点图，颜色边界即 clf 预测的类边界。

下面构造数据集，将数据集拆分为训练集和测试集，使用训练集构建神经网络，使用测试集测试训练的神经网络模型。

【例 12-4】使用训练集训练 MLPClassifier() 神经网络分类器。

使用样本生成器 make_blobs() 方法生成四元分类数据集，使用 train_test_split() 方法将数据

集拆分为训练集和测试集，观察拆分前数据集和拆分后的训练集、测试集形状。使用训练集训练 MLP 模型，观察模型参数。使用训练的模型预测平面内的点，并可视化预测结果。

使用样本生成器 make_blobs() 方法生成四元分类数据集 X, y，使用 train_test_split() 方法将其随机拆分为训练集和测试集 X_train,X_test, y_train,y_test。

```
In []:   # 将数据集拆分为训练集和测试集，使用训练集训练模型
         from sklearn.model_selection import train_test_split
         # 使用样本生成器生成数据集
         # 生成单标签样本
         # 使用 make_blobs 生成 centers 个类的数据集 X，X 形状为 (n_samples,n_features)
         # 指定每个类的中心位置，y 返回类标签
         centers = [(-3, 0), (3, 2), (-4, 5), (0, 6)]
         X, y = make_blobs(n_samples=500, centers=centers, n_features=2,random_state=0)
         # 划分训练集，测试集
         X_train,X_test, y_train,y_test = train_test_split(
             X,y,train_size = 0.8,random_state = 42)
         print(' 原始数据集的形状为：',X.shape)
         print(' 训练集的形状为：',X_train.shape)
         print(' 测试集的形状为：',X_test.shape)
```

```
Out:   原始数据集的形状为： (500, 2)              测试集的形状为： (100, 2)
       训练集的形状为： (400, 2)
```

可以看出，有 500 个样本的数据集拆分后，有 400 个训练集样本和 100 个测试集样本。

```
In []:   print(' 原始数据类标签集的形状为：',y.shape)
         print(' 训练集类标签的形状为：',y_train.shape)
         print(' 测试集类标签的形状为：',y_test.shape)
```

```
Out:   原始数据类标签集的形状为： (500,)
       训练集类标签的形状为： (400,)
       测试集类标签的形状为： (100,)
```

可以看出，有 500 个样本的数据集拆分后，目标集也被相应分成有 400 个样本的训练集和 100 个样本的测试集。下面生成 MLPClassifier() 的实例，设置隐层数量和每个隐层的神经元数量。使用 fit() 方法拟合模型，并观察拟合神经网络的一些重要属性。

```
In []:   hidden_n,hidden_m=10,6# 隐层大小，2 层，神经元数量分别为 hidden_n,hidden_m
         clf = MLPClassifier(solver='lbfgs', alpha=1e-5,
                     hidden_layer_sizes=(hidden_n,hidden_m), random_state=1)
         clf.fit(X_train, y_train)
         print(' 神经网络输出的类标签为：',clf.classes_)
         print(' 神经网络当前的损失函数值为：',clf.loss_)
         print(' 神经网络训练的迭代次数为：',clf.n_iter_)
```

In []:	print(' 神经网络的层数为：',clf.n_layers_)
	print(' 神经网络输出层的节点数量为：',clf.n_outputs_)
Out:	神经网络输出的类标签为：[0 1 2 3]
	神经网络当前的损失函数值为：0.010574250140536591
	神经网络训练的迭代次数为：202
	神经网络的层数为：4
	神经网络输出层的节点数量为：4

生成用于可视化拟合的神经网络 clf 对特征空间分类结果的网格数据样本。

In []:	# 规定坐标轴刻度范围
	x_min =np.min(X[:,0])–2
	x_max = np.max(X[:,0])+2
	y_min =np.min(X[:,1])–2
	y_max = np.max(X[:,1])+2
	# 生成要预测的样本集 Z，即整个平面
	#XX, YY 分别从最小值到最大值间均匀取 200 个数，形状都为 200*200
	XX, YY = np.mgrid[x_min:x_max:200j, y_min:y_max:200j]
	#XX.ravel(), YY.ravel() 分别将 XX, YY 展平为 40000*1 的数组
	#np.c_[XX.ravel(), YY.ravel()] 的形状为 40000*2
	# 将 XX,YY 转换成规定的平面内每个点的坐标
	Z = np.c_[XX.ravel(), YY.ravel()]
	print('Z 的形状为：',Z.shape)
Out:	Z 的形状为：(40000, 2)

分别绘制原始数据、训练集、网格点的散点图，进行对比观察。

In []:	plt.rc('font', size=14)# 设置图中字号大小
	plt.rcParams['font.sans-serif'] = 'SimHei'# 设置字体为 SimHei 以显示中文
	plt.rcParams['axes.unicode_minus']=False# 坐标轴刻度显示负号
	p = plt.figure(figsize=(12,8))
	# 子图 1：绘制原始数据
	ax1 = p.add_subplot(2,2,1)
	plt.scatter(X[:,0],X[:,1],c=y)
	plt.xlim(x_min, x_max)
	plt.ylim(y_min, y_max)
	plt.title(' 全部样本 ')# 添加标题
	# 子图 2：绘制训练集
	ax1 = p.add_subplot(2,2,2)
	plt.scatter(X_train[:,0],X_train[:,1],c=y_train)
	plt.xlim(x_min, x_max)
	plt.ylim(y_min, y_max)
	plt.title(' 训练集样本 ')# 添加标题

In []: plt.title(' 训练集样本 ')# 添加标题

用训练好的神经网络对平面内每个点进行预测，用 Z_predict 保存分类结果

Z_predict=clf.predict(Z)

#print('Z_predict 的形状为：',Z_predict.shape)

设置 Z_predict 的形状与 XX 相同，准备将其与 XX,YY 规定的平面内的每一点颜色值关联

Z_predict = Z_predict.reshape(XX.shape)

ax1 = p.add_subplot(2,2,3)

plt.pcolormesh(XX, YY, Z_predict/2, cmap=plt.cm.Paired)

plt.scatter(X[:,0],X[:,1],c=y)

plt.title(' 训练集得到的 MLP 模型分类预测结果 ')# 添加标题

对 XX,YY 规定的平面设置坐标轴刻度范围

plt.xlim(x_min, x_max)

plt.ylim(y_min, y_max)

plt.show()# 显示图形

Out: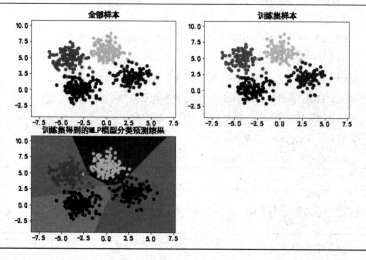

【范例分析】

本例使用 make_blobs() 方法生成训练集 X, y。它以二维平面的 4 个点为中心，代表 4 个类，共 500 个样本。使用 train_test_split() 方法，以 0.8 的比例，将其随机拆分为训练集和测试集 X_train,X_test, y_train,y_test。使用 MLPClassifier() 类生成一个神经网络的实例 clf，具有 1 个输入层、2 个隐层、1 个输出层，神经元的数量分别是 2, 10, 6, 1。使用 clf.fit(X_train, y_train) 方法，以训练集数据训练神经网络。classes_ 属性返回 clf 的类标签为 [0 1 2 3]，loss_ 属性返回 clf 的当前损失函数值为 0.010574250140536591，n_iter_ 属性返回 clf 的迭代次数为 202，n_layers_ 属性返回 clf 的神经网络层数为 4，n_outputs_ 属性返回 clf 的输出层节点数量为 4。用 mgrid[] 方法生成 200*200 的二维网格，共 40000 个点，将其展平为 2 特征数组，分别使用 clf.predict() 方法预测这些点的类别，然后使用 scatter() 方法按照类别以不同的颜色绘制这些点的散点图，颜色边界即 clf 预测的类边界。

12.3.4 ▶ 保存和加载训练的神经网络模型

在实际问题的机器学习过程中，一般来说，数据量非常大，用来训练模型的过程所花费的时间比较长。因此希望将训练的模型进行保存，或称持久化。然后加载保存的模型，进行评估、预测，这样可以节省大量的时间。joblib 是能够实现模型保存、加载的一个工具集，其官方网址为 https://joblib.readthedocs.io/en/latest/index.html。它提供以下方法：joblib.Memory, joblib.Parallel, joblib.dump, joblib.load, joblib.hash, joblib.register_compressor。其中 joblib.dump 和 joblib.load 方法分别用于模型的保存和加载，其格式分别为：

joblib.dump(value, filename, compress=0, protocol=None, cache_size=None)
joblib.load(filename, mmap_mode=None)

其中 value 接收 Python 对象，表示要保存到磁盘的对象。filename 接收字符串，表示要保存或加载的文件路径。

【例 12-5】保存和加载例 12-4 训练的神经网络模型，预测测试集。

保存例 12-4 训练的神经网络模型，加载保存的模型，对测试集样本进行分类预测，可视化测试集真实分类和预测结果，并进行对比。

```
In []:   #保存训练的神经网络模型，并加载模型对新样本进行分类预测
         from sklearn.externals import joblib
         import matplotlib.pyplot as plt
         joblib.dump(clf,'4clusters_ann.m')# 保存模型
         clf_nn = joblib.load('4clusters_ann.m') # 加载模型
         y_pred = clf_nn.predict(X_test)
         # 获得与测试集类标签同类的索引
         y0,y1,y2,y3=np.where(y_test==0),np.where(y_test==1),\
           np.where(y_test==2),np.where(y_test==3)
         # 获得与测试集预测结果类标签同类的索引
         y0_pred,y1_pred,y2_pred,y3_pred=np.where(y_pred==0),\
           np.where(y_pred==1),np.where(y_pred==2),np.where(y_pred==3)
         # 可视化测试集分类结果，绘制各个类的散点图
         p=plt.figure(figsize=(12,4))
         ax1 = p.add_subplot(1,2,1)#1 行 2 列 2 幅子图的第 1 幅
         plt.scatter(X_test[y0,0],X_test[y0,1],marker='o')
         plt.scatter(X_test[y1,0],X_test[y1,1],marker='*')
         plt.scatter(X_test[y2,0],X_test[y2,1],marker='D')
         plt.scatter(X_test[y3,0],X_test[y3,1],marker='v')
         plt.title(' 测试集类别 ')# 添加标题
         labels=[' 类 0',' 类 1',' 类 2',' 类 3']
         plt.legend(labels)
         plt.ylim(y_min, y_max)
```

```
In []:    ax1 = p.add_subplot(1,2,2)#1 行 2 列 2 幅子图的第 2 幅
          # 绘制测试集预测结果各个类的散点图
          plt.scatter(X_test[y0_pred,0],X_test[y0_pred,1],marker='o')
          plt.scatter(X_test[y1_pred,0],X_test[y1_pred,1],marker='*')
          plt.scatter(X_test[y2_pred,0],X_test[y2_pred,1],marker='D')
          plt.scatter(X_test[y3_pred,0],X_test[y3_pred,1],marker='v')
          plt.title(' 对测试集预测的类别 ')# 添加标题
          plt.legend(labels)
          plt.xlim(x_min, x_max)
          plt.ylim(y_min, y_max)
          plt.show()# 显示图形
```

Out:

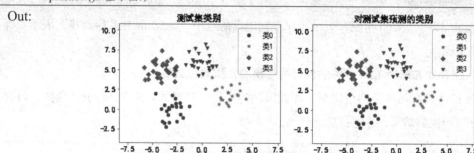

【范例分析】

本例使用 joblib.dump() 方法将上例训练的神经网络模型保存，dump() 方法通过 value 参数传入要保存的模型 clf，通过 filename 参数传入要保存模型的路径和文件名称。本例只设置了文件名称 4clusters_ann.m，系统将自动将其保存到默认的路径。用户也可以在 filename 参数中添加路径来自行指定保存位置。保存完模型后，使用 joblib.load() 方法重新加载保存的模型文件，load() 方法通过 filename 参数接收要加载的模型文件名称，并将加载的模型命名为 clf_nn。对测试集，clf_nn 使用 predict() 方法进行预测，使用 where() 方法获得每个真实类别的样本索引和每个预测的类别的样本索引，使用 scatter() 方法对测试集按照真实类别和预测类别分类别绘制散点图。从可视化结果可以看出，对部分样本的预测结果与真实类标签不一致。

12.3.5 ▶ 标准化数据集训练神经网络模型

真实的数据集中，样本的特征值数量级往往相差较大，这就需要对特征进行标准化，使用标准化后的数据训练神经网络模型，并对新样本进行预测。

【例 12-6】用标准化数据集训练神经网络分类器。

使用 make_blobs() 方法生成分类数据集。对原始样本进行标准化，划分为训练集和测试集，使用标准化的训练集建立神经网络模型，对全平面预测，并可视化预测结果。

使用 make_blobs() 方法生成有 4 个类别、2 特征、500 个样本的分类数据集，使用 StandardScaler() 类对数据集进行标准化。

```
In []:    # 对原始样本进行标准化，划分为训练集和测试集
          # 使用标准化的训练集建立神经网络模型，对全平面预测，并可视化
          from sklearn.model_selection import train_test_split
          from sklearn.preprocessing import StandardScaler
          # 使用样本生成器生成数据集
          # 使用 make_blobs 生成 centers 个类的数据集 X，X 形状为 (n_samples,n_features)
          # 指定每个类的中心位置，y 返回类标签
          centers = [(-3, 0), (3, 2), (-4, 5), (0, 6)]
          X, y = make_blobs(n_samples=500, centers=centers, n_features=2,
                      random_state=0)
          stdScaler = StandardScaler().fit(X)# 标准化
          X_std = stdScaler.transform(X)
          print(' 标准化前的样本均值为: ',np.mean(X))
          print(' 标准化前的样本标准差为: ',np.std(X))
          print(' 标准化后的样本均值为: ',np.mean(X_std))
          print(' 标准化后的样本标准差为: ',np.std(X_std))
```

```
Out:      标准化前的样本均值为: 1.0797432925098047
          标准化前的样本标准差为: 3.484150425992601
          标准化后的样本均值为: -3.552713678800501e-17
          标准化后的样本标准差为: 1.0
```

可以看出，经过标准化以后，数据集的均值几乎为 0，标准差为 1。下面将标准化后的数据集拆分为训练集和测试集，生成 MLPClassifier() 的实例。使用训练集拟合神经网络，生成平面网格点。使用拟合的神经网络预测网格点的类别，分类别绘制原始样本、标准化样本、标准化的训练集和网格点的散点图，并可视化神经网络对全平面特征空间的分类结果。

```
In []:    # 划分标准化后的训练集，测试集
          X_std_train,X_std_test, y_train,y_test = train_test_split(
              X_std,y,train_size = 0.8,random_state = 42)
          # 隐层大小，3 层，神经元数量分别为 10,10,8
          clf = MLPClassifier(solver='lbfgs', alpha=1e-5,
                      hidden_layer_sizes=(10,10,8), random_state=1)
          clf.fit(X_std_train, y_train)
          # 可视化，绘制标准化后的样本
          plt.rc('font', size=14)# 设置图中字号大小
          plt.rcParams['font.sans-serif'] = 'SimHei'# 设置字体为 SimHei 以显示中文
          plt.rcParams['axes.unicode_minus']=False# 坐标轴刻度显示负号
          x_min,x_max =np.min(X_std[:,0]),np.max(X_std[:,0])
          y_min,y_max =np.min(X_std[:,1]),np.max(X_std[:,1])
          p = plt.figure(figsize=(12,8))
          # 子图 1：绘制原始数据
          ax1 = p.add_subplot(2,2,1)
```

In []:   plt.scatter(X[:,0],X[:,1],c=y)

plt.title(' 原始样本 ')# 添加标题

子图 2：绘制标准化后的数据

ax1 = p.add_subplot(2,2,2)

plt.scatter(X_std[:,0],X_std[:,1],c=y)

plt.title(' 标准化后的样本 ')# 添加标题

子图 3：绘制标准化后的训练集

ax1 = p.add_subplot(2,2,3)

plt.scatter(X_std_train[:,0],X_std_train[:,1],c=y_train)

plt.title(' 标准化后的训练集样本 ')# 添加标题

#XX, YY 分别从最小值到最大值间均匀取 200 个数，形状都为 200*200

XX, YY = np.mgrid[x_min:x_max:200j, y_min:y_max:200j]

#XX.ravel(), YY.ravel() 分别将 XX, YY 展平为 40000*1 的数组

#np.c_[XX.ravel(), YY.ravel()] 的形状为 40000*2

将 XX,YY 转换成规定平面内每个点的坐标

Z = np.c_[XX.ravel(), YY.ravel()]

#print('Z 的形状为：',Z.shape)

用训练好的神经网络对平面内的每个点进行预测，用 Z_predict 保存分类结果

Z_predict=clf.predict(Z)

#print('Z_predict 的形状为：',Z_predict.shape)

设置 Z_predict 的形状与 XX 相同，准备将其与 XX,YY 规定平面内每一点的颜色值关联

Z_predict = Z_predict.reshape(XX.shape)

绘制全平面预测结果

ax1 = p.add_subplot(2,2,4)

plt.pcolormesh(XX, YY, Z_predict/2, cmap=plt.cm.Paired)

plt.scatter(X_std_train[:,0],X_std_train[:,1],c=y_train)

plt.title(' 训练集模型对全平面分类结果 ')# 添加标题

plt.xlim(x_min, x_max)

plt.ylim(y_min, y_max)

plt.show()# 显示图形

Out:

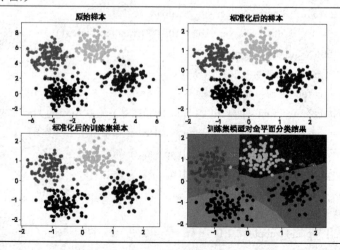

【范例分析】

本例使用 make_blobs() 方法生成有 4 个类别、2 个特征、500 个样本的分类数据集 X, y。使用标准化类 StandardScaler() 生成实例 stdScaler。stdScaler 调用 fit(X) 方法将数据集 X 进行标准化拟合，使用 transform(X) 方法将数据集 X 转换为 0 均值、标准差为 1 的数据集 X_std。使用 train_test_split() 方法，以 0.8 的比例，将 X_std 拆分为训练集和测试集 X_std_train,X_std_test, y_train,y_test。生成 MLPClassifier() 类的实例 clf，clf 使用 fit(X_std_train, y_train) 方法对训练集拟合神经网络。使用 mgrid[] 方法生成二维平面 200*200 的网格点，将其展平为二维特征共 40000 个样本，使用拟合的神经网络 clf 预测网格点的类别。分类别绘制原始数据集 X、标准化数据集 X_std、标准化的训练集 X_std_train 和网格点的散点图，从对网格点的可视化结果可以看出拟合的神经网络 clf 对全平面特征空间的分类结果。

12.3.6 ▶ 神经网络隐层神经元数量和隐层数量对分类结果的影响

对一个具体的分类问题，如果训练神经网络进行分类，那么首先要考虑的是神经元的参数，主要是隐层数量和隐层神经元数量对分类结果的影响。在满足分类准确率的前提下，尽量使神经网络的结构简单，以提高训练速度。那么是不是神经网络的隐层数量越多、每个隐层的神经元数量越多，神经网络的分类准确率就越高呢？下面通过一个例子来分析这个问题。

【例 12-7】观察隐层层数和隐层神经元数量对模型性能的影响。

使用 make_blobs() 方法产生分类数据集，分别改变隐层的神经元数量和层数，观察神经网络的分类准确率。

使用 make_blobs() 方法，以二维平面的 4 个点为中心，产生 4 个类别、2 个特征、5000 个样本。将数据集标准化，并拆分为训练集和测试集。令神经网络的隐层数量为 1，神经元从 1 到 10，以 1 为步长逐步增加，分别训练神经网络模型。使用训练的模型预测测试集，统计预测错误的样本数量。计算分类准确率，并可视化分类准确率随神经元数量变化的曲线。

```
In []:   # 观察神经网络隐层神经元数量和隐层数量对网络性能的影响
         import numpy as np
         from sklearn.model_selection import train_test_split
         from sklearn.preprocessing import StandardScaler
         # 使用样本生成器生成数据集
         # 使用 make_blobs 生成 centers 个类的数据集 X，X 形状为 (n_samples,n_features)
         centers = [(-3, 0), (3, 2), (-4, 5), (0, 6)]
         X, y = make_blobs(n_samples=5000, centers=centers, n_features=2,
                     random_state=0)
         stdScaler = StandardScaler().fit(X)# 标准化
         X_std = stdScaler.transform(X)
         # 划分标准化后的训练集、测试集
         X_std_train,X_std_test, y_train,y_test = train_test_split(
```

```
In []:        X_std,y,train_size = 0.8,random_state = 42)
         # 定义函数，拟合神经网络模型，对测试集预测，返回预测错误的样本数量
         def clf_fit_pred(hidden_layer_sizes):
             clf= MLPClassifier(solver='lbfgs', alpha=1e-5,
                          hidden_layer_sizes=hidden_layer_sizes, random_state=1)
             clf.fit(X_std_train, y_train)
             y_pred=clf.predict(X_std_test)
             wrong_num=len(y_test[np.where(y_pred!=y_test)])
             return wrong_num
         # 初始化预测错误数量为空
         wrong_nums=[]
         #1 个隐层，神经元数量从 1 到 10 进行变化
         for i in range(10):
             wrong_nums=np.append(wrong_nums,clf_fit_pred((i+1,)))
         #print(wrong_nums)
         X_std_train,X_std_test, y_train,y_test = train_test_split(
             X_std,y,train_size = 0.8,random_state = 42)
         # 定义函数，拟合神经网络模型，对测试集预测，返回预测错误的样本数量
         def clf_fit_pred(hidden_layer_sizes):
             clf= MLPClassifier(solver='lbfgs', alpha=1e-5,
                          hidden_layer_sizes=hidden_layer_sizes, random_state=1)
             clf.fit(X_std_train, y_train)
             y_pred=clf.predict(X_std_test)
             wrong_num=len(y_test[np.where(y_pred!=y_test)])
             return wrong_num
         # 初始化预测错误数量为空
         wrong_nums=[]
         #1 个隐层，神经元数量从 1 到 10 进行变化
         for i in range(10):
             wrong_nums=np.append(wrong_nums,clf_fit_pred((i+1,)))
         #print(wrong_nums)
         # 可视化对测试集的分类准确率
         plt.rc('font', size=14)# 设置图中字号大小
         plt.rcParams['font.sans-serif'] = 'SimHei'# 设置字体为 SimHei 以显示中文
         plt.rcParams['axes.unicode_minus']=False# 坐标轴刻度显示负号
         plt.figure(figsize=(6,4))
         plt.plot(np.linspace(1,10,10),1-wrong_nums/len(y_test))
         plt.title(' 对测试集的分类准确率 ')# 添加标题
         plt.xlabel(' 隐层神经元数量 ')
         plt.show()# 显示图形
```

Out:

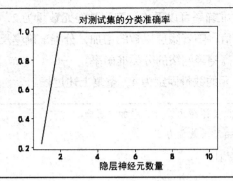

从上面输出的对测试集预测的准确率曲线可以看出，当隐层神经元的数量为 2 时，就达到了较高的准确率，此后虽然隐层神经元的数量继续增加，但分类的准确率不再有明显变化。这说明本例的分类问题如果只选用 1 个隐层，则隐层神经元的数量为 2 即够用。

将隐层的神经元数量固定为 2，从 1 至 10，以 1 为步长，逐步增加隐层的层数，分别训练神经网络，对测试集进行预测，计算分类准确率。

In []:
```
# 固定每个隐层神经元数量，增加隐层数
# 初始化预测错误数量为空
wrong_nums=[]
tuple=(2,)
for i in range(10):
    #print(tuple)
    wrong_nums=np.append(wrong_nums,clf_fit_pred(tuple))
    tuple=tuple+(2,)
    #print(wrong_nums)
# 可视化，绘制标准化后的样本
plt.rc('font', size=14)# 设置图中字号大小
plt.rcParams['font.sans-serif'] = 'SimHei'# 设置字体为 SimHei 以显示中文
plt.rcParams['axes.unicode_minus']=False# 坐标轴刻度显示负号
plt.figure(figsize=(6,4))
plt.plot(np.linspace(1,10,10),1-wrong_nums/len(y_test))
plt.title(' 对测试集的分类准确率 ')# 添加标题
plt.xlabel(' 隐层层数 ')
plt.show()# 显示图形
```

Out:

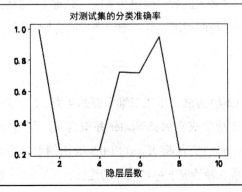

从上面输出的分类准确率可以看出，隐层神经元数量为 2，仅有 1 个隐层时，神经网络的分类准确率可达到一个较高值，随着隐层层数的增加，分类准确率反而降低，且变化不定。这说明增加隐层层数不一定能够提高神经网络的分类准确率。

下面再将隐层神经元的数量固定为 4，重复上述过程。

```
In []:    # 固定每个隐层神经元数量，增加隐层数
          # 初始化预测错误数量为空
          wrong_nums=[]
          tuple=(4,)
          for i in range(10):
              #print(tuple)
              wrong_nums=np.append(wrong_nums,clf_fit_pred(tuple))
              tuple=tuple+(4,)
              #print(wrong_nums)
          # 可视化，绘制标准化后的样本
          plt.rc('font', size=14)# 设置图中字号大小
          plt.rcParams['font.sans-serif'] = 'SimHei'# 设置字体为 SimHei 以显示中文
          plt.rcParams['axes.unicode_minus']=False# 坐标轴刻度显示负号
          plt.figure(figsize=(6,4))
          plt.plot(np.linspace(1,10,10),1-wrong_nums/len(y_test))
          plt.title(' 对测试集的分类准确率 ')# 添加标题
          plt.xlabel(' 隐层层数 ')
          plt.show()# 显示图形
```

Out:

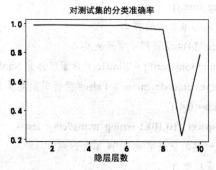

可以看出，当隐层神经元的数量固定为 4 时，只有 1 个隐层的神经网络就可达到较高的分类准确率。然而，随着隐层数量的增加，分类准确率反而有所降低，且变化不定。

【范例分析】

本例使用 make_blobs() 方法，生成二维平面的 4 类、2 特征、5000 个样本的数据集 X, y。使用 StandardScaler().fit(X) 方法生成实例 stdScaler 并拟合 X，使用 stdScaler.transform(X) 将 X 标准化为 X_std，使用 train_test_split() 方法将 X_std 以 0.8 的比例划分为训练集和测试集 X_std_train,X_std_test, y_train,y_test，考察 3 种情况下神经网络的性能：（1）1 个隐层，神经元从 1 到 10 以 1 递增；

（2）隐层神经元数量固定为 2，隐层层数从 1 至 10 以 1 递增；（3）隐层神经元数量固定为 4，隐层层数从 1 至 10 以 1 递增。对每种结构和参数分别训练神经网络模型，使用训练的模型预测测试集，统计预测错误的样本数量，计算分类准确率，并可视化分类准确率随神经元数量变化的曲线。对每种参数设置，生成神经网络实例、拟合、预测、错误统计的方法完全一样，因此定义了函数 clf_fit_pred(hidden_layer_sizes)，它接收神经网络的隐层参数 hidden_layer_sizes，生成 MLPClassifier() 的实例 clf。使用 clf.fit(X_std_train, y_train) 方法训练网络，使用 clf.predict(X_std_test) 方法返回预测结果 y_pred，将预测结果 y_pred 与测试集的真实类标签 y_test 比较，并结合 where() 方法和 len() 方法，统计预测错误的样本数量。函数返回预测错误样本数量 wrong_num，令 1 减去 wrong_num 与 y_test 元素数量的比值，即测试集的分类准确率。从绘制的 3 条分类准确率曲线可以看出，神经网络的性能并不随着隐层数量和隐层神经元数量的增加而增加。因此，建立神经网络隐层的原则是：在满足分类准确率的前提下，网络结构尽可能简单。

12.4　综合实例——使用神经网络解决鸢尾花分类问题

本节通过对 scikit-learn 的 datasets 模块自带的 iris 数据集建立神经网络分类器，进一步说明 MLPClassifier() 的使用方法。为便于在二维平面可视化，只使用 iris 数据集的两个特征训练神经网络分类器，观察分类结果。

【例 12-8】使用 iris 数据集的部分特征训练 MLPClassifier() 神经网络分类器。

加载 iris 数据集，将其划分为训练集和测试集，使用训练集的属性 0 和 1（便于可视化）训练神经网络分类模型，使用测试集测试模型，并可视化测试结果，与真实类别进行对比分析。

使用 datasets.load_iris() 方法加载 iris 数据集，将其前两个特征作为数据集，拆分为训练集和测试集。生成 MLPClassifier() 的实例，使用训练集数据拟合神经网络分类器。

```
In []:    # 使用训练集和测试集，对 iris 数据进行分类
          import numpy as np
          import matplotlib.pyplot as plt
          from sklearn import datasets
          from sklearn.neural_network import MLPClassifier
          import pandas as pd
          from sklearn.model_selection import train_test_split
          from sklearn.externals import joblib
          iris = datasets.load_iris()
          # 为可视化方便，取前两列作为特征属性
          #print('iris 的内容为：\n',iris)
          X = iris.data[:, :2]# 不包括上限 2
          y = iris.target
```

In []:	# 划分训练集、测试集
	X_train,X_test, y_train,y_test = train_test_split(
	X,y,train_size = 0.8,random_state = 42)
	hidden_n,hidden_m=10,6# 隐层大小，2 层，神经元数量分别为 hidden_n,hidden_m
	clf = MLPClassifier(solver='lbfgs', alpha=1e-5,
	hidden_layer_sizes=(hidden_n,hidden_m), random_state=1)
	clf.fit(X_train, y_train)
	print(' 构建神经网络模型的参数为：\n',clf)

Out:	构建神经网络模型的参数为：
	MLPClassifier(activation='relu', alpha=1e-05, batch_size='auto', beta_1=0.9,
	beta_2=0.999, early_stopping=False, epsilon=1e-08,
	hidden_layer_sizes=(10, 6), learning_rate='constant',
	learning_rate_init=0.001, max_iter=200, momentum=0.9,
	nesterovs_momentum=True, power_t=0.5, random_state=1, shuffle=True,
	solver='lbfgs', tol=0.0001, validation_fraction=0.1, verbose=False,
	warm_start=False)

训练的神经网络有 2 个隐层，神经元数量分别为 10,6。下面可视化原始数据集、训练集和对全平面的预测结果。

In []:	# 可视化原始数据、训练集和全平面预测结果
	plt.rc('font', size=14)# 设置图中字号大小
	plt.rcParams['font.sans-serif'] = 'SimHei'# 设置字体为 SimHei 以显示中文
	plt.rcParams['axes.unicode_minus']=False# 坐标轴刻度显示负号
	# 设置横轴、纵轴的范围
	x_min =np.min(X[:,0])–1
	x_max = np.max(X[:,0])+1
	y_min =np.min(X[:,1])–1
	y_max = np.max(X[:,1])+1
	p = plt.figure(figsize=(12,8))
	# 子图 1：绘制原始数据
	ax1 = p.add_subplot(2,2,1)
	plt.scatter(X[:,0],X[:,1],c=y)
	plt.xlim(x_min, x_max)
	plt.ylim(y_min, y_max)
	plt.xlabel('sepal length')
	plt.ylabel('sepal width')
	plt.title(' 全部样本 ')# 添加标题
	# 子图 2：绘制训练集
	ax1 = p.add_subplot(2,2,2)
	plt.scatter(X_train[:,0],X_train[:,1],c=y_train)

In []:
```
plt.xlim(x_min, x_max)
plt.ylim(y_min, y_max)
plt.xlim(x_min, x_max)
plt.ylim(y_min, y_max)
plt.xlabel('sepal length')
plt.ylabel('sepal width')
plt.title(' 训练集样本 ')# 添加标题
# 准备要预测的全平面数据
#XX, YY 分别从最小值到最大值间均匀取 200 个数，形状都为 200*200
XX, YY = np.mgrid[x_min:x_max:200j, y_min:y_max:200j]
#XX.ravel(), YY.ravel() 分别将 XX, YY 展平为 40000*1 的数组
#np.c_[XX.ravel(), YY.ravel()] 的形状为 40000*2
# 将 XX,YY 转换成规定平面内每个点的坐标
Z = np.c_[XX.ravel(), YY.ravel()]
Z_predict=clf.predict(Z)# 预测 Z
# 设置 Z_predict 的形状与 XX 相同，准备将其与 XX,YY 规定平面内每一点的颜色值关联
Z_predict = Z_predict.reshape(XX.shape)
ax1 = p.add_subplot(2,2,3)
plt.pcolormesh(XX, YY, Z_predict/2, cmap=plt.cm.Paired)
plt.scatter(X[:,0],X[:,1],c=y)
plt.title(' 训练集得到的模型分类预测结果 ')# 添加标题
# 对 XX,YY 规定的平面设置坐标轴刻度范围
plt.xlim(x_min, x_max)
plt.ylim(y_min, y_max)
plt.xlabel('sepal length')
plt.ylabel('sepal width')
p.tight_layout()# 调整整体空白, 各子图不重叠
plt.show()# 显示图形
```

Out: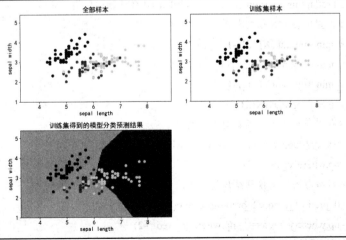

将训练的模型保存，并重新加载。

In []:	joblib.dump(clf,'iris_2features_ann.m')# 保存模型
	clf_nn = joblib.load('iris_2features_ann.m') # 加载模型
	print(' 加载的神经网络模型的参数为：\n',clf_nn)
Out	加载的神经网络模型的参数为：
	MLPClassifier(activation='relu', alpha=1e-05, batch_size='auto', beta_1=0.9,
	beta_2=0.999, early_stopping=False, epsilon=1e-08,
	hidden_layer_sizes=(10, 6), learning_rate='constant',
	learning_rate_init=0.001, max_iter=200, momentum=0.9,
	nesterovs_momentum=True, power_t=0.5, random_state=1, shuffle=True,
	solver='lbfgs', tol=0.0001, validation_fraction=0.1, verbose=False,
	warm_start=False)

使用加载的神经网络对测试集进行预测，并输出部分预测结果。

In []:	y_pred = clf_nn.predict(X_test)
	for i in [0,1,2,3,4]:
	print(' 测试集第 ',i,' 个样本 ',X_test[i,0:2],' 的分类预测结果为： ',y_pred[i])
Out:	测试集第 0 个样本 [6.1 2.8] 的分类预测结果为： 1
	测试集第 1 个样本 [5.7 3.8] 的分类预测结果为： 0
	测试集第 2 个样本 [7.7 2.6] 的分类预测结果为： 2
	测试集第 3 个样本 [6. 2.9] 的分类预测结果为： 1
	测试集第 4 个样本 [6.8 2.8] 的分类预测结果为： 2

分类别可视化测试集和对测试集的预测结果。

In []:	# 可视化测试集和对测试集的分类结果
	plt.rc('font', size=14)# 设置图中字号大小
	plt.rcParams['font.sans-serif'] = 'SimHei'# 设置字体为 SimHei 以显示中文
	plt.rcParams['axes.unicode_minus']=False# 坐标轴刻度显示负号
	# 设置横轴、纵轴的范围
	x_min =np.min(X[:,0])−1
	x_max = np.max(X[:,0])+1
	y_min =np.min(X[:,1])−1
	y_max = np.max(X[:,1])+1
	# 获得与测试集类标签同类的索引
	y0,y1,y2=np.where(y_test==0),np.where(y_test==1),\
	np.where(y_test==2)
	# 获得与测试集预测结果类标签同类的索引
	y0_pred,y1_pred,y2_pred=np.where(y_pred==0),\
	np.where(y_pred==1),np.where(y_pred==2)

```
In []:    # 可视化测试集分类结果 , 绘制各个类的散点图
          p=plt.figure(figsize=(12,4))
          ax1 = p.add_subplot(1,2,1)#1 行 2 列 2 幅子图的第 1 幅
          plt.scatter(X_test[y0,0],X_test[y0,1],marker='o')
          plt.scatter(X_test[y1,0],X_test[y1,1],marker='*')
          plt.scatter(X_test[y2,0],X_test[y2,1],marker='D')
          plt.title('iris 测试集及类别 ')# 添加标题
          labels=[' 类 0',' 类 1',' 类 2']
          plt.legend(labels)
          plt.xlim(x_min, x_max)
          plt.ylim(y_min, y_max)
          ax1 = p.add_subplot(1,2,2)#1 行 2 列 2 幅子图的第 2 幅
          # 绘制测试集预测结果各个类的散点图
          plt.scatter(X_test[y0_pred,0],X_test[y0_pred,1],marker='o')
          plt.scatter(X_test[y1_pred,0],X_test[y1_pred,1],marker='*')
          plt.scatter(X_test[y2_pred,0],X_test[y2_pred,1],marker='D')
          plt.title(' 使用属性 0 和 1 训练模型对 iris 测试集预测的类别 ')# 添加标题
          plt.legend(labels)
          plt.xlim(x_min, x_max)
          plt.ylim(y_min, y_max)
          plt.show()# 显示图形
```

Out:

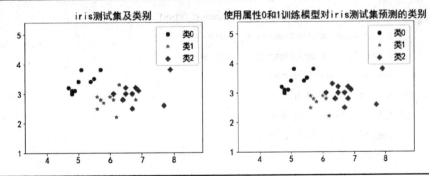

【范例分析】

本例使用 datasets.load_iris() 方法加载 iris 数据集,该数据集有 150 个样本,每个样本有 4 个特征,共 3 个类别。为可视化方便,本例只取前两个特征构建数据集 X,y。使用 train_test_split() 方法将其随机拆分为训练集和测试集 X_train,X_test, y_train,y_test,使用训练集拟合神经网络分类器。生成 MLPClassifier() 的实例 clf,神经网络设置为 2 个隐层,神经元数量分别为 10,6,使用 clf.fit(X_train, y_train) 方法拟合神经网络模型。构造二维平面 200*200 的网格,共 40000 个点,使用 predict() 方法分别对它们预测,分类别绘制网格点,不同颜色区域的界限即为神经网络 clf 对特征空间的分类界限。使用 joblib.dump(clf,'iris_2features_ann.m') 方法保存模型,使用 joblib.load('iris_2features_ann.

m') 方法加载模型为 clf_nn，对加载的模型 clf_nn，使用 predict(X_test) 方法对测试集进行预测。分类别绘制测试集的散点图和预测结果，可以看出，有少量样本预测错误，这说明仅使用 2 个特征不能提供足够的信息给分类器。

下面使用 iris 数据集的全部 4 个特征训练神经网络，并对测试集进行预测，观察增加特征数量后，能否提高分类准确率。

【例 12-9】使用 iris 数据集的全部特征训练 MLPClassifier() 神经网络分类器。

使用训练集和测试集，对 iris 数据集按照全部 4 个属性训练神经网络模型，并对测试集进行分类，可视化分类结果，将其与真实分类对比。

加载 iris 数据集，将其全部 4 个特征作为数据集 X,y，使用 train_test_split() 方法将其随机拆分为训练集和测试集。使用训练集拟合神经网络分类器，保存训练的模型。

```
In []:   # 使用训练集和测试集，对 iris 数据集按照全部 4 个属性训练神经网络模型
         # 并对测试集进行分类
         import numpy as np
         import matplotlib.pyplot as plt
         from sklearn import datasets
         from sklearn.neural_network import MLPClassifier
         import pandas as pd
         from sklearn.model_selection import train_test_split
         from sklearn.externals import joblib
         #from sklearn.metrics import classification_report
         #from sklearn.metrics import roc_curve
         #from sklearn.metrics import accuracy_score
         # import some data to play with
         iris = datasets.load_iris()
         # 取全部 4 列作为特征属性
         #print('iris 的内容为 \n',iris)
         X = iris.data
         y = iris.target
         # 划分训练集、测试集
         X_train,X_test, y_train,y_test = train_test_split(
             X,y,train_size = 0.8,random_state = 42)
         hidden_n,hidden_m=5,4# 隐层大小，2 层，神经元数量分别为 hidden_n,hidden_m
         clf = MLPClassifier(solver='lbfgs', alpha=1e-5,
                     hidden_layer_sizes=(hidden_n,hidden_m), random_state=1)
         clf.fit(X_train, y_train)
         joblib.dump(clf,'iris_4features_ann.m')# 保存模型
         print(' 构建的模型为：\n',clf)
```

Out: 构建的模型为:

```
MLPClassifier(activation='relu', alpha=1e-05, batch_size='auto', beta_1=0.9,
    beta_2=0.999, early_stopping=False, epsilon=1e-08,
    hidden_layer_sizes=(5, 4), learning_rate='constant',
    learning_rate_init=0.001, max_iter=200, momentum=0.9,
    nesterovs_momentum=True, power_t=0.5, random_state=1, shuffle=True,
    solver='lbfgs', tol=0.0001, validation_fraction=0.1, verbose=False,
    warm_start=False)
```

加载保存的神经网络模型，对测试集进行预测。

In []:
```
clf_nn = joblib.load('iris_4features_ann.m') # 加载模型
y_pred = clf_nn.predict(X_test)
for i in [0,1,2,3,4]:
    print(' 测试集第 ',i,' 个样本 ',X_test[i,0:2],' 的分类预测结果为: ',y_pred[i])
```

Out: 测试集第 0 个样本 [6.1 2.8] 的分类预测结果为: 1
测试集第 1 个样本 [5.7 3.8] 的分类预测结果为: 0
测试集第 2 个样本 [7.7 2.6] 的分类预测结果为: 2
测试集第 3 个样本 [6. 2.9] 的分类预测结果为: 1
测试集第 4 个样本 [6.8 2.8] 的分类预测结果为: 1

用测试集的前两个特征在二维平面上分类别测试和预测结果，将二者对比，观察分类结果。

In []:
```
# 可视化测试集和测试集分类结果
plt.rc('font', size=14)# 设置图中字号大小
plt.rcParams['font.sans-serif'] = 'SimHei'# 设置字体为 SimHei 以显示中文
plt.rcParams['axes.unicode_minus']=False# 坐标轴刻度显示负号
# 设置横轴、纵轴的范围
x_min =np.min(X[:,0])-1
x_max = np.max(X[:,0])+1
y_min =np.min(X[:,1])-1
y_max = np.max(X[:,1])+1
# 获得与测试集类标签同类的索引
y0,y1,y2=np.where(y_test==0),np.where(y_test==1),\
  np.where(y_test==2)
# 获得与测试集预测结果类标签同类的索引
y0_pred,y1_pred,y2_pred=np.where(y_pred==0),\
  np.where(y_pred==1),np.where(y_pred==2)
# 可视化测试集分类结果,绘制各个类的散点图
p=plt.figure(figsize=(12,4))
ax1 = p.add_subplot(1,2,1)#1 行 2 列 2 幅子图的第 1 幅
plt.scatter(X_test[y0,0],X_test[y0,1],marker='o')# 绘制类 0
```

```
In []:    plt.scatter(X_test[y1,0],X_test[y1,1],marker='*')# 绘制类 1
          plt.scatter(X_test[y2,0],X_test[y2,1],marker='D')# 绘制类 2
          #plt.scatter(X_test[y3,0],X_test[y3,1],marker='v')
          plt.title('iris 测试集类别 ')# 添加标题
          labels=[' 类 0',' 类 1',' 类 2']
          plt.legend(labels)
          plt.xlim(x_min, x_max)
          plt.ylim(y_min, y_max)
          ax1 = p.add_subplot(1,2,2)#1 行 2 列 2 幅子图的第 2 幅
          # 绘制测试集预测结果各个类的散点图
          plt.scatter(X_test[y0_pred,0],X_test[y0_pred,1],marker='o')# 绘制预测的类 0
          plt.scatter(X_test[y1_pred,0],X_test[y1_pred,1],marker='*')# 绘制预测的类 1
          plt.scatter(X_test[y2_pred,0],X_test[y2_pred,1],marker='D')# 绘制预测的类 2
          #plt.scatter(X_test[y3_pred,0],X_test[y3_pred,1],marker='v')
          plt.title(' 使用全部 4 个属性训练模型对 iris 测试集预测的结果 ')# 添加标题
          plt.legend(labels)
          plt.xlim(x_min, x_max)
          plt.ylim(y_min, y_max)
          plt.show()# 显示图形
```

Out:

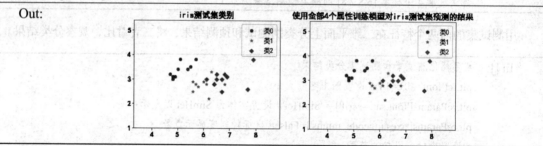

从上面输出的预测结果可以看出，使用 4 个特征训练的神经网络分类器，对测试集的样本全部预测正确。

【范例分析】

本例使用 datasets.load_iris() 方法加载 iris 数据集，使用其全部 4 个特征构建数据集 X,y。使用 train_test_split() 方法将其随机拆分为训练集和测试集 X_train,X_test, y_train,y_test，使用训练集拟合神经网络分类器。生成 MLPClassifier() 的实例 clf，神经网络设置为 2 个隐层，神经元数量分别为 5,4，使用 clf.fit(X_train, y_train) 方法拟合神经网络模型。使用 joblib.dump(clf,'iris_4features_ann.m') 方法保存模型，使用 joblib.load('iris_4features_ann.m') 方法加载模型为 clf_nn。对加载的模型 clf_nn，使用 predict(X_test) 方法对测试集进行预测。使用 where() 方法获取测试集真实的各个类标签和预测结果各个标签对应的特征子集，分类别绘制测试集前两个特征的散点图和预测结果。可以看出，虽然隐层神经元数量比例 12-8 减少了，但使用 4 个特征增加了信息量，因此训练的模型对测试集的样本全部预测正确。

12.5 本章小结

神经元的数学模型是由 n 个输入组成的输入向量 $[x_1, x_2, \cdots, x_n]^T$、连接权重 $[w_1, w_2, \cdots, w_n]$、阈值 θ、激励函数 $f(\cdot)$，输出 y 构成的一种输入输出关系。不同神经元的输入输出相互连接，根据连接形式的不同，可组成感知器模型、多层感知机模型、前向多层神经网络、Hopfield 神经网络、动态反馈网络、自组织神经网络等多种类型的神经网络。

使用 BP 算法计算网络输出时，采用从输入层逐层向前计算各神经元输出的前馈方式。计算网络输出误差时，从输出层向输入层逐层计算。初始时，随机为各神经元的连接分配权重。网络训练的目标是调整连接权重，使代价函数 E 最小。其优化方法是，使用代价函数 E 对网络中的各连接权重求阶偏导数，得到各连接权重的梯度，再沿梯度方向改变权重，迭代至网络收敛。

sklearn.neural_network 模块提供了多层感知器 MLPClassifier() 类。它训练神经网络和预测新样本的方法分别为 fit(X, y) 和 predict(X)。在机器学习中，一般将数据集划分为训练集和测试集，使用训练集训练模型，使用测试集验证模型。模型选择 model_selection 模块提供的划分数据集的方法 train_test_split()，用户可使用 joblib.dump() 方法保存训练的模型，使之持久化。使用 joblib.load() 方法加载保存的模型。

12.6 习题

（1）画图说明神经元的数学模型。

（2）简述常用的神经网络有哪些类型。

（3）简述 BP 算法的基本原理。

（4）以 X_train = [[0, 0], [5, 5]], Y_train = [0, 1] 为训练集，使用 sklearn.neural_network 模块的多层感知器 MLPClassifier 训练神经网络模型，并使用训练的模型预测点 (1,1), (4,4) 的类别。

（5）改变例 12-3 中隐层神经元的数量 hidden_n,hidden_m（如从 1 开始增加），观察并对比分析神经网络对坐标平面的预测结果。

（6）在例 12-7 中，使用 iris 数据集的后两个属性作为数据集，对鸢尾花进行分类，并观察分类结果。

（7）改变例 12-8 中隐层神经元的数量 hidden_n,hidden_m（如从 1 开始增加），观察并对比分析神经网络对测试集的预测结果。

12.7 高手点拨

（1）关于凸集的定义，可以理解为对一个数据集所形成的样本空间，如果任意两个样本的连线都位于该空间内部，则认为该数据集是凸集。具有类似性状的函数称为凸函数，凸函数存在最小值或最大值。对机器学习的损失函数来说，一般反映了机器学习模型的输出与真实输出的误差，该误差存在最小值。优化目标是指，找到使损失函数取得最小值的参数值集。

（2）当神经网络的隐层数量超过 2 时，MLPClassifier 的分类性能并不一定明显增加，有时反而会降低或变化不定。因此，在选择神经网络的结构时，在满足使用要求的前提下，网络结构要尽可能简单。

第 13 章

13

神经网络算法 2——卷积神经网络

卷积的本质是一个窗口信号对另一个信号的加权平均，起滤波作用。卷积神经网络在图像、文本、语音的深度学习中得到了广泛的应用。本章介绍卷积的基本概念；TensorFlow 深度学习框架，包括计算图的概念、常用语法和指令；一维卷积和二维卷积的实现方法。TensorFlow 创建计算图的方法；并创建了卷积神经网络，对 scikit-learn 自带的数字手写体数据集 digits，构造了两个卷积神经网络，实现了对它的分类。

13.1 卷积神经网络基础

要理解卷积神经网络，首先应明白什么是卷积。简单地说，卷积是一个信号翻转并平移后对另一个信号的加权平均。在实际应用中，通常取一个内部带有权值的窗口，使用该窗口对某个信号进行滤波。移动该窗口可以平滑原始信号。因此，卷积的本质是滤波。由于窗口的卷积具有提取局部特征的作用，卷积神经网络试图根据训练样本集学习得到一个或多个滤波器。这组滤波器是提取数据集特征的最优滤波器。下面将从一维卷积开始引入卷积的概念，然后引入二维卷积的概念和卷积过程，最后引入卷积神经网络的概念和结构。

13.1.1 ▶ 一维卷积

卷积是什么？首先看以下几张图。

图 13-1（a）中，有两个离散数据序列 f 和 g，如果把它们都看成向量，则两个数据系列对应元素的成绩之和称为内积。

图 13-1（b）中，将 g 沿纵轴翻转，产生一个新的数据系列 g'，即 $g'=-g$。

图 13-1（c）中，将 g' 沿横轴向右平移，将横轴上相同位置的 f 数据系列、g' 数据系列的对应元素相乘，再把所有成绩相加得到的和即为 f 与 g 的卷积。

在实际应用中，往往不需要使用 g 的全部元素与 f 的对应元素相乘，而是取 g 的一小段作为窗口，对 f 进行乘加操作，并连续移动该窗口，重复乘加操作，这样得到一个新的数据系列，即 f 与 g 的卷积结果，这个过程如图 13-1（d）所示。

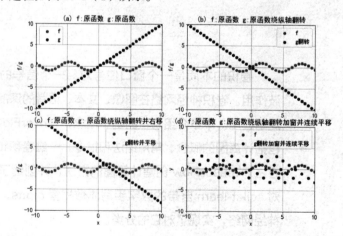

图 13-1 离散数据序列内积、卷积

由此可以看出，卷积操作实际上起到了滤波器的作用，它用一个带权值的窗口，对 f 进行加权平均，从而对 f 进行滤波，使其更加平滑。

很容易将卷积的定义推广到连续数据系列的情况，如图 13-2 所示。

图 13-2（a）是两个连续函数 $f(t)$ 和 $g(t)$；图 13-2（b）将 $g(t)$ 翻转得到 $g(-t)$；图 13-2（c）将 $g(-t)$ 右移 n 得到 $g(n-t)$，则 $f(t)$ 和 $g(t)$ 的卷积定义为 $f(t)$ 和 $g(n-t)$ 所有相同 t 处值的成绩之和。由于 $f(t)$ 和 $g(t)$ 是连续函数，可以用积分表示成绩和，即式（13-1）。

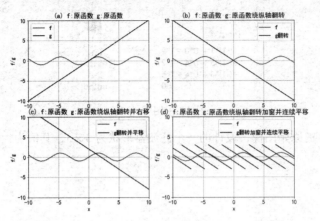

图 13-2 连续函数的卷积

$$f(t)g(t) = \int_{-\infty}^{+\infty} f(t)g(n-t) \tag{13-1}$$

同样，也可以采用加窗连续平移的方式，如图 13-2（d）所示，得到 g 对 f 的卷积系列，即对 f 的滤波结果。对于离散数据系列，则式 (13-1) 变换为式 (13-2)。

$$f(t)g(t) = \sum_{-\infty}^{+\infty} f(t)g(n-t) \tag{13-2}$$

因此，卷积的本质是滤波，f 是被研究的数据系列，g 为滤波器。

13.1.2 ▶ 二维卷积

图 13-1、图 13-2 和式 (13-1)、式 (13-2) 所描述的卷积过程是一维的，即被研究的信号和滤波器都是一维信号。在实际应用中，经常需要对图像进行处理、分析和识别，而图像数据是二维的，它是一系列行、列排列的像素矩阵。要提取图像的特征，就需要对图像进行二维滤波处理。其方法是，用一个带有权值的小窗口，即滤波器，对图像的每个区域的像素进行加权平均，依次在行、列方向移动滤波器，最后得到一个滤波结果。这样的过程即二维卷积操作，其滤波器和处理的图像数据都是二维的。

1. 图像卷积的基本过程

图像二维卷积操作如图 13-3 所示。

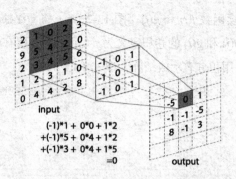

图 13-3 图像卷积

假设有一个 5×5 的原始图像，设计的一个滤波器形状为 3×3，其值为：

[-1, 0, 1,

-1, 0, 1,

-1, 0, 1]

将滤波器从图像的左上角开始，分别与图像对应位置的像素值加权平均，可以得到一个值。横向移动滤波器，重复这个计算，可以得到一行值。然后纵向下移滤波器，重复上述过程。最终可以得到一个多行多列的像素加权平均的矩阵。它即是使用该滤波器对图像进行卷积操作的结果。

可以设计不同形状、权值分布的图像滤波器，以实现边缘检测、浮雕、模糊等图像处理与分析的目的。因此，图像的卷积操作在本质上也是一种滤波。滤波器每次横向、纵向移动的像素点数量称为步长。

彩色图像一般有三个颜色通道，可以将滤波器分别作用于每个颜色通道，从而得到三个通道的卷积结果。

2. 填充

如果不对原始图像做任何处理，卷积的结果将比原始图像的形状小。例如图 13-3 中，使用 3×3 滤波器，步长为 1，则对一幅 5×5 的图像的卷积结果形状减小为 4×4。如果步长增加到 2，则卷积结果的形状为 2×2，滤波器的大小也将影响卷积结果的形状。例如，将图 13-3 的滤波器形状设计为 5×5，则卷积结果将变成一个 1×1 的点。

如果想要使滤波器移动步长为 1，而卷积结果的形状保持不变，可以对原始图像的四周以 0 进行填充 (padding)。例如，对图 13-3 的图像，周围以 0 填充一周，如 13-4 图所示。

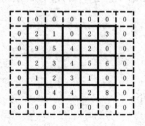

图 13-4 图像填充

使用 3×3 滤波器对图 13-3 填充后的图像按照步长 1 进行卷积操作，得到的卷积结果形状仍然是 5×5，从而与原始图像的形状保持相同。

3. 池化

原始图像填充后，卷积结果仍然保持较高的维数。例如对一个 900×900 的图像，如果使用 3×3 滤波器按照步长 1 进行卷积操作，得到的结果仍然是 900×900 的维数。按照它构建神经网络，其输入层的神经元数量将是 810 000 个。如果图像有 3 个通道，输入层的神经元数量将达到 2 430 000 个。这将大幅增加神经网络的优化参数数量，将延长网络训练时间。因此，一般要对卷积结果进行池化操作，以降低图像卷积结果的维数。

池化本质上也是一种卷积操作，它使用滤波器提取图像的局部特征。例如，使用 2×2 的滤波器，以步长 2，提取图像每个区域像素的最大值，则池化结果将图像的维数降至原来的一半。图 13-5 所示为池化操作的一个示例。

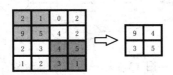

图 13-5 池化操作

使用一个 2×2 的滤波器，可以分别提取图像 4 个区域的像素最大值，即：

[9, 4,

3, 5]

池化后，图像的维数由 4×4 降至 2×2。

13.1.3 ▶ 卷积神经网络结构

在全连接人工神经网络中，相邻两层的每个神经元之间都是有边（权重）相连的。当输入层的特征维度变得很高时，全连接网络需要训练的参数（连接权重）会增加很多，计算速度就会变得很慢。例如一张 100×100 的 3 通道彩色图片，输入的神经元（像素点）就有 30 000 个。假如有一个神经元数量同为 30 000 的隐层，则隐层与输入层的连接数量就有 9×10^8 之多。如果再考虑增加隐层数量和输出层，则神经元连接的数量会更多。如此巨大的参数数量，使神经网络的训练量非常大。

人在认知图像时是分层的，首先理解的是颜色和亮度，然后是边缘、角点、直线等局部细节特征，接下来是纹理、几何形状等更复杂的信息和结构，最后形成整个物体的概念。视觉神经科学对于视觉机理的研究验证了这一结论。动物大脑的视觉皮层具有分层结构，眼睛将看到的景象成像在视网膜上，视网膜把光学信号转换成电信号，传递到大脑的视觉皮层，视觉皮层是大脑中负责处理视觉信号的部分。

目前已经证明，视觉皮层具有层次结构。从视网膜传来的信号首先到达初级视觉皮层，即 V1 皮层。V1 皮层的神经元对一些细节、特定方向的图像信号非常敏感。V1 皮层处理之后，将信号传导到 V2 皮层。V2 皮层将边缘和轮廓信息表示成简单的形状，然后由 V4 皮层中的神经元进行处理，它对颜色信息非常敏感。最终复杂物体在 IT 皮层被表示出来。

卷积神经网络可以看成是上面这种机制的简单模仿。它由多个卷积层构成，每个卷积层包含多个卷积核，用这些卷积核从左向右、从上往下依次扫描整个图像，得到称为特征图（Feature Map）的输出数据。网络前面的卷积层捕捉图像局部、细节信息，有小的感受野，即输出图像的每个像素只利用输入图像很小的一个范围。后面的卷积层感受野逐层加大，用于捕获图像更复杂、更抽象的信息。经过多个卷积层的运算，最后得到图像在各个不同尺度的抽象表示。

卷积神经网络（Convolutional Neural Networks, CNN）是一种包含卷积计算且具有深度结构的前馈神经网络，是深度学习的代表算法。目前已经广泛应用于图像、语音、文本的分析与识别。卷积神经网络的结构如图 13-6 所示，一般包括输入层、卷积层、池化层、全连接层、输出层。

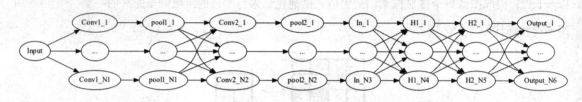

图 13-6 卷积神经网络结构

以图像的卷积神经网络为例。输入层接收图像的像素数据，既可以是单通道的灰度图像，也可以是 3 通道的彩色图像。

卷积层使用滤波器对输入层进行卷积操作。卷积操作用于提取图像的特征，可以使用多个卷积核获取不同的图像特征。经过卷积运算之后，图像尺寸会变小，因此，可以先对图像进行扩充（如在周边补 0），然后用尺寸扩大后的图像进行卷积，保证卷积结果图像和原图像尺寸相同。另外，在从上到下，从左到右滑动的过程中，水平方向和垂直方向滑动的步长都是 1，也可以采用其他步长。

实际应用时遇到的经常是多通道图像，如 RGB 彩色图像就有三个通道。多通道图像对应的卷积核也是多通道的，如图 13-7 所示。具体的卷积操作是，用卷积核的各个通道分别对输入图像的各个通道进行卷积，然后把对应位置的像素值按照各个通道累加。另外，每一层还可以有多个卷积核，产生的输出也是多通道的特征图像。

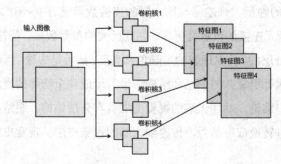

图 13-7 多通道、多卷积核的卷积过程

通过卷积操作，虽然完成了对输入图像的降维和特征抽取，但特征图像的维数还是很高。维数

高不仅计算耗时，而且容易导致过拟合。为此引入了下采样技术，即池化操作。池化的做法是对图像的某一个区域用一个值代替，如最大值或平均值。如果采用最大值叫 max 池化；如果采用均值叫均值池化。除了降低图像尺寸，下采样带来的另一个好处是平移、旋转不变性，因为输出值由图像的一片区域计算得到，对于平移和旋转并不敏感。池化层的具体实现是，在进行卷积操作之后对得到的特征图像进行分块，图像被划分为不相交块，再计算这些块内的最大值或平均值，得到池化后的图像。

在图像分类中，通常有两层以上的卷积层和池化层，用于图像局部特征、全局特征的多次提取和降维。卷积层的神经元与池化层的神经元并不是全连接的。如图 13-6 所示，一个卷积核得到的特征图对应一种池化操作。如果需要再次进行卷积操作，则只将该池化操作得到的结果与下一个卷积层的单个神经元发生联系，而不必与其他神经元都发生联系。

经过卷积和池化操作之后，图像的特征维数大为降低。此时，将池化操作结果展平为一维特征，送入全连接层（前馈网络），使某一层的某个神经元与下一层的全部神经元建立连接。

与其他神经网络类似，卷积神经网络的神经元也需要激励函数。假如，sigmoid 激活函数，其输入输出关系为式（13-3）。

$$y = f(x) = \frac{1}{1 + e^{-x}} \tag{13-3}$$

sigmod 激励函数的特点是，当输入值很小时，输出值接近 0；当输入很大时，输出值接近 1。它的缺点在于：（1）当输入值很小或很大时，输出曲线基本变为水平直线，导致局部梯度值非常小，趋向为 0，这不利于梯度下降的优化方法；（2）当输入为 0 时，输出不为 0，由于每一层的输出都要作为下一层的输入，而未 0 中心化会影响梯度下降及其动态性，如图 13-8 所示。

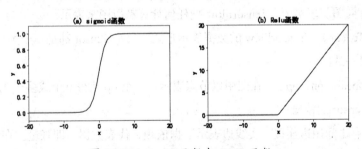

图 13-8 sigmoid 函数与 Rule 函数

因此，在卷积神经网络中，更常使用 Relu(Rectified Linear Unit) 函数，其基本形式如式（13-4）所示。

$$f(x) = \max(0, x) \tag{13-4}$$

Relu 函数的优点是不会出现梯度消失，收敛速度快；前向计算量小，只需要计算 $\max(0, x)$，不像 sigmoid 中有指数计算；反向传播计算快，导数计算简单，无须指数计算；有些神经元的值为 0，使网络具有稀疏性质，可减小过拟合。它的缺点是比较脆弱，反向传播中如果一个参数为 0，则后面的参数就会不更新。学习性能和参数设置有关系。

最后，一个池化层的输出送入全连接层前，需要对特征进行正则化，将其变换到 [0,1] 区间。

卷积神经网络的输出层一般是类别标签，需要将数据集的类别标签量化编码。为了不使机器学习模型认为类别是有序的，一般需要对类标签进行独热编码。

13.2 TensorFlow 基础

TensorFlow 是 Google 推出的一款开源人工智能学习系统，是一个基于数据流编程的符号数学系统，被广泛应用于各类机器学习算法的编程实现。TensorFlow 拥有多层级结构，可部署于各类服务器、PC 终端和网页，并支持 GPU 和 TPU 高性能数值计算。

13.2.1 ▶ TensorFlow 深度学习框架介绍

Tensor 的意思是张量，代表 N 维数组；Flow 的意思是流，代表基于数据流图的计算。把 N 维数字从流图的一端流动到另一端的过程，就是人工智能神经网络进行分析和处理的过程。TensorFlow 的特点是可以支持多种设备，大到 GPU、CPU，小到平板和手机都可以，而且使用很方便，几行代码就能开始生成模型，这让神经网络的入门变得非常简单。

在 Windows 上安装 TensorFlow 的方法是：（1）安装 CPU 版本，在 anaconda prompt 窗口输入命令 pip install TensorFlow；（2）安装 GPU 版本，输入命令 pip install TensorFlow-gpu；（3）Linux 上安装，对应的安装命令为 pip3 install TensorFlow, pip3 install TensorFlow-gpu。

要学习和使用 TensorFlow，需要了解一些基本概念和数据流图计算的基本思想，TensorFlow 是一个以计算流图为基本思想的机器学习工具。

（1）图（Graph）：描述了计算的过程，TensorFlow 使用图来表示计算任务。例如，一个神经网络可以表示为有向图。事实上，TensorFlow 把任何计算都以图来表示。

（2）张量（Tensor）：TensorFlow 的数据表示形式，每个 Tensor 都是一个类型化的多维数组。张量的数据类型是一致的。

（3）操作（opearation，op）：在图中以节点表示。一个 op 获得 0 个或多个 Tensor，执行计算，产生 0 个或多个 Tensor 的输出。

（4）边：节点之间用边连接。实线边表示数据依赖，代表数据，即张量。在机器学习算法中，张量在数据流图中从前往后流动一遍就完成一次前向传播，而残差从后向前流动一遍就完成一次反向传播。虚线边表示控制依赖，可以用于控制操作的运行，被用来确保 happens—before 关系，这类边上没有数据流过，但源节点必须在目的节点开始执行前完成。

图必须在称为"会话"（session）的上下文中执行。会话将图的 op 分发到诸如 CPU 或 GPU 之类的设备上执行。因此 TensorFlow 是一个典型的分布式计算系统。

TensorFlow 的程序一般分为两个阶段：图构建阶段和执行阶段。首先，定义常量、变量、各种操作，使用 TensorFlow 提供的 API 构建一个计算图。其次，将构建好的执行图在给定的会话中执行，并得到执行结果。

13.2.2 ► TensorFlow 计算图

首先通过语句说明 TensorFlow 构建计算图的过程。下面使用 2 条语句导入 TensorFlow 并创建一个常量：

```
import TensorFlow as tf
a = tf.constant(4.0, name='a')
```

TensorFlow 在创建常量时，将在计算图中创建其节点 a，如图 13.8(a) 所示。然后再创建一个常量：

```
b=tf.constant(5.0, name='b')
```

执行该指令后，将在计算图中再创建一个节点 b，此时，计算图中有两个节点，如图 13-8(b) 所示。

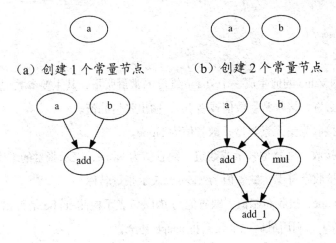

（a）创建 1 个常量节点　　　（b）创建 2 个常量节点

（c）创建一个加法节点　　　（d）创建一个乘法和加法节点

图 13-9 TensorFlow 计算图示意

然后定义一个 a, b 的加法运算，即式（13-5）。

$$c=a+b \tag{13-5}$$

此时，在计算图中将创建一个加法节点，如图 13-8(c) 所示。对加法节点 add 而言，参与运算的两个数（输入）分别为 a, b。因此 a, b 两个节点分别有指向加法节点的边，表示数据将从节点 a, b 流向节点 add。下面再定义一个乘法操作，如式 (13-6) 所示。

$$d=a+b+ab \tag{13-6}$$

上述指令实际上又定义了两个操作：a 与 b 相乘；$a+b$ 与 $a*b$ 相加。因此，计算图中将增加两个节点，如图 13-8(d) 所示，即节点 mul 和 add_1 分别代表乘法和加法操作。其中乘法节点 mul 的输入为 a, b，节点 add_1 的输入为节点 add 和 mul 的输出。

需要说明的是，上述指令只定义了计算图，并没有执行相应的计算。要输出 c, d 的值，需要在会话（session）中运行该计算图。

13.2.3 ▶ TensorFlow 基本语法与常用指令

下面介绍本章用于图像卷积神经网络学习 TensorFlow 的一些主要方法，包括创建常量、变量、占位符、会话，二维卷积、池化等操作。

1. constant() 方法

TensorFlow 使用 constant() 方法创建常量，其格式为：

```
tf.constant(
    value,
    dtype=None,
    shape=None,
    name='Const',
    verify_shape=False
    )
```

constant() 根据 value 的值生成一个 shape 维度的常量张量，其主要参数说明如下。

（1）value：必选，接收常量数值或者 list，输出张量的值。

（2）dtype：接收张量元素类型，缺省值为 None。

（3）shape：接收一维整型张量或数组，缺省值为 None，表示张量的维度。

（4）name：接收字符串，缺省值为 'Const'，表示张量名称。

（5）verify_shape：接收布尔值，缺省值为 False，表示检测 shape 是否和 value 的 shape 一致，若为 Fasle（不一致），则用最后一个元素将 shape 补全。

2. Variable() 方法

TensorFlow 使用 Variable() 方法创建常量，其格式为：

```
tf.Variable
__init__(
    initial_value=None,
    trainable=True,
    collections=None,
    validate_shape=True,
    caching_device=None,
    name=None,
    variable_def=None,
    dtype=None,
    expected_shape=None,
    import_scope=None,
    constraint=None,
```

```
use_resource=None,
synchronization=tf.VariableSynchronization.AUTO,
aggregation=tf.VariableAggregation.NONE
)
```

其中主要参数含义说明如下。

（1）initial_value：接收张量，表示 Variable 类的初始值，这个变量必须指定 shape 信息，否则后面的 validate_shape 需设为 False。

（2）trainable：接收布尔值，表示是否把变量添加到 collection GraphKeys.TRAINABLE_VARIABLES 中（collection 是一种全局存储），如果为 True，才能对它使用 Optimizer。

（3）name：接收字符串，表示变量名。

（4）expected_shape：接收张量维度，如果设置，那么初始的值会是这种维度。

3. placeholder() 方法

placeholder() 方法创建一个占位符，其格式如下：

```
tf.placeholder(
  dtype,
  shape=None,
  name=None
)
```

placeholder() 方法创建一个占位符，它类似于一个变量，但是没有赋 (feed) 初值，因此只是一个张量的占位，未来需要对其赋值，其中参数含义如下。

（1）dtype: 接收要赋值张量的数据类型。

（2）shape: 接收要赋值张量的形状，可选，如果没有指定，可以赋值任何形状的张量。

（3）name: 接收操作的名称，可选。

4. session 类

session 是运行 TensorFlow 操作的类，其格式如下：

```
tf.Session
__init__(
  target='',
  graph=None,
  config=None
)
```

session 类的常用方法及其功能说明如下。

（1）close()：关闭会话。

（2）list_devices()：返回会话的设备列表。

（3）run()：运行会话。

下面的指令用于创建会话、运行会话、关闭会话：

```
sess = tf.Session()
sess.run(...)
sess.close()
```

实际使用时，常将 session() 放在 with 语句中运行，其形式为：

```
with tf.Session() as sess:
 sess.run(...)
```

当 with 语句结束时，将自动关闭会话。

5. zeros() 方法

zeros() 方法创建一个值全为 0 的张量，其格式如下：

```
tf.zeros(
    shape,
    dtype=tf.dtypes.float32,
    name=None
)
```

其中，shape 接收张量的形状，dtype 接收数据类型。

6. tf.ones() 方法

tf.ones() 方法创建一个值全为 1 的张量，其格式如下：

```
tf.ones(
    shape,
    dtype=tf.dtypes.float32,
    name=None
)
```

7. tf.get_variable() 方法

tf.get_variable() 方法用于获取已有变量，或创建一个新变量，其格式如下：

```
tf.get_variable(
    name,
    shape=None,
    dtype=None,
    initializer=None,
```

```
    regularizer=None,
    trainable=None,
    collections=None,
    caching_device=None,
    partitioner=None,
    validate_shape=True,
    use_resource=None,
    custom_getter=None,
    constraint=None,
    synchronization=tf.VariableSynchronization.AUTO,
    aggregation=tf.VariableAggregation.NONE
)
```

tf.get_variable() 方法的主要参数说明如下。

（1）name：接收字符串，表示已有或新变量的名字。

（2）shape：接收张量的形状。

（3）initializer：接收 initializer 对象或张量，表示变量的初始值。

8. tf.random_normal() 函数

tf.random_normal() 函数用于生成服从正太分布的随机数，其格式如下：

```
tf.random_normal(
    shape,
    mean=0.0,
    stddev=1.0,
    dtype=tf.float32,
    seed=None,
    name=None)
```

其中，shape 表示张量的维度，mean 表示均值，stddev 表示标准差，dtype 表示数据类型。

9. tf.eval() 方法

在会话中，可以通过 tf.eval() 方法返回一个张量的取值，其格式如下：

```
tf.eval(feed_dict=None, session=None)
```

10. tf.nn.conv1d() 方法

tf.nn.conv1d() 方法用于对输入张量进行一维卷积计算，其格式如下：

```
tf.nn.conv1d(
```

```
    value,
    filters,
    stride,
    padding,
    use_cudnn_on_gpu=None,
    data_format=None,
    name=None
)
```

tf.nn.conv1d() 方法的主要参数说明如下。

（1）value: 接收 3D 张量，类型必须是 float16, float32, or float64, 表示要进行卷积的数据。

（2）filters: 接收 3D 张量，必须与 value 有相同的类型，表示滤波器。

（3）stride: 接收整数，表示滤波器移动的步长。

（4）padding: 接收字符串 'SAME' 或 'VALID', 表示填充方式。

11. tf.nn.conv2d() 方法

tf.nn.conv2d() 方法用于对一个 4 维输入和滤波器张量计算其二维卷积，其格式如下：

```
tf.nn.conv2d(
    input,
    filter,
    strides,
    padding,
    use_cudnn_on_gpu=True,
    data_format='NHWC',
    dilations=[1, 1, 1, 1],
    name=None
)
```

tf.nn.conv2d() 方法的主要参数说明如下。

（1）input：接收 4D 张量，数据类型必须是 half, bfloat16, float32, float64. A 4-D tensor，表示被计算卷积的张量。

（2）filter：接收 4D 张量，形状为 [filter_height, filter_width, in_channels, out_channels]，必须和 input 的维数相同，表示滤波器。

（3）strides：接收长度为 4 的 1D 张量，是个整数列表，表示在 input 每个维度上的滑动步长。

（4）padding：接收字符串，值为 "SAME", "VALID" 表示使用的填充算法类型。

tf.nn.conv2d() 方法返回与 input 有相同类型的张量。

12. tf.nn.relu() 方法

tf.nn.relu() 方法用于对输入特征进行 Relu 激励函数的运算，其格式如下：

```
tf.nn.relu(
    features,
    name=None
)
```

tf.nn.relu() 方法的主要参数说明如下。

features：接收张量，类型必须是 float32, float64, int32, uint8, int16, int8, int64, bfloat16, uint16, half, uint32, uint64, qint8，表示要进行 relu 变换的特征。

13. tf.nn.max_pool() 方法

tf.nn.max_pool() 方法对输入张量进行最大池化操作，其格式如下：

```
tf.nn.max_pool(
    value,
tf.nn.max_pool(
    value,
    ksize,
    strides,
    padding,
    data_format='NHWC',
    name=None
)
```

tf.nn.max_pool() 方法的主要参数说明如下：

（1）value：接收 4-D 张量，格式由 data_format 指定。

（2）ksize：接收列表或 4 个整数的标量，表示输入张量每个维度上的窗口大小。

（3）strides：接收列表或 4 个整数的标量，表示输入张量每个维度上的窗口移动步长。

（4）padding：接收字符串，值为 "SAME", "VALID"，表示使用的填充算法类型。

（5）data_format：接收字符串 'NHWC', 'NCHW', 'NCHW_VECT_C'，表示数据格式。

返回由 data_format 指定格式的张量，表示最大池化结果。

14. tf.nn.moments() 方法

tf.nn.moments() 方法用于计算输入张量的均值与方差，其格式如下：

```
tf.nn.moments(
    x,
    axes,
    shift=None,
    name=None,
    keep_dims=False
)
```

tf.nn.moments() 方法的主要参数说明如下。

（1）x：接收张量。

（2）axes：接收整数数组，表示沿哪个轴计算均值和方差。

（3）shift：暂未使用。

（4）keep_dims：moments 结果是否与输入保持相同维度。

返回均值与方差。

15. tf.nn.batch_normalization() 方法

tf.nn.batch_normalization() 方法用于批次正则化。批次指一批张量，如 8 副图像为一个批次，格式如下：

```
tf.nn.batch_normalization(
    x,
    mean,
    variance,
    offset,
    scale,
    variance_epsilon,
    name=None
)
```

tf.nn.batch_normalization() 方法将返回正则化的张量，主要参数说明如下。

（1）x：接收张量，表示要正则化的张量。

（2）mean：接收均值张量。

（3）variance：接收方差张量。

（4）offset：接收偏移张量，或者为 None，如果有则加到正则化的张量中。

（5）scale：接收缩放张量，或者为 None，如果有则缩放应用到正则化的张量上。

（6）variance_epsilon：接收一个很小的浮点数，避免除数为 0。

16. tf.nn.softmax() 方法

tf.nn.softmax() 方法把一个 N*1 的向量归一化为（0,1）之间的值，由于其中采用指数运算，因此向量中数值较大的量特征更加明显。

```
f.nn.softmax(
    logits,
    axis=None,
    name=None,
    dim=None
)
```

ttf.nn.softmax() 方法返回与 logits 具有相同类型和形状的张量，softmax 的输出向量表示样本属于各个类的概率，主要参数说明如下。

（1）logits：接收非空张量，数据类型必须是 half, float32，float64。

（2）axis：接收整数，表示将要执行 softmax 的维度。缺省值为 –1，表示最后的维度。

17. tf.clip_by_value() 方法

tf.clip_by_value() 方法基于定义的 min 与 max 对 tensor 数据进行截断操作，目的是应对梯度爆发或者梯度消失的情况，其格式如下：

```
tf.clip_by_value(
    t,
    clip_value_min,
    clip_value_max,
    name=None
)
```

tf.clip_by_value() 方法返回截断后的张量，主要参数说明如下。

（1）t：接收张量。

（2）clip_value_min：接收 0-D 缩放张量，或与 t 具有相同形状的张量，表示截断最小值。

（3）clip_value_max：接收 0-D 缩放张量，或与 t 具有相同形状的张量，表示截断最大值。

18. tf.math.reduce_mean() 方法

tf.math.reduce_mean() 方法与 tf.reduce_mean() 函数的作用相同，功能是求平均值，其格式如下。

```
tf.math.reduce_mean(
    input_tensor,
    axis=None,
    keepdims=None,
    name=None,
reduction_indices=None,
    keep_dims=None
)
```

tf.math.reduce_mean() 方法的主要参数说明如下。

（1）input_tensor：接收数值型张量。

（2）axis：接收整数或 None，表示计算的维度，缺省为 None，表示所有维，必须在 [-rank(input_tensor), rank(input_tensor)) 范围。

19. tf.math.argmax() 方法

tf.math.argmax() 方法返回每一行或者每一列的最大值的索引，其格式如下：

```
tf.math.argmax(
    input,
    axis=None,
    name=None,
    dimension=None,
    output_type=tf.dtypes.int64
)
```

tf.math.argmax() 方法的主要参数说明如下。

（1）input：接收张量，类型必须是：float32, float64, int32, uint8, int16, int8, complex64, int64, qint8, quint8, qint32, bfloat16, uint16, complex128, half, uint32, uint64。

（2）axis：接收张量，类型必须是 int32, int64 类型，必须在 [-rank(input), rank(input)) 范围，表示要计算的轴向。

（3）output_type: 输出数据类型，可以是 tf.int32, tf.int64, 默认为 tf.int64。

（4）name: 操作的名字，可选。

20. tf.math.equal() 方法

tf.math.equal() 方法判断两个输入张量是否相等，返回布尔值，其格式如下：

```
tf.math.equal(
    x,
    y,
    name=None
)
```

tf.math.equal() 方法的主要参数说明如下。

（1）x：接收张量，类型必须是 bfloat16, half, float32, float64, uint8, int8, int16, int32, int64, complex64, quint8, qint8, qint32, string, bool, complex128。

（2）y：接收张量，与 x 具有相同类型。

返回 x==y 的逻辑运算结果。

21. tf.matmul() 方法和 tf.linalg.matmul() 方法

tf.matmul() 方法和 tf.linalg.matmul() 方法相同，二者均将两个矩阵相乘，其格式如下：

```
tf.linalg.matmul(
tf.linalg.matmul(
    a,
    b,
    transpose_a=False,
    transpose_b=False,
    adjoint_a=False,
    adjoint_b=False,
    a_is_sparse=False,
    b_is_sparse=False,
    name=None
)
```

tf.linalg.matmul() 方法的主要参数说明如下。

（1）a：接收张量，类型为 float16, float32, float64, int32, complex64, complex128，秩大于 1。

（2）b：接收张量，与 a 具有相同的类型和秩。

22. tf.nn.softmax_cross_entropy_with_logits() 方法

tf.nn.softmax_cross_entropy_with_logits() 方法返回两个概率向量的的交叉熵，其格式如下：

```
tf.nn.softmax_cross_entropy_with_logits(
    _sentinel=None,
    labels=None,
    logits=None,
    dim=-1,
    name=None
)
```

tf.nn.softmax_cross_entropy_with_logits() 方法的主要参数说明如下。

（1）labels：接收以概率表示的类标签。

（2）logits：接收无缩放的对数概率。

（3）dim：接收类的维度，缺省值为 -1，表示最后维。

23. tf.math.squared_difference() 方法

tf.math.squared_difference() 方法返回两个张量差值的平方，其格式为：

```
tf.math.squared_difference(
    x,
    y,
    name=None
)
```

其中 x, y 分别接收张量。

24. tf.cast() 和 tf.dtypes.cast() 方法

tf.cast() 和 tf.dtypes.cast() 将张量的数据类型转换为指定类型，其格式如下：

```
tf.dtypes.cast(
    x,
    dtype,
    name=None
)
```

其中 x 接收数值型张量、稀疏张量或切片索引，类型可以为 uint8, uint16, uint32, uint64, int8, int16, int32, int64, float16, float32, float64, complex64, complex128, bfloat16。

dtype 可以为上面的任何类型。

25. tf.train.AdagradOptimizer() 方法

tf.train.AdagradOptimizer() 方法创建一个 Adagrad 优化器，其格式为：

```
tf.train.AdagradOptimizer()
__init__(
    learning_rate,
    initial_accumulator_value=0.1,
    use_locking=False,
    name='Adagrad'
)
```

tf.train.AdagradOptimizer() 方法的主要参数说明如下。

（1）learning_rate：接收张量或浮点数，表示学习速率。

（2）initial_accumulator_value：接收浮点数，表示 accumulators 的初始值，必须是正值。

tf.train.AdagradOptimizer() 方法主要有：

```
minimize(
    loss,
    global_step=None,
    var_list=None,
    gate_gradients=GATE_OP,
```

```
aggregation_method=None,
colocate_gradients_with_ops=False,
name=None,
grad_loss=None
)
```

minimize() 方法通过更新 var_list，添加一个最小化损失函数的操作，主要参数说明如下。

（1）loss：接收损失函数张量，表示要最小化的值。

（2）var_list：最小化损失要更新的变量对象列表或标量，缺省值为 GraphKeys.TRAINABLE_VARIABLES 下计算图的变量列表。

26．tf.train.AdamOptimizer() 方法

tf.train.AdamOptimizer() 方法创建一个亚当（Adam）优化器，其格式为：

```
tf.train.AdamOptimizer
__init__(
learning_rate=0.001,
beta1=0.9,
beta2=0.999,
epsilon=1e-08,
use_locking=False,
name='Adam'
)
```

tf.train.AdamOptimizer() 方法的主要参数说明如下。

（1）learning_rate：接收张量和浮点数，表示学习速率。

（2）tf.train.AdamOptimizer() 方法主要有 minimize()，其格式和用法同 tf.train.Adagrad -Optimizer() 方法的 minimize()。

27．tf.train.AdagradDAOptimizer() 方法

tf.train.AdagradDAOptimizer() 方法创建一个 AdagradDA 优化器，其格式如下：

```
tf.train.AdagradDAOptimizer
__init__(
learning_rate,
global_step,
initial_gradient_squared_accumulator_value=0.1,
l1_regularization_strength=0.0,
l2_regularization_strength=0.0,
use_locking=False,
```

```
name='AdagradDA'
)
```

其中 learning_rate 接收张量和浮点数，表示学习速率。

tf.train.AdagradDAOptimizer() 方法主要有 minimize()，其格式和用法同 tf.train.Adagrad-Optimizer() 方法的 minimize()。

28. tf.train.AdadeltaOptimizer() 方法

tf.train.AdadeltaOptimizer() 方法创建一个 Adadelta 优化器，其格式为：

```
tf.train.AdadeltaOptimizer
__init__(
learning_rate=0.001,
rho=0.95,
epsilon=1e-08,
use_locking=False,
name='Adadelta'
)
```

其中 learning_rate 接收张量和浮点数，表示学习速率。

tf.train.AdadeltaOptimizer() 方法主要有 minimize()，其格式和用法同 tf.train.AdagradOptimizer() 方法的 minimize()。

29. tf.train.GradientDescentOptimizer() 方法

tf.train.GradientDescentOptimizer() 方法创建一个梯度下降 (gradient descent) 优化器，其格式为：

```
tf.train.GradientDescentOptimizer
__init__(
learning_rate,
use_locking=False,
name='GradientDescent'
)
```

其中 learning_rate 接收张量和浮点数，表示学习速率。

tf.train.GradientDescentOptimizer() 方法主要有 minimize()，其格式和用法同 tf.train.Adagrad – Optimizer() 方法的 minimize()。

13.2.4 ▶ TensorFlow 创建常量、变量、操作、会话

TensorFlow 执行计算图进行机器学习的基本思路是：先创建常量、变量、各种操作等节点，这些节点在 TensorFlow 中将以计算图的形式存在；然后创建一个会话（session），执行图的运算。因此，

首先从练习创建常量、变量、各种操作等节点开始，并创建会话，分别在会话内外输出节点，观察、体会会话内外输出的不同结果。

【例 13-1】创建 TensorFlow 常量、变量、会话。

创建 TensorFlow 常量、变量、操作、会话，在会话中执行计算图，观察计算结果，并参与计算的 cpu/gpu。

In []:	# 创建 TensorFlow 常量、变量、操作、会话。
	#TensorFlow 安装方法：pip install TensorFlow
	# 安装后如有错误，请升级 numpy，pip install --upgrade numpy
	import TensorFlow as tf
	import numpy as np
	# 创建一个 TensorFlow 常量，值为 5.0
	const = tf.constant(5.0, name='const')
	print(' 创建的 tf 常量节点为：',const)
Out:	创建的 tf 常量节点为 Tensor("const:0", shape=(), dtype=float32)

其中 tf.constant(5.0, name='const') 命令创建了一个名为 'const' 的常量，值为 5.0。从打印输出的结果来看，只是输出了该张量的名称、形状、类型等信息，而不能输出其值。要观察其值，必须在 session 中才能输出。

In []:	print(' 常量节点 const 的输出为：',tf.Session().run(const))
Out:	常量节点 const 的输出为： 5.0

上面的命令中，tf.Session() 创建了一个会话，在这个会话中，使用 run() 方法运行 const 常量节点，可以看出，能够输出该常量的值。

In []:	const = tf.constant(np.random.randn(18), shape=(2,3,3),name='const')
	print(' 创建的 tf 常量节点为：',const)
	print(' 常量节点 const 的输出为：\n',tf.Session().run(const))
Out:	创建的 tf 常量节点为： Tensor("const_1:0", shape=(2, 3, 3), dtype=float64)
	常量节点 const 的输出为：
	[[[-0.72167417 -0.39873375 1.20344497]
	[0.72779662 -0.08114393 -0.55714762]
	[1.10941104 0.42526794 -0.93455912]]
	[[0.95280581 -2.87049047 -1.27907995]
	[1.04091938 -0.8647047 0.90992256]
	[0.0628926 0.52458819 -0.04683688]]]

上面的命令创建了一个形状为 (2,3,3) 的张量常量。同样，只有在会话中运行该节点，才能输出其值。

In []:	# 创建 TensorFlow 变量 b 和 c
	b = tf.Variable(2.0, name='b')
	c = tf.Variable(1.0, dtype=tf.float32, name='c')
	print(' 定义的变量节点 b 为： ',b)
	print(' 定义的变量节点 c 为： ',c)
Out:	定义的变量节点 b 为： <tf.Variable 'b:0' shape=() dtype=float32_ref>
	定义的变量节点 c 为： <tf.Variable 'c:0' shape=() dtype=float32_ref>

上面的代码创建了两个张量变量，并且赋了初值，使用 print 命令，可以观察两个变量的名称、形状、类型等信息。

In []:	# 创建 operation
	d = tf.add(b, c, name='d')
	e = tf.multiply(b, c, name='e')
	print(' 定义的加法节点 d 为： ',d)
	print(' 定义的乘法节点 e 为： ',e)
Out:	定义的加法节点 d 为： Tensor("d:0", shape=(), dtype=float32)
	定义的乘法节点 e 为： Tensor("e:0", shape=(), dtype=float32)

以上代码创建了一个加法节点 d 和一个乘法节点 e。加法节点的输入（参与该加法运算的操作数）为 b，c，乘法节点的输入（参与该乘法运算的操作数）也为 b，c。从打印输出来看，TensorFlow 并没有启动两个节点的计算，而只是输出了其名称、形状、类型等信息。要执行上述计算，需要创建一个会话，在会话中运行想要获得输出的节点。由于参与运算的节点数量有多个，需要使用 tf.global_variables_initializer() 方法，返回一个用来初始化计算图中所有全局变量 (global variable) 的操作 (op)，然后创建一个会话。

In []:	# 定义 init operation
	init_op = tf.global_variables_initializer()
	# 在 session 中完成计算，即获取节点的输出值
	with tf.Session() as sess:
	sess.run(init_op)
	d_out = sess.run(d)
	e_out = sess.run(e)
	devices = sess.list_devices()
	for d in devices:
	print(' 参与会话的设备为： ',d.name)
	print(' 变量 b 的值为： ',b.eval())
	print(' 变量 c 的值为： ',c.eval())
	print(' 加法节点 d 的输出为： ',d_out)
	print(' 乘法节点 e 的输出为： ',e_out)

Out:	参与会话的设备为：/job:localhost/replica:0/task:0/device:CPU:0
	变量 b 的值为：2.0
	变量 c 的值为：1.0
	加法节点 d 的输出为：3.0
	乘法节点 e 的输出为：2.0

上面的代码中，由于在会话中要运行多个运算，因此可以将 tf.Session() 与 with 语句配合使用，使用 tf.Session() 生成一个实例，使用该实例调用 run() 等方法执行计算。当 with 语句结束时，该会话也将自动关闭。可以看出，在会话中能够获取变量节点的值和各个计算节点的输出（计算结果）。其中 eval() 方法用于获取节点的值。另外，TensorFlow 是典型的分布式计算，计算图中的各个节点可以分配到不同的 cpu/gpu 来执行。使用 list_devices() 方法返回参与该会话计算的 cpu/gpu。

【范例分析】

tf.constant() 方法创建常量张量，它使用 value 参数传入常量值，可以为单个元素或数组；dtype 参数传入张量的数据类型；shape 参数传入张量的形状；name 参数传入常量的名字。tf.Variable() 方法创建变量张量，它使用 initial_value 参数传入张量的初始值；dtype 参数传入张量的数据类型；name 参数传入常量的名字。tf.add(b, c, name='d') 创建一个以张量 b,c 为操作数（输入）、名称为 d 的加法操作。tf.multiply(b, c, name='e') 创建一个以张量 b,c 为输入，名称为 e 的乘法操作。这些常量、变量、操作在 TensorFlow 中表现为计算图的各个节点，在创建它们的时候，TensorFlow 在计算图中同时创建这些节点，并建立节点间的输入输出关系。使用 print() 命令输出张量或操作的名称、形状、数据类型等信息，而不能输出张量或操作的值。只有将节点放在会话 (session) 中，才能执行节点的运算，输出结果。创建会话前，先使用 tf.global_variables_initializer() 方法，返回初始化计算图中所有全局变量 (global variable) 的操作 (本例中为 init_op)，然后使用 tf.Session() 方法创建一个会话。tf.Session() 常和 with 语句结合使用，如 with tf.Session() as sess，当 with 语句结束时，TensorFlow 自动关闭会话。在 with 块中，一般先有一条形如 sess.run(init_op) 的语句，表示运行 inti_op。在会话中所有出现或隐含的节点将被执行计算，隐含节点指那些在会话中没有显示出现，但位于显示出现节点上方（输入端）的所有节点。TensorFlow 是并行计算，计算图的每个节点可能分配给不同的 CPU 执行运算，使用 list_devices() 方法能够观察参与运算的 CPU/GP 设备。eval() 方法用于返回变量张量的值。

【例 13-2】TensorFlow 张量的秩、切片、形状。

创建多维张量，观察张量的秩，对张量进行切片，改变张量的形状。

秩即张量的维数，相当于数组的特征数量。rank() 方法用于返回张量的秩。

先使用 zeros() 函数创建一个值全为 0 的多维张量，将其作为图像的数据存储格式。

In []:	# 创建多维张量，观察张量的秩，并对张量进行切片
	image = tf.zeros([8, 300, 300, 3])# batch, height, width, color
	print('image 为：',image)

Out:　　image 为：Tensor("zeros:0", shape=(8, 300, 300, 3), dtype=float32)

其中，shaped 的第 1 个参数 8 在图像数据中一般指图像的批次，本例中指有 8 张图片。中间两个参数是图像的高 * 宽，最后一个参数是每幅图像的通道数。

使用 ones() 方法创建一个值全部为 1 的图像格式的多维张量。

In []:　　image1 = tf.ones([8, 300, 300, 3])# batch ，　height ，　width ，　color
　　　　　print('image1 为：',image1)

Out:　　image1 为：Tensor("ones:0", shape=(8, 300, 300, 3), dtype=float32)

使用 rank() 方法返回张量的秩，即维数。

In []:　　# 观察张量的秩，即维度数量
　　　　　r = tf.rank(image)
　　　　　print('image 的秩 r 为：',r)

Out:　　image 的秩 r 为：Tensor("Rank_1:0", shape=(), dtype=int32)

由于不是在会话中执行上述语句，因此还不能输出 r 的值。下面对张量进行切片。

In []:　　print('image[2,:,:,:] 为：',image[2,:,:,:])
　　　　　print('image[2] 为：',image[2])
　　　　　print('image[2,:,:,0] 为：',image[2,:,:,0])

Out:　　image[2,:,:,:] 为：Tensor("strided_slice:0", shape=(300, 300, 3), dtype=float32)
　　　　　image[2] 为：Tensor("strided_slice_1:0", shape=(300, 300, 3), dtype=float32)
　　　　　image[2,:,:,0] 为：Tensor("strided_slice_2:0", shape=(300, 300), dtype=float32)

上面 3 条指令分别返回索引号为 2 的图像、索引号为 2 的图像、索引号为 2 的图像通道。张量的形状可以使用 reshape() 方法进行改变。

In []:　　# 改变张量的形状
　　　　　print('image 改变后的形状为：',tf.reshape(image, [8,300,-1,1]).shape)

Out:　　image 改变后的形状为：(8, 300, 900, 1)

形状参数的 -1 表示由 TensorFlow 自动推断该维度形状的值。下面创建会话，观察 r 及张量切片的值。

In []:　　init_op = tf.global_variables_initializer()
　　　　　with tf.Session() as sess:
　　　　　　　sess.run(init_op)
　　　　　　　print('image 的秩 r 为：',r.eval())
　　　　　　　print('image[0,0:3,0:3,0] 的值为：\n',image[0,0:3,0:3,0].eval())
　　　　　　　print('image1[0,0:3,0:3,0] 的值为：\n',image1[0,0:3,0:3,0].eval())

Out:	image 的秩 r 为： 4	mage1[0,0:3,0:3,0] 的值为：
	image[0,0:3,0:3,0] 的值为：	[[1. 1. 1.]
	[[0. 0. 0.]	[1. 1. 1.]
	[0. 0. 0.]	[1. 1. 1.]]
	[0. 0. 0.]]i	

【范例分析】

本例以图像张量为例，说明张量的秩的返回方法和对张量的切片访问方法。TensorFlow 中，图像张量以 (批次数，高，宽，通道数) 的形式表示。tf.zeros([8, 300, 300, 3]) 创建一个 8 幅、300*300、3 通道的图像张量 image，像素值全部为 0，tf.rank(image) 方法返回 image 的秩。tf.ones([8, 300, 300, 3]) 创建一个 8 幅、300*300、3 通道的图像张量 image1，像素值全部为 1，tf.rank(image1) 方法返回 image1 的秩。对张量的切片访问类似于 Numpy 对数组的访问。张量的形状可以使用 reshape() 方法改变，tf.reshape(image, [8,300,-1,1])。shape) 将 image 的形状改变为 (8, 300, 900, 1)。与 Numpy 类似，-1 表示自动推断该维形状。要执行这些节点的运算，需要创建会话，在会话中进行。

【例 13-3】改变张量的数据类型，对张量进行运算，创建具有随机数的张量。

TensorFlow 使用 cast() 方法改变数据类型。

In []:	# 改变张量的数据类型、张量的运算、张量随机数
	int_tensor = tf.constant([1,2])
	float_tensor = tf.cast(int_tensor, dtype=tf.float32)
	print('int_tensor 的类型为：',int_tensor.dtype)
	print('float_tensor 的类型为：',float_tensor.dtype)
Out:	int_tensor 的类型为： <dtype: 'int32'>
	float_tensor 的类型为： <dtype: 'float32'>

上面的代码中，cast() 方法将整数型张量的类型转变为 float32 类型。

In []:	constant = tf.constant([1, 2, 3])
	constant10 = constant * 10
	print('constant 为：',constant)
	print('constant10 为：',constant10)
Out:	constant 为： Tensor("Const_5:0", shape=(3,), dtype=int32)
	constant10 为： Tensor("mul_1:0", shape=(3,), dtype=int32)

上面的代码定义了一个常量张量，又定义了该张量与一个常数的乘积。

In []:	rand=tf.random_normal([2, 300, 500, 3])
	print('rand 为：\n',rand)
Out:	rand 为： Tensor("random_normal_2:0", shape=(2, 300, 500, 3), dtype=float32)

上面的代码用 random_normaol() 方法定义了一个具有正态分布随机数的张量，可以把它看成 2

幅 3 个通道的图像。下面创建会话，运行上面的各节点，并以图像方式显示 rand 的第 0 幅图像数据。

```
In []:    # 定义 init operation
          init_op = tf.global_variables_initializer()
          with tf.Session() as sess:
              sess.run(init_op)
              print('int_tensor 的值为：',int_tensor.eval())
              print('float_tensor 的值为：',float_tensor.eval())
              print('constant 的值为：',constant.eval())
              print('constant10 的值为：\n',constant10.eval())
              print('rand 的值为：\n',rand.eval())
              plt.imshow(rand[0,:,:,:].eval())
```

```
Out:    int_tensor 的值为：[1 2]
        float_tensor 的值为：[1. 2.]
        constant 的值为：[1 2 3]
        constant10 的值为：[10 20 30]
        rand 的值为：[[[[-0.42637816 -1.0252063   0.27700117]
          [ 3.2197514  -0.5598714  -0.1975971 ]
          [ 0.16904004 -0.36327395 -1.9457128 ]
          ...
          [ 0.7890514  -1.8759757   0.01685083]
          [-1.2828474   1.421281    0.6606361 ]
          [ 0.8344058  -0.15376872  0.25224093]]


         [[-0.5398448  -0.22485891 -0.64635795]
          [-0.77982575 -2.3523717  -0.20523727]
          [ 0.16568469 -1.059484    0.578061  ]
          ...
          [ 0.7106712   0.24672626 -0.03951737]
          [ 0.07940657  0.5398615   1.8892503 ]
          [ 1.6224142   1.1080222   1.5495541 ]]
         [[ 0.3494073  -2.678153    1.2338579 ]
          [ 1.2386099  -0.905321   -0.3808432 ]
          [ 0.4985358   0.09625561  1.9620833 ]
          ...
          [-1.640759   -0.43204576 -1.8374386 ]
          [-1.0410799   0.3063492   0.30052432]
          [ 0.47141686 -1.3950517  -0.03240964]]
          ...
```

Out:

```
[[-1.6863405   1.1606894   0.31727654]
 [-0.7385714   0.9322521   0.03546897]
 [ 1.3605173   0.08012125  1.3811008 ]

 ...

 [-1.5300723   1.5711758  -0.23392794
 [-0.32918197 -0.8272514   1.2522167 ]
 [ 0.5117288  -0.43184957 -1.1037974 ]]
[[ 0.00571751  0.35331756 -0.34089026]
 [ 0.24087091  0.39546707 -0.07768916]
 [ 0.88178056 -0.8233355   2.0770996 ]

 ...

 [ 1.0793542   0.6056766   1.1256831 ]
 [-0.23863722 -1.8493388   0.29958817]
 [ 0.58238816 -0.598044    0.6868833 ]]
[[-1.0776654   1.1124367  -0.07742165]
 [-0.995166    0.38310736 -0.6807172 ]
 [ 1.7121129   0.26035938  0.27527693]

 ...

 [ 1.553303   -1.648772    0.49144354]
 [ 0.2748269  -0.484511    1.1475731 ]
 [-1.0019861  -0.42832845  1.4454198 ]]]
[[[ 0.7931533   0.9279541  -0.6824308 ]
 [ 0.6742245  -0.3259391   0.05058864]
 [ 1.3732338  -2.4374208   1.1908163 ]

 ...

 [-0.15224113  0.1141807  -0.37134102]
 [ 0.85954833 -0.6658026   0.3836564 ]
 [ 1.1166261   0.19996233  1.1098139 ]]
 [ 0.07540525 -1.7745312   0.3413262 ]

 ...

 [ 0.3426572   0.17981285  1.1013137 ]
 [ 0.4162496  -0.5223234   1.0849794 ]
 [-0.81216997  1.5509468   0.763596  ]]


 [[-0.4698754   1.0876986  -0.91997176]
 [ 0.229037    1.4876903  -0.5894109 ]
 [ 0.34991267  0.0426692   0.26827192]

 ...

 [-1.0691234  -0.41704157  0.50595045]
```

Out:　　[−1.0503404 −0.2992238　1.0442086]
　　　　[1.8980936　0.684965　 0.09051941]]

　　　　...

　　　　[[−0.12803787 −1.0647587 −1.2843566]
　　　　[−0.5415792　0.17482243　1.329614]
　　　　[0.41254115　0.06683658　2.1894426]

　　　　...

　　　　[0.4289886 −0.83860785 −0.10934378]
　　　　[−0.42462832　2.5387156　0.5842911]
　　　　[1.2182642 −0.83867145　0.17804174]]

　　　　[[0.22144112　0.8462595 −0.2908304]
　　　　[−0.32481048 −0.1036103　0.2806572]
　　　　[1.0241848 −0.20838355　0.17622817]

　　　　...

　　　　[−1.4398683 −0.6590153 −0.5333458]
　　　　[0.44047228　1.4468874 −0.36026892]
　　　　[0.7812044 −1.07067　　0.46071827]]

　　　　[[−0.5228233　1.6098528 −1.7701652]
　　　　[0.3204505 −0.04827221 −1.2845712]
　　　　[−1.5688592 −0.13223529　1.3661728]

　　　　...

　　　　[−0.15378259 −0.5181227　0.01591395]
　　　　[−1.2811704 −0.8325292 −0.4478093]
　　　　[−0.4875882　0.59154284　0.8337124]]]]

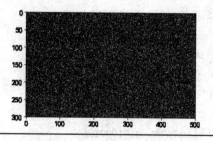

【范例分析】

tf.dtypes.cast(x, dtype, name=None) 方法使用 x 参数接收张量，使用 dtype 参数接收要将 x 转换为的张量数据类型。tf.cast(int_tensor, dtype=tf.float32) 将整数型张量 int_tensor 转换为 tf.float32 型，张量与常数的乘积是张量的每个元素与该常数相乘。constant * 10 即 constant 的每个元素

与 10 相乘。tf.random_normal() 用于产生正态分布的张量，使用 shape 参数接收张量的形状。tf.random_normal([2, 300, 500, 3]) 创建一个形状为 (2, 300, 500, 3)、元素值正态分布的张量。plt.imshow(rand[0,:,:,:].eval()) 使用 matplotlib.pyplot 的 imshow() 方法显示张量 rand 的第 0 幅图像。

13.2.5 ▶ 用 TensorFlow 进行一维卷积

TensorFlow 提供了 tf.nn.conv1d() 方法，用于对张量进行一维卷积。下面通过例子，说明一维卷积的实现方法。

【例 13-4】张量的一维卷积。

tf.nn.conv1d() 方法用于对张量进行一维卷积。该方法要求被卷积的张量是三维的，它的形状为 (batch,in_width,in_channels)，其中 batch 表示批次，可以理解为共有多少个信号系列；in_width 表示数据宽度，即在一个通道上的数据的数量，in_channels 表示数据的通道数，如声音数据一般有 2 个通道，则 in_channels=2。conv1d() 滤波器的形状也是三维的，它的形状为 (filter_width,in_channels,out_channels)，分别表示滤波器的宽度、输入（被卷积的张量）的通道数、滤波器输出的通道数。

下面产生一个 1 个批次、1 个通道、数据宽度为 500 的随机张量，滤波器设计为求平均数，可分别设置不同参数，对输入张量进行一维卷积。

```
In []:    # 张量的一维卷积
          import TensorFlow as tf
          import numpy as np
          import TensorFlow as tf
          import numpy as np
          # 张量的一维卷积
          import TensorFlow as tf
          import numpy as np
          import TensorFlow as tf
          import numpy as np
          #conv1d() 方法中被卷积的张量必须是三维的，shape=(batch,in_width,in_channels)
          X = tf.constant(np.random.randn(500),shape=(1,500,1),dtype=tf.float32,name='X')
          print('X 为：',X)
          #conv1d() 方法中的滤波器必须是三维的，shape=(filter_width,in_channels,out_channels)
          num_filter_width=5
          # 滤波器定义为求平均值
          w = tf.constant(1/num_filter_width,shape=(num_filter_width,1,1),dtype=tf.float32,name='w')
          conv1 = tf.nn.conv1d(X,w,1,'VALID') # 步长为 1
          print('conv1 的形状为：',conv1.shape)
          print('conv2 的形状为：',conv2.shape)
          conv3 = tf.nn.conv1d(X,w,2,'SAME') # 步长为 2
          print('conv3 的形状为：',conv3.shape)
```

Out:	X 为：Tensor("X:0", shape=(1, 500, 1), dtype=float32)
	conv1 的形状为：(1, 496, 1)
	conv2 的形状为：(1, 500, 1)
	conv3 的形状为：(1, 250, 1)

可以看出，如果卷积操作选择 'VALID'，则卷积结果的数据宽度将小于输入张量的数据宽度。如果选择 'SAME'，且步长为 1，则卷积结果与输入张量的数据宽度相同。如果步长大于 1，即使选择 'SAME'，数据宽度也会变小。下面将创建会话，获取卷积结果，可视化原始张量和 3 个卷积结果。

In []:	with tf.Session() as sess:
	X=X.eval()
	X_conv1=conv1.eval()
	X_conv2=conv2.eval()
	X_conv3=conv3.eval()
	# 可视化原始张量和 3 个卷积结果
	import matplotlib.pyplot as plt
	plt.rcParams['font.sans-serif'] = 'SimHei'# 设置字体为 SimHei 以显示中文
	plt.rc('font', size=14)# 设置图中字号大小
	plt.rcParams['axes.unicode_minus']=False# 坐标轴刻度显示负号
	p=plt.figure(figsize=(12,8))
	ax1=p.add_subplot(2,2,1)
	plt.plot(X[0,:,0])
	plt.xlim(0,500)
	plt.ylim(-5,5)
	plt.title('X')
	ax1=p.add_subplot(2,2,2)
	plt.plot(X_conv1[0,:,0])
	plt.xlim(0,500)
	plt.ylim(-5,5)
	plt.title('X_conv1')
	ax1=p.add_subplot(2,2,3)
	plt.xlim(0,500)
	plt.ylim(-5,5)
	plt.title('X_conv2')
	plt.plot(X_conv2[0,:,0])
	ax1=p.add_subplot(2,2,4)
	plt.xlim(0,500)
	plt.ylim(-5,5)
	plt.plot(X_conv3[0,:,0])

| In []: | plt.title('X_conv3') |
| | plt.show()# 显示图形 |

| Out: | 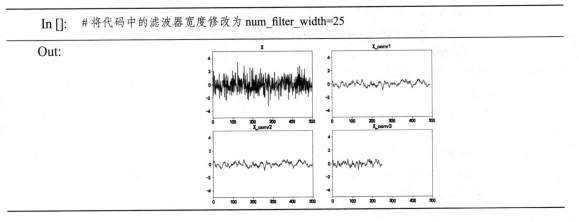 |

从可视化结果可以看出，经过卷积以后，信号的波动幅度有所降低，说明卷积的确起到了滤波、平滑信号的作用。下图将展示将滤波器宽度调整为 num_filter_width=25 的卷积结果，可以看出，信号显得更加平滑。

| In []: | # 将代码中的滤波器宽度修改为 num_filter_width=25 |

| Out: | |

tf.nn.conv1d() 的滤波器卷积核可以有多个，相应地，对同一个输入张量会产生多个卷积输出。下面将滤波器的卷积核设置为 3 个，进行卷积操作，再观察卷积结果。

In []:	# 张量的一维卷积，有多个卷积核输出
	import TensorFlow as tf
	import numpy as np
	import TensorFlow as tf
	import numpy as np
	#conv1d() 方法中被卷积的张量必须是三维的，shape=(batch,in_width,in_channels)
	X = tf.constant(np.random.randn(500),shape=(1,500,1),dtype=tf.float32,name='X')
	print('X 为 ',X)
	#conv1d() 方法中的滤波器必须是三维的，shape=(filter_width,in_channels,out_channels)
	# 张量的一维卷积，有多个卷积核输出
	import TensorFlow as tf
	import numpy as np
	import TensorFlow as tf

In []:	`import numpy as np`
	`#conv1d() 方法中被卷积的张量必须是三维的，shape=(batch,in_width,in_channels)`
	`X = tf.constant(np.random.randn(500),shape=(1,500,1),dtype=tf.float32,name='X')`
	`print('X 为：',X)`
	`#conv1d() 方法中的滤波器必须是三维的，shape=(filter_width,in_channels,out_channels)`
Out:	`conv 的形状为：(1, 500, 3)`

创建会话，执行卷积计算，并可视化卷积结果。

In []:	`with tf.Session() as sess:`
	`    X=X.eval()`
	`    X_conv=conv.eval()`
	`# 可视化原始张量和 3 个卷积核的输出结果`
	`import matplotlib.pyplot as plt`
	`plt.rcParams['font.sans-serif'] = 'SimHei'# 设置字体为 SimHei 以显示中文`
	`plt.rc('font', size=14)# 设置图中字号大小`
	`plt.rcParams['axes.unicode_minus']=False# 坐标轴刻度显示负号`
	`p=plt.figure(figsize=(12,4))`
	`ax1=p.add_subplot(2,2,1)`
	`plt.plot(X[0,:,0])`
	`plt.xlim(0,500)`
	`plt.ylim(-5,5)`
	`plt.title('X')f`
	`for fig_num in range(3):`
	`    ax1=p.add_subplot(2,2,fig_num+2)`
	`    plt.plot(X_conv[0,:,fig_num])`
	`    plt.xlim(0,500)`
	`    plt.ylim(-5,5)`
	`    plt.title(' 卷积核 '+np.str(fig_num)+' 输出 ')`
	`plt.tight_layout()# 调整整体空白`
	`plt.show() # 显示图形`
Out:	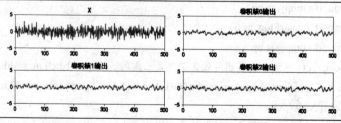

【范例分析】

tf.nn.conv1d() 方法对输入张量进行一维卷积计算，它使用参数 value 接收要进行卷积的三维浮点型张量，参数 filters 接收与 value 类型相同的三维滤波器张量。其中参数 stride 接收整数，表示滤波器移动的步长；padding 接收字符串 'SAME' 或 'VALID'，表示填充方式。输入张量的形状为

shape=(batch,in_width,in_channels)，batch 为批次，表示数据系列的数量；in_width 表示数据宽度，即数据系列的元素数量; in_channels 表示输入通道数。对有 n_samples 个数量元素的一维数组或张量，可以将其改变为形状为 shape=(1,n_samples,1) 的张量，作为 tf.nn.conv1d() 方法的输入张量。tf.nn.conv1d() 方法的滤波器 filters 是形状为 shape=(filter_width, in_channels, out_channels) 的三维张量，filter_width 为滤波器宽度，即窗口大小；in_channels 为输入通道数，必须与 value 的输入通道数相同；out_channels 为滤波器的输出通道数。如果卷积操作选择 'VALID', 则卷积结果的数据宽度将小于输入张量的数据宽度。如果选择 'SAME', 且步长为 1，则卷积结果与输入张量的数据宽度相同。如果步长大于 1，即使选择 'SAME', 数据宽度也会变小。

13.2.6 ▶ 用 TensorFlow 进行图像的二维卷积

tf.nn.conv2d 方法能够实现二维卷积。二维卷积处理的典型对象是图像，下面以图像的卷积为例，说明二维卷积的过程和 tf.nn.conv2d 方法的使用。

【例 13-5】图像单通道张量的二维卷积操作。

设计同阶不同值的滤波器进行卷积操作，可视化观察卷积结果；设计不同阶数、相同性状的滤波器进行卷积操作，可视化卷积结果；使用同一个滤波器，以不同步长分别进行卷积操作，可视化观察卷积结果。

读取事先预存的图片。

```
In []:    # 单通道张量的二维卷积
          from skimage import io
          import matplotlib.pyplot as plt
          import TensorFlow as tf
          path='D:/PythonStudy/cnn_images/compressed/'
          img = io.imread(path+'tulip.jpg')
          io.imshow(img)
```

Out:

观察图像的形状。

```
In []:    print('img 的形状为：',img.shape)
```

Out: img 的形状为：(400, 300, 3)

可以看出，图像的高、宽分别为 400 和 300 像素，有 3 个通道。在二维卷积中，被卷积的张量规定为四维，形状为 (batch，height，width，channels)，其中 batch 表示图像批次，即一个批次中图像的数量；height 为图像的高度；width 为图像的宽度；channels 为图像的通道数。对于二维灰度图像和三维彩色图像，需要将它们转换为四维张量。另外，由于原始图像的像素值为整数，而卷积操作的操作数应该是浮点数，因此，还需要把图像数据转换为浮点数类型。

In []:	# 转换为张量，类型为 float32，形状为：（batch，height，width，channels）
	tf_img = img.astype(np.float32).reshape(1,400,300,3)
	print(' 图片张量的批次（数量）、高、宽、通道数依次为：',tf_img.shape)

Out:	图片张量的批次（数量）、高、宽、通道数依次为：(1, 400, 300, 3)

对张量进行切片。

In []:	# 获取张量的第一个通道
	tf_img_0 = tf_img[:,:,:,0]
	print('tf_img_0 张量的批次（数量）、高、宽、通道数依次为：',tf_img_0.shape)

Out:	tf_img_0 张量的批次（数量）、高、宽、通道数依次为：(1, 400, 300)

获得的切片是三维的，可以使用 reshape() 方法将其转换为四维。

In []:	# 将单通道张量的秩改为 4
	tf_img_0 = tf_img[:,:,:,0].reshape(1,400,300,1)
	print('tf_img_0 张量的批次（数量）、高、宽、通道数依次为：',tf_img_0.shape)

Out:	tf_img_0 张量的批次（数量）、高、宽、通道数依次为：(1, 400, 300, 1)

做好数据预处理后，下面要设计滤波器。TensorFlow 中二维卷积滤波器的形状规定为 (filter_height, filter_width, in_channels, out_channels)，其中 filter_height 表示滤波器的高度；filter_width 表示滤波器的宽度；in_channels 表示输入张量的通道数；out_channels 表示卷积结果输出的通道数，即卷积核的数量。先定义一个 3*3 大小、1 个卷积核的滤波器，由于输入张量是一个通道，因此滤波器的 in_channels=1。

In []:	# 设计卷积滤波器，形状为 (filter_height, filter_width, in_channels, out_channels)
	filter_shape=[3,3, 1, 1]
	conv_filter_1 = tf.constant([1.0, 0.0, -1.0,
	                1.0, 0.0, -1.0,
	                1.0, 0.0, -1.0],shape=filter_shape)
	print(' 滤波器 conv_filter_1 的形状为：',conv_filter_1)

Out:	滤波器 conv_filter_1 的形状为：Tensor("Const_6:0", shape=(3, 3, 1, 1), dtype=float32)

定义会话，在会话中运行卷积。

In []:	# 定义 init operation
	init_op = tf.global_variables_initializer()
	with tf.Session() as sess:
	sess.run(init_op)
	feature_map_img_0=tf.nn.conv2d(tf_img_0, conv_filter_1,
	strides=[1,1,1,1], padding='SAME')
	feature_array_img_0=feature_map_img_0.eval()# 获取张量的值，转换为数组
	print('feature_array_img_0 的形状为：',feature_array_img_0.shape)
Out:	feature_array_img_0 的形状为： (1, 400, 300, 1)

图像的卷积结果一般称为 feature map。使用 eval() 方法获取它的值，将其转化为数组形式，下面观察卷积结果的部分值。

In []:	print('feature_array_img_0 的前 5 行为：\n',
	feature_array_img_0[0,0:5,0:5,0])
Out:	feature_array_img_0 的前 5 行为：
	[[-293. -8. -40. -52. -19.]
	[-438. -16. -65. -78. -24.]
	[-432. -26. -72. -78. -21.]
	[-422. -34. -80. -78. -17.]
	[-412. -40. -81. -76. -19.]]

可以看出，卷积结果超过了 0~255 的像素值范围，因此应将卷积结果归一化，使用 [0,1] 区间的浮点数表示，以便于可视化卷积结果。

In []:	from sklearn import preprocessing
	min_max_scaler = preprocessing.MinMaxScaler()
	#MinMaxScaler() 只能处理二维数据
	feature_array_img_0[0,:,:,0] = \
	min_max_scaler.fit_transform(feature_array_img_0[0,:,:,0])
	print(' 标准化后 feature_array_img_0 的前 5 行为：\n',
	feature_array_img_0[0,0:5,0:5,0])
Out:	标准化后 feature_array_img_0 的前 5 行为：
	[[0.463183 0.4 0.44725737 0.47037038 0.5470086]
	[0.11876488 0.35428572 0.34177214 0.3740741 0.5256411]
	[0.1330167 0.29714286 0.31223628 0.3740741 0.53846157]
	[0.15676963 0.2514286 0.278481 0.3740741 0.5555556]
	[0.18052262 0.21714287 0.2742616 0.3814815 0.5470086]]

可以看出，通过归一化操作，已经将卷积结果变换到 [0,1] 区间，下面进行可视化图像。

In []:   # 可视化原始图像的通道 0 和卷积结果，图像 float 类型必须在 [0, 1] 区间
         p = plt.figure(figsize=(8,4))
         ax1 = p.add_subplot(1,2,1)
         plt.title(' 原始图像通道 0')
         plt.imshow(tf_img[0,:,:,0],cmap=plt.cm.gray)
         ax1 = p.add_subplot(1,2,2)
         plt.title(' 原始图像通道 0 的卷积结果 ')
         plt.imshow(feature_array_img_0[0,:,:,0],cmap=plt.cm.gray)

Out:

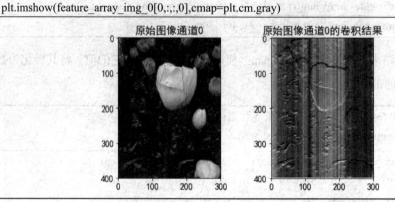

设计阶数相同、值不同的滤波器，分别进行卷积操作并可视化卷积结果。

In []:   # 同阶不同滤波器比较
         # 卷积滤波器，[filter_height, filter_width, in_channels, out_channels]
         filter_shape=[3,3, 1, 1]
         conv_filter_1 = tf.constant([1.0, 0.0, –1.0,
                         1.0, 0.0, –1.0,
                         1.0, 0.0, –1.0],shape=filter_shape)
         conv_filter_2 = tf.constant([1.0, 1.0, 1.0,
                         0.0, 0.0, 0.0,
                         –1.0,–1.0, –1.0],shape=filter_shape)
         conv_filter_3 = tf.constant([0.0, 1.0, 1.0,
                         –1.0, 0.0, 1.0,
                         –1.0,–1.0, 0.0],shape=filter_shape)
         conv_filter_4 = tf.Variable(tf.random_normal(filter_shape))# 随机赋值
         my_filters={conv_filter_1,conv_filter_2,conv_filter_3,conv_filter_4}

Out:

In []:   import matplotlib.pyplot as plt
         p = plt.figure(figsize=(10,6))
         # 定义 init operation
         init_op = tf.global_variables_initializer()
         # session

In []:
```
with tf.Session() as sess:
    # 运行 init operation
    sess.run(init_op)
    for filter,figIdx in zip(my_filters,range(len(my_filters))):
        feature_map_img_0=tf.nn.conv2d(tf_img_0, filter,
                         strides=[1,1,1,1], padding='SAME')
        feature_array_img_0=feature_map_img_0.eval()# 获取张量的值，转换为数组
        feature_array_img_0[0,:,:,0] = \
        min_max_scaler.fit_transform(feature_array_img_0[0,:,:,0])
        # 图像 float 类型必须在 [0, 1] 区间
        ax1 = p.add_subplot(1,4,figIdx+1)#1 行 4 列 4 幅子图的第 figIdx 幅
        plt.imshow(feature_array_img_0[0,:,:,0],cmap=plt.cm.gray)
        p.tight_layout()# 调整空白，避免子图重叠
```

Out:

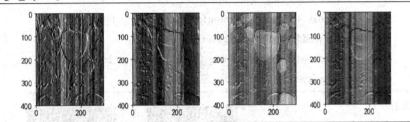

保存滤波器的性状，改变滤波器的阶数，对图像进行卷积，并可视化卷积结果。

In []:
```
# 不同阶数滤波器的比较
# 卷积滤波器，[filter_height, filter_width, in_channels, out_channels]
#3*3
conv_filter_1 = tf.constant([1.0, 0.0, -1.0,
                1.0, 0.0, -1.0,
                1.0, 0.0, -1.0],shape=[3,3,1,1])
#5*5
conv_filter_2 = tf.constant([1.0,1.0, 0.0,-1.0, -1.0,
                1.0,1.0, 0.0,-1.0, -1.0,
                1.0,1.0, 0.0,-1.0, -1.0,
                1.0,1.0, 0.0,-1.0, -1.0,
                1.0,1.0, 0.0,-1.0, -1.0],shape=[5,5,1,1])
                1.0,1.0, 0.0,-1.0, -1.0],shape=[5,5,1,1])
my_filters={conv_filter_1,conv_filter_2}
```

Out:

```
In []:    p = plt.figure(figsize=(6,4))
          # 定义 init operation
          init_op = tf.global_variables_initializer()
          # session
          with tf.Session() as sess:
            # 运行 init operation
            sess.run(init_op)
            for filter,figIdx in zip(my_filters,range(len(my_filters))):
              feature_map_img_0=tf.nn.conv2d(tf_img_0, filter,
                              strides=[1,1,1,1], padding='SAME')
              feature_array_img_0=feature_map_img_0.eval()# 获取张量的值，转换为数组
              # 图像 float 类型必须在 [0, 1] 区间
              feature_array_img_0[0,:,:,0] = \
              min_max_scaler.fit_transform(feature_array_img_0[0,:,:,0])
              ax1 = p.add_subplot(1,2,figIdx+1)
              plt.imshow(feature_array_img_0[0,:,:,0],cmap=plt.cm.gray)
              p.tight_layout()# 调整空白，避免子图重叠
```

Out:

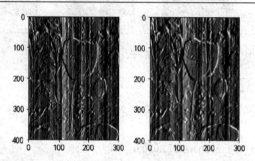

滤波器的步长对滤波结果有影响。步长 stride 为 4 元组，分别表示沿批次、高度、宽度、通道移动的步长值。下面使用 conv_filter_1 滤波器，分别按照从 1~10 的步长，对原始图像通道 0 进行卷积，并可视化卷积结果。

```
In []:    steps=[1,2,3,4,5,6,7,8,9,10]
          p = plt.figure(figsize=(12,8))
          # 定义 init operation
          init_op = tf.global_variables_initializer()
          # session
          with tf.Session() as sess:
            # 运行 init operation
            sess.run(init_op)
            for step in steps:
              feature_map_img_0=tf.nn.conv2d(tf_img_0, conv_filter_1,
                            strides=[1,step,step,1], padding='SAME')
```

In []:	feature_array_img_0=feature_map_img_0.eval()# 获取张量的值，转换为数组
	# 图像 float 类型必须在 [0, 1] 区间
	feature_array_img_0[0,:,:,0] = \
	min_max_scaler.fit_transform(feature_array_img_0[0,:,:,0])
	ax1 = p.add_subplot(2,5,step)
	plt.title(' 步长为 '+np.str(step))
	plt.imshow(feature_array_img_0[0,:,:,0],cmap=plt.cm.gray)
	p.tight_layout()# 调整空白，避免子图重叠

Out:

可以看出，当步长大于 1 时，尽管在卷积时将填充方式设置为 padding='SAME', 卷积结果的形状还是比原始图像小了。

【范例分析】

本例对单通道图像进行卷积操作。tf.nn.conv2d() 方法使用参数 input 接收四维输入张量，形状为 (batch，height，width，channels)，分别表示批次、高度、宽度、通道数；参数 filter 接收四维滤波器张量，形状为 [filter_height, filter_width, in_channels, out_channels]，分别表示滤波器的高度、宽度、输入通道数、输出通道数，输入通道数要与 input 的输入通道数相同；strides 接收长度为 4 的一维张量，表示在 input 的每个维度上的滑动步长；padding 接收字符串，值为 "SAME", "VALID"，表示使用的填充算法类型。本例的输入图像是单个通道，因此滤波器的输入通道数也是 1 个。滤波器的输出通道数可以根据用户的需要指定。二维图像卷积的基本形式为 tf.nn.conv2d(tf_img_0, filter, strides= [1,1,1,1], padding ='SAME')。

下面对具有 3 个通道的彩色图像进行卷积操作。

【例 13-6】图像的 3 通道卷积。

彩色图像有 3 个颜色通道。对 3 个通道的图像进行卷积操作时，3 个通道将共享 1 个滤波器。这就要求滤波器的输入通道数与图像的通道数相等，滤波器的输出通道数则可以由用户根据需要设置。

In []: ```
# 图像的 3 通道卷积
import numpy as np
import os
from skimage import io
import matplotlib.pyplot as plt
import TensorFlow as tf
path='D:/PythonStudy/cnn_images/compressed/'
img = io.imread(path+'tulip.jpg')
io.imshow(img)
```

Out:

设计一个简单的 3 阶滤波器。形状为 (3, 3, 3, 3)，即高、宽、输入通道、输出通道同为 3。其中输出通道 3 表示有 3 个卷积核。

In []: ```
#3 通道卷积滤波器 [filter_height, filter_width, in_channels, out_channels]
conv_filter_1 = tf.constant([1.0, 0.0, -1.0,
                1.0, 0.0, -1.0,
                1.0, 0.0, -1.0],shape=[3,3, 3, 3])
print(' 滤波器张量 conv_filter_1 的形状为：\n',conv_filter_1)
```

Out: ```
滤波器张量 conv_filter_1 的形状为：
Tensor("Const_18:0", shape=(3, 3, 3, 3), dtype=float32)
```

使用滤波器对 3 通道图像进行卷积操作，其卷积方法是，分别将滤波器的某个通道与对应的输入张量的通道进行卷积，将 3 个通道的卷积结果相加。

In []: ```
init_op = tf.global_variables_initializer()
with tf.Session() as sess:
    sess.run(init_op)
    feature_map_img=tf.nn.conv2d(tf_img, conv_filter_1,
                    strides=[1,1,1,1], padding='SAME')
    print(' 特征映射后张量 feature_map_img 的形状为：',feature_map_img.shape)
    feature_array_img=feature_map_img[0,:,:,:].eval()
print(' 数组 feature_array_img 的形状为：',feature_array_img.shape)
print(' 数组 feature_array_img 通道 0 的前 5 行为：\n',
```

In []:	feature_array_img[0:5,0:5,0])

```
        print(' 数组 feature_array_img 通道 1 的前 5 行为：\n',
            feature_array_img[0:5,0:5,1])
        print(' 数组 feature_array_img 通道 2 的前 5 行为：\n',
            feature_array_img[0:5,0:5,2])
        #print(feature_array_img[:,:,0]==feature_array_img[:,:,1])
```

Out:	特征映射后张量 feature_map_img 的形状为：(1, 400, 300, 3)

```
        数组 feature_array_img 的形状为：(400, 300, 3)
        数组 feature_array_img 通道 0 的前 5 行为：
        [[-1292. -2000. -2178. -2428. -2596.]
         [-1930. -2356. -2639. -2967. -3098.]
         [-1903. -2340. -2655. -2989. -3109.]
         [-1860. -2311. -2640. -2972. -3074.]
         [-1819. -2282. -2615. -2928. -3026.]]
        数组 feature_array_img 通道 1 的前 5 行为：
        [[-1292. -2000. -2178. -2428. -2596.]
         [-1930. -2678. -2963. -3318. -3506.]
         [-1903. -2662. -2979. -3346. -3523.]
         [-1860. -2625. -2964. -3334. -3497.]
         [-1819. -2585. -2931. -3290. -3447.]]
        数组 feature_array_img 通道 2 的前 5 行为：
        [[-1292. -2000. -2178. -2428. -2596.]
         [-1930. -3000. -3287. -3669. -3914.]
         [-1903. -2984. -3303. -3703. -3937.]
         [-1860. -2939. -3288. -3696. -3920.]
         [-1819. -2888. -3247. -3652. -3868.]]
```

可以看出，由于卷积结果是将对应通道的滤波器与图像分别卷积再求和的，因此值远超出了 0~255 的整数像素值范围，或 0~1 的浮点数范围。因此，需要将其标准化，以便进一步分析和可视化。

In []:	# 标准化，MinMaxScaler() 只能标准化二维数组，因此要分通道标准化

```
        from sklearn import preprocessing
        min_max_scaler = preprocessing.MinMaxScaler()
        feature_array_img[:,:,0] = min_max_scaler.fit_transform(feature_array_img[:,:,0])
        feature_array_img[:,:,1] = min_max_scaler.fit_transform(feature_array_img[:,:,1])
        feature_array_img[:,:,2] = min_max_scaler.fit_transform(feature_array_img[:,:,2])
        print(' 标准化后 feature_array_img 通道 0 的前 5 行为：\n',
            feature_array_img[0:5,0:5,0])
        标准化后 feature_array_img 通道 0 的前 5 行为：
        [[0.514014   0.30202192 0.23017901 0.21185797 0.19021142]
         [0.1946947  0.15206409 0.03367436 0.00830817 0.00407863]
         [0.2082082  0.15880376 0.02685416 0.         0.        ]
```

In []:	[0.22972971 0.17101943 0.03324807 0.0064199 0.01297748]
Out:	[0.25025022 0.18323505 0.04390454 0.02303624 0.03077495]]

In []:	print(' 卷积结果标准化后的最大值为 :',np.max(feature_array_img))
Out:	卷积结果标准化后的最大值为 : 1.0000001

从上面代码的运行结果可以看出,标准化后的数据最大值大于1.0,而在用浮点数表示的图像中,最大值应该为1.0。因此在可视化卷积结果时,还需要进一步将其转换为全部数据介于0~1。

In []:	# 可视化卷积结果
	p=plt.figure(figsize=(12,4))
	for figIdx in range(4):
	ax1 = p.add_subplot(1,4,figIdx+1)#1 行 4 列 4 幅子图的第 figIdx+1 幅
	if figIdx==3:
	# 将 3 个卷积核的输出绘制为一幅图像,图像 float 类型必须介于 [0, 1]
	plt.title('3 个卷积核的输出 ')
	plt.imshow(feature_array_img/np.max(feature_array_img))
	else:
	# 分别绘制各个卷积核的输出
	plt.title(' 卷积核 '+np.str(figIdx)+' 的输出 ')
	plt.imshow(feature_array_img[:,:,figIdx]\
	/np.max(feature_array_img[:,:,figIdx]),cmap=plt.cm.gray)
	p.tight_layout()# 调整空白,避免子图重叠
Out:	

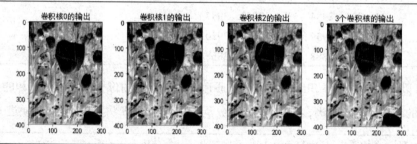

【范例分析】

本例对 3 通道图像进行卷积操作。要求滤波器的输入通道数与图像的通道数同为 3,输出通道数可由用户根据需要指定。3 通道卷积的输出为滤波器与每个通道卷积结果的和,因此输出的值将超出 0~255 的像素值范围。要可视化卷积结果,需要将其标准化变换到 [0,1] 区间,以浮点数显示图像。

滤波器的大小和步长将影响卷积结果,下面通过一个例子对这种影响进行观察。

【例 13-7】滤波器大小、步长对 3 通道彩色图像卷积的影响。

使用 TensorFlow 对 3 通道彩色图像进行卷积,滤波器设置为 3 输入、1 输出,即 1 个卷积核;改变滤波器的大小和步长,可视化卷积结果并观察。

加载图片并显示,观察图片的大小、通道信息。

In []:
```
# 通道卷积，滤波器 3 输入、1 输出
import numpy as np
import os
from skimage import io
import matplotlib.pyplot as plt
import TensorFlow as tf
path='D:/PythonStudy/cnn_images/compressed/'
img = io.imread(path+'tulip.jpg')
io.imshow(img)
```

Out:

原始图片的形状为 (400,300,3)，需要将其转换为 (1,400,300,3) 的四维张量，并将整数型像素值转换为 floeat32 型。

In []:
```
# 转换为张量，类型为 float32，形状为：（batch，height，width，channels）
tf_img = img.astype(np.float32).reshape(1,400,300,3)
print(' 图片张量的批次（数量）、高、宽、通道数依次为：',tf_img.shape)
```

Out: 图片张量的批次（数量）、高、宽、通道数依次为：(1, 400, 300, 3)

下面设计 3*3 大小的滤波器，需要有 3 个输入通道，将输出通道数量设置为 1 个。

In []:
```
# 卷积层 1 滤波器，形状为：[filter_height, filter_width, in_channels, out_channels]
conv1_w = tf.Variable(tf.random_normal([3, 3, 3, 1]))# 随机赋值
print('conv1_w 为：',conv1_w)
```

Out: conv1_w 为：<tf.Variable 'Variable_14:0' shape=(3, 3, 3, 1) dtype=float32_ref>

对图像张量进行卷积操作，各个维度的步长设置为 1。

In []:
```
conv1_out = tf.nn.conv2d(tf_img, conv1_w,strides=[1, 1, 1, 1],
                    padding='SAME')
print('conv1_out 为：',conv1_out)
```

Out: conv1_out 为：Tensor("Conv2D_71:0", shape=(1, 400, 300, 1), dtype=float32)

可以看出，由于滤波器设置为 1 个输出通道，虽然输入张量有 3 个通道，但卷积结果只有一个通道。其卷积过程为，将滤波器与输入张量的对应通道分别卷积，将结果相加合并为一个通道。下面创建会话，执行上面定义的卷积操作，可视化卷积结果并观察。

In []: # 定义 init operation

定义 init operation

init_op = tf.global_variables_initializer()

with tf.Session() as sess:

  # 运行 init operation

  sess.run(init_op)

  img_conv=conv1_out.eval()

print('img_conv 为：',img_conv.shape)

io.imshow(img_conv[0,:,:,0],cmap=plt.cm.gray)

Out: img_conv 为： (1, 400, 300, 1)

用户可以根据需要改变滤波器的大小。下面将滤波器的形状设置为 5*5，并对图像重新进行卷积操作。

In []: # 改变滤波器的大小

#[filter_height, filter_width, in_channels, out_channels]

conv1_w2 = tf.Variable(tf.random_normal([5, 5, 3, 1]))# 随机赋值

print('conv1_w2 为：',conv1_w2)

Out: conv1_w2 为： <tf.Variable 'Variable_15:0' shape=(5, 5, 3, 1) dtype=float32_ref>

可以看出，滤波器的形状已设置为 (5, 5, 3, 1)，窗口变大，输入通道数仍然和图像通道数相等，输出通道数保持 1 不变。下面使用新的滤波器对图像进行卷积操作，步长仍然设置为 1。

In []: conv1_out = tf.nn.conv2d(tf_img, conv1_w,strides=[1, 1, 1, 1],

                padding='SAME')

print('conv1_out 为：',conv1_out)

Out: conv1_out 为： Tensor("Conv2D_72:0", shape=(1, 400, 300, 1), dtype=float32)

创建会话，执行卷积操作，可视化卷积结果并观察。

In []: # 定义 init operation

init_op = tf.global_variables_initializer()

with tf.Session() as sess:

  # 运行 init operation

In []:   sess.run(init_op)

      img_conv=conv1_out.eval()

  print('img_conv 为：',img_conv.shape)

  io.imshow(img_conv[0,:,:,0],cmap=plt.cm.gray)

Out: img_conv 为： (1, 400, 300, 1)

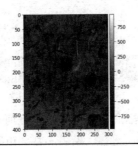

滤波器的移动步长是可以改变的，下面将滤波器在高度、宽度方向的移动步长分布增加到 3。

In []:   # 改变步长

  conv1_out = tf.nn.conv2d(tf_img, conv1_w,strides=[1, 3, 3, 1],

           padding='SAME')

  print('conv1_out 为：',conv1_out)

Out: conv1_out 为： Tensor("Conv2D_73:0", shape=(1, 134, 100, 1), dtype=float32)

可以看出，由于滤波器的移动步长大于 1，虽然填充方式设置为 padding='SAME'，但卷积结果的形状还是变小了。下面创建会话，执行卷积操作，并可视化卷积结果。

In []:   # 定义 init operation

  init_op = tf.global_variables_initializer()

  with tf.Session() as sess:

    # 运行 init operation

    sess.run(init_op)

    img_conv=conv1_out.eval()

  print('img_conv 为：',img_conv.shape)

  io.imshow(img_conv[0,:,:,0],cmap=plt.cm.gray)

Out: img_conv 为： (1, 134, 100, 1)

【范例分析】

用 tf.nn.conv2d() 方法进行二维卷积，如果填充方式 padding 指定为 'SAME'，当在图像的高度、宽度方向的移动步长都为 1 时，无论滤波器的大小如何，卷积结果图像的高度、宽度都与输入图像保持不变。当两个方向的步长都大于 1 时，尽管填充方式 padding 指定为 'SAME'，但卷积结果图像的高度、宽度都将缩小。

13.3 用 TensorFlow 构建图像的卷积前馈计算图

TensorFlow 的精髓在于数据流图（计算图），任何运算过程都可表示为以各种操作数、操作为节点的节点间关系图。数据从输入端流入节点，从输出端流出节点，并流入下一层节点。卷积神经网络是一种典型的前馈计算，即从输入端开始，逐层向前计算各个节点的输出，直到输出层，计算得到网络的整体输出。本节将以一幅图像作为输入，创建它的卷积、池化前馈计算图，作为下一步创建卷积神经网络的基础练习。

13.3.1 ▶ 用 TensorFlow 构建图像的卷积、池化前馈计算图

在卷积神经网络中，神经元的输入输出存在式 (13-5) 所示的关系。

$$y = f(Wx + b) \tag{13-5}$$

其中 x 为输入向量，b 为偏置，W 为权重系数矩阵，f 为激励函数，y 为输出向量。神经网络的输入从输入端进入，经过卷积、池化、再卷积、再池化，到达全连接层，最后到达输出层。神经网络的输出是一个从输入层到输出层逐层前馈计算的过程。优化目标是输出层网络节点的实际输出与期望输出的误差最小，需要被优化的参数包括网络连接的全部权重系数 W 和偏置 b，其中偏置 b 的存在是为了避免强制分类超平面必须经过坐标原点。

在构建卷积神经网络并训练网络之前，先练习使用 TensorFlow 创建从网络输入到网络输出的前馈计算图。

【例 13-8】使用例 13-7 的图像，构建图像卷积、池化的前馈计算图。

对图像卷积、池化、再卷积、再池化，在卷积和池化中加入偏执和 Relu 激励函数，对第 2 次池化结果进行归一化，并使用 Relu 激励函数计算输出。

本例继续使用上例的图像数据。先构建第 1 个卷积层，滤波器形状设置为 [3, 3, 3, 4]，即 3*3 大小，3 个输入通道，4 个输出通道。将图像的高度、宽度的移动步长都设置为 2。当通道维度的移动步长设置为 1 时，即对每个通道都进行卷积。批次维度的移动步长设置为 1（因为只有 1 张图片）。

```
In []:   # 构建图像卷积、池化的前馈计算图，对图像进行卷积、池化、再卷积、再池化
         # 并加入偏执和 Relu 激励
         # 代码接上例
         #[filter_height, filter_width, in_channels, out_channels]
```

In []:	conv1_w = tf.Variable(tf.random_normal([3, 3, 3, 4]))# 随机赋值
	conv1_out3 = tf.nn.conv2d(tf_img, conv1_w,strides=[1, 2, 2, 1],
	        padding='SAME')
	print('conv1_out3 为：',conv1_out3)

Out:	conv1_out3 为： Tensor("Conv2D_74:0", shape=(1, 200, 150, 4), dtype=float32)

可以看出，经过第 1 次卷积后，图像的形状为 (1, 200, 150, 4)，比原始图片缩小了，但通道数增加为 4。下面创建会话，执行卷积操作，并可视化卷积结果。

In []:	init_op = tf.global_variables_initializer()
	with tf.Session() as sess:
	    # 运行 init operation
	    sess.run(init_op)
	    img_conv=conv1_out3.eval()
	print('img_conv 的形状为：',img_conv.shape)

Out:	img_conv 的形状为： (1, 200, 150, 4)

In []:	# 可视化卷积结果
	import matplotlib.pyplot as plt
	p = plt.figure(figsize=(12,4))
	for fignum in range(4):
	    ax1 = p.add_subplot(1,4,fignum+1)
	    plt.imshow(img_conv[0,:,:,fignum],cmap=plt.cm.gray)
	    p.tight_layout()# 调整空白，避免子图重叠

Out:	

一般的卷积神经网络中，神经元要使用激励函数对输入输出进行映射，如式 (13-5)。本例使用 Relu 函数作为激励函数，将卷积结果和偏置作为输入，计算神经元的输出。

In []:	# 增加偏执和激励
	conv1_b = tf.Variable(tf.random_normal([4]))# 随机赋值
	conv1_out5 = tf.nn.relu(tf.nn.conv2d(tf_img,conv1_w,strides=[1, 2, 2, 1], padding='SAME') +
	conv1_b)
	print('conv1_out5 为：',conv1_out5)

Out:	conv1_out5 为： Tensor("Relu_3:0", shape=(1, 200, 150, 4), dtype=float32)

创建会话，执行卷积和 Relu 激励。

In []:	init_op = tf.global_variables_initializer()
	with tf.Session() as sess:
	# 运行 init operation
	sess.run(init_op)
	img_conv=conv1_out5.eval()
	print('img_conv 的形状为：',img_conv.shape)
Out:	img_conv 的形状为： (1, 200, 150, 4)

可视化神经元的输出。

In []:	# 可视化卷积结果
	p = plt.figure(figsize=(12,4))
	for fignum in range(4):
	ax1 = p.add_subplot(1,4,fignum+1)
	plt.imshow(img_conv[0,:,:,fignum],cmap=plt.cm.gray)
	p.tight_layout()# 调整空白，避免子图重叠
Out:	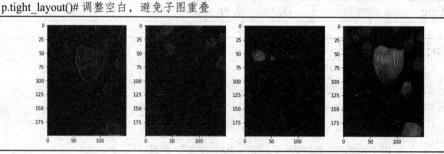

从第一次卷积结果可以看出，卷积后的图像仍然有较高的维度。这就需要对卷积结果进行池化，一方面降低图像维度，另一方面提取图像的全局特征。

In []:	# 池化层 1
	#ksize 表示在输入张量的每个维度上进行池化操作的窗口大小
	pool1 = tf.nn.max_pool(conv1_out5,ksize=[1,3,3,1],
	strides=[1,2,2,1],padding='SAME')
	print (' 池化层 pool1 为：',pool1)
Out:	池化层 pool1 为： Tensor("MaxPool:0", shape=(1, 100, 75, 4), dtype=float32)

可以看出，经过一次池化后，图像的维度有所降低。如想要降低更多维度，可以增加池化的移动步长。下面将创建会话，执行池化操作。

In []:	init_op = tf.global_variables_initializer()
	with tf.Session() as sess:
	# 运行 init operation
	sess.run(init_op)
	img_pool=pool1.eval()
	print('img_pool 的形状为：',img_pool.shape)
Out:	img_pool 的形状为： (1, 100, 75, 4)

下面可视化第一次池化的结果。

```
In []:   # 可视化第一次池化的结果
         p = plt.figure(figsize=(12,4))
         for fignum in range(4):
             ax1 = p.add_subplot(1,4,fignum+1)
             plt.imshow(img_pool[0,:,:,fignum],cmap=plt.cm.gray)
             p.tight_layout()# 调整空白，避免子图重叠
```

Out:

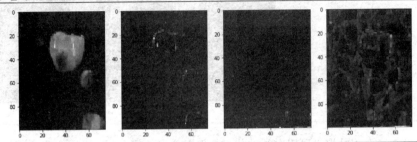

对第一次池化结果，可以继续进行卷积操作，分层次进一步提取池化图像的局部特征。下面构建第二个卷积层，并引入偏置和 Relu 激励函数。由于上次的池化结果有 4 个通道，因此本次卷积应把滤波器的输入通道数量也设置为 4。此外，应将输出通道数量设置为 6。

```
In []:   # 设置第二个卷积层
         conv2_w = tf.Variable(tf.random_normal([3, 3, 4, 6]))# 随机赋值
         conv2_b = tf.Variable(tf.random_normal([6]))# 随机赋值
         conv2_out = tf.nn.relu(tf.nn.conv2d(pool1,conv2_w,strides=[1, 2, 2, 1], padding='SAME') + conv2_b)
         print('conv2_out 为：',conv2_out)
```

Out: conv2_out 为： Tensor("Relu_2:0", shape=(1, 50, 38, 6), dtype=float32)

在这一步卷积中，由于步长设置为 2，图像的尺寸进将一步缩小。下面创建会话，执行卷积操作。

```
In []:   init_op = tf.global_variables_initializer()
         with tf.Session() as sess:
             sess.run(init_op)
             img_conv2=conv2_out.eval()
             print('img_conv2 的形状为：',img_conv2.shape)
```

Out: img_conv2 的形状为： (1, 50, 38, 6)

下面可视化第二次卷积结果。

```
In []:   # 可视化第二次卷积结果
         p = plt.figure(figsize=(6,4.8))
         for fignum in range(6):
             ax1 = p.add_subplot(2,3,fignum+1)
             plt.imshow(img_conv2[0,:,:,fignum],cmap=plt.cm.gray)
             p.tight_layout()# 调整空白，避免子图重叠
```

Out:

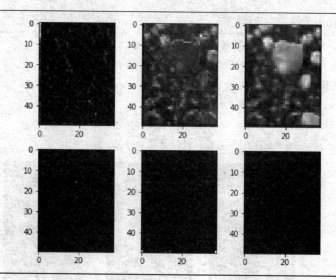

对第二次卷积结果，可以继续池化，提取其全局特征。

In []:
```
# 池化层 2
pool2 = tf.nn.max_pool(conv2_out,ksize=[1,3,3,1],
             strides=[1,1,1,1],padding='SAME')
print (' 池化层 pool2 为： ',pool2)
```

Out: 池化层 pool2 为： Tensor("MaxPool_1:0", shape=(1, 50, 38, 6), dtype=float32)

创建会话，执行池化操作。

In []:
```
init_op = tf.global_variables_initializer()
with tf.Session() as sess:
    sess.run(init_op)
    img_pool2=pool2.eval()
print('img_pool2 的形状为： ',img_pool2.shape)
```

Out: img_pool2 的形状为： (1, 50, 38, 6)

可视化第二次池化结果。

In []:
```
# 可视化第二次池化结果
p = plt.figure(figsize=(6,4.8))
for fignum in range(6):
    ax1 = p.add_subplot(2,3,fignum+1)
    plt.imshow(img_pool2[0,:,:,fignum],cmap=plt.cm.gray)
p.tight_layout()# 调整空白，避免子图重叠
```

Out:

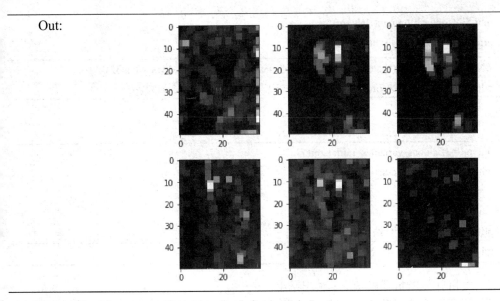

在神经网络的全连接层，一般要将输入进行归一化，避免输入值过大，以及各个输入的量纲、数量级不一致对模型拟合带来不利影响。TensorFlow 提供了 tf.nn.batch_normalization() 对批次图像归一化的方法，该方法的参数除了输入张量，还需要输入张量的均值、方差、平移、缩放等参数，并提供一个较小的值，避免归一化过程中除数为 0。要获得张量的均值、方差，可以使用 tf.nn.moments() 方法。因此，下面先使用 tf.nn.moments() 方法计算第二次池化结果的均值、方差。由于本例中只有一个批次、一张图片，因此将批次参数设置为 1。

In []:
```
# 将第二次池化结果归一化，并使用激励函数
#[0, 1, 2] 表示沿 0 轴，1 轴，2 轴
batch_mean, batch_var = tf.nn.moments(pool2, [0, 1, 2], keep_dims=True)
print('batch_mean 为：\n',batch_mean)
print('batch_var 为：\n',batch_var)
```

Out:
```
batch_mean 为： Tensor("moments_4/mean:0", shape=(1, 1, 1, 6), dtype=float32)
batch_mean 为： Tensor("moments_4/mean:0", shape=(1, 1, 1, 6), dtype=float32)
batch_var 为： Tensor("moments_4/variance:0", shape=(1, 1, 1, 6), dtype=float32)
```

设置平移为 0，即不平移；缩放为 1，即不缩放。对第二次池化结果归一化，并将归一化结果作为输入，使用 Relu 激励函数计算输出。

In []:
```
shift = tf.Variable(tf.zeros([6]))
scale = tf.Variable(tf.ones([6]))
epsilon = 1e-3# 避免除数为 0
shift = tf.Variable(tf.zeros([6]))
scale = tf.Variable(tf.ones([6]))
epsilon = 1e-3# 避免除数为 0
BN_out = tf.nn.batch_normalization(pool2,batch_mean, batch_var, shift, scale, epsilon)
print ('BN_out 为：\n',BN_out)
```

In []:	relu_BN_out = tf.nn.relu(BN_out) print('relu_BN_out 为: \n',relu_BN_out)
Out:	BN_out 为: Tensor("batchnorm_1/add_1:0", shape=(1, 50, 38, 6), dtype=float32) relu_BN_out 为: Tensor("Relu_4:0", shape=(1, 50, 38, 6), dtype=float32)

创建会话，执行上述计算。

In []:	init_op = tf.global_variables_initializer() with tf.Session() as sess: 　sess.run(init_op) 　img_BN=relu_BN_out.eval() print('img_BN 的形状为: ',img_BN.shape)
Out:	img_BN 的形状为: (1, 50, 38, 6)

可视化归一化和引入 Relu 激励函数的输出结果。

In []:	# 可视化归一化和引入 Relu 激励函数的结果
	p = plt.figure(figsize=(6,4.8))
	for fignum in range(6):
	　ax1 = p.add_subplot(2,3,fignum+1)
	　plt.imshow(img_BN[0,:,:,fignum],cmap=plt.cm.gray)
	p.tight_layout()# 调整空白，避免子图重叠

Out:	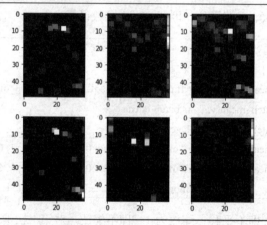

至此，除了全连接层，已构建了一张图像的输入层、第 1 卷积层、第 1 池化层、第 2 卷积层、第 2 池化层的前馈计算图，并在一些神经元节点引入偏置、Relu 激励函数，对最后一次池化进行了归一化。

【范例分析】

本例的目标是将一幅图像作为输入，创建一个具有卷积、池化、再卷积、再池化的前馈计算图，卷积层神经元采用 Relu 激励函数，可视化每一步操作的结果，并将最后一次池化结果归一化。TensorFlow 的 Relu 激励函数为 tf.nn.relu()，卷积层的滤波器和偏置使用 tf.Variable(tf.random_normal()) 生成，以对滤波器和偏置随机赋值。在以后的神经网络训练中，滤波器和偏置将作为学习的目标。经过两次卷积和两次池化后，图像大小由原来的 200*150 缩小至 50*38，特征维数大为降低。在数据流入全连接层之前，一般要对其进行归一化，方法为 tf.nn.moments()。

上例只是实现了从输入开始的两次卷积、两次池化和归一化的计算，下面将通过一个例子，构造一个完整的卷积神经网络前馈计算图。

13.3.2 ▶ 用 TensorFlow 构建图像卷积神经网络的完整前馈计算图

上例中，对一幅图像进行了两次卷积、两次池化操作，并引入了偏置和 Relu 激励函数。下面将进一步构建一个具有输入层、卷积层 1、池化层 1、卷积层 2、池化层 2、全连接层、输出层的计算图，并执行从输入到输出的 1 遍前馈计算。

【例 13-9】对单幅图像构建完整的卷积前馈计算图。

对单幅图像，构建输入层、卷积层 1、池化层 1、卷积层 2、池化层 2、全连接层、输出层的计算图，数据张量在进入全连接层前要进行归一化，神经元节点使用偏置和 Relu 激励函数。

```
In []:    # 对一幅图像构建一个完整的神经网络计算图
          import os
          import numpy as np
          from skimage import io
          import matplotlib.pyplot as plt
          import TensorFlow as tf
          path='D:/PythonStudy/cnn_images/compressed/'
          img = io.imread(path+'tulip.jpg')
          io.imshow(img)
```

Out:

将图像变换为四维张量，并将整数型像素值转换为 float32 型。构建卷积层 1，滤波器的卷积核（输出通道数）设置为 8。

```
In []:    # 转换为张量，类型为 float32，形状为：（batch，height，width，channels）
          tf_img = img.astype(np.float32).reshape(1,400,300,3)
          # 设置滤波器，形状为：[filter_height, filter_width, in_channels, out_channels]
          # 卷积层 1
          conv1_w = tf.Variable(tf.random_normal([3, 3, 3, 8]))# 随机赋值
          conv1_b = tf.Variable(tf.random_normal([8]))# 随机赋值
          conv1_out = tf.nn.relu(tf.nn.conv2d(tf_img,conv1_w,strides=[1, 1, 1, 1], padding='SAME') + conv1_b)
          print('conv1_out 为：',conv1_out)
```

Out:	conv1_out 为：Tensor("Relu_6:0", shape=(1, 400, 300, 8), dtype=float32)

创建会话，执行卷积层 1 的操作，可视化卷积结果。

In []:	# 创建会话，执行卷积、偏置、激励，可视化卷积结果
	init_op = tf.global_variables_initializer()
	with tf.Session() as sess:
	sess.run(init_op)
	img_conv=conv1_out.eval()
	p = plt.figure(figsize=(10,8))
	import time
	for fignum in range(8):
	ax1 = p.add_subplot(2,4,fignum+1)
	plt.imshow(img_conv[0,:,:,fignum],cmap=plt.cm.gray)
	p.tight_layout()# 调整空白，避免子图重叠

Out:	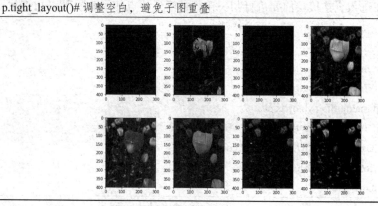

对卷积层 1 的输出进行池化操作，先构建池化层。

In []:	# 池化层 1
	#ksize 表示输入张量每个维度上的窗口大小
	pool1 = tf.nn.max_pool(conv1_out,ksize=[1,3,3,1],
	strides=[1,2,2,1],padding='SAME')
	print (' 池化层 pool1 为：',pool1)

Out:	池化层 pool1 为：Tensor("MaxPool_2:0", shape=(1, 200, 150, 8), dtype=float32)

可以看出，经过池化层 1 的池化操作后，图像变小了。下面创建会话，执行池化操作，并可视化池化结果。

In []:	# 创建会话，执行池化操作，可视化池化结果
	init_op = tf.global_variables_initializer()
	with tf.Session() as sess:
	# 运行 init operation
	sess.run(init_op)
	img_pool=pool1.eval()

In []: print('img_pool 的形状为：',img_pool.shape)

   p = plt.figure(figsize=(6,4.8))

   for fignum in range(8):

    ax1 = p.add_subplot(2,4,fignum+1)

    plt.imshow(img_pool[0,:,:,fignum],cmap=plt.cm.gray)

    #time.sleep(1)# 延时

    p.tight_layout()# 调整空白，避免子图重叠

Out:

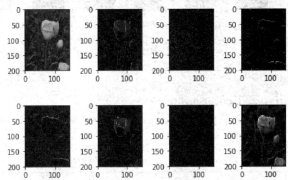

构建卷积层 2，对池化层 1 的输出做进一步的卷积操作。卷积核的数量设置为 16，即滤波器的输出通道数为 16 个。

In []: # 卷积层 2

   conv2_w = tf.Variable(tf.random_normal([3, 3, 8, 16]))# 随机赋值

   conv2_b = tf.Variable(tf.random_normal([16]))# 随机赋值

   conv2_out = tf.nn.relu(tf.nn.conv2d(pool1,conv2_w,strides=[1, 2, 2, 1], padding='SAME') + conv2_b)

   print('conv2_out 为：',conv2_out)

Out: conv2_out 为：Tensor("Relu_7:0", shape=(1, 100, 75, 16), dtype=float32)

上面的卷积操作中，由于步长设置为 2，图像卷积结果的大小会进一步缩小。下面创建会话，执行卷积层 2 的操作，并可视化卷积结果。

In []: # 创建会话，执行卷积、偏置、激励，可视化卷积结果

   init_op = tf.global_variables_initializer()

   with tf.Session() as sess:

    sess.run(init_op)

    img_conv2=conv2_out.eval()

   print('img_conv2 的形状为：',img_conv2.shape)

   p = plt.figure(figsize=(12,6))

   for fignum in range(16):

    ax1 = p.add_subplot(2,8,fignum+1)

    plt.imshow(img_conv2[0,:,:,fignum],cmap=plt.cm.gray)

    p.tight_layout()# 调整空白，避免子图重叠

Out: img_conv2 的形状为：(1, 100, 75, 16)

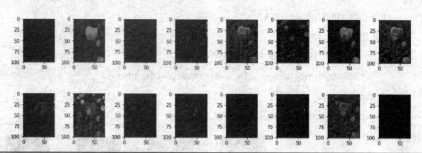

对卷积层 2 的输出进行第 2 次池化操作。

In []: # 池化层 2
pool2 = tf.nn.max_pool(conv2_out,ksize=[1,3,3,1],
strides=[1,2,2,1],padding='SAME')
print (' 池化层 pool2 为：',pool2)

Out: 池化层 pool2 为 Tensor("MaxPool_3:0", shape=(1, 50, 38, 16), dtype=float32)

可以看出，经过池化层 2 以后，图像的大小会进一步变小。下面创建会话，执行对池化层 2 的操作，并可视化池化结果。

In []: init_op = tf.global_variables_initializer()
with tf.Session() as sess:
sess.run(init_op)
img_pool2=pool2.eval()
print('img_pool2 的形状为：',img_pool2.shape)
p = plt.figure(figsize=(12,6))
for fignum in range(16):
ax1 = p.add_subplot(2,8,fignum+1)
plt.imshow(img_pool2[0,:,:,fignum],cmap=plt.cm.gray)
p.tight_layout()# 调整空白，避免子图重叠

Out: img_pool2 的形状为：(1, 50, 38, 16)

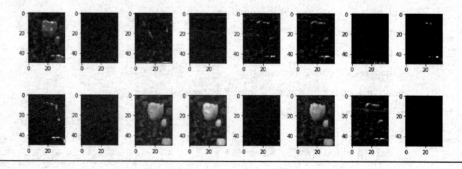

对池化层 2 的输出进行归一化，为送入神经网络的全连接层做准备。

```
In []:   # 归一化
         batch_mean, batch_var = tf.nn.moments(pool2, [0, 1, 2], keep_dims=True)
         shift = tf.Variable(tf.zeros([16]))
         scale = tf.Variable(tf.ones([16]))
         epsilon = 1e-3
         BN_out = tf.nn.batch_normalization(pool2,
                            batch_mean, batch_var, shift, scale, epsilon)
         print ('BN_out 为：\n',BN_out)
         relu_BN_out = tf.nn.relu(BN_out)
         print('relu_BN_out 为：\n',relu_BN_out)
```

```
Out:   BN_out 为：
        Tensor("batchnorm_3/add_1:0", shape=(1, 50, 38, 16), dtype=float32)
       relu_BN_out 为：
        Tensor("Relu_8:0", shape=(1, 50, 38, 16), dtype=float32)
```

创建会话，执行归一化操作，并观察归一化后的图像。

```
In []:   init_op = tf.global_variables_initializer()
         with tf.Session() as sess:
           sess.run(init_op)
           img_BN=relu_BN_out.eval()
         print('img_BN 的形状为：',img_BN.shape)

         p = plt.figure(figsize=(12,6))
         for fignum in range(16):
           ax1 = p.add_subplot(2,8,fignum+1)
           plt.imshow(img_BN[0,:,:,fignum],cmap=plt.cm.gray)
           p.tight_layout()# 调整空白，避免子图重叠
```

Out:

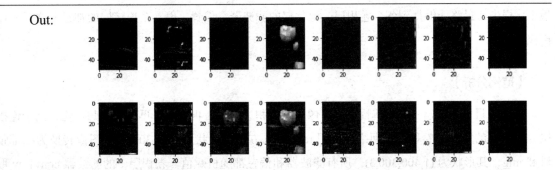

归一化后张量的形状为 (1, 50, 38, 16)。这是一个四维张量，要送入全连接层，需要将其展平为一维，然后创建全连接层的输入层和隐层。输入层的神经元数量即池化层 2 的输出展平后的元素数量。隐层神经元的数量可以由用户指定。

In []:	# 将特征图进行展开，作为全连接层的输入
	BN_out_flat = tf.reshape(BN_out, [-1, 50*38*16])
	# 全连接层，其中输入层、隐层的节点数分别为 50*38*16, 50
	fc_w1 = tf.Variable(tf.random_normal([50*38*16,50]))
	fc_b1 = tf.Variable(tf.random_normal([50]))
	fc_out1 = tf.nn.relu(tf.matmul(BN_out_flat, fc_w1) + fc_b1)
	print('fc_out1 为：\n',fc_out1)
Out:	fc_out1 为： Tensor("Relu_9:0", shape=(1, 50), dtype=float32)

经过上面的设计，全连接层具有一个隐层，隐层的神经元数量为 50 个。下面创建输出层，输出层神经元的数量等于要分类的图像的类别数，这里假定为 2。

In []:	# 输出层
	out_w1 = tf.Variable(tf.random_normal([50,2]))
	out_b1 = tf.Variable(tf.random_normal([2]))
	pred = tf.nn.softmax(tf.matmul(fc_out1,out_w1)+out_b1)
	print(pred)
Out:	Tensor("Softmax:0", shape=(1, 2), dtype=float32)

创建会话，执行全连接层的计算，最终得到原始图像从输入层到输出层的前馈计算结果。

In []:	init_op = tf.global_variables_initializer()
	with tf.Session() as sess:
	sess.run(init_op)
	pred_value=pred.eval()
	print('pred_value 的值为：',pred_value)
Out:	pred_value 的值为： [[1. 0.]]

至此，已经构建了一个完整的前馈卷积神经网络。如果有多张图像，并且知道每张图像的类别，则可以根据网络的实际输出与期望输出（实际类别）的误差，构造损失函数，选择适当的优化方法最小化损失，最终能够得到各个卷积层、池化层的滤波器、偏置，以及全连接层的神经元之间的连接权重。

【范例分析】

本例的目标是创建一个从单幅输入图像进行卷积、池化、再卷积、再池化、归一化，到全连接层、输出层的完整的卷积神经网络。使用 reshape() 方法将形状为 (400,300,3) 的图像转换为四维张量 tf_img，其形状为 (1,400,300,3)，所有滤波器和偏置都随机赋值。卷积层 1 的滤波器 conv1_w 形状为 (3, 3, 3, 8)，有 3 个输入、8 个输出，则偏置 conv1_b 需有 8 个元素，对卷积与偏置的和采用 Relu 激励函数计算输出 conv1_out。池化层 pool1 的窗口大小为 [1,3,3,1]，在各个维度移动的步长为 strides=[1,2,2,1]，填充方式为 'SAME'，池化后图像形状为 (1, 200, 150, 8)，图像大小降至 200*150。

卷积层 2 的滤波器 conv2_w 形状为 [3, 3, 8, 16]，有 8 个输入、16 个输出，偏置 conv2_b 的元素数量为 16。对卷积与偏置的和执行 Relu 激励函数计算输出 conv2_out，形状变为 (1, 100, 75, 16)，即图像大小降至 100*75。池化层 pool2 的窗口大小为 [1,3,3,1]，在各个维度移动的步长为 [1,2,2,1]，填充方式为 'SAME'，对 conv2_out 池化后的输出形状为 (1, 50, 38, 16)，图像大小降至 50*38。将 pool2 的池化结果归一化，采用 Relu 激励函数计算输出，并展平为 BN_out_flat，作为全连接层的输入，则全连接层的输入共有 50*38*16 个神经元。构造的全连接层为 1 个输入层（50*38*16 个神经元）、1 个隐层（50 个神经元）、一个输出层（2 个神经元）。

13.4 综合实例 1——训练卷积神经网络对数字手写体数据集 digits 进行分类

本节将构建和训练两个卷积神经网络，分别对 scikit-learn 自带的数字手写体数据集进行分类。第一个卷积神经网络的全连接层将只有 1 个隐层，第二个卷积神经网络的隐层有 2 个。

【例 13-10】训练全连接层有 1 个隐层的卷积神经网络，对数字手写体数据集 digits 进行分类。

要求有神经网络输入层、卷积层 1、池化层 1、卷积层 2、池化层 2，全连接层有 1 个隐层，所有神经元使用 Relu 激励函数，张量流进入全连接层前要进行归一化。将数据集拆分为训练集和测试集，使用训练集训练卷积神经网络；使用测试集对训练的模型进行测试，评价模型性能。

加载 digits 数据集，观察其形状。

```
In []:  # 训练卷积神经网络，对数字手写体数据集 digits 进行分类
        # 要求有输入层、卷积层 1、池化层 1、卷积层 2、池化层 2，全连接层有 1 个隐层
        # 所有神经元使用 Relu 激励函数，张量流进入全连接层前要进行归一化
        import TensorFlow as tf
        from sklearn.datasets import load_digits
        import numpy as np
        digits = load_digits()
        X = digits.data.astype(np.float32)
        y= digits.target.astype(np.float32).reshape(-1,1)
        print ('digits 数据集 data 的形状为：',X.shape)
        print ('digits 数据集 target 的形状为：',y.shape)
```

```
Out:   digits 数据集 data 的形状为：  (1797, 64)
       digits 数据集 target 的形状为：  (1797, 1)
```

digits 数据集的每个记录都为一幅图像，有 64 个特征，即像素值，共 10 个数字，即 10 个类别。需要将每个记录的 64 个像素值变换为 8*8 的图像形状，下面可视化任意 num 个图像。

```
In []:  # 可视化任意 num 个图像
        import matplotlib.pyplot as plt
        import numpy as np
```

In []:
```
num=20
idx=np.random.randint(0,high=len(y), size=num)
print(' 绘制图片中，请耐心等待 ......')
p = plt.figure(figsize=(10,2))
for myidx,fignum in zip(idx,range(num)):
    ax1 = p.add_subplot(num/10,10,fignum+1)
    X_img=X[myidx,:].reshape(8,8)
    plt.imshow(X_img,cmap=plt.cm.gray)
    p.tight_layout()# 调整空白，避免子图重叠
```

Out: 绘制图片中，请耐心等待 ......

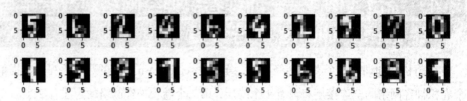

下面将图像数据归一化，转换为四维张量形式，并拆分为训练集和测试集。使用目标集拟合独热编码模型，并分别将目标的训练集、测试集进行独热编码变换。

In []:
```
# 对数据集归一化
from sklearn.preprocessing import MinMaxScaler
scaler = MinMaxScaler()
X_scaled = scaler.fit_transform(X)
# 转换为图片张量格式 （batch，height，width，channels）
X = X_scaled.reshape(-1,8,8,1)
print(' 图片的批次（数量）、高、宽、通道数依次为：',X.shape)
from sklearn.model_selection import train_test_split
# 拆分数据集为训练集和测试集
X_train,X_test, y_train,y_test = train_test_split(
    X,y,train_size = 0.8,random_state = 42)
from sklearn.preprocessing import OneHotEncoder
encoder=OneHotEncoder()#one-hot 编码
encoder.fit(y)
y_train_coded = encoder.transform(y_train).todense()
y_test_coded = encoder.transform(y_test).todense()
print(' 训练集目标独热编码后的前 10 个类标签为：\n',y_train_coded[0:10])
print(' 测试集目标独热编码后的前 10 个类标签为：\n',y_test_coded[0:10])
```

Out: 图片的批次（数量）、高、宽、通道数依次为： (1797, 8, 8, 1)
训练集目标独热编码后的前 10 个类标签为：
[[0. 0. 0. 0. 0. 0. 1. 0. 0. 0.]
 [1. 0. 0. 0. 0. 0. 0. 0. 0. 0.]

Out: [1. 0. 0. 0. 0. 0. 0. 0. 0. 0.]

[0. 0. 0. 1. 0. 0. 0. 0. 0. 0.]

[1. 0. 0. 0. 0. 0. 0. 0. 0. 0.]

[0. 0. 0. 0. 0. 1. 0. 0. 0. 0.]

[1. 0. 0. 0. 0. 0. 0. 0. 0. 0.]

[1. 0. 0. 0. 0. 0. 0. 0. 0. 0.]

0. 0. 0. 0. 1. 0. 0. 0. 0. 0.]

[0. 1. 0. 0. 0. 0. 0. 0. 0. 0.]]

测试集目标独热编码后的前10个类标签为：

[[0. 0. 0. 0. 0. 0. 1. 0. 0. 0.]

[0. 0. 0. 0. 0. 0. 0. 0. 0. 1.]

[0. 0. 0. 1. 0. 0. 0. 0. 0. 0.]

[0. 0. 0. 0. 0. 0. 1. 0. 0.]

[0. 0. 1. 0. 0. 0. 0. 0. 0. 0.]

[0. 1. 0. 0. 0. 0. 0. 0. 0. 0.]

[0. 0. 0. 0. 0. 1. 0. 0. 0. 0.]

[0. 0. 1. 0. 0. 0. 0. 0. 0. 0.]

[0. 0. 0. 0. 0. 1. 0. 0. 0. 0.]

[0. 0. 1. 0. 0. 0. 0. 0. 0. 0.]]

绘制归一化后的图像，观察与归一化前相比是否有变化。

In []:   # 绘制归一化后任意 num 张图片

import matplotlib.pyplot as plt

num=20

idx=np.random.randint(0,high=len(y), size=num)

p = plt.figure(figsize=(10,2))

for myidx,fignum in zip(idx,range(num)):

    ax1 = p.add_subplot(num/10,10,fignum+1)

    X_img=X[myidx,:,:,0]

    plt.imshow(X_img,cmap=plt.cm.gray)

    p.tight_layout()# 调整空白，避免子图重叠

Out:

由于卷积神经网络按照批次训练模型，因此下面先定义一个产生图像批次的函数。

In []:   # 卷积神经网络按批次训练，定义产生批次的函数

batch_size = 4# 设定批次大小

def mybatch(X,y,n_examples, batch_size):

    for batch_i in range(n_examples // batch_size):# 商是整数

    start = batch_i*batch_size

In []:	end = start + batch_size
	batch_xs = X[start:end]
	batch_ys = y[start:end]
	# 生成的每一个 batch,yield 可以看做 return 迭代器（generator）
	yield batch_xs, batch_ys
	print(' 产生批次定义完毕！')
Out:	产生批次定义完毕！

在批次产生函数中，yield 方法用于返回批次。由于图像数据一般以迭代器形式存储，因此此处使用 yield 而不是 return。可以把 yield 看作返回 (return) 迭代器 (generator)。下面开始创建 TensorFlow 计算图。先创建输入、输出占位符，占位符并不赋值，仅表示节点的一个占位。占位符的赋值将在后面的会话中进行。

In []:	tf.reset_default_graph()# 初始化计算图
	# 定义输入层占位符，暂不赋值，在会话中再赋值
	tf_X = tf.placeholder(tf.float32,[None,8,8,1])
	tf_y = tf.placeholder(tf.float32,[None,10])#10 个类别
	print('tf_X 为 ',tf_X)
	print('tf_y 为 ',tf_y)
Out:	tf_X 为： Tensor("Placeholder:0", shape=(?, 8, 8, 1), dtype=float32)
	tf_y 为： Tensor("Placeholder_1:0", shape=(?, 10), dtype=float32)

创建卷积层 1，对卷积结果和偏置使用 Relu 激励函数计算输出。

In []:	# 卷积层 1（滤波、偏置、Relu 激励）
	conv1_w = tf.Variable(tf.random_normal([3, 3, 1, 10]))# 随机赋值
	conv1_b = tf.Variable(tf.random_normal([10]))# 随机赋值
	conv1_out = tf.nn.relu(tf.nn.conv2d(tf_X, conv1_w,strides=[1, 1, 1, 1],
	padding='SAME') + conv1_b)
	print('conv1_w 为： ',conv1_w)
	print('conv1_b 为： ',conv1_b)
	print('conv1_out 为： ',conv1_out)
Out:	conv1_w 为： <tf.Variable 'Variable:0' shape=(3, 3, 1, 10) dtype=float32_ref>
	conv1_b 为： <tf.Variable 'Variable_1:0' shape=(10,) dtype=float32_ref>
	conv1_out 为： Tensor("Relu:0", shape=(?, 8, 8, 10), dtype=float32)

创建池化层 1，对卷积层 1 的输出进行池化，池化结果也使用 Relu 激励函数计算输出。

In []:	# 池化层 1(池化、Relu 激励)
	pool1_out = tf.nn.relu(tf.nn.max_pool(conv1_out,ksize=[1,3,3,1],
	strides=[1,2,2,1],padding='SAME'))
	print ('pool1_out 为： ',pool1_out)
Out:	pool1_out 为： Tensor("Relu_1:0", shape=(?, 4, 4, 10), dtype=float32)

可以看出，经过一次池化后，图像大小缩至 4*4。下面创建卷积层 2，对池化层 1 的输出继续进行卷积，将卷积结果和偏置按照 Relu 激励函数计算输出。

In []:	# 卷积层 2（滤波器、偏置、Relu 激励）
	conv2_w = tf.Variable(tf.random_normal([3, 3, 10, 5]))
	conv2_b = tf.Variable(tf.random_normal([5]))
	conv2_out = tf.nn.relu(tf.nn.conv2d(pool1_out, conv2_w,strides=[1, 2, 2, 1],
	padding='SAME') + conv2_b)
	print('conv2_w 为：',conv2_w)
	print('conv2_b 为：',conv2_b)
	print('conv2_out 为：',conv2_out)
Out:	conv2_w 为： <tf.Variable 'Variable_2:0' shape=(3, 3, 10, 5) dtype=float32_ref>
	conv2_b 为： <tf.Variable 'Variable_3:0' shape=(5,) dtype=float32_ref>
	conv2_out 为： Tensor("Relu_2:0", shape=(?, 2, 2, 5), dtype=float32)

在卷积操作中，由于步长设置为 2，因此卷积结果的图像进一步缩小至 2*2。下面创建池化层 2，对卷积层 2 的输出再次进行池化操作，并使用 Relu 激励函数对池化结果计算输出。

In []:	# 池化层 2(池化、Relu 激励)
	pool2_out = tf.nn.relu(tf.nn.max_pool(conv2_out,ksize=[1,3,3,1],
	strides=[1,2,2,1],padding='SAME'))
	print ('pool2_out 为：',pool2_out)
Out:	pool2_out 为： Tensor("Relu_3:0", shape=(?, 1, 1, 5), dtype=float32)

可以看出，经过池化层 2 的池化操作后，图像的特征数变为 1。下面对池化结果归一化，为张量进入全连接层做准备。

In []:	# 归一化
	batch_mean, batch_var = tf.nn.moments(conv2_out, [0, 1, 2], keep_dims=True)
	shift = tf.Variable(tf.zeros([5]))# 平移为 0
	scale = tf.Variable(tf.ones([5]))# 不缩放 1
	epsilon = 1e-3# 防止除数为 0
	bn_out = tf.nn.batch_normalization(pool2_out, batch_mean,
	batch_var, shift, scale, epsilon)
	print ('bn_out 为：',bn_out)
Out:	bn_out 为： Tensor("batchnorm/add_1:0", shape=(?, 1, 1, 5), dtype=float32)

将归一化后的张量展开为一维，创建全连接层。全连接层的输入层神经元数量为 1*1*5。有一个隐层，隐层的神经元数量设置为 50，对隐层的输入按照 Relu 激励函数计算输出。

In []:	# 将特征图进行展开
	bn_flat = tf.reshape(bn_out, [-1, 1*1*5])
	# 全连接层（输入层、隐层 1）
	fc_w1 = tf.Variable(tf.random_normal([1*1*5,50]))

In []:	`fc_b1 = tf.Variable(tf.random_normal([50]))`
	`fc_out1 = tf.nn.relu(tf.matmul(bn_flat, fc_w1) + fc_b1)`
	`print('fc_out1 为：',fc_out1)`
Out:	`fc_out1 为： Tensor("Relu_4:0", shape=(?, 50), dtype=float32)`

创建输出层，由于数据集有 10 个类别，因此输出层的神经元数量为 10。对输出层神经元的输入，按照 Relu 激励函数计算输出。至此，神经网络计算图创建完毕。为了训练神经网络，需要构造损失函数，并选择优化器。TensorFlow 提供了几个损失函数供用户选择使用，用户也可以自己构造损失函数。

In []:	`# 输出层`
	`out_w1 = tf.Variable(tf.random_normal([50,10]))`
	`out_b1 = tf.Variable(tf.random_normal([10]))`
	`# 计算输出`
	`pred = tf.nn.softmax(tf.nn.relu(tf.matmul(fc_out1,out_w1)+out_b1))`
	`# 定义损失函数`
	`#loss = -tf.reduce_mean(tf_y*tf.log(tf.clip_by_value(pred,1e-11,1.0)))`
	`# 交叉熵`
	`loss = tf.nn.softmax_cross_entropy_with_logits(labels=tf_y,logits=pred)`
	`# 均方误差`
	`#loss =tf.reduce_mean(tf.math.squared_difference(x=pred,y=tf_y))`
	`# 优化损失函数`
	`train_step = tf.train.AdamOptimizer(1e-3).minimize(loss)`
	`#train_step=tf.train.GradientDescentOptimizer(1e-3).minimize(loss)`
	`# 获得输出中最大值的索引`
	`y_pred = tf.math.argmax(pred,1)`
	`# 判断网络实际输出的最大值的索引与期望是否一致，即分类是否正确`
	`bool_pred = tf.equal(tf.math.argmax(tf_y,1),y_pred)`
	`# bool_pred 的平均值即为批次的准确率`
	`accuracy = tf.reduce_mean(tf.cast(bool_pred,tf.float32))`
	`print('cell 运行完毕！')`
Out:	cell 运行完毕！

上面构造了 3 个损失函数，运行时要注释掉 2 个，只保留 1 个。优化器选择 tf.train.AdamOptimizer，也可以选择其他优化器。为了在训练过程中动态观察分类准确率，需要统计每个批次中预测正确的实例数量，以批次中预测正确的实例数量的平均值作为准确率。

下面创建会话，训练模型。先设置迭代次数，每次迭代时都要遍历所有批次进行训练。模型训练是运行上面的优化器优化过程 train_step. train_step，主要对损失函数进行优化。构造的损失函数中包含图像的输入，各个卷积层和池化层的滤波器、偏置，网络的实际输出、期望输出等参数。除了图像输入、网络的期望输出还未赋值，其他参数均已随机赋值或通过逐层前馈计算得到。因此需要在运行 train_step 时，对图像输入、网络的期望输出赋值。可以使用字典方法将训练集赋值给网络输入、期望输出占位符。

```
In []:   # 保存模型
         #saver=tf.train.Saver(max_to_keep=1)
         print('cell 运行中，请耐心等待 ......')
         with tf.Session() as sess:
           sess.run(tf.global_variables_initializer())
           for epoch in range(1000): # 迭代周期
             # 每次迭代时都将所有批次训练一遍
             for batch_xs,batch_ys in mybatch(X_train,y_train_coded,len(y_train_coded),batch_size):
               # 训练每个批次，使用字典为占位符赋值
               sess.run(train_step,feed_dict={tf_X:batch_xs,tf_y:batch_ys})
             if(epoch%100==0):# 每迭代 100 次，计算一次准确率
             res = sess.run(accuracy,feed_dict={tf_X:X_train,tf_y:y_train_coded})
             res = sess.run(accuracy,feed_dict={tf_X:X_train,tf_y:y_train_coded})
               print(' 第 ',epoch,' 次迭代的准确率为：',res)
           # 保存模型
           #saver.save(sess,'D:\PythonStudy\models\digits_cnn_model.ckpt')
           # 预测
           res_ypred = y_pred.eval(feed_dict={tf_X:X_test}).flatten()
           print(' 对测试集的预测结果为：\n',res_ypred)
         print('cell 运行完毕！')
         from sklearn.metrics import confusion_matrix# 混淆矩阵
         print(' 测试集预测结果与实际结果的混淆矩阵为：\n',
             confusion_matrix(y_test,res_ypred.reshape(-1,1)))# 输出混淆矩阵
```

```
Out:   测试集预测结果与实际结果的混淆矩阵为：      [ 0 0 0 0 0 41 2 1 1 2]
       [[31 0 0 0 1 0 0 0 0 1]                    [ 0 0 0 0 1 0 34 0 0 0]
        [ 0 19 2 1 0 0 0 0 6 0]                   [ 0 2 0 0 0 0 0 32 0 0]
        [ 0 0 31 0 0 0 0 2 0 0]                   [ 2 5 1 0 0 1 2 0 19 0]
        [ 1 0 1 31 0 1 0 0 0 0]                   [ 0 1 0 1 2 1 0 1 1 33]]
        [ 0 0 0 0 46 0 0 0 0 0]
```

模型经过 1000 次迭代后，训练停止，使用训练的模型对测试集预测的结果已经给出。下面评价模型性能。

```
In []:   from sklearn.metrics import classification_report
         print(' 测试集预测结果评价报告：\n',
             classification_report(y_test,res_ypred.reshape(-1,1)))
```

Out:	测试集预测结果评价报告：			
	precision	recall	f1-score	support
0.0	0.91	0.94	0.93	33
1.0	0.70	0.68	0.69	28
2.0	0.89	0.94	0.91	33
3.0	0.94	0.91	0.93	34
4.0	0.92	1.00	0.96	46
5.0	0.93	0.87	0.90	47
6.0	0.89	0.97	0.93	35
7.0	0.89	0.94	0.91	34
8.0	0.70	0.63	0.67	30
9.0	0.92	0.82	0.87	40
avg / total	0.88	0.88	0.88	360

可以看出，模型对测试集的 f1-score 为 0.88，模型性能基本满足要求，但还有进一步提高的空间。模型性能与卷积层、池化层、全连接层的参数、结构、已经迭代次数均有关，因此，卷积神经网络的训练也是一个需要多次调试的过程。

【范例分析】

本例对 scikit-learn 的 datasets 模块自带数字手写体数据集 digits，建立了一个具有卷积层 1、池化层 1、卷积层 2、池化层 2、全连接层的卷积神经网络，全部神经元使用 Relu 激励函数，实现对数字手写体的分类。与前面的例子不同，本例的输入、输出使用 tf.placeholder() 方法创建占位符，在会话中为其赋值。全连接层只有一个隐层，神经元数量为 50 个。对目标集使用独热编码。

下面改变网络的结构，将全连接层的隐层增加一层，训练模型并评价模型性能。

【例 13-11】训练全连接层有 2 个隐层的卷积神经网络，对数字手写体数据集 digits 进行分类。

要求有输入层、卷积层 1、池化层 1、卷积层 2、池化层 2、以及全连接层有 2 个隐层，所有神经元使用 Relu 激励函数，张量流进入全连接层前要进行归一化。

```
In []:  # 训练卷积神经网络，对数字手写体数据集 digits 进行分类
        # 要求有输入层、卷积层 1、池化层 1、卷积层 2、池化层 2，以及全连接层有 2 个隐层
        # 所有神经元使用 Relu 激励函数，张量流进入全连接层前要进行归一化
        import TensorFlow as tf
        from sklearn.datasets import load_digits
        import numpy as np
        digits = load_digits()
        X = digits.data.astype(np.float32)
        y= digits.target.astype(np.float32).reshape(-1,1)
        from sklearn.preprocessing import MinMaxScaler
        scaler = MinMaxScaler()
```

In []:

```
X_scaled = scaler.fit_transform(X)
# 转换为图片张量格式（batch，height，width，channels）
X = X_scaled.reshape(-1,8,8,1)
from sklearn.model_selection import train_test_split
# 拆分数据集为训练集和测试集
X_train,X_test, y_train,y_test = train_test_split(
X,y,train_size = 0.8,random_state = 42)
from sklearn.preprocessing import OneHotEncoder
encoder=OneHotEncoder()#one-hot 编码
encoder.fit(y)
y_train_coded = encoder.transform(y_train).todense()
y_test_coded = encoder.transform(y_test).todense()
# 卷积神经网络按批次训练，定义产生批次的函数
batch_size = 4# 设定批次大小
def mybatch(X,y,n_examples, batch_size):
  for batch_i in range(n_examples // batch_size):# 除的结果是整数
    start = batch_i*batch_size
    end = start + batch_size
    batch_xs = X[start:end]
    batch_ys = y[start:end]
  yield batch_xs, batch_ys # 生成每一个 batch
tf.reset_default_graph()# 初始化计算图
# 定义输入层占位符，暂不赋值，在会话中再赋值
tf_X = tf.placeholder(tf.float32,[None,8,8,1])
tf_y = tf.placeholder(tf.float32,[None,10])#10 个类别
# 卷积层 1（滤波、偏置、Relu 激励）
conv1_w = tf.Variable(tf.random_normal([3, 3, 1, 10]))# 随机赋值
conv1_b =  tf.Variable(tf.random_normal([10]))# 随机赋值
conv1_out = tf.nn.relu(tf.nn.conv2d(tf_X, conv1_w,strides=[1, 1, 1, 1],
                      padding='SAME') + conv1_b)
# 池化层 1( 池化、Relu 激励 )
pool1_out = tf.nn.relu(tf.nn.max_pool(conv1_out,ksize=[1,3,3,1],
                  strides=[1,2,2,1],padding='SAME'))
# 卷积层 2（滤波器、偏置、Relu 激励）
conv2_w = tf.Variable(tf.random_normal([3, 3, 10, 5]))
conv2_b =  tf.Variable(tf.random_normal([5]))
  conv2_out = tf.nn.relu(tf.nn.conv2d(pool1_out, conv2_w,strides=[1, 2, 2, 1],
# 池化层 2( 池化、Relu 激励 )
pool2_out = tf.nn.relu(tf.nn.max_pool(conv2_out,ksize=[1,3,3,1],
                  strides=[1,2,2,1],padding='SAME'))
  print ('pool2_out 为： ',pool2_out)
```

```
In []:   # 归一化
         batch_mean, batch_var = tf.nn.moments(conv2_out, [0, 1, 2], keep_dims=True)
         shift = tf.Variable(tf.zeros([5]))# 平移为 0
         scale = tf.Variable(tf.ones([5]))# 不缩放 1
         epsilon = 1e-3# 防止除数为 0
         bn_out = tf.nn.batch_normalization(pool2_out, batch_mean,
                              batch_var, shift, scale, epsilon)
         # 将特征图进行展开
         bn_flat = tf.reshape(bn_out, [-1, 1*1*5])
         # 全连接层（输入层，隐层 1）
         fc_w1 = tf.Variable(tf.random_normal([1*1*5,30]))
         fc_b1 = tf.Variable(tf.random_normal([30]))
         fc_out1 = tf.nn.relu(tf.matmul(bn_flat, fc_w1) + fc_b1)
         # 全连接层隐层 2
         fc_w2 = tf.Variable(tf.random_normal([30,30]))
         fc_b2 = tf.Variable(tf.random_normal([30]))
         fc_out2 = tf.nn.relu(tf.matmul(fc_out1, fc_w2) + fc_b2)
         # 输出层
         out_w1 = tf.Variable(tf.random_normal([30,10]))
         out_b1 = tf.Variable(tf.random_normal([10]))
         #pred = tf.nn.softmax(tf.matmul(fc_out1,out_w1)+out_b1)
         #pred = tf.nn.softmax(tf.nn.relu(tf.matmul(fc_out1,out_w1)+out_b1))
         pred = tf.nn.softmax(tf.nn.relu(tf.matmul(fc_out2,out_w1)+out_b1))
         # 定义损失函数
         #loss = -tf.reduce_mean(tf_y*tf.log(tf.clip_by_value(pred,1e-11,1.0)))
         # 交叉熵
         loss = tf.nn.softmax_cross_entropy_with_logits(labels=tf_y,logits=pred)
         # 均方误差
         #loss =tf.reduce_mean(tf.math.squared_difference(x=pred,y=tf_y))
         # 优化损失函数
         train_step = tf.train.AdamOptimizer(1e-3).minimize(loss)
         #train_step=tf.train.GradientDescentOptimizer(1e-3).minimize(loss)
         y_pred = tf.math.argmax(pred,1)
         bool_pred = tf.equal(tf.math.argmax(tf_y,1),y_pred)
         accuracy = tf.reduce_mean(tf.cast(bool_pred,tf.float32)) # 准确率
         # 保存模型
         #saver=tf.train.Saver(max_to_keep=1)
         print(' 卷积神经网络训练中，请耐心等待 ......')
         with tf.Session() as sess:
           sess.run(tf.global_variables_initializer())
           for epoch in range(1000): # 迭代周期
```

```
In []:       # 每个周期进行 MBGD 算法
             for batch_xs,batch_ys in mybatch(X_train,y_train_coded,len(y_train_coded),batch_size):
                 sess.run(train_step,feed_dict={tf_X:batch_xs,tf_y:batch_ys})
             if(epoch%100==0):
                 res = sess.run(accuracy,feed_dict={tf_X:X_train,tf_y:y_train_coded})
                 print(' 第 ',epoch,' 次迭代的准确率为：',res)
         # 保存模型
         #saver.save(sess,'D:\PythonStudy\models\digits_cnn_model.ckpt')
         # 预测
         res_ypred = y_pred.eval(feed_dict={tf_X:X_test}).flatten()
         print(' 对测试集预测结果为：\n',res_ypred)
     from sklearn.metrics import confusion_matrix# 混淆矩阵
     print(' 测试集预测结果与实际结果的混淆矩阵为：\n',
         confusion_matrix(y_test,res_ypred.reshape(-1,1)))# 输出混淆矩阵
     from sklearn.metrics import classification_report
     print(' 测试集预测结果评价报告为：\n',
         classification_report(y_test,res_ypred.reshape(-1,1)))
```

Out: 卷积神经网络训练中，请耐心等待 ......
第 0 次迭代的准确率为： 0.17466944
第 100 次迭代的准确率为： 0.49826026
第 200 次迭代的准确率为： 0.6450939
第 300 次迭代的准确率为： 0.7717467
第 400 次迭代的准确率为： 0.78218514
第 500 次迭代的准确率为： 0.78566456
第 600 次迭代的准确率为： 0.8663883
第 700 次迭代的准确率为： 0.87125957
第 800 次迭代的准确率为： 0.9624217
第 900 次迭代的准确率为： 0.97007656
对测试集预测结果为：
[6 9 3 7 2 1 5 2 5 2 1 4 4 0 4 2 3 7 8 8 4 3 9 7 5 6 3 5 6 3 4 9 1 4 4 6 9
4 7 6 6 9 1 3 6 1 3 0 6 5 5 1 9 5 6 0 9 0 0 1 0 4 5 2 4 5 7 0 7 5 9 5 5 4
7 0 4 5 5 9 9 0 2 3 8 0 6 4 4 9 1 2 8 3 5 2 9 0 4 4 4 3 5 3 1 3 5 9 4 2 7
7 4 4 1 9 2 7 8 7 2 6 9 4 0 7 3 7 5 8 7 5 7 7 0 6 6 4 2 8 0 9 4 6 8 9 6 9
0 6 5 6 6 0 6 4 3 9 3 8 7 2 9 0 4 5 8 6 5 9 9 8 4 2 1 3 7 7 2 2 3 9 8 0 3
2 2 5 6 9 9 4 1 5 4 2 3 6 4 8 5 9 5 7 1 9 4 8 1 5 4 4 9 6 1 8 6 0 4 5 2 7
4 6 4 5 6 0 3 2 3 6 7 1 5 1 4 7 6 5 1 5 5 1 0 2 8 8 9 9 7 6 2 2 2 3 4 8 8
3 6 0 3 7 7 0 1 0 4 5 1 5 3 6 0 4 1 0 0 3 6 5 9 7 3 5 5 9 9 8 5 3 3 2 0 5
8 3 4 0 2 4 6 4 3 4 5 0 5 2 1 3 1 4 1 1 7 0 1 5 1 1 2 8 7 0 6 4 8 8 5 1 8
4 5 8 7 9 8 6 0 1 2 0 7 9 8 9 5 2 7 7 1 8 7 4 3 8 3 5]
决策树预测测试集结果与实际结果的混淆矩阵为：
[[33 0 0 0 0 0 0 0 0 0]
```
```

Out:　[0 28 0 0 0 0 0 0 0 0]

　　　[0 1 31 1 0 0 0 0 0 0]

　　　[0 0 0 32 0 0 1 0 1 0]

　　　[0 0 0 0 46 0 0 0 0 0]

　　　[0 0 0 0 0 46 1 0 0 0]

　　　[1 1 0 0 0 0 33 0 0 0]

　　　[0 0 0 0 0 0 0 34 0 0]

　　　[0 2 0 0 0 1 0 0 27 0]

　　　[0 0 0 1 1 0 0 0 2 36]]

测试集预测结果评价报告为：

	precision	recall	f1-score	support
0.0	0.97	1.00	0.99	33
1.0	0.88	1.00	0.93	28
2.0	1.00	0.94	0.97	33
3.0	0.94	0.94	0.94	34
4.0	0.98	1.00	0.99	46
5.0	0.98	0.98	0.98	47
6.0	0.94	0.94	0.94	35
7.0	1.00	1.00	1.00	34
8.0	0.90	0.90	0.90	30
9.0	1.00	0.90	0.95	40
avg / total	0.96	0.96	0.96	360

【范例分析】

从模型性能评价结果可以看出，由于全连接层增加了一个隐层，虽然每个隐层的神经元数量下降为 30 个，但是模型的性能还是有了较大的提高。因此，对具体的应用问题，需要创建具有不同参数、不同结构的卷积神经网络，反复试验、比较，选择一个合适的模型。

13.5　综合实例 2——训练卷积神经网络对表情进行分类

在数字手写体识别的例子中，数字手写体是单通道灰度图。实际的图像识别中，图像经常是彩色的。下面通过一个表情识别的例子，说明对彩色图像训练卷积神经网络的方法。

【例 13-12】训练卷积神经网络，对表情数据集进行分类。

要求有输入层、卷积层 1、池化层 1、卷积层 2、池化层 2，以及全连接层有 1 个隐层，所有神经元使用 Relu 激励函数，张量流进入全连接层前要进行归一化。已知表情图像的形状为(40,23,3)，表情类别数量为 2，类别分别为高兴与悲伤。数据集中单幅图像展平按行存储。

与单通道图像的滤波器不同，彩色图像的滤波器应该是 3 个输入通道。下面先读取表情数据集，观察其形状。

In []:
```
# 训练卷积神经网络，对表情数据集进行分类
# 要求有输入层、卷积层 1、池化层 1、卷积层 2、池化层 2，以及全连接层有 1 个隐层
# 所有神经元使用 Relu 激励函数，张量流进入全连接层前要进行归一化
# 表情图像的形状为 (40,23,3)
import TensorFlow as tf
from sklearn.datasets import load_digits
import numpy as np
import pandas as pd
path='D:/PythonStudy/cnn_images/video_frames/compressed/'
# 读取保存的图像数据集文件
X=pd.read_table(path+'emotion_data.csv',
    sep = ',',encoding = 'gbk').values# 读取 csv 文本文件
y=pd.read_table(path+'emotion_target.csv',
    sep = ',',encoding = 'gbk').values# 读取 csv 文本文件
print(' 读取的表情数据文件特征集形状为：',X.shape)
print(' 读取的表情数据文件目标集形状为：',y.shape)
print (' 表情数据集 data 的形状为：',X.shape)
print (' 表情数据集 target 的形状为：',y.shape)
#print(y)
```

Out:
```
读取的表情数据文件特征集形状为：(1262, 2760)
读取的表情数据文件目标集形状为：(1262, 1)
表情数据集 data 的形状为：(1262, 2760)
表情数据集 target 的形状为：(1262, 1)
```

可以看出，表情数据集共有 1262 个样本，每个样本有 2760 个特征，都是 40*23*3 图像展平后的像素。下面可视化任意 50 个表情图像。可视化之前，要先将每个样本的形状变换为 (40, 23,3) 的图像格式。

In []:
```
# 可视化任意 num 个图像
import matplotlib.pyplot as plt
import numpy as np
num=50
idx=np.random.randint(0,high=len(y), size=num)
print(' 绘制图片中，请耐心等待 ......')
p = plt.figure(figsize=(10,5))
for myidx,fignum in zip(idx,range(num)):
    ax1 = p.add_subplot(num/10,10,fignum+1)
    X_img=X[myidx,:].reshape(40,23,3)
    plt.imshow(X_img)
    p.tight_layout()# 调整空白，避免子图重叠
```

Out: 绘制图片中，请耐心等待......

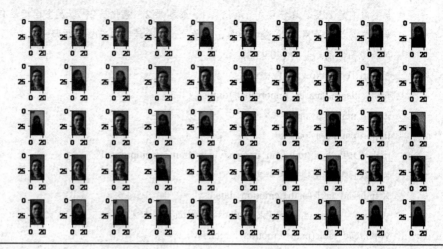

可以看出，由于是 3 通道图像，因此可视化后图像为彩色。下面对表情数据集进行归一化处理，并将其变换为张量，然后将其拆分为训练集和测试集，并对目标集的训练集、测试集进行独热编码。

In []:
```
# 将数据集归一化
from sklearn.preprocessing import MinMaxScaler
scaler = MinMaxScaler()
X_scaled = scaler.fit_transform(X)
# 转换为图片张量格式（batch、height、width、channels）
X = X_scaled.reshape(-1,40,23,3)
print(' 图片的批次（数量）、高、宽、通道数依次为：',X.shape)
rom sklearn.model_selection import train_test_split
# 拆分数据集为训练集和测试集
X_train,X_test, y_train,y_test = train_test_split(
    X,y,train_size = 0.8,random_state = 42)
from sklearn.preprocessing import OneHotEncoder
encoder=OneHotEncoder()#one-hot 编码
encoder.fit(y)
y_train_coded = encoder.transform(y_train).todense()
y_test_coded = encoder.transform(y_test).todense()
print(' 训练集目标独热编码后的前 10 个类标签为：\n',y_train_coded[0:10])
print(' 测试集目标独热编码后的前 10 个类标签为：\n',y_test_coded[0:10])
```

Out: 图片的批次（数量）、高、宽、通道数依次为： [0. 1.]
(1262, 40, 23, 3) [1. 0.]
训练集目标独热编码后的 [1. 0.]
前 10 个类标签为： [1. 0.]
[[1. 0.] [1. 0.]
[1. 0.] [0. 1.]
[1. 0.] [1. 0.]]

Out:	测试集目标独热编码后的		[1. 0.]
	前 10 个类标签为：		[0. 1.]
	[[0. 1.]		[1. 0.]
	[0. 1.]		[0. 1.]
	[1. 0.]		[1. 0.]
	[1. 0.]		[0. 1.]]

下面可视化归一化后的任意 50 张表情图片。

In []:
```python
# 绘制归一化后的任意的 num 张图片
import matplotlib.pyplot as plt
num=50
idx=np.random.randint(0,high=len(y), size=num)
p = plt.figure(figsize=(10,5))
for myidx,fignum in zip(idx,range(num)):
    ax1 = p.add_subplot(num/10,10,fignum+1)
    X_img=X[myidx,:,:,:]
    plt.imshow(X_img)
    p.tight_layout()# 调整空白，避免子图重叠
```

Out:

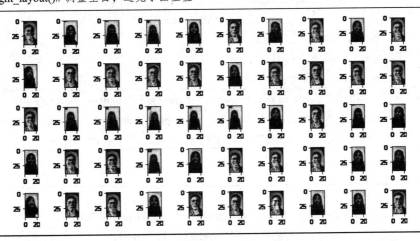

下面定义产生批次的函数，用于神经网络的训练。

In []:
```python
# 卷积神经网络按批次训练，定义产生批次的函数
batch_size = 8# 设定批次大小
def mybatch(X,y,n_examples, batch_size):
    for batch_i in range(n_examples // batch_size):# 除的结果是整数
        start = batch_i*batch_size
        end = start + batch_size
        batch_xs = X[start:end]
        batch_ys = y[start:end]
        # 生成的每一个 batch,yield 可以看作 return 迭代器（generator）
```

In []:	yield batch_xs, batch_ys
	print(' 产生批次定义完毕！')
Out:	产生批次定义完毕！

构建表情识别的卷积神经网络计算图，先定义输入、输出的占位符。

In []:	tf.reset_default_graph()# 初始化计算图
	#定义输入层占位符，暂不赋值，在会话中再赋值
	tf_X = tf.placeholder(tf.float32,[None,40,23,3])
	tf_y = tf.placeholder(tf.float32,[None,2])#10 个类别
	print('tf_X 为：',tf_X)
	print('tf_y 为：',tf_y)
Out:	tf_X 为： Tensor("Placeholder:0", shape=(?, 40, 23, 3), dtype=float32)
	tf_y 为： Tensor("Placeholder_1:0", shape=(?, 2), dtype=float32)

构建卷积层 1，滤波器为 3 个输入通道、8 个输出通道，采用 Relu 激励函数。

In []:	# 卷积层 1（滤波、偏置、Relu 激励）
	conv1_w = tf.Variable(tf.random_normal([3, 3, 3, 8]))# 随机赋值
	conv1_b = tf.Variable(tf.random_normal([8]))# 随机赋值
	conv1_out = tf.nn.relu(tf.nn.conv2d(tf_X, conv1_w,strides=[1, 1, 1, 1],
	padding='SAME') + conv1_b)
	print('conv1_w 为：',conv1_w)
	print('conv1_b 为：',conv1_b)
	print('conv1_out 为：',conv1_out)
Out:	conv1_w 为： <tf.Variable 'Variable:0' shape=(3, 3, 3, 8) dtype=float32_ref>
	conv1_b 为： <tf.Variable 'Variable_1:0' shape=(8,) dtype=float32_ref>
	conv1_out 为： Tensor("Relu:0", shape=(?, 40, 23, 8), dtype=float32)

构建池化层 1。

In []:	# 池化层 1(池化、Relu 激励)
	pool1_out = tf.nn.relu(tf.nn.max_pool(conv1_out,ksize=[1,3,3,1],
	strides=[1,2,2,1],padding='SAME'))
	print ('pool1_out 为：',pool1_out)
Out:	pool1_out 为： Tensor("Relu_1:0", shape=(?, 20, 12, 8), dtype=float32)

对池化层 1 的输出构建卷积层 2，滤波器的输入通道数量为池化层 1 的输出通道数量，即 8，输出通道数量设置为 16。

In []:	# 卷积层 2（滤波器、偏置、Relu 激励）
	conv2_w = tf.Variable(tf.random_normal([3, 3, 8, 16]))
	conv2_b = tf.Variable(tf.random_normal([16]))
	conv2_out = tf.nn.relu(tf.nn.conv2d(pool1_out, conv2_w,strides=[1, 2, 2, 1],
	padding='SAME') + conv2_b)

In []:	print('conv2_w 为：',conv2_w)
	print('conv2_b 为：',conv2_b)
	print('conv2_out 为：',conv2_out)

Out:	conv2_w 为：　<tf.Variable 'Variable_2:0' shape=(3, 3, 8, 16) dtype=float32_ref>
	conv2_b 为：　<tf.Variable 'Variable_3:0' shape=(16,) dtype=float32_ref>
	conv2_out 为：　Tensor("Relu_2:0", shape=(?, 10, 6, 16), dtype=float32)

对卷积层 2 的输出构建池化层 2。

In []:	# 池化层 2(池化、Relu 激励)
	pool2_out = tf.nn.relu(tf.nn.max_pool(conv2_out,ksize=[1,3,3,1],
	strides=[1,2,2,1],padding='SAME'))
	print ('pool2_out 为：',pool2_out)

Out:	pool2_out 为：　Tensor("Relu_3:0", shape=(?, 5, 3, 16), dtype=float32)

可以看出，经过第二次池化后，图像的形状缩小到 5*3，下面对数据进行归一化。

In []:	# 归一化
	batch_mean, batch_var = tf.nn.moments(conv2_out, [0, 1, 2], keep_dims=True)
	shift = tf.Variable(tf.zeros([16]))# 平移为 0
	scale = tf.Variable(tf.ones([16]))# 不缩放 1
	epsilon = 1e-3# 防止除数为 0
	bn_out = tf.nn.batch_normalization(pool2_out, batch_mean,
	batch_var, shift, scale, epsilon)
	print ('bn_out 为：',bn_out)

Out:	bn_out 为：　Tensor("batchnorm/add_1:0", shape=(?, 5, 3, 16), dtype=float32)

将归一化结果展平，准备输入到全连接层。构建的全连接层有 5*3*16 个输入层神经元，一个隐层，隐层的神经元数量为 50。

In []:	# 将特征图进行展开
	bn_flat = tf.reshape(bn_out, [-1, 5*3*16])
	# 全连接层（输入层，隐层 1）
	fc_w1 = tf.Variable(tf.random_normal([5*3*16,50]))
	fc_b1 = tf.Variable(tf.random_normal([50]))
	fc_out1 = tf.nn.relu(tf.matmul(bn_flat, fc_w1) + fc_b1)
	print('fc_out1 为：',fc_out1)

Out:	fc_out1 为 Tensor("Relu_4:0", shape=(?, 50), dtype=float32)

定义输出层，由于只有两类表情，因此隐层输出层的神经元数量为 2。构建好输出层后，定义损失函数。

In []:	# 输出层
	out_w1 = tf.Variable(tf.random_normal([50,2]))
	out_b1 = tf.Variable(tf.random_normal([2]))

```
In []:   # 计算输出
         pred = tf.nn.softmax(tf.nn.relu(tf.matmul(fc_out1,out_w1)+out_b1))
         # 定义损失函数
         #loss = -tf.reduce_mean(tf_y*tf.log(tf.clip_by_value(pred,1e-11,1.0)))
         # 交叉熵
         loss = tf.nn.softmax_cross_entropy_with_logits(labels=tf_y,logits=pred)
         # 均方误差
         #loss =tf.reduce_mean(tf.math.squared_difference(x=pred,y=tf_y))
         # 优化损失函数
         train_step = tf.train.AdamOptimizer(1e-3).minimize(loss)
         #train_step=tf.train.GradientDescentOptimizer(1e-3).minimize(loss)
         # 获得输出中最大值的索引
         y_pred = tf.math.argmax(pred,1)
         # 判断网络实际输出最大值的索引与期望是否一致，即分类是否正确
         bool_pred = tf.equal(tf.math.argmax(tf_y,1),y_pred)
         # bool_pred 的平均值即为批次的准确率
         accuracy = tf.reduce_mean(tf.cast(bool_pred,tf.float32))
         print('cell 运行完毕！ ')
```

```
Out:     cell 运行完毕！
```

创建会话，执行训练。

```
In []:   print('cell 运行中，请耐心等待 ......')
         with tf.Session() as sess:
             sess.run(tf.global_variables_initializer())
             for epoch in range(300): # 迭代周期
                 # 每次迭代时都将所有批次训练一遍
                 for batch_xs,batch_ys in mybatch(X_train,y_train_coded,len(y_train_coded),batch_size):
                     # 训练每个批次，使用字典为占位符赋值
                     sess.run(train_step,feed_dict={tf_X:batch_xs,tf_y:batch_ys})
                 if(epoch%100==0):# 每迭代 100 次，计算一次准确率
                     res = sess.run(accuracy,feed_dict={tf_X:X_train,tf_y:y_train_coded})
                     print(' 第 ',epoch,' 次迭代的准确率为：',res)
             res_ypred = y_pred.eval(feed_dict={tf_X:X_test}).flatten()
             print(' 对测试集的预测结果为：\n',res_ypred)
         print('cell 运行完毕！ ')
```

```
Out:     cell 运行中，请耐心等待 ......
         第 0 次迭代的准确率为：0.76511395
         第 100 次迭代的准确率为：0.9990089
         第 200 次迭代的准确率为：0.9990089
         第 300 次迭代的准确率为：1.0
         第 400 次迭代的准确率为：1.0
```

Out:	对测试集的预测结果为：

[1 1 0 0 0 1 0 1 0 1 1 0 0 0 1 0 1 0 0 0 0 0 1 0 1 0 0 1 1 0 0 0 0 0 0 0 1
1 1 1 0 0 0 1 0 0 0 0 1 0 1 0 1 1 0 1 0 1 0 0 1 0 1 0 0 1 0 0 1 1 0 0 0 0
0 0 1 1 0 0 0 1 0 1 0 0 1 1 1 0 1 0 0 1 0 0 0 0 0 1 1 1 1 1 1 1 1 0 1 0 0
0 1 1 1 1 0 0 1 1 1 0 0 1 0 0 0 1 0 0 0 1 1 0 1 0 1 1 0 1 1 1 1 0 0 0 1 0
0 1 0 0 1 1 0 1 0 1 0 0 0 0 1 0 0 0 0 1 0 0 0 0 0 0 0 0 1 0 0 1 1 0 0 1 1 1 0 1
0 0 1 0 1 0 1 1 0 1 0 1 0 0 1 0 0 0 0 1 1 0 0 0 1 1 0 0 0 0 0 1 0 1 0 0 0
0 0 0 1 1 1 0 0 0 0 0 0 1 1 1 0 0 0 1 1 1 1 1 0 0 0 0 0 0 0 0 0 0 0]

cell 运行完毕！

可以看出，构建的神经网络很快收敛，对测试集取得了较好的预测结果，下面对模型进行评价。

In []:	from sklearn.metrics import confusion_matrix# 混淆矩阵
	print(' 测试集预测结果与实际结果的混淆矩阵为：\n',
	confusion_matrix(y_test,res_ypred.reshape(-1,1)))# 输出混淆矩阵
Out:	测试集预测结果与实际结果的混淆矩阵为：
	[[151 0]
	[0 102]]

In []:	from sklearn.metrics import classification_report
	print(' 测试集预测结果评价报告：\n',
	classification_report(y_test,res_ypred.reshape(-1,1)))
Out:	测试集预测结果评价报告

	precision	recall	f1-score	support
0	1.00	1.00	1.00	151
1	1.00	1.00	1.00	102
avg / total	1.00	1.00	1.00	253

【范例分析】

本例对表情数据集构造了具有输入层、卷积层 1、池化层 1、卷积层 2、池化层 2、全连接层的卷积神经网络。全连接层有 1 个隐层，输出层有 2 个神经元。所有神经元使用 Relu 激励函数。可以看出，训练的卷积神经网络对表情数据集取得了较好的分类结果。不过，表情数据集收集的表情样本数量比较有限，如果表情样本数量数增加，该模型是否还能表现出较好的性能，则需要进行进一步的验证。

13.6 本章小结

卷积的本质是一个窗口信号对另一个信号的加权平均，即滤波作用。TensorFlow 的核心思想是数据流图。数据以张量表示，张量是一维或多维数组。常量、变量、占位符、各种操作构成图的各个节点，数据从一个节点流入下一个节点。tf.nn.conv1d() 能够实现张量的一维卷积操作。tf.nn.conv2d() 实现张量的二维卷积。卷积神经网络包括输入层、一个或多个卷积层、一个或多个池化层、全连接层、输出层。全连接层可以有一个或多个，因此每个神经元的输入输出之间具有映射关系，可以使用 Relu 激励函数将输入映射到输出。张量进入全连接层前，一般要进行归一化，要实现卷积神经网络的训练，需要构造损失函数并选择优化方法。TensorFlow 提供了几个损失函数，用户也可以自己构造损失函数。TensorFlow 还提供了丰富的优化器，供最小化损失函数使用。

13.7 习题

（1）创建一个随机数组，设计不同的滤波器和步长，使用 tf.nn.conv1d() 对其进行一维卷积，并观察卷积结果。

（2）拍摄一张图片，设计不同的滤波器和步长，使用 tf.nn.conv2d() 对其进行卷积、池化等操作，并可视化操作结果。

（3）拍摄一张图片，将其变换为张量，创建一个具有输入层、卷积层 1、池化层 1、卷积层 2、池化层 2 的计算图结构。

（4）拍摄一张图片，将其变换为张量，创建一个具有输入层、卷积层 1、池化层 1、卷积层 2、池化层 2、全连接层的前馈计算图结构，其中全连接层有 1 个隐层，输出层有 3 个神经元。

（5）改变例 13-10 的网络参数，如卷积层滤波器的大小、步长、神经元的数量，重新训练模型，评价模型性能。

（6）将例 13-11 的全连接层的隐层增加至 3 层，重新训练模型，评价模型性能。

13.8 高手点拨

TensorFlow 的核心思想是数据流图。创建一个网络时，先手动画出计算图的结构，将有助于计算图的代码实现。使用 TensorFlow 进行深度学习的任务主要是计算图的创建，计算图的执行要放在会话中进行。

卷积神经网络的性能与网络结构、滤波器、步长等参数，以及迭代次数等有关，损失函数和优化器的选择也非常重要。

在会话中执行计算图时，如果运行的节点含有占位符，需要使用字典方式以 feed_dict={tf_X:X, tf_y: y} 的形式给占位符赋值。

卷积神经网络的训练时间比较长，训练好的模型可以保存。TensorFlow 提供了 saver 类用于保存和恢复已训练的模型。将训练好的模型保存并重新加载，在以后需要预测新样本时，不必重新训练，能够大大节省时间。

第 14 章

14

模型评价

  影响机器学习效果的因素有许多，如数据的优劣、模型的种类、模型的结构、参数等。人们希望在已有数据集上训练的模型能具有较好的学习性能，而且模型对新样本也能够取得较好的学习效果，即泛化性能。这将涉及如何评价一个训练好的机器学习模型，从而为模型选择、参数调整等提供参考。本章将介绍机器学习模型评价的基础知识，包括回归模型的常用评价指标、分类模型的评价方法和评价指标、聚类模型的评价方法和评价指标等，并教读者练习和掌握 sklearn.metrics 模块的回归模型、分类模型、聚类模型评价方法。

14.1 模型评价基础

实际的机器学习项目中，人们面对的是包含许多个样例的数据集。机器学习训练出的模型是建立在总体数据的子集上的，该子集称为训练集。训练的模型要在另一个子集——测试集上进行性能测试，以评价其性能。要求测试集与训练集互斥，即它们不存在交集。这样，对训练的模型来说，训练集的样本是新数据。以测试集的测试误差近似为模型的泛化能力，根据泛化能力来评价模型的优劣。在实际应用中，需要的是在新样本上能表现很好的学习器，因此模型评估是准确预测的关键。

误差是指学习器的实际预测输出与样本的真实输出之间的差异，训练误差（经验误差）是学习器在训练集上的误差，学习器在新样本上的误差称为泛化误差。模型评价主要是根据训练误差和泛化误差来选择最优模型及其参数的过程。先根据具体问题对不同的算法进行比较，选择具有最佳性能的算法，然后对选定的模型选择合适的参数，以提高模型的预测性能。

14.1.1 ▶ 回归模型评价方法

回归模型是从训练集上建立的输入与输出间的函数关系，用于预测新值的输出。对于回归模型主要有 6 个评价指标可供选择，分别是平均绝对误差、均方差、解释回归模型的方差得分、均方误差对数、中值绝对误差、r2_score 判定系数，如图 14-1 所示。

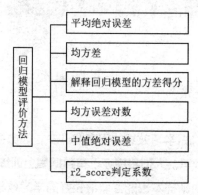

图 14-1 回归模型评价方法

1. 平均绝对误差

平均绝对误差（Mean Absolute Error，MAE) 是全体样本预测值与估计值误差绝对值的平均值，如式 (14-1) 所示。

$$\text{MAE}(y, \hat{y}) = \frac{1}{n_{\text{samples}}} \sum_{i=0}^{n_{\text{samples}}-1} \left| y_i - \hat{y}_i \right| \tag{14-1}$$

其中 y_i, $\hat{y}_i$ 分别是样本的真实值与预测值，下同。平均绝对误差用于评估预测结果和真实数据集的接近程度，其值越小，说明拟合效果越好。

2. 均方差

均方差（Mean Squared Error，MSE）是全体样本预测值与估计值误差平方和的平均值，如式 (14-2) 所示。

$$\mathrm{MSE}(y, \hat{y}) = \frac{1}{n_{\text{samples}}} \sum_{i=0}^{n_{\text{samples}}-1} (y_i - \hat{y}_i)^2 \qquad （14\text{-}2）$$

均方差的值越小，说明拟合效果越好。

3. 解释回归模型的方差得分

解释回归模型的方差得分 (Explained Variance Score, EVS) 定义为，1 减去真实值与预测值差值的方差与真实值的方差之比，其计算公式如式 (14-3) 所示。

$$\mathrm{EVS}(y, \hat{y}) = 1 - \frac{\mathrm{Var}\{y - \hat{y}\}}{\mathrm{Var}\{y\}} \qquad （14\text{-}3）$$

可以看出，其值取值范围是 [0,1]。真实值与预测值差值的方差越小，值越接近 1，说明自变量越能解释因变量的方差变化。这是该指标称为解释回归模型的方差得分的原因，其值越小，说明可解释性效果越差。

4. 均方误差对数

均方误差对数（Mean Squared Log Error，MSLE）定义为式 (14-4)。

$$\mathrm{MSLE}(y, \hat{y}) = \frac{1}{n_{\text{samples}}} \sum_{i=0}^{n_{\text{samples}}-1} ((\log_e(1 + y_i) - (\log_e(1 + \hat{y}_i))^2 \qquad （14\text{-}4）$$

均方误差对数是对应平方对数误差或损失的预估值风险度量。当目标具有指数增长的趋势时，该指标最适用，如人口数量、跨年度商品的平均销售额等。该指标越接近 0，预测结果越好。

5. 中值绝对误差

中值绝对误差（Median Absolute Error，medianAE）通过取目标和预测之间的所有绝对差值的中值来计算损失，以避免较大的离群值对结果的影响。其计算公式为式 (14-5)。

$$\mathrm{MedianAE}(y, \hat{y}) = \mathrm{median}(|y_1 - \hat{y}_1|, \cdots, |y_n - \hat{y}_n|) \qquad （14\text{-}5）$$

其中 median() 表示取中位数，其值越小，说明效果越好。

6. r2_score 判定系数

r2_score 判定系数，或称决定系数、拟合优度，其含义也是解释回归模型的方差得分，计算公

式为式 (14-6)。

$$R^2(y, \hat{y}) = 1 - \frac{\sum_{i=0}^{n_{\text{samples}}-1}(y - \hat{y})^2}{\sum_{i=0}^{n_{\text{samples}}-1}(y - \bar{y})^2}$$

（14-6）

其中$\bar{y}$是真实输出的平均值。最佳分数为 1.0，为负数时，则表示模型更糟。越接近 1，说明自变量越能解释因变量的方差变化，值越小，说明效果越差。

14.1.2 ▶ 分类模型评价方法

分类模型对新值的输出是分类标签。对分类模型进行评价，一般是将样本的预测类别与真实类标签进行对比，统计同一类别样本被正确划分到该类别的概率，以及错误地划分为其他类别的概率。或者统计划分为某个类别的样本中，真实属于该类别与错误地被划分到该类别的概率。常用的评价方法包括混淆矩阵、分类准确率、召回率、F_1-Score 和 F_β-Score，ROC 曲线、交叉验证等，如图 14-2 所示。

图 14-2 分类模型评价方法

1. 混淆矩阵

混淆矩阵是表示精度评价的一种标准格式，用 N 行 N 列的矩阵形式来表示，如表 14-1 所示。混淆矩阵的每一列代表模型预测的类别，每一列的总数表示预测为该类别数据的数目。每一行代表数据的真实归属类别，每一行的数据总数表示该类别数据实例的数目。每一列中的数值表示数据被预测为该类的数目，既包括正确的预测，也包括错误的预测的分布情况。表 14-1 中，第 1 行第 1 列的 29 表示有 29 个实际归属于 C0 类的实例被预测为 C0 类；第 1 行第 2 列的 0 表示有 0 个实际归属于 C1 类的实例被错误预测为 C1 类；第 1 行第 3 列的 1 表示有 1 个实际归属于 C0 类的实例被错误预测为 C2 类。其他行以此类推。由此，可以了解每个类的实例被正确预测和错误预测的情况。在错误预测时，还能了解错误预测为其他类别的分布情况。

表 14-1 混淆矩阵实例

实际分类	预测结果		
	C0	C1	C2
C0	29	0	1
C1	1	28	1
C2	1	2	27

对有 N 个类别的分类问题，其混淆矩阵如表 14-2 所示。矩阵对角线上的元素表示正确分类的实例数量，其他位置的元素是错误分类的实例数量。

表 14-2 N 个类别分类问题的混淆矩阵

实际分类	预测结果			
	C0	C1	...	CN
C0	C00	C01	...	C0N
C1	C10	C11	...	C1N
...	...	...	...	...
CN	CN0	CN1	...	CNN

2. 分类准确率

分类模型划分到 C_i 类的实例中，有的实例是真实属于该类的，也可能有一些实例是真实属于其他类别，而被错误划分到该类的。模型对 C_i 类的分类准确率是指正确分类到 C_i 的样本数量占分类到 C_i 的全部样本数量的百分比，即式 (14-7)。

$$\text{precision}_{Ci} = \frac{C_{ii}}{\sum_{j=i,i=0}^{N} C_{ij}} \quad (i,j=0,1,\cdots,N) \tag{14-7}$$

分类准确率是衡量分类器的标准，但是它不能告诉响应值的潜在分布或分类器犯错的类型。

3. 召回率

对 C_i 类的样本，分类模型将其仍然划分到该类的过程称为 C_i 类样本的召回。学习模型正确分类到 C_i 的样本数量占 C_i 类的全部实际样本数量的百分比，称为召回率，即式 (14-8)。

$$\text{recall}_{Ci} = \frac{C_{ii}}{\sum_{j=0}^{N} C_{ij}} \quad (i,j=0,1,\cdots,N) \tag{14-8}$$

4. F_1 分数（F1-Score）

单独使用分类准确率或召回率评价分类模型，有时可能不会得到模型全面的性能评价。例如，若 C0 有 100 个样本，分类模型将其中的 80 个仍然划分到 C0 类，而将其他 20 个样本错误地划分到其他类别，同时其他类别的样本被错误地划分到 C0 的数量是 0。此时分类模型对 C0 的分类准确率是 100%，但其召回率只有 80%。此时该如何评价模型的性能优劣呢？

应将分类模型的准确率和召回率兼顾，于是就出现了 F_1 分数 (F_1-Score)，其定义为式 (14-9)。

$$F_1\text{score} = \frac{2 * \text{precision} * \text{recall}}{\text{precision} + \text{recall}}$$

（14-9）

F_1 分数可以看作是模型准确率和召回率的一种加权平均，它的最大值是 1，最小值是 0。F_1-Score 认为模型分类的精度和召回率具有相同的权重。但是当这两个指标发生冲突时，很难在模型之间进行比较。如表 14-3 所示的两个模型 A、B，A 模型的召回率高于 B 模型，但是 B 模型的准确率高于 A 模型，观察 A 和 B 这两个模型的综合性能，哪一个更优呢？

表 14-3 具有不同分类准确率和召回率的模型

模型	Precision	Recall
A	0.8	0.9
B	0.9	0.8

为了解决这个问题，人们提出了 F_β-Score，计算公式如式 (14-10) 所示。

$$F_\beta\text{score} = \frac{(1+\beta^2) * \text{precision} * \text{recall}}{(\beta^2 * \text{precision}) + \text{recall}}$$

（14-10）

F_β-Score 将准确率和召回率两个分值合并为一个分值，召回率的权重是准确率的 β 倍。F_1 分数认为召回率和准确率同等重要，F_2 分数认为召回率的重要程度是准确率的 2 倍，而 $F_{0.5}$ 分数认为召回率的重要程度是准确率的一半。在面对具体问题时，应考虑准确率和召回率哪个更重要。

5. ROC 曲线

ROC（Receiver Operating Characteristic，ROC）曲线指受试者工作特征曲线或接收器操作特性曲线，是反映敏感性和特异性连续变量的综合指标。它采用构图法揭示敏感性和特异性的相互关系，通过将连续变量设定为多个不同的临界值，从而计算出一系列敏感性和特异性。ROC 曲线是根据一系列不同的二分类方式（分界值或决定阈），以真正例率（敏感度）（True Positive Rate，TPR）为纵坐标，假正例率（1- 特异性）（False Positive Rate，FPR）为横坐标绘制的曲线。

ROC 曲线最早运用在军事上，后来逐渐运用到医学领域。相传在第二次世界大战期间，雷达兵通过观察雷达显示器判断是否有敌机来袭。理论上讲，只要有敌机来袭，雷达屏幕上就会出现相应的信号。但实际上，有时如果有飞鸟出现在雷达扫描区域，雷达屏幕上也会出现信号。这样就可能出现误报和漏报两种情况：如果过于谨慎，只要有信号就确定为敌机来袭，显然会增加误报风险；如果过于大胆，凡是信号都认为是飞鸟而不是飞机，又会增加漏报的风险。每个雷达兵都竭尽所能地研究飞鸟信号和飞机信号之间的区别，以便提高预报的准确性。但问题在于，每个雷达兵都有自己的判别标准，有的雷达兵比较谨慎，容易出现误报；有的雷达兵则比较胆大，容易出现漏报。为了研究每个雷达兵预报的准确性，管理者汇总了所有雷达兵的预报特点，特别是他们漏报和误报的概率，并将这些概率画到一个二维坐标里面。这个二维坐标的纵坐标为敏感性，即在所有敌机来袭的事件中，每个雷达兵准确预报的概率。横坐标为特异性，表示在所有非敌机来袭信号中，雷达兵预报错误的概率。每个雷达兵的预报标准不同，且得到的敏感性和特异性的组合也不同。将这些雷达兵的预报性能进行汇总后，管理者发现它们刚好在一条曲线上，这条曲线就是 ROC 曲线。

对于真实为正例和负例的二元分类，分类结果可能出现表 14-4 所示的 4 种情况。

（1）TP(True Positive)：真实为正例，预测也为正例，即真正例。

（2）FN(False Negative)：真实为正例，预测为负例，即假负例。

（3）FP(False Positive)：真实为负例，预测为正例，即假正例。

（4）TN(True Negative)：真实为负例，预测也为负例，即真负例。

表 14-4 真实为正例和负例的二元分类可能结果

真实	预测	
	Positive	Negative
Positive	TP	FN
Negative	FP	TN

真正例率 TPR 是将正例识别为正例的概率，即 $TPR = TP / (TP + FN)$。假正例率 FPR 是将负例识别为正例的概率，即 $FPR = FP / (FP + TN)$。

ROC 观察模型正确地识别正例的比例与错误地把负例数据识别成正例的比例之间的权衡。TPR 的增加以 FPR 的增加为代价，以真正率或敏感度（Sensitivity）为纵坐标，以假正率为横坐标。

分类器的一个重要功能"概率输出"，即表示分类器认为某个样本具有多大的概率属于正样本（或负样本）。用 Score 表示每个测试样本属于正样本的概率，从高到低，依次将 Score 值作为阈值，当测试样本属于正样本的概率大于或等于阈值 threshold 时，认为它为正样本，否则为负样本。每次选取一个不同的阈值，可以得到一组 FPR 和 TPR。将 threshold 设置为 1 和 0 时，分别可以得到 ROC 曲线上的 (0,0) 和 (1,1) 两个点。将这些 (FPR,TPR) 对连接起来，就能得到 ROC 曲线。

绘制的曲线即为 ROC 曲线。ROC 曲线下的面积 AUC（Area Under Roccurve）是模型准确率的度量，AUC 值越大，模型的准确率越高。

阈值取值越多，ROC 曲线越平滑。其实，并不一定要得到每个测试样本是正样本的概率值，只要得到这个分类器对该测试样本的评分值即可（评分值并不一定在 (0,1) 区间）。评分越高，表示分类器越肯定地认为这个测试样本是正样本，而且同时使用各个评分值作为阈值。

需要说明的一点是，ROC 曲线只支持二元分类。

6. 交叉验证

交叉验证（Cross Validation，CV）是用来验证分类器性能的一种统计分析方法，是为了有效估测泛化误差所设计的实验方法。一个交叉验证将样本数据集分成两个互补的子集，一个子集用于训练分类器或模型，称为训练集（Training Set）；另一个子集用于验证训练出的分类器或模型是否有效，称为测试集（Testing Set）。测试结果作为分类器或模型的性能指标，其目的是得到高预测精确度和低预测误差。为了保证交叉验证结果的稳定性，对一个样本数据集需要进行多次不同的划分，得到不同的互补子集，再进行多次交叉验证，取多次验证的平均值作为验证结果。常见的 CV 方法如图 14-3 所示。

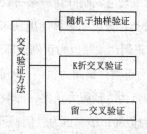

图 14-3 交叉验证方法

（1）随机子抽样验证。

随机子抽样验证（Hold-Out Method）将原始数据随机分为两组：训练集和验证集。先利用训练集训练分类器，然后利用验证集验证模型，记录最后的分类准确率为分类器的性能指标。严格来说，Hold-Out 验证并非一种交叉验证，因为数据并没有交叉使用。此种方法的好处是处理简单，只需随机把原始数据分为两组即可。由于是随机将原始数据分组，因此最后验证集分类准确率的高低与原始数据的分组有很大的关系，该方法又称为 2-CV 验证。

（2）K 折交叉验证。

K 折交叉验证（K-Fold Cross Validation）一般将原始数据平均分为 K 组，将每个子集数据分别做一次验证集，其余的 K-1 组子集数据作为训练集，这样会得到 K 个模型，用 K 个模型最终验证集的分类准确率的平均数作为此 K-CV 下分类器的性能指标。K 一般从 3 开始取，只有在原始数据集合数据量小的时候才会尝试取 2。K-CV 的实验共需要建立 K 个模型，并计算 K 次 Test Sets 的平均辨识率。K-CV 使每一个样本数据都既被用于训练数据，也被用于测试数据，可以有效避免过学习及欠学习状态的发生，最后得到的结果也比较具有说服性。

（3）留一交叉验证。

留一交叉验证（Leave-One-Out Cross Validation，LOO-CV）将原始数据 N 个样本的每个样本单独作为验证集，其余的 N-1 个样本作为训练集，用于训练和验证模型。LOO-CV 会得到 N 个模型，用这 N 个模型最终的验证集分类准确率的平均数作为此 LOO-CV 分类器的性能指标。由于每一回合中几乎所有的样本皆用于训练模型，因此最接近原始样本的分布，这样评估所得的结果比较可靠。实验没有随机因素，整个过程是可重复的。缺点是计算成本高，当 N 非常大时，计算耗时。

留一交叉验证将原始数据集分割为训练集与测试集，须遵守两个要点：训练集中样本数量必须够多，一般至少大于总样本数的 50%；两组子集必须从完整集合中均匀取样。均匀取样的目的是希望尽量减少训练集/测试集与完整集合之间的偏差。一般的作法是随机取样，当样本数量足够时，便可达到均匀取样的效果。

14.1.3 ▶ 聚类模型评价方法

聚类评价的标准是簇内的对象相互之间是相似或相关的，而不同簇对象是不同或不相关的。簇内的相似性越小，组间差别越大，聚类效果越好。

聚类模型常用的评价指标有兰德系数 RI、调整兰德系数 ARI、互信息 MI、调整互信息 AMI、V-measure 评分、FMI 评价、轮廓系数、Calinski-Harabaz 指数，如图 14-4 所示。其中前 4 种评价方法以样本实际的分类标签作为参考，将聚类结果与真实分类进行对比。因此它们适用于对有类标签的样本的聚类结果进行评价。如果样本没有已知分类标签，则不能使用这些方法。轮廓系数与 Calinski-Harabaz 指数不需要与真实类别进行对比，适用于无标签样本的聚类问题模型评价。

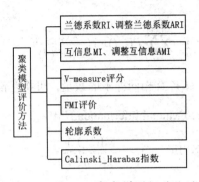

图 14-4 聚类模型评价方法

1. 兰德系数 RI、调整兰德系数 ARI

对实际类别信息 C，若 K 是聚类结果，a 表示在 C 与 K 中都是同类别的元素对数，b 表示在 C 与 K 中都不是同类别的元素对数，则兰德系数（Rand Index,RI）定义为式 (14-11)。

$$RI = \frac{a+b}{C_2^{n_{\text{samples}}}}$$

（14-11）

其中 $C_2^{n_{\text{samples}}}$ 表示数据集中元素可以组成的总对数。可以看出，RI 取值为 [0,1] 区间的数，值越大，说明真实分类与聚类结果中，同类别和不同类别的元素对数都多，意味着聚类结果与真实情况越吻合，聚类效果准确性越高，每个类内的纯度也越高。

为了实现"在聚类结果随机产生的情况下，指标应该接近零"，人们又提出了调整兰德系数（Adjusted Rand Index·ARI），它具有更高的区分度，计算公式为式 (14-12)。

$$ARI = \frac{RI - E[RI]}{\max(RI) - E[RI]}$$

（14-12）

其中 RI 即式 (14-11) 的兰德系数。ARI 取值范围为 [-1,1]，值越大，意味着聚类结果与真实情况越吻合。从广义的角度来讲，ARI 衡量的是两个数据分布的吻合程度。

2. 互信息 MI、调整互信息 AMI

互信息（Mutual Information·MI）也是用来衡量两个数据分布吻合程度的指标。若 U 与 V 是对 N 个样本的标签分配，则两种分布的熵分别为式 (14-13) 和式 (14-14)。

$$H(U) = \sum_{i=1}^{|U|} P(i)\log(P(i)) \qquad (14\text{-}13)$$

$$H(V) = \sum_{j=1}^{|V|} P(j)\log(P(j)) \qquad (14\text{-}14)$$

其中 $P(i)=|U_i|/N$, $P(j)=|V_j|/N$。$|U_i|,|V_j|$ 分别表示 U_i,V_j 类别的样本数量。U 与 V 之间的互信息 MI 定义为式 (14-15)。

$$\text{MI}(U,V) = \sum_{i=1}^{|U|}\sum_{j=1}^{|V|} P(i,j)\log\left(\frac{P(i,j)}{P(i)P(j)}\right) \qquad (14\text{-}15)$$

其中 $P(i,j)=|U_i \cap V_j|/N$，表示 U_i,V_j 有相同样本的数量，可将互信息标准化为式 (14-16) 其中 NMI 为标准化后的互信息（Normalized Mutual Information,NMI）。

$$\text{NMI}(U,V) = \frac{\text{MI}(U,V)}{\sqrt{H(U)H(V)}} \qquad (14\text{-}16)$$

与 ARI 类似，也可以定义调整互信息 (Adjusted Mutual Information,AMI) 为式 (14-17)。

$$\text{AMI} = \frac{\text{MI} - E[\text{MI}]}{\max(H(U),H(V)) - E[\text{MI}]} \qquad (14\text{-}17)$$

MI 与 NMI 取值范围为 [0 1]，AMI 取值范围为 [-1,1]。它们的值越接近 1，表示与真实分类情况越匹配。

3. V-measure 评分

在聚类结果中，需要考察簇内样本的同质性和已知类的聚类完整性。V-measure 评分则是二者的调和平均。

如果所有的聚类都只包含属于单个类成员数据点，则聚类结果将满足同质性，即每个群集只包含单个类的成员。用簇内属于单个类的样本数与簇样本总数的占比（同质化得分）表示簇的同质性，其取值范围为 [0,1] 区间。值越大，意味着聚类结果与真实情况越吻合。

如果作为给定类的成员的所有数据点在聚类后是相同簇群的元素，则聚类结果满足完整性。即完整性表示给定类的所有成员都分配给同一个集群。用聚类为给定类的样本数与给定类的样本总数的占比表达完整性，即完整性得分（Completeness），其取值范围是 [0,1] 区间。值越大，意味着聚类结果与真实情况越吻合。

单纯追求同质性或完整性不能综合评价聚类模型性能。这时可以将其二者调和平均，这就是 V_measure 评分，定义为式 (14-18)。

$$v=2*(\text{完整性}*\text{均匀性})/(\text{完整性}+\text{均匀性}) \qquad (14\text{-}18)$$

其取值范围为 [0,1]，值越大，意味着聚类结果与真实情况越吻合。

4. FMI 评价

FMI 评价即 Fowlkes Mallows 分值，其计算公式为式 (14-19)。

$$FMI = \frac{TP}{\sqrt{(TP + FP)(TP + FN)}} \qquad (14\text{-}19)$$

各参数含义如表 14-4 所示，取值范围为 [0, 1]。值越接近 1，表示与真实分类越匹配。

5. 轮廓系数

轮廓系数（Silhouette Coefficient）是内在评估方法常用的度量。对于包含 N 个样本的数据集 X，假设 X 被划分成 K 个簇 $C_1, C_2, \cdots, C_K$。对于每个样本 $s \in X$，用式 (14-20) 计算 s 与所在簇内其他对象之间的平均距离 $a(s)$，用式 (14-21) 计算 s 与不属于 s 所在簇的对象之间的最小平均距离 $b(s)$。

$$a(s) = \frac{\sum_{s' \in C_i, s \neq s'} \text{dist}(s, s')}{|C_i| - 1} \qquad (14\text{-}20)$$

$$b(s) = \min \left\{ \frac{\sum_{s' \in C_j} \text{dist}(s, s')}{|C_j| - 1} \right\} \ (i, j = 1, 2, \cdots, K, i \neq j) \qquad (14\text{-}21)$$

则样本 s 的轮廓系数就定义为式 (14-21)。

$$r(s) = \frac{b(s) - a(s)}{\max(a(s), b(s))} \qquad (14\text{-}22)$$

由以上公式求得的轮廓系数的值在 –1 和 1 之间。$a(s)$ 的值反映 s 与所属簇的紧密性，该值越小，意味着与所属簇越紧密；$b(s)$ 的值反映 s 与其他簇的分离程度，该值越大，s 与其他簇越分离。因此，s 的轮廓系数值越接近 1，说明 s 离所在簇越近且离其他的簇越远，这是比较理想的聚类结果。反之，轮廓系数为负意味着 s 距离其他簇的对象比距离自己同簇的对象还更近，这显然是不合理的聚类结果。

6. Calinski-Harabaz 指数评价

Calinski_Harabaz 指数定义为式 (14-23)。

$$s(k) = \frac{\text{tr}(B_k)}{\text{tr}(W_k)} \frac{N - k}{k - 1} \qquad (14\text{-}23)$$

其中 N 为训练集样本数，k 为类别数，B_k 为类别间的协方差矩阵，W_k 为类别内部数据的协方差矩阵，tr 为矩阵的迹，即主对角线上元素的和。B_k，W_k 的计算公式为式 (14-23) 和式 (14-24)。

$$B_k = \sum_q n_q (c_q - c)(c_q - c)^{\text{T}} \qquad (14\text{-}24)$$

$$W_k = \sum_{q=1}^{k} \sum_{x \in C_q} (x - c_q)(x - c_q)^{\mathrm{T}} \tag{14-25}$$

其中 n_q 表示 C_q 类的元素数量，c_q 是 C_q 类的质心，c 是样本的中心。若 x 是 m 维行向量，则有式（14-26）和式（14-27）。

$$B_k = \sum_{q} n_q \left\| c_q - c \right\|^2 \tag{14-26}$$

$$W_k = \sum_{q=1}^{k} \sum_{x \in C_q} \left\| x - c_q \right\|^2 \tag{14-27}$$

若 x 是 m 维列向量，可以验证 $\mathrm{tr}(B_k)$，$\mathrm{tr}(W_k)$，也将得到与上面二式相同的结果。可见 $\mathrm{tr}(B_k)$、$\mathrm{tr}(W_k)$ 分别表示各簇质心到样本中心的欧氏距离平方和，以及样本到最近簇质心的距离平方和。$\mathrm{tr}(B_k)$ 的值越大，$\mathrm{tr}(W_k)$ 的值越小，说明簇距样本中心越远，而簇内样本距簇质心越近，这样的 Calinski-Harabaz 分数会越高，表示聚类效果好。反之，Calinski-Harabaz 数值越小，可以理解为各簇距样本中心越近，且簇内样本距簇质心越远，则组与组之间界限不明显，簇内差异大，聚类效果差。

14.2 使用 sickit-learn 进行模型评价

模型评价用于对模型预测结果的质量进行量化评估，以分析机器学习模型的性能。scikit-learn 的 metrics 模块提供了大多数机器学习模型的评价方法和指标，包括回归模型、分类模型、聚类模型。

14.2.1 ▶ 评价回归模型

sklearn.metrics 模块为回归模型提供了平均绝对误差、均方差、中值绝对误差、可解释方差分数、r2_score 判定系数等评价方法，它们的格式分别为：

```
sklearn.metrics.mean_absolute_error(y_true, y_pred, sample_weight=None)
sklearn.metrics.mean_squared_error(y_true, y_pred, sample_weight=None, multioutput='uniform_average')
sklearn.metrics.median_absolute_error(y_true, y_pred)
sklearn.metrics.explained_variance_score(y_true, y_pred, sample_weight=None, multioutput='uniform_average')
sklearn.metrics.r2_score(y_true, y_pred, sample_weight=None, multioutput='uniform_average')
```

其中 y_true, y_pred 分别接收形状为 (n_samples) 或 (n_samples, n_outputs) 的数组，表示目标值和预测值。

【例 14-1】评价对 Boston 数据集拟合的线性回归模型。

加载 sicikit-learn 的 datasets 模块自带的 Boston 房价数据集，将其划分为训练集和测试集，使用训练集建立线性回归模型，可视化模型。使用训练的回归模型对测试集进行预测，可视化预测结果，并对回归模型进行评价。

本例将使用训练集建立 Boston 房价数据集的线性回归模型，预测测试集的目标值，将预测值与真实值进行对比，可视化对比结果。为了便于观察，将绘制测试集的真实值与预测值、预测值与真实值的绝对误差、预测值与真实值的相对误差等散点图或柱状图。输出模型的平均绝对误差、均方误差、中值绝对误差、可解释方差值。

使用 load_Boston() 方法加载 Boston 数据集，并观察数据集的基本信息。

In []:	# 训练和评价 Boston 房价线性回归模型
	## 加载所需函数
	from sklearn.linear_model import LinearRegression
	from sklearn.datasets import load_Boston
	from sklearn.model_selection import train_test_split
	# 加载 Boston 房价数据，并观察
	Boston = load_Boston()
	print('Boston 房价数据集特征的前 3 行为：',Boston.data[0:3,:])
	print('Boston 房价数据集目标的前 3 行为：',Boston.target[0:3])
Out:	Boston 房价数据集特征的前 3 行为： [[6.3200e-03 1.8000e+01 2.3100e+00 0.0000e+00 5.3800e-01 6.5750e+00
	6.5200e+01 4.0900e+00 1.0000e+00 2.9600e+02 1.5300e+01 3.9690e+02
	4.9800e+00]
	[2.7310e-02 0.0000e+00 7.0700e+00 0.0000e+00 4.6900e-01 6.4210e+00
	7.8900e+01 4.9671e+00 2.0000e+00 2.4200e+02 1.7800e+01 3.9690e+02
	9.1400e+00]
	[2.7290e-02 0.0000e+00 7.0700e+00 0.0000e+00 4.6900e-01 7.1850e+00
	6.1100e+01 4.9671e+00 2.0000e+00 2.4200e+02 1.7800e+01 3.9283e+02
	4.0300e+00]]
	Boston 房价数据集目标的前 3 行为： [24. 21.6 34.7]

使用 train_test_split() 方法将 Boston 数据集随机拆分为训练集和测试集，生成线性回归模型 LinearRegression() 类的实例，并训练模型。

In []:	# 将数据划分为训练集和测试集
	X_train,X_test,y_train,y_test = train_test_split(
	X,y,test_size = 0.2,random_state=125)
	# 建立线性回归模型
	clf_l_reg = LinearRegression().fit(X_train,y_train)
	print(' 建立的 LinearRegression 模型为：','\n',clf_l_reg)
Out:	建立的 LinearRegression 模型为：
	LinearRegression(copy_X=True, fit_intercept=True, n_jobs=1, normalize=False)

使用 predict() 方法对测试集进行预测，输出预测结果。

In []:	# 预测测试集结果
	y_l_reg_pred = clf_l_reg.predict(X_test)
	print(' 预测测试集前 10 个结果为：','\n',y_l_reg_pred[:10])

Out: 预测测试集前 10 个结果为：

[21.12953164 19.67578799 22.01735047 24.62046819 14.45164813 23.32325459

16.6468677 14.9175848 33.58466804 17.48328609]

将回归模型对测试集的预测值和真实值进行可视化对比。

In []:
```
# 绘制测试集真实值和预测结果的散点图进行对比
import matplotlib.pyplot as plt
from matplotlib import rcParams
rcParams['font.sans-serif'] = 'SimHei'
plt.figure(figsize=(10,4))
plt.scatter(range(y_test.shape[0]),y_test,c="k")
plt.scatter(range(y_test.shape[0]),y_l_reg_pred,c="k", marker='v')
plt.grid(True)
plt.legend([' 测试集真实值 ',' 测试集预测值 '])
plt.title('Boston 房价线性回归模型对测试集的预测值与真实值对比 ')
plt.show() # 显示图形
```

Out:

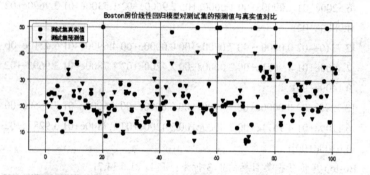

可以看出，预测值与真实值并不重合，一些预测值与真实值的差别还比较大。由于散点图比较凌乱，下面绘制预测值与真实值的绝对误差的柱状图，以方便观察。

In []:
```
# 可视化绝对误差
plt.figure(figsize=(10,4))
plt.rcParams['axes.unicode_minus']=False# 坐标轴刻度显示负号
plt.grid(True)
# 用不同的颜色表示不同数据
error=y_l_reg_pred-y_test# 计算绝对误差
plt.bar(range(y_test.shape[0]),error,color='k',width = 0.5)
plt.title('Boston 房价线性回归预测值与真实值的绝对误差 ')
plt.show()# 显示图形
```

Out:

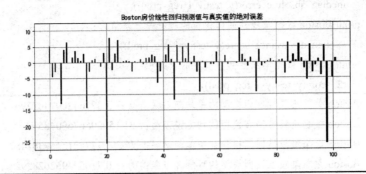

可以看出，部分绝对误差比较大。下面绘制预测值与真实值的相对误差柱状图。

In []:
```
# 可视化相对误差
plt.figure(figsize=(10,4))
plt.rcParams['axes.unicode_minus']=False# 坐标轴刻度显示负号
plt.grid(True)
error_rate=error/y_test
plt.bar(range(y_test.shape[0]),error_rate,color='k',width = 0.5)
plt.title('Boston 房价线性回归预测值与真实值的相对误差 ')
plt.show()# 显示图形
```

Out:

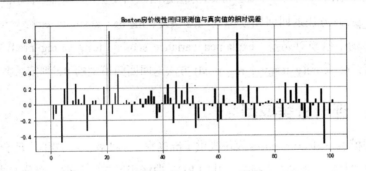

可以看出，预测值与真实值的相对误差还是比较大的。以上可视化方法直观地给出了回归模型对测试集预测结果与真实值的比较，但是不能对模型性能进行量化评价。下面将使用 sklearn 的回归模型评价指标，来评价回归模型的性能。

In []:
```
# 观察模型评价指标
from sklearn.metrics import explained_variance_score,\
mean_absolute_error,mean_squared_error,\
median_absolute_error,r2_score
print('Boston 数据集线性回归模型的平均绝对误差为： ',
    mean_absolute_error(y_test,y_l_reg_pred))
print('Boston 数据集线性回归模型的均方误差为： ',
    mean_squared_error(y_test,y_l_reg_pred))
print('Boston 数据集线性回归模型的中值绝对误差为： ',
```

In []:	median_absolute_error(y_test,y_l_reg_pred))
	print('Boston 数据集线性回归模型的可解释方差值为：',
	explained_variance_score(y_test,y_l_reg_pred))
	print('Boston 数据集线性回归模型的 R2 判定系数为：',
	r2_score(y_test,y_l_reg_pred))
Out:	Boston 数据集线性回归模型的平均绝对误差为： 3.377642697362796
	Boston 数据集线性回归模型的均方误差为： 31.15059667690485
	Boston 数据集线性回归模型的中值绝对误差为： 1.7774213157361487
	Boston 数据集线性回归模型的可解释方差值为： 0.710594962628292
	Boston 数据集线性回归模型的 R2 判定系数为： 0.7068954225782427

【范例分析】

本例使用 load_Boston() 方法加载 scikit-learn 的 datasets 模块自带的 Boston 数据集，使用 train_test_split() 方法将 Boston 数据集以 0.8 的比例随机拆分为训练集和测试集 X_train,X_test,y_train,y_test。对训练集，生成 LinearRegression() 类的实例 clf_l_reg，使用 fit(X_train,y_train) 方法拟合线性回归模型。使用 predict(X_test) 方法预测测试集。可以绘制预测结果和真实结果的散点图、绝对误差柱状图、相对误差柱状图来观察回归模型的性能，但是这种直观的方法不能对模型性能进行量化评价。mean_absolute_error(y_test, y_l_reg_pred) 方法返回回归模型的平均绝对误差，mean_squared_error(y_test,y_l_reg_pred) 方法返回回归模型的均方误差，median_absolute_error(y_test,y_l_reg_pred) 方法返回回归模型的中值绝对误差，explained_variance_score(y_test,y_l_reg_pred) 方法返回回归模型的可解释方差值，r2_score(y_test,y_l_reg_pred) 方法返回回归模型的 R2 判定系数。

14.2.2 ▶ 评价分类模型

对分类模型，sklearn.metrics 模块提供了准确率、召回率、混淆矩阵、F_1 分数、F_β 分数、分类报告、ROC 曲线等 23 个评价方法或指标，其中 ROC 曲线用于二元分类。部分方法的格式如下。

（1）准确率。

```
sklearn.metrics.accuracy_score(y_true, y_pred, normalize=True, sample_weight=None)
```

其中 y_true, y_pred 接收一维数组，分别表示真实分类标签和预测标签。normalize 接收布尔值，可选，默认为 True，表示返回正确分类的比例。如果为 False,则返回正确分类的样本数量。

（2）召回率。

```
sklearn.metrics.recall_score(y_true, y_pred, labels=None, pos_label=1,average='binary', sample_weight=None)
```

其中 y_true, y_pred 接收一维数组，分别表示真实分类标签和预测标签。返回浮点数，表示召回率。

（3）混淆矩阵。

```
sklearn.metrics.confusion_matrix(y_true, y_pred, labels=None, sample_weight=None)
```

其中 y_true, y_pred 接收一维数组，分别表示真实分类标签和预测标签。返回形状为 [n_classes, n_classes] 的整数数组，表示真实类别被正确分类和错误地划分到其他类别的样本数量。

（4）F_1 分数。

```
sklearn.metrics.f1_score(y_true, y_pred, labels= None, pos_label= 1, average = 'binary', sample_weight=None)
```

其中 y_true, y_pred 接收一维数组，分别表示真实分类标签和预测标签。返回浮点数或浮点数组，表示 F_1 分数。

（5）F_β 分数。

```
sklearn.metrics.fbeta_score(y_true, y_pred, beta, labels=None, pos_label=1, average='binary', sample_weight=None)
```

其中 y_true, y_pred 接收一维数组，分别表示真实分类标签和预测标签。β 接收浮点数，表示准确率与召回率之间的调节权值。返回浮点数或浮点数组，表示 F_β 分数。

（6）分类报告。

```
sklearn.metrics.classification_report(y_true, y_pred, labels=None, target_names=None, sample_weight=None, digits=2, output_dict=False)
```

其中 y_true, y_pred 接收一维数组，分别表示真实分类标签和预测标签。返回字符串或字典，表示每个类的分类准确率、召回率、F_1 分数。

（7）ROC 曲线。

```
sklearn.metrics.roc_curve(y_true,y_score, pos_label=None, sample_weight=None, drop_intermediate=True)
```

其中 y_true, y_score 接收一维数组，分别表示真实分类标签和预测标签。返回真正例率、假正例率和阈值。

（8）ROC 曲线面积。

```
sklearn.metrics.roc_auc_score(y_true, y_score, average='macro', sample_weight=None, max_fpr=None)
```

其中 y_true, y_score 接收一维数组，分别表示真实分类标签和预测标签。返回浮点数，表示 ROC 曲线与横轴围住的面积。

交叉验证方法由另一个模块——模型选择模块 sklearn.model_selection 提供。

（9）交叉验证分数。

```
sklearn.model_selection.cross_val_score(estimator, X, y=None, groups=None, scoring=None, cv='warn', n_jobs=None, verbose=0, fit_params=None, pre_dispatch='2*n_jobs', error_score='raise-deprecating')
```

其中 estimator 接收估计器对象，表示要使用的分类器。X 接收数组，表示要拟合的数据集。cv 接收整数，表示 K 折验证的 K 值，如果不指定则默认为 3。

下面将以半月形分类样本集为例，分别训练决策树、神经网络、支持向量机分类模型，并对各个模型使用上述方法进行评估。

先使用 make_moons() 方法生成半月形数据集。使用 where() 方法获得两个类别子集，分类别绘制样本的散点图。

【例 14-2】使用 make_moons() 生成分类数据集。

使用 make_moons() 样本生成器生成具有 1000 个样本的半月形分类数据集，按类别可视化数据集。将数据集划分为训练集和测试集，观察训练集、测试集及对应类标签的形状。

```
In []:     # 生成分类样本并可视化，划分为训练集和测试集
           # 用于分类模型的训练和评价
           import numpy as np
           from sklearn import datasets
           n_samples = 1000
           X, y = datasets.make_moons(n_samples=n_samples, noise=.05)
           # 可视化数据集
           x_min,x_max =np.min(X[:,0])-.2,np.max(X[:,0])+.2
           y_min,y_max =np.min(X[:,1])-.2,np.max(X[:,1])+.2
           import matplotlib.pyplot as plt
           plt.figure(figsize=(6, 4))
           plt.rc('font', size=14)# 设置图中字号大小
           plt.rcParams['font.sans-serif'] = 'SimHei'# 设置字体为 SimHei 以显示中文
           plt.rcParams['axes.unicode_minus']=False# 坐标轴刻度显示负号
           plt.xlim((x_min, x_max))
           plt.ylim((y_min, y_max))
           # 获取类标签的索引，用于将样本按类绘制
           index_y0,index_y1=np.where(y==0),np.where(y==1)
           plt.scatter(X[index_y0,0], X[index_y0,1],c='k',marker='.')
           plt.scatter(X[index_y1,0], X[index_y1,1],c='k',marker='v')
           plt.legend([' 类 0',' 类 1'])
           plt.title(' 使用 make_moons 生成的 2 类样本 ')# 添加标题
           plt.show()# 显示图形
```

Out:

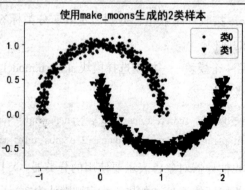

使用 train_test_split() 方法将数据集 X,y 随机拆分为训练集和测试集。

In []:	# 划分为训练集、测试集
	from sklearn.model_selection import train_test_split
	X_train,X_test, y_train,y_test = train_test_split(
	X,y,train_size = 0.8,random_state = 42)
	print(' 划分前特征集 X 的形状为：',X.shape)
	print(' 划分前类标签 y 的形状为：',y.shape)
Out:	划分前特征集 X 的形状为：(1000, 2)
	划分前类标签 y 的形状为：(1000,)

观察拆分后训练集、测试集的形状。

In []:	print(' 划分后训练集 X_train 的形状为：',X_train.shape)
	print(' 划分后训练集类标签 y_train 的形状为：',y_train.shape)
Out:	划分后训练集 X_train 的形状为： (800, 2)
	划分后训练集类标签 y_train 的形状为： (800,)

下面观察测试集的形状。

In []:	print(' 划分后测试集 X_test 的形状为：',X_test.shape)
	print(' 划分后测试集类标签 y_test 的形状为：',y_test.shape)
Out:	划分后测试集 X_test 的形状为：(200, 2)
	划分后测试集类标签 y_test 的形状为：(200,)

【范例分析】

本例使用 make_moons() 方法生成具有 1000 个样本的半月形数据集 X,y。使用 where() 方法获得两个类别标签的索引，进而获得两个类别子集，分类别绘制样本的散点图。使用 train_test_split() 方法将数据集 X,y 随机拆分为训练集和测试集 X_train,X_test, y_train,y_test。拆分后训练集有 800 个样本，测试集有 200 个样本。

【例 14-3】训练和评估例 14-2 数据集的决策树分类模型，并观察分类结果的混淆矩阵、精度报告、交叉检验结果。

In []:	# 对例 14-2 的样本训练和评估决策树模型
	# 导入混淆矩阵、精度报告、交叉检验等模块
	from sklearn import metrics
	from sklearn.metrics import confusion_matrix# 混淆矩阵
	from sklearn.metrics import accuracy_score
	from sklearn.metrics import classification_report
	from sklearn.model_selection import cross_val_score# 交叉检验
	from sklearn.metrics import roc_curve
	# 导入 scikit-learn 的 tree 模块

```
In []:    from sklearn import tree
          # 添加参数
          clf_dtree = tree.DecisionTreeClassifier(max_depth=3)
          # 将训练集和目标集进行匹配训练
          clf_dtree.fit(X_train,y_train)
          dot_data=tree.export_graphviz(clf_dtree)
          dot_data=tree.export_graphviz(clf_dtree)
          y_dtree_pred=clf_dtree.predict(X_test)
          print(' 决策树预测测试集准确率为：',accuracy_score(y_test, y_dtree_pred))
          print(' 决策树预测测试集结果与实际结果的混淆矩阵为：\n',
               confusion_matrix(y_test, y_dtree_pred))# 输出混淆矩阵
```

```
Out:    决策树预测测试集准确率为：0.915
        决策树预测测试集结果与实际结果的混淆矩阵为：
        [[88 16]
         [ 1 95]]
```

从混淆矩阵可以看出，测试集中属于类 0 的 104 个样本，有 88 个被正确地预测为类 0，有 16 个被错误地预测为类 1；属于类 1 的 96 个样本，有 95 个被正确地预测为类 1，有 1 个被错误地预测为类 0。

```
In []:    print(' 决策树预测结果评价报告：\n',
               classification_report(y_test,y_dtree_pred))
```

Out: 决策树预测结果评价报告

	precision	recall	f1-score	support
0	0.99	0.85	0.91	104
1	0.86	0.99	0.92	96
avg / total	0.92	0.92	0.91	200

可以看出，训练的决策树模型 clf_dtree 对测试集的平均分类准确率、召回率、F_1 分数分别为 0.92, 0.92, 0.91。下面对训练的决策树模型 clf_dtree 进行交叉检验。

```
In []:    # 交叉检验
          print(' 决策树交叉检验的结果为：',cross_val_score(clf_dtree, X, y, cv=5))
```

```
Out:    决策树交叉检验的结果为：[0.88 0.895 0.95 0.91 0.91 ]
```

从输出结果可以看出，clf_dtree 对数据集的 5 折交叉检验最高分数为 0.95，最低分数为 0.88。下面绘制 ROC 曲线。

```
In []:    # 绘制 ROC 曲线
          def DrawROC(y_test,y_test_pred,model_name):
              # 求出 ROC 曲线的 x 轴和 y 轴
              fpr, tpr, thresholds = roc_curve(y_test,y_test_pred)
```

```
In []:     plt.figure(figsize=(6,4))


           plt.xlim(0,1) # 设定 x 轴的范围
           plt.ylim(0.0,1.1) # 设定 y 轴的范围
           plt.xlabel(' 假正例率 FPR')
           plt.ylabel(' 真正例率 TPR')
           plt.plot(fpr,tpr,linewidth=2, linestyle="-",color='k')
           plt.title(model_name+' 分类模型的 ROC 曲线 ')
           plt.show()# 显示图形
           print(model_name+'ROC 曲线下的面积为：',metrics.auc(fpr, tpr))
       DrawROC(y_test=y_test,y_test_pred=y_dtree_pred,model_name=' 决策树 ')
```

Out:

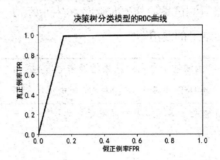

决策树 ROC 曲线的面积为： 0.9178685897435899

【范例分析】

本例对例 14-2 的数据集拟合了决策树 clf_dtree，其最大深度为 3，其他采用默认参数。clf_dtree.predict(X_test) 方法返回决策树对测试集 X_test 的预测结果 y_dtree_pred，accuracy_score(y_test, y_dtree_pred) 返回 clf_dtree 对测试集的预测准确率，confusion_matrix(y_test, y_dtree_pred)) 返回 clf_dtree 对测试集分类的混淆矩阵，classification_report(y_test,y_dtree_pred) 返回 clf_dtree 对测试集预测结果的评价报告，cross_val_score(clf_dtree, X, y, cv=5) 返回 clf_dtree 对数据集 X, y 的 5 折交叉检验分数。

【例 14-4】使用例 14-2 的数据集训练和评估神经网络分类模型，并观察模型评价结果。

生成神经网络的实例，使用 fit() 方法拟合神经网络，使用 predict() 方法对测试集进行预测。

```
In []:     # 使用例 14-2 的数据集训练和评估神经网络
           from sklearn.neural_network import MLPClassifier
           hidden_n,hidden_m=5,5# 隐层大小，2 层，神经元数量分别为 hidden_n,hidden_m
           clf_nn = MLPClassifier(solver='lbfgs', alpha=1e-5,
                       hidden_layer_sizes=(hidden_n,hidden_m), random_state=1)
           clf_nn.fit(X_train, y_train)
           y_nn_pred = clf_nn.predict(X_test)
           print(' 神经网络预测测试集准确率为：',accuracy_score(y_test, y_nn_pred))
```

Out: 神经网络预测测试集准确率为: 1.0

可以看出，神经网络的分类准确率到了 100%。下面输出神经网络对测试集预测结果的评价报告。

In []: print(' 神经网络预测结果评价报告: \n',
classification_report(y_test,y_nn_pred))

Out: 神经网络预测结果评价报告:

	precision	recall	f1-score	support
0	1.00	1.00	1.00	104
1	1.00	1.00	1.00	96
avg / total	1.00	1.00	1.00	200

可以看出，神经网络对测试集的分类准确率、召回率、F_1 分数都达到了 1。下面观察神经网络对测试集预测结果与实际结果的混淆矩阵。

In []: print(' 神经网络预测结果与实际结果的混淆矩阵为: \n',
confusion_matrix(y_test, y_nn_pred))# 输出混淆矩阵

Out: 神经网络预测结果与实际结果的混淆矩阵为:
[[104 0]
[0 96]]

使用数据集对拟合的神经网络进行 5 折交叉验证。

In []: # 交叉验证
print(' 神经网络交叉检验结果为: \n',cross_val_score(clf_nn, X, y, cv=5))

Out: 神经网络交叉检验结果为:
[1.   0.995 0.995 1.   1.   ]

可以看出，5 折交叉检验的最高分数为 1，最低分数为 0.995。下面绘制神经网络分类模型的 ROC 曲线，并输出曲线下的面积。

In []: DrawROC(y_test=y_test,y_test_pred=y_nn_pred,model_name=' 神经网络 ')

Out:

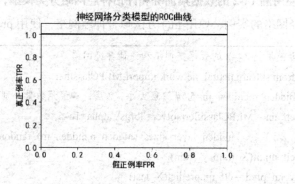

神经网络 ROC 曲线下的面积为: 1.0。

【范例分析】

本例对例 14-2 的数据集拟合了神经网络 clf_nn，有 2 个隐层，每个隐层有 5 个神经元。clf_nn.predict(X_test) 方法返回神经网络 clf_nn 对测试集 X_test 的预测结果 y_nn_pred，accuracy_score(y_test, y_nn_pred) 返回 clf_nn 对测试集的预测准确率，confusion_matrix(y_test, y_nn_pred)) 返回 clf_nn 对测试集分类的混淆矩阵，classification_report(y_test,y_nn_pred) 返回 clf_nn 对测试集预测结果的评价报告，cross_val_score(clf_nn, X, y, cv=5) 返回 clf_nn 对数据集 X, y 的 5 折交叉检验分数。可以看出，一个有 2 个隐层、神经元数量都为 5 的神经网络对测试集取得了非常好的泛化分类能力。

【例 14-5】使用例 14-2 的数据集训练和评价支持向量机，观察模型评价结果。

scikit-learn 的 svm.SVC 类支持 4 种核函数的支持向量机模型，本例将使用径向基核函数训练支持向量机分类模型，并观察模型评价结果。

生成 SVC() 类的实例，核函数类型设置为 'rbf'，在训练集上使用 fit() 方法拟合模型，使用拟合的支持向量机对测试集进行预测。

```
In []:    # 使用例 14-2 的数据集训练和评价支持向量机
          #SVM 使用某个核函数对两类样本进行分类
          from sklearn import svm
          # 使用支持向量机进行训练
          # 可选择不同的核函数 kernel 'linear', 'poly', 'rbf','sigmoid'
          clf_svm = svm.SVC(kernel='rbf',gamma=2)
          clf_svm.fit(X_train, y_train)
          y_svm_pred=clf_svm.predict(X_test)
          print(' 支持向量机预测测试集准确率为：',accuracy_score(y_test, y_svm_pred))
Out:    支持向量机预测测试集准确率为： 1.0
```

可以看出，拟合的支持向量机分类器 clf_svm 对测试集的分类准确率达到 100%。下面输出 clf_svm 对测试集预测结果与真实结果的混淆矩阵。

```
In []:    print(' 支持向量机预测测试集结果与实际结果的混淆矩阵为：\n',
              confusion_matrix(y_test, y_svm_pred))# 输出混淆矩阵
Out:    支持向量机预测测试集结果与实际结果的混淆矩阵为：
        [[104   0]
         [  0  96]]
```

下面输出支持向量机分类器 clf_svm 对测试集预测结果的评价报告。

```
In []:    print(' 支持向量机预测结果评价报告: \n',
              classification_report(y_test,y_svm_pred))
```

Out:	支持向量机预测结果评价报告：				
		precision	recall	f1-score	support
	0	1.00	1.00	1.00	104
	1	1.00	1.00	1.00	96
	avg / total	1.00	1.00	1.00	200

可以看出，clf_svm 对测试集预测的准确率、召回率、F_1 分数都达到了 1。下面使用数据集对 clf_svm 进行 5 折交叉检验。

In []:	# 交叉检验
	print(' 交叉检验的结果为：',cross_val_score(clf_svm, X, y, cv=5))

Out:	交叉检验的结果为：[1. 1. 1. 1. 1.]

对 clf_svm 进行 5 折交叉检验的分数都为 1。下面绘制 clf_svm 对测试集预测结果的 ROC 曲线。

In []:	# 绘制 ROC 曲线
	DrawROC(y_test=y_test,y_test_pred=y_svm_pred,model_name=' 支持向量机 ')

Out:

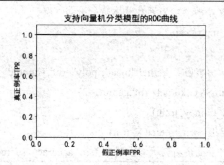

支持向量机 ROC 曲线下的面积为：1.0

【范例分析】

本例对例 14-2 的数据集拟合了支持向量机 clf_svm，使用了 rbf 核函数。clf_svm.predict(X_test) 方法返回支持向量机 clf_svm 对测试集 X_test 的预测结果，y_svm_pred. accuracy_score(y_test, y_svm_pred) 返回 clf_svm 对测试集的预测准确率，confusion_matrix(y_test, y_svm_pred)) 返回 clf_svm 对测试集分类的混淆矩阵，classification_report(y_test,y_svm_pred) 返回 clf_svm 对测试集预测结果的评价报告，cross_val_score(clf_svm, X, y, cv=5) 返回 clf_svm 对数据集 X, y 的 5 折交叉检验分数。可以看出，径向基核函数支持向量机模型对训练集的分类准确率、召回率、F_1 分数都取得了 1，说明对例 14-2 的数据集，它在 3 种分类模型里性能是最好的。

以上使用了样本模拟器生成的样本集训练和评价决策树、神经网络、支持向量机分类模型。下面将以 scikit-learn 的 datasets 模块自带的 iris 真实数据集为例，训练和评价这 3 种分类模型。

【例 14-6】训练和评价 iris 数据集的决策树分类模型。

加载 iris 数据集，将数据集划分为训练集和测试集，使用训练集训练 iris 数据集的决策树分类模型，使用训练的模型预测测试集，评价分类结果。

加载 iris 数据集，将其拆分为训练集和测试集，生成决策树实例，拟合决策树模型，使用拟合的模型对测试集进行预测。

```
In []:   # 使用决策树对 iris 数据集进行分类，评价分类结果
         iris = datasets.load_iris()
         # 取全部 4 列作为特征属性
         X = iris.data
         y = iris.target
         # 划分训练集、测试集
         X_train,X_test, y_train,y_test = train_test_split(
             X,y,train_size = 0.8,random_state = 42)
         # 添加参数
         clf_dtree = tree.DecisionTreeClassifier(max_depth=3)
         # 将训练集和目标集进行匹配训练
         clf_dtree.fit(X_train,y_train)
         dot_data=tree.export_graphviz(clf_dtree)
         y_dtree_pred=clf_dtree.predict(X_test)
         print(' 决策树预测 iris 测试集的准确率为： ',accuracy_score(y_test, y_dtree_pred))
Out:     决策树预测 iris 测试集的准确率为： 1.0
```

可以看出，拟合的决策树模型 clf_dtree 对 iris 测试集预测的准确率为 1.0。

```
In []:   print(' 决策树预测 iris 测试集结果与实际结果的混淆矩阵为： \n',
             confusion_matrix(y_test, y_dtree_pred))# 输出混淆矩阵
Out:     决策树预测 iris 测试集结果与实际结果的混淆矩阵为：
         [[10  0  0]
         [ 0  9  0]
         [ 0  0 11]]
```

输出 clf_dtree 对测试集预测结果的评价报告。

```
In []:   print(' 决策树预测 iris 测试集结果评价报告： \n',
             classification_report(y_test,y_dtree_pred))
```

Out: 决策树预测 iris 测试集结果评价报告：

	precision	recall	f1-score	support
0	1.00	1.00	1.00	10
1	1.00	1.00	1.00	9
2	1.00	1.00	1.00	11
avg / total	1.00	1.00	1.00	30

可以看出，clf_dtree 对测试集预测结果的准确率、召回率、F_1 分数都达到了 1。下面对 clf_dtree 进行 5 折交叉检验。

In []:	# 交叉检验
	print('iris 数据集上决策树交叉检验的结果为：',
	cross_val_score(clf_dtree, X, y, cv=5))
Out:	iris 数据集上决策树交叉检验的结果为： [0.96666667 0.96666667 0.93333333 1. 1.]

【范例分析】

本例对 iris 数据集拟合了决策树分类器 clf_dtree，其最大深度为 3，其他采用默认参数。使用 train_test_split() 方法将原始数据集随机拆分为训练集和测试集 X_train, X_test, y_train, y_test。clf_dtree.predict(X_test) 方法返回决策树 clf_dtree 对测试集 X_test 的预测结果 y_dtree_pred，accuracy_score(y_test, y_dtree_pred) 返回 clf_dtree 对测试集的预测准确率，confusion_matrix(y_test, y_dtree_pred)) 返回 clf_dtree 对测试集分类的混淆矩阵，classification_report(y_test,y_dtree_pred) 返回 clf_dtree 对测试集预测结果的评价报告，cross_val_score(clf_dtree, X, y, cv=5) 返回 clf_dtree 对数据集 X, y 的 5 折交叉检验分数。可以看出，训练的决策树模型对 iris 测试集取得了非常好的分类结果。

下面对 iris 数据集训练神经网络分类器，并进行评价。

【例 14-7】训练和评价 iris 数据集的神经网络分类模型。

加载 iris 数据集，将数据集划分为训练集和测试集，使用训练集训练 iris 数据集的神经网络分类模型，使用训练的模型预测测试集，评价分类结果。

生成 MLPClassifier() 的实例，设置隐层参数，拟合神经网络。使用拟合的模型对测试集进行预测。

In []:	# 使用神经网络对 iris 数据集进行分类，评价分类结果
	hidden_n,hidden_m=3,2# 隐层大小，2 层，神经元数量分别为 hidden_n,hidden_m
	clf_nn = MLPClassifier(solver='lbfgs', alpha=1e-5,
	hidden_layer_sizes=(hidden_n,hidden_m), random_state=1)
	clf_nn.fit(X_train, y_train)
	y_nn_pred = clf_nn.predict(X_test)
	print(' 神经网络预测 iris 测试集的准确率为：',accuracy_score(y_test, y_nn_pred))
Out:	神经网络预测 iris 测试集的准确率为： 1.0

输出观察神经网络 clf_nn 预测 iris 测试集的混淆矩阵。

In []:	print(' 神经网络预测 iris 结果与实际结果的混淆矩阵为：\n',
	confusion_matrix(y_test, y_nn_pred))# 输出混淆矩阵
Out:	神经网络预测 iris 结果与实际结果的混淆矩阵为：
	[[10 0 0]
	[0 9 0]
	[0 0 11]]

输出观察神经网络预测 iris 测试集结果的评价报告。

In []:	print(' 神经网络预测 iris 测试集结果评价报告：\n', classification_report(y_test,y_nn_pred))				
Out:	神经网络预测 iris 测试集结果评价报告：				
		precision	recall	f1–score	support
	0	1.00	1.00	1.00	10
	1	1.00	1.00	1.00	9
	2	1.00	1.00	1.00	11
	avg / total	1.00	1.00	1.00	30

输出观察 clf_nn 的 5 折交叉验证分数。

In []:	# 交叉验证 print('iris 数据集上神经网络分类的交叉验证结果为：\n', cross_val_score(clf_nn, X, y, cv=5))
Out:	iris 数据集上神经网络分类的交叉验证结果为： [1.　　　0.33333333 0.93333333 0.96666667 1.　　]

【范例分析】

本例对 iris 数据集拟合了神经网络 clf_nn，有 2 个隐层，神经元数量分别为 3,2。使用 clf_nn.fit(X_train, y_train) 方法对神经网络进行拟合。clf_nn.predict(X_test) 方法返回 clf_nn 对测试集 X_test 的预测结果 y_nn_pred, accuracy_score(y_test, y_nn_pred) 返回 clf_nn 对测试集的预测准确率，confusion_matrix(y_test, y_nn_pred)) 返回 clf_nn 对测试集分类的混淆矩阵，classification_report(y_test,y_nn_pred) 返回 clf_nn 对测试集预测结果的评价报告，cross_val_score(clf_nn, X, y, cv=5) 返回 clf_nn 对数据集 X, y 的 5 折交叉检验分数。可以看出，训练的神经网络对 iris 测试集也取得了非常好的分类结果，但在第二次交叉验证时只取得了 0.33 的准确率。

下面对 iris 数据集训练支持向量机分类模型，并评价模型性能。

【例 14-8】训练和评价 iris 数据集的不同核函数支持向量机分类模型。

加载 iris 数据集，将数据集划分为训练集和测试集，使用训练集训练 iris 数据集的支持向量机不同核函数的分类模型；使用训练的模型预测测试集，评价分类结果。

scikit-learn 的 svm.SVC 类支持 4 种核函数的支持向量机模型，本例将训练每种核函数的支持向量机模型，并观察各自模型的评价结果。

In []:	# 使用 SVM，分别使用不同核函数对莺尾花数据集 iris 进行分类
	# 并分别对分类结果进行评价
	kernels=['linear', 'poly', 'rbf','sigmoid']
	for kernel in kernels:
	　　# 使用支持向量机进行训练
	　　clf_svm = svm.SVC(kernel=kernel,gamma=2)

```
In []:    clf_svm.fit(X_train, y_train)
          y_svm_pred = clf_svm.predict(X_test)
          print('iris SVM',kernel,' 核预测测试集的准确率为: ',
              accuracy_score(y_test, y_svm_pred))
          print('iris SVM ',kernel,' 核预测测试集结果与实际结果的混淆矩阵为: \n',
            confusion_matrix(y_test, y_svm_pred))# 输出混淆矩阵
          print('iris SVM',kernel,' 核预测结果评价报告: \n',
            classification_report(y_test,y_svm_pred))
          print('iris SVM',kernel,' 交叉检验的结果为: ',
              cross_val_score(clf_svm, X, y, cv=5),'\n')
```

Out: iris SVM linear 核预测测试集的准确率为: 1.0

iris SVM linear 核预测测试集结果与实际结果的混淆矩阵为:

[[10 0 0]

[0 9 0]

[0 0 11]]

iris SVM linear 核预测结果评价报告:

	precision	recall	f1-score	support
0	1.00	1.00	1.00	10
1	1.00	1.00	1.00	9
2	1.00	1.00	1.00	11
avg / total	1.00	1.00	1.00	30

iris SVM linear 交叉检验的结果为: [0.96666667 1.   0.96666667 0.96666667 1.   ]

iris SVM poly 核预测测试集的准确率为: 0.9666666666666667

iris SVM poly 核预测测试集结果与实际结果的混淆矩阵为:

[[10 0 0]

[0 8 1]

[0 0 11]]

iris SVM poly 核预测结果评价报告:

	precision	recall	f1-score	support
0	1.00	1.00	1.00	10
1	1.00	0.89	0.94	9
2	0.92	1.00	0.96	11
avg / total	0.97	0.97	0.97	30

iris SVM poly 交叉检验的结果为: [0.96666667 0.93333333 0.86666667 0.93333333 1.   ]

iris SVM rbf 核预测测试集的准确率为: 1.0

iris SVM rbf 核预测测试集结果与实际结果的混淆矩阵为:

[[10 0 0]

[0 9 0]

[0 0 11]]

Out: iris SVM rbf 核预测结果评价报告：

	precision	recall	f1-score	support
0	1.00	1.00	1.00	10
1	1.00	1.00	1.00	9
2	1.00	1.00	1.00	11
avg / total	1.00	1.00	1.00	30

iris SVM rbf 交叉检验的结果为： [0.96666667 1.   0.9   0.96666667 1.   ]

iris SVM sigmoid 核预测测试集的准确率为： 0.3

iris SVM sigmoid 核预测测试集结果与实际结果的混淆矩阵为：

[[0 10 0]

 [0 9 0]

 [0 11 0]]

iris SVM sigmoid 核预测结果评价报告：

	precision	recall	f1-score	support
0	0.00	0.00	0.00	10
1	0.30	1.00	0.46	9
2	0.00	0.00	0.00	11
avg / total	0.09	0.30	0.14	30

iris SVM sigmoid 交叉检验的结果为： [0.33333333 0.33333333 0.33333333 0.33333333 0.33333333]

【范例分析】

本例以核函数类型为变量，构造循环体。在循环体中对 iris 数据集拟合了 4 种核函数的支持向量机分类器，从准确率 accuracy_score()、混淆矩阵 confusion_matrix()、评价报告 classification_report()、交叉检验 cross_val_score() 等方面分别评价 4 种核函数的支持向量机分类器性能。结果表明，线性核、多项式核、径向基核对测试集都取得了较好的预测结果，其中 sigmoid 核的预测结果很差，说明它不适合 iris 数据集的支持向量机分类。

14.2.3 ▶ 评价聚类模型

sklearn.metrics 模块为聚类问题提供了调整兰德系数 (ARI)、调整互信息 (AMI)、V-measure 评分、FMI 评价、轮廓系数、Calinski-Harabaz 指数评价等多种模型评价方法。

ARI 评价方法的格式如下：

```
sklearn.metrics.adjusted_rand_score(labels_true, labels_pred)
```

labels_true 接收形状为 [n_samples] 的整数数组，表示样本的真实分类标签。labels_pred 接收形状为 [n_samples] 的整数数组，表示样本聚类的簇标签。返回 [-1 1] 区间的浮点数，表示调整兰德系数，值越接近 1，表示与真实分类越匹配。

AMI 评价方法的格式如下：

```
sklearn.metrics.adjusted_mutual_info_score(labels_true, labels_pred, average_method='warn')
```

其中 labels_true 接收形状为 [n_samples] 的整数数组，表示样本的真实分类标签。labels_pred 接收形状为 [n_samples] 的整数数组，表示样本聚类的簇标签。返回 [0,1] 区间的浮点数，表示互信息的值，值越接近 1，表示与真实分类越匹配。

V-measure 评分方法的格式如下：

```
sklearn.metrics.completeness_score(labels_true, labels_pred)
```

其中 labels_true 接收形状为 [n_samples] 的整数数组，表示样本的真实分类标签。labels_pred 接收形状为 [n_samples] 的整数数组，表示样本聚类的簇标签。返回 [0,1] 区间的浮点数，表示评分值，值越接近 1，表示与真实分类越匹配。

FMI 评价方法的格式如下：

```
sklearn.metrics.fowlkes_mallows_score(labels_true, labels_pred, sparse=False)
```

其中 labels_true 接收形状为 [n_samples] 的整数数组，表示样本的真实分类标签。labels_pred 接收形状为 [n_samples] 的整数数组，表示样本聚类的簇标签。返回 [0,1] 区间的浮点数，表示评分值，值越接近 1，表示与真实分类越匹配。

轮廓系数评价方法的格式如下：

```
sklearn.metrics.silhouette_score(X, labels, metric='euclidean', sample_size=None, random_state=None, **kwds)
```

其中 X 接收形状为 [n_samples, n_features] 的数组，表示要聚类的数据集。labels 接收形状为 [n_samples] 的数组，表示聚类标签。metric 表示样本间距离的计算方法。返回浮点数，表示全体样本的平均轮廓系数。

Calinski-Harabaz 指数评价方法的格式如下：

```
sklearn.metrics.calinski_harabaz_score(X, labels)
```

其中 X 接收形状为 [n_samples, n_features] 的数组，表示要聚类的数据集。labels 接收形状为 [n_samples] 的数组，表示聚类标签。返回浮点数，表示 calinski_harabaz 分值。

下面仍以 iris 数据集为例，剔除其类标签，将其作为聚类样本集，训练和评价 K-means 聚类模型。

【例 14-9】训练和评价 iris 数据集的 K-means 聚类模型。

加载 iris 数据集，将 K 依次选为 2~10，进行 K-means 聚类，观察各个 K 值下聚类模型的调整兰德系数、调整互信息、V-measure 评分、FMI、轮廓系数，绘制它们随 K 变化的曲线图，观察并评价聚类结果。

```
In []:   # 对 iris 数据集进行 K-means 聚类，评价聚类效果
         # 计算 K 值从 2~10 对应的平均畸变程度，寻找较好的聚类数目 K
         # 导入 KMeans 模块
         import numpy as np
         import matplotlib.pyplot as plt
         from sklearn.cluster import KMeans
         from sklearn.preprocessing import MinMaxScaler
         from sklearn import datasets,metrics
         iris = datasets.load_iris()
         # 取全部 4 列作为特征属性
         X = iris.data
         # 标准化数据
         scale = MinMaxScaler().fit(X)# 训练规则
         dataScale = scale.transform(X)# 应用规则
         # 初始化各个评价指标
         a_rand_score=[]# 调整兰德系数
         a_mutual_info=[]# 调整互信息
         complete_score=[]#V-measure 评分
         fmi=[]#FMI 评分
         r=[]# 轮廓系数
         c_h=[]#calinski_harabaz 指数评价
         maxK=10# 最大 K 值
         for i in range(2,maxK+1):#K 从 2 到 10
             kmeans = KMeans(n_clusters = i).fit(dataScale)# 构建并训练模型
             labels = kmeans.labels_
             #ARI 评价：调整兰德系数，需要与真实类标签对比
             a_rand_score.append(metrics.adjusted_rand_score(
                 labels_true=iris.target, labels_pred=labels))
             #AMI 评价：调整互信息，需要与真实类标签对比
             a_mutual_info.append(metrics.adjusted_mutual_info_score(
                 labels_true=iris.target, labels_pred=labels))
             #V-measure 评分，需要与真实类标签对比
             complete_score.append(metrics.completeness_score(
                 labels_true=iris.target, labels_pred=labels))
             #FMI 评价，需要与真实类标签对比
             fmi.append(metrics.fowlkes_mallows_score(
                 labels_true=iris.target, labels_pred=labels))
             # 轮廓系数
```

```
In []:      r.append(metrics.silhouette_score(X, labels, metric='euclidean'))
            #calinski_harabaz 指数评价
            c_h.append(metrics.calinski_harabaz_score(X, labels))
        e_names=[' 调整兰德系数 ',' 调整互信息 ','V-measure 评分 ',
            'FMI 评分 ',' 轮廓系数 ','calinski_harabaz 指数 ']
        eval=[a_rand_score,a_mutual_info,complete_score,fmi,r,c_h]
        Num=[1,2,3,4,5,6]
        # 输出打印各评分值、最大评分值、最大评分值对应的 K 值
        for i in Num:
            print('K 值从 2 到 maxK 对应的 ',e_names[i-1],' 为：\n',eval[i-1])
            # 获得最大值的索引
            max_index=np.where(eval[i-1]==np.max(eval[i-1]))
            # 打印最大值及对应的 K 值
            print(e_names[i-1],' 的最大值为：',np.max(eval[i-1]),
            '；对应的 K 值为：K=',max_index[0]+2,'\n')
```

Out:　K 值从 2 到 maxK 对应的调整兰德系数 为：

　[0.5681159420289855, 0.7163421126838475, 0.6230929299814632, 0.4656939409554288,
0.4508775054458769, 0.46780645775788166,
　0.4095226574407858, 0.3782330462407802, 0.34797375048494533]

兰德系数的最大值为：0.7163421126838475 ；对应的 K 值为：K= [3]

K 值从 2 到 maxK 对应的调整互信息为：

　[0.5767707120409253, 0.7331180735280008, 0.6256055355771478, 0.531738854500533,
0.5011558666341362, 0.504449595980287,
　0.45871633473012396, 0.44339731387409875, 0.42328301250592654]

调整互信息的最大值为：0.7331180735280008 ；对应的 K 值为：K= [3]

K 值从 2 到 maxK 对应的 V-measure 评分为：

　[0.9999999999999997, 0.74748658050953324, 0.6312574547845788,
　0.5398382524736515, 0.5114031204828949, 0.515262781657638, 0.47169480457812607,
0.45824594767991633, 0.440200210121177035]

V-measure 评分的最大值为：0.9999999999999997 ；对应的 K 值为：K= [2]

K 值从 2 到 maxK 对应的 FMI 评分为：

　[0.7714542762891774, 0.8112427991975698, 0.7375614815120491, 0.6174065997296005,
0.6052744150167386, 0.6239196344755578, 0.577393581281676, 0.5517141537976307,
0.526740900740764]

FMI 评分 的最大值为：0.8112427991975698 ；对应的 K 值为：K= [3]

K 值从 2 到 maxK 对应的 轮廓系数为：

　[0.68639305434454, 0.54935312110133155, 0.47809943850725 12, 0.34836759028198855,
　0.3377945876277241, 0.32367869466632515, 0.29801004371437556, 0.30957644365171255,
0.27713019498524744]

轮廓系数 的最大值为：0.68639305434454 ；对应的 K 值为：K= [2]

Out:	K 值从 2 到 maxK 对应的 calinski_harabaz 指数 为：

    [501.9248640964316, 556.5528835766619, 502.19445745928033, 432.44350803403887,

    423.5526344649435, 414.8811010979886, 375.7619421061046, 390.5572453648825,

    340.73665099651936]

    calinski_harabaz 指数 的最大值为： 556.5528835766619 ；对应的 K 值为：K= [3]

绘制上述评价指标随 *K* 变化的曲线。

In []:	# 可视化，绘制各评分值随 K 的变化曲线

```
p = plt.figure(figsize=(12,9))# 确定画布大小
plt.rc('font', size=14)# 设置图中字号大小
plt.rcParams['font.sans-serif'] = 'SimHei'# 设置字体为 SimHei 以显示中文
plt.rcParams['axes.unicode_minus']=False# 坐标轴刻度显示负号
for i,e in zip(Num,eval):
    ax1 = p.add_subplot(3,2,i)
    plt.plot(range(2,maxK+1),eval[i-1],color='k')
    plt.grid(True)
    plt.title(e_names[i-1]+' 随 K 的变化曲线 ')# 添加标题
    plt.xlabel('K')
    plt.ylabel(e_names[i-1])
    plt.tight_layout()# 调整整体空白
plt.show()# 显示图形
```

Out:

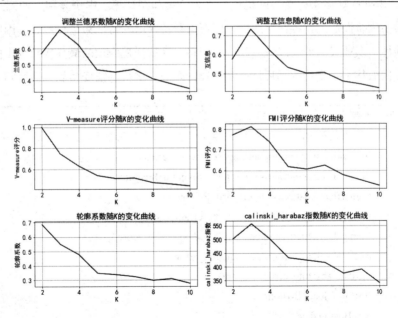

【范例分析】

本例取 iris 的全部 4 个特征作为聚类数据集 X，将 X 极差标准化为 dataScale。构造 *K* 从 2~10

变化的循环体，在循环体内生成 KMeans() 类的实例 kmeans，并使用 fit(dataScale) 训练模型。访问 kmeans.labels_ 属性返回聚类标签。metrics.adjusted_rand_score() 返回调整兰德系数，metrics. adjusted_mutual_info_score() 返回调整互信息，metrics.completeness_score() 返回 V-measure 评分，metrics.fowlkes_mallows_score() 返回 FMI 评价，这 4 种评价方法需要与真实类标签对比。metrics. silhouette_score() 返回轮廓系数，metrics.calinski_harabaz_score() 返回 calinski_harabaz 指数。从绘制的上述指标随 *K* 值的变化曲线可以看出，调整兰德系数、调整互信息、FMI 评分、calinski_harabaz 指数都支持 3 为最佳 *K* 值，而 V-measure 评分和轮廓系数都支持 2 为最佳 *K* 值。综合考虑，iris 特征集的最佳聚类簇数为 3，这与该数据集收集了 3 个类别的鸢尾花的事实一致。

14.3 综合实例 1——评价波士顿房价数据集回归模型

下面对 scikit-learn 的 datasets 模块自带的波士顿房价数据集 Boston，分别训练其线性、2 次、3 次、4 次多项式回归模型，并进行评价，选择合适的回归模型。

【例 14-10】训练和评价 Boston 数据集不同最高次数的多项式回归模型。

加载 scikit-learn 的 datasets 模块自带数据集波士顿房价数据集，使用 train_test_split() 将数据集拆分为训练集和测试集，分别使用 1 次、2 次、3 次、4 次多项式回归模型拟合训练集，并对测试集进行预测，评价预测结果。

加载 Boston 数据集，将其随机拆分为训练集和测试集。由于多项式回归是将多项式进行特征变换，转换为线性形式，再按照线性回归模型对转换后的特征集进行拟合，因此，可以用线性回归模型将线性、多项式两种情况统一起来，即将线性特征视为项的最高次数为 1 的多项式。可以构造项的最高次数从 1~4 变化的循环体，在循环体内统一进行特征变换和线性回归。

```
In []:    # 综合实例——波士顿房价数据集的回归模型评价
          # 分别使用 1 次、2 次、3 次、4 次多项式回归模型拟合，并评价预测结果
          from sklearn.linear_model import LinearRegression
          from sklearn.preprocessing import PolynomialFeatures
          from sklearn.datasets import load_Boston
          from sklearn.model_selection import train_test_split
          from sklearn.metrics import explained_variance_score,\
          mean_absolute_error,mean_squared_error,\
          median_absolute_error,r2_score
          Boston = load_Boston()
          X = Boston.data
          y = Boston.target
          # 将数据划分为训练集、测试集
          X_train,X_test,y_train,y_test = train_test_split(
```

```
In []:      X,y,test_size = 0.2,random_state=125)
        for n in [1,2,3,4]:
          poly = PolynomialFeatures(n)
          poly.fit(X_train)# 拟合多项式模型
          X2_train=poly.transform(X_train)# 使用拟合模型变换 X_train
          lin_reg = LinearRegression()# 生成线性回归模型实例
          lin_reg.fit(X2_train,y_train)# 使用变换后的数据集拟合线性回归模型
          X2_test=poly.transform(X_test)# 使用拟合模型变换 X_test
          y_pred=lin_reg.predict(X2_test)
          # 观察模型评价指标
          print('Boston 数据集 ',n,' 次多项式回归模型的平均绝对误差为：',
            mean_absolute_error(y_test,y_pred))
          print('Boston 数据集 ',n,' 次多项式回归模型的均方差为：',
            mean_squared_error(y_test,y_pred))
          print('Boston 数据集 ',n,' 次多项式回归模型的中值绝对误差为：',
            median_absolute_error(y_test,y_pred))
          print('Boston 数据集 ',n,' 次多项式回归模型的可解释方差值为：',
            explained_variance_score(y_test,y_pred))
          print('Boston 数据集 ',n,' 次多项式回归模型的 R2 判定系数为：',
            r2_score(y_test,y_pred),'\n')
```

```
Out:    Boston 数据集 1 次多项式回归模型的平均绝对误差为： 3.377642697362819
        Boston 数据集 1 次多项式回归模型的均方差为： 31.150596676905185
        Boston 数据集 1 次多项式回归模型的中值绝对误差为： 1.7774213157359977
        Boston 数据集 1 次多项式回归模型的可解释方差值为： 0.7105949626282893
        Boston 数据集 1 次多项式回归模型的 R2 判定系数为：0.7068954225782396
        Boston 数据集 2 次多项式回归模型的平均绝对误差为： 2.489094341303395
        Boston 数据集 2 次多项式回归模型的均方差为： 13.445264369682265
        Boston 数据集 2 次多项式回归模型的中值绝对误差为： 1.7480932810365406
        Boston 数据集 2 次多项式回归模型的可解释方差值为： 0.8755749017565826
        Boston 数据集 2 次多项式回归模型的 R2 判定系数为： 0.8734897898658454
        Boston 数据集 3 次多项式回归模型的平均绝对误差为： 196.38765701426243
        Boston 数据集 3 次多项式回归模型的均方差为： 214796.09577177622
        Boston 数据集 3 次多项式回归模型的中值绝对误差为： 41.86290528185018
        Boston 数据集 3 次多项式回归模型的可解释方差值为： -2019.6737715463382
        Boston 数据集 3 次多项式回归模型的 R2 判定系数为： -2020.0758572630111
        Boston 数据集 4 次多项式回归模型的平均绝对误差为： 37.93346493061925
        Boston 数据集 4 次多项式回归模型的均方差为： 24848.333720132883
        Boston 数据集 4 次多项式回归模型的中值绝对误差为： 9.488673559489001
        Boston 数据集 4 次多项式回归模型的可解释方差值为： -231.24692124285514
        Boston 数据集 4 次多项式回归模型的 R2 判定系数为： -232.80484265568205
```

【范例分析】

本例使用 PolynomialFeatures(n) 方法生成多项式特征实例 poly。 *n*=1,2,3,4，*n*=1 时，多项式即为线性特征。poly.fit(X_train) 方法拟合多项式特征模型，poly.transform(X_train) 方法使用拟合的模型将 X_train 变换为 X2_train，变换后的特征是线性的。生成线性回归模型 LinearRegression() 的实例 lin_reg。使用 lin_reg.fit(X2_train,y_train) 方法，以变换后的数据集拟合线性回归模型。使用 poly.transform(X_test) 方法将测试集 X_test 进行特征变换，使用 lin_reg.predict(X2_test) 方法预测 X2_test 的值，结果保存在 y_pred 中。mean_absolute_error(y_test,y_pred) 方法返回回归模型的平均绝对误差，mean_squared_error(y_test,y_pred) 方法返回回归模型的均方差，median_absolute_error(y_test,y_pred) 方法返回回归模型的中值绝对误差，explained_variance_score(y_test,y_pred) 方法返回回归模型的可解释方差值，r2_score(y_test,y_pred),'\n') 方法返回回归模型的 R2 判定系数。从这几个指标的结果可以看出，当多项式的最高指数为 2 时，即使用 2 次多项式，则拟合的模型对测试集的预测结果最好，说明波士顿房价集具有 2 次多项式特征。

14.4 综合实例 2——评价 wine 数据集分类模型

下面对 scikit-learn 的 datasets 模块自带数据集 wine，分别训练逻辑回归、决策树、支持向量机、集成学习、神经网络模型，并评价各个模型的性能。

【例 14-11】训练和评价 wine 数据集的不同分类模型。

加载 scikit-learn 的 datasets 模块自带数据集 wine，使用 train_test_split() 将数据集拆分为训练集和测试集，分别训练逻辑回归、决策树、支持向量机、集成学习、神经网络模型，并评价各个模型的性能。

本例中，将使用前面章节介绍过的所有分类模型来训练 wine 数据集。除对支持向量机指定核函数类型为 'poly' 和对 MLP 指定隐层神经元数量为 (4,4) 外，各个模型均使用默认参数。

加载 wine 数据集，并观察其基本信息，将其随机拆分为训练集和测试集。

```
In []:   # 加载 scikit-learn 自带数据集 wine，分别训练决策树、
         # 支持向量机、集成学习、神经网络模型，并评价
         from sklearn.model_selection import train_test_split
         from sklearn.linear_model import LogisticRegression
         from sklearn import tree, svm,datasets,metrics
         from sklearn.ensemble import BaggingClassifier,RandomForestClassifier
         from sklearn.ensemble import AdaBoostClassifier,GradientBoostingClassifier
         from xgboost import XGBClassifier
         from sklearn.neural_network import MLPClassifier
         from sklearn.metrics import classification_report
         from sklearn.model_selection import cross_val_score# 交叉检验
```

In []:	wine=datasets.load_wine()
	print('wine.data 的形状为：',wine.data.shape)
	print('wine.target 的形状为：',wine.target.shape)
	print('wine.target 的特征名称为：\n',wine.target_names)
	X=wine.data
	y=wine.target
	# 将数据划分为训练集、测试集
	X_train,X_test,y_train,y_test = train_test_split(
	X,y,test_size = 0.2,random_state=125)
Out:	wine.data 的形状为：(178, 13)
	wine.target 的形状为：(178,)
	wine.target 的特征名称为：['class_0' 'class_1' 'class_2']

分别生成 LogisticRegression(), tree.DecisionTreeClassifier(), svm.SVC(kernel='poly'), BaggingClassifier(), RandomForestClassifier(), AdaBoostClassifier(), GradientBoostingClassifier(), XGBClassifier(), MLPClassifier() 的实例，构造循环体，在循环体内训练各个机器学习模型，分别输出它们对测试集预测的分类报告和 5 折交叉验证结果。

In []:	# 调用决策树分类器，添加参数
	logistic = LogisticRegression()
	tree = tree.DecisionTreeClassifier()
	svm = svm.SVC(kernel='poly')
	bagging = BaggingClassifier()
	forest = RandomForestClassifier()
	adaboost = AdaBoostClassifier()# 设置模型参数
	gboost = GradientBoostingClassifier()# 设置模型参数
	xgboost = XGBClassifier()# 设置模型参数
	mlp = MLPClassifier(hidden_layer_sizes=(4,4))
	models={tree,svm,bagging,forest,adaboost,gboost,xgboost,mlp}
	model_names=['Tree','SVM','Bagging','Forest','AdaBoost','GBoost','XGBoost','MLP']
	for name, model in zip(model_names,models):
	model.fit(X_train,y_train)
	y_pred=model.predict(X_test)
	print(name,' 对测试集预测的分类报告为：\n',classification_report(y_test,y_pred))
	print(name,' 对测试集预测的 5 折交叉验证结果为：\n',cross_val_score(model, X, y, cv=5),'\n')
Out:	Bagging 对测试集预测的 5 折交叉验证结果为：
	[0.78378378 0.97222222 0.86111111 0.54285714 1.]
	Forest 对测试集预测的分类报告为：

	precision	recall	f1-score	support
0	1.00	1.00	1.00	12

Out:

	1	1.00	0.93	0.97	15
	2	0.90	1.00	0.95	9
avg / total		0.98	0.97	0.97	36

Forest 对测试集预测的 5 折交叉验证结果为：

[0.83783784 0.97222222 0.91666667 0.94285714 0.97058824]

AdaBoost 对测试集预测的分类报告为：

	precision	recall	f1-score	support
0	1.00	1.00	1.00	12
1	1.00	0.93	0.97	15
2	0.90	1.00	0.95	9
avg / total	0.98	0.97	0.97	36

AdaBoost 对测试集预测的 5 折交叉验证结果为：

[0.91891892 0.97222222 0.94444444 0.91428571 1.   ]

GBoost 对测试集预测的分类报告为：

	precision	recall	f1-score	support
0	1.00	1.00	1.00	12
1	1.00	0.93	0.97	15
2	0.90	1.00	0.95	9
avg / total	0.98	0.97	0.97	36

GBoost 对测试集预测的 5 折交叉验证结果为：

[0.81081081 0.94444444 0.88888889 0.97142857 0.97058824]

XGBoost 对测试集预测的分类报告为：

	precision	recall	f1-score	support
0	1.00	1.00	1.00	12
1	1.00	0.93	0.97	15
2	0.90	1.00	0.95	9
avg / total	0.98	0.97	0.97	36

XGBoost 对测试集预测的 5 折交叉验证结果为：

[0.91891892 0.94444444 0.94444444 0.97142857 1.   ]

MLP 对测试集预测的分类报告为：

	precision	recall	f1-score	support
0	1.00	1.00	1.00	12
1	1.00	0.93	0.97	15
2	0.90	1.00	0.95	9
avg / total	0.98	0.97	0.97	36

MLP 对测试集预测的 5 折交叉验证结果为：

[0.81081081 0.94444444 0.88888889 0.97142857 0.97058824]

【范例分析】

本例的目的是对 wine 数据集分别训练各个分类模型，并对它们进行评价。使用 datasets.

load_wine() 方法加载数据集为 X,y。使用 train_test_split() 方法随机将其拆分为训练集和测试集 X_train, X_test, y_train, y_test。分别生成 LogisticRegression(), tree.DecisionTreeClassifier(),svm. SVC(kernel='poly'), BaggingClassifier(), RandomForestClassifier(), AdaBoostClassifier(), GradientBoostingClassifier(), XGBClassifier(), MLPClassifier() 的实例，以列表的形式保存为 models={tree,svm,bagging,forest,adaboost,gboost,xgboost,mlp}。构造以模型为变量的循环体，在循环体内使用 fit(X_train,y_train) 方法拟合模型，使用 predict(X_test) 方法对测试集进行预测，预测结果保存在 y_pred 中。使用 classification_report(y_test,y_pred) 返回模型的测试集的分类报告，使用 cross_val_score() 方法返回对模型的 5 折交叉验证结果。

14.5 本章小结

回归模型的评价指标有平均绝对误差、均方差、解释回归模型的方差得分、均方误差对数、中值绝对误差、r2_score 判定系数。分类模型的评价方法和指标有混淆矩阵、分类准确率、召回率、F_1 分数、F_β 分数、ROC 曲线、交叉验证。交叉验证方法有随机子抽样验证、K 折交叉验证、留一交叉验证。聚类模型的评价指标有兰德系数 RI、调整兰德系数 ARI、调整互信息 AMI、V-measure 评分、FMI 评价、轮廓系数、Calinski-Harabaz 指数评价。其中前 4 种评价方法以样本实际的分类标签作为参考，将聚类结果与真实分类进行对比。

sklearn.metrics 模块为回归模型提供了平均绝对误差、均方差、中值绝对误差、可解释方差分数、r2_score 判定系数等评价方法，分别为 mean_absolute_error(), mean_squared_error(), median_absolute_error(), explained_variance_score(), r2_score()。

对分类模型,sklearn.metrics 模块为分类模型提供了准确率、召回率、混淆矩阵、F_1 分数、F_β 分数、分类报告、ROC 曲线等 23 个评价方法或指标。它的主要方法包括 accuracy_score(), recall_score(), confusion_matrix(), f1_score(), fbeta_score(), classification_report(), roc_curve(), roc_auc_score()。模型选择模块 sklearn.model_selection 提供交叉验证方法 cross_val_score()。

sklearn.metrics 模块为聚类问题提供了调整兰德系数(ARI)、调整互信息(AMI)、V-measure 评分、FMI 评价、轮廓系数、Calinski-Harabaz 指数评价等多种模型评价方法，分别为 adjusted_rand_score(), adjusted_mutual_info_score(), completeness_score(), fowlkes_mallows_score(), silhouette_score(), calinski_harabaz_score()。

14.6 习题

（1）简述回归模型的评价指标有哪些，计算公式分别是什么。
（2）举例说明混淆矩阵及其含义。

（3）简述什么是分类准确率、召回率、F_1分数，它们的计算公式是什么。

（4）简述什么是 ROC 曲线。

（5）简述什么是交叉验证，有哪些交叉验证方法。

（6）简述聚类模型有哪些评价指标，它们的计算公式是什么。

（7）将例 14-3 的决策树模型深度分别改为 2，4，训练和评估决策树模型，并比较模型的性能。

（8）将例 14-4 的神经网络隐层神经元数量分别改为 2,2; 3,3; 4,4; 6,6，训练和评价神经网络模型，并比较模型的性能。

（9）将例 14-5 支持向量机的核函数分别改为线性核、多项式核和 sigmoid 核，训练和评价支持向量机模型，比较模型的性能。

（10）加载 iris 数据集，将数据集划分为训练集和测试集，训练和评价决策树分类模型。

（11）加载 iris 数据集，将数据集划分为训练集和测试集，训练和评价神经网络分类模型。

（12）加载 iris 数据集，将数据集划分为训练集和测试集，训练和评价支持向量机分类模型。

（13）在例 14-11 中，分别为每个模型设置参数，训练并评价模型，感受模型参数对模型性能的影响。

14.7 高手点拨

对于分类问题的模型评价，不能一味地追求高准确率，而应该将准确率与召回率综合看待。这是由于将样本全部正确分到某个类这一事实，并不能保证原本是该类的样本仍然全部被正确地划分到了本类，从混淆矩阵上能够很清晰地看出来。此时 F_1-score 是一个较为重要的参考指标，它将准确率与召回率综合起来，能够较为全面地反映分类模型的性能。

15

图像识别

  图像识别已广泛应用于智能交通、智能监控、手写体识别、人脸识别等领域。图像识别包括图像处理与识别两个部分。scikit-image 是基于 SciPy 的一款图像处理包，它将图片作为 NumPy 数组进行处理。本章介绍 skimage 的图像读取、保存、压缩、放大、彩色转灰度图、旋转、裁剪、拼接等基本操作，以及以像素行和像素值为样本的单幅图像聚类方法，并通过一个汉字手写体识别的例子，说明图像分类的基本方法。

15.1 图像识别概述

图像识别是利用计算机对图像进行处理、分析和理解，以识别各种不同模式的目标和对象的技术。其过程可分为图像处理和图像识别两个步骤。

15.1.1 ▶ 图像处理

图像处理一般指数字图像处理，大多数依赖于软件实现，其目的是去除干扰、噪声，将原始图像编程为适合计算机进行特征提取的形式。图像处理的主要任务包括图像采集、图像增强、图像复原、图像编码与压缩和图像分割，如图 15-1 所示。

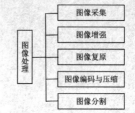

图 15-1 图像处理的主要任务

1. 图像采集

图像采集是数字图像数据提取的主要方式。数字图像主要借助于数字摄像机、扫描仪、数码相机等设备，经过采样得到数字化的图像或动态图像。

2. 图像增强

图像在成像、采集、传输、复制等过程中，质量或多或少会有一定的退化，使得数字化后的图像视觉效果不是十分令人满意。为了使图像的主体结构更加明确，必须对图像进行改善，即图像增强。通过图像增强，能够减少图像中的噪声，改变原始图像的亮度、色彩分布、对比度等参数，提高图像的清晰度、质量，使图像中的物体轮廓更加清晰，细节更加明显。图像增强为后期的图像分析和图像理解奠定了基础。

3. 图像复原

图像复原也称图像恢复。在获取图像时，环境噪声、镜头晃动、光线不均等会造成图像模糊，为了获取比较清晰的图像，需要对图像进行恢复。图像恢复主要采用滤波方法，将降质的图像恢复为原始图像。图像复原还有一种特殊技术是图像重建，该技术是利用物体横剖面的一组投影数据来建立图像。

4. 图像编码与压缩

数字图像的显著特点是数据量庞大，需要占用相当大的存储空间。但基于计算机的网络带宽和大容量存储器，无法进行数据图像的处理、存储、传输。为了能快速方便地在网络环境下传输图像或视频，必须对图像进行编码和压缩。目前，图像编码压缩已形成国际标准，如静态图像压缩标准

JPEG，该标准主要针对图像的分辨率、彩色图像和灰度图像，将图像处理为适用于网络传输的数码照片、彩色照片等。由于视频可以被看作一幅幅不同画面但又紧密相关的静态图像的时间序列，因此动态视频的单帧图像压缩也可以应用静态图像的压缩标准。图像编码压缩技术可以减少图像的冗余数据量和存储器容量，提高图像传输速度并缩短处理时间。

5. 图像分割

图像分割是把图像分成一些互不重叠而又具有各自特征的子区域，每一个区域是像素的一个连续集，这里的特征可以是图像的颜色、形状、灰度和纹理等。图像分割根据目标与背景的先验知识将图像表示为物理上有意义的连通区域的集合，即对图像中的目标、背景进行标记、定位，然后把目标从背景中分离出来。目前，图像分割的方法主要有基于区域特征的分割方法、基于相关匹配的分割方法和基于边界特征的分割方法。由于采集图像时会受到各种条件的影响，使图像变得模糊，因此在实际的图像中需根据景物条件的不同，选择合适的图像分割方法。图像分割为进一步的图像识别、分析和理解奠定了基础。

15.1.2 ▶ 图像识别

图像识别是将处理后的图像进行特征提取和分类。识别方法中常用的有统计法（或决策理论法）、句法（或结构）识别法、神经网络法、模板匹配法和几何变换法，如图 15-2 所示。

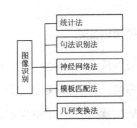

图 15-2 图像识别的主要方法

1. 统计法

统计法是对研究的图像进行大量的统计分析，找出其中的规律，并提取反映图像本质特点的特征来进行图像识别。它以数学的决策理论为基础，建立统计学识别模型，因而是一种分类误差最小的方法。常用的图像统计模型有贝叶斯（Bayes）模型和马尔柯夫（Markow）随机场（MRF）模型。贝叶斯决策规则虽然从理论上解决了最优分类器的设计问题，其应用却在很大程度受到了概率密度估计问题的限制。但也正是因为统计方法基于严格的数学基础，所以忽略了被识别图像的空间结构关系。当图像非常复杂、类别数很多时，将导致特征数量激增，给特征提取造成困难，使分类难以实现。尤其是当被识别图像（如指纹、染色体等）的主要特征是结构特征时，用统计法就很难进行识别。

2. 句法识别法

句法识别法是对统计识别方法的补充。在用统计法对图像进行识别时，图像的特征是用数值特征描述的，而句法识别法则是用符号来描述图像特征的。它模仿了语言学中句法的层次结构，采用分层描述的方法，把复杂图像分解为单层或多层相对简单的子图像，主要突出被识别对象的空间结构关系信息。模式识别源于统计方法，而句法识别法则扩大了模式识别的能力，使其不仅能用于对图像的分类，而且可以用于景物的分析与物体结构的识别。但是，当存在较大的干扰和噪声时，句法识别法抽取子图像 (基元) 困难，容易产生误判，难以满足分类识别精度和可靠度的要求。

3. 神经网络法

神经网络法是指用神经网络算法对图像进行识别的方法。神经网络系统是由大量的神经元按照某种方式相互连接而形成的复杂网络系统。虽然每个神经元的结构和功能十分简单，但由大量的神经元构成的网络系统行为却是丰富多彩和十分复杂的。它反映了人脑功能的许多基本特征，是人脑神经网络系统的简化、抽象和模拟。句法识别法侧重于模拟人的逻辑思维，而神经网络则侧重于模拟和实现人的认知过程中的感知觉过程、形象思维、分布式记忆、自学习和自组织过程，与符号处理是一种互补的关系。由于神经网络具有非线性映射逼近、大规模并行分布式存储和综合优化处理、容错性强、独特的联想记忆及自组织、自适应和自学习能力，因而特别适合处理需要同时考虑许多因素和条件的问题，以及信息模糊或不精确等不确定性问题。在实际应用中，由于神经网络法存在收敛速度慢、训练量大、训练时间长，且存在局部最小、识别分类精度不够等缺点，难以适用于经常出现新模式的场合，因而其实用性有待提高。

4. 模板匹配法

模板匹配是一种最基本的图像识别方法。所谓模板，是为了检测待识别图像的某些区域特征而设计的阵列，它既可以是数字量，也可以是符号串等。因此，可以把它看作统计法或句法的一种特例。模板匹配法就是把已知物体的模板与图像中所有未知物体进行比较，如果某一未知物体与该模板匹配，则该物体被检测出来，并被认为是与模板相同的物体。模板匹配法虽然简单方便，但其应用有一定的限制。因为要表明所有物体的各种方向及尺寸，需要有较大数量的模板，且其匹配过程需要的存储量和计算量过大，所以这种方法不经济。同时，该方法的识别率过多地依赖于已知物体的模板。如果已知物体的模板产生变形，则会导致错误的识别。此外，由于图像存在噪声及被检测物体形状和结构方面的不确定性，模板匹配法在较复杂的情况下往往得不到理想的效果，难以绝对精确。一般都要在图像的每一点上求模板与图像之间的匹配量度，凡是匹配量度达到某一阈值的地方，则表示该图像中存在所要检测的物体。经典的图像匹配法利用互相关计算匹配量度，或用绝对差的平方和作为不匹配量度，但是这两种方法经常发生不匹配的情况。因此，利用几何变换的匹配方法有助于提高稳健性。

5. 几何变换法

霍夫变换 (Hough Transform，HT) 是一种快速的形状匹配技术。它对图像进行某种形式的变换，把图像中给定形状曲线上的所有点变换到霍夫空间，形成峰点。这样，给定形状的曲线检测问题就变换为霍夫空间中峰点的检测问题。霍夫变换可以用于有缺损形状的检测，是一种鲁棒性很强的方法。为了减少计算量和内存空间以提高计算效率，人们又提出了改进的霍夫算法，如快速霍夫变换（FHT）、自适应霍夫变换（AHT）及随机霍夫变换（RHT）。其中随机霍夫变换是 20 世纪 90 年代提出的一种精巧的变换算法，其突出特点是，不仅能有效地减少计算量和内存容量，提高计算效率，而且能在有限的变换空间获得任意高的分辨率。

15.2 skimage 图像处理与操作

Python 有很多数字图像处理相关的包，如 PIL、Pillow、OpenCV、scikit-image 等。其中，PIL 和 Pillow 只提供最基础的数字图像处理，功能有限。OpenCV 实际上是一个 C++ 库，只提供了 Python 接口。scikit-image 是基于 SciPy 的一款图像处理包，它将图片作为 NumPy 数组进行处理，与 matlab 处理方法类似。本章选择 scikit-image 进行图像处理。

skimage 包的全称是 scikit-image，它对 SciPy.ndimage 进行了扩展，提供了更多的图片处理功能。它由 Python 语言编写，由 SciPy 社区开发和维护。skimage 包由许多的子模块组成，各个子模块提供不同的功能，主要子模块列表如下。

（1）io：读取、保存和显示图片或视频。

（2）data：提供一些测试图片和样本数据。

（3）color：颜色空间变换。

（4）filters：图像增强、边缘检测、排序滤波器、自动阈值等。

（5）draw：进行 NumPy 数组上的基本图形绘制，包括线条、矩形、圆和文本等。

（6）transform：几何变换或其他变换，如旋转、拉伸和拉东变换等。

（7）morphology：形态学操作，如开闭运算、骨架提取等。

（8）exposure：图片强度调整，如亮度调整、直方图均衡等。

（9）feature：特征检测与提取等。

（10）measure：图像属性的测量，如相似性或等高线等。

（11）segmentation：图像分割。

（12）restoration：图像恢复。

（13）util：通用函数。

本章要使用的 skimage 的主要方法介绍如下。

（1）读取图像文件。

```
skimage.io.imread(fname, as_gray=False, plugin=None, flatten=None, **plugin_args)
```

其中 fname 接收字符串，表示文件名称或 URL。

该方法返回 ndarray。

（2）显示图像。

skimage.io.imshow(arr, plugin=None, **plugin_args)

其中 arr 接收数组或字符串，表示要显示的图像数据或图像文件的名字。

（3）显示搁置图像。

skimage.io.show()

显示搁置的图像，常与 imshow() 配合使用，如在一个循环体中用 imshow() 方法显示多幅图像，在循环体内这些图像将暂时搁置，在循环体外使用 show() 方法将它们显示。

（4）保存图像。

skimage.io.imsave(fname, arr, plugin=None, check_contrast=True, **plugin_args)

其中 fname 接收字符串，表示要保存图像的目标名字。arr 接收数组，表示图像数据。

（5）缩放图像。

skimage.transform.
rescale(image, scale, order=1, mode='reflect', cval=0, clip=True, preserve_range=False, multichannel=None, anti_aliasing=True, anti_aliasing_sigma=None)

其中 image 接收数组，表示输入的图像数据。scale 接收浮点数或浮点数元组，表示缩放比例。

（6）改变图像的大小。

skimage.transform.resize(image, output_shape, order=1, mode='reflect', cval=0, clip=True, preserve_range=False, anti_aliasing=True, anti_aliasing_sigma=None)

其中 image 接收数组，表示输入的图像数据。output_shape 接收元组或数组，表示要将图像改变至的大小。

（7）旋转图像。

skimage.transform rotate(image, angle, resize=False, center=None, order=1, mode='constant', cval=0, clip=True, preserve_range=False)

其中 image 接收数组，表示输入的图像数据。angle 接收浮点数，表示沿逆时针方向旋转的角度。

（8）RGB 图像转灰度图像。

skimage.color.rgb2gray(rgb)

其中 rgb 接收 RGB 格式的图像数据，返回灰度图像数据。

下面将通过一些例子，介绍 skimage 的主要操作方法。

【例 15-1】读取图像文件，读取格式信息，显示图像。

要使用 skimage 的子模块的方法，需导入 skimage 的子模块，然后导入子模块的某个方法，如：

```
from skimage import transform
from skimage.transform import resize
```

读取图像，要使用 io.imread() 方法。

In []:	# 读取图像文件，读取格式信息，显示图像	path='D:/PythonStudy/images/'
	import numpy as np	if not os.path.exists(path):
	from skimage import io,transform,exposure	os.makedirs(path)
	from skimage.transform import resize	mg0 = io.imread(path+'/lena.png')
	import matplotlib.pyplot as plt	print('img0 彩色图像的形状为：',img0.shape)
	import os	#print(img)
Out:	img0 彩色图像的形状为： (400, 400, 4)	

可以看出，读取的图像形状为 (400, 400, 4)，第一个参数表示图像的高度，第二个参数表示图像的宽度，第三个参数表示通道的数量。4 表示有 4 个通道，分别是 R,G,B 和透明度。可以使用 io.imshow() 方法显示图像。

In []:	# 使用 skimage io imshow() 方法显示图像
	io.imshow(img0)
	io.show()# 显示图像
Out:	

也可以使用 matplotlib.pyplot 的 imshow() 方法显示图像。

In []:	# 使用 matplotlib.pyplot imshow() 方法显示图像
	plt.figure(figsize=(4.5,4.5))
	plt.imshow(img0)
	plt.show# 显示图形
Out:	

【范例分析】

本例介绍读取图像文件及其格式信息、显示图像的方法。读取和保存图像文件由 skimage 的 io 模块负责。io.imread(fname) 方法读取名称为 fname 的图像文件到内存，filename 接收字符串，表示图像文件的存储路径和文件名，包括扩展名。读取的文件以数组形式保存在内存中。io.imshow(img0) 方法与 io.show() 方法一起输出名称为 img0 的图像数组，显示图像。也可以使用 matplotlib.pyplot imshow() 方法显示图像。注意，两种方法显示的图像都以左上角为坐标原点，横轴向右为正方向，纵轴向下为正方向。

要压缩图像，可以使用 transform.rescale() 方法或 transform.resize() 方法。

【例 15-2】使用 transform.rescale() 方法和 transform.resize() 方法压缩图像。

transform.rescale() 方法和 transform.resize() 方法可对图像进行压缩或放大。将图像的高度和宽度同比例压缩（或放大），也可以按照不同的比例压缩（或放大）。可以指定压缩或放大比例，也可以指定压缩或放大到的像素数量。

In []:	# 使用 transform.rescale() 方法压缩图像
	# 宽、高同比例压缩
	print('img0 压缩后的形状为：',transform.rescale(img0, 0.5).shape)
	io.imshow(transform.rescale(img0, 0.5))
	io.show()# 显示图像
Out:	img0 压缩后的形状为：(200, 200, 4)

可以看出，由于指定压缩比例为 0.5，图像由原来的 (400, 400, 4) 形状变为 (200, 200, 4)，也可以对图像的宽和高分别指定压缩比。

In []:	# 宽、高不同比例压缩
	print('img0 压缩后的形状为：',transform.rescale(img0, [0.4,0.6]).shape)
	io.imshow(transform.rescale(img0, [0.4,0.6]))
	io.show()# 显示图像

Out:　　img0 压缩后的形状为：(160, 240, 4)

可以看出，对图像的高和宽分别指定压缩比 [0.4,0.6]，原始图像的形状变为 (160, 240, 4)。下面使用 resize() 方法压缩图像。resize() 方法通过指定形状的方法对图像进行压缩。

In []:　　# 使用 resize 方法压缩图像，指定压缩后的宽度、高度像素
　　　　print('img0 压缩后的形状为：',resize(img0, (50,50,4)).shape)
　　　　io.imshow(resize(img0, (50,50,4)))
　　　　io.show()# 显示图像

Out:　　img0 压缩后的形状为：(50, 50, 4)

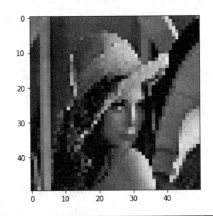

resize(img0, (50,50,4)) 将原始图像形状压缩为 (50, 50, 4)，也可以为图像的宽和高指定不同的压缩形状。

In []:　　# 使用 resize 方法，宽度、高度指定为不同的像素
　　　　print('img0 压缩后的形状为：',resize(img0, (50,100,4)).shape)
　　　　io.imshow(resize(img0, (50,100,4)))
　　　　io.show()# 显示图像

Out: img0 压缩后的形状为：(50, 100, 4)

resize(img0, (50,100,4)) 方法将原始图像的形状压缩为 (50,100,4)。

【范例分析】

transform.rescale() 用于缩放图像，它使用 image 参数传入要缩放的图像数据，scale 参数传入缩放比例。scale 可以是单个浮点数，如 0.5，表示高和宽同比例压缩；也可以是浮点数组，如 [0.4,0.6]，分别设置高和宽的缩放比例。transform.resize() 方法用于改变图像的大小，它使用 image 参数传入要改变大小的图像数据，使用 output_shape 参数指定要改变值的大小，它接收整数元组，如 (50,100,4)，表示高和宽同被改变的像素数。

transform.rescale() 方法和 transform.resize() 方法也可以用于将图像放大。

【例 15-3】 使用 transform.rescale() 方法和 transform.resize() 方法将图像放大。

In []: # 图像放大，宽、高同放大为原来的 2 倍
# 使用 transform.rescale() 放大图像
print('img0 放大后的形状为：',transform.rescale(img0, 2).shape)
io.imshow(transform.rescale(img0, 2))
io.show()# 显示图像

Out: img0 放大后的形状为：(800, 800, 4)

以上代码将原始图像的宽和高同时放大了 2 倍，也可以为高和宽分别指定放大的倍数。

In []:	# 使用 transform.rescale() 不同比例放大图像
	print('img0 放大后的形状为 ',transform.rescale(img0, [2,1.5]).shape)
	io.imshow(transform.rescale(img0, [2,1.5]))
	io.show()# 显示图像

Out:	img0 放大后的形状为 (800, 600, 4)

以上代码将原始图像的高放大 2 倍，宽放大 1.5 倍。使用 resize() 方法，可以将图像放大至指定的像素数。下面将图像的高和宽放大至相同的像素数。

In []:	# 使用 resize 方法放大图像，宽、高同比例放大
	print('img0 放大后的形状为 ',resize(img0, (800,800,4)).shape)
	io.imshow(resize(img0, (800,800,4)))
	io.show()# 显示图像

Out:	img0 放大后的形状为 (800, 800, 4)

也可以将图像的高和宽放大至不同的像素数。

In []:	# 使用 resize 方法不等比例放大图像
	print('img0 放大后的形状为 ',resize(img0, (800,400,4)).shape)
	io.imshow(resize(img0, (800,400,4)))
	io.show()# 显示图像

Out:　img0 放大后的形状为 (800, 400, 4)

【范例分析】

当 scale>1 时，transform.rescale() 用于放大图像，用 image 参数传入要放大的图像数据，scale 参数传入放大比例。scale 可以是单个浮点数，如 2.0，表示高和宽同比例压缩；也可以是浮点数组，如 [2.0,1.5]，分别设置高和宽的放大比例。transform.resize() 方法也可以放大图像，它使用 image 参数传入要放大的图像数据，使用 output_shape 参数指定要改变至的大小，它接收整数元组，如 (800, 400, 4)，表示高和宽同被改变至的像素数。

skimage 提供了旋转图像的方法 transform.rotate()。

【例 15-4】使用 transform.rotate() 方法旋转图像，分别将图像向左旋转 45 度，向右旋转 45 度。

In []:　# 旋转图像
　　　　io.imshow(transform.rotate(img0, 45))
　　　　io.show()# 显示图像

Out:

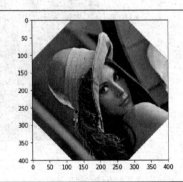

将图像沿顺时针方向旋转 45 度。

In []:　io.imshow(transform.rotate(img0, –45))# 旋转图像
　　　　io.show()# 显示图像

Out:

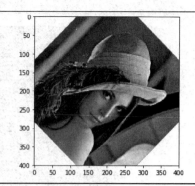

【范例分析】

transform.rotate() 方法用于旋转图像。它通过 image 参数接收要旋转的图像数据的数组。angle 参数接收浮点数，表示沿逆时针方向旋转的角度。当 angle 为负值时，则沿顺时针方向旋转。

以上对图像的缩放、旋转操作并不会改变原始图像，而是将操作结果创建一个副本。要保存图像，需要使用 io.imsave() 方法。

【例 15-5】 使用 io.imsave() 方法保存处理过的图像。

In []:　# 保存图像
io.imsave(path+'/lena_resizeed.png', resize(img0, (50,50,4)))
img_resized = io.imread(path+'/lena_resizeed.png')
io.imshow(img_resized)
io.show()# 显示图像

Out:

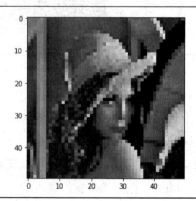

放大保存的压缩后的图像，设置放大的比例。

In []:　# 放大保存的压缩后的图像
io.imshow(transform.rescale(img_resized,8))
io.show()# 显示图像

Out:

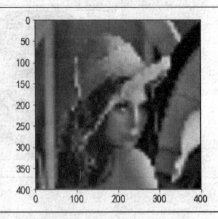

放大保存的压缩后的图像，指定要放大至的像素数。

In []:　# 放大保存的压缩图像
io.imshow(resize(img_resized,(400,400,4)))
io.show()# 显示图像

Out:

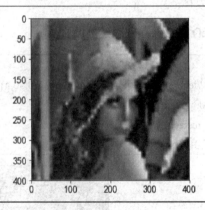

【范例分析】

io.imsave() 方法用于保存图像。它通过 fname 参数接收要保存图像的目标名字，包括路径和文件扩展名。通过 arr 参数接收图像数据的数组。

彩色图像有 3 个或 4 个通道，每个通道的数据都可以被单独显示。单个通道的图像数据可以视作灰度图像，可以数组切片的方式访问图像数据的通道。

【例 15-6】图像的单通道显示。

彩色图像有多个通道，每个通道是一个二维数组，可以采用逐个访问单个通道像素值的方法，显示该通道的图像。

In []:　# 图像的单通道显示
io.imshow(img0[:,:,0])# 显示 R 通道
io.show()

Out:

输出显示 G 通道图像。

| In []: | io.imshow(img0[:,:,1])# 显示 G 通道 |
| | io.show()# 显示图像 |

Out:

输出显示 B 通道图像。

| In []: | io.imshow(img0[:,:,2])# 显示 B 通道 |
| | io.show()# 显示图像 |

Out:

【范例分析】

对 png 格式的图像，有 R,G,B 和透明度 4 个通道。其中 img0[:,:,0] 表示 img0 的 R 通道，img0[:,:,1] 表示 img0 的 G 通道，img0[:,:,2] 表示 img0 的 B 通道。从上面的显示结果可以看出，R,G,B 通道都是黑白的灰度图，只有它们共同组合，才能显示为彩色。

由于 skimage 将图像作为数组处理，因此可以通过对数组进行切片，来截取一小片图像。

【例 15-7】截取图像的一小块并显示。

```
In []:   # 截取图像
         img1=img0[100:300,100:300,:]
         io.imshow(img1)
         io.show()# 显示图像
```

Out:

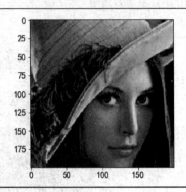

输出显示截取的另一个图像片段。

```
In []:   img1=img0[100:300,0:300,:]
         io.imshow(img1)
         io.show()# 显示图像
```

Out:

【范例分析】

img0[100:300,100:300,:] 返回 img0 所有通道、高为 100~300 像素、宽为 100~300 像素的图像数据。img0[100:300,0:300,:] 返回 img0 所有通道、高为 100~300 像素、宽为 0~300 像素的图像数据。

想要擦除图像，可以切片的方式访问图像数组，给要擦除的地方赋值为 0 或 255，既可以擦除全部 3 个颜色通道，也可以擦除其中的 2 个或 1 个通道。

【例 15-8】擦除一小块图像。

In []:　# 擦除图像
　　　　 # 擦除 3 个通道
　　　　 img0[0:100,0:100,:]=img0[0:100,0:100,:]*0
　　　　 io.imshow(img0)
　　　　 io.show()# 显示图像

Out:

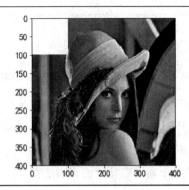

输出显示擦除 2 个通道部分像素的图像。

In []:　# 擦除 2 个通道
　　　　 img0[300:400,300:400,0:2]=img0[300:400,300:400,0:2]*0
　　　　 io.imshow(img0)
　　　　 io.show()# 显示图像

Out:

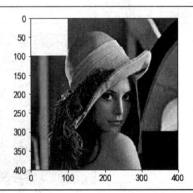

输出显示擦除 1 个通道部分像素的图像。

In []:　# 擦除 1 个通道
　　　　 img0[0:100,300:400,0]=img0[0:100,300:400,0]*0
　　　　 io.imshow(img0)
　　　　 io.show()# 显示图像

Out:

【范例分析】

img0[0:100,0:100,:]*0 将 img0 的全部通道、高为 0~100 像素、宽为 0~100 像素位置的图像像素变为 0；img0[300:400,300:400,0:2]*0 将 img0 的通道 0 和 1、高为 300~400 像素、宽为 300~400 像素位置的图像像素变为 0；img0[0:100,300:400,0]*0 将 img0 的通道 0、高为 0~100 像素、宽为 300~400 像素位置的图像像素变为 0。

可以通过对图像数组的某个通道重新赋值来改变图像。

【例 15-9】 改变图像颜色通道的值。

```
In []:    # 改变颜色通道的值
          img0 = io.imread(path+'/lena.png')
          img0[:,:,0]=img0[:,:,0]*0.1# 改变 R 通道值
          io.imshow(img0)
          io.show()# 显示图像
```

Out:

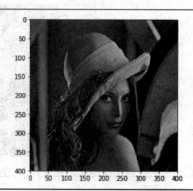

读取图像，改变 G 通道的值。

```
In []:    img0 = io.imread(path+'/lena.png')
          img0[:,:,1]=img0[:,:,1]*0.2# 改变 G 通道的值
          io.imshow(img0)
          io.show()# 显示图像
```

Out:

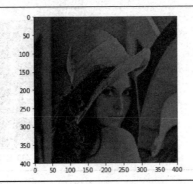

读取图像，改变 B 通道的值，输出显示。

In []: img0 = io.imread(path+'/lena.png')

img0[:,:,2]=img0[:,:,2]*0.3# 改变 B 通道的值

io.imshow(img0)

io.show()# 显示图像

Out:

【范例分析】

img0[:,:,0]*0.1 将 img0 的通道 0(R 通道) 的值改变为原来的 0.1 倍；img0[:,:,1]*0.2 将 img0 的通道 1(G 通道) 的值改变为原来的 0.2 倍；img0[:,:,2]*0.3 将 img0 的通道 2(B 通道) 的值改变为原来的 0.3 倍。

将两幅图像的数组进行横向拼接或纵向拼接，可以将两幅图像拼接为一幅图像。横向拼接的图像，要求其高度和通道数相同。纵向拼接的图像，要求其宽度和通道数相同。

【例 15-10】将两幅图像拼接为一幅图像。

In []: # 拼接图像

img0 = io.imread(path+'/lena.png')

io.imshow(np.hstack((img0,img0)))# 横向拼接

io.show()# 显示图像

Out:

将图像纵向进行拼接。

In []: io.imshow(np.vstack((img0,img0)))# 纵向拼接

io.show()# 显示图像

Out:

【范例分析】

hstack() 方法将两个具有相同高度和通道数的图像数组数据横向堆叠，从而将图像横向拼接。
vstack() 方法将两个具有相同宽度和通道数的图像数组数据纵向堆叠，从而将图像纵向拼接。

skimage.color 模块提供了不同格式间图像的相互转换方法。要使用这些方法，需从 skimage.
color 导入要使用的方法。

【例 15-11】 使用 skimage.color 模块的 rgb2gray() 方法，将原始彩色图像转换为灰度图像。

In []: # 将原始图像转换为灰度图像

from skimage.color import rgb2gray

img_gray = rgb2gray(img0)# 将彩色图像转化为灰度图像

print('img_gray 灰度图像的形状为 ',img_gray.shape)

io.imshow(img_gray)

io.show()# 显示图像

Out: img_gray 灰度图像的形状为 (400, 400)

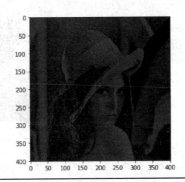

使用 matplotlib.pyplot 显示灰度图像。

In []:   # 使用 matplotlib.pyplot 显示灰度图像

        plt.rc('font', size=14)# 设置图中字号大小

        plt.rcParams['font.sans-serif'] = 'SimHei'# 设置字体为 SimHei 以显示中文

        plt.figure(figsize=(4,4))

        plt.imshow(img_gray,cmap=plt.cm.gray)# 显示灰度图像

        plt.title(' 灰度图像 ')

        plt.show# 显示图像

Out:

【范例分析】

使用 rgb2gray(img0) 方法将彩色图像 img0 转化为灰度图像。

由于 skimage 将图像作为数组处理，因此可以使用 matplotlib.pyplot 或其他方法对像素值进行统计和可视化。

【例 15-12】绘制灰度图像的像素直方图。

In []:   # 绘制灰度直方图

        plt.figure(figsize=(6,4))

        plt.hist(img_gray.flatten(), bins=100, density=True)

        plt.title(u' 灰度直方图 ')

        plt.show()# 显示图像

Out:

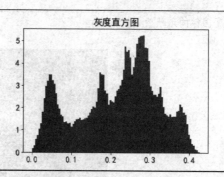

【范例分析】

　　hist() 方法统计并绘制输入数组的直方图。由于灰度图是二维数组，因此需使用 flatten() 方法或 ravel() 方法将其展平为一维数组。

【例 15-13】绘制原始彩色图像各个颜色通道的直方图。

In []:
```
# 绘制原始彩色图像各个颜色通道的直方图
img0 = io.imread(path+'/lena.png')
plt.figure(figsize=(6,4))
plt.hist(img0[:,:,0].flatten(), bins=100, density=1,facecolor='r',hold=1)
plt.hist(img0[:,:,1].flatten(), bins=100, density=1,facecolor='g',hold=1)
plt.hist(img0[:,:,2].flatten(), bins=100, density=1,facecolor='b',hold=1)
plt.title(u' 颜色通道直方图 ')
plt.legend(['red','green','blue'])
plt.show()# 显示图像
```

Out:

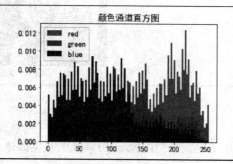

【范例分析】

　　img0[:,:,0].flatten() 返回 img0 的通道 0（R 通道）图像数据并展平为一维数组；img0[:,:,1].flatten() 返回 img0 的通道 1(G 通道) 图像数据并展平为一维数组；img0[:,:,0].flatten() 返回 img0 的通道 2(B 通道) 图像数据并展平为一维数组。使用 hist() 方法分别统计绘制其直方图。

15.3 单幅图像的特征聚类

对图像的特征进行聚类，能够发现图像中具有相似之处的特征和不同的特征，便于图像分析和识别。下面将以灰度值和颜色值作为特征，对图像进行聚类分析。

【例 15-14】以灰度图像的行为样本聚类，用簇中心的灰度值填充同簇的样本。

以行作为基本样本聚类，能够发现灰度值特征相同的像素行。一种直观的结果是，相邻的像素行具有相似的特征。在此，使用 K-means 聚类方法。

In []:
```
# 以灰度图像的行为样本聚类
from sklearn.cluster import KMeans
# 可视化原始数据和聚类结果
K=10
X=img_gray
kmeans = KMeans(n_clusters = K).fit(X)# 构建并训练模型
centers=kmeans.cluster_centers_
print(' 簇中心的形状为 ',centers.shape)
#print(centers[0,:])
labels=kmeans.labels_
#print(labels)
for i in range(K):
    # 以簇中心填充簇内各个样本的值，将同一个簇显示为相同图像
    X[np.where(labels==i)]=centers[i,:]
plt.figure(figsize=(4,4))
plt.imshow(X,cmap=plt.cm.gray)
plt.title('K='+np.str_(K))
plt.show# 显示图像
```

Out:

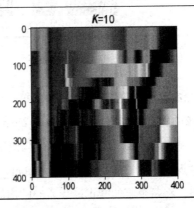

选择不同的*K*值,分别获取簇中心的灰度值,用簇中心的灰度值填充同簇的样本,观察聚类结果。

In []:
```
# 选择不同 K 值聚类,观察聚类结果
p = plt.figure(figsize=(8,8))
for K,figNum in zip([10,20,30,50],[1,2,3,4]):
    img_rescaled = transform.rescale(io.imread(path+'/lena.png'),0.5)
    img_gray = rgb2gray(img_rescaled)
    X=img_gray
    #print('X 的形状为 ',X.shape)
    kmeans = KMeans(n_clusters = K).fit(X)# 构建并训练模型
    centers=kmeans.cluster_centers_
    labels=kmeans.labels_
    for i in range(K):
        # 以簇中心填充簇内各个样本的值,将同一个簇显示为相同图像
        X[np.where(labels==i)]=centers[i,:]
    # 绘制子图 figNum
    ax = p.add_subplot(2,2,figNum)
    plt.imshow(X,cmap=plt.cm.gray)
    plt.title('K='+np.str_(K))
plt.show# 显示图像
```

Out:

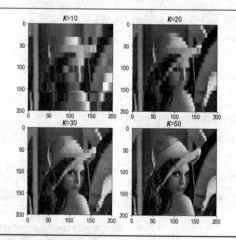

【范例分析】

以 img_gray 的灰度图像数据建立数据集 X,则 X 的每一行为 1 个样本,样本数量为图像的高度。每个样本的特征数量为图像的宽度。本例以 KMeans(n_clusters = K).fit(X) 方法生成 KMeans() 类的实例 kmeans,使用 n_clusters 参数传入要聚类的簇数 *K*;使用 fit() 方法对数据集 X 进行聚类。访问 kmeans.cluster_centers_ 属性返回簇质心;访问 kmeans.labels_ 属性返回聚类的簇标签,使用 where() 方法返回各个簇的样本索引,将每个簇的样本以簇质心的值填充。

将像素行作为样本,只能找到相似的行,不能提取图像的细微特征。下面将以每个像素作为一个样本,对灰度图进行聚类,寻找灰度值相近的像素点。并使用肘部法则,确定图像灰度值可以聚

集的最佳簇数。

【例 15-15】提取灰度像素聚类的簇样本并可视化。

由于机器学习算法将数组的每个列作为一个特征，因此，需要将图像灰度值二维数组转化为单特征形式。

```
In []:    # 将每个灰度值作为样本进行聚类，并提取每个簇的灰度值，可视化聚类结果
          K=4
          img_rescaled = transform.rescale(io.imread(path+'/lena.png'),0.5)
          img_gray = rgb2gray(img_rescaled)
          X=img_gray
          X1=X.reshape(-1,1)# 将二维灰度图像的形状改变为单特征数据集
          #print('X 的形状为：',X.shape)
          #print('X1 的形状为：',X1.shape)
          kmeans = KMeans(n_clusters = K).fit(X1)# 构建并训练模型
          centers=kmeans.cluster_centers_
          print(K,' 个簇的中心为：\n',centers)
          labels=kmeans.labels_
          #print(labels)
```

```
Out:    4 个簇的中心为：
        [[0.82418554]
         [0.13823684]
         [0.3863376 ]
         [0.5905685 ]]
```

绘制每个簇的灰度图像。

```
In []:    # 绘制每个簇的灰度图像
          p = plt.figure(figsize=(8,8))
          for figNum in [1,2,3,4]:
              X2=X1+0# 强制生成 X1 的副本
              # 不是本簇的样本，用灰度值 1.0（白色）填充
              X2[np.where(labels!=figNum-1)]=1.0
              #print('X2:',X2.shape)
              #print('X1:',X1.shape)
              # 绘制子图 figNum
              ax = p.add_subplot(2,2,figNum)
              plt.imshow(X2.reshape(X.shape),cmap=plt.cm.gray)
              plt.title(' 聚类结果：簇 '+np.str_(figNum-1))
          plt.show# 显示图像
```

Out:

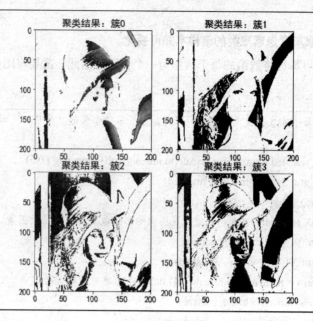

上图给出了将灰度值聚集为 4 个簇时，每个簇的像素点，其中非本簇的像素值填充为白色。下面将灰度图分别聚集为不同数量的簇，每个簇的像素用簇中心的像素值填充。

```
In []:    # 观察不同 K 值的灰度图像聚类结果
          p = plt.figure(figsize=(8,8))
          for K,figNum in zip([2,4,6,8],[1,2,3,4]):
              img_rescaled = transform.rescale(io.imread(path+'/lena.png'),0.5)
              img_gray = rgb2gray(img_rescaled)
              X=img_gray
              X1=X.reshape(-1,1)
              #print('X 的形状为：',X.shape)
              kmeans = KMeans(n_clusters = K).fit(X1)# 构建并训练模型
              centers=kmeans.cluster_centers_
              #print(' 簇中心为：\n',centers)
              labels=kmeans.labels_
              #print(labels)
              for i in range(K):
                  # 以簇中心填充簇内各个样本的值，将同一个簇显示为相同灰度值
                  X1[np.where(labels==i)]=centers[i,:]
              # 绘制子图 figNum
              ax = p.add_subplot(2,2,figNum)
              plt.imshow(X1.reshape(X.shape),cmap=plt.cm.gray)
              plt.title('K='+np.str_(K))
          plt.show# 显示图像
```

Out:

灰度图像聚集的最佳簇数，可以使用肘部法则确定。

In []:
```
# 计算 K 值从 1~12 对应的平均畸变程度，用肘部法则来寻找较好的聚类数目 K
# 导入 KMeans 模块
from sklearn.cluster import KMeans
# 导入 SciPy，求解距离
from SciPy.spatial.distance import cdist
K=range(1,12)
meandistortions=[]
for k in K:
    kmeans=KMeans(n_clusters=k)
    kmeans.fit(X1)
    meandistortions.append(sum(np.min(
        cdist(X1,kmeans.cluster_centers_,
            'euclidean'),axis=1))/X1.shape[0])
# 可视化
plt.figure(figsize=(6,4))
plt.grid(True)
plt.plot(K,meandistortions,'kx-')
plt.xlabel('k')
plt.ylabel(u' 平均畸变程度 ')
plt.title(u' 用肘部法则来确定最佳的 K 值 ')
plt.show() # 显示图像
```

Out:

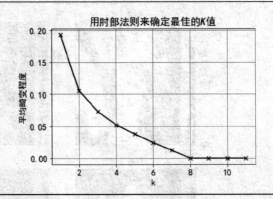

用肘部法则来确定最佳的K值

【范例分析】

本例将 img_gray 灰度图像的形状改变为单特征数据集 X1，则每个像素为 1 个样本。以 KMeans(n_clusters = K).fit(X1) 方法生成 KMeans() 类的实例 kmeans，使用 n_clusters 参数传入要聚类的簇数 K；使用 fit() 方法对数据集 X1 进行聚类。通过 kmeans.labels_ 属性返回样本的簇标签，结合 where() 方法获得各个簇的样本索引。先令 K=4，对聚类得到的各个簇，采用非本簇样本以白色填充 (灰度值为 1.0) 的方式，分簇绘制各个簇的样本。然后分别令 K=2,4,6,8，对 X1 进行聚类，以各簇质心的特征值填充本簇内的各个样本，可视化填充后的图像数据。通过肘部法则可以看出，灰度图可聚集的最佳簇数为 8，这说明灰度图有 8 种模式的特征。

下面在原始彩色图像上进行聚类。

【例 15-16】对原始彩色图像按照多通道像素聚类。

将彩色图像的 4 个通道作为 4 个特征进行聚类。为此，要将每个通道的颜色值变换为单特征形状。由于 4 个通道的原始彩色图像数据量较大，需先对图像进行压缩。

```
In []:   # 对原始彩色图像聚类
         img_rescaled = transform.rescale(io.imread(path+'/lena.png'),0.5)
         print('img_rescaled 的形状为 ',img_rescaled.shape)
         #print(img_rescaled)
         #io.imshow(img_rescaled)
         #io.show(_rescaled)
         plt.figure(figsize=(4,4))
         plt.imshow(img_rescaled)
         plt.title(' 压缩后的原始彩色图像 ')
         plt.show# 显示图像
```

Out: img_rescaled 的形状为：(200, 200, 4)

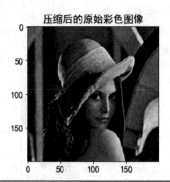

以上代码将图像压缩为 (200, 200, 4) 形状。下面将每个颜色通道的形状改变为单特征形式，将 4 个通道作为 4 个特征，训练 K-means 聚类模型，获取每个特征的簇中心。

In []:
```
#png 格式图像的形状为：( 行数 , 列数 ,4)，将其形状改变为 ( 行数 * 列数 ,4) 的 4 特征形式
# 聚类后提取每个簇的颜色值，并分别可视化
K=4
img_rescaled = transform.rescale(io.imread(path+'\\lena.png'),0.5)
X=img_rescaled
X1=X.reshape(-1,4)# 将颜色值形状改变为 ( 行数 * 列数 ,4) 的 4 特征形式
#print(X1[0:3,:])
kmeans = KMeans(n_clusters = K).fit(X1)# 构建并训练模型
centers=kmeans.cluster_centers_
print(K,' 个簇中心为：\n',centers)
labels=kmeans.labels_
#print(labels)
```

Out: 4 个簇中心为：

    [[0.18526501 0.12142458 0.11446987 1.   ]

    [0.88491639 0.81964062 0.73032942 1.   ]

    [0.55975825 0.32410556 0.23973691 1.   ]

    [0.78960923 0.54023247 0.40794519 1.   ]]

显示每个簇的图像。

In []:
```
# 绘制各个簇的图像
p = plt.figure(figsize=(8,8))
for figNum in [1,2,3,4]:
    X2=X1+0# 强制生成 X1 的副本
    # 不显示非本簇样本
    X2[np.where(labels!=figNum-1)]=[1,1,1,1]
    # 绘制子图 figNum
```

In []:	ax = p.add_subplot(2,2,figNum)
	plt.imshow(X2.reshape(X.shape))
	plt.title(' 聚类结果：簇 '+np.str_(figNum-1))
	plt.show# 显示图像

Out:

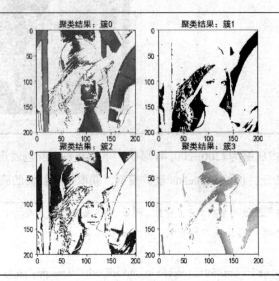

设置不同的 *K* 值，将原始图像聚集为不同数量的簇。获取每个簇的中心颜色值，并以簇中心颜色值填充簇内的全部像素点，可视化聚类结果。

In []:	# 对原始彩色图像按照不同 K 值聚类，并可视化聚类结果
	p = plt.figure(figsize=(8,8))
	for K,figNum in zip([2,4,6,8],[1,2,3,4]):
	img_rescaled =transform.rescale(io.imread(path+'\\lena.png'),0.5)
	X=img_rescaled
	#print('img_rescaled 的形状为：',img_rescaled.shape)
	X1=X.reshape(-1,4)
	#print('X 的形状为：',X.shape)
	kmeans = KMeans(n_clusters = K).fit(X1)# 构建并训练模型
	centers=kmeans.cluster_centers_
	print('K=',K,' 时的簇中心为：\n',centers)
	#print(centers.shape)
	labels=kmeans.labels_
	#print(labels)
	for i in range(K):
	# 以簇中心填充簇内各个样本的值，将同一个簇显示为相同颜色
	X1[np.where(labels==i)]=centers[i,:]
	# 绘制子图 figNum
	ax = p.add_subplot(2,2,figNum)
	plt.imshow(X1.reshape(X.shape))

In []:	plt.title('K='+np.str_(K))
	plt.show# 显示图像

Out:	K= 2 时的簇中心为：
	[[0.7982263 0.59239536 0.47432002 1.]
	[0.33968044 0.20212237 0.16256217 1.]]
	K= 4 时的簇中心为：
	[[0.18687235 0.12244828 0.11543913 1.]
	[0.88503364 0.82021822 0.73104592 1.]
	[0.79072956 0.54191957 0.40929116 1.]
	[0.56379425 0.32638378 0.24115747 1.]]
	K= 6 时的簇中心为：
	[[0.52792454 0.28002919 0.17782066 1.]
	[0.81612548 0.6029305 0.46336507 1.]
	[0.74509222 0.43724464 0.30522382 1.]
	[0.89298273 0.83761244 0.74935196 1.]
	[0.17018751 0.11215148 0.10536296 1.]
	[0.40758957 0.37736905 0.46982617 1.]]
	K= 8 时的簇中心为：
	[[0.32588013 0.20683373 0.18413653 1.]
	[0.88876766 0.6218556 0.43565077 1.]
	[0.76224082 0.44014294 0.30351299 1.]
	[0.73090195 0.58225666 0.4930837 1.]
	[0.14430267 0.09355136 0.08535127 1.]
	[0.89534166 0.8411889 0.75544226 1.]
	[0.57546878 0.30448623 0.19165039 1.]
	[0.42172316 0.38995664 0.48365938 1.]]

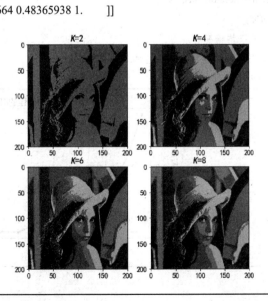

以 4 个颜色通道作为 4 个特征，聚集为多少个簇最好？换句话说，4 个颜色通道包含多少种模式的信息时，可以使用肘部法则确定最佳聚类数量 *K*？

In []:
```
# 计算 K 值为 1~12 对应的平均畸变程度，用肘部法则来寻找较好的聚类数目 K
# 导入 KMeans 模块
from sklearn.cluster import KMeans
# 导入 SciPy，求解距离
from SciPy.spatial.distance import cdist
K=range(1,12)
# 计算 K 值从 1~12 对应的平均畸变程度，用肘部法则来寻找较好的聚类数目 K
# 导入 KMeans 模块
from sklearn.cluster import KMeans
# 导入 SciPy，求解距离
from SciPy.spatial.distance import cdist
K=range(1,12)
meandistortions=[]
for k in K:
    kmeans=KMeans(n_clusters=k)
    kmeans.fit(X1)
    meandistortions.append(sum(np.min(
        cdist(X1,kmeans.cluster_centers_,
            'euclidean'),axis=1))/X1.shape[0])
# 可视化
plt.figure(figsize=(6,4))
plt.grid(True)
plt.plot(K,meandistortions,'kx-')
plt.xlabel('k')
plt.ylabel(u' 平均畸变程度 ')
plt.title(u' 用肘部法则来确定最佳的 K 值 ')
plt.show() # 显示图像
```

Out:

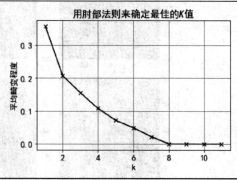

【范例分析】

本例对 4 通道彩色图像，将 4 个通道作为 4 个特征对图像像素进行聚类。先将图像进行压缩，然后将压缩后的图像形状改变为 4 个特征形式，则每个样本对应 1 个位置，具有 R, G, B 颜色值和透明度 4 个特征。先是将其聚集为 4 个簇，以非本簇样本填充 [1,1,1,1] 的方法，可视化每个簇。然后分别将图像聚集为 2,4,6,8 个簇。以簇质心特征值填充本簇样本，可视化填充结果。通过肘部法则可以看出，以 4 个颜色通道作为 4 个特征，可聚类的最佳簇数为 8。这说明以颜色为特征，图像包含了 8 种模式的信息。

15.4 图像分类——汉字手写体的识别

下面以汉字手写体的识别为例，介绍基于模板的图像分类方法。笔者收集了 10 个汉字、每个汉字各 100 个手写体的图像，分别保存在以汉字拼音为名称的文件夹里。可以将文件夹名称作为汉字手写体的类标签。每个图像已被压缩为 30*30 像素大小，图像的格式为 .jpg。在分类时，需要将图像转换为灰度图，将每个图像作为一个样本，其特征数为 900。

汉字手写体的识别应经过以下步骤。

（1）读取每个文件夹的名称，将其作为汉字手写体的图像类标签。

（2）读取每个图像文件，将其转化为灰度图，并分类保存。

（3）读取所有图像文件的灰度图，将其建立为具有 900 个特征的数据集，包括特征集和目标集。

（4）将汉字手写体数据集保存。

（5）读取汉字手写体数据集，选择机器学习模型，拟合分类器。

（6）评价分类器性能。

【例 15-17】对汉字手写体训练支持向量机分类器。

读取汉字手写体图像，转化为灰度图，并分类保存。读取每个手写体的灰度图，建立手写体数据集，存储为文本文件。读取手写体数据集文本文件，训练 SVM 分类器，评价分类器性能。

先读取汉字手写体图像文件，并观察图像。

```
In []:   # 读取图像，存储为文本文件，读取文本文件，使用 SVM 分类
         import numpy as np
         from skimage import io,data,transform,exposure
         import matplotlib.pyplot as plt
         from skimage.color import rgb2gray
         import pandas as pd
         import os
         path='D:/PythonStudy/data/hand_writtings/compressed/'
```

In []:	`if not os.path.exists(path):`
	`os.makedirs(path)`
	`source_category_list = os.listdir(path)`
	`print('compressed 目录下的子目录为：\n',source_category_list)`
Out:	compressed 目录下的子目录为：
	`['ai', 'fan', 'feng', 'la', 'mo', 'xiao', 'xuan', 'yan', 'yang', 'zhi']`

可以看出，汉字手写体共有 10 个文件夹，即 10 个类别。下面读取全部图像，并显示部分图像。

In []:	`print(' 图像批量读取中，请耐心等待 ......')`
	`for mydir in source_category_list:`
	`# 拼出存放原始文件的目录（类别）路径`
	`source_category_path = path+ mydir + "/"`
	`# 获取某一目录（类别）中的所有文件`
	`source_file_list = os.listdir(source_category_path)`
	`#print(source_file_list)`
	`file_num=len(source_file_list)# 获取 source_file_list 文件数量`
	`coll=io.ImageCollection(path+mydir+'/*.jpg')`
	`print(source_category_path,' 读取完毕 ')`
	`idx=np.random.randint(0,high=len(coll), size=10)`
	`p = plt.figure(figsize=(10,2))`
	`for fignum in range(10):`
	`ax1 = p.add_subplot(1,10,fignum+1)`
	`plt.imshow(coll[fignum])`
	`p.tight_layout()# 调整空白，避免子图重叠`
	`print(' 图像批量读取完毕！ ')`
	`print(' 每个汉字手写体的任意 10 个图像为：\n')`
Out:	图像批量读取中，请耐心等待 ......
	D:/PythonStudy/data/hand_writtings/compressed/ai/ 读取完毕
	D:/PythonStudy/data/hand_writtings/compressed/fan/ 读取完毕
	D:/PythonStudy/data/hand_writtings/compressed/feng/ 读取完毕
	D:/PythonStudy/data/hand_writtings/compressed/la/ 读取完毕
	D:/PythonStudy/data/hand_writtings/compressed/mo/ 读取完毕
	D:/PythonStudy/data/hand_writtings/compressed/xiao/ 读取完毕
	D:/PythonStudy/data/hand_writtings/compressed/xuan/ 读取完毕
	D:/PythonStudy/data/hand_writtings/compressed/yan/ 读取完毕
	图像批量读取中，请耐心等待 ......
	D:/PythonStudy/data/hand_writtings/compressed/ai/ 读取完毕
	D:/PythonStudy/data/hand_writtings/compressed/fan/ 读取完毕
	D:/PythonStudy/data/hand_writtings/compressed/feng/ 读取完毕
	D:/PythonStudy/data/hand_writtings/compressed/la/ 读取完毕

Out: D:/PythonStudy/data/hand_writtings/compressed/mo/ 读取完毕

　　 D:/PythonStudy/data/hand_writtings/compressed/xiao/ 读取完毕

　　 D:/PythonStudy/data/hand_writtings/compressed/xuan/ 读取完毕

　　 D:/PythonStudy/data/hand_writtings/compressed/yan/ 读取完毕

　　 D:/PythonStudy/data/hand_writtings/compressed/yang/ 读取完毕

　　 D:/PythonStudy/data/hand_writtings/compressed/zhi/ 读取完毕

　　 图像批量读取完毕！

　　 每个汉字手写体的任意 10 个图像如下。

将原始文件转换为灰度图，以每个灰度图像作为一个样本，构建手写体特征集和目标集。

In []: # 生成图像数据集，一行数据（一个样本）为一副图像

　　 from skimage.color import rgb2gray

　　 print(' 图像批量读取中，请耐心等待 ......')

　　 X=[]

　　 y=[]

　　 for mydir in source_category_list:

　　　　 # 拼出存放原始文件的目录（类别）路径

　　　　 source_category_path = path+ mydir + "/"

| In []: | ```
source_file_list = os.listdir(source_category_path)
#print(source_category_path)
# 获取某一目录（类别）中的所有文件
source_file_list = os.listdir(source_category_path)
#print(source_file_list)
for file_name in source_file_list:
    full_name=path+mydir+'/'+file_name
    img0=io.imread(full_name)
    img_gray = rgb2gray(img0)# 将彩色图像转化为灰度图像
    X=np.append(X,img_gray.ravel())
    y=np.append(y,mydir)
    X=X.reshape(len(source_file_list),-1)
X=X.reshape(len(y),-1)
print(' 图像批量读取完毕！ ')
``` |
|---|---|
| Out: | 图像批量读取中，请耐心等待 ......
图像批量读取完毕！ |

输出观察汉字手写体数据集的形状。

| In []: | ```
print(' 汉字手写体数据集的形状为：',X.shape)
print(' 汉字手写体目标集的形状为：',y.shape)
``` |
|---|---|
| Out: | 汉字手写体数据集的形状为： (1000, 900)
汉字手写体目标集的形状为： (1000,) |

可以看出，汉字手写体数据集的形状为 (1000, 900)，即有 1000 个样本，每个样本有 900 个特征 (像素)。下面观察构建的数据集中任意 50 个样本的图像。

| In []: | ```
idx=np.random.randint(0,high=len(y), size=50)
print(' 图像数据集中任意 50 个样本的图像为： \n')
p = plt.figure(figsize=(10,6))
idx=np.random.randint(0,high=len(y), size=50)
print(' 图像数据集中任意 50 个样本的图像为： \n')
p = plt.figure(figsize=(10,6))
for fignum in range(len(idx)):
    ax1 = p.add_subplot(5,10,fignum+1)
    plt.imshow(X[idx[fignum],:].reshape(np.int(len(X[idx[fignum],:])**0.5),-1))
    p.tight_layout()# 调整空白，避免子图重叠
``` |
|---|---|
```

Out: 图像数据集中任意 50 个样本的图像如下。

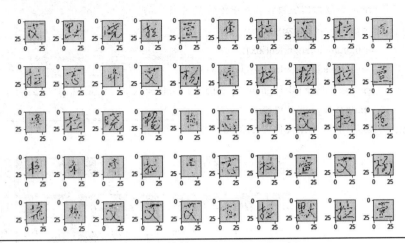

将图像数据集保存为文本文件。

In []: path1='D:/PythonStudy/data/hand_writtings/'

if not os.path.exists(path1):

os.makedirs(path1)

df_images_data=pd.DataFrame(X)

df_images_data.to_csv(path1+'cn_writtings_data.csv',sep = ',',index = False) # 保存为 csv 文本文件

df_images_target=pd.DataFrame(y)

df_images_target.to_csv(path1+'cn_writtings_target.csv',sep = ',',index = False) # 保存为 csv 文本文件

print(' 图像数据集转换为 DataFrame 并保存完毕！ ')

Out: 图像数据集转换为 DataFrame 并保存完毕！

读取汉字手写体数据文件，并观察数据集的基本信息。

In []: # 读取保存的图像数据集文件

X=pd.read_table(path1+'cn_writtings_data.csv',

sep = ',',encoding = 'gbk').values# 读取 csv 文本文件

y=pd.read_table(path1+'cn_writtings_target.csv',

sep = ',',encoding = 'gbk').values# 读取 csv 文本文件

print(' 读取的图像数据文件特征集形状为： ',X.shape)

print(' 读取的图像数据文件目标集形状为： ',y.shape)

Out: 读取的图像数据文件特征集形状为： (1000, 900)

读取的图像数据文件目标集形状为： (1000, 1)

可以看出，数据文件特征集形状为 (1000, 900)，目标集形状为 (1000, 1)，与保存前的数据集形状相同。下面观察读取的图像数据文件中任意 50 个样本的图像。

In []:
```
idx=np.random.randint(0,high=len(y), size=50)
print(' 读取的图像数据文件中任意 50 个样本的图像为： \n')
p = plt.figure(figsize=(10,6))
for fignum in range(len(idx)):
    ax1 = p.add_subplot(5,10,fignum+1)
    plt.imshow(X[idx[fignum],:].reshape(np.int(len(X[idx[fignum],:])**0.5),-1))
    p.tight_layout()# 调整空白，避免子图重叠
```

Out: 读取的图像数据文件中任意 50 个样本图像如下。

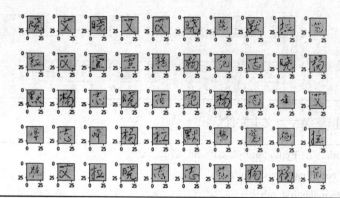

将数据集拆分为训练集和测试集，使用训练集拟合支持向量机分类模型，使用测试集评价拟合的分类器。

In []:
```
from sklearn import svm
from sklearn.model_selection import train_test_split,cross_val_score
from sklearn import metrics
from sklearn.metrics import confusion_matrix,classification_report
X_train,X_test, y_train,y_test = train_test_split(
    X,y,train_size = 0.7,random_state = 42)
# 使用支持向量机进行训练
# 可选择不同的核函数 kernel： 'linear', 'poly', 'rbf','sigmoid'
clf_svm = svm.SVC(kernel='linear',gamma=2)# 设置模型参数
clf_svm.fit(X_train, y_train.ravel())# 训练
y_svm_pred=clf_svm.predict(X_test)
print(' 支持向量机预测测试集结果与实际结果的混淆矩阵为： \n',
    confusion_matrix(y_test.ravel(), y_svm_pred.ravel()))# 输出混淆矩阵
```

Out: 支持向量机预测测试集结果与实际结果的混淆矩阵为：
```
[[32 3 0 0 0 0 0 0 0 0]
 [ 0 19 0 0 0 0 0 1 0 0]
 [ 0 5 31 0 0 0 0 0 1 0 0]
 [ 0 0 0 34 0 0 0 0 0 0]
 [ 0 0 0 0 24 0 0 0 0 0]
```

Out:	[0 1 0 0 0 32 0 0 0 0]
	[0 1 0 0 0 0 29 0 0 0]
	[0 2 1 0 0 0 0 20 0 0]
	[0 0 0 0 0 0 0 0 29 0]
	[0 1 0 0 0 0 0 0 0 34]]

下面输出查看支持向量机预测结果评价报告。

In []:	print(' 支持向量机预测结果评价报告：\n':
	classification_report(y_test.ravel(),y_svm_pred.ravel()))

Out: 支持向量机预测结果评价报告：

	precision	recall	f1-score	support
ai	1.00	0.91	0.96	35
fan	0.59	0.95	0.73	20
feng	0.97	0.84	0.90	37
la	1.00	1.00	1.00	34
mo	1.00	1.00	1.00	24
xiao	1.00	0.97	0.98	33
xuan	1.00	0.97	0.98	30
yan	0.91	0.87	0.89	23
yang	1.00	1.00	1.00	29
zhi	1.00	0.97	0.99	35
avg / total	0.96	0.95	0.95	300

对训练的支持向量机模型 clf_svm 进行 5 折交叉检验，输出交叉检验分数。

In []:	# 交叉检验
	print(' 交叉检验的结果为：',cross_val_score(clf_svm, X, y.ravel(), cv=5))

Out:	交叉检验的结果为： [0.94 0.955 0.985 0.945 0.975]

【范例分析】

汉字手写体共收集了 10 个汉字，每个汉字有 100 个手写体图像，分别保存在 10 个文件夹中，文件夹以该汉字的拼音命名。图像格式为 30*30 像素、jpg 格式、3 个通道。可视化每个汉字手写体的任意 10 个图像。使用 rgb2gray() 方法将原始图像转换为灰度图像，将每个灰度图像作为一个样本展平，构建手写体特征集和目标集。汉字手写体数据集的形状为（1000，900），即有 1000 个样本，每个样本有 900 个特征（像素）。使用 DataFrame.to_csv() 方法将图像数据集保存为文本文件。使用 DataFrame.read_table() 方法读取汉字手写体数据文件，数据文件特征集形状为（1000，900），目标集形状为（1000，1）。使用 train_test_split() 方法，随机将读取的数据集拆分为训练集和测试集 X_train,X_test, y_train,y_test。使用训练集拟合支持向量机分类模型 clf_svm，支持向量机选用 'linear' 线性核函数。使用测试集评价拟合的分类器 clf_svm。classification_report() 方法返回的分类报告表明，支持向量机 clf_svm 对测试集的平均分类准确率、召回率、F_1 分数分别为 0.96, 0.95, 0.95。cross_val_score() 方法返回的 5 折交叉检验分数为 [0.94 0.955 0.985 0.945 0.975]。clf_svm 对汉字手写体数据集取得了比较令人满意的分类结果。

15.5 本章小结

skimage 提供的模块有 io, data, color, filters, draw, transform, morphology, exposure, feature, measure, segmentation, restoration, util 等，涵盖了图像处理的基本操作。它将图像作为数组处理，非常方便在 Python 中使用。图像识别的范围非常大，单幅图像包含的特征信息可以通过对灰度图或彩色图的聚类来评价。用多幅图像训练分类器，能够进行图像的分类和识别。

15.6 习题

（1）使用手机拍摄照片，对照片进行压缩、放大、旋转、剪裁、拼接、转为灰度图等操作。

（2）对第（1）题的灰度图进行 K-means 聚类分析，确定最佳 K 值，将其聚集为 K 个类别，用簇中心灰度值填充簇内样本，并可视化结果。

（3）对第（1）题的彩色图，选择 R,G,B 三个通道作为特征，进行 K-means 聚类分析，确定最佳 K 值，将其聚集为 K 个类别，用簇中心颜色值填充簇内样本，并可视化结果。

（4）书写例 15-17 的汉字，制作为图像，将图像转换为灰度图，并压缩为 30*30 大小，使用该例中训练的支持向量机模型预测所书写的汉字类别。

15.7 高手点拨

（1）图像数据占用较大的内存，Python 对图像数据的保存、赋值采用了不同于一般数组的方法。例如，对一幅图像，将其分别赋值给 img1, img2，这两个变量将实际指向同一个图像数据，并不为另一个变量创建图像副本。对任何一个变量的操作将同步作用于另一个变量。

（2）图像具有数据量大的特点，对其进行处理和机器学习，非常占用计算机的内存。因此，一般要将图像进行压缩处理，然后再进行机器学习，这样能提高机器学习的速度。

16

语音识别

语音识别是人机交互、自然语言处理的重要技术手段。音频文件具有格式多样、数据量大的特点。对音频文件的学习需要结合频域与时域特征进行。WAVE API 提供了 WAV 格式音频文件的访问方法，可以读取音频文件的信息、修改音频文件、裁剪和拼接音频文件。傅里叶变换是分析音频文件的一个重要频域特征。本章介绍 WAVE API 的使用方法、音频文件的快速傅里叶变换方法，并结合频域、时域特征，训练简单的语音机器学习模型。

16.1 语音识别模础

16.1.1 ▶ 声音的本质

声音是各种波源的振动通过空气等弹性介质传播到耳膜引起振动，牵动听觉神经，经过大脑加工处理后，产生的听觉。

声波本质上是"机械波"，这种波的特性是需要弹性介质（如空气、木头、金属）的传播。任何物体（或质点）的机械振动，均可以产生声音，但不是所有频率的声音人类都能听见。一般把20~20000Hz 频率的机械波定义为声波，这个频段的声波可以引起人类的听觉，即所谓的"声音"。而某些动物（如狗）的听觉比人类还灵敏，还有一些动物（如海豚、蝙蝠）可以发出和接收超声波。

人类平常听到的声音，按波型分类属于"纵波"。质点的振动方向与传播方向同轴，即振动方向与波的传播方向一致。在空气中传播的声音，由于空气介质中的空气分子受到交变拉、压应力作用并产生伸缩形变，因此会呈现疏密相间的形态。

要注意的一点是，声音是振动状态的传播，波动中介质的各个质点并不随波前进，而是按照与波源相同的振动频率在各自的平衡位置上振动，并将能量传递给周围的质点。因此，声音的本质是能引起人类听觉的机械波，它不是物质的传播，而是振动状态和能量的传播。

16.1.2 ▶ 常见的音频文件格式

常见的音频文件格式有以下 9 种，如图 16-1 所示。

图 16-1 常见的音频文件格式

1. WAVE

扩展名为 WAV。它是微软公司开发的一种声音文件格式，符合 PIFF Resource Interchange File Format 文件规范，用于保存 Windows 平台的音频信息资源，被 Windows 平台及其应用程序所支持。

"*.WAV" 格式支持 MSADPCM、CCITT A LAW 等多种压缩算法，支持多种音频位数、采样频率和声道，标准格式的 WAV 文件和 CD 格式一样，也是 44.1K 的采样频率，速率为 88K/s，16 位量化位数。WAV 格式的声音文件质量和 CD 相差无几，也是 PC 上广为流行的声音文件格式。该格式记录声音的波形，故只要采样率高、采样字节长、机器速度快，利用该格式记录的声音文件就能够和原声基本一致，质量非常高，但这样做的代价是文件太大。

2. MOD

扩展名为 MOD、ST3、XT、S3M、FAR、669 等。该格式的文件里存放乐谱和乐曲使用的各种音色样本，具有回放效果明确、音色种类多等特点。但它也有一些致命弱点，如格式变化太多，格式不统一，导致这种格式在商业领域没有大的作为，以致于被逐渐淘汰，目前只有 MOD 迷及一些游戏程序在使用。

3. MPEG-3

扩展名为 MP3。MP3 格式诞生于 20 世纪 80 年代的德国，MP3 是指 MPEG 标准中的音频部分，也就是 MPEG 音频层。根据压缩质量和编码处理的不同分为 3 层，分别对应 "*.mp1" "*.mp2" "*.mp3" 这 3 种声音文件。

需要注意的是，MPEG 音频文件的压缩是一种有损压缩，MPEG3 音频编码具有 10∶1~12∶1 的高压缩率，同时基本保持低音频部分不失真，但是牺牲了声音文件中 12KHz ~ 16KHz 高音频的质量来换取文件的尺寸。

相同长度的音乐文件，用 *.mp3 格式来储存，一般只有 *.wav 文件的 1/10，而音质要次于 CD 格式或 WAV 格式的声音文件。由于其文件尺寸小、音质好，因此在它问世之初还没有什么别的音频格式可以与之匹敌，因而为 *.mp3 格式的发展提供了良好的条件。直到现在，这种格式还是主流。

4. Real Audio

扩展名为 RA。该格式的音频文件具有强大的压缩量和极小的失真，使其在众多音频格式中脱影而出。和 MP3 相同，它也是为了解决网络传输带宽资源而设计的，因此主要优势在于压缩比和容错性，其次才是音质。

5. Creative Musical Format

扩展名为 CMF。它是由 Creative 公司制作的专用音乐格式，和 MIDI 格式差不多。只是音色、效果上有些特色，专用于 FM 声卡，但其容差性较差。

6. CD Audio

扩展名为 CDA。它是唱片采用的格式，又称"白皮书"格式，记录的是波形流，具有纯正、高保真的优点。标准 CD 格式具有 44.1K 的采样频率，速率为 88K/s，16 位量化位数。因为 CD 音轨是近似无损的，因此其声音基本是忠于原声的。它的缺点是无法编辑，文件长度太大。

7. MIDI

扩展名为 MID。它是目前最成熟的音乐格式，实际上已经成为一种产业标准，其科学性、兼容性、复杂程度等各方面远远超过前面几种格式标准。它的 General MIDI 是最常见的通行标准，作为音乐行业的数据通信标准。MIDI 能指挥各种音乐设备的运转，具有统一的标准格式，能够模仿原始乐器的各种演奏技巧，甚至超越所有演奏效果，而且文件非常小。

8. WMA

WMA 具有高保真声音通频带宽，后台强硬，音质要强于 MP3 格式，更远胜于 RA 格式，和日本 YAMAHA 公司开发的 VQF 格式一样。WMA 是以减少数据流量但保持音质的方法来达到比 MP3 压缩率更高的目的，WMA 的压缩率一般都可以达到 1∶18 左右。WMA 还有一个优点是，内容提供商可以通过 DRM（Digital Rights Management）方案（如 Windows Media Rights Manager 7）加入防拷贝保护，这种内置的版权保护技术可以限制播放时间和播放次数，甚至播放的机器等。

9. VQF

VQF 的核心是通过减少数据流量但保持音质的方法来达到更高的压缩比，在技术上很先进。*.vqf 可以用雅马哈的播放器播放，同时雅马哈也提供从 *.wav 文件转换到 *.vqf 文件的软件。

此外，还有一些其他音频格式，感兴趣的读者可查阅相关参考文献。

16.1.3 ▶ 语音形成机理和语音识别的基本过程

人的肺在受到挤压后形成的气流通过声门带动声带振动产生振动波。声带振动的频率称为基频。基频决定了声音频率的高低，频率快则音调高；相反，频率低则音调低。气流在通过由咽部、口腔、鼻腔组成的声道时，带动各个器官振动，产生各种不同频率的振动波。这些振动波相互叠加，形成复杂的声波。声道尤其是口腔扮演着谐振腔、滤波器的作用。它们的形状、容积极易改变，从而能够对声带和声道产生的各个振动波进行调制，放大某一频率的声波形成共振峰，并衰减其他频率的声波分量，调制后的振动波从口腔释放形成发声。人具有高级神经系统，能够精确控制声道对各种振动波进行精细调制，从而发出语音。

一方面，由于人类个体间的声带、声道内各个器官的形状和尺寸不同，不同人发出的声音是有差异的，这就构成了声纹识别、身份鉴定的物理基础。另一方面，语言文字的读音是标准的，因此人的语音又具有相对稳定性，这就构成了语音识别的物理基础。

语音识别一般包括 5 个步骤：语音采集和标注；语音预处理（端点检测、加窗分帧、加重、降噪）；特征提取；模型选择和训练；模型评价，如图 16-2 所示。语音识别是一个需要反复实验、尝试、寻优的过程。

图 16-2 语音识别过程

对人语音信号的分析，可以从时域、变换域、听觉特征三个维度进行。常用的语音信号分析方法如图 16-3 所示。时域方法直接分析语音信号的时域波形，主要指标有短时平均能量、短时平均过零率、共振峰、基音周期等。变换域分析法将语音信号变换到频域，分析语音的频谱特征，常用的方法有傅里叶频谱分析、倒谱分析。变换域分析常需要与时序信息相结合，其方法是将语音分成许多小段，分别对各段语音进行频谱变换，将各段的变换结果按照时序排列在一起，然后进行分析。听觉特征不直接研究声道模型，而是从人类听觉系统读语音的感知特性刻画语音信号特征，其方法为感知线性预测 (Perceptual Linear Predictive, PLP) 分析。

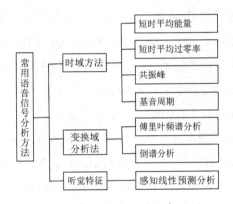

图 16-3 常用语音信号分析方法

语音信号是非平稳时变信号，其特性随时间变化。为了提高分析结果的有效性，将语音信号分为许多小段，每一段称为一帧，一般取 10~30ms。每一帧可视为具有短时平稳性，其特性基本不变或变化缓慢。在实际分析时，往往使用窗函数截取语音信号进行分帧。常用的窗函数有矩形窗、海宁窗、汉明窗等。矩形窗对语音信号原封不动地截取，其他窗函数则对帧内语音信号进行加权处理。为了防止泄露和使信号平滑，窗口间应保持一定的重叠。

语音识别模型可以分为三大类：基于模板的模型，它将被试语音与已知语音模板按照相似度进行匹配，常用的方法有 K 近邻、动态时间规整、矢量量化，适用于孤立词的识别；基于概率统计的随机模型，如高斯混合模型 (Gaussian Mixture Mode, GMM)、隐马尔可夫模型 (Hidden Markov Models, HMM)，以及二者的结合，解决了大词汇量连续语音识别的问题；人工神经网络及其他模型，包括神经网络、支持向量机、朴素贝叶斯等。近年来，随着算力的发展，搭建深度神经网络进行深度学习已能够实现，将深度神经网络与隐马尔可夫模型相结合，能提升大词汇量连续语音识别的准确率。

16.2 使用 WAVE API 访问、编辑 WAV 格式音频文件

Python Anaconda 版本自带声音信号处理 WAVE 模块。该模块提供了一个处理 WAV 声音格式的便利接口。它不支持压缩 / 解压，但是支持单声道 / 立体声。本节将介绍使用 Python 对 WAV 格式音频文件进行访问、播放、编辑的方法。

16.2.1 ▶ WAVE 模块常用方法

WAVE 模块定义了以下函数和异常。本节将使用该模块，对 WAV 格式音频文件进行处理与分析。WAVE 模块的主要方法有以下几个。

（1）wave.open(file, mode=None)：打开 WAV 格式音频文件。

其中，如果 file 是一个字符串，可打开对应文件名的文件，否则就把它作为文件类对象来处理。mode 可以为以下值：'rb'（只读模式）；'wb'（只写模式）。

open() 方法不支持同时读写 WAV 文件。mode 设为 'rb' 时返回一个 wave_read 对象，mode 设为 'wb' 时返回一个 wave_write 对象。如果省略 mode 并指定 file 来传入一个文件类对象，则 file.mode 会被用作 mode 的默认值。如果操作的是文件对象，那么当使用 WAVE 对象的 close() 方法时，并不会真正关闭文件对象，需要调用者来关闭文件对象。

（2）wave.openfp(file, mode)：同 open()，用于向后兼容。

（3）exception wave.Error：当不符合 WAV 格式或无法操作时引发的错误。

wave_read 对象是由 open() 返回的 wave_read 对象，有以下几种方法。

（1）wave_read.close()：关闭 WAVE 打开的数据流并使对象不可用，当对象被销毁时会自动调用。

（2）wave_read.getnchannels()：返回声道数量（1 为单声道，2 为立体声）。

（3）wave_read.getsampwidth()：返回采样字节长度。

（4）wave_read.getframerate()：返回采样频率。

（5）wave_read.getnframes()：返回音频总帧数。

（6）wave_read.getcomptype()：返回压缩类型（只支持 'NONE' 类型）

（7）wave_read.getcompname()：getcomptype() 的通俗版本。使用 'not compressed' 代替 'NONE'。

（8）wave_read.getparams()：返回一个 namedtuple() (nchannels, sampwidth, framerate, nframes, comptype, compname)，与 get*() 方法的输出相同。

（9）wave_read.readframes(n)：读取并返回以 bytes 对象表示的最多 n 帧音频。

（10）wave_read.rewind()：设置当前文件的指针位置。

以下两个方法是为了和 aifc 保持兼容，实际不做任何事情。

（1）wave_read.getmarkers()：返回 None。

（2）wave_read.getmark(id)：引发错误异常。

以下两个方法都使用指针，具体实现由其底层决定。

（1）wave_read.setpos(pos)：设置文件指针到指定位置。

（2）wave_read.tell()：返回当前文件指针位置。

由 open() 返回的 wave_write 对象，有以下几种方法。

（1）wave_write.close()：关闭文件，要确认 nframes 与实际写入帧数一致。

（2）wave_write.setnchannels(n)：设置声道数。

（3）wave_write.setsampwidth(n)：设置采样字节长度为 n。

（4）wave_write.setframerate(n)：设置采样频率为 n。

（5）wave_write.setnframes(n)：设置帧数为 n。

（6）wave_write.setcomptype(type, name)：设置压缩格式。目前只支持 NONE，即无压缩格式。

（7）wave_write.setparams(tuple)：tuple 应该是 (nchannels, sampwidth, framerate, nframes, comptype, compname)，每项的值应可用于 set*() 方法，设置所有形参。

（8）wave_write.tell()：返回当前文件指针，其指针含义和 wave_read.tell() 以及 wave_read.setpos() 一致。

（9）wave_write.writeframesraw(data)：写入音频数据，但不更新 nframes。

（10）wave_write.writeframes(data)：写入帧，要确保 nframes 正确。

注意，在调用 writeframes() 或 writeframesraw() 之后，再设置任何格式参数都是无效的，而且这样的尝试会引发 wave.Error。

16.2.2 ▶ 文件打开方法

Python 内置了读写文件的函数，用法和 C 是兼容的。在磁盘上读写文件的功能都是由操作系统提供的，现代操作系统不允许普通的程序直接操作磁盘，所以，读写文件是请求操作系统打开一个文件对象（文件描述符），然后通过操作系统提供的接口从这个文件对象中读取数据（读文件），或者把数据写入这个文件对象（写文件）。

1. 读取文件

以读文件的模式打开一个文件对象，可以使用 Python 内置的 open() 函数，传入文件名和标示符，例如：

```
f = open('D:/mypython/test.txt', 'r')
```

其中，标示符 'r' 表示读，这样就可成功地打开一个文件。如果文件不存在，open() 函数就会抛出一个 IOError 的错误，并且给出错误码和详细的信息告诉文件不存在。如果文件打开成功，接下来调用 read() 方法可以一次读取文件的全部内容。Python 把内容读到内存，用一个 str 对象表示，例如：

```
f.read()
```

文件使用完毕后必须关闭，因为文件对象会占用操作系统的资源，并且操作系统同时打开的文件数量也是有限的。不使用文件时，就要调用 close() 方法关闭文件，即：

```
f.close()
```

由于文件读写时都有可能产生 IOError，一旦出错，后面的 f.close() 就不会调用。因此，为了保证无论是否出错都能正确地关闭文件，可以使用 try … finally 来实现。

```
try:
    f = open('/path/to/file', 'r')
    print(f.read())
finally:
    if f:
        f.close()
```

但是每次都这么写太烦琐，所以 Python 引入了 with 语句来自动帮用户调用 close() 方法。

```
with open('/path/to/file', 'r') as f:
    print(f.read())
```

这和 try … finally 是一样的，但是代码更加简洁，并且不必调用 f.close() 方法。

如果文件很小，可调用 read() 一次性读取文件的全部内容。如果文件非常大，内存就会不够用。所以，保险起见，可以反复调用 read(size) 方法，每次最多读取 size 个字节的内容。另外，调用 readline() 可以每次读取一行内容，调用 readlines() 一次读取所有内容并按行返回 list。用户可以根据需要决定怎么调用。

```
for line in f.readlines():
    print(line.strip()) # 把末尾的 '\n' 删掉
```

2. 写文件

写文件和读文件是一样的，唯一的区别是调用 open() 函数时，传入标识符 'w' 或 'wb'，表示写文本文件或写二进制文件，例如：

```
f = open('D:/mypthon/test.txt', 'w')
f.write('Hello, world!')
f.close()
```

用户可以反复调用 write() 来写入文件，但是务必要调用 f.close() 来关闭文件。因为写文件时，操作系统往往不会立刻把数据写入磁盘，而是放到内存缓存起来，空闲的时候再慢慢写入。只有调用 close() 方法时，操作系统才能保证把数据全部写入磁盘。忘记调用 close() 的后果是，数据可能只写了一部分到磁盘，剩下的丢失了，所以最好还是用 with 语句，其格式如下：

```
with open('D:/mypthon/test.txt', 'w') as f:
    f.write('Hello, world!')
```

要写入特定编码的文本文件，需要给 open() 函数传入 encoding 参数，将字符串自动转换成指定编码。

3. 字符编码和二进制文件

读取非 UTF-8 编码的文本文件时，需要给 open() 函数传入 encoding 参数，例如，读取 GBK 编码的文件，应在 open() 函数中传入以下参数：

```
f = open('D:/mypthon/test.txt', 'r', encoding='gbk')
```

操作有些编码不规范的文件时，可能会遇到 UnicodeDecodeError 提示，因为在文本文件中可能夹杂了一些非法编码的字符。遇到这种情况，open() 函数还可以接收一个 errors 参数，表示如果遇到编码错误应如何处理。最简单的方式是直接忽略：

```
f = open('/Users/michael/gbk.txt', 'r', encoding='gbk', errors='ignore')
```

要读取二进制文件，如图片、视频等，用 'rb' 模式打开文件即可，其格式如下：

```
f = open('D:/mypthon/test.wav', 'rb')
f = open('D:/mypthon/test.wav', 'wb')
```

16.2.3 ▶ 使用 WAVE API 读写 WAV 格式音频文件

下面将通过几个例子，展示如何使用 WAVE API 来访问、播放、编辑、保存 WAV 格式的音频文件。

【例 16-1】加载 WAV 音频文件，读取音频文件信息，绘制音频波形图。

加载 test_wav.wav 音频文件，读取文件的声道数、量化位数、采样频率、采样点数、压缩类型等信息，并绘制音频文件的时域波形图。

```
In []:   # 加载 WAV 音频文件，读取文件信息
         import wave
         import numpy as np
         import os
         import IPython# 用于播放音频文件
         path='D:/PythonStudy/data/speech/my_speech/'
         # 如果 path 不存在，则创建它
         if not os.path.exists(path):
             os.makedirs(path)
         file_full_name=path+'test_wav.wav'
         with wave.open(file_full_name, "rb") as fp:# 将文件打开为二进制只读格式
             # 逐个读取格式信息
             print(file_full_name,' 声道数为：',fp.getnchannels())
```

In []:	print(file_full_name,' 采样字节长度为：',fp.getsampwidth())
	print(file_full_name,' 采样频率为：',fp.getframerate())
	print(file_full_name,' 音频总帧数为：',fp.getnframes())
	print(file_full_name,' 的压缩类型为：',fp.getcomptype())
	# 全部读取（声道数、量化位数、采样频率、采样点数、压缩类型、压缩类型的描述）
	# (nchannels, sampwidth, framerate, nframes, comptype, compname)
	params = fp.getparams()
	print(file_full_name,' 格式为：\n',params)
	nchannels, sampwidth, framerate, nframes = params[:4]
	# 读取 nframes 个数据，返回字符串格式
	str_data = fp.readframes(nframes)

Out:	D:/PythonStudy/data/speech/my_speech/test_wav.wav 声道数为：2 D:/PythonStudy/data/speech/my_speech/test_wav.wav 采样字节长度为：2 D:/PythonStudy/data/speech/my_speech/test_wav.wav 采样频率为：44100 D:/PythonStudy/data/speech/my_speech/test_wav.wav 音频总帧数为：221231 D:/PythonStudy/data/speech/my_speech/test_wav.wav 的压缩类型为：NONE D:/PythonStudy/data/speech/my_speech/test_wav.wav 格式为： _wave_params(nchannels=2, sampwidth=2, framerate=44100, nframes=221231, comptype='NONE', compname='not compressed')

可以看出，音频文件的声道数为 2。由于文件以二进制形式打开，因此 readframes() 方法返回的是音频数据的二进制格式（字符），下面观察其内容。

In []:	print('str_data 的前 10 个数据为：\n',str_data[0:10])
Out:	str_data 的前 10 个数据为：b'\xf9\xff\xfe\xff\xfc\xff\xfa\xff\xfc\xff'

要使用波形数据，需要将其转化为 int16 的整数格式。每个数据占用两个字节，表示的十进制数值范围为 –32768 ～ –32767。

In []:	wave_data = np.frombuffer(str_data,dtype=np.int16) print('wave_data 的形状为：\n',wave_data.shape)
Out:	wave_data 的形状为：(442462,)

下面观察转化后的数据。

In []:	print('wave_data 的前 10 个数据为：\n',wave_data[0:10])
Out:	wave_data 的前 10 个数据为：[–7 –2 –4 –6 –4 –7 –9 2 –12 2]

可以看出，数据已经转化为整数。由于 readframes() 方法返回的是一维数组，两个通道的数据一前一后放置，需要将两个通道的数据分离。需要说明的是，两个通道的数据和长度完全一样。

In []:	wave_data = wave_data.reshape(-1,nchannels)# 将两个通道数据分离
	print('wave_data 的形状为：\n',wave_data.shape)
Out:	wave_data 的形状为：(221231, 2)

输出观察音频数据。

In []:	# 归一化，两个通道值相同，按一个通道归一化即可
	wave_data = wave_data/(max(abs(wave_data[:,0])))
	print('wave_data[:,0] 的最大值为：',max(abs(wave_data[:,0])))
	print('wave_data 的前 5 行数据为：\n',wave_data[0:5,:])
Out:	wave_data[:,0] 的最大值为：1.0
	wave_data 的前 5 行数据为：
	[[-0.00079954 -0.00022844]
	[-0.00045688 -0.00068532]
	[-0.00045688 -0.00079954]
	[-0.00102798 0.00022844]
	[-0.00137065 0.00022844]]

绘制音频文件两个通道的时域波形，并进行观察。

```
# 绘制音频文件两个通道的时域波形
import matplotlib.pyplot as plt
plt.rcParams['font.sans-serif'] = 'SimHei'# 设置字体为 SimHei 以显示中文
plt.rc('font', size=12)# 设置图中字号大小
plt.rcParams['axes.unicode_minus']=False# 坐标轴刻度显示负号
c='b'# 设置颜色值，将两个通道波形用不同颜色表示
p = plt.figure(figsize=(10,8))
for fignum in range(2):
    ax1 = p.add_subplot(2,1,fignum+1)
    if fignum==1: c='g'
    plt.plot(wave_data[:,fignum],c=c)
    plt.xlabel(' 帧数 ')
    plt.ylabel('Amplitude')
    title=' 第 '+str(fignum+1)+' 个声道的波形 '
    plt.title(title)
p.tight_layout()# 调整空白，避免子图重叠
plt.show() # 显示图形
```

Out:

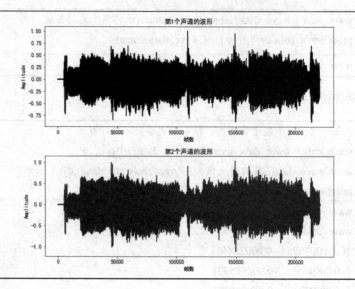

要播放音频文件,可以使用 IPython.display.Audio() 方法。该方法将弹出一个音频播放控件。单击控件的播放键(右向箭头),即可播放音频文件。要使用该方法,需先使用"import IPython"命令导入 IPython 模块。

In []: ＃显示音频播放控件,播放音频文件
IPython.display.Audio(file_full_name,rate=framerate)

Out:

【范例分析】

wave.open(file, mode=None) 用于打开 WAV 格式音频文件,通过 file 参数传入 WAV 音频文件的名字。通过 mode 参数传入 'rb'(二进制只读模式)或 'wb'(二进制只写模式)。使用 getnchannels() 方法返回音频文件声道数,getsampwidth() 方法返回音频文件采样字节长度,getframerate() 方法返回音频文件采样频率,getnframes() 方法返回音频文件音频总帧数,getcomptype() 方法返回音频文件压缩类型,getparams() 方法返回声道数、量化位数、采样频率、采样点数、压缩类型、压缩类型的描述。open() 只读模式读取的音频数据为字符类型,可通过 numpy.frombuffer() 方法将其转换为 numpy.int16 整数类型。对双声道音频文件,两个通道的数据相同,一前一后存放。IPython.display.Audio(filename,rate=framerate) 用于 juypter notebook 播放音频文件,通过 filename 传入音频文件名称,用 rate 传入采样频率。

【例 16-2】写 WAV 音频文件。

将例 16-1 打开的音频文件写入另一个文件,改变写入的 framerate 参数,并重新读取保存的文件进行播放,听声音的变化情况。

写音频文件,需要将数据流打包。这里要用到 struct 模块,struct 的 pack() 方法 pack(FMT, V1) 将 V1 的值转换为 FMT 格式字符串,使 WAVE 能以二进制形式使用 writeframes() 方法将音频数据

写入文件。另外，在上例中，音频数据已做归一化处理，因此还要将它们转化为 -32768 ~ -32767 的整数。

In []: # 写 WAV 音频文件
import numpy as np
import struct# 用于转换数据包格式
with wave.open(path+'new_wav.wav', "wb") as fp:# 将文件打开为二进制只写格式
 # 全部读取 (声道数、量化位数、采样频率、采样点数、压缩类型、压缩类型的描述)
 # (nchannels, sampwidth, framerate, nframes, comptype, compname)
 fp.setparams((2, 2, framerate,nframes, 'NONE','not compressed'))
 for i in wave_data.reshape(-1,1):
  #short 类型整数介于 -32768 ~ -32767
  i1=i * 32767
  if i1>32767: i1=32767
  if i1<-32768: i1=-32768
  # struct.pack(FMT, V1) 将 V1 的值转换为 FMT 格式字符串
  fp.writeframes(struct.pack('h', int(i1)))#int(i1) 必须是 short 整数
 # 显示音频播放控件，播放音频文件
 IPython.display.Audio(path+'new_wav.wav',rate=framerate)

Out:
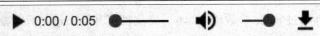

下面将采样频率降低，重新写音频文件，并读取、播放。

In []: # 改变写入采样频率，观察声的变化
with wave.open(path+'new_wav.wav', "wb") as fp:# 将文件打开为二进制只写格式
 # 全部读取 (声道数、量化位数、采样频率、采样点数、压缩类型、压缩类型的描述)
 # (nchannels, sampwidth, framerate, nframes, comptype, compname)
 framerate=20000# 采样频率变低
 fp.setparams((2, 2, framerate,nframes, 'NONE','not compressed'))
 for i in wave_data.reshape(-1,1):
  #short 类型整数介于 -32768 ~ -32767
  i1=i * 32767
  if i1>32767: i1=32767
  if i1<-32768: i1=-32768
  # struct.pack(FMT, V1) 将 V1 的值转换为 FMT 格式字符串
  fp.writeframes(struct.pack('h', int(i1)))#int(i1) 必须是 short 整数
 # 显示音频播放控件，播放音频文件
 IPython.display.Audio(path+'new_wav.wav',rate=framerate)

Out:

下面将采样频率升高，重新写音频文件，并读取、播放。

In []:　with wave.open(path+'new_wav.wav', "wb") as fp:# 将文件打开为二进制只写格式

　　　　# 全部读取 (声道数、量化位数、采样频率、采样点数、压缩类型、压缩类型的描述)

　　　　# (nchannels, sampwidth, framerate, nframes, comptype, compname)

　　　　framerate=80000# 采样频率变高

　　　　fp.setparams((2, 2, framerate,nframes, 'NONE','not compressed'))

　　　　for i in wave_data.reshape(-1,1):

　　　　　#short 类型整数介于 –32768~-32767

　　　　　i1=i * 32767

　　　　　if i1>32767: i1=32767

　　　　　if i1<-32768: i1=-32768

　　　　　# struct.pack(FMT, V1) 将 V1 的值转换为 FMT 格式字符串

　　　　　fp.writeframes(struct.pack('h', int(i1)))#int(i1) 必须是 short 整数

　　　# 显示音频播放控件，播放音频文件

　　　IPython.display.Audio(path+'new_wav.wav',rate=framerate)

Out:　

【范例分析】

wave.open() 通过 mode 参数传入 'wb'，将文件打开为二进制只写模式。writeframes(data) 方法将 data 写入音频文件。写入前，要先使用 setparams() 方法设置声道数、量化位数、采样频率、采样点数、压缩类型、压缩类型的描述等参数，并注意将双声道的两列数据转换为单列数据。由于音频文件保存的数据为字符，写入前需使用 struct.pack(FMT, V1) 方法将 V1 的值转换为 FMT 格式的字符串，V1 必须是 short 整数 (-32768 ~ -32767)。本例中，要写入的 wave_data 已在上例中归一化，因此可直接使用 int(wave_data*32767) 方法将其转换为 short 整数。

将音频文件数据读出以后，可以对数据进行编辑，如删除、重新赋值、截取片段、拼接片段等。下面将介绍这些操作。

【例 16-3】编辑 WAV 音频文件，包括擦除一段音频、给一段音频重新赋值、绘制修改后的音频波形图，以及读取和播放修改后的音频。

将某些音频数据赋 0 值，可以擦除这些音频的数据。

In []:　# 编辑 WAV 音频文件

　　　# 删除一个声音片段

　　　with wave.open(path+'new_wav.wav', "wb") as fp:# 将文件打开为二进制只写格式

　　　　# 全部读取 (声道数、量化位数、采样频率、采样点数、压缩类型、压缩类型的描述)

　　　　# (nchannels, sampwidth, framerate, nframes, comptype, compname)

　　　　framerate=44100

　　　　fp.setparams((2, 2, framerate,nframes, 'NONE','not compressed'))

　　　　wave_data[50000:100000,:]=wave_data[50000:100000,:]*0

　　　　for i in wave_data.reshape(-1,1):

In []:
```
#short 类型整数介于 –32768 ~ –32767
i1=i * 32767
if i1>32767: i1=32767
if i1<-32768: i1=-32768
# struct.pack(FMT, V1) 将 V1 的值转换为 FMT 格式字符串
fp.writeframes(struct.pack('h', int(i1)))#int(i1) 必须是 short 整数
```
```
# 绘制音频文件两个通道的时域波形
import matplotlib.pyplot as plt
plt.rcParams['font.sans-serif'] = 'SimHei'# 设置字体为 SimHei 以显示中文
plt.rc('font', size=12)# 设置图中字号大小
plt.rcParams['axes.unicode_minus']=False# 坐标轴刻度显示负号
c='b'# 设置颜色值，将两个通道波形用不同颜色表示
p = plt.figure(figsize=(10,8))
for fignum in range(2):
    ax1 = p.add_subplot(2,1,fignum+1)
    if fignum==1: c='g'
    plt.plot(wave_data[:,fignum],c=c)
    plt.xlabel(' 帧数 ')
    plt.ylabel('Amplitude')
    title=' 删除片段后第 '+str(fignum+1)+' 个声道的波形 '
    plt.title(title)
p.tight_layout()# 调整空白，避免子图重叠
plt.show() # 显示图形
```

Out:

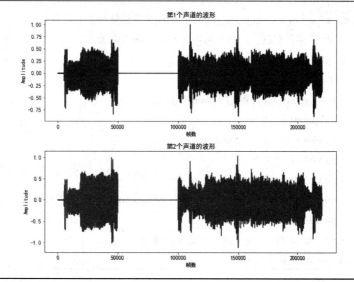

显示音频播放控件，播放音频文件。

In []:
```
# 显示音频播放控件，播放音频文件
IPython.display.Audio(path+'new_wav.wav',rate=framerate)
```

Out:

也可以给某些音频数据重新赋值，以改变音频内容。下面先给某个音频片段赋常数值。

In []:
```
# 赋恒定值给一个声音片段
with wave.open(path+'new_wav.wav', "wb") as fp:# 将文件打开为二进制只写格式
    # 全部读取 ( 声道数、量化位数、采样频率、采样点数、压缩类型、压缩类型的描述 )
    # (nchannels, sampwidth, framerate, nframes, comptype, compname)
    framerate=44100
    fp.setparams((2, 2, framerate,nframes, 'NONE','not compressed'))
    wave_data[150000:200000,:]=wave_data[150000:200000,:]*0+0.5
    for i in wave_data.reshape(-1,1):
        #short 类型整数介于 -32768 ~ -32767
        i1=i * 32767
        if i1>32767: i1=32767
        if i1<-32768: i1=-32768
        if i1<-32768: i1=-32768
        # struct.pack(FMT, V1) 将 V1 的值转换为 FMT 格式字符串
        fp.writeframes(struct.pack('h', int(i1)))#int(i1) 必须是 short 整数
# 绘制音频文件两个通道的时域波形
import matplotlib.pyplot as plt
plt.rcParams['font.sans-serif'] = 'SimHei'# 设置字体为 SimHei 以显示中文
plt.rc('font', size=12)# 设置图中字号大小
plt.rcParams['axes.unicode_minus']=False# 坐标轴刻度显示负号
c='b'# 设置颜色值，将两个通道波形用不同颜色表示
p = plt.figure(figsize=(10,8))
for fignum in range(2):
    ax1 = p.add_subplot(2,1,fignum+1)
    if fignum==1: c='g'
    plt.plot(wave_data[:,fignum],c=c)
    plt.xlabel(' 帧数 ')
    plt.ylabel('Amplitude')
    title=' 赋常数值给某个片段后第 '+str(fignum+1)+' 个声道的波形 '
    plt.title(title)
p.tight_layout()# 调整空白，避免子图重叠
plt.show() # 显示图形
```

Out:

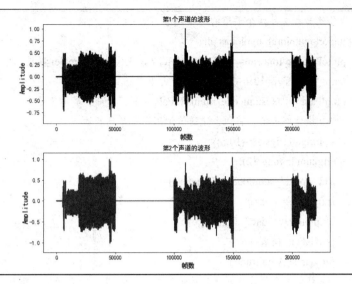

显示音频播放控件，播放音频文件。

In []: # 显示音频播放控件，播放音频文件
IPython.display.Audio(path+'new_wav.wav',rate=framerate)

Out:

播放该音频，在赋常数值的片段中并未听到任何声音。这是由于声音的本质是振动产生的声波，而振动是有频率的。常数值意味着振动频率为 0，即没有任何振动，也就没有声音。下面为该片段重新赋值一个噪声，然后播放该音频，听一下声音的变化。

In []: # 赋变化值给一个声音片段
with wave.open(path+'new_wav.wav', "wb") as fp:# 将文件打开为二进制只写格式
# 全部读取 (声道数、量化位数、采样频率、采样点数、压缩类型、压缩类型的描述)
# (nchannels, sampwidth, framerate, nframes, comptype, compname)
framerate=44100
fp.setparams((2, 2, framerate,nframes, 'NONE','not compressed'))
noise=np.random.randn(100000)
wave_data[150000:200000,:]=wave_data[150000:200000,:]*0+\
(noise/np.max(abs(noise))).reshape(-1,2)
for i in wave_data.reshape(-1,1):
    #short 类型整数介于 -32768 ~-32767
    i1=i * 32767
    if i1>32767: i1=32767
    if i1<-32768: i1=-32768
    # struct.pack(FMT, V1) 将 V1 的值转换为 FMT 格式字符串
    fp.writeframes(struct.pack('h', int(i1)))#int(i1) 必须是 short 整数

```
In []:   # 绘制音频文件两个通道的时域波形
         import matplotlib.pyplot as plt
         plt.rcParams['font.sans-serif'] = 'SimHei'# 设置字体为 SimHei 以显示中文
         plt.rc('font', size=12)# 设置图中字号大小
         plt.rcParams['axes.unicode_minus']=False# 坐标轴刻度显示负号
         c='b'# 设置颜色值，将两个通道波形用不同颜色表示
         p = plt.figure(figsize=(10,8))
         for fignum in range(2):
             ax1 = p.add_subplot(2,1,fignum+1)
             if fignum==1: c='g'
             plt.plot(wave_data[:,fignum],c=c)
             plt.xlabel(' 帧数 ')
             plt.ylabel('Amplitude')
             title=' 将某个片段设置噪声后第 '+str(fignum+1)+' 个声道的波形 '
             plt.title(title)
         p.tight_layout()# 调整空白，避免子图重叠
         plt.show() # 显示图形
```

Out:

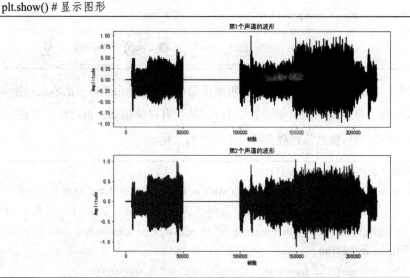

显示音频播放控件，播放音频文件。

```
In []:   # 显示音频播放控件，播放音频文件
         IPython.display.Audio(path+'new_wav.wav',rate=framerate)
```

Out:

这时在赋值噪声的片段中，就能够听到噪声了。

【范例分析】

音频文件读取到内存以后，可以视为数组。对数组进行切片、赋值，就能实现音频片段的删除、

重新赋值等操作。将音频片段赋值为相同值将不会有声音，这是由于声音是由振动产生的，而相同的振幅意味着振动频率为 0，因此没有声音。

在声音信号的处理过程中，常常需要截取声音片段，提取有用的声音进行分析。下面通过一个例子，介绍如何提取声音片段。

【例 16-4】截取声音片段。

从 WAV 音频文件中截取声音片段，绘制截取的声音片段波形，并播放该片段。

```
In []:    # 截取一段声音片段
          with wave.open(path+'new_wav2.wav', "wb") as fp:# 将文件打开为二进制只写格式
            # 全部读取 ( 声道数、量化位数、采样频率、采样点数、压缩类型、压缩类型的描述 )
            # (nchannels, sampwidth, framerate, nframes, comptype, compname)
            framerate=44100
            fp.setparams((2, 2, framerate,nframes, 'NONE','not compressed'))
            wave_data2=wave_data[0:50000,:]
            for i in wave_data2.reshape(-1,1):
                #short 类型整数介于 –32768 ~ –32767
                i1=i * 32767
                if i1>32767: i1=32767
                if i1<-32768: i1=-32768
                # struct.pack(FMT, V1) 将 V1 的值转换为 FMT 格式字符串
                fp.writeframes(struct.pack('h', int(i1)))#int(i1) 必须是 short 整数
          # 绘制音频文件两个通道的时域波形
          import matplotlib.pyplot as plt
          plt.rcParams['font.sans-serif'] = 'SimHei'# 设置字体为 SimHei 以显示中文
          plt.rc('font', size=12)# 设置图中字号大小
          plt.rcParams['axes.unicode_minus']=False# 坐标轴刻度显示负号
          c='b'# 设置颜色值，将两个通道波形用不同颜色表示
          p = plt.figure(figsize=(3,8))
          for fignum in range(2):
              ax1 = p.add_subplot(2,1,fignum+1)
              if fignum==1: c='g'
              plt.plot(wave_data2[:,fignum],c=c)
              plt.xlabel(' 帧数 ')
              plt.ylabel('Amplitude')
              title=' 截取片段第 '+str(fignum+1)+' 个声道的波形 '
              plt.title(title)
          p.tight_layout()# 调整空白，避免子图重叠
          plt.show() # 显示图形
```

Out:

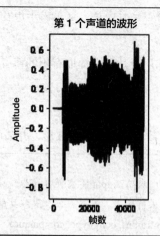
第 1 个声道的波形

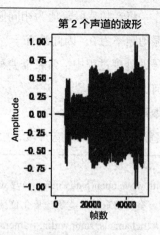
第 2 个声道的波形

【范例分析】

将读取的音频数据视为数组，对数组进行切片，可以获得指定位置的值，实现音频片段的截取。也可以把多个声音片段拼接、合并成一个音频文件。下面通过一个例子，练习将多个声音片段进行拼接。

【例 16-5】拼接合并声音片段。

将上例截取的声音片段作为 3 个片段进行拼接合并，绘制合并后的波形图，并播放。

```
In []:  # 将声音拼接合并
        with wave.open(path+'new_wav3.wav', "wb") as fp:# 将文件打开为二进制只写格式
            # 全部读取 ( 声道数、量化位数、采样频率、采样点数、压缩类型、压缩类型的描述 )
            # (nchannels, sampwidth, framerate, nframes, comptype, compname)
            framerate=44100
            fp.setparams((2, 2, framerate,nframes, 'NONE','not compressed'))
            wave_data2=wave_data[0:50000,:]
            wave_data3=np.vstack((wave_data2,wave_data2,wave_data2))
            for i in wave_data3.reshape(-1,1):
                #short 类型整数介于 –32768 ~ –32767
                i1=i * 32767
                if i1>32767: i1=32767
                if i1<-32768: i1=-32768
                # struct.pack(FMT, V1) 将 V1 的值转换为 FMT 格式字符串
                fp.writeframes(struct.pack('h', int(i1)))#int(i1) 必须是 short 整数
        # 绘制音频文件两个通道的时域波形
        import matplotlib.pyplot as plt
        plt.rcParams['font.sans-serif'] = 'SimHei'# 设置字体为 SimHei 以显示中文
        plt.rc('font', size=12)# 设置图中字号大小
        plt.rcParams['axes.unicode_minus']=False# 坐标轴刻度显示负号
        c='b'# 设置颜色值，将两个通道波形用不同颜色表示
```

```
In []:     p = plt.figure(figsize=(9,8))
           for fignum in range(2):
               ax1 = p.add_subplot(2,1,fignum+1)
               if fignum==1: c='g'
               plt.plot(wave_data3[:,fignum],c=c)
               plt.xlabel(' 帧数 ')
               plt.ylabel('Amplitude')
               title=' 片段拼接后第 '+str(fignum+1)+' 个声道的波形 '
               plt.title(title)
           p.tight_layout()# 调整空白，避免子图重叠
           plt.show() # 显示图形
```

Out:

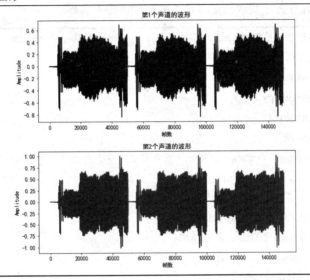

显示音频播放控件，播放音频文件。

```
In []:     # 显示音频播放控件，播放音频文件
           IPython.display.Audio(path+'new_wav3.wav',rate=framerate)
```

Out:

【范例分析】

将读取的音频文件数据视为数组，对不同的音频片段，使用 vstack() 方法将其纵向堆叠，可实现音频片段的拼接。

16.3 时域特征语音识别

语音识别的目的是从声音中识别出自然语言文字。语音识别是人机交互、自然语言理解的一个

重要研究方向。语音识别需要在时域、频域进行，在频域的识别效果更好。本节将通过时域、频域等例子，说明语音识别的基本过程。

从时域语音识别开始，观察、分析时域信号语音识别的性能。

笔者采集了 5 个汉字的各 50 个发音，每个汉字的音频文件放在该汉字拼音的文件夹下。因此，文件夹名称即可作为类别名称。音频文件已做等长处理，即所有音频文件有相同的帧数。读取各个音频文件，将其保存为 csv 格式文件，便于后期的分类器训练和学习。

【例 16-6】读取 WAV 音频文件数据并保存为 csv 格式。

读取多个子目录的多个音频文件，生成 speech_data 和 speech_target，数据帧 DataFrame，将数据帧保存为 csv 格式文件。

使用 os.listdir() 方法获取指定目录下的文件（夹）名称。

```
In []:  # 读取多个子目录的多个音频文件, 生成 speech_data 和 speech_target
        # 数据帧 DataFrame, 将数据帧保存为 csv 格式文件
        import wave
        import numpy as np
        import struct
        import os
        from progressbar import *# 导入循环体进度条, 安装方式 pip install progressbar
        progress=ProgressBar()
        # 各个音频文件子目录已放在 path 下
        path='D:/PythonStudy/data/speech/'
        # 如果 path 不存在, 则创建它
        if not os.path.exists(path):
          os.makedirs(path)
        # 获取 path 下的所有子目录, 即语音类别
        category_list = os.listdir(path+'speech_set/')
        print(' 音频的类别为: \n',category_list)
```
```
Out:    音频的类别为: ['ai', 'la', 'xiao', 'yang', 'zhi']
```

从上面的输出结果可以看出，path+'speech_set/' 目录下保存了 5 个文件夹，名字分别为 ['ai', 'la', 'xiao', 'yang', 'zhi']。每个文件夹下保存的是一个汉字的发音，文件夹名称即是汉字的拼音，可作为音频文件的类别名称。下面逐个读取音频文件，将读取的音频数据归一化，逐一添加到数据文件的尾部。

```
In []:  # 将音频文件提取为数据文件, 用时较长
        print(' 音频文件的数据帧对象生成中, 请耐心等待……')
        speech_data=[]
        speech_target=[]
        # 读取全部语音文件, 获得最大文件的时长
        # 双变量循环, 进度条放在外层循环
        for mydir_number,mydir in zip(progress(range(len(category_list))),category_list):
```

```
In []:    # 拼出分类子目录的路径
          category_path = path+'speech_set/'+mydir + "/"
          #print(category_path)
          file_list = os.listdir(category_path)
          #print(file_list)
          for file_name in file_list:# 遍历某类别目录下的所有文件
              # 拼出文件名全路径
              full_name=category_path+file_name
              #print(full_name)
              with wave.open(full_name, "rb") as fp:# 将文件打开为只读格式
                  # 读取格式信息
                  # ( 声道数、量化位数、采样频率、采样点数、压缩类型、压缩类型的描述 )
                  # (nchannels, sampwidth, framerate, nframes, comptype, compname)
                  params = fp.getparams()
                  #print(params)
                  nchannels, sampwidth, framerate, nframes = params[:4]
                  # 读取 nframes 个数据，返回字符串格式
                  str_data = fp.readframes(nframes)
              # 将字符串转换为 int16 整数
              wave_data = np.frombuffer(str_data,dtype=np.int16)
              wave_data = wave_data.reshape(-1,nchannels)
              wave_data = wave_data*1.0/(max(abs(wave_data[:,0])))# 获得一个通道的值
              speech_data=np.append(speech_data,wave_data)
              speech_data=speech_data.reshape(-1,len(wave_data))# 转换为特征集
              speech_target=np.append(speech_target,mydir)# 目标集
              #print(full_name,' 的帧数为：',str_data.shape)
              # 求取每个文件的帧数
              mynframe=len(wave_data[:,0])
              #print(full_name,' 的帧数为：',mynframe)
          print(' 音频文件的数据帧对象生成完毕！')
```

```
Out:      20% |##############                                    |
          音频文件的数据帧对象生成中，请耐心等待……
          100% |##################################################
          ################|
          音频文件的数据帧对象生成完毕！
```

观察音频数据集和目标集的形状。

```
In []:    print(' 音频数据集的形状为：',speech_data.shape)
          print(' 音频数据集的目标形状为：',speech_target.shape)
          #print(' 音频数据集的目标为：\n',speech_target)
```

```
Out:      音频数据集的形状为： (250, 40000)
          音频数据集的目标形状为： (250,)
```

可以看出，音频数据集有 250 个样本，每个样本有 40000 个特征（帧），对应的目标集有 250 个样本。下面将音频数组转换为 DataFrame 对象，使用 pandas.DataFrame() 方法将其保存为 csv 格式的文本文件。

```
In []:   import pandas as pd
         # 将数组转换为 DataFrame 对象，准备保存到硬盘
         print(' 音频数据集和目标集 .csv 文件保存中，请耐心等待……')
         # 将音频数据集和目标集 .csv 文件保存到 path 中
         df_data=pd.DataFrame(speech_data)
         df_data.to_csv(path+'speech_data.csv',sep = ',',index = False)
         df_target=pd.DataFrame({'target':speech_target})
         df_target.to_csv(path+'speech_target.csv',sep = ',',index = False)
         print(' 音频数据集和目标集 .csv 文件保存完毕！ ')

Out:     音频数据集和目标集 .csv 文件保存中，请耐心等待……
         音频数据集和目标集 .csv 文件保存完毕！
```

由于音频文件较大，最后导入 gc 模块，使用 del 方法删除变量，释放内存。

```
In []:   # 删除变量，释放内存
         import gc
         del speech_data,speech_target,df_data,df_target
         gc.collect()

Out:
```

【范例分析】

使用 os.listdir() 方法返回指定目录下的文件夹名称（音频类别）为 ['ai', 'la', 'xiao', 'yang', 'zhi']。逐个读取每个类别下的音频文件数据，将字符转换为 int16 类型，提取一个通道的数据，使用 append() 方法将音频类别添加到目标集的尾部。将音频数组转换为 DataFrame 对象，使用 pandas. DataFrame() 方法将其保存为 csv 格式的特征集 'speech_data.csv' 和目标集 'speech_target.csv' 文本文件。音频数据集有 250 个样本，每个样本有 40000 个特征（帧）。

【例 16-7】训练音频的时域支持向量机分类器。

读取 .csv 格式的音频数据集和目标集，训练支持向量机分类器。

```
In []:   # 读取 .csv 格式的音频数据集和目标集，训练支持向量机分类器
         import pandas as pd
         from progressbar import *
         print('.csv 格式音频数据文件读取中，请耐心等待……')
         X=pd.read_table(path+'speech_data.csv',sep = ',',encoding = 'gbk').values# 读取 csv 文本文件
         y=pd.read_table(path+'speech_target.csv',sep = ',',encoding = 'gbk').values# 读取 csv 文本文件
         print('.csv 格式音频数据文件读取完毕！ ')
```

Out:	.csv 格式音频数据文件读取中，请耐心等待……
	.csv 格式音频数据文件读取完毕！

输出观察音频数据文件的形状。

In []:	print(' 音频数据文件的形状为：',X.shape)
	print(' 音频数据的目标的形状为：',y.shape)

Out:	音频数据文件的形状为： (250, 40000)
	音频数据的目标的形状为： (250, 1)

可以看出，音频数据集共有 250 条记录，每个记录有 40000 个特征。下面随机选择 9 个音频文件进行播放，并可视化音频波形。

In []:	# 随机选择 9 个音频文件进行播放，并可视化音频波形
	idx=np.random.randint(0,high=len(X[:,0]), size=9)
	print(' 随机选择的音频文件索引号为：',idx)

Out:	随机选择的音频文件索引号为： [135 36 108 153 154 3 123 2 90]

显示音频播放控件，并播放音频文件。

In []:	import IPython
	# 显示音频播放控件，改变 idx 的值，可以播放不同文件
	IPython.display.Audio(X[idx[3],:],rate=48000)

Out:	▶ 0:00 / 0:00 ━━━●━━ 🔊 ━●━ ↧

绘制随机选择的音频文件时域波形图。

In []:	# 可视化随机选择的音频文件时域波形
	import matplotlib.pyplot as plt
	plt.rcParams['font.sans-serif'] = 'SimHei'# 设置字体为 SimHei 以显示中文
	plt.rc('font', size=12)# 设置图中字号大小
	plt.rcParams['axes.unicode_minus']=False# 坐标轴刻度显示负号
	p = plt.figure(figsize=(12,9))
	for fignum in range(9):
	ax1 = p.add_subplot(3,3,fignum+1)
	plt.plot(X[idx[fignum],:], color='blue')
	plt.xlabel(' 帧数 ')
	plt.ylabel('Amplitude')
	title=' 第 '+str(idx[fignum])+' 个音频 '+y[idx[fignum]]+' 的波形 '
	plt.title(title)
	p.tight_layout()# 调整空白，避免子图重叠
	plt.show() # 显示图形

Out

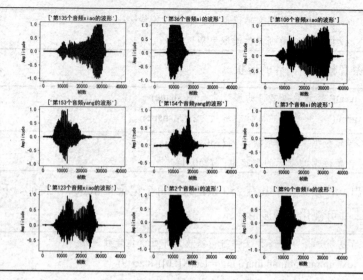

将音频数据集拆分为训练集和测试集，训练线性核支持向量机。用训练的模型对测试集进行预测，并评价分类器性能。

In []:
```python
# 按照音频时域数据进行分类，选择支持向量机方法
import numpy as np
from sklearn import svm
from sklearn.model_selection import train_test_split,cross_val_score
from sklearn import metrics
from sklearn.metrics import confusion_matrix,accuracy_score
from sklearn.metrics import classification_report
X_train,X_test, y_train,y_test = train_test_split(
    X,y,train_size = 0.7,random_state = 42)
# 使用支持向量机进行训练
print(' 音频时域数据的分类模型训练中，请耐心等待……')
# 可选择不同的核函数 kernel： 'linear', 'poly', 'rbf','sigmoid'
clf_svm = svm.SVC(kernel='linear',gamma=2)# 设置模型参数
clf_svm.fit(X_train, y_train.ravel())# 训练
print(' 音频时域数据的分类模型训练完毕！ ')
y_pred=clf_svm.predict(X_test)
print(' 对测试集预测结果的评价报告为： \n',
    classification_report(y_test,y_pred))
```

Out:
音频时域数据的分类模型训练中，请耐心等待……
音频时域数据的分类模型训练完毕！
对测试集预测结果的评价报告为：

	precision	recall	f1-score	support
ai	0.60	0.46	0.52	13
la	0.20	0.27	0.23	11

Out:					
	xiao	0.83	0.29	0.43	17
	yang	0.30	0.65	0.41	17
	zhi	1.00	0.41	0.58	17
	avg / total	0.62	0.43	0.45	75

可以看出，使用支持向量机对时域特征进行分类，识别率是很低的，基本不能满足要求。

In []:	print(' 预测测试集结果与实际结果的混淆矩阵为：\n',
	    confusion_matrix(y_test, y_pred))# 输出混淆矩阵
	print(' 音频时域数据分类的交叉检验进行中，请耐心等待……')
	print(' 交叉检验的结果为：',cross_val_score(clf_svm, X, y.ravel(), cv=5))

Out:	预测测试集结果与实际结果的混淆矩阵为： [[6 3 0 4 0] [4 3 0 4 0] [0 3 5 9 0] [0 5 1 11 0] [0 1 0 9 7]] 音频时域数据分类的交叉检验进行中，请耐心等待…… 交叉检验的结果为： [0.36 0.4 0.54 0.42 0.38]

删除训练的支持向量机分类模型，释放内存。

In []:	# 删除训练的支持向量机分类模型，释放内存 import gc del clf_svm gc.collect()
Out:	

【范例分析】

本例使用 pandas.read_table() 方法读入 'speech_data.csv' 文件作为特征集 X，读入 'speech_target.csv' 文件作为目标集 y。使用 train_test_split() 方法，以 0.7 的比例随机将音频文件数据集拆分为训练集和测试集 X_train,X_test, y_train,y_test，生成 svm.SVC() 类的实例 clf_svm，通过参数 kernel 传入核函数类型为 'linear'。对训练集使用 clf_svm.fit() 方法拟合支持向量机分类器，使用 clf_svm.predict(X_test) 方法对测试集 X_test 进行预测，以 y_pred 记录预测结果。通过 classification_report(y_test,y_pred) 对测试集预测结果的评价报告表明，平均准确率、召回率、F_1 分数分别为 0.62,0.43,0.45，识别率不能满足要求。说明支持向量机对时域信号的分类失败。

下面选择其他机器学习模型，这里选用朴素贝叶斯方法对音频时域数据进行分类，看看能否取得比支持向量机好一点的分类性能。

【例 16-8】训练音频的时域朴素贝叶斯分类器。

按照音频时域数据进行分类，选择朴素贝叶斯方法。

In []:　# 按照音频时域数据进行分类，选择朴素贝叶斯方法
　　　　from sklearn.naive_bayes import MultinomialNB # 导入多项式贝叶斯算法
　　　　import numpy as np
　　　　from sklearn.naive_bayes import MultinomialNB
　　　　from sklearn import metrics
　　　　from sklearn.model_selection import train_test_split,cross_val_score
　　　　from sklearn.metrics import confusion_matrix,accuracy_score
　　　　from sklearn.metrics import classification_report
　　　　print(' 音频时域数据分类模型训练中，请耐心等待……')
　　　　X=abs(X)
　　　　X_train,X_test, y_train,y_test = train_test_split(
　　　　　　X,y,train_size = 0.7,random_state = 42)
　　　　 print(' 音频数据的分类模型训练中，请耐心等待……')
　　　　# 训练分类器。输入词袋向量和分类标签，alpha:0.001 alpha 越小，迭代次数越多，精度越高
　　　　clf_mnb = MultinomialNB(alpha=0.001).fit(X_train, y_train.ravel())
　　　　print(' 音频时域数据分类模型训练完毕！ ')
　　　　# 预测分类结果
　　　　y_pred= clf_mnb.predict(X_test)
　　　　print(' 朴素贝叶斯对测试集预测结果的评价报告为：\n',
　　　　　　classification_report(y_test,y_pred))

Out:　音频时域数据分类模型训练中，请耐心等待……
　　　音频数据的分类模型训练中，请耐心等待……
　　　音频时域数据分类模型训练完毕！
　　　朴素贝叶斯对测试集预测结果的评价报告为：

	precision	recall	f1-score	support
ai	0.45	0.38	0.42	13
la	0.53	0.82	0.64	11
xiao	1.00	1.00	1.00	17
yang	0.85	0.65	0.73	17
zhi	0.71	0.71	0.71	17
avg / total	0.73	0.72	0.72	75

对音频时域数据分类进行交叉检验，并输出观察交叉检验结果。

In []:　print(' 音频时域数据分类的交叉检验进行中，请耐心等待……')
　　　　print(' 朴素贝叶斯交叉检验的结果为：',cross_val_score(clf_mnb, X,y.ravel(), cv=5))

Out:　音频时域数据分类的交叉检验进行中，请耐心等待……
　　　朴素贝叶斯交叉检验的结果为： [0.72 0.82 0.74 0.68 0.64]

【范例分析】

本例使用 train_test_split() 方法，以 0.7 的比例随机将音频文件数据集拆分为训练集和测试集 X_train,X_test, y_train,y_test。生成 MultinomialNB() 类的实例 clf_mnb，同时使用 clf_mnb.fit() 方法拟合朴素贝叶斯分类器，使用 clf_mnb.predict(X_test) 方法对测试集 X_test 进行预测，以 y_pred 记录预测结果。classification_report(y_test,y_pred) 对测试集预测结果的评价报告显示，平均准确率、召回率、F_1 分数分别为 0.73, 0.72, 0.72，识别率较上例的支持向量机有所提高，但仍不能满足使用要求。

从以上模型的评价结果可以看出，朴素贝叶斯方法对音频数据集的分类准确率有一定的提高，但是仍然处于较低水平，不能达到语音识别的理想结果，这说明时域特征不适合语音识别。下面将使用频域特征训练机器学习模型，并评价模型的性能，看看能否比时域特征取得更好的分类结果。

16.4 快速傅里叶频谱变换

快速傅里叶变换是一种方便、实用的频域特征变换方法。NumPy 的 fft 模块提供了快速傅里叶变换 fft() 方法，其格式如下：

```
numpy.fft.fft(a, n=None, axis=-1, norm=None)
```

其中 a 接收数组，表示要进行快速傅里叶变换的数据。

【例 16-9】音频数据的快速傅里叶变换。

对音频数据集随机选择 9 个音频文件，进行快速傅里叶变换，并可视化音频文件的快速傅里叶变换结果。

```
In []:  # 音频文件的傅里叶变换
        import numpy as np
        from scipy.io import wavfile
        import matplotlib.pyplot as plt
        # 将随机选择的 9 个音频进行傅里叶变换，并可视化结果
        plt.rcParams['font.sans-serif'] = 'SimHei'# 设置字体为 SimHei 以显示中文
        plt.rc('font', size=12)# 设置图中字号大小
        plt.rcParams['axes.unicode_minus']=False# 坐标轴刻度显示负号
        p = plt.figure(figsize=(12,9))
        # 绘制语音信号的频谱图
        for fignum in range(9):
            fft_temp = abs(np.fft.fft(X[idx[fignum],:]))# 应用傅里叶变换
            #print(fft_temp.shape)
            ax1 = p.add_subplot(3,3,fignum+1)
            plt.plot(fft_temp, color='blue')
```

In []:　　　plt.xlabel('Freq (in kHz)')

plt.ylabel('Amplitude')

#print(y[idx[fignum]])

title=' 第 '+str(idx[fignum])+' 个音频 '+y[idx[fignum]]+' 的傅里叶变换结果 '

plt.title(title)

p.tight_layout()# 调整空白，避免子图重叠

plt.show() # 显示图形

Out:

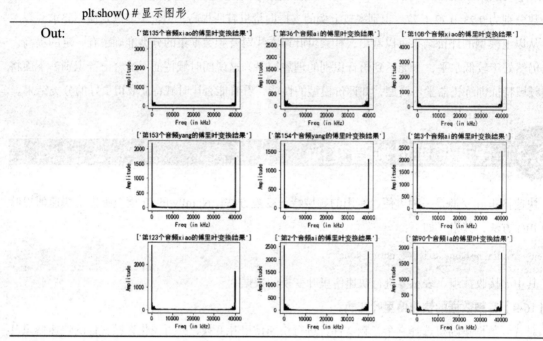

【范例分析】

numpy.fft 模块的 fft() 方法用于进行离散数据序列的快速傅里叶变换，通过参数 a 接收要进行快速傅里叶变换的数组。本例从音频数据集 X 中随机抽取 9 个音频样本，进行快速傅里叶变换，并可视化变换后的频谱图。

一般来说，对整个文件进行快速傅里叶变换，意义是不大的，虽然提取了音频信号的频率信息，但是丧失了音频的时序信息。一个好的做法是将音频文件分成许多小段，分别对每个片段进行傅里叶变换，再把所有片段的傅里叶变换结果按照时序先后放在一起。这样既提取了音频的频域特征，又保持了时序信息。下面将音频数据集的每个文件分成小的片段，进行分段傅里叶变换。

【例 16-10】音频数据的分段快速傅里叶变换。

读取音频数据集，将每个音频文件分成等长的片段，进行分段快速傅里叶变换，并可视化分段快速傅里叶变换结果。

使用 pandas.read_table() 方法读取音频数据集的特征集和目标集。

```
In []:    # 分段傅里叶变换。读取音频数据集，将每个音频分段进行傅里叶变换
          # 对分段后的傅里叶变换数据进行分类
          import numpy as np
          import pandas as pd
          from scipy.io import wavfile
          import matplotlib.pyplot as plt
          path='D:/PythonStudy/data/speech/'
          print(' 音频数据集 csv 文件读取中，请耐心等待……')
          X=pd.read_table(path+'speech_data.csv',sep = ',',encoding = 'gbk').values# 读取 csv 文本文件
          y=pd.read_table(path+'speech_target.csv',sep = ',',encoding = 'gbk').values# 读取 csv 文本文件
          print(' 音频数据集 csv 文件读取完毕！ ')
```

```
Out:      音频数据集 csv 文件读取中，请耐心等待……
          音频数据集 csv 文件读取完毕！
```

设置要将每个音频样本切割的段数量，计算每个段的长度（帧数量）。

```
In []:    # 将每个音频数据切割成等长的 seg_num 段
          seg_num=50# 每个音频文件切割的段数量
          seg_length=int((len(X[0,:])/seg_num))# 音频文件切割的段长度
          print(' 音频文件切割的段长度为：',seg_length,' 帧 ')
```

```
Out:      音频文件切割的段长度为： 800 帧
```

以上代码将每个音频样本切割为 50 段，每段为 800 帧。下面将每个音频样本的每一段进行快速傅里叶变换，将时域音频数据集转换为频域音频数据集。

```
In []:    print(' 音频文件逐个分块 fft 变换中，请耐心等待……')
          X_fft=[]
          from progressbar import *# 导入循环体进度条，安装方式：pip install progressbar
          progress=ProgressBar()
          for pro,i in zip(progress(range(len(y))),range(len(y))):# 取每个音频
          #for i in range(100):# 取每个音频
              xi_fft=[]
              for j in range(seg_num):
              fft_temp = abs(np.fft.fft(X[i,j*seg_length:(j+1)*seg_length]).reshape(1,-1))
              xi_fft=np.append(xi_fft,fft_temp)# 每变换一段，附加在后边
              xi_fft=xi_fft.reshape(-1,len(X[0,:]))# 傅里叶变换后数据长度仍然等于音频文件的帧数
          X_fft=np.append(X_fft,xi_fft)# 把每条 fft 数据附加在上一条数据后边
          X_fft=X_fft.reshape(-1,len(X[i,:]))#fft 数据集的形状与 X 的形状相同
          #X_fft=X_fft/max(X_fft)# 归一化
          print(' 音频文件逐个分块 fft 变换完毕！ ')
```

Out:	10% |###### |

音频文件逐个分块 fft 变换中，请耐心等待……

100% |###|

音频文件逐个分块 fft 变换完毕！

观察转换后的频域音频数据集的形状。

In []:	# 观察变换结果的行数是否与目标集 y 的形状相同

print('X_fft 的形状为：',X_fft.shape)

print(' 音频目标集 y 的形状为：',y.shape)

Out:	X_fft 的形状为：(250, 40000)

音频目标集 y 的形状为：(250, 1)

随机选择 9 个 fft 文件，并可视化观察。

In []:

```
# 将随机选择的 9 个音频进行傅里叶变换，并可视化结果
idx=np.random.randint(0,high=len(X_fft[:,0]), size=9)
plt.rcParams['font.sans-serif'] = 'SimHei'# 设置字体为 SimHei 以显示中文
plt.rc('font', size=12)# 设置图中字号大小
plt.rcParams['axes.unicode_minus']=False# 坐标轴刻度显示负号
p = plt.figure(figsize=(12,9))
# 绘制语音信号的频谱图
for fignum in range(9):
    fft_temp = np.fft.fft(X_fft[idx[fignum],:])
    #print(fft_temp.shape)
    ax1 = p.add_subplot(3,3,fignum+1)
    plt.plot(fft_temp, color='blue')
    plt.xlabel('Freq (in kHz)')
    plt.ylabel('Amplitude')
    #print(y[idx[fignum]])
    title=' 第 '+str(idx[fignum])+' 个音频 '+y[idx[fignum]]+' 的傅里叶变换结果 '
    plt.title(title)
p.tight_layout()# 调整空白，避免子图重叠
plt.show() # 显示图形
```

Out:

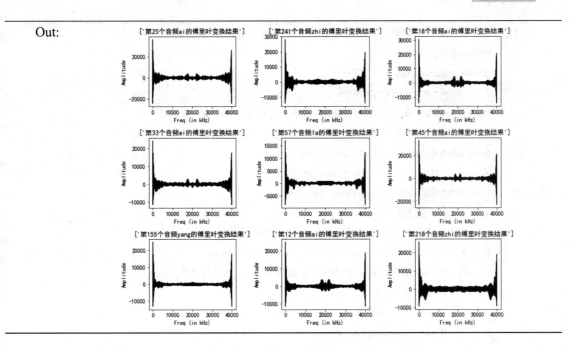

【范例分析】

本例使用 pandas.read_table() 方法读取音频数据集的特征集和目标集为 X,y。将每个音频样本切割为 50 段，每段 800 帧。构造双重循环体，逐一对每个音频样本的每一段进行快速傅里叶变换，将时域音频数据集转换为频域音频数据集。对任一音频样本进行分段傅里叶变换时，逐一对每段音频进行快速傅里叶变换，使用 append() 方法将每段变换结果添加在后边，形成该样本的分段快速傅里叶变换频域数据。使用 append() 方法将每个样本的变换结果追加在数据集尾部，得到频域音频数据集。

将音频数据集进行分段傅里叶变换后，就可以对变换后的数据进行分类了。下面将分别选用前面用过的支持向量机和朴素贝叶斯拟合分类器，并评价模型性能。

16.5 综合实例——频域特征语音识别

本节对上例变换得到的分段傅里叶变换的频域数据集，分别训练支持向量机和朴素贝叶斯分类器，并对频域样本进行分类。

【例 16-11】训练音频的频域支持向量机分类器。

对上例中分段傅里叶变换的数据集，训练支持向量机，并评价模型性能。

```
In []:    # 音频数据集频域分类，支持向量机方法，输出线性核
          import numpy as np
          import pandas as pd
          from sklearn import svm,metrics
          from sklearn.model_selection import train_test_split,cross_val_score
          from sklearn.metrics import confusion_matrix,accuracy_score
          from sklearn.metrics import classification_report
          X_train,X_test, y_train,y_test = train_test_split(
              X_fft,y,train_size = 0.8,random_state = 42)
          # 使用支持向量机进行训练
          print(' 音频频域数据的分类模型训练中，请耐心等待……')
          # 可选择不同的核函数 kernel： 'linear', 'poly', 'rbf','sigmoid'
          clf_svm_fft = svm.SVC(kernel='linear',gamma=2)# 设置模型参数
          clf_svm_fft.fit(X_train, y_train.ravel())# 训练
          print(' 音频频域的 fft 分类模型训练完毕！ ')
          y_pred=clf_svm_fft.predict(X_test)
          print(' 支持向量机对 fft 测试集预测结果的评价报告为： \n',
              classification_report(y_test,y_pred))
```

```
Out:      音频频域数据的分类模型训练中，请耐心等待……
          音频频域的 fft 分类模型训练完毕！
          支持向量机对 fft 测试集预测结果的评价报告为：
```

	precision	recall	f1-score	support
ai	1.00	0.92	0.96	13
la	1.00	1.00	1.00	7
xiao	1.00	1.00	1.00	10
yang	0.92	1.00	0.96	11
zhi	1.00	1.00	1.00	9
avg / total	0.98	0.98	0.98	50

输出 linear 核支持向量机，预测测试集结果与实际结果的混淆矩阵，进行交叉检验，输出交叉检验结果。

```
In []:    print('linear 核支持向量机预测 fft 测试集结果与实际结果的混淆矩阵为： \n',
              confusion_matrix(y_test, y_pred))# 输出混淆矩阵
          print(' 音频频域数据分类的交叉检验进行中，请耐心等待……')
          print('linear 核对 fft 数据集交叉检验的结果为： ',
              cross_val_score(clf_svm_fft, X_fft, y.ravel(), cv=5))
```

Out: linear 核支持向量机 fft 预测测试集结果与实际结果的混淆矩阵为：

[[12 0 0 1 0]

[0 7 0 0 0]

[0 0 10 0 0]

[0 0 0 11 0]

[0 0 0 0 9]]

音频频域数据分类的交叉检验进行中，请耐心等待……

linear 核对 fft 数据集交叉检验的结果为：[0.96 1. 1. 0.98 0.88]

可以看出，对分段傅里叶变换数据集训练的支持向量机，与时域特征训练的模型相比，分类性能提高了许多。这说明将音频数据进行分段傅里叶变换是有用的。

In []:
```
# 删除训练的支持向量机分类模型，释放内存
import gc
del clf_svm_fft
gc.collect()
```

Out:

【范例分析】

本例将例 16-10 得到的音频频域数据集 X_fft，使用 train_test_split() 方法，以 0.8 的比例，随机拆分为训练集和测试集 X_train,X_test, y_train,y_test。生成 svm.SVC() 类的实例 clf_svm_fft，选择 'linear' 核函数类型，使用 clf_svm_fft.fit() 方法训练分类器，用 clf_svm_fft.predict(X_test) 方法对测试集 X_test 进行预测，并将预测结果在 y_pred 中记录。classification_report(y_test,y_pred) 返回支持向量机对测试集 X_test 预测结果的评价报告，平均分类准确率、召回率、F_1 分数分别为 0.98, 0.98, 0.98。cross_val_score() 返回的 5 折交叉检验分数为 [0.96 1. 1. 0.98 0.88]，训练的支持向量机分类器 clf_svm_fft 对频域数据集取得了较好的分类结果。

下面再对频域数据集训练朴素贝叶斯分类模型，并评价模型性能。

【例 16-12】训练音频的频域贝叶斯分类器。

对分段傅里叶变换的数据集，训练朴素贝叶斯分类模型，并评价模型性能。

```
# 音频频域朴素贝叶斯分类
from sklearn.naive_bayes import MultinomialNB  # 导入多项式贝叶斯算法
from sklearn import metrics
X_fft=abs(X_fft)
X_train,X_test, y_train,y_test = train_test_split(
    X_fft,y,train_size = 0.7,random_state = 42)
# 训练分类器，alpha:0.001 alpha 越小，迭代次数越多，精度越高
clf_mnb_fft = MultinomialNB(alpha=0.001).fit(X_train, y_train.ravel())
```

In []: # 预测分类结果

y_pred= clf_mnb_fft.predict(X_test)

print(' 音频 fft 数据的朴素贝叶斯分类模型训练中，请耐心等待……')

print(' 音频 fft 数据的朴素贝叶斯分类模型训练完毕！')

y_pred=clf_mnb_fft.predict(X_test)

print(' 朴素贝叶斯对 fft 测试集预测结果的评价报告为：\n',

    classification_report(y_test,y_pred))

Out: 音频 fft 数据的朴素贝叶斯分类模型训练中，请耐心等待……

音频 fft 数据的朴素贝叶斯分类模型训练完毕！

朴素贝叶斯对 fft 测试集预测结果的评价报告为：

	precision	recall	f1-score	support
ai	1.00	0.92	0.96	13
la	0.92	1.00	0.96	11
xiao	1.00	1.00	1.00	17
yang	0.94	0.94	0.94	17
zhi	1.00	1.00	1.00	17
avg / total	0.97	0.97	0.97	75

对音频 fft 数据朴素贝叶斯分类模型进行交叉检验，输出观察交叉检验结果。

In []: print(' 音频 fft 数据朴素贝叶斯分类的交叉检验进行中，请耐心等待……')

print(' 朴素贝叶斯交叉检验的结果为：',cross_val_score(clf_mnb_fft, X_fft,y.ravel(), cv=5))

Out: 音频 fft 数据朴素贝叶斯分类的交叉检验进行中，请耐心等待……

朴素贝叶斯交叉检验的结果为：[1. 0.98 0.98 0.98 0.86]

可以看出，对分段傅里叶变换数据集训练的朴素贝叶斯分类器，与时域特征训练的模型相比，分类性能也提高了许多。这同样证明将音频数据进行分段傅里叶变换是有用的。

In []: # 删除训练的支持向量机分类模型，释放内存

import gc

del clf_mnb_fft

gc.collect()

Out:

【范例分析】

本例对音频频域数据集 X_fft，使用 train_test_split() 方法，以 0.7 的比例，随机拆分为训练集和测试集 X_train,X_test, y_train,y_test。生成 MultinomialNB() 类的实例 clf_mnb_fft，使用 clf_mnb_fft.fit() 方法训练分类器，用 clf_mnb_fft.predict(X_test) 方法对测试集 X_test 进行预测，预测结果在

y_pred 中记录。classification_report(y_test,y_pred) 返回朴素贝叶斯分类器对测试集 X_test 预测结果的评价报告，平均分类准确率、召回率、F_1 分数分别为 0.97, 0.97, 0.97。cross_val_score() 方法返回的 5 折交叉检验分数为 [1.   0.98 0.98 0.98 0.86]。训练的朴素贝叶斯分类器 clf_mnb_fft 对频域数据集取得了较好的分类结果。

16.6 本章小结

　　WAVE API 提供了 open(), getparams(), readframes(), setparams(), writeframes() 等方法，用于 WAV 格式音频文件的打开、获取格式信息、读取音频数据、设置音频格式、写音频文件等操作。with 语句能够处理异常，在结束时自动关闭已打开文件。因此，WAVE API 的方法常与 with 语句结合使用。音频文件的机器学习需要将频域特征与时域特征相结合，并采用窗函数对音频信号进行加窗、分帧、频谱变换。使用频谱数据训练机器学习模型，能够取得较好的语音识别效果。

16.7 习题

　　（1）录制或下载一段 WAV 格式的音频文件，读取数据，观察文件的信息，并绘制通道波形图。

　　（2）将第（1）题的音频文件进行快速傅里叶变换，并绘制变换后的频谱图。

　　（3）将第（1）题的音频文件分割成若干片段（如 50 段），分段进行傅里叶变换，并将各段频谱数据组合，绘制分段傅里叶变换频谱图。

　　（4）使用决策树方法，对例 16-11 中的分段傅里叶频谱数据集进行分类，评价分类器性能。

16.8 高手点拨

　　（1）声音的本质是振动，振动的特征是频率。语音识别的方法通常要从频域特征进行，并结合时域信息。傅里叶变换、梅尔倒谱系数是常用的频域特征，它们对语音识别具有重要的作用。

　　（2）本章介绍的分段傅里叶变换实际上使用了矩形窗，即用一个矩形窗口截取音频信号，且每个窗口之间没有重叠。实际上，在信号处理和语音识别中，矩形窗只是窗函数的一种，常用的窗函数还有海明窗、汉宁窗等。窗口之间也不是没有交叠的，保持一定的重叠率（步长），能够防止信息泄露。

　　（3）本章对语音识别音频文件进行了等长处理，即每个音频文件的帧数是相同的。这样在进行分类器训练时，所有样本都具有相同的特征维数。但在实际的语音识别场景中，语音片段有长有短，并不相等。这时需要使用时间规整算法，先对语音片段进行等长处理，然后再进行分类器训练。感兴趣的读者可以进一步查阅这方面的资料。

（4）本章介绍的语音识别例子只是最简单的一种，属于孤立词识别。现在的语音识别技术已经做得非常成熟，可以识别大语料连续词汇，使用的方法包括高斯混合模型、隐马尔可夫模型、深度学习等。感兴趣的读者可进一步参考这方面的资料。

第 17 章

17

中文期刊分类

中文期刊分类属于中文文本分类。由于汉语是一种缺乏词形态变化的语言，而且汉语常用词兼类现象严重，因此中文文本分类具有一定的复杂性和难度。中文文本分类一般要经过分词、预处理、特征表示、模型训练、模型评价的过程。本章介绍中文文本分类的基本概念和基本过程、Jieba 分词工具的使用。介绍 scikit-learn 文本特征提取模块的 TfidfVectorizer() 类的使用方法，并使用朴素贝叶斯方法对一个小型中文期刊文档集进行分类。

17.1 中文文本分类概述

17.1.1 ▶ 文本预处理

文本分类是将给定文档划分到 n 个类别中的一个或多个。常见应用有垃圾邮件识别、情感分析、网络舆情监控等。文本分类有二元分类、多元分类、多标签分类。文本分类方法有传统的机器学习方法，如贝叶斯、支持向量机等，以及近几年兴起的深度学习方法，如 fastText、TextCNN 等。

文本分类的处理过程大致包括文本预处理、文本特征提取、分类模型构建等。和英文文本处理分类相比，中文文本的预处理是关键技术，它包括中文分词、文本预处理、文本特征工程。下面将介绍这几个方面的内容。

1. 中文分词

中文文本分类的一个关键技术是中文分词。词粒度的特征远远优于字粒度的特征。大部分分类算法不考虑词序信息，基于字粒度的方法损失了过多的 n-gram 信息（大词汇连续语音识别中常用的一种模型）。中文分词技术包括基于字符串匹配的分词方法、基于理解的分词方法和基于统计的分词方法，如图 17-1 所示。

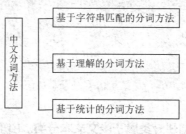

图 17-1 中文分词方法

（1）基于字符串匹配的分词方法。

基于字符串匹配的分词方法是一种基于词典的中文分词方法，其原理是先建立统一的词典表，当需要对一个句子进行分词时，可将句子拆分成多个部分，然后将每一个部分与字典一一对应。如果该词语在词典中，则分词成功，否则继续拆分匹配直到成功。切分规则和匹配顺序是该方法的核心。这种方法的优点是速度快、实现简单、效果尚可，但对歧义和未登录词的处理效果不佳。

（2）基于理解的分词方法。

基于理解的分词方法是通过让计算机模拟人对句子的理解，达到识别词的效果。其基本思想是在分词的同时进行句法、语义分析，利用句法信息和语义信息来处理歧义现象。这种方法通常包括三个部分：分词子系统、句法语义子系统、总控部分。在总控部分的协调下，分词子系统可以获得有关词、句子等的句法和语义信息来对分词歧义进行判断，即它模拟了人对句子的理解过程。这种分词方法需要使用大量的语言知识和信息。由于汉语语言知识的笼统、复杂性，难以将各种语言信息组织成机器可直接读取的形式，因此目前基于理解的分词系统还处于试验阶段。

（3）基于统计的分词方法。

统计学认为分词是一个概率最大化问题，即拆分句子，基于语料库，统计相邻的字组成的词语出现的概率，相邻的词出现的次数多，即出现的概率大。按照概率值进行分词，一个完整的语料库很重要，主要的统计模型有 N 元文法模型（N-gram）、隐马尔可夫模型（Hidden Markov Model，HMM）、最大熵模型（Maximum Entropy Model，MEM）、条件随机场模型（Conditional Random Fields，CRF）等。

2. 文本预处理

文本预处理包括分词、去除停用词、词性标注等过程，如图 17-2 所示。

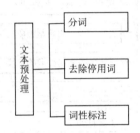

图 17-2 文本预处理

分词是将一个汉字序列切分成单独的词，即将连续的字序列按照一定的规范重新组合成词序列的过程。人在阅读过程中，只有理解了词语的含义，才能把握整个句子的含义。以此类比，要让计算机懂得人类的文本，就必须要让计算机准确把握每一个词的含义。因而在自然语言处理中，分词技术是非常基础的模块，比较知名的方法是 Jieba 分词。

在文本中，一些词的使用十分广泛，甚至过于频繁，如"我""就"之类的词几乎在每个文档中均会出现，分析这样的词可能无法得到精确的结果，甚至与任务毫不相关。另外一些词在文本中出现频率很高，但实际意义又不大。这类词主要包括语气助词、副词、介词、连词等，通常自身并无明确意义，只有将其放入一个完整的句子中才有一定的作用，如常见的"的""在""和""接着""是"，这些词被称为停用词。文档中如果大量使用停用词，容易对有效信息造成噪声干扰，因此，在文本分类中要去除停用词。方法是建立停用词字典，目前停用词字典中的词有 2000 个左右。停用词主要包括一些副词、形容词及一些连接词。因此，维护一个停用词字典的过程，实际上是一个特征提取的过程，本质上是特征选择的一部分。

在分词后还需要判断词性，如动词、名词、形容词、副词等。词性标注就是在给定句子中判定每个词的语法范畴，确定其词性并加以标注的过程，这也是自然语言处理中一项非常重要的基础性工作。对于词性标注的长期研究总结中，发现汉语词性标注面临着许多棘手的问题。汉语是一种缺乏词形态变化的语言，词的类别不能像印欧语那样，直接从词的形态变化上来判别。另外，汉语常用词兼类现象严重。《现代汉语八百词》收取的常用词中，兼类词所占的比例高达 22.5%，而且越是常用的词，不同的用法越多。由于兼类词使用程度高，兼类现象涉及汉语中大部分词类，因而造成在汉语文本中词类歧义排除的任务量巨大。同时，研究者的主观原因也造成了词性标注的困难。语言学界在词性划分的目的、标准等问题上还存在分歧。目前还没有一个统一的、被广泛认可的汉语词类划分标准，词类划分的粒度和标记符号都不统一。词类划分标准和标记符号集的差异，以及分词规范的含混性，给中文信息处理带来了极大的困难。

3. 文本特征工程

文本分类的核心是从文本中抽取出能够体现文本特点的关键特征，抓取特征到类别之间的映射。所以特征工程很重要，常用的特征表示方法如图 17-3 所示。

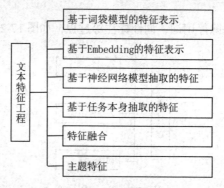

图 17-3 文本的特征表示方法

（1）基于词袋模型的特征表示。

通常用词袋表示文本特征。所谓词袋（Bag of Words, BOW），是由一系列词表示的文本的集合。由于词很多，文本很大，所以形象地比喻为用袋子把它们装起来，简称词袋。可以把词袋理解为一种数据结构，其形式一般为：

类别集，分词文本文件类别标签，分词文本文件名字，分词文本文件内容

以词为单位构建的词袋就达到几万维，如果考虑二元词组、三元词组的话，词袋大小可能会有几十万之多，因此基于词袋模型的特征表示通常是极其稀疏的。

词袋特征的表示方法有三种：Naive 版本，不考虑词出现的频率，只要出现过就在相应的位置标 1，否则为 0；考虑词频，认为一段文本中出现越多的词越重要，因此权重也越大；考虑词的重要性，以 TF-IDF 表征一个词的重要程度。TF-IDF 反映了一种折中的思想：在一篇文档中，TF 认为一个词出现的次数越多就越重要，IDF 却认为一个词出现在文档中的次数越少就越重要。

词袋模型比较简单直观，它通常能学习到一些关键词和类别之间的映射关系。缺点是丢失了文本中词出现的先后顺序信息，仅将词语符号化，没有考虑词之间的语义联系。

（2）基于 Embedding 的特征表示。

这种方法主要针对短文本，通过词向量计算文本的特征。主要有两种表示方法：取短文本的各个词向量之和（或者取平均）作为文本的向量表示；用一个预训练好的神经网络模型得到文本，作

为输入的最后一层向量表示。

（3）基于神经网络模型抽取的特征。

神经网络的好处在于，能端对端实现模型的训练和测试，利用模型的非线性和众多参数来学习其特征，而不需要手工提取特征。卷积神经网络（CNN）善于捕捉文本中关键的局部信息，而循环神经网络（RNN）则善于捕捉文本的上下文信息，考虑语序信息，并且有一定的记忆能力。

（4）基于任务本身抽取的特征。

这种方法主要是针对具体任务而设计的，通过对数据的观察和感知，能够发现一些可能有用的特征。有时候，这些手工特征对最后的分类效果的提升很大。比如对于正负面评论分类任务，对于负面评论，包含负面词的数量就是一维很强的特征。

（5）特征融合。

对于特征维数较高、数据模式复杂的情况，通常使用非线性模型，如 GDBT、XGBoost。对于特征维数较低、数据模式简单的情况，则使用简单的线性模型即可，如 LR。

（6）主题特征。

文档的话题（Latent Dirichlet Allocation，LDA）是一种文档主题生成模型。可以假设文档集中有 T 个话题，一篇文档可能属于一个或多个话题，通过 LDA 模型可以计算出文档属于某个话题的概率，这样就可以计算出一个 D*T 的矩阵。LDA 特征在文档打标签等任务上有很好的表现。

文档的潜在语（Latent Semantic Indexing，LSI），通过分解文档—词频矩阵来计算文档的潜在语义，和 LDA 有一点相似，都是文档的潜在特征。

17.1.2 ▶ Python 中文文本分类的基本流程

scikit-learn 的特征抽取模块 feature_extraction 的 text 子模块提供了从文本中抽取特征的类，分别是：CountVectorizer()，将文本文件集转换为符号计数矩阵；HashingVectorizer()，将文本文件集转换为符号事件矩阵；TfidfTransformer()，将一个计数矩阵转换为正则化的 TF 或 TF-IDF 表示；TfidfVectorizer()，将一个稀疏文本文档集转换为 TF-IDF 特征矩阵。本节将主要介绍 TfidfVectorizer() 类的使用方法。

利用 Python 进行中文文本分类，主要包括图 17-4 所示的几个步骤。

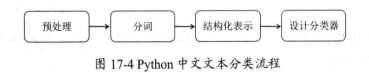

图 17-4 Python 中文文本分类流程

1. 预处理

预处理主要是对训练集和测试集的语料库进行处理。训练集语料库是已经分好类的资料，处理时需要按照不同的类放入不同的路径下，如 "./train_corpus/C1-computer" "./train_corpus/C2-food," 等。测试集语料库用于检测实际效果，也是已经分好类的语料库。

2. 分词

分词是文本分类的核心，主要的算法包括概率图模型、条件随机场。概率图模型是一类用图模式（节点和边）来表达基于概率相关的模型的总称。条件随机场是一种判别式无向图模型，基本思路是对汉字进行标注，即由字构词（组词）。不仅考虑了文字词语出现的频率信息，同时还能考虑上下文语境，具备较好的学习能力。

Jieba 是一个典型的分词工具，它采用 CRF 进行分词。分词完成后将分好的词的语料库存入某一路径，准备进行下一步操作。这里文本的存储方式为 Bunch 类型，即词袋。

3. 结构化表示

将已经分好的词统一到一个词向量空间中，去除垃圾词汇，如语气助词、标点符号等停用词，得到词典及其权重，词典是单词和单词对应的序号。权重矩阵 tdm 是一个二维矩阵，其中 tdm[i][j] 表示第 j 个词在第 i 个类别中的 TF-IDF 值。tdm 的每一列都表示一个单词在整个类别中的权值，这一列称为一个词向量。

词条的重要性随着它在文件中出现的次数成正比增加，但同时又会随着它在语料库中出现的频率成反比下降。也就是说，词条在文本中出现的次数越多，表示该词条对该文本的重要性越高。同时，词条在所有文本中出现的次数越少，说明这个词条对该文本的重要性越高，因为它是该文本独特的词条。TF(词频) 指某个词条在文本中出现的次数，一般会将其进行归一化处理，即在某一类中该词条数量 / 该类中所有词条数量。IDF（逆向文件频率）指一个词条重要性的度量，一般计算方式为总文件数目除以包含该词语的文件的数目，再将得到的商取对数。TF-IDF 实际上是 TF * IDF 的乘积。

TFw=(在某一类中词条 w 出现的次数)/(该类中所有的词条数目)。

IDF(Inverse Document Frequency, IDF)：逆文件频率，如果包含词条的文件越少，则说明词条具有越好的类别区分能力，计算公式为 IDF=log((语料库的文档总数)/(包含词条 w 的文档数 +1))。

值得注意的是，如果测试集中新出现的词不是训练集生成的 TF-IDF 词向量空间中的，将不予考虑。所以训练集中词的全面性很重要。

4. 设计分类器

中文文本分类常用的分类器包括决策树、人工神经网络、KNN、SVM、朴素贝叶斯、AdaBoosting、Rocchio 算法、LDA 模型、深度学习等。

17.1.3 ▶ Jieba 中文分词工具

常用的中文分词工具有 SnowNLP、LTP、Jieba 等。

SnowNLP 是一个中文自然语言处理的 Python 库，支持的中文自然语言操作包括中文分词、词性标注、情感分析、文本分类、转换成拼音、繁体转简体、提取文本关键词、提取文本摘要、TF/

IDF、Tokenization、文本相似度计算。

LTP 语言云以哈尔滨工业大学社会计算与信息检索研究中心研发的 "语言技术平台"（LTP）为基础，为用户提供高效精准的中文自然语言处理云服务。使用 "语言云" 非常简单，只需要根据 API 参数构造 HTTP 请求，即可在线获得分析结果，而无需下载 SDK。它支持跨平台、跨语言编程等。LTP 制定了基于 XML 的语言处理结果表示方法，并在此基础上提供了一整套自底向上的丰富、高效、高精度的中文自然语言处理模块（包括词法、句法、语义等 5 项中文处理核心技术）、应用程序接口、可视化工具，以及能够以网络服务使用的语言技术云。

Jieba 是一个 Python 实现的分词库，对中文有很强大的分词能力。本节将详细介绍并使用 Jieba 分词。Jieba 中文分词支持 3 种模式：精确模式，试图将句子精确地切分，适合文本分析；全模式，把句子中所有可以成词的词语都扫描出来，速度非常快，但是不能解决歧义；搜索引擎模式，在精确模式的基础上，对长词再次切分，提高召回率，适用于搜索引擎分词。Jieba 支持繁体分词和自定义词典，代码对 Python 2/3 均兼容。主要功能有以下 3 个。

1. 分词

jieba.cut 方法接受 3 个输入参数：需要分词的字符串；cut_all 参数用来控制是否采用全模式，默认值为 False（精确模式）；HMM 参数用来控制是否使用 HMM 模型，默认值为 True（启用）。

jieba.cut_for_search 方法接受 2 个参数：需要分词的字符串；是否使用 HMM 模型，默认值为 True（启用）。该方法适用于搜索引擎构建倒排索引的分词，粒度比较细。

待分词的字符串可以是 unicode 或 UTF-8 字符串、GBK 字符串。不建议直接输入 GBK 字符串，否则可能会错误地解码成 UTF-8。

jieba.cut 及 jieba.cut_for_search 返回的结构都是一个可迭代的 generator，可以使用 for 循环来获得分词后得到的每一个词语（unicode），或者用 jieba.lcut 及 jieba.lcut_for_search 直接返回 list。

jieba.Tokenizer(dictionary=DEFAULT_DICT) 新建自定义分词器，可用于同时使用不同词典的情况。jieba.dt 为默认分词器，所有全局分词相关函数都是该分词器的映射。

2. 添加自定义词典

开发者可以自定义词典，以便包含 Jieba 词库里没有的词。虽然 Jieba 有新词识别功能，但是自行添加新词可以保证更高的正确率，其用法如下：

```
jieba.load_userdict(file_name)
```

其中 file_name 为文件类对象或自定义词典的路径。词典格式和 dict.txt 一样，一个词占一行。每一行分 3 部分：词语、词频（可省略）、词性（可省略），用空格隔开，顺序不可颠倒。file_name 若为路径或二进制方式打开的文件，则文件必须为 UTF-8 编码。

词频省略时使用自动计算的词频值，能保证分出该词的词频。

调整词典使用 add_word(word, freq=None, tag=None) 和 del_word(word) 方法，可在程序中动态

修改词典。使用 suggest_freq(segment, tune=True) 可调节单个词语的词频，使其能（或不能）被分出来。自动计算的词频在使用 HMM 的新词发现功能时可能无效。

3. 关键词提取

Jieba 可以采用基于 TF-IDF 算法的关键词抽取，需导入 analyse 模块，命令为：

```
jieba.load_userdict(file_name)
```

关键词提取方法 extract_tags() 的格式为：

```
jieba.analyse.extract_tags(sentence, topK=20, withWeight=False, allowPOS=())
```

其中参数含义如下。

（1）sentence：待提取的文本。

（2）topK：返回几个 TF/IDF 权重最大的关键词，默认值为 20。

（3）withWeight：是否一并返回关键词权重值，默认值为 False。

（4）allowPOS：仅包括指定词性的词，默认值为空，即不筛选。

使用 TFIDF() 方法，可以建立 TFIDF 实例，其格式为：

```
jieba.analyse.TFIDF(idf_path=None)
```

其中 idf_path 为 IDF 频率文件。

关键词提取所使用的逆向文件频率（IDF）文本语料库可以切换成自定义语料库的路径，其用法为：

```
jieba.analyse.set_idf_path(file_name)
```

其中 file_name 为自定义语料库的路径。关键词提取所使用的停止词（Stop Words）文本语料库可以切换成自定义语料库的路径，其用法为：

```
jieba.analyse.set_stop_words(file_name)
```

其中 file_name 为自定义语料库的路径。

jieba 也可以使用基于 TextRank 算法的关键词抽取，其格式为：

```
jieba.analyse.textrank(sentence, topK=20, withWeight=False, allowPOS=('ns', 'n', 'vn', 'v'))
```

该方法默认过滤词性。

4. 词性标注

新建自定义分词器，可以使用以下方法：

```
jieba.posseg.POSTokenizer(tokenizer=None)
```

其中，tokenizer 参数可指定内部使用的 jieba.Tokenizer 分词器。jieba.posseg.dt 为默认词性标注分词器。标注句子分词后每个词的词性，采用和 ictclas 兼容的标记法。

关于 Jieba 的其他方法，请读者查阅 Jieba 官网。

17.2 使用 Jieba 分词

要使用 Jieba 分词，需要先安装 Jieba API，安装方法为 pip 安装，安装命令为：

```
pip install jieba
```

在 Python 中使用 Jieba 分词，需导入 Jieba，其命令为：

```
import jieba
```

本节将通过几个例子介绍使用 Jieba 分词的主要方法。

【例 17-1】使用 Jieba 进行中文分词。

In []:	# 使用 Jieba 分词
	import os
	import jieba# 导入中文分词词库，安装方法：pip install jieba
	path='D:/PythonStudy/data/ch17_text_classification/'
	# 如果 path 不存在，则创建它
	if not os.path.exists(path):
	os.makedirs(path)
	text=' 我来到河南省郑州市河南牧业经济学院智能制造与自动化学院。'
	seg = jieba.cut(text)# 默认不使用全模式，则使用精确模式
	print(' 分词结果：', "/ ".join(seg))
Out:	分词结果：我 / 来到 / 河南省 / 郑州市 / 河南 / 牧业 / 经济 / 学院 / 智能 / 制造 / 与 / 自动化 / 学院 / 。

可以看出，由于 Jieba 词典中没有"河南牧业经济学院""智能制造与自动化学院"两个单位名称的词汇，因而将它们切分开了。

In []:	seg = jieba.cut(text, cut_all=True)# 全模式
	print(' 分词结果：',"/ ".join(seg))
Out:	分词结果：我 / 来到 / 河南 / 河南省 / 郑州 / 郑州市 / 州市 / 河南 / 牧业 / 业经 / 经济 / 经济学 / 济学 / 学院 / 智能 / 制造 / 与 / 自动 / 自动化 / 化学 / 学院 // 。

下面使用搜索引擎模式进行分词。

In []:	seg = jieba.cut_for_search(text)# 搜索引擎模式
	print(' 分词结果：',"/ ".join(seg))
Out:	分词结果：我 / 来到 / 河南 / 河南省 / 郑州 / 州市 / 郑州市 / 河南 / 牧业 / 经济 / 学院 / 智能 / 制造 / 与 / 自动 / 自动化 / 学院 / 。

使用精确模式、不启用 HMM 进行分词。

In []:	# 默认精确模式和不启用 HMM
	seg = jieba.cut(text,HMM=False)# 不启用 HMM
	print(' 分词结果：',"/ ".join(seg))
Out:	分词结果： 我 / 来到 / 河南省 / 郑州市 / 河南 / 牧业 / 经济 / 学院 / 智能 / 制造 / 与 / 自动化 / 学院 / 。

启用 HMM 进行分词。

In []:	seg = jieba.cut(text,HMM=True)# 启用 HMM
	print(' 分词结果：',"/ ".join(seg))
Out:	分词结果： 我 / 来到 / 河南省 / 郑州市 / 河南 / 牧业 / 经济 / 学院 / 智能 / 制造 / 与 / 自动化 / 学院 / 。

下面将"河南牧业经济学院"作为一个词汇保存到用户词典，词典必须是 utf-8 编码模式的 txt 文本文件。加载用户词典，重新分词。

In []:	# 载入用户词典，词典必须是 utf-8 编码模式的 txt 文本文件
	jieba.load_userdict(path+'mydict.txt')
	seg = jieba.cut(text)# 精确模式
	print(' 分词结果：', "/ ".join(seg))
Out:	分词结果： 我 / 来到 / 河南省 / 郑州市 / 河南牧业经济学院 / 智能 / 制造 / 与 / 自动化 / 学院 / 。

从分词结果可以看出，由于将"河南牧业经济学院"作为一个词汇保存到用户词典，分词结果将其切分为一个词汇，还可以在程序中动态地删除自定义词汇。

In []:	jieba.del_word(' 河南牧业经济学院 ') # 删除自定义词语
	seg = jieba.cut(text)# 精确模式
	print(' 分词结果：', "/ ".join(seg))
Out:	分词结果： 我 / 来到 / 河南省 / 郑州市 / 河南 / 牧业 / 经济 / 学院 / 智能 / 制造 / 与 / 自动化 / 学院 / 。

可以看出，从用户词典删除"河南牧业经济学院"这一词汇后，再进行分词，则将这一词汇切分，同时，也可以在程序中动态加入自定义词汇。

In []:	jieba.add_word(' 河南牧业经济学院 ') # 增加自定义词语
	jieba.add_word(' 智能制造与自动化学院 ')
	seg = jieba.cut(text)# 精确模式
	print(' 分词结果：', "/ ".join(seg))
Out:	分词结果： 我 / 来到 / 河南省 / 郑州市 / 河南牧业经济学院 / 智能制造与自动化学院 / 。

提取关键词，输出关键词和权重。

In []:	import jieba.analyse as anls # 关键词提取
	for x, w in anls.extract_tags(text, topK=20, withWeight=True):
	print('%s %s' % (x, w))# 输出关键词和权重

Out:	河南牧业经济学院 1.4943459378625
	自动化 0.9525352266275
	智能 0.89501978654625
	河南省 0.82046759228375
	学院 0.81334992023375
	郑州市 0.79735229997125
	制造 0.690775095345
	来到 0.67321086051375

输出观察词语在原文的起止位置。

In []:	# 返回词语在原文的起止位置
	result = jieba.tokenize(text)
	for tk in result:
	print("word: {0} \t\t start: {1} \t\t end: {2}".format(tk[0],tk[1],tk[2]))
Out:	word: 我	start: 0	end: 1
	word: 来到	start: 1	end: 3
	word: 河南省	start: 3	end: 6
	word: 郑州市	start: 6	end: 9
	word: 河南牧业经济学院	start: 9	end: 17
	word: 智能	start: 17	end: 19
	word: 制造	start: 19	end: 21
	word: 与	start: 21	end: 22
	word: 自动化	start: 22	end: 25
	word: 学院	start: 25	end: 27
	word: 。	start: 27	end: 28

【范例分析】

jieba.cut(text) 对输入的 text 进行分词，默认使用精确模式，启用 HMM. jieba.cut(text, cut_all=True) 对输入的 text 按全模式行分词。jieba.cut(text,HMM=False) 对输入的 text 进行分词，不启用 HMM. jieba.cut_for_search(text) 对输入的 text 按搜索引擎模式分词，默认启用 HMM. jieba.load_userdict() 方法载入用户词典，词典必须是 utf-8 编码模式的 txt 文本文件。也可以使用 add_word() 方法动态增加自定义词语，或使用 del_word() 方法动态删除自定义词语。extract_tags(text, topK=20, withWeight=True) 方法输出重要性排序的前 topK 个关键词及其权重。jieba.tokenize(text) 返回词语在原文的起止位置。

笔者在知网上收集了计算机、机械、食品类的一些文章摘要，建立了 3 个类别、每个类别有 30 个文档的一个小型中文期刊数据集。将每个类别的文章放在同一个文件夹下，文件夹的名称分别为 computer, food, machinery, 可作为类别名称。本节将使用该文档数据集进行分词和文本分类的练习。

【例 17-2】分类别读取语料并进行分词。

读取预先保存的各个目录（类别）下的语料，将某个文件分词，并保存分词结果。

把语料文件分类保存，文件夹即为类别名称。读取文件夹名称，可将其作为类别名称。

```
In []:    # 读取各个目录（类别）下的语料，将某个文件分词，并保存分词结果
          import os
          import jieba# 导入中文分词词库
          path='D:/PythonStudy/data/ch17_text_classification/'
          # 如果 path 不存在，则创建它
          if not os.path.exists(path):
            os.makedirs(path)
          # 获取 train_corpus 目录下的所有子目录，即科技期刊论文的类别
          dir_list = os.listdir(path+'train_corpus/')
          print('train_corpus/ 目录下的子目录为：\n',dir_list)
```

```
Out:      train_corpus/ 目录下的子目录为：['computer', 'food', 'machinery']
```

可以看出，训练语料共有 3 个类别，名称分别为 ['computer', 'food', 'machinery']。下面使用 os.listdir() 方法查看 train_corpus 目录下某个子目录里的全部文件名。

```
In []:    # 获取 train_corpus 目录下某个子目录里的全部文件名
          dir_list = os.listdir(path+'train_corpus/computer/')
          print('train_corpus/computer/ 目录下的文件名为：\n',dir_list)
```

```
Out:      train_corpus/computer/ 目录下的文件名为：
           ['001.txt', '002.txt', '003.txt', '004.txt', '005.txt', '006.txt', '007.txt', '008.txt', '009.txt', '010.txt', '011.txt',
          '012.txt', '013.txt', '014.txt', '015.txt', '016.txt', '017.txt', '018.txt', '019.txt', '020.txt', '021.txt', '022.txt',
          '023.txt', '024.txt', '025.txt', '026.txt', '027.txt', '028.txt', '029.txt', '030.txt']
```

可以看出，'computer' 目录下有 30 个语料。下面使用 open() 方法以只读方式打开一个文件，查看文件的内容。

```
In []:    # 查看某个文件的内容
          with open(path+'train_corpus/computer/001.txt', "r") as fp:
            content = fp.read()
          print(path+'train_corpus/computer/001.txt',' 的内容是：\n',content)
```

```
Out:      D:/PythonStudy/data/ch17_text_classification/train_corpus/computer/001.txt 的内容是：
          关联规则推荐的高效分布式计算框架
          摘要：关联规则推荐模型是在电子商务网站应用最广泛的商用推荐引擎之一，目前已有的工作
          大多聚焦于如何挑选高质量规则，以提升推荐精度。然而，关联规则数量庞大，且用户并发访问
          量亦通常极大，如何快速匹配用户浏览记录和关联规则库，为海量在线用户产生近实时推荐，成
          为制约关联规则推荐能否胜任真实电子商务网站推荐的重要因素。为此，本文研究关联规则推
          荐的效率问题，提出服务于高效关联规则推荐的分布式计算框架，将规则挖掘与推荐计算无缝
          衔接。具体而言，本文首先设计有序模式森林，用于压缩存储频繁模式，然后将候选规则挖掘
          转化为森林上的路径搜索计算，并提出高效的单机路径搜索算法；最后提出负载均衡的数据分
```

Out:	割策略，同时降低分布式规则挖掘与推荐计算中的任务最迟完成时间。3个公开数据集的实验结果表明，基于有序模式森林的推荐计算比传统穷举匹配策略用时降低了6%以上，同时所提出的分布式计算框架可随计算节点数量达到近线性扩展。 关键词：推荐系统；关联规则；频繁模式；FP-growth算法；Spark；负载均衡

对于文本分类来说，需要将文件打开为二进制形式。下面使用 open() 方法以二进制只读方式打开一个文件，查看文件的内容。

In []:	# 查看某个文件的内容，以二进制形式打开 with open(path+'train_corpus/computer/001.txt', "rb") as fp: content_b = fp.read() print(path+'train_corpus/computer/001.txt',' 的二进制内容是：\n',content_b)
Out:	D:/PythonStudy/data/ch17_text_classification/train_corpus/computer/001.txt 的二进制内容是： b'\xb9\xd8\xc1\xaa\xb9\xe6\xd4\xf2\xcd\xc6\xbc\xf6\xb5\xc4\xb8\xdf\xd0\xa7\xb7\xd6\xb2\xbc\xca\xbd\xbc\xc6\xcb\xe3\xbf\xf2\xbc\xdc\r\n\r\n\xd5\xaa\xd2\xaa\xa3\xba\xb9\xd8\xc1\xaa\xb9\xe6\xd4\xf2\xcd\xc6\xbc\xf6\xc4\xa3\xd0\xcd\xca\xc7\xd4\xda\xb5\xe7\xd7\xd3\xc9\xcc\xce\xf1\xcd\xf8\xd5\xbe\xd3\xa6\xd3\xc3\xd7\xee\xb9\xe3\xb7\xba\xb5\xc4\xc9\xcc\xd3\xc3\xcd\xc6\xbc\xf6\xd2\xfd\xc7\xe6\xd6\xae\xd2\xbb\x2c\xc4\xbf\xc7\xb0\xd1\xd3\xd0\xb5\xc4\xb9\xa4\xd7\xf7\xb4\xf3\xb6\xe0\xbe\xdb\xbd\xb9\xd3\xda\xc8\xe7\xba\xce\xcc\xf4\xd1\xa1\xb8\xdf\xd6\xca\xc1\xbf\xb9\xe6\xd4\xf2,\xd2\xd4\xcc\xe1\xc9\xfd\xcd\xc6\xbc\xf6\xbe\xab\xb6\xc8.\xc8\xbb\xb6\xf8,\xb9\xd8\xc1\xjoining 其余省略

可以看出，将文件打开为 'rb'，显示为 16 进制编码形式。下面对文件进行分词，由于语料包含换行、空行、空格，应先将其删除。

In []:	# 对文件进行分词，先删除换行
	content_b = content_b.replace('\r\n'.encode('utf-8'),
	                    ''.encode('utf-8')).strip()
	# 删除空行、空格
	content_b = content_b.replace(' '.encode('utf-8'),
	                    ''.encode('utf-8')).strip()
	content_seg = jieba.cut(content_b)# 文件内容分词
	print(" 中文语料分词结束！！！ ")
	print(' 分词结果为：\n',content_seg)

Out:	中文语料分词结束！！！ 分词结果为： <generator object Tokenizer.cut at 0x00000177C50E2ED0>

可以看出，分词结果返回迭代器对象，保存在内存中，打印将输出其地址。可以使用 .join() 方法打印分词结果的内容。但是，打印后分词结果将不能保存。如果希望输出观察分词结果，请解注释下面的语句并运行。

In []:	#print(' 分词结果为：\n',"/ ".join(content_seg))# 打印后将不能保存
Out:	

如果不打印分词结果，可以使用 open() 方法将目标文件打开为 'wb'，即二进制只写，保存分词结果。

In []:	# 将分词结果以 txt 文件保存到 train_corpus_seg 目录下
	path_save=path+'myseg.txt'
	with open(path_save, 'wb') as fp:
	#用 / 分开切词结果
	fp.write('/'.join(content_seg).encode('gbk'))
	print(' 分词结果已保存！ ')
Out:	分词结果已保存！

下面打开保存的分词文件为二进制只读形式，观察文件内容。

In []:	#读取分词文件，显示为二进制分词文件
	with open(path_save, "rb") as fp:
	content_segb = fp.read()
	print(' 读取的分词文件二进制内容为：\n',content_segb)
Out:	读取的分词文件二进制内容为：
	b'\xb9\xd8\xc1\xaa/\xb9\xe6\xd4\xf2/\xcd\xc6\xbc\xf6/\xb5\xc4\xb8\xdf\xd0\xa7/\xb7\xd6\xb2\xbc\
	\xca\xbd/\xbc\xc6\xcb\xe3/\xbf\xf2/\xbc\xdc/\xd5\xaa\xd2\xaa\xa3/\xba\xb9\xd8\xc1\xaa/\xb9\xe6\xd4\
	\xf2/\xcd\xc6\xbc\xf6/\xc4\xa3/\xd0\xcd/\xca\xc7/\xd4\xda/\xb5\xe7/\xd7\xd3/\xc9\xcc\xce\xf1/\xcd\xf8
	\xd5\xbe/\xd3\xa6/\xd3\xc3/\xd7\xee/\xb9\xe3/\xb7\xba/\xb5\xc4/\xc9\xcc\xd3\xc3/\xcd\xc6\xbc\xf6/
	\xd2\xfd/\xc7\xe6/\xd6\xae/\xd2\xbb/,/\xc4\xbf\xc7\xb0/\xd2\xd1\xd3\xd0/\xb5\xc4/\xb9\xa4\xd7\xf7/
	\xb4\xf3\xb6\xe0/\xbe\xdb\xbd\xb9/\xd3\xda/\xc8\xe7\xba\xce/\xcc\xf4\xd1\xa1/\xb8\xdf\xd6\xca\xc1\
	\xbf/\xb9\xe6\xd4\xf2/,/\xd2\xd4/\xcc\xe1\xc9\xfd/\xcd\xc6\xbc\xf6/\xbe\xab\xb6\xc8/./\xc8\xbb
	其余省略

由于以二进制只读方式打开分词结果文件，输出显示的是 16 进制编码。如果想要查看文件的内容，可以用 open() 方法将文件打开为 'r' 形式。

In []:	#读取和显示为中文分词文件
	with open(path_save, "r") as fp:
	content_seg_cn = fp.read()
	print(' 读取的分词文件内容为：\n',content_seg_cn)
Out:	读取的分词文件内容为：
	关联 / 规则 / 推荐 / 的 / 高效 / 分布式计算 / 框架 / 摘要 : / 关联 / 规则 / 推荐 / 模型 / 是 / 在 / 电
	子商务 / 网站 / 应用 / 最 / 广泛 / 的 / 商用 / 推荐 / 引擎 / 之一 /, / 目前 / 已有 / 的 / 工作 / 大多 / 聚
	焦 / 于 / 如何 / 挑选 / 高质量 / 规则 /, / 以 / 提升 / 推荐 / 精度 。/ 然而 /, / 关联 / 规则 / 数量 / 庞大
	/, / 且 / 用户 / 并发 / 访问量 / 亦 / 通常 / 极大 /, / 如何 / 快速 / 匹配 / 用户 / 浏览 / 记录 / 和 / 关联 /
	规则 / 库 /, / 为 / 海量 / 在线 / 用户 / 产生 / 近 / 实时 / 推荐 /, / 成为 / 制约 / 关联 / 规则 / 推荐 / 能

Out:	否 / 胜任 / 真实 / 电子商务 / 网站 / 推荐 / 的 / 重要 / 因素 / 。/ 为此 /,/ 本文 / 研究 / 关联 / 规则 / 推荐 / 的 / 效率 / 问题 /,/ 提出 / 服务 / 于 / 高效 / 关联 / 规则 / 推荐 / 的 / 分布式计算 / 框架 /,/ 将 / 规则 / 挖掘 / 与 / 推荐 / 计算 / 无缝 / 衔接 / 。具体 / 而言 /,/ 本文 / 首先 / 设计 / 有序 / 模式 / 森林 /,/ 用于 / 压缩 / 存储 / 频繁 / 模式 /;/ 然后 / 将 / 候选 / 规则 / 挖掘 / 转化 / 为 / 森林 / 上 / 的 / 路径 / 搜索 / 计算 /,/ 并 / 提出 / 高效 / 的 / 单机 / 路径 / 搜索算法 /;/ 最后 / 提出 / 负载 / 均衡 / 的 / 数据 / 分割 / 策略 /,/ 同时 / 降低 / 分布式 / 规则 / 挖掘 / 与 / 推荐 / 计算 / 中 / 的 / 任务 / 最迟 / 完成 / 时间 / 。/3/ 个 / 公开 / 数据 / 集 / 的 / 实验 / 结果表明 / 基于 / 有序 / 模式 / 森林 / 的 / 推荐 / 计算 / 比 / 传统 / 穷举 / 匹配 / 策略 / 降低了 /6%/ 以上 /,/ 同时 / 所 / 提出 / 的 / 分布式计算 / 框 / 架 / 可 / 随 / 计算 / 节点 / 数量 / 达到 / 近 / 线性 / 扩展 / 。关键词 /:/ 推荐 / 系统 /;/ 关联 / 规则 /;/ 频繁 / 模式 /;/FP/-/growth/ 算法 /;/Spark/;/ 负载 / 均衡 /;

使用 extract_tags() 方法统计输出重要性最靠前的 20 个关键词,以及其权重。

In []:	# 输出关键词和权重 for x, w in anls.extract_tags(content, topK=20, withWeight=True): print('%s %s' % (x, w))
Out:	规则 0.44928617972914286 推荐 0.4119888232616 关联 0.33418864474422855 分布式计算 0.2264148080811429 计算 0.15995462448857145 模式 0.13784026755451428 高效 0.1325325757625143 框架 0.12415999896188573 挖掘 0.12370398727388571 用户 0.11695433267005713 森林 0.10863356543245713 提出 0.10788272188822856 负载 0.10658247626822859 电子商务 0.0934898957185143 匹配 0.0889689774456 路径 0.08871943540445713 有序 0.08756974887931429 本文 0.08737060125965714 均衡 0.083206907948 搜索算法 0.07943244372571429

【范例分析】

os.listdir() 方法返回中文期刊数据集的文件夹(类别)名称分别为 computer, food, machinery。对每个文件夹使用 os.listdir() 方法返回该目录下的所有文件名,每个类别有 30 个语料。open() 方法以只读方式 ('r') 打开文件,可查看文件的内容。对文本分类来说,需要将文件打开为二进制

只读形式 ('rb')。语料包含换行、空行、空格，应先将其删除。使用 replace('\r\n'.encode('utf-8'), ''.encode('utf-8')).strip() 方法删除空行，用 content_b.replace(' '.encode('utf-8'),''.encode('utf-8')).strip() 方法删除空行、空格。用 jieba.cut(content_b) 方法将文件内容 content_b 分词。分词结果返回迭代器对象，保存在内存中。用 join() 方法返回分词结果的内容。如果不打印分词结果，可以使用 open() 方法将目标文件打开为 'wb'，即二进制只写，保存分词结果。用 extract_tags() 方法统计输出分词结果中重要性最靠前的 topK（默认为 20）个关键词，以及其权重。

17.3 词袋、词向量空间及简单文本分类

文本具有非结构化特征，每篇文档用的词种类、数量、顺序都不相同。要进行文本分类，需要对分词结果进行结构化表示。词袋的含义前面已经解释过了，可以把它理解为一种数据结构，一般由四元组组成，其形式如下：

<target_name, label, filenames, contents>

词袋的结构如表 17-1 所示。

表 17-1 词袋结构示意

target_name	label	filenames	contents
computer	computer	.../train_corpus_seg/computer/001.txt	.../ 关联 / 规则 / 推荐 / 的 / 高效 /...
	computer	.../train_corpus_seg/computer/002.txt	.../ 基于 / 多任务 / 迭代 / 学习 /...
	computer	.../train_corpus_seg/food/003.txt	.../ 区间 / 位置 / 关系 / 的 / 保密 / 判定 /...
	computer	...	...
food	food	.../train_corpus_seg/food/001.txt	.../ 籽胶 / 对 / 猪肉 / 肌原纤维 /...
	food	.../train_corpus_seg/food/002.txt	.../ 哈密瓜 / 成熟度 / 快速 / 检测 /...
	food	.../train_corpus_seg/food/003.txt	.../ 追溯 / 产业 / 的 / 市场化 / 转型 /...
	food	...	...
machinery	machinery	.../train_corpus_seg/machinery/001.txt	.../ 以五轴 / 数控机床 / 平面 / 插补 /
	machinery	.../train_corpus_seg/machinery/002.txt	.../ 车体 / 振动 / 特性 / 复杂 / 的 / 特点 /
	machinery	.../train_corpus_seg/machinery/003.txt	.../ 单腿 / 工作 / 空间 / 约束 / 和 / 行走 /
	machinery	...	...

target_name 存放了全部类别的名称，label 存放了全部分词文件的类别标签，filenames 存放了全部分词文件的名称，contents 存放了分词文件的内容。

词向量空间则是在词袋基础上增加了 tdm 和 vocabulary 两个特征，其形式为：

<target_name, label, filenames, contents tdm, vocabulary>

其中，tdm 为词频值，vocabulary 包含系统词典和停用词词典。

scikit-learn 的 feature_extraction 模块的 text 子模块提供了 TfidfVectorizer() 类，用于将一个词向量空间表示的稀疏文本矩阵转换为 TF-IDF 特征矩阵，其格式为：

class sklearn.feature_extraction.text.TfidfVectorizer(input='content', encoding='utf-8', decode_error='strict', strip_accents=None, lowercase=True, preprocessor=None, tokenizer=None, analyzer='word', stop_words=None, token_pattern='(?u)\b\w\w+\b', ngram_range=(1, 1), max_df=1.0, min_df=1, max_features=None, vocabulary=None, binary=False, dtype=<class 'numpy.float64'>, norm='l2', use_idf=True, smooth_idf=True, sublinear_tf=False)

其中 input 接收字符串 {'filename', 'file', 'content'} 中的一个，默认为 'content'。stop_words 接收字符串、列表或 None，默认为 None，表示停用词表。

TfidfVectorizer() 类的主要方法如下。

（1）fit(raw_documents[, y])：从训练集学习词汇和 idf。

（2）fit_transform(raw_documents[, y])：学习词汇和 idf，返回 tdm 矩阵，即 TF-IDF 权值矩阵。

（3）get_feature_names()：返回特征整数索引与特征名称的映射数组。

（4）get_params([deep])：获取估计器参数。

（5）get_stop_words()：建立或获取停用词表。

（6）set_params(**params)：设置估计器参数。

（7）transform(raw_documents[, copy])：将文档变换为 tdm 矩阵。

要使用 TfidfVectorizer() 类，需先使用以下命令将其导入：

from sklearn.feature_extraction.text import TfidfVectorizer

【例 17-3】训练文本的朴素贝叶斯分类器。

获取语料的文件夹名称（类别名），读取每个类别的语料，分别进行分词，将分词结果保存到对应类别（文件夹名称）下面。将分词文件装入词袋，构造词向量空间。将词向量空间拆分为训练集和测试集。使用训练集拟合朴素贝叶斯分类器，用拟合的模型对测试集进行预测，评价分类模型的性能。

本例要做的工作可以分成以下 6 个部分。

（1）读取原始语料库，进行分词，将分词结果保存为文本文件。

（2）读取分词结果文本文件，装入词袋，将文本结构化表示。

（3）添加停用词表，构造词向量空间，统计词的 TF-IDF 矩阵 (tdm) 值。

（4）将词向量空间的 tdm、label 作为数据集，拆分为训练集和测试集。

（5）用训练集拟合分类器，用拟合的分类器对测试集预测。

（6）评价分类器性能。

其流程如图 17-5 所示。

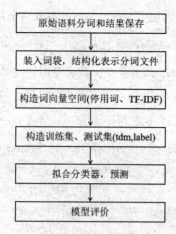

图 17-5 任务流程

逐个读取中文期刊语料库的语料，进行分词，将分词结果按照相应的类别保存为文本文件。

In []:
```
# 获取语料的文件夹名称（类别名），读取每个类别的语料，
# 分别进行分词，将分词结果保存到对应类别（文件夹名称）下面
import os
import jieba# 导入中文分词词库，安装方法：pip install jieba
path='D:/PythonStudy/data/ch17_text_classification/'
# 如果 path 不存在，则创建它
if not os.path.exists(path):
    os.makedirs(path)
# 将原始训练语料集分词，分类保存到指定位置
# 获取 train_corpus 下的所有子目录，即文本类别
category_list = os.listdir(path+'train_corpus/')
print(' 训练语料库的类别为：\n',category_list)
# 读取原始训练语料集每个类别目录下的文件、分词
# 将分词结果分别保存到指定目录下的对应类别子目录
for mydir in category_list:
    # 拼出分类子目录的路径，如 train_corpus/computer/
    category_path = path+'train_corpus/'+ mydir + "/"
    #print(category_path)
    # 拼出分词后要存储到的对应类别目录路径，如 train_corpus_seg/computer/
    seg_dir = path +'train_corpus_seg/'+ mydir + "/"
    #print(category_path)
    # 拼出分词后要存储到的对应类别目录路径，如 train_corpus_seg/computer/
    seg_dir = path +'train_corpus_seg/'+ mydir + "/"
    # 如果分词文件存储目录不存在，则创建该目录
    if not os.path.exists(seg_dir):
        os.makedirs(seg_dir)
    #print(seg_dir)
```

```
In []:   # 获取未分词语料库中某一类别的所有文本文件
         file_list = os.listdir(category_path)
         for file_name in file_list:# 遍历某类别目录下的所有文件
            # 拼出文件名全路径, 如 train_corpus/computer/001.txt
            fullname = category_path + file_name
            with open(fullname, "rb") as fp:
               content = fp.read()# 读取文件内容
            # 删除换行
            content = content.replace('\r\n'.encode('utf-8'),
                                ''.encode('utf-8')).strip()
            # 删除空行、空格
            content = content.replace(' '.encode('utf-8'),
                                ''.encode('utf-8')).strip()
            content_seg = jieba.cut(content) # 为文件内容分词
            # 将分词结果以 txt 文件保存到 train_corpus_seg 目录的某个类别下
            with open(seg_dir +file_name, 'wb') as fp:
               #print(seg_dir +file_name)
               #用 / 分开切词结果
               fp.write( '/'.join(content_seg).encode('utf-8'))
         print(" 中文原始训练语料分词结束 !")
```

Out: 训练语料库的类别为:
      ['computer', 'food', 'machinery']
      中文原始训练语料分词结束!

读取分词文件, 将各个分词文件装入词袋, 将分词文件结构化表示。

```
In []:   # 创建训练集词袋对象
         import pickle
         from sklearn.datasets.base import Bunch
         category_list = os.listdir(path+'train_corpus_seg/') # 获取切词存放目录, 即分类信息
         print(' 文章存放目录 ( 类别 ) 为: \n',category_list)
```

Out: 文章存放目录 (类别) 为:
      ['computer', 'food', 'machinery']

创建一个词袋, 首先输入目标名称（类别）。

```
In []:   # 创建一个 Bunch 实例, 结构化保存类别名、样本类标签、样本文件名、分词文件内容
         #Bunch 的每个属性值都是一维的
         bunch = Bunch(target_name=[], label=[], filenames=[], contents=[])
         # 将类别信息 category_list 放入 target_name
         bunch.target_name.extend(category_list)
         print(' 词袋 bunch 的类别数量为: ',len(bunch.target_name))
         print(' 词袋 bunch.target_name 为: \n',bunch.target_name)
```

Out:	词袋 bunch 的类别数量为：3
	词袋 bunch.target_name 为：['computer', 'food', 'machinery']

以上创建的词袋 bunch 具有 4 个属性，分别是 target_name, label, filenames, contents，每个属性值都是一维的。target_name 的值为 ['computer', 'food', 'machinery']。下面对每个目录逐一读取其分词文件，分别使用 append() 方法，将分词文件的类标签添加到 bunch.label，将分词文件的全名添加到 bunch.filenames，将分词文件的内容添加到 bunch.contents。

```
In []:   # 获取每个目录下所有的分词文件，放到词袋中
         for mydir in category_list:
             category_path = path+'train_corpus_seg/' + mydir + "/" # 拼出分类子目录的路径
             print(' 分词结果保存路径为：\n',category_path)
             file_list = os.listdir(category_path) # 获取 category_path 下的所有文件
             for file_name in file_list: # 遍历类别目录下的文件
                 fullname = category_path + file_name # 拼出文件名全路径
                 bunch.label.append(mydir)# 添加类别标签，即类别目录名称
                 bunch.filenames.append(fullname)# 添加文件全路径名称
                 with open(fullname, "rb") as fp:
                     content = fp.read()
                     bunch.contents.append(content) # 读取文件内容
         print(" 构建训练集文本词袋对象结束！！！ ")
```

Out:	分词结果保存路径为：
	D:/PythonStudy/data/ch17_text_classification/train_corpus_seg/computer/
	分词结果保存路径为：
	D:/PythonStudy/data/ch17_text_classification/train_corpus_seg/food/
	分词结果保存路径为：
	D:/PythonStudy/data/ch17_text_classification/train_corpus_seg/machinery/
	构建训练集文本词袋对象结束！！！

观察词袋 bunch 的属性。先查看 bunch.label。

```
In []:   print(' 词袋 bunch.label 的数量为：',len(bunch.label))
         print(' 词袋 bunch.label 为：\n',bunch.label)
```

Out:	词袋 bunch.label 的数量为：90
	词袋 bunch.label 为：

['computer', 'food', 'machinery', 'machinery', 'machinery', 'machinery', 'machinery', 'machinery', 'machinery', 'machinery', 'machinery', 'machinery', 'machinery',

Out: 'machinery', 'machinery', 'machinery', 'machinery', 'machinery', 'machinery', 'machinery', 'machinery',

    'machinery', 'machinery', 'machinery', 'machinery', 'machinery', 'machinery', 'machinery', 'machinery',

    'machinery', 'machinery']

可以看出，bunch.label 共有 90 个元素，是分词文件的类标签。下面查看 bunch.filenames 属性。

In []:   print(' 词袋 bunch.filenames 的数量为：',len(bunch.filenames))

       print(' 词袋 bunch.filenames 的前 5 个为：\n',bunch.filenames[0:5])

Out: 词袋 bunch.filenames 的数量为：90

       词袋 bunch.filenames 的前 5 个为：

    ['D:/PythonStudy/data/ch17_text_classification/train_corpus_seg/computer/001.txt', 'D:/PythonStudy/

    data/ch17_text_classification/train_corpus_seg/computer/002.txt', 'D:/PythonStudy/data/ch17_text_

    classification/train_corpus_seg/computer/003.txt', 'D:/PythonStudy/data/ch17_text_classification/

    train_corpus_seg/computer/004.txt', 'D:/PythonStudy/data/ch17_text_classification/train_corpus_seg/

    computer/005.txt']

查看 bunch.contents 属性，并输出一个元素（一个分词文件）的内容。

In []:   print(' 词袋 bunch.contents 的数量为：',len(bunch.contents))

       print(' 词袋 bunch 的索引号为 5 的分词文件内容为：\n',bunch.contents[5])

Out: 词袋 bunch.contents 的数量为：90

       词袋 bunch 的索引号为 5 的分词文件内容为：

    b'\xe5\x9f\xba\xe4\xba\x8e\xe6\xb7\xb1\xe5\xba\xa6\xe7\xbd\xae\xe4\xbf\xa1\xe7\xbd\x91\xe7\

    xbb\x9c\xe7\x9a\x84\xe9\xab\x98\xe5\x88\x86\xe8\xbe\xa8\xe7\x8e\x87\xe9\x9b\xb7\xe8\xbe\

    xbe\xe8\xb7\x9d\xe7\xa6\xbb\xe5\x83\x8f\xe8\xaf\x86\xe5\x88\xab\xe6\x91\x98\xe8\xa6\x81\

    xef\xbc\x9a\xe4\xb8\xba\xe6\x8f\x90\xe9\xab\x98\xe9\x9b\xb7\xe8\xbe\xbe\xe7\x9b\xae\xe6\xa0\

    x87\xe8\xaf\x86\xe5\x88\xab\xe5\x87\x86\xe7\xa1\xae\xe7\x8e\x87/,\xe6\x8f\x90\xe5\x87\xba\

    xe4\xba\x86\xe4\xb8\x80\xe7\xa7\x8d\xe5\x9f\xba\xe4\xba\x8e\xe6\xb7\xb1\xe5\xba\xa6\xe7\

    xbd\xae\x

    其余省略

生成词向量空间，使用 TfidfVectorizer() 类对词袋进行拟合，并转换词袋分词文件为 tdm 矩阵。应先读取停用词表。

In []:   # 对分词结果生成词向量空间，使用向量空间数据训练模型，并进行文本分类

       # 先读取停用词表，剔除虚词

       from sklearn.feature_extraction.text import TfidfVectorizer

       with open(path+'stop_words_cn.txt', "rb") as fp:

          stpwrdlst = fp.read().splitlines()# 读取停用词表

       #print(stpwrdlst)

       print(' 停用词表读取完毕！')

Out: 停用词表读取完毕！

构造一个新的词袋，即 TF-IDF 空间。使用 TfidfVectorizer() 类将 bunch.contents 向量化，并添加到 TF-IDF 空间。

```
In []:    # 生成 TF-IDF 空间
          tfidfspace = Bunch(target_name=bunch.target_name, label=bunch.label,
                  filenames=bunch.filenames, tdm=[],vocabulary={})
          vectorizer = TfidfVectorizer(stop_words=stpwrdlst, sublinear_tf=True, max_df=0.5)
          # 使用词袋的分词内容拟合 TfidfVectorizer
          vectorizer.fit(bunch.contents)
          # 将词袋的分词内容转换为 TDM，即 TF-IDF 权值矩阵
          tfidfspace.tdm = vectorizer.transform(bunch.contents)
          print('tfidfspace 词向量空间 TDM 的形状为：',tfidfspace.tdm.shape)
          tfidfspace.vocabulary = vectorizer.vocabulary_
          #writebunchobj(path, tfidfspace)
          print("tf-idf 词向量空间实例创建成功！！！")
```

```
Out:      tfidfspace 词向量空间 TDM 的形状为： (90, 3261)
          tf-idf 词向量空间实例创建成功！！！
```

以上代码生成以 target_name, label, filenames, tdm, vocabulary 为属性的词袋 tfidfspace，其中前 3 个属性以词袋 bunch 对应的属性赋值，后两个属性暂时初始化为空值。生成 TfidfVectorizer() 的实例 vectorizer，同时将停用词表加入 TfidfVectorizer()。使用 fit() 方法，以 bunch.contents 的样本集拟合词向量空间模型 vectorizer。使用 transform() 方法将 bunch.contents 变换到词向量空间。将变换结果赋给词袋 tfidfspace.tdm 属性，并将 vectorizer.vocabulary_ 赋值给 tfidfspace.vocabulary。

至此，已完成对词向量空间的构造。下面拟合朴素贝叶斯分类器，对文本进行分类。

```
In []:    # 使用词向量空间数据拟合分类器
          from sklearn.naive_bayes import MultinomialNB  # 导入多项式贝叶斯算法
          from sklearn.model_selection import train_test_split
          X_train,X_test, y_train,y_test = train_test_split(
              tfidfspace.tdm,tfidfspace.label,train_size = 0.8,random_state = 42)
          # 训练分类器：输入词袋向量和分类标签，alpha:0.001 alpha 越小，迭代次数越多，精度越高
          clf = MultinomialNB(alpha=0.001).fit(X_train, y_train)
          print('MultinomialNB 分类模型拟合结束！')
```

```
Out:      MultinomialNB 分类模型拟合结束！
```

使用拟合的分类器对测试集进行预测。

```
In []:    # 预测分类结果
          y_pred = clf.predict(X_test)
          print('MultinomialNB 对测试集的预测结果为：\n',y_pred)
```

```
Out:      MultinomialNB 对测试集的预测结果为：
          ['food' 'machinery' 'food' 'machinery' 'computer' 'computer' 'food'
```

| Out: | 'machinery' 'computer' 'food' 'machinery' 'food' 'food' 'machinery' |

'computer' 'computer' 'computer' 'computer']

评价分类器性能。

| In []: | # 评价模型 |

from sklearn.metrics import accuracy_score,classification_report

from sklearn.model_selection import cross_val_score# 交叉检验

print('MultinomialNB 对测试集的预测结果评价报告：\n',

classification_report(y_test,y_pred))

| Out: | MultinomialNB 对测试集的预测结果评价报告： |

	precision	recall	f1-score	support
computer	1.00	0.88	0.93	8
food	1.00	1.00	1.00	6
machinery	0.80	1.00	0.89	4
avg / total	0.96	0.94	0.95	18

对训练的分类模型 MultinomialNB 进行交叉检验，并输出观察交叉检验结果。

| In []: | # 交叉检验 |

print('MultinomialNB 交叉检验的结果为：',

cross_val_score(clf, tfidfspace.tdm,tfidfspace.label, cv=5))

| Out: | MultinomialNB 交叉检验的结果为： [0.77777778 0.94444444 1.   1.   0.88888889] |

【范例分析】

本例首先使用 os.listdir() 方法，逐一读取每个类别的每个原始语料为二进制只读文件，删除换行、空行、空格。其次使用 jieba.cut() 方法进行分词，将分词结果按照与原始语料相对应的类别保存为文本文件。再次使用 os.listdir() 方法，逐一读取每个类别、每个分词文件。最后使用 extend() 方法或 append() 方法将分词文件类别名称、标签、文件全名、内容分别装入词袋 bunch，将分词文件结构化表示。bunch 对应的属性为 target_name, label, filenames, contents。构造分词文件的词向量空间 tfidfspace 为具有 target_name, label, filenames, tdm,vocabulary 属性的词袋，其中前 3 个属性以词袋 bunch 对应的属性赋值，后 2 个属性需要使用 TfidfVectorizer() 类赋值。添加停用词表到 TfidfVectorizer()，生成其实例 vectorizer。使用 fit() 方法，以 bunch.contents 的样本集拟合词向量空间模型 vectorizer。使用 transform() 方法将 bunch.contents 变换到词向量空间。将变换结果赋给词袋 tfidfspace.tdm 属性。将 vectorizer.vocabulary_ 赋值给 tfidfspace.vocabulary。以 tfidfspace.tdm 作为特征集，以 tfidfspace.label 作为目标集，使用 train_test_split() 方法以 0.8 的比例将其随机拆分为训练集和测试集 X_train,X_test, y_train,y_test。生成 MultinomialNB() 的实例 clf，同时使用 fit(X_train, y_train) 方法训练 clf。使用 predict() 方法对测试集进行预测，将预测结果保存在 y_pred 中。使用 classification_report(y_test,y_pred) 方法返回分类报告，可以看出，对测试集预测的平均准确率、召回率、F_1 分数分别为 0.96, 0.94, 0.95。使用 cross_val_score() 方法返回的 5 折交叉检验分数为 [0.77777778 0.94444444 1. 1. 0.88888889]，说明所训练的朴素贝叶斯分类模型基本能够满足要求。

一般来说，并不对直接生成的词袋和词向量空间拟合机器学习模型，而应将它们保存起来，然后再读取，并拟合机器学习模型。这在数据量即文档数量非常多的时候尤其重要。下面将练习将词袋和词向量空间分别保存为数据文件，读取数据文件并拟合分类器。

【例 17-4】读取词袋和词向量空间数据文件，训练文本的朴素贝叶斯分类器。

将词袋和词向量空间分别保存为数据文件，读取数据文件并拟合分类器。

本例的任务流程如图 17-6 所示，可以分为 10 个步骤：①读取已保存的分词文件；②将分词数据装入词袋，将文本结构化表示；③将词袋保存为数据文件；④读取词袋数据文件；⑤添加停用词表，构造词向量空间，统计词的 TF-IDF 矩阵 (tdm) 值；⑥保存词向量空间数据文件；⑦读取词向量空间数据文件；⑧将词向量空间的 tdm、label 作为数据集，拆分为训练集和测试集；⑨用训练集拟合分类器，并对测试集进行预测；⑩评价分类器性能。

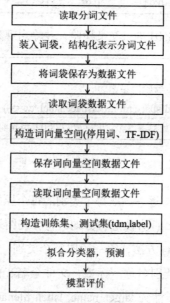

图 17-6 任务流程

逐一读取上例已保存的分词文件，装入词袋，将分词文件结构化表示。

```
In []:   # 将词袋和词向量空间分别保存为数据文件
         import os
         import jieba# 导入中文分词词库，安装方法：pip install jieba
         path='D:/PythonStudy/data/ch17_text_classification/'
         # 如果 path 不存在，则创建它
         if not os.path.exists(path):
           os.makedirs(path)
         bunch = Bunch(target_name=[], label=[], filenames=[], contents=[])
         # 获取每个目录下所有的文件
```

```
In []:    for mydir in category_list:
              bunch.target_name.append(mydir)# 在词袋中添加类别名，即文件夹名
              category_path = path+'train_corpus_seg/' + mydir + "/" # 拼出分类子目录的路径
              print(' 分词结果保存路径为：\n',category_path)
              file_list = os.listdir(category_path) # 获取 category_path 下的所有文件
              for file_name in file_list: # 遍历类别目录下的文件
                  fullname = category_path + file_name # 拼出文件名全路径
                  bunch.label.append(mydir)# 添加类别标签，即类别目录名称
                  bunch.filenames.append(fullname)# 添加文件全路径名称
                  with open(fullname, "rb") as fp:
                      content = fp.read()
                  bunch.contents.append(content) # 读取文件内容
              #print(bunch.filenames)
              # 将 bunch 存储到 wordbag_path 路径中
              with open(path+'train_set.dat', "wb") as file_obj:
                  pickle.dump(bunch, file_obj)
          print(" 构建训练集文本词袋对象结束！词袋已保存至：\n",path+'train_set.dat')
```

```
Out:    分词结果保存路径为：
        D:/PythonStudy/data/ch17_text_classification/train_corpus_seg/computer/
        分词结果保存路径为：
        D:/PythonStudy/data/ch17_text_classification/train_corpus_seg/food/
        分词结果保存路径为：
        D:/PythonStudy/data/ch17_text_classification/train_corpus_seg/machinery/
        构建训练集文本词袋对象结束！词袋已保存至：
        D:/PythonStudy/data/ch17_text_classification/train_set.dat
```

上面的代码中，使用 pickle.dump() 方法将词袋 bunch 保存到 train_set.dat 数据文件。Python 的 pickle 模块用于数据的序列和反序列化。通过 pickle 模块的序列化操作，将程序中运行的对象信息保存到文件中，永久存储；通过 pickle 模块的反序列化操作，从文件中创建程序以前保存的对象，其序列号的格式为：

```
pickle.dump(obj, file, [,protocol])
```

obj 参数接收要保存的对象，file 参数接收以只写模式打开的文件对象，即要保存的目标文件。下面读取停用词表。

```
In []:    # 对分词结果进行分类，先读取停用词表
          from sklearn.feature_extraction.text import TfidfVectorizer
          with open(path+'stop_words_cn.txt', "rb") as fp:
          # 对分词结果进行分类，先读取停用词表
          from sklearn.feature_extraction.text import TfidfVectorizer
          with open(path+'stop_words_cn.txt', "rb") as fp:
```

In []:	stpwrdlst = fp.read().splitlines()# 读取停用词表
	#print(stpwrdlst)
	print(' 停用词表读取完毕！')
Out:	停用词表读取完毕！

读取词袋数据文件，观察其基本信息。

In []:	# 读取训练集数据：词袋文件
	with open(path+'train_set.dat', "rb") as file_obj:
	bunch= pickle.load(file_obj)
	print(' 词袋数据集的类别数量为：',len(bunch.target_name))
	print(' 词袋数据集的类别为：',bunch.target_name)
	print(' 词袋数据集的标签数量为：',len(bunch.label))
	print(' 词袋数据集的分词文件名称数量为：',len(bunch.filenames))
	print(' 词袋数据集的分词文件数量为：',len(bunch.contents))
Out:	词袋数据集的类别数量为： 3
	词袋数据集的类别为： ['computer', 'food', 'machinery']
	词袋数据集的标签数量为： 90
	词袋数据集的分词文件名称数量为： 90
	词袋数据集的分词文件数量为： 90

以上代码中，使用 pickle.load() 方法加载词袋，其格式为：

pickle.load(file_obj)

其中 file_obj 为以只读方式打开的文件对象。下面创建词向量空间实例，它也是一个词袋。与 bunch 相比，将加入 TF-IDF 矩阵、词汇等属性。

In []:	# 计算词袋分词文件的 TF-IDF，先构建一个词向量空间实例，它也是一个词袋数据结构
	tfidfspace = Bunch(target_name=bunch.target_name, label=bunch.label,
	filenames=bunch.filenames, tdm=[],vocabulary={})
	# 读取停用词表
	vectorizer = TfidfVectorizer(stop_words=stpwrdlst, sublinear_tf=True, max_df=0.5)
	# 拟合分词文件的 TFIDF 模型
	vectorizer.fit(bunch.contents)
	# 将词袋分词文件转换为词向量
	tfidfspace.tdm = vectorizer.transform(bunch.contents)
	print(' 词向量空间 tfidfspace 的 tdm 的形状为：',tfidfspace.tdm.shape)
	# 将 vectorizer 的词汇表赋给词向量空间 tfidfspace 的 vocabulary
	tfidfspace.vocabulary = vectorizer.vocabulary_
	# 保存词向量空间数据集文件
	with open(path+'tfidfspace.dat', "wb") as file_obj:
	pickle.dump(tfidfspace, file_obj)
	print("tf-idf 词向量空间实例创建成功！！！")

Out: 词向量空间 tfidfspace 的 tdm 的形状为: (90, 3261)

tf-idf 词向量空间实例创建成功！！！

以上代码生成词袋 tfidfspace，它的属性有 target_name, label, filenames, tdm,vocabulary，其中前 3 个属性以词袋 bunch 对应的属性赋值，后 2 个属性暂时初始化为空值。生成 TfidfVectorizer() 的实例 vectorizer，同时将停用词表加入 TfidfVectorizer()。使用 fit() 方法，以读取的词袋数据文件 bunch 的 contents 样本集拟合词向量空间模型 vectorizer。使用 transform() 方法将 bunch.contents 变换到词向量空间，将变换结果赋给词袋 tfidfspace.tdm 属性。将 vectorizer.vocabulary_ 赋值给 tfidfspace. vocabulary，再次使用 pickle.dump(tfidfspace, file_obj) 方法将 tfidfspace 序列化保存为 tfidfspace.dat 数据文件。

加载 tfidfspace.dat 数据文件，观察其基本信息。

```
In []:   # 读入词向量空间数据集文件，拟合分类模型，进行分类
         from sklearn.naive_bayes import MultinomialNB  # 导入多项式贝叶斯算法
         from sklearn import metrics
         # 导入训练集：词向量空间数据库
         with open(path+'tfidfspace.dat', "rb") as file_obj:
             X= pickle.load(file_obj)
         print(' 词向量空间数据集的形状为：',X.tdm.shape)
         # 读入词向量空间数据集文件，拟合分类模型，进行分类
         from sklearn.naive_bayes import MultinomialNB  # 导入多项式贝叶斯算法
         from sklearn import metrics
         # 导入训练集：词向量空间数据库
         with open(path+'tfidfspace.dat', "rb") as file_obj:
             X= pickle.load(file_obj)
         print(' 词向量空间数据集的形状为：',X.tdm.shape)
         print(' 词向量空间数据集的类标签形状为：',len(X.label))
         print(' 词向量空间数据集的类标签为：\n',X.label)
```

Out: 词向量空间数据集的形状为: (90, 3261)

词向量空间数据集的类标签形状为: 90

词向量空间数据集的类标签为:

['computer', 'computer','computer', 'computer', 'computer', 'computer', 'food', 'machinery']

可以看出，数据集共有 90 个样本，每个样本的 tdm 共有 3261 个特征。下面将数据集 X 的 tdm 和 label 属性拆分为训练集和测试集，并使用训练集拟合朴素贝叶斯分类器。

In []: # 将数据集拆分为训练集和测试集，并使用训练集拟合分类器
from sklearn.model_selection import train_test_split
X_train,X_test, y_train,y_test = train_test_split(
    X.tdm,X.label,train_size = 0.8,random_state = 42)
# 训练分类器：输入词袋向量和分类标签，alpha:0.001 alpha 越小，迭代次数越多，精度越高
clf = MultinomialNB(alpha=0.001).fit(X_train, y_train)
print(' 分类模型拟合结束！ ')

Out: 分类模型拟合结束！

使用拟合的分类器对测试集进行预测。

In []: # 预测分类结果
y_pred = clf.predict(X_test)
print(' 对测试集的预测结果为： \n',y_pred)

Out: 对测试集的预测结果为：
['food' 'machinery' 'food' 'machinery' 'computer' 'computer' 'food'
'machinery' 'computer' 'food' 'machinery' 'food' 'food' 'machinery'
'computer' 'computer' 'computer' 'computer']

对训练的分类器进行评价。

In []: # 评价模型
from sklearn.metrics import accuracy_score
from sklearn.metrics import classification_report
from sklearn.model_selection import cross_val_score# 交叉检验
print(' 预测结果评价报告： \n',
    classification_report(y_test,y_pred))

Out: 预测结果评价报告：

	precision	recall	f1-score	support
computer	1.00	0.88	0.93	8
food	1.00	1.00	1.00	6
machinery	0.80	1.00	0.89	4
avg / total	0.96	0.94	0.95	18

对训练的模型 clf 进行交叉检验，并输出观察交叉检验报告。

In []: # 交叉检验
print(' 交叉检验的结果为： ',cross_val_score(clf, X.tdm,X.label, cv=5))

Out: 交叉检验的结果为： [0.77777778 0.94444444 1.　　　　　 1.　　　　　 0.88888889]

【范例分析】

本例先逐一读取分词文件，装入词袋，将分词文件结构化表示。用 pickle.dump() 方法将生成的词袋保存为数据文件 train_set.dat，用于将数据序列化。读取 train_set.dat 时，用 pickle. load() 方法，将数据文件反序列化。生成词袋 tfidfspace，它的属性有 target_name, label, filenames, tdm,vocabulary，其中前 3 个属性以词袋 bunch 对应的属性赋值，后 2 个属性通过 TfidfVectorizer() 赋值。生成 TfidfVectorizer() 的实例 vectorizer，同时将停用词表加入 TfidfVectorizer()，使用 fit() 方法，以读取的词袋数据文件 bunch 的 contents 样本集拟合词向量空间模型 vectorizer。使用 transform() 方法将 bunch.contents 变换到词向量空间，赋给词袋 tfidfspace.tdm 属性。将 vectorizer.vocabulary_ 赋值给 tfidfspace.vocabulary。再次使用 pickle.dump(tfidfspace, file_obj) 方法将 tfidfspace 序列化保存为 tfidfspace.dat 数据文件。加载 tfidfspace.dat 数据文件为 X，共有 90 个样本，每个样本的 X.tdm 属性共有 3261 个特征。使用 train_test_split() 方法将数据集 X.tdm 和 X.label 属性拆分为训练集和测试集 X_train,X_test, y_train,y_test，使用训练集拟合朴素贝叶斯分类器 clf = MultinomialNB()。使用 clf.predict(X_test) 方法对测试集 X_test 进行预测，预测结果记录为 y_pred。classification_report(y_test,y_pred) 方法返回对测试集的分类报告表明，平均分类准确率、召回率、F_1 分数为 0.96, 0.94, 0.95。cross_val_score() 方法返回的 5 折交叉检验分数为 [0.77777778 0.94444444 1. 1. 0.88888889]。由此可见，分类器基本能够满足使用需求。

17.4 综合实例 1——使用有标签样本训练分类器、预测无标签文档类别

前面的例子中所使用的文档样本都是有标签的。当要预测一个新的文档的类别时，新的文档没有类别标签，这时可以采用两种方法。第一种方法是将无标签样本与有标签样本放入同一个词袋，并创建为同一个词向量空间，使用词向量空间中有标签的样本训练和测试分类器，然后使用训练好的分类器预测新样本的分类。第二种方法是将有标签样本和无标签样本分别放到不同的词袋，创建不同的词向量空间，使用有标签词向量空间训练和评价分类器，使用训练的分类器预测无标签样本的类别。这两种方法将导致词向量空间的维数不同。下面先通过例子说明第一种方法。

【例 17-5】训练文本分类器并预测无标签文本。

在词袋中添加无标签的新分词文件，训练朴素贝叶斯分类模型，预测新文件的类别。

本例的任务流程如图 17-7 所示，包括：①逐一读取已保存的有标签分词文件；②将分词文件装入词袋，进行结构化表示；③保存词袋为数据文件；④逐一读取无标签的原始语料；⑤将无标签语料分词，将分词结果以文本文件保存到指定目录；⑥读取无标签的分词文本文件；⑦将无标签分词文件的全名、内容追加到词袋；⑧将更新后的词袋保存，更新词袋数据文件，此时数据文件已包含了无标签样本；⑨读取更新过的词袋文件；⑩读取停用词表，构造词向量空间，统计和添加 tdm、词汇；⑪保存词向量空间数据文件，此时数据文件既包含有标签样本，也包含无标签样本，

且无标签样本位于数据文件的尾部；⑫读取保存的词向量空间数据文件；⑬获取数据文件中的有标签样本，将其拆分为训练集和测试集；⑭使用训练集拟合朴素贝叶斯分类器，使用拟合的分类器对测试集进行预测；⑮评价训练的朴素贝叶斯分类器性能；⑯使用训练的朴素贝叶斯分类器预测无标签样本的类别。

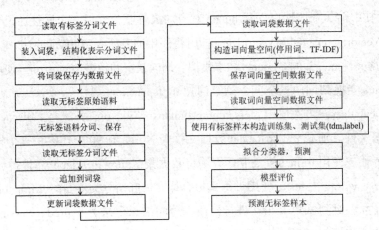

图 17-7 任务流程

首先，读取已建立的有标签分词文件，将读取的分词文件装入词袋，进行结构化表示。

In []:	# 在词袋中添加无标签的新分词文件，训练分类模型，预测新文件的类别

```
import os
import jieba# 导入中文分词词库，安装方法：pip install jieba
import pickle
from sklearn.datasets.base import Bunch
from sklearn.feature_extraction.text import TfidfVectorizer
path='D:/PythonStudy/data/ch17_text_classification/'
# 如果 path 不存在，则创建它
if not os.path.exists(path):
    os.makedirs(path)
# 创建训练集词袋对象，并保存
import pickle
from sklearn.datasets.base import Bunch
category_list = os.listdir(path+'train_corpus_seg/') # 获取切词存放目录，即分类信息
print(' 文章存放目录 ( 即类别 ) 为：\n',category_list)
```

Out:	文章存放目录 (即类别) 为：

['computer', 'food', 'machinery']

下面创建一个 Bunch 实例，结构化保存类别名、样本类标签、样本文件名、分词文件内容。

In []:	# 创建一个 Bunch 实例，结构化保存类别名、样本类标签、样本文件名、分词文件内容

```
#Bunch 的每个属性值都是一维的
bunch = Bunch(target_name=[], label=[], filenames=[], contents=[])
```

```
In []:   # 将类别信息 category_list 放入 target_name
         bunch.target_name.extend(category_list)
         print(' 词袋 bunch.target_name 为：\n',bunch.target_name)
```

```
Out:     词袋 bunch.target_name 为：['computer', 'food', 'machinery']
```

完成词袋创建，并将其保存为数据文件。

```
In []:   # 获取每个目录下所有的分词文件，装入词袋，保存为词袋数据集
         for mydir in category_list:
             category_path = path+'train_corpus_seg/' + mydir + "/" # 拼出分类子目录的路径
             print(mydir,' 语料分词结果保存路径为：\n',category_path)
             file_list = os.listdir(category_path) # 获取 category_path 下的所有文件
             for file_name in file_list: # 遍历类别目录下的文件
                 fullname = category_path + file_name # 拼出文件名全路径
                 bunch.label.append(mydir)# 添加类别标签，即类别目录名称
                 bunch.filenames.append(fullname)# 添加文件全路径名称
                 with open(fullname, "rb") as fp:
                     content = fp.read()
                 bunch.contents.append(content) # 读取文件内容
             #print(bunch.filenames)
             # 将 bunch 存储到 wordbag_path 路径中
             with open(path+'train_set2.dat', "wb") as file_obj:
                 pickle.dump(bunch, file_obj)
         print(" 构建训练集文本词袋对象结束！词袋数据集已保存至：\n",path+'train_set2.dat')
```

```
Out:     computer 语料分词结果保存路径为：
         D:/PythonStudy/data/ch17_text_classification/train_corpus_seg/computer/
         food 语料分词结果保存路径为：
         D:/PythonStudy/data/ch17_text_classification/train_corpus_seg/food/
         machinery 语料分词结果保存路径为：
         D:/PythonStudy/data/ch17_text_classification/train_corpus_seg/machinery/
         构建训练集文本词袋对象结束！词袋数据集已保存至：
         D:/PythonStudy/data/ch17_text_classification/train_set2.dat
```

下面读取保存的词袋数据文件，观察其基本信息。

```
In []:   # 读取词袋数据集
         with open(path+'train_set2.dat', "rb") as file_obj:
             bunch= pickle.load(file_obj)
         print(' 词袋数据集中的类别数量为：',len(bunch.target_name))
         print(' 词袋数据集中的类别为：',bunch.target_name)
         print(' 词袋数据集中的标签数量为：',len(bunch.label))
         print(' 词袋数据集中的文件名字数量为：',len(bunch.filenames))
         print(' 词袋数据集中的文件数量为：',len(bunch.contents))
```

Out:	词袋数据集中的类别数量为：3
	词袋数据集中的类别为：['computer', 'food', 'machinery']
	词袋数据集中的标签数量为：90
	词袋数据集中的文件名字数量为：90
	词袋数据集中的文件数量为：90

逐一读取无标签语料，将分词结果以文本文件格式保存到指定位置。

In []:
```
# 将新语料集分词, 保存到指定位置
# 获取 new_corpus 下的所有文件
file_list = os.listdir(path+'new_corpus/')
print(' 新的语料文件为: \n',file_list)
# 读取原始训练语料集中每个类别目录下的文件、分词
# 将分词结果分别保存到指定目录下的对应类别子目录
for file_name in file_list:# 遍历某类别目录下的所有文件
    # 拼出文件名全路径, 如 train_corpus/computer/001.txt
    fullname = path+'new_corpus/' + file_name
    #print(fullname)
    with open(fullname, "rb") as fp:
        content = fp.read()# 读取文件内容
    # 删除换行
    content = content.replace('\r\n'.encode('utf-8'),
                    ''.encode('utf-8')).strip()
    # 删除空行、空格
    content = content.replace(' '.encode('utf-8'),
                    ''.encode('utf-8')).strip()
    content_seg = jieba.cut(content) # 为文件内容分词
    # 将分词结果以 txt 文件格式保存到 train_corpus_seg 目录的某个类别下
    with open(path+'new_corpus_seg/'+file_name, 'wb') as fp:
        #print(seg_dir +file_name)
        # 用 / 分开切词结果
        fp.write( '/'.join(content_seg).encode('utf-8'))
print(" 新的中文原始训练语料分词结束 !")
```

Out:
新的语料文件为：
['computer01.txt', 'computer02.txt', 'computer03.txt', 'computer04.txt', 'computer05.txt', 'food01.txt',
'food02.txt', 'food03.txt', 'food04.txt', 'food05.txt', 'machinery01.txt', 'machinery02.txt', 'machinery03.
txt', 'machinery04.txt', 'machinery05.txt']
新的中文原始训练语料分词结束！

逐一读取无标签分词文件，追加到词袋后边，并更新、保存到前面的数据文件train_set2.dat尾部。

In []:
```
# 将新文件追加到词袋数据集后面
new_file_list = os.listdir(path+'new_corpus_seg/')
```

In []:	or new_file_seg in new_file_list:
	with open(path+'/new_corpus_seg/'+new_file_seg, "rb") as fp:
	content = fp.read()
	bunch.contents.append(content)
	bunch.filenames.append(path+'/new_corpus_seg/'+new_file_seg)
	with open(path+'train_set2.dat', "wb") as file_obj:
	pickle.dump(bunch, file_obj)
	print(' 添加新的无标签分词文件后的词袋数据集已保存至：\n',path+'train_set2.dat')
Out:	添加新的无标签分词文件后的词袋数据集已保存至：
	D:/PythonStudy/data/ch17_text_classification/train_set2.dat

读取更新过的数据文件 train_set2.dat，并观察其基本信息。

In []:	# 再次读取词袋集数据
	with open(path+'train_set2.dat', "rb") as file_obj:
	bunch= pickle.load(file_obj)
	print(' 添加无标签新文件后词袋的文件数量为：',len(bunch.contents))
Out:	添加无标签新文件后词袋的文件数量为： 105

可以看出，更新过的数据文件 train_set2.dat 的样本数量已由原来的 90 个增加至 105 个。其中新增的 15 个为无标签样本，位于数据集的尾部。下面创建词向量空间，添加停用词表，计算 tdm，并将词向量空间保存为数据文件。

In []:	# 将添加无标签样本的词袋转换为词向量空间数据集，并保存
	with open(path+'stop_words_cn.txt', "rb") as fp:
	stpwrdlst = fp.read().splitlines()# 读取停用词表
	tfidfspace = Bunch(target_name=bunch.target_name, label=bunch.label,
	filenames=bunch.filenames, tdm=[],vocabulary={})
	vectorizer = TfidfVectorizer(stop_words=stpwrdlst, sublinear_tf=True, max_df=0.5)
	#tfidfspace.tdm = vectorizer.fit_transform(bunch.contents)
	vectorizer.fit(bunch.contents)
	tfidfspace.tdm = vectorizer.transform(bunch.contents)
	print(' 添加无标签样本后词向量空间的形状为 ',tfidfspace.tdm.shape)
	tfidfspace.vocabulary = vectorizer.vocabulary_
	#writebunchobj(path, tfidfspace)
	with open(path+'tfidfspace2.dat', "wb") as file_obj:
	pickle.dump(tfidfspace, file_obj)
	print(" 带有无标签样本的 tf-idf 词向量空间实例创建成功！已保存至：\n",path+'tfidfspace2.dat')
Out:	添加无标签样本后词向量空间的形状为 (105, 3536)
	带有无标签样本的 tf-idf 词向量空间实例创建成功！已保存至：
	D:/PythonStudy/data/ch17_text_classification/tfidfspace2.dat

可以看出，添加新样本后，tdm 形状由原来的 (90, 3261) 改变为 (105, 3536)。这说明，一方面

新样本的添加使样本数量增加了；另一方面新样本含有新的词汇，使得词向量空间的特征数量也增加了。

读取保存的词向量空间数据文件 tfidfspace2.dat，并观察其基本信息。

In []: ｜ # 读取词向量空间数据集文件，使用有标签样本拟合分类模型
from sklearn.naive_bayes import MultinomialNB # 导入多项式贝叶斯算法
from sklearn import metrics
# 导入训练集：词向量空间数据库
with open(path+'tfidfspace2.dat', "rb") as file_obj:
  X= pickle.load(file_obj)
#with open(path+'tfidfspace.dat', "rb") as file_obj:
# X0= pickle.load(file_obj)
print(' 带无标签样本的词向量空间数据集的 tdm 形状为：',X.tdm.shape)
print(' 带无标签样本的词向量空间数据集的类标签数量为：',len(X.label))
print(' 带无标签样本的词向量空间数据集的类标签为：\n',X.label)

Out: ｜ 带无标签样本的词向量空间数据集的 tdm 形状为：(105, 3536)
带无标签样本的词向量空间数据集的类标签数量为：90
带无标签样本的词向量空间数据集的类标签为：

['computer', 'food', 'machinery', 'machinery']

可以看出，总样本数量为 105 个，但标签的数量为 90 个，即新添加的 15 个样本是没有标签的。下面将有标签样本的 tdm 和 label 拆分为训练集和测试集，使用训练集拟合朴素贝叶斯分类器。

In []: ｜ # 使用有标签样本拟合模型
from sklearn.model_selection import train_test_split
X_train,X_test, y_train,y_test = train_test_split(
  X.tdm[0:90,:],X.label,train_size = 0.8,random_state = 42)
# 训练分类器：输入词袋向量和分类标签，alpha:0.001 alpha 越小，迭代次数越多，精度越高
clf = MultinomialNB(alpha=0.001).fit(X_train, y_train)
print(' 分类模型拟合结束！')

Out: ｜ 分类模型拟合结束！

使用拟合的朴素贝叶斯分类器 clf，对测试集进行预测。

In []:	# 预测测试集分类结果
	y_pred = clf.predict(X_test)
	print(' 对测试集的预测结果为：\n',y_pred)
Out:	对测试集的预测结果为：
	['food' 'machinery' 'food' 'machinery' 'computer' 'computer' 'food'
	'machinery' 'computer' 'food' 'machinery' 'food' 'food' 'machinery'
	'computer' 'computer' 'computer' 'computer']

对训练的朴素贝叶斯分类器 clf 进行评价。

In []:	# 评价模型
	from sklearn.metrics import accuracy_score
	from sklearn.metrics import classification_report
	from sklearn.model_selection import cross_val_score# 交叉检验
	print(' 预测结果评价报告：\n',
	classification_report(y_test,y_pred))

Out:	预测结果评价报告：			
		precision	recall	f1-score	support
	computer	1.00	0.88	0.93	8
	food	1.00	1.00	1.00	6
	machinery	0.80	1.00	0.89	4
	avg / total	0.96	0.94	0.95	18

对训练的分类模型进行交叉检验，并输出观察交叉检验报告。

In []:	# 交叉检验
	print(' 交叉检验的结果为：',cross_val_score(clf, X.tdm[0:90],X.label, cv=5))
Out:	交叉检验的结果为： [0.77777778 0.94444444 1. 1. 0.88888889]

使用训练的朴素贝叶斯分类器 clf，对无标签样本的类别进行预测。

In []:	# 预测无标签样本的类别
	for file_name,tdm in zip(bunch.filenames[90:105],X.tdm[90:105,:]):
	print(file_name,' 的类别为：',clf.predict(tdm))
Out:	D:/PythonStudy/data/ch17_text_classification//new_corpus_seg/computer01.txt 的类别为：
	['computer']
	D:/PythonStudy/data/ch17_text_classification//new_corpus_seg/computer02.txt 的类别为：
	['computer']
	D:/PythonStudy/data/ch17_text_classification//new_corpus_seg/computer03.txt 的类别为：
	['computer']
	D:/PythonStudy/data/ch17_text_classification//new_corpus_seg/computer04.txt 的类别为：
	['computer']
	D:/PythonStudy/data/ch17_text_classification//new_corpus_seg/computer05.txt 的类别为：

Out:	['computer']
	D:/PythonStudy/data/ch17_text_classification//new_corpus_seg/food01.txt 的类别为:
	['computer']
	D:/PythonStudy/data/ch17_text_classification//new_corpus_seg/food02.txt 的类别为: ['food']
	D:/PythonStudy/data/ch17_text_classification//new_corpus_seg/food03.txt 的类别为: ['machinery']
	D:/PythonStudy/data/ch17_text_classification//new_corpus_seg/food04.txt 的类别为: ['food']
	D:/PythonStudy/data/ch17_text_classification//new_corpus_seg/food05.txt 的类别为: ['food']
	D:/PythonStudy/data/ch17_text_classification//new_corpus_seg/machinery01.txt 的类别为: ['food']
	D:/PythonStudy/data/ch17_text_classification//new_corpus_seg/machinery02.txt 的类别为:
	['machinery']
	D:/PythonStudy/data/ch17_text_classification//new_corpus_seg/machinery03.txt 的类别为:
	['machinery']
	D:/PythonStudy/data/ch17_text_classification//new_corpus_seg/machinery04.txt 的类别为:
	['machinery']
	D:/PythonStudy/data/ch17_text_classification//new_corpus_seg/machinery05.txt 的类别为:
	['machinery']

可以看出，新样本有 3 个预测错误。下面显示这三个文档的内容，并对预测错误的可能原因进行分析。

In []:	# 显示预测错误的原始语料
	with open(path+'new_corpus/food01.txt', "r") as fp:
	content = fp.read()
	print(' 错误预测为 computer 的 food 类原始语料内容: \n',content)
Out:	错误预测为 computer 的 food 类原始语料内容:
	基于视频检测的储粮害虫死亡评估算法的研究

可以看出，这篇文档的内容虽然是关于食品的，但是有"视频""图像""卷积神经网络"等词汇，因此分类器将其分类为 computer 类别。这说明有的文档可能属于多个类别。

In []:	# 显示预测错误的原始语料
	with open(path+'new_corpus/food03.txt', "r") as fp:
	content = fp.read()
	print(' 错误预测为 machinery 的 food 类原始语料内容: \n',content)
Out:	错误预测为 machinery 的 food 类原始语料内容:
	食品粉末颗粒间的相互作用及结块行为的研究概述
	摘要：粉体结块现象是食品工业中普遍存在的实际问题。本文针对食品粉体结块现象进行了综述，阐述了粉末颗粒间的相互作用，介绍了食品粉末结块的测试方法，分析了食品粉末结块动力学行为与结块控制方法，提出食品粉末结块研究中需要跟踪粉末颗粒间桥联的演变过程，并总结传热传质模型对食品粉末结块行为的重要作用，旨在为食品粉末结块的有效控制提供参考。
	关键词：食品；粉末颗粒；相互作用；结块；

从上面的文章内容可以看出，这篇食品类别的文章含有"动力学""控制""传热"等词汇，

因此分类器错误地将其预测为 machinery 类别。

In []:	# 显示预测错误的原始语料
	with open(path+'new_corpus/machinery01.txt', "r") as fp:
	content = fp.read()
	print(' 错误预测为 food 的 machinery 类原始语料内容：\n',content)
Out:	错误预测为 food 的 machinery 类原始语料内容：

> 压力与表面活性剂对循环曝气氧传质特性的影响
>
> 摘要：循环曝气可有效改善灌溉造成的作物根区缺氧状况。然而，水中溶解氧受限和氧传质效率低下成为曝气灌溉技术推广的主要瓶颈。适宜的曝气压力和活性剂添加浓度对曝气水溶解氧的增加和氧传质效率的提高有重要意义。利用水肥气耦合自动灌溉设备进行曝气，研究工作压力（0.5、1 和 1.5 Bar）和表面活性剂十二烷基硫酸钠（SDS;0、5、10 和 15 mg/L）2 因素、12 个组合条件对循环曝气过程中溶解氧及氧传质系数的影响。结果表明：在循环曝气中，饱和溶解氧随着工作压力的提高显著提升 36% 以上 ($P < 0.05$)；与清水条件相比，活性剂的添加显著提高了饱和溶解氧值（$P < 0.05$），提升的最大值为 22.82%。工作压力的升高对氧传质系数的提高均在 17% 以上，活性剂浓度的升高对氧传质系数的提高均在 52% 以上。综合曝气过程中的溶解氧及氧传质系数，1.5Bar 的工作压力和 5mg/L 的活性剂添加浓度是适宜的曝气组合。研究结果可为曝气参数的优化提供理论支持。
>
> 关键词：循环曝气；压力；活性剂；饱和溶解氧；氧传质系数；

上面这篇文章虽然为机械类别，却有"氧""十二烷基硫酸钠"等词汇，因此分类器将其预测为 food 类别。

【范例分析】

本例练习将有标签文本和无标签文本放入同一个词袋，使用有标签样本训练和评价分类器，使用训练的分类器预测无标签的样本类别。读取已建立的有标签分词文件，将读取的分词文件装入词袋 bunch，进行结构化表示。bunch 的属性有 target_name, label, filenames, contents。使用 with open() 方法和 pickle.dump() 方法将词袋保存为 train_set2.dat 数据文件。它共有 3 个类别 ['computer', 'food', 'machinery']、90 个样本。逐一读取无标签语料，将其分词，并结合 with open() 方法和 write() 方法将分词结果以文本文件的形式保存到指定目录。逐一读取保存的无标签分词文件，使用 append() 方法将文件全名和内容追加到词袋 bunch 后边，并更新数据文件 train_set2.dat，读取更新过的数据文件 train_set2.dat。至此，其样本数量已由原来的 90 个增加至 105 个，其中新增的 15 个为无标签样本，位于数据集的尾部。创建词向量空间词袋 tfidfspace，其属性有 target_name, label=bunch.label, filenames, tdm,vocabulary，可生成 TfidfVectorizer() 的实例 vectorizer，同时添加停用词表。使用 vectorizer.fit(bunch.contents) 方法对 bunch.contents（包含有标签样本和无标签样本）进行拟合，使用 transform(bunch.contents) 方法将 bunch.contents 变换为 TF-IDF 矩阵，并赋值给 tfidfspace.tdm，将 vectorizer.vocabulary_ 赋值给 tfidfspace.vocabulary。综合使用 with open() 方法和 pickle.dump() 方法将词袋 tfidfspace 保存为 tfidfspace2.dat 数据文件。添加新样本后，tfidfspace.tdm 形状由原来的 (90, 3261) 改变为 (105, 3536)，样本数量增加，且词向量空间的特征数量也增加了。读取保存的词向量空间数据文件 tfidfspace2.dat 为 X，总样本数量为 105 个，前 90 个样本有标签，后 15 个样本没有标签。使用 train_test_split() 方法，将 X.tdm 和 X.label 中的有标签样本拆分为训练集和测试集 X_train,X_test, y_train,y_test，生成朴素贝叶斯分类器 MultinomialNB() 的实例 clf，以训练集使用 fit() 方法进行拟合。使用 clf.predict(X_test) 方法对测试集 X_test 进行预测，用 y_pred 记录预测结果。classification_report(y_test,y_pred) 方法返回的分类报告显示，clf 对测试集的分类准确率、召回率、F_1 分数分别为 0.96, 0.94, 0.95。cross_val_score() 方法返回的 5 折交叉检验的结果为 [0.77777778 0.94444444 1. 1. 0.88888889]，分类模型基本达到预期。使用训练的朴素贝叶斯分类器 clf 对 15 个无标签样本进行预测，与剔除掉的标签相比，有 3 篇文章预测错误。其中 1 篇应为 food 类的文章被分类为 computer 类别，这是由于它含有 "视频" "图像" "卷积神经网络" 等 computer 类词汇；1 篇应为 food 类的文章被预测为 machinery 类别，这是由于它含有 "动力学" "控制" "传热" 等 machinery 类词汇；1 篇 machinery 类文章被预测为 food 类别，这是由于它含有 "氧" "十二烷基硫酸钠" 等 food 类词汇。

17.5 综合实例 2——使用有标签词袋训练分类器、预测无标签词袋文档类别

例 17-5 中，为了便于读者理解，将有标签的语料和无标签的语料分词文件放在同一个词袋中，使用有标签样本训练分类器，并预测无标签样本。这种方法虽然能够实现对未知类别文本的分类，但每加入一个新语料都会导致词向量空间发生变换，因此都必须重新训练词向量空间模型和分类模型。这在处理小规模的数据集时是没有问题的。但是，当训练集的规模比较大时，每预测一个新语料的类别，都要耗费大量时间去重新训练词向量空间模型和分类模型。这显然是很不现实的。

人们更希望使用有标签数据集训练的词向量空间模型和文本分类模型，不用经过频繁的重新训练就能够对新语料进行分类。这就需要将训练的词向量空间模型和文本分类模型持久化（保存起来），对新的语料，加载词向量空间模型和文本分类模型进行 TF-IDF 变换和预测即可。

从例 17-5 可以看出，对同一个词袋，当加入新的语料样本时，词向量空间的形状将发生改变。已有的词向量空间模型和文本分类模型将不能处理形状发生变化的新词向量，这也是必须要重新训练词向量空间模型和文本分类模型的原因。因此，对新语料，应使用已训练的词向量空间模型，将其进行变换，则变换后的词向量及其 TF-IDF 向量都具有与原分类模型的输入相同的形状，原分类模型即可对新样本进行预测分类。

由此可见，应将有标签样本和无标签样本分别保存为不同的词袋，即使用有标签词袋样本拟合词向量空间和分类模型，使用拟合的词向量空间模型对无标签词袋的样本进行变换，使用拟合的分类模型对变换后的无标签词向量进行分类预测。

下面将通过一个例子实现上述思路的文本分类。

【例 17-6】使用有标签词袋训练分类器、预测无标签词袋文档类别。

逐个读取中文期刊中的有标签分词文件，将其以词袋结构化表示。使用有标签词袋训练词向量

空间模型，计算词向量的 TF-IDF 值。使用创建的词向量空间的 TF-IDF 值与类标签，训练朴素贝叶斯文本分类器，并对分类器的性能进行评价。读取无标签语料（要进行分类预测的语料），将其分词，使用新的词袋进行结构化表示。使用有标签词袋训练的词向量空间模型变换无标签词袋的词向量到 TF-IDF 值空间。使用有标签词向量空间训练的文本分类器对无标签词向量进行分类预测。

读取带标签的分词文件。

```
In []:  # 使用有标签语料词袋训练分类模型，并预测无标签语料（在无标签词袋中）的类别
        import os
        import jieba# 导入中文分词词库，安装方法：pip install jieba
        import pickle
        from sklearn.datasets.base import Bunch # 导入词袋模块
        from sklearn.feature_extraction.text import TfidfVectorizer # 导入 TF-IDF 词向量空间模块
        path='D:/PythonStudy/data/ch17_text_classification/'# 设置路径
        # 如果 path 不存在，则创建它
        if not os.path.exists(path):
         os.makedirs(path)
        # 创建训练集词袋对象，并保存
        import pickle
        category_list = os.listdir(path+'train_corpus_seg/')# 获取切词存放目录，即分类信息
        print(' 分词文件存放目录（类别）为：\n',category_list)
```

```
Out:    分词文件存放目录（类别）为：['computer', 'food', 'machinery']
```

创建一个 Bunch 实例，并且结构化保存有标签语料的类别名、样本类标签、样本文件名、分词文件内容。

```
In []:  # 创建一个 Bunch 实例，并且结构化保存有标签语料的类别名、样本类标签、样本文件名、
        # 分词文件内容
        #Bunch 的每个属性值都是一维的
        wordbag_with_labels = Bunch(target_name=[], label=[], filenames=[], contents=[])
        # 将类别信息 category_list 放入 target_name
        wordbag_with_labels.target_name.extend(category_list)# 在词袋添加类别名称
        print(' 词袋 wordbag_with_labels 的类名称为：\n',wordbag_with_labels.target_name)
```

```
Out:    词袋 wordbag_with_labels 的类名称为：['computer', 'food', 'machinery']
```

获取每个目录下所有的分词文件，并装入词袋，保存为词袋数据集。

```
In []:  #获取每个目录下所有的分词文件，并装入词袋，保存为词袋数据集
        for mydir in category_list:
            category_path = path+'train_corpus_seg/' + mydir + "/" # 拼出分类子目录的路径
            print(mydir,' 语料分词结果保存路径为：\n',category_path)
            file_list = os.listdir(category_path) # 获取 category_path 下的所有文件
            for file_name in file_list: # 遍历类别目录下的文件
```

In []: fullname = category_path + file_name # 拼出文件名全路径
        wordbag_with_labels.label.append(mydir)# 添加类别标签，即类别目录名称
        wordbag_with_labels.filenames.append(fullname)# 添加文件全路径名称
        with open(fullname, "rb") as fp:
            content = fp.read()
        wordbag_with_labels.contents.append(content) # 读取文件内容
       # 将 wordbag_with_labels 保存
       with open(path+'txt_set_with_labels.dat', "wb") as file_obj:
           pickle.dump(wordbag_with_labels, file_obj)
   print(" 构建训练集文本词袋对象结束！词袋数据集已保存至：\n",
       path+'txt_set_with_labels.dat')

Out: computer 语料分词结果保存路径为：
       D:/PythonStudy/data/ch17_text_classification/train_corpus_seg/computer/
      food 语料分词结果保存路径为：
       D:/PythonStudy/data/ch17_text_classification/train_corpus_seg/food/
      machinery 语料分词结果保存路径为：
       D:/PythonStudy/data/ch17_text_classification/train_corpus_seg/machinery/
      构建训练集文本词袋对象结束！词袋数据集已保存至：
       D:/PythonStudy/data/ch17_text_classification/txt_set_with_labels.dat

读取词袋数据集，观察其类别名称、样本数量等基本信息。

In []: # 读取词袋数据集
        with open(path+'txt_set_with_labels.dat', "rb") as file_obj:
            bunch_with_labels= pickle.load(file_obj)
        print(' 有标签词袋数据集中的类别数量为：',len(bunch_with_labels.target_name))
        print(' 有标签词袋数据集中的类别为：',bunch_with_labels.target_name)
        print(' 有标签词袋数据集中的标签数量为：',len(bunch_with_labels.label))
        print(' 有标签词袋数据集中的文件名字数量为：',len(bunch_with_labels.filenames))
        print(' 有标签词袋数据集中的文件数量为：',len(bunch_with_labels.contents))

Out: 有标签词袋数据集中的类别数量为：3
      有标签词袋数据集中的类别为：['computer', 'food', 'machinery']
      有标签词袋数据集中的标签数量为：90
      有标签词袋数据集中的文件名字数量为：90
      有标签词袋数据集中的文件数量为：90

读取停用词表，建立有标签的词向量空间，训练词向量空间模型，并将其保存。使用训练好的模型计算有标签词向量的 TF-IDF 值，将建立的有标签词向量空间保存为数据文件。

In []: # 将有标签样本的词袋转换为词向量空间数据集，并保存
        with open(path+'stop_words_cn.txt', "rb") as fp:
            stpwrdlst = fp.read().splitlines()# 读取停用词表

In []:
```
# 建立有标签词袋的词向量空间
tfidfspace_with_labels = Bunch(target_name=wordbag_with_labels.target_name,
                label=wordbag_with_labels.label,
                filenames=wordbag_with_labels.filenames,
                tdm=[],vocabulary={})
vectorizer_with_labels = TfidfVectorizer(stop_words=stpwrdlst, sublinear_tf=True, max_df=0.5)
# 拟合词向量空间模型
vectorizer_with_labels.fit(wordbag_with_labels.contents)
from sklearn.externals import joblib# 导入 joblib 模块，用于保存和加载模型
joblib.dump(vectorizer_with_labels,path+'vectorizer_with_labels.m')# 保存模型
print('vectorizer_with_labels 已保存至: \n',path+'vectorizer_with_labels.m')
# 计算 TF-IDF
tfidfspace_with_labels.tdm = vectorizer_with_labels.transform(wordbag_with_labels.contents)
print(' 有标签样本词向量空间的形状为 ',tfidfspace_with_labels.tdm.shape)
# 将词向量添加至 TF-IDF 词向量空间
tfidfspace_with_labels.vocabulary = vectorizer_with_labels.vocabulary_
with open(path+'tfidf_with_labels.dat', "wb") as file_obj:
    pickle.dump(tfidfspace_with_labels, file_obj)
print(" 有标签样本的 tf-idf 词向量空间实例创建成功！已保存至: \n",
    path+'tfidf_with_labels.dat')
```

Out:
```
vectorizer_with_labels 已保存至:
D:/PythonStudy/data/ch17_text_classification/vectorizer_with_labels.m
有标签样本词向量空间的形状为 (90, 3261)
有标签样本的 tf-idf 词向量空间实例创建成功！已保存至:
D:/PythonStudy/data/ch17_text_classification/tfidf_with_labels.dat
```

读取保存的有标签词向量空间数据文件，并观察其形状、样本数量等基本信息。

In []:
```
# 读取词向量空间数据集文件，使用有标签样本拟合分类模型
from sklearn.naive_bayes import MultinomialNB # 导入多项式贝叶斯模块
from sklearn import metrics# 导入模型评价模块
# 导入训练集：词向量空间数据库
with open(path+'tfidf_with_labels.dat', "rb") as file_obj:
    X= pickle.load(file_obj)
print(' 有标签样本的词向量空间数据集的 tdm 形状为: ',X.tdm.shape)
print(' 有标签样本的词向量空间数据集的类标签数量为: ',len(X.label))
print(' 有标签样本的词向量空间数据集的类标签为: \n',X.label)
```

Out:
```
有标签样本的词向量空间数据集的 tdm 形状为: (90, 3261)
有标签样本的词向量空间数据集的类标签数量为: 90
有标签样本的词向量空间数据集的类标签为:
['computer', 'computer', 'computer', 'computer', 'computer', 'computer', 'computer', 'computer',
'computer', 'computer', 'computer', 'computer', 'computer', 'computer', 'computer', 'computer',
```

Out:	'computer', 'computer', 'computer', 'computer', 'computer', 'computer', 'computer', 'computer', 'computer',

'computer', 'computer', 'computer', 'computer', 'food', 'machinery']

分别以 X.tdm,X.label 为特征集和目标集，将其随机拆分为训练集和测试集。使用训练集拟合朴素贝叶斯文本分类模型。

```
In []:   # 使用有标签样本拟合文本分类模型
         from sklearn.model_selection import train_test_split
         # 拆分为训练集和测试集
         X_train,X_test, y_train,y_test = train_test_split(
            X.tdm,X.label,train_size = 0.7,random_state = 42)
         # 训练分类器：输入词袋向量和分类标签，alpha:0.001 alpha 越小，迭代次数越多，精度越高
         clf = MultinomialNB(alpha=0.001).fit(X_train, y_train)
         print(' 文本的朴素贝叶斯分类模型拟合结束！ ')
```

Out: 文本的朴素贝叶斯分类模型拟合结束！

使用拟合的文本分类模型对测试集进行预测，并输出评价报告、交叉检验报告，评价模型的性能。

```
In []:   # 评价训练的分类模型
         from sklearn.metrics import accuracy_score
         from sklearn.metrics import classification_report
         from sklearn.model_selection import cross_val_score# 交叉检验
         # 预测测试集
         y_pred = clf.predict(X_test)
         print(' 对测试集的预测结果为： \n',y_pred)
         print(' 预测结果评价报告： \n',
            classification_report(y_test,y_pred))
         # 交叉检验
         print(' 交叉检验的结果为： ',cross_val_score(clf, X.tdm,X.label, cv=5))
```

Out: 对测试集的预测结果为：

['food' 'machinery' 'food' 'machinery' 'computer' 'computer' 'food'

'machinery' 'computer' 'food' 'machinery' 'food' 'food' 'machinery'

'computer' 'machinery' 'computer' 'computer' 'food' 'machinery' 'machinery'

'computer' 'machinery' 'food' 'food' 'computer' 'machinery' 'machinery']

预测结果评价报告：

Out:		precision	recall	f1-score	support
	computer	0.88	0.78	0.82	9
	food	1.00	1.00	1.00	9
	machinery	0.82	0.90	0.86	10
	avg / total	0.89	0.89	0.89	28

交叉检验的结果为： [0.77777778 0.94444444 1.   1.   0.88888889]

保存分类模型，并进行持久化，以便后期使用。

In []:
```
from sklearn.externals import joblib
joblib.dump(clf,path+'txt_classification_model.m')# 保存模型
print(' 训练的文本分类模型已保存至：\n',path+'txt_classification_model.m')
```

Out: 训练的文本分类模型已保存至：
D:/PythonStudy/data/ch17_text_classification/txt_classification_model.m

读取要预测的新无标签语料集，将新语料集分词，并分类保存到指定位置。

In []:
```
#读取要预测的新语料集，将新语料集分词，并分类保存到指定位置
# 获取 new_corpus 下的所有文件
file_list = os.listdir(path+'new_corpus/')
print(' 新的语料文件为：\n',file_list)
# 读取原始训练语料集中每个类别目录下的每个文件、分词
# 将分词结果分别保存到指定目录下的对应类别子目录
for file_name in file_list:# 遍历某类别目录下的所有文件
    # 拼出文件名全路径，如 train_corpus/computer/001.txt
    fullname = path+'new_corpus/' + file_name
    #print(fullname)
    with open(fullname, "rb") as fp:
        content = fp.read()# 读取文件内容
    # 删除换行
    content = content.replace('\r\n'.encode('utf-8'),
                    ''.encode('utf-8')).strip()
    # 删除空行、空格
    content = content.replace(' '.encode('utf-8'),
                    ''.encode('utf-8')).strip()
    content_seg = jieba.cut(content) # 为文件内容分词
    # 将分词结果以 txt 文件的形式，保存到 train_corpus_seg 目录的某个类别下
    with open(path+'new_corpus_seg/'+file_name, 'wb') as fp:
        #print(seg_dir +file_name)
        # 用 / 分开切词结果
        fp.write( '/'.join(content_seg).encode('utf-8'))
print(" 新的中文原始训练语料分词结束！")
```

Out: 无标签分词文件的词袋数据集已保存至：

D:/PythonStudy/data/ch17_text_classification/word_bag_no_labels.dat

加载已保存的词向量空间变换模型，对无标签分词文件建立无标签词袋，即无标签词向量空间。使用加载的词向量空间模型计算无标签词向量的 TF-IDF 值。

```
In []:   # 加载词向量空间变换模型，对要预测的语料分词文件进行变换和分类预测
         vectorizer_loaded = joblib.load(path+'vectorizer_with_labels.m')
         # 创建无标签 bunch_new 的词向量空间 tfidfspace_new,
         # 使用已训练的 vectorizer 将 bunch_new 的内容变换到词向量空间
         with open(path+'stop_words_cn.txt', "rb") as fp:
             stpwrdlst = fp.read().splitlines()# 读取停用词表
         tfidfspace_new = Bunch(filenames=bunch_new.filenames, tdm=[],vocabulary={})
         # 使用加载的 vectorizer_loaded 对新词袋内容进行变换
         tfidfspace_new.tdm = vectorizer_loaded.transform(bunch_new.contents)
         print(' 无标签样本词向量空间的形状为 ',tfidfspace_new.tdm.shape)
         tfidfspace_new.vocabulary = vectorizer_loaded.vocabulary_
```

Out: 无标签样本词向量空间的形状为 (15, 3261)

从输出结果可以看出，转换后的无标签样本向量空间的形状为 (15, 3261)，其特征数 3261 与有标签样本训练的词向量空间模型特征数量相同。

加载已保存的文本分类模型，对无标签词向量进行类别预测，并输出对每个分词文件的类别预测结果。

```
In []:   clf_loaded = joblib.load(path+'txt_classification_model.m') # 加载文本分类模型
         # 预测新语料的类别
         y_pred_new = clf_loaded.predict(tfidfspace_new.tdm)
         for file,label in zip(bunch_new.filenames,y_pred_new):
             print(' 对 ',file,' 的预测结果为：',label)# 输出预测结果
```

Out: 对 D:/PythonStudy/data/ch17_text_classification//new_corpus_seg/computer01.txt 的预测结果为：computer

对 D:/PythonStudy/data/ch17_text_classification//new_corpus_seg/computer02.txt 的预测结果为： computer

对 D:/PythonStudy/data/ch17_text_classification//new_corpus_seg/computer03.txt 的预测结果为：computer

对 D:/PythonStudy/data/ch17_text_classification//new_corpus_seg/computer04.txt 的预测结果为：computer

对 D:/PythonStudy/data/ch17_text_classification//new_corpus_seg/computer05.txt 的预测结果为：computer

对 D:/PythonStudy/data/ch17_text_classification//new_corpus_seg/food01.txt 的预测结果为：computer

对 D:/PythonStudy/data/ch17_text_classification//new_corpus_seg/food02.

Out: txt 的预测结果为：food

对 D:/PythonStudy/data/ch17_text_classification//new_corpus_seg/food03.txt 的预测结果为：
computer

对 D:/PythonStudy/data/ch17_text_classification//new_corpus_seg/food04.txt 的预测结果为：food

对 D:/PythonStudy/data/ch17_text_classification//new_corpus_seg/food05

txt 的预测结果为：food

对 D:/PythonStudy/data/ch17_text_classification//new_corpus_seg/machinery01.txt 的预测结果为：
food

对 D:/PythonStudy/data/ch17_text_classification//new_corpus_seg/machinery02.txt 的预测结果为：
machinery

对 D:/PythonStudy/data/ch17_text_classification//new_corpus_seg/machinery03.txt 的预测结果为：
machinery

对 D:/PythonStudy/data/ch17_text_classification//new_corpus_seg/machinery04.txt 的预测结果为：
machinery

对 D:/PythonStudy/data/ch17_text_classification//new_corpus_seg/machinery05.txt 的预测结果为：
machinery

【范例分析】

本例对有标签的分词文件，以有标签的词袋 wordbag_with_labels 进行结构化表示。使用有标签词袋 wordbag_with_labels 训练词向量空间模型 vectorizer_with_labels，将其持久化保存为 vectorizer_with_labels.m 模型文件。使用训练的词向量空间模型 vectorizer_with_labels 创建有标签的词向量空间 tfidfspace_with_labels，计算词向量的 TF-IDF 值。将变换后的无标签词向量空间保存为数据文件 tfidf_with_labels.dat。读取 tfidf_with_labels.dat 文件，将其拆分为训练集和测试集，使用训练集训练朴素贝叶斯文本分类器 clf，使用测试集对分类器的性能进行评价，将 clf 保存为 txt_classification_model.m 模型文件。读取无标签语料，将其进行分词，使用新的词袋 bunch_new 进行结构化表示，并保存为 word_bag_no_labels.dat 数据文件。加载已保存的 vectorizer_with_labels.m 模型文件为 vectorizer_loaded，使用 vectorizer_loaded 词向量空间模型变换无标签词袋 bunch_new 的词向量到 TF-IDF 值空间 tfidfspace_new。加载保存的分类模型文件 txt_classification_model.m 为 clf_loaded，使用有标签词向量空间训练的文本分类器 clf_loaded 对无标签词向量 tfidfspace_new 进行分类预测。

17.6 本章小结

中文文本分类的过程包括分词、预处理、特征表示、模型训练、模型评价。Jieba 是一种常用的中文分词工具。TF（词频）和 IDF（逆向文件频率）是评价文档相似性的重要特征。为了拟合文本分类器，要将分词文件用词袋进行结构化表示，词袋一般由四元组组成，即：

<target_name, label, filenames, contents>

在词袋基础上，增加 tdm 和 vocabulary 两个特征，可以将分词文档表示为词向量空间，其形式为：

<target_name, label, filenames, tdm, vocabulary>

Python 提供了 TfidfVectorizer() 类，用于将一个词向量空间表示的稀疏文本矩阵转换为 TF-IDF 特征矩阵。将有标签样本和无标签样本装入相同或不同词袋，并构建词向量空间。使用有标签样本训练分类器，使用训练好的分类器预测无标签样本的类别。

17.7 习题

（1）使用 jieba.cut() 对任意中文文本进行分词，观察分词结果。

（2）编写自定义用户词典，使用 jieba.cut() 方法对中文文本进行分词。

（3）使用 jieba.add_word() 方法动态添加用户自定义词汇。

（4）使用 jieba.del_word() 方法动态删除自定义词汇。

（5）简述词袋数据结构的形式。

（6）简述词向量空间数据结构的形式。

（7）简述中文文本分类的基本过程。

（8）在知网中收集计算机、食品、机械类的论文摘要，作为无标签样本，扩充本书的文档数据集。训练文本分类模型，评价分类器性能，并使用训练的分类器预测无标签文档的类别。

（9）在知网中收集其他类别的文章，如建筑、法律、能源，扩充本书文档数据集的类别，训练文本分类器，并评价分类器性能。

17.8 高手点拨

在文本特征表示中，Bunch 是一个非常有用的数据结构，它的本质是个词典，其官网是 https://pypi.org/project/bunch/。可以简单地把 Bunch 理解为一种数据结构，它能够把文档目标类别、文档类别标签、文档名称、文档内容装入词袋，也可以另外添加 tdm、词汇表构成词向量空间。词向量空间也是一个词袋，只不过包含了 tdm、词汇表等更多信息。文档分类必须要将文档装入词袋或词向量空间。

词向量空间包含的文档不同，其特征数量也会发生改变。即使对相同的语料库，如果分词方法、停用词表不同，特征数量也会不同。因此，用户在进行文本分类时，要注意文档对词向量空间特征的影响。可以将有标签样本和无标签样本分别装入不同词袋，使用有标签样本词袋训练词向量空间模型和分类器，使用训练好的词向量空间模型变换无标签样本。如变换后其特征维数不变，则能够直接作为分类器的输入。

18

图像压缩

由于图像数据量大，其存储、传输、处理将耗费大量的资源、算力和带宽，因此要将图像进行压缩处理。图像压缩分为无损压缩和有损压缩，其本质是去除冗余像素值。几乎所有的图像处理软件都提供了图像压缩功能。本章介绍图像压缩的基本概念，以及 scikit-image 的图像压缩方法，包括单幅图像的压缩、批量图像压缩、分类别批量图像压缩。

18.1 图像压缩概述

图像压缩是将二维像素阵列变换为一个在统计上无关联的数据集合的过程，是以较少的比特数有损或无损地表示原来像素矩阵的技术，也叫图像编码。图像压缩的目的是减少表示数字图像所需要的数据量，从而达到减小存储容量、提高传输速度、减轻计算机处理负担的目标。

图像数据之所以能被压缩，是因为数据中存在冗余。图像数据的冗余主要表现为：图像中相邻像素间的相关性引起的空间冗余；图像序列中不同帧之间存在相关性引起的时间冗余；不同彩色平面或频谱带的相关性引起的频谱冗余。数据压缩的目的是通过去除这些数据冗余来减少表示数据所需的比特数。由于图像数据量庞大，在存储、传输、处理时会非常困难，因此图像数据的压缩就显得非常重要。

图像压缩可以是有损数据压缩，也可以是无损数据压缩。无损压缩图像的方法有行程长度编码和熵编码法。有损压缩图像的方法有：①色彩化减，将色彩空间化减到图像中常用的颜色，所选择的颜色定义在压缩图像的调色板中，图像中的每个像素都用调色板中的颜色索引表示；②色度抽样，利用人眼对于亮度变化的敏感性远大于颜色变化的特点，可以将图像中的颜色信息减少一半甚至更多；③变换编码，先使用离散余弦变换（DCT）或者小波变换这样的傅里叶相关变换，然后进行量化和用熵编码法压缩；④分形压缩，使用叠函数系统进行分形变换，是一种以碎形为基础的图像压缩，依赖于特定的图像及同一幅图像的一部分与其他部分的相似程度，适用于纹理图像及一些自然影像的压缩。

图像压缩的主要目标是在给定位速（bit-rate）或压缩比的情况下实现最好的图像质量。经典的视频压缩算法已逐渐形成一系列的国际标准体系，如 H.26x 系列建议、H.320 系列建议及 MPEG 系列建议等。压缩方法的质量经常使用峰值信噪比来衡量，峰值信噪比用来表示图象有损压缩带来的噪声。

无损压缩的基本原理是，相同的颜色信息只需保存一次。压缩图像的软件会先确定图像中哪些区域是相同的，哪些是不同的，包括重复数据的图像就会被压缩，只记录其起始点和终结点。从本质上看，无损压缩的方法可以删除一些重复数据，大大减少了要在磁盘上保存的图像尺寸。但是，无损压缩的方法并不能减少图像的内存占用量，这是因为当从磁盘上读取图像时，软件又会把丢失的像素用适当的颜色信息填充进来。如果要减少图像占用内存的容量，就必须使用有损压缩方法。无损压缩方法的优点是，能够比较好地保存图像的质量，但是压缩率比较低。

几乎所有的图像处理软件都提供了图像压缩方法。本章将以 scikit-image 为例，介绍使用 transform 模块的 resize() 方法进行单幅图像、多幅图像、多幅多类别图像的压缩方法。

18.2 用 scikit-image 进行图像压缩

18.2.1 ▶ 压缩单幅图像

scikit-image 的 transform 模块提供了 rescale() 和 resize() 方法，它们均能实现对图像的压缩和放大。下面介绍使用 resize() 方法进行图像压缩的几个应用场景。

【例 18-1】使用 scikit-image 的 resize() 方法压缩单张图片。

In []:	# 压缩单张图片
	import numpy as np
	import os
	from skimage import io
	from skimage.transform import resize
	#import matplotlib.pyplot as plt
	#path='D:/PythonStudy/data/hand_writtings/'
	path='D:/PythonStudy/data/image/'
	# 如果 path 不存在，则创建它
	if not os.path.exists(path):
	  os.makedirs(path)
	img0 = io.imread(path+'original/peony_original01.jpg')
	print('img0 彩色图像的形状为：',img0.shape)

Out:	img0 彩色图像的形状为：(3968, 2976, 3)

可以看出，原始图像的形状为 (3968, 2976, 3)，数据量非常大。

In []:	io.imshow(img0)# 显示原始图片
	io.show()

Out:	

设置压缩比例，将原始图像的高和宽等比例压缩。由于 resize() 方法的形状参数是整数，因此要将图像原始尺寸乘压缩比例的值取整数。

In []:	ratio=0.2# 设置压缩比例
	# 行、列按照相同比例压缩
	img_resized=resize(img0, (np.int(ratio*len(img0[:,0,0])),
	np.int(ratio*len(img0[0,:,0])),3))
	print(' 压缩比例为 ',ratio,' 时，图像压缩后的形状为：',img_resized.shape)
	# 保存压缩过的图片
	io.imsave(path+'compressed/peony_compressed01.jpg',img_resized)
Out:	压缩比例为 0.2 时，图像压缩后的形状为： (793, 595, 3)

可以看出，压缩比例为 0.2 时，图像压缩后的形状为 (793, 595, 3)，其数据量大大减少。

In []:	# 读取压缩图片并显示
	img_compressed = io.imread(path+'compressed/peony_compressed01.jpg')
	io.imshow(img_compressed)
	io.show()
Out:	

【范例分析】

skimage.transform.resize() 方法用于改变图像的大小，它使用 image 参数接收要改变大小的图像，使用 output_shape 参数接收要改变至的形状。如果设置的目标形状的高和宽像素数都小于原始图像，则能够将原始图像压缩。

18.2.2 ▶ 批量压缩多幅图像

在许多应用场合，经常需要批量压缩多幅图像。这需要先从源文件夹中逐个读取原始图像文件，分别进行压缩，然后再保存到目标文件夹。这些工作都可以在一个循环中实现。

【例 18-2】批量压缩多幅图片。

压缩同一个文件夹下的多幅图片，并保存到另一个文件夹中。

使用 os.listdir() 方法获取指定路径的文件名称，读取要压缩的源文件夹下各个图像的名称、数量等信息。

| In []: | ```python
# 压缩同一个文件夹下的多幅图片，并保存到另一个文件夹中
# 读取全部文件名称
source_file_list = os.listdir(path+'original/')
print('original 目录下的图片文件名称为：\n',source_file_list)
``` |
| --- | --- |
| Out: | original 目录下的图片文件名称为：
['peony_original01.jpg', 'peony_original02.jpg', 'peony_original03.jpg', 'peony_original04.jpg', 'peony_original05.jpg'] |

将读取的文件名称添加到路径尾部，拼出带路径的图像文件全名。然后在循环体中逐个读取图像文件，进行压缩，并保存到目标文件夹。

| In []: | ```python
print(' 图像文件批量压缩进行中，请耐心等待 ......')
# 设置压缩文件保存路径
dest_path='D:/PythonStudy/data/image/compressed/'
# 如果 dest_path 不存在，则创建它
if not os.path.exists(dest_path):
    os.makedirs(dest_path)
ratio=0.2# 设置压缩比例
for file_name in source_file_list:# 遍历某类别目录下的所有文件
    # 拼出文件名全路径
    fullname = path+'original/' + file_name
    img0 = io.imread(fullname)
print(' 图像文件批量压缩进行中，请耐心等待 ......')
# 设置压缩文件保存路径
dest_path='D:/PythonStudy/data/image/compressed/'
# 如果 dest_path 不存在，则创建它
if not os.path.exists(dest_path):
    os.makedirs(dest_path)
ratio=0.2# 设置压缩比例
for file_name in source_file_list:# 遍历某类别目录下的所有文件
    # 拼出文件名全路径
    fullname = path+'original/' + file_name
    img0 = io.imread(fullname)
    # 行、列按照相同比例压缩
    img_resized=resize(img0, (np.int(ratio*len(img0[:,0,0])),
                np.int(ratio*len(img0[0,:,0])),3))
    io.imsave(dest_path+file_name,img_resized)
    print(fullname,' 压缩完毕！ ')
print(' 图像文件批量压缩完毕！ ')
``` |
| --- | --- |

Out: 图像文件批量压缩进行中，请耐心等待......

D:/PythonStudy/data/image/original/peony_original01.jpg 压缩完毕！

D:/PythonStudy/data/image/original/peony_original02.jpg 压缩完毕！

D:/PythonStudy/data/image/original/peony_original03.jpg 压缩完毕！

D:/PythonStudy/data/image/original/peony_original04.jpg 压缩完毕！

D:/PythonStudy/data/image/original/peony_original05.jpg 压缩完毕！

图像文件批量压缩完毕！

上面的代码中，压缩文件与原始文件使用了相同的文件名。有时候，用户需要将压缩文件重新命名，或以某种规律命名，如以 001, 002, 003,…的序号命名。这时，可以在保存压缩文件时，使用 zfill(num) 方法。该方法可以右对齐的方式，将字符串高位补 0，扩充后的字符串字符数量为 num。例如，将字符 '1' 扩充为字符串 '001'。

```
In []:    # 以序号对压缩文件按升序命名
          print(' 图像文件批量压缩进行中，请耐心等待......')
          dest_path='D:/PythonStudy/data/image/compressed/'# 设置压缩文件保存路径
          # 如果 dest_path 不存在，则创建它
          if not os.path.exists(dest_path):
            os.makedirs(dest_path)
          ratio=0.2# 设置压缩比例
          for file_name,file_idx in zip(source_file_list,range(len(source_file_list))):# 遍历源某类别目录下的
          # 所有文件
            # 拼出文件名全路径
            fullname = path+'original/' + file_name
            img0 = io.imread(fullname)
            # 行、列按照相同比例压缩
            img_resized=resize(img0, (np.int(ratio*len(img0[:,0,0])),
                        np.int(ratio*len(img0[0,:,0])),3))
            file_str_idx=np.str(file_idx)# 将文件索引转换为字符串
            #zfill(num) 将字符串右对齐扩充为 num 指定的位数，高位补 0
            io.imsave(dest_path+'peony_compressed'+file_str_idx.zfill(3)+'.jpg',img_resized)
            print(fullname,' 压缩完毕！ ')
          print(' 图像文件批量压缩完毕！ ')
```

Out: 图像文件批量压缩进行中，请耐心等待......

D:/PythonStudy/data/image/original/peony_original01.jpg 压缩完毕！

D:/PythonStudy/data/image/original/peony_original02.jpg 压缩完毕！

D:/PythonStudy/data/image/original/peony_original03.jpg 压缩完毕！

D:/PythonStudy/data/image/original/peony_original04.jpg 压缩完毕！

D:/PythonStudy/data/image/original/peony_original05.jpg 压缩完毕！

图像文件批量压缩完毕！

【范例分析】

使用 os.listdir(path) 方法获取指定路径 path 的全部文件名称。要批量压缩指定路径的全部图像文件，构造循环体，在循环体内将逐一读取文件名 file_name，与路径 path 拼出图像文件的全名 fullname=path+file_name。然后使用 io.imread(fullname) 方法读取每幅图像，使用 resize() 方法压缩图片，使用 io.imsave() 方法保存压缩的图片。如果要对压缩图片按照等长度的序号命名，可以结合循环变量和 zfill(num) 方法。该方法可以右对齐的方式，将字符串高位补 0，扩充后的字符串的字符数量为 num。

18.2.3 ▶ 分类别批量压缩多幅图像

在机器学习中，图像往往是分类别存放的，一般把每个类别的图像存放在以该类别名称命名的文件夹下。要压缩每个类别的每幅图像，首先要读取文件夹（类别）名称，然后再逐个读取该类别下的图像文件名称，拼出每个图像文件的全路径文件名。根据全路径文件名读取图像文件进行压缩。压缩完成后，还要分类别存放到不同的目标目录下。同样，这也需要建立每个类别的目标文件夹。

【例 18-3】分类别批量压缩图片。

分类别读取多个文件夹的多幅图片，分别压缩，并分类保存。

本例要对多个文件夹的图像分别读取、压缩，并分类保存，这需要构造双重循环体，第一重循环体的变量是文件夹名称，即图像类别；第二重循环体的变量为文件夹中的每个图像文件。

使用 os.listdir() 方法获取指定路径的文件夹列表。

In []:
```
# 分类别读取多个文件夹的多幅图片，分别压缩，并分类保存
# 读取文件夹名称，即类名称
path='D:/PythonStudy/data/image/'
source_category_list = os.listdir(path+'original2/')
print('original 目录下的子目录为：\n',source_category_list)
```

Out: original 目录下的子目录为： ['peony', 'tulip']

可以看出，path 路径下有两个文件夹 ['peony', 'tulip']，它们代表两个图像类别。下面将构造双重循环体，遍历每个文件夹中的每个文件，分别进行读取、压缩、保存。

In []:
```
print(' 图像文件批量压缩进行中，请耐心等待 ......')
ratio=0.2
for mydir in source_category_list:
    # 拼出存放原始文件的目录（类别）路径
    source_category_path = path+'original2/'+ mydir + "/"
    #print(category_path)
    # 设置压缩文件要存储的目标目录路径
    dest_category_path = path +'compressed2/'+ mydir + "/"
    # 如果目标存储目录不存在，则创建该目录
    if not os.path.exists(dest_category_path):
```

```
In []:   print(' 图像文件批量压缩进行中，请耐心等待 ......')
         ratio=0.2
         for mydir in source_category_list:
             # 拼出存放原始文件的目录（类别）路径
             source_category_path = path+'original2/'+ mydir + "/"
             #print(category_path)
             # 设置压缩文件要存储的目标目录路径
             dest_category_path = path +'compressed2/'+ mydir + "/"
             # 如果目标存储目录不存在，则创建该目录
             if not os.path.exists(dest_category_path):
                 os.makedirs(dest_category_path)
             #print(dest_category_path)
             # 获取某个目录（类别）中的所有原始文件
             source_file_list = os.listdir(source_category_path)
             #print(source_file_list)
```

print(' 图像文件批量压缩进行中，请耐心等待 ......')

ratio=0.2

for mydir in source_category_list:

　# 拼出存放原始文件的目录（类别）路径

　source_category_path = path+'original2/'+ mydir + "/"

　#print(category_path)

　# 设置压缩文件要存储的目标目录路径

　dest_category_path = path +'compressed2/'+ mydir + "/"

　# 如果目标存储目录不存在，则创建该目录

　if not os.path.exists(dest_category_path):

　　os.makedirs(dest_category_path)

　#print(dest_category_path)

　# 获取某个目录（类别）中的所有原始文件

　source_file_list = os.listdir(source_category_path)

　#print(source_file_list)

　file_num=len(source_file_list)# 获取 source_file_list 文件数量

　for file_name,file_idx in zip(source_file_list,range(file_num)):# 遍历某类别目录下的所有文件

　　# 拼出文件名全路径

　　fullname = source_category_path + file_name

　　img0 = io.imread(source_category_path+file_name)

　　# 行、列按照相同比例压缩

　　img_resized=resize(img0, (np.int(ratio*len(img0[:,0,0])),

　　　　　np.int(ratio*len(img0[0,:,0])),3))

　　file_str_idx=np.str(file_idx)# 将文件索引转换为字符串

　　#zfill(num) 将字符串右对齐扩充为 num 指定的位数，并高位补 0

　　io.imsave(dest_category_path +mydir+file_str_idx.zfill(3)+'.jpg',img_resized)

In []:	print(fullname,' 压缩完毕！')
	print(' 图像文件批量压缩完毕！')
Out:	图像文件批量压缩进行中，请耐心等待......
	D:/PythonStudy/data/image/original2/peony/peony_original01.jpg 压缩完毕！
	D:/PythonStudy/data/image/original2/peony/peony_original02.jpg 压缩完毕！
	D:/PythonStudy/data/image/original2/peony/peony_original03.jpg 压缩完毕！
	D:/PythonStudy/data/image/original2/peony/peony_original04.jpg 压缩完毕！
	D:/PythonStudy/data/image/original2/peony/peony_original05.jpg 压缩完毕！
	D:/PythonStudy/data/image/original2/tulip/tulip_original01.jpg 压缩完毕！
	D:/PythonStudy/data/image/original2/tulip/tulip_original02.jpg 压缩完毕！
	D:/PythonStudy/data/image/original2/tulip/tulip_original03.jpg 压缩完毕！
	D:/PythonStudy/data/image/original2/tulip/tulip_original04.jpg 压缩完毕！
	D:/PythonStudy/data/image/original2/tulip/tulip_original05.jpg 压缩完毕！
	图像文件批量压缩完毕！

【范例分析】

本例的目的是分类别、批量压缩图像，并分类保存。首先使用 os.listdir(path+'original2/') 方法获取指定路径 path+'original2/' 的文件夹列表 ['peony', 'tulip']，它们代表两个图像类别。分别以文件夹名称 (mydir)、文件夹中的文件名 (file_name) 为变量，构造双重循环体，拼出任一图像文件的全名 path+'original2/'+mydir+file_name。然后使用 io.imread(fullname) 方法读取每幅图像，使用 resize() 方法压缩图片，使用 io.imsave() 方法保存压缩的图片。最后根据文件夹变量 mydir 设置不同的目标存储路径，并将压缩图片分类保存。

18.3 本章小结

scikit-image 的 transform 模块的 rescale() 方法和 resize() 方法均能实现对图像的压缩或放大。批量压缩图片，应先读取图像文件名，将其添加到文件夹路径尾部，拼出图像文件的全名。然后逐个读取图像文件，压缩并保存。若要分类别压缩图像文件，需读取并保存各类图像的文件夹名称，读取某个类别下的文件名称，拼出每个文件的全名。然后逐个读取图像文件，压缩并保存。保存时，同样可以设置不同的文件夹，将压缩的图像分类别保存。

18.4 习题

（1）用手机拍照，使用 scikit-image 的 resize() 方法，分别按照 0.9, 0.8, 0.7, 0.6, 0.5, 0.4, 0.3, 0.2, 0.1 的压缩比压缩原始图片，并观察压缩图像的质量。

（2）批量压缩手机拍摄的多张图片。

（3）先将手机拍摄的照片按照类别保存到不同的文件夹下，再对它们进行分类别压缩，并将压缩的图像分类别保存。

18.5 高手点拨

在批量压缩图像时，如果要将图像按照序号命名，应充分使用 zfill() 方法。先将文件索引转换为字符串数据类型，然后使用 zfill(num) 将其扩充为高位为 0 的字符串，用该字符串作为文件名称即可。如果图像的数量很多，只需将 num 设置为较大的值即可。

19

社交好友分析

　　随着互联网的快速发展，人们已习惯通过微信、QQ、微博等社交软件进行交流，每个人都有自己的社交圈子，也有自己的社交爱好。本章就通过微信进行基本的数据分析，来了解一下社交好友的一些基本信息。

19.1 项目简介

随着微信等各种社交软件的发展，其影响力已经涉及人们日常生活的方方面面。这些软件具有互动性、开放性、娱乐性等特点。社交关系引导了用户社交行为的流向，控制了社交活动的范围，承载了社交需求的实现。微博的社交关系纽带体现在"关注"与"粉丝"上，而微信的社交关系则是建立在"加好友"上。

社交网络的诞生将人类使用互联网的方式从简单的信息搜索和网页浏览转向网上社会关系的构建与维护，以及基于社会关系的信息创造、交流与共享。它不但丰富了人与人的交流方式，也对社会群体的形成与发展方式带来了深刻的变革。

社交网络数据分析是基于社交网站的海量数据而衍生出来的服务型产品，同时它们也为社交网站提供了巨大的参考价值。社交网站可以根据对社交数据的分析结果，进一步开发出符合用户需求的应用和功能。利用社交数据分析工具，可以从以下几个维度进行分析。

（1）用户固定特征：性别、年龄、地域、受教育水平等信息。

（2）用户兴趣特征：兴趣爱好、产品偏好等信息。

（3）用户社会特征：生活习惯、婚恋、社交 / 信息渠道偏好、宗教信仰等信息。

（4）用户消费特征：收入状况、购买力水平、购买频次等信息。

（5）用户动态特征：个人目前需求、假期前往的地方、身边的新闻事件等信息。

下面使用 Python 对微信好友进行基本的数据分析，这里选择的维度主要有性别、签名、地域位置等，并采用图表和云词的形式来呈现结果。其中，对文本类信息采用词频分析和情感分析的方式。

19.2 分析方法

要进行微信好友的数据分析，先要在 Python 环境下安装以下几个模块。下面介绍这些模块的基本情况和安装方法。

19.2.1 ▶ itchat 模块

由于只有登录微信才能获取到微信好友的信息，因此这里采用 itchat 第三方库进行微信的登录以及信息的获取。itchat 是一个开源的微信个人号接口，可以用来获取微信好友的信息。同平时登录的网页版微信一样，调用 itchat 模块的登录接口会出现一个二维码，用户使用手机上的微信扫描二维码就可以登录，登录成功后就可以获取好友的数据了。

使用以下命令安装 itchat 模块。

```
pip install itchat
```

19.2.2 ▶ Jieba 模块

文本挖掘是指从大量文本数据中抽取事先未知的、可理解的、最终可用的知识的过程，同时运用这些知识更好地组织信息以便将来参考。要从文本中提取所需要的信息，需要先对文本进行基本的分词。Jieba 模块就是一个强大的分词库，能够完美支持中文分词。本章将使用 Jieba 模块对微信好友的个性签名信息进行分词处理。

使用以下命令安装 Jieba 模块。

```
pip install jieba
```

19.2.3 ▶ Matplotlib 模块

Matplotlib 是 Python 的一个 2D 绘图库，它能以各种硬拷贝格式和跨平台的交互式环境生成符合出版要求级别的图形。通过 Matplotlib，开发者可以仅用几行代码，便生成绘图、直方图、功率谱、条形图、错误图、散点图等。本章将使用 Matplotlib 模块对分析的结果进行图形化展示。

使用以下命令安装 Matplotlib 模块。

```
pip install matplotlib
```

19.2.4 ▶ SnowNLP 模块

SnowNLP 是用 Python 写的一个类库，它是专门针对中文文本进行挖掘的 Python 类库，可以方便地处理中文文本的内容。SnowNLP 可以进行中文分词、词性标注、情感分析、文本分类、转换拼音、繁体转简体、提取文本关键词、提取摘要、分割句子、文本相似等处理。本章将使用该模块对微信好友的个性签名进行情感判断。

使用以下命令安装 SnowNLP 模块。

```
pip install snownlp
```

19.2.5 ▶ PIL 模块

PIL（Python Imaging Library）是 Python 平台的图像处理标准库，功能非常强大。本章将使用该模块处理微信图片。

使用以下命令安装 PIL 模块。

```
pip install pil
```

19.2.6 Numpy 模块

NumPy 模块是 Python 科学计算的一个基础模块。它既能完成科学计算的任务，也能被用作多维数据容器来存储和处理大型矩阵。NumPy 提供了许多高级的数值编程工具，可进行严格的数字处理。

使用以下命令安装 NumPy 模块。

```
pip install numpy
```

19.2.7 Wordcloud 模块

Wordcloud 是功能强大的词云展示第三方库。词云以词语为基本单位，可以更加直观和艺术地展示文本。该模块不仅可根据文本中词语出现的频率等参数绘制词云，还可设定词云的字体、颜色、形状等。

使用以下命令安装 Wordcloud 模块。

```
pip install wordcloud
```

19.3 实现过程

安装完所需的各种第三方库函数后，就可以实现社交好友的基本数据分析了。下面分别介绍实现的过程。

19.3.1 ▶ 环境配置

先创建一个 WxChat 类，类中的属性包括登录状态、好友总数量、男性好友数量、女性好友数量、未知性别的好友数量、添加备注的好友数量、好友所在省份等信息。

使用 __init__() 构建类的构造函数，定义所使用的各个属性的初值，如下所示：

```
def __init__(self):
    itchat.auto_login(hotReload=True)
    self.login_user = None
    self.num_of_friend = 0
    self.male_num = 0
    self.female_num = 0
    self.unknown_gender = 0
    self.remarks_num = 0
    self.signature_num = 0
    self.num_of_province = {}
    self.unknown_province = ' 其他 '
    plt.figure(figsize=(6.4, 4.8))
```

使用下面的代码可实现扫码登录：

```
itchat.auto_login(hotReload=True)
```

运行后会弹出二维码，用手机扫描后，在手机端确认登录。

19.3.2 ▶ 获取微信好友信息

在类中定义获取微信好友信息的方法 analysis_friends，其代码如下。

```python
def analysis_friends(self):
    print("---> 开始分析您的好友信息 ")
    num_remark = 0
    num_signature = 0
    all_user = itchat.get_friends(update=True)
    self.login_user = all_user[0]
    self.num_of_friend = len(all_user) - 1
    friends = all_user[1:]
    for i, friend in enumerate(friends):
        self._count_sex(friend['Sex'])
        self._count_province(friend['Province'])


        nickname = friend['NickName']
        remark = friend['RemarkName']
        if remark.strip() != '':
            num_remark = num_remark + 1
        temp = friend['Signature'].split()
        signature = ''.join(temp)
        if len(temp):
            num_signature = num_signature + 1
        print("%d. 好友昵称 : %s , 备注 : %s , 个性签名 : %s " % (i + 1, nickname, remark, signature))
    print(' 共有 %d 位微信好友 , 其中男性好友 %d 位 , 女性好友 %d 位 , %d 位未知性别好友 ' % (
        self.num_of_friend, self.male_num, self.female_num, self.unknown_gender))
    print(' 有备注的好友 : %d' % (num_remark))
    print(' 有签名的好友 : %d' % (num_signature))
    self.remarks_num = num_remark
    self.signature_num = num_signature
    title = ' 我的微信好友 '
    wx._plt_remark_bar(title), wx._plt_signature_bar(title)
    wx._plt_gender_bar(title), wx._plt_province_pie(title)
    self._reset_data()
```

上面的代码中，首先通过 itchat 模块获取好友信息：

```python
friends= itchat.get_friends(update=True)
```

然后分别通过关键字的方法获取好友昵称、备注名称、性别、所在省份等具体信息，这些关键字如下所示：

friend['NickName']

运行后可以获取好友的昵称；

friend['RemarkName']

运行后可以获取好友的备注；

friend['Sex']

运行后可以获取好友的性别；

friend['Province']

运行后可以获取好友所在的省份；

friend['Signature']

运行后可以获取好友的签名。

19.3.3 ▶ 统计微信好友性别

获取好友的基本信息后，接下来可以根据微信好友的数据做信息统计。

使用_count_sex方法可以获得统计好友性别的代码，用0代表未知性别，1代表男性，2代表女性。

```python
def _count_sex(self, sex):
    if sex == 1:
        self.male_num += 1
    elif sex == 2:
        self.female_num += 1
    else:
        self.unknown_gender += 1
```

使用 matplotlib 绘制性别柱状图，具体实现代码如下。

```python
plt.bar(' 男 ', self.male_num, color='yellow')
plt.bar(' 女 ', self.female_num, color='pink')
plt.bar(' 未知 ', self.unknown_gender, color='gray')
plt.xlabel(' 性别 '), plt.ylabel(' 人数 '), plt.title(title)
for a, b in zip([0, 1, 2], np.array([self.male_num, self.female_num, self.unknown_gender])):
    plt.text(a, b, '%.0f' % b, ha='center', va='bottom')
plt.show()
```

运行结果如图 19-1 所示。

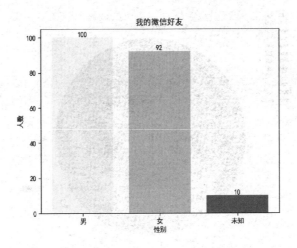

图 19-1 微信好友性别统计图

19.3.4 ▶ 统计微信好友省份

统计微信好友的省份时，采用 _count_province 方法，先判断该好友所输入的所在地信息是不是汉字，再判断是否为中国的城市。每出现一个省份就增加1，不属于中国城市的，则放入其他类目中，最终获取所有的统计信息，具体实现代码如下。

```
if not u'\u4e00' <= province_name <= u'\u9fff':
    other_province_num = self.num_of_province.get(self.unknown_province)
    self.num_of_province.__setitem__(self.unknown_province,
            1 if other_province_num is None else other_province_num + 1)
else:
    province_num = self.num_of_province.get(province_name)
    self.num_of_province.__setitem__(province_name, 1 if province_num is None else province_num + 1)
```

为了方便观察微信好友所在省份的比例，这里使用 Matplotlib 绘制省份饼图，具体实现代码如下。

```
data = np.array(list(self.num_of_province.values()))
labels = list(self.num_of_province.keys())
plt.pie(data, labels=labels, autopct='%.1f%%', )
plt.axis('equal')
plt.legend(loc=2, prop={'size': 5.5})
plt.title(title)
plt.show()
```

运行结果如图 19-2 所示。

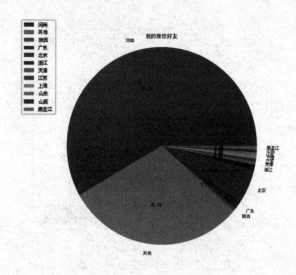

图 19-2 统计微信好友省份

▶ **统计微信好友是否有个性签名**

统计微信好友是否有个性签名，采用 _plt_signature_bar 方法，具体代码如下。

```
plt.bar(' 有签名 ', self.signature_num)
not_signature = self.num_of_friend - self.signature_num
plt.bar(' 无签名 ', not_signature)
plt.xlabel(' 有无签名 '), plt.ylabel(' 人数 '), plt.title(title)
for a, b in zip([0, 1], np.array([self.signature_num, not_signature])):
    plt.text(a, b, '%.0f' % b, ha='center', va='bottom')
plt.show()
```

运行结果如图 19-3 所示。

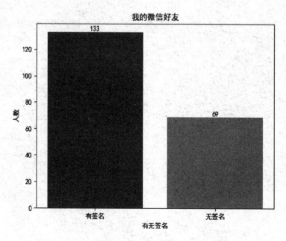

图 19-3 统计微信好友是否有个性签名

19.3.6 ▶ 统计微信好友是否有备注

统计微信好友是否有备注信息，采用 _plt_remark_bar 方法，具体代码如下。

```
plt.bar(' 有备注 ', self.remarks_num)
not_remark = self.num_of_friend - self.remarks_num
plt.bar(' 无备注 ', not_remark)
plt.xlabel(' 有无备注 '), plt.ylabel(' 人数 '), plt.title(title)
for a, b in zip([0, 1], np.array([self.remarks_num, not_remark])):
    plt.text(a, b, '%.0f' % b, ha='center', va='bottom')
plt.show()
```

运行结果如图 19-4 所示。

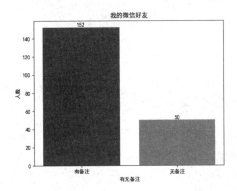

图 19-4 微信好友是否有备注的统计图

19.3.7 ▶ 微信好友个性签名的情感分析

个性签名是好友信息中最为丰富的文本信息，签名可以分析出一个人在一段时间的心理状态。就像人开心了会笑、哀伤了会哭，笑和哭两种标签，分别表明人开心和哀伤的状态。

这里对个性签名做两种处理，第一种是使用 Jieba 进行分词后生成词云，目的是了解好友签名中的关键字有哪些，哪个关键字出现的频率相对较高；第二种是使用 SnowNLP 分析好友签名中的感情倾向，即好友签名整体上是正面的、负面的，还是中立的，各自的比重是多少。这里提取 Signature 字段即可，其核心代码如下：

```
wordcloud.generate(signatures)
plt.imshow(wordcloud)
plt.axis("off")
plt.show()
wordcloud.to_file('signatures.jpg')
count_good = len(list(filter(lambda x: x > 0.66, emotions)))
count_normal = len(list(filter(lambda x: x >= 0.33 and x <= 0.66, emotions)))
```

```
count_bad = len(list(filter(lambda x: x < 0.33, emotions)))
labels = [u' 负面消极 ', u' 中性 ', u' 正面积极 ']
values = (count_bad, count_normal, count_good)
plt.rcParams['font.sans-serif'] = ['simHei']
plt.rcParams['axes.unicode_minus'] = False
plt.show()
```

运行结果如图 19-5 所示。

图 19-5 个性签名的词云

通过词云可以发现，在微信好友的签名信息中，出现频率相对较高的关键词有：用心、微笑、人生快乐、成长、安然等，生成的柱状图如图 19-6 所示。

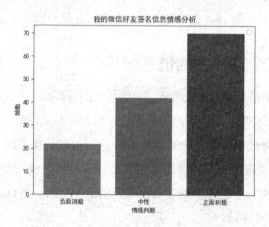

图 19-6 微信好友个性签名的情感分析

通过微信好友个性签名的情感分析的柱状图可以发现，在微信好友的签名信息中，正面积极的情感判断占比最大，负面消极的情感判断占比最少。这个结果和词云展示的结果基本吻合，说明在微信好友的签名信息中，总体传达的是一种积极向上的态度。

使用下面的方法可退出微信登录。

```
itchat.logout()
```

20

电商点击率预测及分析

点击率是衡量产品或者网站对客户群体吸引力的一种表现，同时也反映出一款产品或者网站受市场欢迎的程度，点击率越高，产品或者网站的吸引力也就越强。点击率与诸多因素均有关系，本章将预测电商商品的点击率，并对广告点击率的各项特征进行分析。

20.1 预测电商商品点击率

20.1.1 ▶ 项目简介

点击率是影响产品得分的一项重要指标，通常点击率高的产品，得分也会比较高。

下面这个实例是一款新发布的商品，需根据其广告的特征预测被用户点击的概率。表 20-1 给出了 4 款商品的特征数据，以及是否被点击的原始数据信息。

表 20-1 商品数据

商品名称	有无照片	有无视频	有无明星代言	是否被点击
商品 1	无	无	有	否
商品 2	无	有	有	是
商品 3	有	有	有	是
商品 4	有	无	有	是

根据以上历史数据，预测新发布商品被点击的概率是多少。

20.1.2 ▶ 分析方法

下面介绍如何根据已提供的原始数据进行基本的数据特征提取，以及预测模型的基本原理。

20.1.3 ▶ 商品特征

设商品的特征为 X，根据表 20-1 可知，每款商品的特征由以下 3 部分组成。

X=[有无照片，有无视频，有无明星代言]

用 0 代表无（或者否），1 代表有（或者是）。因此表 20-1 可以被描述为表 20-2 的形式。

表 20-2 量化商品数据

商品名称	有无照片	有无视频	有无明星代言	是否被点击
商品 1	0	0	1	0
商品 2	0	1	1	1
商品 3	1	1	1	1
商品 4	1	0	1	1

得到商品特征数据后就可以设计一个模型，把数据输入后进行训练，根据训练后的模型，将新发布产品的特征数据输入，即可预测出该商品被点击的概率。

因为需要预测用户是否会根据商品的广告点击链接，所以这里可以将其看成一个分类问题，即需要搭建一个分类模型，构建一个有监督学习的训练数据集。

20.1.4 ▶ 模型选择

这里选用最简单的神经网络模型。人工神经网络有多种不同的类型，如前馈神经网络、卷积神经网络及递归神经网络等。这里将以简单的前馈感知神经网络为例，这种类型的人工神经网络是直接从前到后传递数据的，简称前向传播过程。

神经网络基本结构如图 20-1 所示。

（1）输入层：输入的业务特征数据。

（2）隐藏层：初始化权重参数。

（3）激活函数：选择激活函数。

（4）输出层：预测的目标，定义损失函数。

激活函数可以增强模型的拟合效果，实现非线性变换，这里使用 Sigmoid 激活函数。通过在线性回归模型中引入 Sigmoid 函数，将线性回归的不确定范围的连续输出值映射到（0,1）范围内，成为一个概率预测问题，并规范化输入的加权和。

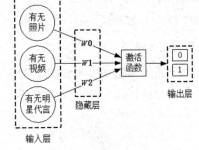

图 20-1 神经网络模型图

可以把逻辑回归看作单层的神经网络，其中逻辑回归的 Sigmoid 函数曲线如图 20-2 所示。

Sigmoid 函数是传统神经网络中最常用的激活函数，一度被视为神经网络的核心所在。从数学上来看，Sigmoid 函数对中央区的信号增益较大，对两侧区的信号增益较小，在信号的特征空间映射上有很好的效果。从神经科学上来看，中央区酷似神经元的兴奋态，两侧区酷似神经元的抑制态，因而在神经网络学习方面，可以将重点特征推向中央区，非重点特征推向两侧区。

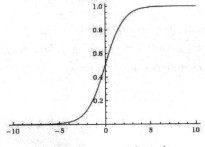

图 20-2 Sigmoid 函数曲线

为了简化每次的计算量，可对 Sigmoid 激活函数求偏导。则逻辑回归的单个样本的目标函数为式 (20-1)。

$$g'(z) = \frac{\mathrm{d}}{\mathrm{d}z}\frac{1}{1+\mathrm{e}^{-z}} = \frac{1}{(1+\mathrm{e}^{-z})}\left(1 - \frac{1}{1+\mathrm{e}^{-z}}\right) = g(z)\big(1-g(z)\big) \tag{20-1}$$

到目前为止，模型的输入层 X、输出层 Y、机器学习模型都已经确定，唯一需要求解的是模型中的权重 W，这也是该模型训练的目的。

模型训练的主要流程包括向前计算、计算损失函数和反向传播。权重参数更新的函数为式 (20-2)。

$$\theta_j = \theta_j + \alpha\left(y^{(i)} - h_\theta\left(x^{(i)}\right)\right)x_j^{(i)} \tag{20-2}$$

20.1.5 ▶ 实现过程

对数据进行数值化编码，数据特征及分类特征可以使用矩阵格式。

首先定义激活函数 Sigmoid，具体实现代码如下：

```
def sigmoid(self, x)
    return 1 / (1 + np.exp(-x))
```

计算 Sigmoid 函数的偏导函数，具体代码如下：

```
def sigmoid_derivative(self, x):
    return x * (1 - x))
```

然后训练模型，具体代码如下：

```
def train(self, training_inputs, training_outputs, learn_rate, training_iterations):
    for iteration in range(training_iterations):
        output = self.think(training_inputs)
        error = training_outputs - output
        adjustments = np.dot(training_inputs.T, error * self.sigmoid_derivative(output))
        self.synaptic_weights += learn_rate * adjustments
```

该方法需要输入学习率和迭代次数，学习率一般为 0.1，迭代次数为 2000 次。该方法实现了反向传播 BP，微调权重。

模型训练完之后，使用 Sigmoid 函数计算结果，具体代码如下：

```
inputs = inputs.astype(float)
output = self.sigmoid(np.dot(inputs, self.synaptic_weights))
return output
```

运行结果如图 20-3 所示。

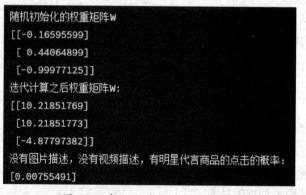

图 20-3 商品点击概率运行结果

根据上面的结果可以看出，如果一款商品没有图片描述和视频描述，只有明星代言，那么该商品被点击的概率为 0.00755491，这个数字非常小，接近于 0，说明几乎不会被点击。

20.2 广告点击率特征分析

电商点击率的预测是通过输入的产品主要特征（图片描述、视频描述、明星代言）实现的，那么具体哪些特征对广告点击率影响较大呢？下面就对这个问题进行分析。

20.2.1 ▶ 读取数据

读取 data.csv 文件中的数据。根据数据进行探索性分析，确定哪些是目标变量，哪些是特征变量，主要分析时间变量和广告展现量对点击量的影响。从日期、星期、时间点和展现量来分析广告点击量的变化，从而找到什么时候投放广告能达到最高的点击量，如图 20-4 所示。

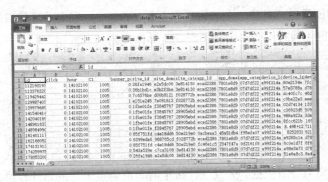

图 20-4 导入文件的部分数据

上图是该文件的部分数据，需要使用以下代码读取数据文件中的全部数据：

```
with open('data.csv') as f:
    train=pd.read_csv(f,parse_dates = ['hour'], date_parser = parse_date, dtype=types_train)
print(u' 数据总量：%s'%len(train))
```

运行结果显示，该数据集中共有 10256 条数据。

其中 click 字段表示广告是否被点击过，1 表示被点击过，0 表示未被点击。分析目标变量 click 的数据分布情况，其代码如下。

```
print(train['click'].value_counts())
print(train['click'].value_counts()/len(train))
sns.countplot(x='click',data=train, palette='hls')
plt.show()
```

运行后结果如图 20-5 所示，可以看出 click 变量的统计数据中，点击的数量约占 16.6%，未点击的数量约占 83.6%，也就是说广告的平均点击率约为 16.6%。

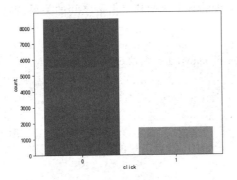

图 20-5 click 变量统计图

20.2.2 ▶ 点击率特征分析

下面就来分析点击量、点击率、展现量与时间的关系。

1. 日期与点击量的关系

分析数据集的特征变量，其中一个关键的变量是"date"，它表示广告被展现的日期和时间，通过对其进行设置可以实现对广告点击量的影响，具体代码如下：

```
print(train.date.describe())
train.groupby('date').agg({'click':'sum'}).plot(figsize=(12,6))
plt.ylabel(' 点击量 ')
plt.title(' 日期和点击量 ')
plt.show()
```

上面的代码以时间为分组依据，分别统计每个时间广告点击量的累计数值，运行结果如图 20-6 所示。可以看出数据的显示时间从 10-21 00:00:00 到 10-30 23:00:00，点击量最高峰分别出现在 21 日、28 日和 30 日这 3 天，点击量最低出现在 22 日、25 日和 26 日这 3 天。

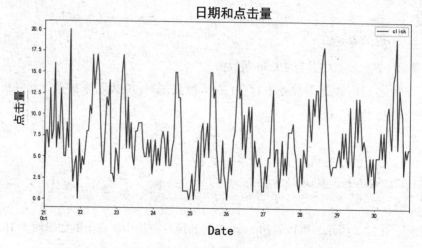

图 20-6 日期对点击量的影响

利用"date"变量中具体某天的某个日期和点击量之间的关系，来分析一天中某个时间对点击量的影响，其代码如下：

```
train.groupby('time').agg({'click':'sum'}).plot(figsize=(12,6),grid=False)
plt.ylabel(' 点击量 ')
plt.title(' 日期和点击量 ')
plt.show()
```

运行结果如图 20-7 所示，一天中广告点击量的高峰大约出现在 13 点 ~15 点，点击量最低是在每天的 0 点左右。

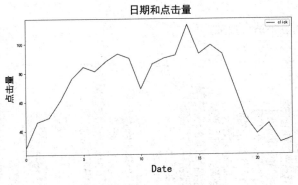

图 20-7 日期对点击量的影响

2. 展现量和点击量的关系

接下来查看不同时间点的广告展现量和点击量的关系，其代码如下：

```
train.groupby(['time', 'click']).size().unstack().plot(kind='bar', figsize=(12,6))
plt.ylabel(' 数量 ')
plt.title(' 展现量与点击量 ')
plt.show()
```

运行结果如图 20-8 所示，可以发现，把时间按每个时间点展开，13 点的展现量最大，但 14 点的点击量最高，因此通过展现量并不能准确反映点击量。

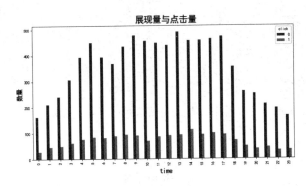

图 20-8 展现量与点击量的关系

3. 点击率的时间分布

计算各个时间点的广告点击率，即广告点击率 = 广告点击量 / 广告展现量，其代码如下：

```
plt.figure(figsize=(12,6))
sns.barplot(y='CTR', x='time', data=df_hour)
plt.title(' 点击率的时间分布 ')
plt.show()
```

代码运行结果如图 20-9 所示，可以看出，广告点击率在 7 点和 14 点比较高，在 10 点和 20 点比较低，因此这两个时间点不适合投放广告。

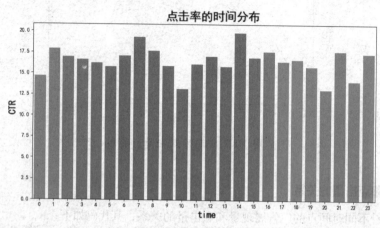

图 20-9 点击率的时间分布

（1）点击量和星期的关系。

按照星期来分析点击量，其代码如下：

```
train['day_of_week'] = train['hour'].apply(lambda val: val.weekday_name)
cats = ['Monday', 'Tuesday', 'Wednesday', 'Thursday', 'Friday', 'Saturday', 'Sunday']
train.groupby('day_of_week').agg({'click':'sum'}).reindex(cats).plot(figsize=(12,6))
ticks = list(range(0, 7, 1))
labels = " 周一 周二 周三 周四 周五 周六 周日 ".split()
plt.xticks(ticks, labels)
plt.title(' 星期的点击量 ')
plt.show()
```

运行结果如图 20-10 所示，可以看出，周二到周四是点击量的高峰，而周五到周一的点击量则比较低。

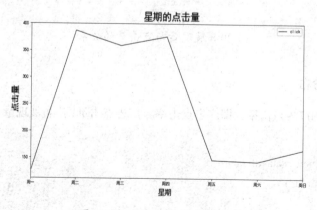

图 20-10 点击量和星期的关系

（2）星期展现量和点击量的关系。

下面分析星期展现量和点击量的关系，其代码如下：

```
ttrain.groupby(['day_of_week','click']).size().unstack().reindex(cats).plot(kind='bar', title="Day of the Week",
figsize=(12,6))
ticks = list(range(0, 7, 1))
labels = "周一 周二 周三 周四 周五 周六 周日".split()
plt.xticks(ticks, labels)
plt.title(' 星期展现量和点击量分布 ')
plt.show()
```

运行结果如图 20-11 所示，可以看出，周二的展现量和点击量都是最高的，虽然周三和周四的点击量并不比周二的低，但是其展现量却明显降低了。

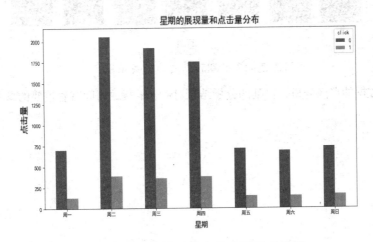

图 20-11 星期展现量和点击量的关系图

（3）星期和点击率的关系。

接下来再分析一下星期和点击率的关系，其代码如下：

```
df_click = train[train['click'] == 1]
df_dayofweek = train[['day_of_week','click']].groupby(['day_of_week']).count().reset_index()
df_dayofweek = df_dayofweek.rename(columns={'click': 'impressions'})
df_dayofweek['clicks'] = df_click[['day_of_week','click']].groupby(['day_of_week']).count().reset_index()['click']
df_dayofweek['CTR'] = df_dayofweek['clicks']/df_dayofweek['impressions']*100
plt.figure(figsize=(12,6))
sns.barplot(y='CTR', x='day_of_week', data=df_dayofweek,order=['Monday', 'Tuesday', 'Wednesday', 'Thursday',
'Friday', 'Saturday', 'Sunday'])
plt.title(' 星期的点击率 ')
plt.show()
```

运行结果如图 20-12 所示，可以看出，周四和周日都有较高的点击率，通过与前面的数据对比发现，虽然周二有最高的点击量，但是其点击率却是比较低的。

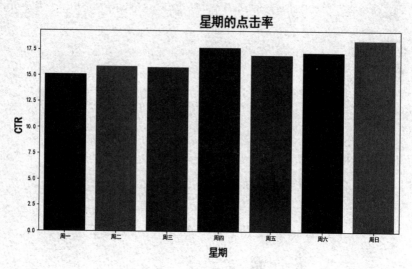

图 20-12 星期和点击率的关系图

通过以上对数据的严谨分析，得到的分析结果对广告的投放时间有着重要的参考意义。

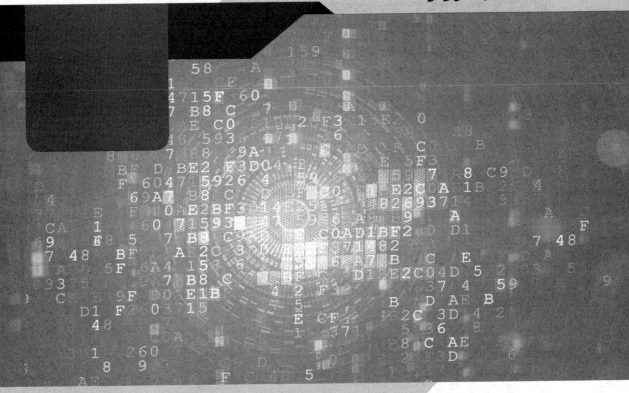

附录

本书所用 Python 函数、方法、类

附录 本书所用 Python 函数、方法、类

附录1 ▶ 第3章

```
numpy.array(object, dtype=None, copy=True, order=None, subok=False, ndmin=0)

numpy.reshape(a, newshape, order='C')

ndarray.reshape(shape, order='C')

numpy.arange([start, ]stop, [step, ]dtype=None)

numpy.linspace(start, stop, num=50, endpoint=True, retstep=False, dtype=None)

numpy.logspace(start, stop, num=50, endpoint=True, base=10.0, dtype=None)

numpy.zeros(shape, dtype=float, order='C')

numpy.eye(N, M=None, k=0, dtype=<class 'float'>, order='C')

numpy.diag(v, k=0)

numpy.ones(shape, dtype=None, order='C')

numpy.random.random(size=None)

numpy.hstack(tup)

numpy.vstack(tup)

numpy.concatenate((a1, a2, ...), axis=0)

numpy.c_[a1, a2, ...]

numpy.hsplit(ary, indices_or_sections)

seaborn.boxenplot(x=None, y=None, hue=None, data=None, order=None, hue_
order=None, orient=None, color=None, palette=None, saturation=0.75, width=0.8, dodge=True, k_
depth='proportion', linewidth=None, scale='exponential', outlier_prop=None, ax=None, **kwargs)

seaborn.countplot(x=None, y=None, hue=None, data=None, order=None, hue_
order=None, orient=None, color=None, palette=None, saturation=0.75, dodge=True, ax=
None, **kwargs)

seaborn.distplot(a, bins=None, hist=True, kde=True, rug=False, fit=None, hist_
kws=None, kde_kws=None, rug_kws=None, fit_kws=None, color=None, vertical=False, norm_
hist=False, axlabel=None, label=None, ax=None)

seaborn.jointplot(x, y, data=None, kind='scatter', stat_
func=None, color=None, height=6, ratio=5, space=0.2, dropna=True, xlim=None, ylim=
None, joint_kws=None, marginal_kws=None, annot_kws=None, **kwargs)

seaborn
    .kdeplot(data, data2=None, shade=False, vertical=False, kernel='gau', bw='scott',
    gridsize=100, cut=3, clip=None, legend=True, cumulative=False, shade_
```

lowest=True, cbar=False, cbar_ax=None, cbar_kws=None, ax=None, **kwargs)

seaborn.rugplot(a, height=0.05, axis='x', ax=None, **kwargs)

seaborn.pairplot(data, hue=None, hue_order=None, palette=None,
vars=None, x_vars=None, y_vars=None, kind='scatter', diag_kind='auto', markers=
None, height=2.5, aspect=1, dropna=True, plot_kws=None, diag_kws=None, grid_kws=None,
size=None)

seaborn.heatmap(data, vmin=None, vmax=None, cmap=None, center=None, robust=False,
annot=None, fmt='.2g', annot_kws=None, linewidths=0, linecolor='white', cbar=
True, cbar_kws=None, cbar_ax=None, square=False, xticklabels='auto', yticklabels='auto',
mask=None, ax=None, **kwargs)

seaborn.clustermap(data, pivot_kws=None, method='average', metric='euclidean', z_score=
None, standard_scale=None, figsize=None, cbar_kws=None, row_cluster=True, col_cluster=
True, row_linkage=None, col_linkage=None, row_colors=None, col_colors=None, mask=
None, **kwargs)

pandas.read_excel(io, sheet_name=0, header=0, names=None,
index_col=None, usecols=None, squeeze=False, dtype=None, engine=None, converters=
None, true_values=None, false_values=None, skiprows=None, nrows=None, na_values=
None, parse_dates=False, date_parser=None, thousands=None, comment=None, skipfooter=
0, convert_float=True, **kwds)

DataFrame.to_excel(excel_writer, sheet_name='Sheet1', na_rep='', float_format=None,
columns=None, header=True, index=True, index_label=None, startrow=0, startcol=0, engine=
None, merge_cells=True, encoding=None, inf_rep='inf', verbose=True, freeze_panes=None)

class pandas.DataFrame(data=None, index=None, columns=None, dtype=None, copy=False)

DataFrame.head()

DataFrame.tail()

DataFrame.loc[]

DataFrame.iloc[]

DataFrame.drop(labels=None, axis=0, index=None, columns=None, level=None, inplace=
False, errors='raise')

附录2 ▶ 第4章

numpy.sort(a, axis=-1, kind='quicksort', order=None)

numpy.ndarray.sort(axis=-1, kind='quicksort', order=None)

numpy.unique(ar, return_index=False, return_inverse=False, return_counts=False, axis=None)

ndarray.sum(axis=None, dtype=None, out=None, keepdims=False)

ndarray.mean(axis=None, dtype=None, out=None, keepdims=False) ndarray.std(axis=None, dtype=None, out=None, ddof=0, keepdims=False)

ndarray.var(axis=None, dtype=None, out=None, ddof=0, keepdims=False)

ndarray.min(axis=None, out=None, keepdims=False)

ndarray.max(axis=None, out=None, keepdims=False)

ndarray.cumsum(axis=None, dtype=None, out=None)

ndarray.cumprod(axis=None, dtype=None, out=None)

numpy.median(a, axis=None, out=None, overwrite_input=False, keepdims=False)

numpy.pad(array, pad_width, mode, **kwargs)

numpy.cov(m, y=None, rowvar=True, bias=False, ddof=None, fweights=None, aweights=None)

DataFrame.min(axis=None, skipna=None, level=None, numeric_only=None, **kwargs)

DataFrame.max(axis=None, skipna=None, level=None, numeric_only=None, **kwargs)

DataFrame.mean(axis=None, skipna=None, level=None, numeric_only=None, **kwargs)

Series.ptp(axis=None, skipna=None, level=None, numeric_only=None, **kwargs)

DataFrame.var(axis=None, skipna=None, level=None, ddof=1, numeric_only=None, **kwargs)

DataFrame.std(axis=None, skipna=None, level=None, ddof=1, numeric_only=None, **kwargs)

DataFrame.cov(min_periods=None)

DataFrame.corr(method='pearson', min_periods=1)

Series.sem(axis=None, skipna=None, level=None, ddof=1, numeric_only=None, **kwargs)

DataFrame.mode(axis=0, numeric_only=False)

DataFrame.skew(axis=None, skipna=None, level=None, numeric_only=None, **kwargs)

Series.kurt(axis=None, skipna=None, level=None, numeric_only=None, **kwargs)

DataFrame.median(axis=None, skipna=None, level=None, numeric_only=None, **kwargs)

DataFrame.quantile(q=0.5, axis=0, numeric_only=True, interpolation='linear')

DataFrame.count(axis=0, level=None, numeric_only=False)

DataFrame.mad(axis=None, skipna=None, level=None)

DataFrame.describe(percentiles=None, include=None, exclude=None)

DataFrame.astype(dtype, copy=True, errors='raise', **kwargs)

Series.value_counts(normalize=False, sort=True, ascending=False, bins=None, dropna=True)

pandas.cut(x, bins, right=True, labels=None, retbins=False, precision=3, include_
lowest=False, duplicates='raise')

DataFrame.groupby(by=None, axis=0, level=None, as_index=True, sort=True, group_
keys=True, squeeze=False, observed=False, **kwargs)

GroupBy object.count()

GroupBy object.max()

GroupBy object.min()

GroupBy object.sum()

GroupBy object.mean()

GroupBy object.std()

GroupBy object.median()

GroupBy object.size()

DataFrame.agg(func, axis=0, *args, **kwargs)

DataFrame.apply(func, axis=0, broadcast=None, raw=False, reduce=None, result_
type=None, args=(), **kwds)

DataFrame.transform(func,*args,**kwargs)pandas.pivot_
table(data, values=None, index=None, columns=None, aggfunc='mean', fill_
value=None, margins=False, dropna=True, margins_name='All')

DataFrame.pivot_table(values=None, index=None, columns=None, aggfunc='mean', fill_
value=None, margins=False, dropna=True, margins_name='All')

pandas.
crosstab(index, columns, values=None, rownames=None, colnames=None, aggfunc=None,
 margins=False, margins_name='All', dropna=True, normalize=False)

附录3 ▶ 第5章

sklearn.datasets.make_blobs(n_samples=100, n_features=2, centers=3, cluster_std=1.0, center_box=(-
10.0, 10.0), shuffle=True, random_state=None)

sklearn.datasets.make_classification(n_samples=100, n_features=20, n_informative=2, n_
redundant=2, n_repeated=0, n_classes=2, n_clusters_per_class=2, weights=None, flip_y=0.01, class_
sep=1.0, hypercube=True, shift=0.0, scale=1.0, shuffle=True, random_state=None)

sklearn.datasets.make_regression(n_samples=100, n_features=100, n_informative=10, n_
targets=1, bias=0.0, effective_rank=None, tail_strength=0.5, noise=0.0, shuffle=True, coef=False, random_
state=None)

sklearn.datasets.make_circles(n_samples=100, shuffle=True, noise=None, random_state=None, factor=0.8)

sklearn.datasets.make_moons(n_samples=100, shuffle=True, noise=None, random_state=None)

datasets.load_iris()

datasets.load_boston()

datasets.load_diabetes()

datasets.load_digits()

datasets.load_linnerud()

datasets.load_breast_cancer()

附录4 ▶ 第6章

sklearn.preprocessing.scale(X, axis=0, with_mean=True, with_std=True, copy=True)

class sklearn.preprocessing.StandardScaler(copy=True, with_mean=True, with_std=True)

fit(self, X[, y])

fit_transform(self, X[, y])

transform(self, X[, copy])

class sklearn.preprocessing.MinMaxScaler(feature_range=(0, 1), copy=True)

class sklearn.preprocessing.MaxAbsScaler(copy=True)

fit_transform(X, y=None, **fit_params)

sklearn.preprocessing.normalize(X, norm='l2', axis=1, copy=True, return_norm=False)

class sklearn.preprocessing.Binarizer(threshold=0.0, copy=True)

class sklearn.preprocessing.Imputer(missing_

values='NaN', strategy='mean', axis=0, verbose=0, copy=True)

fit(X[, y])

fit_transform(X[, y])

transform(X)

class sklearn.preprocessing.OneHotEncoder(n_values='auto', categorical_features='all', dtype=<type

'numpy.float64'>, sparse=True, handle_unknown='error')

class sklearn.decomposition.PCA(n_components=None, copy=True, whiten=False, svd_

solver='auto', tol=0.0, iterated_power='auto', random_state=None)

class sklearn.discriminant_analysis.

LinearDiscriminantAnalysis(solver='svd', shrinkage=None, priors=None, n_components=None, store_

covariance=False, tol=0.0001)

class sklearn.manifold.TSNE(n_components=2, perplexity=30.0, early_

exaggeration=12.0, learning_rate=200.0, n_iter=1000, n_iter_without_progress=300, min_grad_

norm=1e-07, metric='euclidean', init='random', verbose=0, random_state=None, method='barnes_

hut', angle=0.5)

numpy.where(condition[, x, y])

附录5 ▶ 第7章

class sklearn.linear_model.LinearRegression(fit_intercept=True, normalize=False, copy_X=True, n_

jobs=1)

fit(X, y, sample_weight=None)

predict(X)

class sklearn.linear_model.Ridge(alpha=1.0, fit_intercept=True, normalize=False, copy_X=True, max_iter=None, tol=0.001, solver='auto', random_state=None)

class sklearn.linear_model.LogisticRegression(penalty='l2', dual=False, tol=0.0001, C=1.0, fit_intercept=True, intercept_scaling=1, class_weight=None, random_state=None, solver='warn', max_iter=100, multi_class='warn', verbose=0, warm_start=False, n_jobs=None)

class sklearn.preprocessing.PolynomialFeatures(degree=2, interaction_only=False, include_bias=True)

附录6 ▶ 第8章

class sklearn.tree.DecisionTreeClassifier(criterion='gini', splitter='best', max_depth=None, min_samples_split=2, min_samples_leaf=1, min_weight_fraction_leaf=0.0, max_features=None, random_state=None, max_leaf_nodes=None, min_impurity_decrease=0.0, min_impurity_split=None, class_weight=None, presort=False)

fit(X, y, sample_weight=None, check_input=True, X_idx_sorted=None)

predict(X, check_input=True)

sklearn.tree.export_graphviz(decision_tree, out_file=None, max_depth=None, feature_names=None, class_names=None, label='all', filled=False, leaves_parallel=False, impurity=True, node_ids=False, proportion=False, rotate=False, rounded=False, special_characters=False, precision=3)

附录7 ▶ 第9章

class sklearn.svm.SVC(C=1.0, kernel='rbf', degree=3, gamma='auto_deprecated', coef0=0.0, shrinking=True, probability=False, tol=0.001, cache_size=200, class_weight=None, verbose=False, max_iter=-1, decision_function_shape='ovr', random_state=None)

fit(X, y, sample_weight=None)

predict(X)

SVC.decision_function(X)

sklearn.model_selection.train_test_split(*arrays, **options)

joblib.dump(clf,'filename.m')

joblib.load('filename.m')

dump(clf, 'filename.joblib')

load('filename.joblib')

附录8 ▶ **第10章**

class sklearn.cluster.KMeans(n_clusters=8, init='k-means++', n_init=10, max_
iter=300, tol=0.0001, precompute_distances='auto', verbose=0, random_state=None, copy_
x=True, n_jobs=1, algorithm='auto')

sklearn.cluster.k_means(X, n_clusters, sample_weight=None, init='k-means++', precompute_
distances='auto', n_init=10, max_iter=300, verbose=False, tol=0.0001, random_state=None, copy_
x=True, n_jobs=None, algorithm='auto', return_n_iter=False)

fit(X, y=None, sample_weight=None)

predict(X, sample_weight=None)

scipy.spatial.distance.cdist(XA, XB, metric='euclidean', p=None, V=None, VI=None, w=None)

附录9 ▶ **第11章**

class sklearn.ensemble.BaggingClassifier(base_estimator=None, n_estimators=10, max_
samples=1.0, max_features=1.0, bootstrap=True, bootstrap_features=False, oob_score=False, warm_
start=False, n_jobs=None, random_state=None, verbose=0)

decision_function(X)

fit(X, y[, sample_weight])

get_params([deep])

predict(X)

predict_log_proba(X)

predict_proba(X)

score(X, y[, sample_weight])

set_params(**params)

class sklearn.ensemble.RandomForestClassifier(n_estimators='warn', criterion='gini', max_
depth=None, min_samples_split=2, min_samples_leaf=1, min_weight_fraction_leaf=0.0, max_
features='auto', max_leaf_nodes=None, min_impurity_decrease=0.0, min_impurity_
split=None, bootstrap=True, oob_score=False, n_jobs=None, random_state=None, verbose=0, warm_
start=False, class_weight=None)

apply(X)

decision_path(X)

fit(X, y[, sample_weight])

get_params([deep])

predict(X)

predict_log_proba(X)

predict_proba(X)

score(X, y[, sample_weight])

set_params(**params)

class sklearn.ensemble.AdaBoostClassifier(base_estimator=None, n_estimators=50, learning_rate=1.0, algorithm='SAMME.R', random_state=None)

decision_function(X)

fit(X, y[, sample_weight])

get_params([deep])

predict(X)

predict_log_proba(X)

predict_proba(X)

score(X, y[, sample_weight])

set_params(**params)

staged_decision_function(X)

staged_predict(X)

staged_predict_proba(X)

staged_score(X, y[, sample_weight])

class sklearn.ensemble.GradientBoostingClassifier(loss='deviance', learning_rate=0.1, n_estimators=100, subsample=1.0, criterion='friedman_mse', min_samples_split=2, min_samples_leaf=1, min_weight_fraction_leaf=0.0, max_depth=3, min_impurity_decrease=0.0, min_impurity_split=None, init=None, random_state=None, max_features=None, verbose=0, max_leaf_nodes=None, warm_start=False, presort='auto', validation_fraction=0.1, n_iter_no_change=None, tol=0.0001)

apply(X)

decision_function(X)

fit(X, y[, sample_weight, monitor])

get_params([deep])

predict(X)

predict_log_proba(X)

predict_proba(X)

score(X, y[, sample_weight])

set_params(**params)

staged_decision_function(X)

staged_predict(X)

staged_predict_proba(X)

```
class xgboost.
DMatrix(data, label=None, missing=None, weight=None, silent=False, feature_names=None, feature_
types=None, nthread=None)
class xgboost.Booster(params=None, cache=(), model_file=None)
predict(data, output_margin=False, ntree_limit=0, pred_leaf=False, pred_contribs=False, approx_
contribs=False, pred_interactions=False, validate_features=True)
xgboost.train(params, dtrain, num_boost_
round=10, evals=(), obj=None, feval=None, maximize=False, early_stopping_rounds=None, evals_
result=None, verbose_eval=True, xgb_model=None, callbacks=None, learning_rates=None)
fit(X, y, sample_weight=None, eval_set=None, eval_metric=None, early_stopping_
rounds=None, verbose=True, xgb_model=None, sample_weight_eval_set=None, callbacks=None)
```

附录10 ▶ 第12章

```
class sklearn.neural_network.MLPClassifier(hidden_layer_
sizes=(100, ), activation='relu', solver='adam', alpha=0.0001, batch_
size='auto', learning_rate='constant', learning_rate_init=0.001, power_t=0.5, max_
iter=200, shuffle=True, random_state=None, tol=0.0001, verbose=False, warm_
start=False, momentum=0.9, nesterovs_momentum=True, early_stopping=False, validation_
fraction=0.1, beta_1=0.9, beta_2=0.999, epsilon=1e-08)
clf.fit(X, y)
clf.predict(X)
clf.get_params(deep=True)
joblib.dump(value, filename, compress=0, protocol=None, cache_size=None)
joblib.load(filename, mmap_mode=None)
```

附录11 ▶ 第13章

```
tf.constant(
    value,
    dtype=None,
    shape=None,
    name='Const',
    verify_shape=False
)
tf.Variable
___init__(
```

```
    initial_value=None,
    trainable=True,
    collections=None,
    validate_shape=True,
    caching_device=None,
    name=None,
    variable_def=None,
    dtype=None,
    expected_shape=None,
    import_scope=None,
    constraint=None,
    use_resource=None,
    synchronization=tf.VariableSynchronization.AUTO,
    aggregation=tf.VariableAggregation.NONE
)
tf.placeholder(
    dtype,
    shape=None,
    name=None
)
tf.session
__init__(
    target='',
    graph=None,
    config=None
)
close()
list_devices()
run()
sess = tf.session()
sess.run(...)
sess.close()
with tf.session() as sess:
    sess.run(...)
tf.zeros(
    shape,
    dtype=tf.dtypes.float32,
```

```
    name=None
)
tf.ones(
    shape,
    dtype=tf.dtypes.float32,
    name=None
)
tf.get_variable(
    name,
    shape=None,
    dtype=None,
    initializer=None,
    regularizer=None,
    trainable=None,
    collections=None,
    caching_device=None,
    partitioner=None,
    validate_shape=True,
    use_resource=None,
    custom_getter=None,
    constraint=None,
    synchronization=tf.VariableSynchronization.AUTO,
    aggregation=tf.VariableAggregation.NONE
)
tf.random_normal(
    shape,
    mean=0.0,
    stddev=1.0,
    dtype=tf.float32,
    seed=None,
    name=None)
tf.eval(feed_dict=None, session=None)
tf.nn.conv1d(
    value,
    filters,
    stride,
    padding,
```

```
    use_cudnn_on_gpu=None,
    data_format=None,
    name=None
)
tf.nn.conv2d(
    input,
    filter,
    strides,
    padding,
    use_cudnn_on_gpu=True,
    data_format='NHWC',
    dilations=[1, 1, 1, 1],
    name=None
)
tf.nn.relu(
    features,
    name=None
)
tf.nn.max_pool(
    value,
    ksize,
    strides,
    padding,
    data_format='NHWC',
    name=None
)
tf.nn.moments(
    x,
    axes,
    shift=None,
    name=None,
    keep_dims=False
)
tf.nn.batch_normalization(
    x,
    mean,
    variance,
```

```
    offset,
    scale,
    variance_epsilon,
    name=None
)
tf.nn.softmax(
    logits,
    axis=None,
    name=None,
    dim=None
)
tf.clip_by_value(
    t,
    clip_value_min,
    clip_value_max,
    name=None
)
tf.math.reduce_mean(
    input_tensor,
    axis=None,
    keepdims=None,
    name=None,
    reduction_indices=None,
    keep_dims=None
)
tf.math.argmax(
    input,
    axis=None,
    name=None,
    dimension=None,
    output_type=tf.dtypes.int64
)
tf.math.equal(
    x,
    y,
    name=None
)
```

```
tf.linalg.matmul(
    a,
    b,
    transpose_a=False,
    transpose_b=False,
    adjoint_a=False,
    adjoint_b=False,
    a_is_sparse=False,
    b_is_sparse=False,
    name=None
)
tf.nn.softmax_cross_entropy_with_logits(
    _sentinel=None,
    labels=None,
    logits=None,
    dim=-1,
    name=None
)
tf.math.squared_difference(
    x,
    y,
    name=None
)
tf.dtypes.cast(
    x,
    dtype,
    name=None
)
tf.train.AdagradOptimizer()
__init__(
    learning_rate,
    initial_accumulator_value=0.1,
    use_locking=False,
    name='Adagrad'
)
minimize(
    loss,
```

```
      global_step=None,
      var_list=None,
      gate_gradients=GATE_OP,
      aggregation_method=None,
      colocate_gradients_with_ops=False,
      name=None,
      grad_loss=None
)
tf.train.AdamOptimizer
__init__(
      learning_rate=0.001,
      beta1=0.9,
      beta2=0.999,
      epsilon=1e-08,
      use_locking=False,
      name='Adam'
)
tf.train.AdagradDAOptimizer
__init__(
      learning_rate,
      global_step,
      initial_gradient_squared_accumulator_value=0.1,
      l1_regularization_strength=0.0,
      l2_regularization_strength=0.0,
      use_locking=False,
      name='AdagradDA'
)
tf.train.AdadeltaOptimizer
__init__(
      learning_rate=0.001,
      rho=0.95,
      epsilon=1e-08,
      use_locking=False,
      name='Adadelta'
)
tf.train.GradientDescentOptimizer
__init__(
```

```
    learning_rate,
    use_locking=False,
    name='GradientDescent'
)
```

附录12 ▶ 第14章

sklearn.metrics.mean_absolute_error(y_true, y_pred, sample_weight=None)

sklearn.metrics.mean_squared_error(y_true, y_pred, sample_weight=None, multioutput='uniform_average')

sklearn.metrics.median_absolute_error(y_true, y_pred)

sklearn.metrics.explained_variance_score(y_true, y_pred, sample_weight=None, multioutput='uniform_average')

sklearn.metrics.r2_score(y_true, y_pred, sample_weight=None, multioutput='uniform_average')

sklearn.metrics.accuracy_score(y_true, y_pred, normalize=True, sample_weight=None)

sklearn.metrics.recall_score(y_true, y_pred, labels=None, pos_label=1,average='binary', sample_weight=None)

sklearn.metrics.confusion_matrix(y_true, y_pred, labels=None, sample_weight=None)

sklearn.metrics.f1_score(y_true, y_pred, labels= None, pos_label= 1, average = 'binary', sample_weight=None)

sklearn.metrics.fbeta_score(y_true, y_pred, beta, labels=None, pos_label=1, average='binary', sample_weight=None)

sklearn.metrics.classification_report(y_true, y_pred, labels=None, target_names=None, sample_weight=None, digits=2, output_dict=False)

sklearn.metrics.roc_curve(y_true,y_score, pos_label=None, sample_weight=None, drop_intermediate=True)

ROC 曲线下面积：

sklearn.metrics.roc_auc_score(y_true, y_score, average='macro', sample_weight=None, max_fpr=None)

sklearn.model_selection.cross_val_score(estimator, X, y=None, groups=None, scoring=None, cv='warn', n_jobs=None, verbose=0, fit_params=None, pre_dispatch='2*n_jobs', error_score='raise-deprecating')

sklearn.metrics.adjusted_rand_score(labels_true, labels_pred)

sklearn.metrics.adjusted_mutual_info_score(labels_true, labels_pred, average_method='warn')

sklearn.metrics.completeness_score(labels_true, labels_pred)

sklearn.metrics.fowlkes_mallows_score(labels_true, labels_pred, sparse=False)

sklearn.metrics.silhouette_score(X, labels, metric='euclidean', sample_size=None, random_
state=None, **kwds)

sklearn.metrics.calinski_harabaz_score(X, labels)

附录13 ▶ 第15章

skimage.io.imread(fname, as_gray=False, plugin=None, flatten=None, **plugin_args)

skimage.io.imshow(arr, plugin=None, **plugin_args)

skimage.io.show()

skimage.io.imsave(fname, arr, plugin=None, check_contrast=True, **plugin_args)

skimage.transform.rescale(image, scale, order=1, mode='reflect', cval=0, clip=
True, preserve_range=False, multichannel=None, anti_aliasing=True, anti_aliasing_
sigma=None)

skimage.transform.resize(image, output_shape, order=1, mode='reflect', cval=0, clip=
True, preserve_range=False, anti_aliasing=True, anti_aliasing_sigma=None)

skimage.transform.rotate(image, angle, resize=False, center=None, order=1, mode='constant',
cval=0, clip=True, preserve_range=False)

skimage.color.rgb2gray(rgb)

附录14 ▶ 第16章

wave.open(file, mode=None)

wave.openfp(file, mode)

exception wave.Error

Wave_read.close()

Wave_read.getnchannels()

Wave_read.getsampwidth()

Wave_read.getframerate()

Wave_read.getnframes()

Wave_read.getcomptype()

Wave_read.getcompname()

Wave_read.getparams()

Wave_read.readframes(n)

Wave_read.rewind()

Wave_read.getmarkers()

Wave_read.getmark(id)

```
Wave_read.setpos(pos)
Wave_read.tell()
Wave_write.close()
Wave_write.setnchannels(n)
Wave_write.setsampwidth(n)
Wave_write.setframerate(n)
Wave_write.setnframes(n)
Wave_write.setcomptype(type, name)
Wave_write.setparams(tuple)
Wave_write.tell()
Wave_write.writeframesraw(data)
Wave_write.writeframes(data)
with open('/path/to/file', 'r') as f:
    print(f.read())
with open('D:/mypthon/test.txt', 'w') as f:
    f.write()
numpy.fft.fft(a, n=None, axis=-1, norm=None)
```

附录 15 ▶ 第 17 章

```
jieba.cut
jieba.cut_for_search
jieba.lcut
jieba.lcut_for_search
jieba.Tokenizer(dictionary=DEFAULT_DICT)
jieba.load_userdict(file_name)
jieba.analyse.extract_tags(sentence, topK=20, withWeight=False, allowPOS=())
jieba.analyse.TFIDF(idf_path=None)
jieba.analyse.set_idf_path(file_name)
jieba.analyse.set_stop_words(file_name)
jieba.analyse.textrank(sentence, topK=20, withWeight=False, allowPOS=('ns', 'n', 'vn', 'v'))
jieba.posseg.POSTokenizer(tokenizer=None)
class sklearn.feature_extraction.text.
TfidfVectorizer(input='content', encoding='utf-8', decode_error='strict', strip_
accents=None, lowercase=True, preprocessor=None, tokenizer=None, analyzer='word', stop_
words=None, token_pattern='(?u)\b\w\w+\b', ngram_range=(1, 1), max_df=1.0, min_df=1, max_
```

```
features=None, vocabulary=None, binary=False, dtype=<class 'numpy.float64'>, norm='l2', use_
idf=True, smooth_idf=True, sublinear_tf=False)
fit(raw_documents[, y])
fit_transform(raw_documents[, y])
get_feature_names()
get_params([deep])
get_stop_words()
set_params(**params)
transform(raw_documents[, copy])
```